U0305892

华夏英才基金学术文库

凝聚态磁性物理

姜寿亭　李　卫　编著

科学出版社

北　京

内 容 简 介

本书系统地介绍了凝聚态物质的各种磁性(抗磁性、顺磁性、铁磁性、反铁磁性、亚铁磁性及非共线磁结构)的形成机理及宏观表现,磁有序(铁磁性、反铁磁性及亚铁磁性)的各种理论;重点介绍了目前有着广泛应用的强磁性物质的内部相互作用、畴及畴壁的形成以及这类物质在恒稳磁场、交变磁场、同时存在恒稳磁场和交变磁场中的磁化过程及宏观磁性以及提高强磁性物质宏观磁性能的各种方法。

本书可供物理系磁学专业、材料系磁性材料和器件专业的大学生及研究生作教材,同时可供从事磁学和磁性材料研究和生产的科研及工程技术人员阅读参考。

图书在版编目(CIP)数据

凝聚态磁性物理/姜寿亭,李卫编著. —北京:科学出版社,2003
(华夏英才基金学术文库)
ISBN 978-7-03-011190-6

Ⅰ.凝… Ⅱ.①姜…②李… Ⅲ.凝聚态-磁性 Ⅳ.O482.5

中国版本图书馆CIP数据核字(2003)第010819号

策划编辑:鄢德平/文案编辑:彭斌 姚晖/责任校对:柏连海
责任印制:徐晓晨/封面设计:黄华斌

科学出版社 出版
北京东黄城根北街16号
邮政编码:100717
http://www.sciencep.com
北京凌奇印刷有限责任公司 印刷
科学出版社发行 各地新华书店经销
*
2003年10月第 一 版 开本:B5(720×1000)
2018年 6 月第三次印刷 印张:30 3/4
字数:566 000

POD定价: 198.00元
(如有印装质量问题,我社负责调换)

序

本书是为高等院校与磁学有关专业的大学生和研究生学习磁学基本知识撰写的一本教材,也可以作为从事磁学和磁性材料工作的科研人员、工程技术人员和大专院校有关教师的参考书。本书着重介绍了凝聚态物质的各种磁性现象、相关理论及物质的磁性在外界作用下的变化规律。学习本书需要具备大学普通物理学、固体物理学和量子力学等基础知识。

近年来,凝聚态物理学有较大发展,其中磁性物理学的研究成果尤为显著,有关这方面的论文每年都在 1000 篇以上。与此同时,磁性材料的研究和生产也取得了长足进步。高导磁软磁材料、稀土永磁材料、非晶态磁性材料、磁记录材料、磁存储材料和磁光材料的大量生产和广泛应用为日益发展的高、新技术提供了重要支柱。因此,总结凝聚态磁性物理在理论和实验方面的研究成果并利用这些成果为开发磁性材料服务便有着重要意义。本书正是为了满足这一要求而撰写的。

全书共分七章。第一、二章介绍了凝聚态物质各种磁性的宏观表现及理论解释。第三章介绍了磁有序(包括铁磁性、反铁磁性和亚铁磁性)的量子理论,主要部分采用量子力学处理方法;只在少数几节中引入了二次量子化方法,在这样的节前我们冠以 * 号。第四章介绍了强磁体(铁磁体和亚铁磁体)内与磁性有关的各种相互作用以及由这些作用所决定的磁畴结构。第五章介绍了强磁性物质在外磁场中的准静态磁化过程和反磁化过程,重点介绍了磁化率理论和矫顽力理论。第六章介绍了强磁性物质的动态磁化过程,着重介绍了磁频散和磁损耗的机理。第七章介绍了强磁性物质的旋磁性、铁磁共振及磁矩的各种非一致进动模式。各章末都附有习题,以供读者练习。凡节前和段前冠有 * 号者属于理论较深或专业性较强的内容,初学时可以略去。全书采用 SI 单位制。鉴于书中所引用的早期实验结果和理论结果多数采用 CGS 单位制,而我们又保留了这些结果的原有单位,为了便于读者进行比较,我们在第一章的表 1-2 中列出了主要磁学量在上述两种单位制中的变换关系,并在书末的附录中对两种单位制做了简单介绍。

本书两作者都是郭贻诚先生的学生。郭先生的教诲使我们深受教益。郭先生编著的《铁磁学》(人民教育出版社,1965)曾为培养我国几代磁学工作者做出过重要贡献。郭先生在他的晚年仍然关心我国磁学的发展并委托姜寿亭对他编著的《铁磁学》进行改编。遗憾的是,改编工作尚未完成,郭先生不幸仙逝。为了纪念这位磁学界的先辈,我们在撰写本书时着重参考了他的《铁磁学》的编写体系,选用了改编稿中的部分内容。为了力求使本书能够反映凝聚态磁性物理的发展水平,在取材方面,除了参考近年来国内外发表的学术论文和国外出版的专著外,还特地参考了戴道生、钱昆明、钟文定和廖绍彬先生合著的《铁磁学》(上、中、下三册)、宛德福和马兴隆先生编著的《磁性物理学》、李国栋先生编著的《当代磁学》等。在此,我们谨向以上著者表示谢意。

本书写成后,曾作为教材在钢铁研究总院功能材料研究所金属磁性材料专业的研究生中试用。试用后又做了必要的补充和修改。

在本书的编写过程中,山东大学物理与微电子学院的同事们、钢铁研究总院功能材料研究所的同事们给予了热情支持和帮助。在出版过程中,华夏英才出版基金给予了资助。我们谨向他们表示衷心的感谢。

本书涉及的内容较广,由于著者的学识水平和工作能力所限,书中难免有不少缺点乃至错误,我们恳切地希望广大读者及各位同仁予以批评、指正。

作　者

2002 年 11 月

目　　录

符号凡例

A　原子量;交换积分

B　磁感应强度(B_0:真空磁感应强度;B_r:剩余磁感应强度;B_s:饱和磁感应强度)

C　居里常数(C_M:摩尔居里常数)

c　比热(c_P:定压比热;c_H:定磁场比热;c_M:定磁化强度比热;c_V:定容比热)

D　电(位)移

E　杨氏模量

$\boldsymbol{E}$　电场强度

F　自由能(单位体积)

$\boldsymbol{H}$　磁场强度(H_c:矫顽力;H_m:最大磁场;H_0:临界场)

$\boldsymbol{I}$　磁化强度($\boldsymbol{I}_s$:饱和磁化强度或自发磁化强度;$\boldsymbol{I}_0$:绝对饱和磁化强度;$\boldsymbol{I}_r$ 剩余磁化强度);核自旋量子数

J　总角动量;量子数

K_1,K_2　磁晶各向异性常数

L　自感;总轨道角动量;量子数

M　磁矩;磁化强度(M_s:饱和磁化强度或自发磁化强度;M_0:绝对饱和磁化强度;M_r:剩余磁化强度)

N　退磁因数

N_0　阿伏伽德罗常数

P　压强;功率;角动量

Q　吸收的热量(单位体积);品质因数

R　气体常数(克分子);电阻

S　总自旋;量子数

s　熵(单位体积);电子自旋量子数

T　绝对温度(T_c:居里温度;T_N:奈尔温度)

U　内能(单位体积)

V　体积

W　损耗功率(单位体积);外斯分子场系数

Z　状态总和或配分函数;原子序数

a　磁滞损耗系数;晶格常数

c　剩余损耗系数;光速

d 密度

e 电子电荷;涡流损耗系数

f 频率(每秒周数)

g 光谱分裂因数或朗德因数;磁力比率

g' 回转磁比率

h 普朗克常数;交变磁场

$\hbar$ $\hbar=\dfrac{h}{2\pi}$

i 电流

k 准动量

l 长度

m 电子质量;相对磁化强度$\left(\dfrac{M}{M_0}\right)$;交流磁化强度

$n_{\mathrm{f}}, n_{\mathrm{p}}$ 克原子的有效磁子数

p 角动量

t 时间

y 相对磁化强度$\left(\dfrac{M}{M_0}\right)$

z 最近邻原子数

α 吉耳伯特(Gilbert)阻尼力矩系数

α_i 方向余弦

β 玻尔磁子$\left(\dfrac{e\hbar}{2m}\right)$

γ 畴壁能密度

δ 畴壁厚度;相位差;损耗角

ε 介电常数

η 斯坦因麦茨(Steinmetz)系数

θ_{C} 居里温度

θ 涡流参数;渐近居里点

K 张量磁导率的非对角元素

κ_{B} 玻尔兹曼常数

λ 朗道-栗弗席兹阻尼力矩系数;波长;磁致伸缩系数(λ_{s}:饱和磁致伸缩系数)

μ 磁导率(μ_0:真空磁导率;$\mu_{\mathrm{i}}, \mu_{\mathrm{a}}$:起始磁导率;$\mu_{\mathrm{r}}$:可逆磁导率,相对磁导率;$\mu_{\mathrm{m}}$:最大磁导率);张量磁导率的对角元素

$\widetilde{\mu}$ 复磁导率

μ_{ij} 张量磁导率

μ_B 玻尔磁子

ρ 密度;电阻率;角度

σ 应力(张力);自旋矩

τ 弛豫时间

ϕ 磁通量;角度

Φ 热力学势能函数(单位体积)

χ 磁化率(χ_i,χ_a:起始磁化率;χ_r:可逆磁化率;χ_B:不可逆磁化率;χ_m:摩尔磁化率)

ω 角频率;体积磁致伸缩

第一章　物质的磁性(Ⅰ)
——抗磁性、顺磁性和铁磁性

第一节　引　　言

磁性是物质的一种基本属性,从微观粒子到宏观物体,乃至宇宙天体,都具有某种程度的磁性。宏观物体的磁性有多种形式,从弱磁性质的抗磁性、顺磁性、反铁磁性到强磁性质的铁磁性、亚铁磁性,它们具有不同的形成机理。研究物质的磁性及其形成机理是现代物理学的一项重要内容。此外,物质的磁性在工农业生产、日常生活和现代科学技术各个领域中都有着重要的应用,磁性材料已经成为功能材料的一个重要分支。因此,从研究物质磁性及其形成原理出发,探讨提高磁性材料性能的途径、开拓磁性材料新的应用领域已经成为当代磁学的主要研究方法和内容。

对磁性现象的认识可以追溯到遥远的古代[1]。我国是最早发现和应用这一现象的国家。早在春秋时代的《管子》、战国时代的《吕氏春秋》中就有关于"慈石"和"慈石召铁"的记载,在大约公元前 4 世纪又有关于天然磁铁矿(即 Fe_3O_4)的记载。在公元前 3 世纪,我国发明了指南器(司南)。国外关于磁性的记载,始见于公元前 6 世纪希腊人台利斯(Thales)的著作。

对磁性现象的深入理解是从丹麦物理学家奥斯特(H. C. Oersted)发现电流的磁效应开始的。法国物理学家安培(A. M. Ampere)在对电流之间的相互作用进行大量研究的基础上提出了"分子电流"是物质磁性起源的假说,这一假说对于后来理解原子的磁性有重要意义。1831 年,英国物理学家法拉第(M. Faraday)发现了电磁感应定律,使人们对磁与电的内在联系有了更加深入的认识。

对磁性体本身内在规律的研究始于 19 世纪末。法国物理学家居里(P. Curie)在这方面做了开创性的工作。他不但发现了铁磁性存在的临界温度(后来称为居里温度),确立了在临界温度以上顺磁磁化率与温度的关系,还在总结大量实验结果的基础上指出了抗磁性和顺磁性的存在并提出了居里抗磁性定律和居里顺磁性定律。尔后,朗之万(P. Langevin)将经典统计理论应用于具有固定原子磁矩的系统,导出了居里定律,对顺磁性做了唯象解释。不久,外斯(P. Weiss)又在朗之万理论的基础上提出了两个假说:分子场假说和磁畴假说。后来,这两个假说被发展成为研究物质铁磁性的两大分支。

然而,关于原子具有一定大小磁矩的假设在经典物理学的范围内是无法接受的。因为范列温(Van Leeuwen)已经证明了:从经典力学出发的统计物理学不可能得出存在着平均磁矩的结论。

原子具有磁矩的结论是在量子力学的基础上建立起来的。原子物理学的量子理论证明:过渡元素的原子具有一定大小的固定磁矩,这种磁矩既来自电子的轨道运动,也来自电子的自旋。1928年,海森伯(W. Heisenberg)根据氢分子的结合能与电子自旋取向有关的量子力学计算结果提出了铁磁体的自发磁化来源于量子力学中交换作用的理论模型。这一理论模型为建立铁磁性理论奠定了基础。在这一基础上,低温自旋波理论、铁磁相变理论、铁磁共振理论相继被建立起来。20世纪30年代发现在金属氧化物中存在反铁磁性。1934年,克拉默斯(H. A. Kramers)为了解释这类物质中的反铁磁性提出了超交换作用的理论模型。后来,安德森(P. W. Anderson)通过进一步的理论计算发展了这一理论模型,并用这一模型较为成功地说明了金属氧化物中所存在的反铁磁性。1954年,鲁德曼和基特尔(M. A. Ruderman and C. Kittel)在解释 Ag^{110}核磁共振吸收线增宽时引入了通过传导电子的极化导致原子核与原子核之间存在交换作用的理论模型。后来,糟谷(T. Kasuya)和芳田(K. Yosida)在研究 Mn-Cu 合金核磁共振超精细结构时推广了上述模型,认为近邻 Mn 原子的 d 电子以传导电子的极化作媒介而发生交换作用。后来,人们称这种类型的交换作用为 RKKY 交换作用。利用这一理论模型可以较好地解释稀土金属及其合金中的复杂磁结构现象。

海森伯理论模型属于局域电子模型,即认为对磁性有贡献的电子定域于原子之中。在这一模型建立的同时,一个描写集体电子模式的能带模型(后来称巡游电子模型)被布洛赫(F. Bloch)提出。该模型经莫特(N. F. Mott)、斯东纳(E. C. Stoner)、斯莱特(J. C. Slater)等人的发展形成了与局域电子模型相对立的另一个学派。值得注意的是,无论是局域电子模型还是巡游电子模型,在解释过渡金属(Fe, Ni, Co)铁磁性方面都只能解释一部分实验事实,由此引发了两个模型的长期争论。后来证明,巡游电子模型更加接近于过渡金属磁电子的真实状态。近20多年来,守谷(T. Moriya)等人建立了自旋涨落的自洽重整化理论并用这一理论对弱铁磁性金属(如 $ZrZn_2$, Sc_3In)进行了计算,导出了居里-外斯定律。根据这一理论结果,守谷进一步提出弱铁磁性金属中的居里-外斯定律源于自旋涨落的新物理思想。在这一思想的指导下,守谷提出了用自旋涨落来统一局域电子模型和巡游电子模型的设想。

磁性材料的研究和制备始于20世纪初。100多年来,这方面的工作取得了显著进步,其中具有代表性的成果是:1900年研制出硅钢(Si-Fe 合金);1920年研制出坡莫合金(Fe-Ni 合金);1932年研制出铝镍钴永磁合金;1935年研制出尖晶石型软磁铁氧体;1952年研制出磁铅石型永磁铁氧体;1953年研制出应用于计算机的矩磁铁氧体;1956年研制出用于微波技术的石榴石型稀土铁氧体;1966年研制出 $SmCo_5$ 永磁合金;1977年研制出 Sm_2Co_{17}永磁合金;1983年研制出 $Nd_2Fe_{14}B$ 永磁化合物。除此以外,近年来在非晶态磁性、薄膜磁性和纳米材料磁性的研究中也取得了重要进展。可以预见,随着这些新型磁性材料的不断完善和应用,磁性材料在发展科学技术方面将发挥越来越大的作用。

科学研究的深入与对新材料的探讨总是相辅相成的。我们相信,通过对凝聚态磁性物理的学习和研究,不但可以提高对这类材料内在物理规律的认识,也将有助于发现新的磁性材料。下面从原子的磁性讲起。

第二节　原子的磁性

宏观物质由原子组成。原子由原子核及核外电子组成。由于电子及组成原子核的质子、中子都具有一定的磁矩,所以宏观物质都毫无例外的是磁性物质。电子的质量比质子、中子的质量约小三个数量级,这使电子的磁矩比质子、中子的磁矩约大三个数量级。所以,宏观物质的磁性主要由电子的磁矩所决定。

宏观物质中的电子按其运动状态分为轨道电子和传导电子。这两类电子对磁性的贡献具有不同的规律,因此需要分别处理。本节将集中讨论核外轨道电子的磁矩,关于原子核的磁矩及金属中传导电子的磁矩将分别在第三节和第十一节中介绍。

一、电子的轨道磁矩[2]

电子的轨道磁矩是由于电子环绕原子核做轨道运动而产生的。在用量子力学理论给出电子的轨道磁矩之前,先利用经典轨道模型(即把定域运动的电子看做在一定轨道上运动的经典粒子)做一简单的计算。

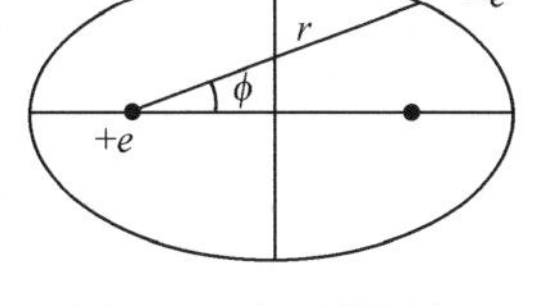

图1-1　电子沿椭圆轨道的运动

按照经典模型,以周期 T 沿椭圆轨道运动的电子相当一个圆电流(如图1-1所示),电流强度 $i=\frac{e}{T}$。这样一个圆电流产生的磁矩(即电子的轨道磁矩)应为

$$\mu_{轨道} = iA = \frac{eA}{T} \tag{1.2.1}$$

其中

$$A = \frac{1}{2}\int_0^{2\pi} r^2 \mathrm{d}\phi \tag{1.2.2}$$

为轨道面积。

另一方面,电子运动的轨道角动量为

$$P_\phi = mr^2 \frac{\mathrm{d}\phi}{\mathrm{d}t} \tag{1.2.3}$$

于是有

$$\mu_{\text{轨道}} = \frac{e}{2m}P_{\phi} \tag{1.2.4}$$

按照量子力学理论,轨道电子的运动状态应以波函数 $\psi_{nlm_lm_s}(\boldsymbol{r})$表示,其中 n,l,m_l,m_s 是表征状态的四个量子数,前三个为空间量子数,第四个为自旋量子数,$\left|\psi_{nlm_lm_s}(\boldsymbol{r})\right|^2$表示该状态在 $\boldsymbol{r}$ 处的分布概率。根据量子力学的解释,空间量子数的物理意义如下:

1) $n=1,2,3,\cdots$,称为主量子数,由它决定电子的能量。对于氢原子,电子的能量为 $E_n=-\frac{me^4}{2\hbar^2n^2}$。其中,$m$ 为电子的质量;e 为电子的电荷;$\hbar=h/2\pi$,$h=6.6256\times10^{-34}$J·s为普朗克常数。

2) $l=0,1,2,\cdots,n-1$,称为轨道角动量量子数(又称为轨道量子数)。它决定轨道角动量的绝对值:

$$P_l=\sqrt{l(l+1)}\,\hbar \tag{1.2.5}$$

3) $m_l=0,\pm1,\pm2,\cdots,\pm l$,称为磁量子数。它决定电子的轨道角动量 $\boldsymbol{P}_l$ 在空间任意指定方向(如外磁场 $\boldsymbol{H}$ 的方向)的投影值

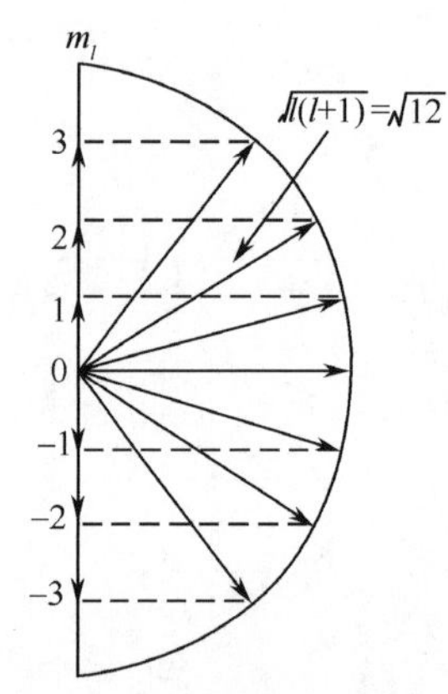

图 1-2　电子轨道角动量的空间量子化示意图

$$(\boldsymbol{P}_l)_{\boldsymbol{H}}=m\hbar \tag{1.2.6}$$

上式说明,电子的轨道角动量在空间的取向是量子化的。图 1-2 给出了 $l=3$ 的轨道角动量空间量子化取向示意图。

结合式(1.2.4)容易得出:

电子轨道磁矩的绝对值为

$$\mu_l=\sqrt{l(l+1)}\,\frac{e\hbar}{2m}=\sqrt{l(l+1)}\,\mu_{\mathrm{B}} \tag{1.2.7}$$

电子轨道磁矩在空间任意方向的投影为

$$\mu_l^z=m_l\frac{e\hbar}{2m}=m_l\mu_{\mathrm{B}} \tag{1.2.8}$$

由于电子所带的电荷为负电荷,故电子的轨道磁矩 $\boldsymbol{\mu}_l$ 与轨道角动量$\boldsymbol{P}_l$ 的方向相反。式(1.2.8)中

$$\mu_{\mathrm{B}}=\frac{e\hbar}{2m}=9.274\times10^{-24}\quad \mathrm{A\cdot m^2}(\text{或 J/T})$$

为玻尔磁子,是物质磁矩的最小单元。

作为磁偶极矩的最小单元,μ_{B}又可写为

$$\mu_B = \frac{\mu_0 e\hbar}{2m} = 1.165 \times 10^{-29} \quad \text{Wb} \cdot \text{m}$$

在 CGSM 单位制中，μ_B的表达式略有不同，应为

$$\mu_B = \frac{e\hbar}{2mc} = 9.274 \times 10^{-21} \quad \text{erg/Oe}$$

式中，c 为光速。

二、电子的自旋磁矩(本征磁矩)

电子的自旋是在研究原子的线状光谱时被提出来的。在这一研究中，发现了光谱线的精细结构，例如类氢原子的光谱线具有双重线结构。为了解释这种谱线结构，除了依据量子力学理论假设类氢原子中的价电子具有轨道角动量和轨道磁矩外，还必须假设电子具有自旋角动量(本征角动量)和自旋磁矩(本征磁矩)。这种自旋角动量 $\boldsymbol{\sigma}$ 在任意方向的外加磁场中只可能有大小相等、符号相反的两个投影值

$$\sigma_z = \pm \frac{h}{4\pi} = m_S\hbar \tag{1.2.9}$$

式中，$m_S = \pm \frac{1}{2}$，它代表自旋量子数的两个可能投影值。

与自旋角动量相对应，电子的自旋磁矩在外磁场方向的投影是

$$\mu_S^z = 2m_S\mu_B \tag{1.2.10}$$

需要指出的是，电子的自旋磁矩 $\boldsymbol{\mu}_S$ 也同自旋角动量 $\boldsymbol{\sigma}$ 方向相反。

按照量子力学中角动量的一般规律及上面的假设，可以证明，假如电子自旋的分量 σ_z 等于$\frac{\hbar}{2}$，自旋矢量的绝对值应为

$$\sigma = \sqrt{s(s+1)}\,\hbar = \frac{\sqrt{3}}{2}\hbar \tag{1.2.11}$$

式中，$s = \frac{1}{2}$为自旋量子数。自旋磁矩的绝对值为

$$\mu_S = \sqrt{s(s+1)}\,\frac{e\hbar}{m} = \sqrt{3}\mu_B \tag{1.2.12}$$

电子具有自旋磁矩的清楚而直接的证明是斯特恩和革拉赫所做的使原子束在不均匀磁场中偏转的实验，而理论证明则是狄拉克所建立的相对论性量子理论。由这一理论可自然地得到电子具有自旋及自旋磁矩的结果。

磁矩与对应角动量的比率称为回转磁比率，以 γ 表示。对电子轨道运动，

$$\gamma_l = \frac{\mu_l}{P_\phi} = \frac{e}{2m} \tag{1.2.13}$$

对电子自旋

$$\gamma_S = \frac{\mu_S}{\sigma} = \frac{e}{m} \tag{1.2.14}$$

如设 $\gamma = g\frac{e}{2m}$,对应于 γ_l,$g_l = 1$;对应于 γ_S,$g_S = 2$。由于 g_l 和 g_S 的数值不同,因此可通过测量物质的回转磁比率确定电子的轨道磁矩与自旋磁矩在物质磁矩中的比例。

在此我们强调指出,当按以上规定取 $\gamma_l = \frac{e}{2m}$,$\gamma_S = \frac{e}{m}$ 时,对应的 μ_l 和 μ_S 为磁矩。在 MKSA 单位制中磁矩的单位是 $A \cdot m^2$(或 J/T),单位体积磁矩(即磁化强度)的单位是 A/m。除此以外,也可以取 $\gamma_l = \frac{\mu_0 e}{2m}$,$\gamma_S = \frac{\mu_0 e}{m}$,这时对应的 μ_l 和 μ_S 为磁偶极矩。在 MKSA 单位制中磁偶极矩的单位是 Wb·m,单位体积磁偶极矩(即磁极化强度)的单位是 Wb/m^2(即特斯拉,T)。因此我们应当特别注意 γ_l 和 γ_S 的取值。

在 CGSM 单位制中,γ 的形式略有不同,需要改写为

$$\gamma_l = \frac{\mu_l}{P_\phi} = \frac{e}{2mc}$$

$$\gamma_S = \frac{\mu_S}{\sigma} = \frac{e}{mc}$$

三、原子的磁性

核外电子在构造原子壳层时遵守两个原理:

1) 泡利原理:每个电子状态只允许有一个电子,即任何两个电子的四个量子数(n, l, m_l, m_s)都不会完全相同。

2) 最低能量原理:电子优先占据能量低的状态。

按照以上原则建造的原子结构,主量子数 n 代表主壳层;轨道量子数 l 代表支壳层,$l = 0,1,2,3,4,5,6,\cdots$的各支壳层分别以字母 $s, p, d, f, g, h, i, \cdots$表示。在同一支壳层内最多可以容纳 $2(2l+1)$个电子;在同一主壳层内最多可以容纳 $\sum_{l=0}^{n-1} 2(2l+1) = 2n^2$ 个电子。

当原子中包含多个电子时,各支壳层的电子首先按角动量耦合定则合成一个总角动量。这样的合成有两种方式:*L-S* 耦合和 *j-j* 耦合。

L-S 耦合发生在原子序数较小的原子中。在这类原子中,不同电子之间的轨道-轨道耦合和自旋-自旋耦合较强,而同一电子内的轨道-自旋耦合较弱。因而,各电子的轨道角动量首先合成一个总轨道角动量 $\boldsymbol{L}$,各电子的自旋角动量首先合成一个总自旋角动量 $\boldsymbol{S}$。然后,$\boldsymbol{L}$ 和 $\boldsymbol{S}$ 再耦合成该支壳层电子的总角动量 $\boldsymbol{J}$。

j-j 耦合发生在原子序数较大($Z>82$)的原子中。在这类原子中,同一电子的轨道-自旋耦合较强,两者先合成单电子的总角动量 $\boldsymbol{J}_i$。然后,各个电子的总角动量 $\boldsymbol{J}_i$ 再合成该支壳层电子的总角动量$\boldsymbol{J}$。

原子序数不太大的原子(如我们经常遇到的 $3d$ 族、$4f$ 族元素)的基态或低激发态,均属于 L-S 耦合;纯 j-j 耦合只发生在较重元素的激发态中。下面以原子的某一支壳层(以下简称壳层)包含两个电子为例说明 L-S 耦合的计算方法。

设两电子的轨道角动量量子数分别为 l_1 和 l_2,则其总轨道角动量 $\boldsymbol{L}$ 的量子数可取值为

$$L = l_1 + l_2, l_1 + l_2 - 1, \cdots, l_1 - l_2 \quad (\text{设 } l_1 > l_2) \tag{1.2.15}$$

对于确定的 L 值,总轨道角动量 $\boldsymbol{L}$、总轨道磁矩 $\boldsymbol{\mu}_L$ 的绝对值分别由下式给出

$$|\boldsymbol{L}| = \sqrt{L(L+1)}\hbar \tag{1.2.16}$$

$$|\boldsymbol{\mu}_L| = \sqrt{L(L+1)}\mu_B \tag{1.2.17}$$

同样,设两个电子的自旋量子数分别为 s_1 和 s_2,则总自旋量子数 S 的可取值为

$$S = s_1 + s_2, s_1 + s_2 - 1, \cdots, s_1 - s_2 \tag{1.2.18}$$

对于确定的 S 值,总自旋角动量 $\boldsymbol{S}$、总自旋磁矩 $\boldsymbol{\mu}_S$ 的绝对值分别由下式确定:

$$|\boldsymbol{S}| = \sqrt{S(S+1)}\hbar \tag{1.2.19}$$

$$|\boldsymbol{\mu}_S| = 2\sqrt{S(S+1)}\mu_B \tag{1.2.20}$$

假定原子某壳层只有上述两个电子,则其总角动量 $\boldsymbol{J}$ 应取为$\boldsymbol{L}$ 与$\boldsymbol{S}$ 的矢量和

$$\boldsymbol{J} = \boldsymbol{L} + \boldsymbol{S} \tag{1.2.21}$$

如果 $L>S$,总角动量量子数 J 可以取以下数值

$$J = L + S, L + S - 1, \cdots, L - S \quad (\text{共 } 2S + 1 \text{ 个值}) \tag{1.2.22}$$

如果 $L<S$,J 则可以取以下数值

$$J = S + L, S + L - 1, \cdots, S - L \quad (\text{共 } 2L + 1 \text{ 个值}) \tag{1.2.23}$$

总角动量 $\boldsymbol{J}$ 的绝对值为

$$|\boldsymbol{J}| = \sqrt{J(J+1)}\hbar \tag{1.2.24}$$

$\boldsymbol{J}$ 在空间任意方向(如外磁场 $\boldsymbol{H}$)的投影仍适合空间量子化规则。

值得注意的是,由总角动量 $\boldsymbol{J}$ 并不能立即给出总磁矩$\boldsymbol{\mu}$。这是因为电子自旋的回转磁比率 γ_s 为轨道角动量的回转磁比率γ_l 的 2 倍(见前),故原子的总磁矩 $\boldsymbol{\mu}$ 的方向与其总角动量 $\boldsymbol{J}$ 的方向并不重合,如图 1-3 所示。$\boldsymbol{\mu}_L$ 和$\boldsymbol{\mu}_S$ 的方向分别反平行于$\boldsymbol{L}$ 和$\boldsymbol{S}$ 的方向,但其数值之比却相差一倍,因此 $\boldsymbol{\mu}$ 和$\boldsymbol{J}$ 的方向并不反平行。用经典的说法,矢量 $\boldsymbol{L}$ 和$\boldsymbol{S}$ 同样绕着矢量$\boldsymbol{J}$ 而进动,所以 $\boldsymbol{\mu}_L$ 和$\boldsymbol{\mu}_S$ 也应绕着矢量$\boldsymbol{J}$ 而进动,$\boldsymbol{\mu}_L$ 和$\boldsymbol{\mu}_S$ 的垂直于$\boldsymbol{J}$ 的分量$(\mu_L)_\perp$和$(\mu_S)_\perp$在一个进动周期中的平均值等于零。因此原子的有效磁矩等于 $\boldsymbol{\mu}_L$ 和$\boldsymbol{\mu}_S$ 的平行于$\boldsymbol{J}$ 的分量之和,即

$$\mu_J = \mu_L \cos(\boldsymbol{L}, \boldsymbol{J}) + \mu_S \cos(\boldsymbol{S}, \boldsymbol{J})$$

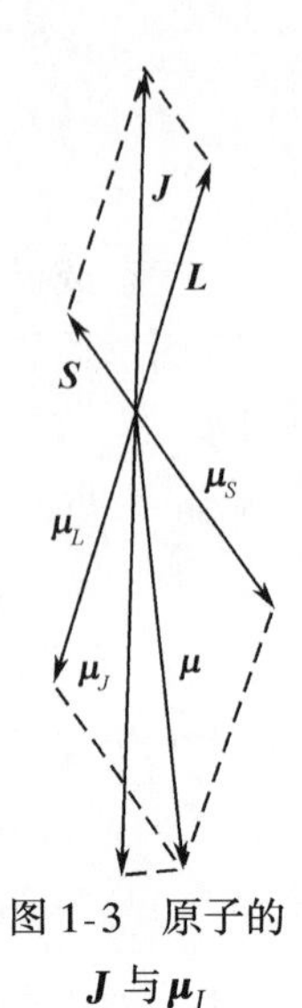

图 1-3　原子的 $\boldsymbol{J}$ 与 $\boldsymbol{\mu}_J$

由图 1-3 中 $\boldsymbol{L},\boldsymbol{S},\boldsymbol{J}$ 的三角形关系求出 $\cos(\boldsymbol{L},\boldsymbol{J})$ 和 $\cos(\boldsymbol{S},\boldsymbol{J})$ 后代入上式，可得

$$\begin{aligned}\mu_J &= \left\{1+\frac{J(J+1)+S(S+1)-L(L+1)}{2J(J+1)}\right\}\sqrt{J(J+1)}\,\mu_{\mathrm{B}}\\ &= g_J\sqrt{J(J+1)}\,\mu_{\mathrm{B}},\end{aligned} \tag{1.2.25}$$

其中

$$g_J = 1+\frac{J(J+1)+S(S+1)-L(L+1)}{2J(J+1)} \tag{1.2.26}$$

称为朗德因数或光谱分裂因数。

由式(1.2.26)可知，在纯粹自旋矩的情形下，$L=0, J=S$，则 $g_J=2$。反之，在纯粹轨道矩的情形下，$S=0, J=L$，则 $g_J=1$，与式(1.2.13)和(1.2.14)相对应。

以上计算表明，L, S 和 J 有多种取值方式，因而它们中的每一个都是多值的，这就导致有多个 $\boldsymbol{J}$ 和 $\boldsymbol{\mu}_J$。那么，它们中的哪一组数值对应于系统的最低能量因而是稳定状态下的取值？这需要借助于洪德定则。

四、洪 德 定 则

该定则是洪德基于对原子光谱的分析而总结出来的经验法则。它给出了含有未满电子壳层的原子(或离子)的基态量子数，其内容包括以下 3 条：

1) 在泡利原理许可的条件下，总自旋量子数 $S=\sum_i m_{si}$ 取最大值；

2) 在满足条件 1)并遵守泡利原理的前提下，总轨道量子数 $L=\sum_i m_{li}$ 取最大值；

3) 当电子数未达到电子壳层总电子数的一半时，总角动量量子数 $J=L-S$；当电子数达到或超过电子壳层总电子数的一半时，$J=L+S$。

有时将原子的量子态用光谱学的标记写为 ${}^{2S+1}L_J$，其中 L 表示总轨道量子数。当 $L=0,1,2,3,4,5,6,\cdots$ 时，分别用符号 $S,P,D,F,G,H,I,\cdots$ 表示。左上角标 $2S+1$ 和右下角标 J 分别用相应的数字表示。

下面举例说明洪德定则的应用和原子态量子数的光谱学表示法。

例一　计算 Co^{2+} 离子的基态磁矩并用光谱学标记表示基态。

Co^{2+} 离子未满壳层的电子组态为 $3d^7$。按洪德定则，$\sum_i m_{si}=5\times\frac{1}{2}+2\times\left(-\frac{1}{2}\right)=\frac{3}{2}$，$\sum_i m_{li}=3$。因而有 $S=\frac{3}{2}, L=3, J=3+\frac{3}{2}=\frac{9}{2}$。基态为 ${}^4F_{9/2}$。

而 $g_J=\frac{4}{3}$，$\mu_J=\frac{4}{3}\times\sqrt{\frac{9}{2}\times\frac{11}{2}}\ \mu_B=6.63\mu_B$。$Co^{2+}$离子磁矩的实测值为 $4.8\mu_B$，理论值与实验值相差较大。

例二　计算 Nd^{3+}离子的基态磁矩并用光谱学中的标记表示出基态。

Nd^{3+}离子未满壳层的电子组态为 $4f^3$。按照洪德定则，$\sum_i m_{si}=3\times\frac{1}{2}=\frac{3}{2}$，$\sum_i m_{li}=3+2+1=6$，因而有 $S=\frac{3}{2}$，$L=6$，$J=6-\frac{3}{2}=\frac{9}{2}$。基态为 $^4I_{9/2}$。而 $g_J=\frac{8}{11}$，$\mu_J=\frac{8}{11}\times\sqrt{\frac{9}{2}\times\frac{11}{2}}\ \mu_B=3.62\mu_B$。$Nd^{3+}$离子磁矩的实测值为 $3.5\mu_B$，理论值与实验值基本符合。

还可以举出更多的例子说明：按洪德定则计算的稀土离子的磁矩与实验值符合得较好；而按同样方法计算的铁族离子的磁矩则与实验值差别较大。这是因为在金属离子化合物中，金属磁性离子将受到周围离子产生的晶体场的作用。铁族离子中对磁性有贡献的 $3d$ 电子处于轨道电子的最外层，受晶体场作用强，轨道角动量大部分被“冻结”，因而使理论计算值与实测值产生了偏差。有关这一问题，后面将详细讨论。

由洪德定则还可以得到一个重要推论：在基态下，满壳层电子的总角动量和总磁矩皆为零。因此，我们需要用洪德定则计算的只是那些未满壳层的电子。

原子磁性的最直接的实验证明是塞曼效应。塞曼效应是原子光谱线在磁场中的分裂。在弱磁场 H 中，每一个能级 E_n 分裂为 $2J+1$ 个能级，能级间隔为 $\Delta E_H=m_Jg_J\mu_BH$。多重能级间的跃迁就产生了效应中的各塞曼分量。跃迁时须适合理论得出的“选择规则”，$\Delta m_J=0,\pm1$。这些塞曼分裂线是平面偏振光或圆偏振光。以上是“反常”塞曼效应，或称帕邢-巴克(Paschen-Back)效应。

在强磁场中，则为“正常”塞曼效应，这时矢量 $\boldsymbol{L}$ 和 $\boldsymbol{S}$ 间的耦合被拆散，而能级分裂的间隔 $\Delta E_H=(m_L+2m_S)\mu_BH$。按照“选择规则”所得出的光谱线分裂只有三种可能。

有关塞曼效应的详细内容，可参考原子物理学方面的书籍。

第三节　原子核的磁性[3]

前面已经说明，原子核由质子和中子(统称核子)组成。由于质子和中子都具有一定的磁矩，因此原子核也具有一定的磁矩。

质子带有一个电子电量的正电荷，自旋角动量的量子数为 $\frac{1}{2}$。按照量子力学理论，质子应具有自旋磁矩，其方向与角动量相同，其绝对值为 $\frac{\sqrt{3}}{2}\frac{e\hbar}{M}$，在外磁场方

向的投影为 $\frac{e\hbar}{2M}$,其中 M 为质子的质量。由于质子的质量 M 是电子质量的 1 836.5倍,因此质子的磁矩应为电子自旋磁矩的$\frac{1}{1\,836.5}$,即

$$\mu_{核} = \frac{e\hbar}{2M} = \frac{1}{1\,836.5}\mu_B \tag{1.3.1}$$

在核磁学中通常取 $\mu_{核}$ 为核磁子,作为核磁矩的基本单位。

对质子磁矩的测量结果表明,质子磁矩在外磁场方向的投影值为

$$\mu_P = (2.792\,55 \pm 0.000\,09)\mu_{核} \tag{1.3.2}$$

与上述结果明显不符。

中子不带电荷。中子自旋角动量的量子数为$\frac{1}{2}$,质量是电子质量的 1 839 倍。由于中子不带电荷,不应该具有磁矩。但是测量结果表明,中子也具有磁矩,在外磁场方向的投影值为

$$\mu_n = -(1.912\,80 \pm 0.000\,09)\mu_{核} \tag{1.3.3}$$

式中负号表示中子的磁矩与其角动量的方向相反。也就是说,它相当于一个带负电荷的粒子所具有的磁矩。

质子和中子的磁性为什么会出现如此的反常行为呢?下面做一简单的理论解释。按照原子核理论,核子之间存在着两种不同类型的相互作用。一种是质子之间的电磁相互作用,这种相互作用可以通过场的形式来描写,也可以通过交换光子的形式来描写,两者是等效的。另一种是核子之间的非电磁本性的核力作用。按照解释电磁相互作用的类似方法,核力作用也可以被认为是通过交换带电荷的 π 介子来完成的。为了说明核力的近程性质,π 介子的静止质量应大约是电子质量的 200 倍。1947 年在宇宙线中发现了 $\pi^\pm$ 介子,质量为$(276 \pm 6)m_e$,m_e 为电子的质量。1950 年又发现了 π^0 介子,质量为 $264m_e$。这一发现为核力的介质论提供了有力的支持。按照这一理论,核子由于不断地发射和吸收介子在其周围建立起一种特殊性质的介质场。通过介质场,质子和中子可以进行如下的转化

$$n \to P + \pi^-, \quad \pi^- + P \to n \tag{1.3.4}$$

$$P \to n + \pi^+, \quad \pi^+ + n \to P \tag{1.3.5}$$

以上过程告诉我们,通常所指的“中子”是大部分时间处于零电荷的“理想”中子状态、又有一部分时间分裂为“理想”的质子和 π^- 介子的核子;而通常所指的“质子”是大部分时间处于“理想”质子状态、又有一部分时间分裂为“理想”的中子和 π^+ 介子的核子。这就是说,可以把质子和中子看做是一个核粒子的两种不同的量子态,而核子的一般状态应为两种态的叠加。

在中子分裂为质子和 π^- 介子的短暂时间内,其磁矩由质子和 π^- 介子共同贡献。由于 π^- 介子的磁矩显著大于质子的磁矩(这是因为 π^- 介子的质量显著小于质子的质量)。因而,中子所表现的磁矩相当于带负电荷的粒子所具有的磁矩。

对于质子，在它分裂为中子和 π^+ 介子的短暂时间内，其磁矩由 π^+ 介子所贡献。由于 π^+ 介子的磁矩显著大于质子的磁矩，且两者的方向相同，这就使质子的磁矩明显大于“理想”质子的磁矩(即核磁矩)。

按照以上理论，如果质子和中子处于分裂状态所占的时间相同，那么两者磁矩的代数和应等于一个核磁矩。这一点可根据上面所提供的数据给予近似的证明。

从更深的物理层次来看，上面关于质子和中子磁矩的解释还有值得研究的地方。因为 π^+ 和 π^- 介子的自旋量子数都等于零。人们自然会问：那么正、负 π 介子的磁矩又是如何产生的呢？关于这个问题，虽然可以用介子场内部的相对运动给予唯象说明，但至今没有建立起完整的理论。

当质子和中子的磁矩构成原子核的磁矩时，表现得比核外电子壳层的磁矩构成更为复杂，表 1-1 列举了几种同位素的原子核的自旋 I 及磁矩 μ_I 的数值。

表 1-1　几种同位素的自旋量子数 I 和原子核磁矩投影值* μ_I

原子核	I	μ_I(以 $\mu_{核}$ 为单位)	原子核	I	μ_I(以 $\mu_{核}$ 为单位)
n_0^1	1/2	-1.91280 ± 0.00009	K_{19}^{40}	4	-1.297 ± 0.004
H_1^1	1/2	$+2.79255\pm0.00010$	Ga_{31}^{69}	3/2	$+2.0167\pm0.0011$
H_1^2	1	$+0.857354\pm0.00009$	Ga_{31}^{70}	3/2	$+2.5614\pm0.0010$
Li_3^6	1	$+0.82189\pm0.00004$	Rb_{37}^{85}	5/2	$+1.3532\pm0.0004$
Li_3^7	3/2	$+3.25586\pm0.00011$	Rb_{37}^{87}	3/2	$+2.7501\pm0.0005$
B_5^{10}	3	$+1.8004\pm0.0007$	In_{40}^{113}	9/2	$+5.486\pm0.003$
B_5^{11}	3/2	$+2.68858\pm0.00028$	In_{40}^{115}	9/2	$+5.500\pm0.003$
C_6^{13}	1/2	$+0.70225\pm0.00014$	Cs_{55}^{133}	7/2	$+2.5771\pm0.0001$
N_7^{14}	1	$+0.40365\pm0.00003$	Ba_{56}^{135}	3/2	$+0.837\pm0.003$
N_7^{15}	1/2	-0.28279 ± 0.0003	Ba_{56}^{127}	3/2	$+0.9351\pm0.0027$
F_9^{19}	1/2	$+2.6285\pm0.0007$	Bi_{83}^{209}	9/2	$+4.1$
Na_{11}^{23}	3/2	$+2.1711\pm0.00025$	He_2^4	0	0
Al_{13}^{27}	5/2	$+3.6408\pm0.004$	C_6^{12}	0	0
Cl_{17}^{35}	5/2	$+0.82191\pm0.0022$	O_8^{16}	0	0
Cl_{17}^{37}	3/2	$+0.68414\pm0.00024$	S_{16}^{32}	0	0
K_{19}^{39}	3/2	$+0.391\pm0.001$	Se_{34}^{80}	0	0

* 摘自：冯索夫斯基，现代磁学，科学出版社，1960。

由表 1-1 可知，原子核的自旋角动量适合简单的(代数)相加规则，而其磁矩不适合这一简单规则。例如氘核 H_1^2 的自旋量子数为 1，表示其中的质子与中子的自旋平行，但其磁矩并不等于两者磁矩的代数和。

由表1-1还可以看出,轻原子核的自旋量子数不超过3/2。这一事实使我们想到核子也和核外电子相似构成自旋及磁矩为零的封闭"壳层"。作为例证,我们把具有这种封闭壳层的原子核列于上表的末端,如He_2^4,C_6^{12},O_8^{16},S_{16}^{32},Se_{34}^{80}等。只有少数不进入封闭壳层的核子才决定原子核的自旋。例如在N_7^{14}原子核中,可以认为6个质子及6个中子形成一个封闭壳层,而第7个质子和第7个中子使原子核的自旋量子数$I=1$,但是它的磁矩并不等于氘(氘的I也为1)的磁矩(0.857 35 $\mu_{核}$),而仅为0.403 65$\mu_{核}$。

关于原子核中的磁矩不存在相加性的问题,弗仑克尔曾倾向于用单个核子磁矩反常的同样理由(即核子的介子场理论)来解释,但是,也有可能用核子间相互作用的相对论效应来解释。这方面尚未建立起成熟的理论。

由于原子核的磁矩很小,仅约为核外电子壳层磁矩的1/1000。因此,要观察和研究它,必须应用复杂而精确的实验方法。目前广泛应用的是核磁共振(NMR)方法。利用这种方法,通过研究光谱线的超精细结构在磁场中的分裂可以测定原子核的自旋角动量及磁矩。

第四节 宏观物质的磁性

现在我们知道,宏观物质的磁性主要来自它内部电子的磁性。但是在历史上人类对磁性的认识是从磁偶极子开始的。人们最早接触到的磁性体是天然磁铁矿(Fe_3O_4)。人们发现,天然磁性体有两个磁极,如果能够任其转动,则一个磁极指北(称为北极,又叫N极、正磁极),另一个磁极指南(称为南极,又叫S极、负磁极);并且同性磁极相斥,异性磁极相吸。进一步研究还发现,磁性体上的两个磁极总是同时存在,即,把磁性体分割成无论多么小的基元,总是存在着南、北两个磁极①。根据这一现象,有人提出了宏观物体的磁性来源于元磁偶极子的假设。所谓元磁偶极子是指强度相等、极性相反并且其距离无限接近的一对"磁荷"。如果以$+m$表示正磁荷的强度,以$-m$表示负磁荷的强度,以$\boldsymbol{l}$表示两个磁荷间的长度矢量(从负磁荷指向正磁荷),则该元磁偶极子可用磁偶极矩矢量$\boldsymbol{j}$来表示

$$\boldsymbol{j} = m\boldsymbol{l} \tag{1.4.1}$$

$\boldsymbol{j}$的方向从$-m$到$+m$。在CGS单位制中,$\boldsymbol{j}$的单位为emu单位。在MKSA单位制的肯涅利制中,$\boldsymbol{j}$的单位为Wb·m。下面的介绍采用MKSA单位制。

在对磁偶极子相互作用的研究中,提出了磁场的概念,即认为磁偶极子与磁偶

① 狄拉克(P.A.M.Dirac)于1931年从理论上论证了磁单极子存在的可能性,并且预言其理论值为$2h/e$,其中h为普朗克常数,e为电子的电量。狄拉克这一理论结果不但使麦克斯韦的电磁场方程组由不对称变为对称,而且对基本粒子的结构和宇宙极早期的演化学说都会产生重要影响。但是经过半个多世纪的实验观测与研究,至今尚未明确地观测到磁单极子的存在。目前对磁单极子的实验探测和理论研究早已成为超出磁学范围的一个前沿课题。

极子间的作用是通过磁场进行的。一个磁偶极矩为 $\boldsymbol{j}$ 的磁偶极子，当取磁偶极子的中点为坐标原点时，在距原点 $\boldsymbol{\gamma}$ 处（$|\boldsymbol{\gamma}|\gg$磁偶极子的长度 l）产生的磁场强度 $\boldsymbol{H}$ 为

$$\boldsymbol{H} = \frac{1}{4\pi\mu_0}\left[-\frac{\boldsymbol{j}}{r^3} + \frac{3(\boldsymbol{j}\cdot\boldsymbol{r})\boldsymbol{r}}{r^5}\right] \tag{1.4.2}$$

其中，$\mu_0 = 4\pi\times10^{-7}$H/m 为真空磁导率。$\boldsymbol{H}$ 的单位为 A/m。

对于宏观物质，单位体积内磁偶极矩的矢量和被定义为磁极化强度 $\boldsymbol{J}$

$$\boldsymbol{J} = \sum_{\substack{i \\ (\text{单位体积})}} \boldsymbol{j}_i \tag{1.4.3}$$

$\boldsymbol{J}$ 的单位为 $\mathrm{Wb/m^2}$（即 T）。

1820～1825 年安培在完成了他的电流与电流、电流与磁体、磁体与磁体相互作用的研究后提出了磁偶极子与电流回路元在磁性上的相当性原理，并且根据这一原理提出了宏观物体的磁性起源于"分子电流"的假说。根据"相当性原理"，电流回路元的磁矩 $\boldsymbol{\mu} = i\boldsymbol{A}$（其中 i 为电流强度，$\boldsymbol{A}$ 为电流回路元的面积，$\boldsymbol{A}$ 的方向按电流流动方向的右手螺旋法则确定）等效于磁偶极子的磁偶极矩。在 MKSA 单位制索末菲制中，$\boldsymbol{\mu}$ 的单位为 $\mathrm{A\cdot m^2}$。它与肯涅利制中的 $\boldsymbol{j}$ 有如下的等效关系

$$\boldsymbol{j} = \mu_0\boldsymbol{\mu} \tag{1.4.4}$$

μ_0 为真空磁导率。根据"分子电流"假说，宏观物质的磁化强度被定义为单位体积内所有"分子电流"磁矩的矢量和

$$\boldsymbol{M} = \sum_{\substack{i \\ (\text{单位体积})}} \boldsymbol{\mu}_i \tag{1.4.5}$$

$\boldsymbol{M}$ 的单位为 A/m。显然，$\boldsymbol{J}$ 和 $\boldsymbol{M}$ 有如下的关系

$$\boldsymbol{J} = \mu_0\boldsymbol{M} \tag{1.4.6}$$

通常将磁化强度 $\boldsymbol{M}$ 与外磁场 $\boldsymbol{H}$ 的关系表示为

$$\boldsymbol{M} = \chi\boldsymbol{H} \tag{1.4.7}$$

χ 被称为物质的磁化率，是外磁场 H 及温度 T 的函数。在 MKSA 单位制中，M 和 H 的单位同为 A/m，χ 是无量纲的量。

在 CGS 单位制中，磁化强度 $\boldsymbol{M}$ 被定义为

$$\boldsymbol{M} = \sum_{\substack{i \\ (\text{单位体积})}} (m\boldsymbol{l})_i \tag{1.4.8}$$

$\boldsymbol{M}$ 的单位为高斯（Gs），$\boldsymbol{H}$ 的单位为奥斯特（Oe），χ 也是无量纲的量。在两种单位制中，χ 在数值上有如下关系：$\chi(\mathrm{CGS}) = 4\pi\chi(\mathrm{MKSA})$。

除了以上定义的磁化率 χ 以外，有时还使用质量磁化率（或称比磁化率）χ_m，它被定义为

$$\chi_m = \chi/\rho \tag{1.4.9}$$

其中 ρ 为物质的密度。

不同物质的 χ 值相差甚大。根据 χ 的符号、量值以及量值随温度、磁场的变化关系,可将物质分为 7 种不同的类型[4]:

(一) 抗磁性物质

这是 19 世纪后半叶发现和研究的一类弱磁性物质。这类物质的主要特点是 $\chi<0$,即它在外磁场中产生的磁化强度与磁场反向。如果磁场不均匀,这类物质的受力方向指向磁场减弱的方向。其次,这类物质的磁化率绝对值 $|\chi|$ 非常小,仅约为 $10^{-7}\sim10^{-6}$。典型抗磁物质的磁化率 χ 不随温度的变化而变化。

惰性气体(He,Ne,Ar,Kr,Xe)、某些金属(如 Bi,Zn,Ag,Mg)、某些非金属(如 Si,P,S)、水以及许多有机化合物都属于抗磁性物质。其中 Bi 的抗磁磁化率不但与温度有关,还与状态有关。

(二) 顺磁性物质

这类物质也是 19 世纪后半叶发现和研究的一类弱磁性物质。这类物质的主要特点是 $\chi>0$,并且 χ 的数值很小(一般为 $10^{-6}\sim10^{-5}$)。多数顺磁性物质的磁化率 χ 随温度升高而下降,χ^{-1} 与 T 成线性关系。

某些铁族金属(如 Sc,Ti,Ba,Cr)、某些稀土金属(如 La,Ce,Pr,Nd,Sm)、某些过渡族元素的化合物(如 $MnSO_4 \cdot 4H_2O$)、金属 Pa,Pt 以及某些气体(如 O_2,NO,NO_2)都属于顺磁性物质。

一些碱金属如 Li,Na,K 等也属于顺磁性物质,但其 χ 值比一般顺磁性物质小,且基本与温度无关。它们产生顺磁性的机理和前者不同。

(三) 铁磁性物质

这是最早研究并得到应用的一类强磁性物质。早在 18 世纪 50 年代就有人做过磁化钢针的实验,19 世纪末叶居里完成了对铁磁物质的磁性随温度变化的测量。这类物质的主要特点是:①$\chi>0$,并且 χ 的数值很大,一般为 $10^{-1}\sim10^{5}$;②χ 不但随 T 和 H 而变化,而且与磁化历史有关;③存在着磁性变化的临界温度(称居里温度)。当温度低于居里温度时,呈铁磁性;当温度高于居里温度时,呈顺磁性。

金属 Fe,Co,Ni,Gd 以及这些金属与其他元素的合金(如 Fe-Si 合金)、少数铁族元素的化合物(如 CrO_2,$CrBr_3$)、少数稀土元素的化合物(如 EuO,$GdCl_3$ 等)均属于铁磁性物质。

（四）反铁磁性物质

它是20世纪30年代至50年代初被发现并加以研究的一类弱磁性物质。在宏观磁性上，$\chi>0$，χ 的数值约为 $10^{-5}\sim10^{-3}$，有些类似顺磁性。与顺磁性的最主要区别在于：在 χ-T 关系曲线上 χ 出现极大值。极大值所对应的温度为一临界温度（奈尔温度）。当温度低于奈尔温度时，为反铁磁性的磁有序结构（晶格中，近邻离子磁矩反平行）。当温度高于奈尔温度时，变为顺磁性。

过渡金属的氧化物、卤化物和硫化物（如 MnO，FeO，CoO，NiO，Cr_2O_3，MnF_2，FeF_2，$FeCl_2$，$CoCl_2$，$NiCl_2$，MnS 等）均属于反铁磁物质。

（五）亚铁磁性物质

它是在1930年到1940年被集中研究并加以应用的一类强磁性物质。在宏观磁性上，它类似于铁磁性：①$\chi>0$，并且 χ 的数值较大（$10^{-1}\sim10^4$）；②χ 是 H 和 T 的函数并与磁化历史有关；③存在着临界温度——居里温度（T_c），当 $T<T_c$ 时为亚铁磁性；当 $T>T_c$ 时为顺磁性。在磁结构上，又类似于反铁磁性：近邻离子的磁矩反向。所不同的是，近邻离子的磁矩大小不同。

各种类型的铁氧体材料均属于亚铁磁性物质，其中常见的有：

1）尖晶石型铁氧体，如 Fe_3O_4，$NiFe_2O_4$ 等；

2）磁铅石型铁氧体，如 $BaFe_{12}O_{19}$，$SrFe_{12}O_{19}$ 等；

3）石榴石型铁氧体，如 $Y_3Fe_5O_{12}$，$Sm_3Fe_5O_{12}$ 等；

4）钙钛石型铁氧体，如 $LaFeO_3$。

（六）螺旋型磁结构

20世纪下半叶以后，随着科学技术的发展，对磁性的研究从铁族元素扩大到稀土元素。由于稀土元素电子结构上的特点，在稀土金属以及含稀土元素的合金和化合物中产生了原子磁矩的非共线排列。主要类型有：

1）平面型简单铁磁性，如金属 Gd，$T<221$K 时的 Tb 以及 $T<85$K 时的 Dy；

2）平面型螺旋反铁磁性，如 $221\text{K}<T<228\text{K}$ 时的 Tb，$85\text{K}<T<179\text{K}$ 时的 Dy，$20\text{K}<T<132\text{K}$ 时的 Ho；

3）锥面型螺旋铁磁性，如 $T<20$K 时的 Ho，$T<20$K 时的 Er；

4）锥面型螺旋反铁磁性，如 $20\text{K}<T<53\text{K}$ 时的 Er。

(七) 散磁性磁结构

20 世纪 70 年代,人们对非晶态合金的磁性做了细致的研究。根据对稀土-过渡金属非晶态合金的宏观磁性测量和微观磁结构的分析,论证了散磁性的存在。这类散磁性包括:①在 Tb-Ag 非晶合金中可能存在着散反铁磁性,即原子磁矩的方向呈辐射状;②在 Nd-Fe,Dy-Ni,Nd-Co 非晶合金中可能存在着散铁磁性,即原子磁矩的方向分布在一个圆锥角中;③在 Dy-Co,Dy-Fe 非晶合金中可能存在着散亚铁磁性,即稀土元素的原子磁矩分布在一个圆锥角中,其合磁矩又与过渡金属的原子磁矩反向。

第五节　磁学的基本量及单位制

为了表征宏观物质的磁性,需要规定若干磁学量。由于历史上对磁性的起源曾有不同的认识,也由于使用单位制的不同,对磁学量的定义曾经存在着两套不同的系统。下面分别予以介绍。

一、MKSA 单位制中的磁学量

MKSA 单位制是目前国际上通用的单位制,代号为 SI。在这种单位制中,主要磁学量都是用电流的磁效应来定义的。其中,磁感应强度 $\boldsymbol{B}$ 是主导量。凡涉及磁场与其他物理量的相互作用(如在力、能量、力矩的公式中),都必须使用磁感应强度 $\boldsymbol{B}$。磁场强度 $\boldsymbol{H}$ 只是一个辅助量,很少单独使用,仅用来计算电流的磁效应。

对磁感应强度 $\boldsymbol{B}$ 的定义是通过安培公式给出的

$$\mathrm{d}\boldsymbol{F} = I\mathrm{d}\boldsymbol{l} \times \boldsymbol{B} \tag{1.5.1}$$

即,如果试探电流元 $I\mathrm{d}\boldsymbol{l}$ 在空间某位置所受的磁力为 $\mathrm{d}\boldsymbol{F}$,则该位置的磁感应强度 $\boldsymbol{B}$ 应由上式求得。$\boldsymbol{B}$ 的单位为 N/(A·m),即特斯拉(以 T 来表示)。这一单位和用磁通密度所导出的单位 $\mathrm{Wb/m^2}$ 具有完全相同的大小。在磁介质中,磁感应强度 $\boldsymbol{B}$ 满足如下的安培环路定理

$$\oint_{(L)} \boldsymbol{B} \cdot \mathrm{d}\boldsymbol{l} = \mu_0 \sum_{(L内)} (I_0 + I') \tag{1.5.2}$$

上式左边为 $\boldsymbol{B}$ 沿 $\boldsymbol{l}$ 的环路积分;I_0 为环路所包含的传导电流;I' 为环路所包含的分子电流;μ_0 为真空磁导率。按照磁化强度起源于分子电流的概念,磁化强度 $\boldsymbol{M}$ 与分子电流 I' 之间有如下的关系

$$\oint_{(L)} \boldsymbol{M} \cdot \mathrm{d}\boldsymbol{l} = \sum_{(L内)} I' \tag{1.5.3}$$

定义磁场强度 $\boldsymbol{H}$ 为

$$\boldsymbol{H} = \frac{\boldsymbol{B}}{\mu_0} - \boldsymbol{M} \tag{1.5.4}$$

于是,$\boldsymbol{H}$ 满足以下关系

$$\oint_{(L)} \boldsymbol{H} \cdot \mathrm{d}\boldsymbol{l} = \sum_{(L内)} I_0 \tag{1.5.5}$$

$\boldsymbol{M}$ 和 $\boldsymbol{H}$ 有相同的量纲,单位同为 A/m。可见,在 MKSA 单位制中 $\boldsymbol{H}$ 只是一个导出量。它仅用于计算传导电流所产生的磁场,不能代表磁场强度与外界发生作用。

$\boldsymbol{B}$ 和 $\boldsymbol{H}$ 的关系还可借助磁导率来描述:

$$\boldsymbol{B} = \mu\boldsymbol{H} = \mu_r\mu_0\boldsymbol{H} \tag{1.5.6}$$

式中,$\mu = \mu_r\mu_0$ 称为绝对磁导率;μ_r 称为相对磁导率,又简称磁导率。引入 $\boldsymbol{M} = \chi\boldsymbol{H}$,容易得到

$$\mu_r = 1 + \chi \tag{1.5.7}$$

χ 为磁化率。

需要特别指出,在 MKSA 单位制中存在着两种制式。以上介绍的是现在通用的一种制式。这种制式是索末菲(Sommerfeld)于 1948 年提出的,因此也叫索末菲制。在这种制式中,磁化强度 $\boldsymbol{M}$ 是用分子电流来定义的。另一种制式是肯涅利(Kennelly)于 1936 年提出的,又叫肯涅利制。在这种制式中,磁极化强度 $\boldsymbol{J}$ 被定义为单位体积内磁偶极矩的矢量和,单位为 $\mathrm{Wb/m^2}$,$\boldsymbol{J}$ 和 $\boldsymbol{B}$ 的关系由 $\boldsymbol{B} = \mu_0\boldsymbol{H} + \boldsymbol{J}$ 确定。肯涅利制提出后曾一度受到电气工程师的欢迎,后来渐少应用。其实只要令 $\boldsymbol{J} = \mu_0\boldsymbol{M}$,便没有理由认为两种制式不能同时使用。两种制式间的关系见表 1-2。

表 1-2　主要磁学量在两种单位制中的单位及其变换关系

磁学量	符号	SI 单位制(索末菲制)	SI 单位制(肯涅利制)	EMU(高斯制)	由 EMU 变为 SI 单位制时的相乘因数
磁场强度	$\boldsymbol{H}$	A/m	A/m	Oe	$10^3/4\pi$
磁感应强度	$\boldsymbol{B}$	T	T	Gs	10^{-4}
磁化强度	$\boldsymbol{M}$	A/m	—	Gs	10^3
磁极化强度	$\boldsymbol{J}$	—	T	—	
磁通量	$\boldsymbol{\Phi}$	Wb	Wb	Mx	10^{-8}
磁矩	$\boldsymbol{\mu}$	$\mathrm{Am^2}$	Wbm	emu	
磁学量的关系		$\boldsymbol{B} = \mu_0(\boldsymbol{H} + \boldsymbol{M})$	$\boldsymbol{B} = \mu_0\boldsymbol{H} + \boldsymbol{J}$	$\boldsymbol{B} = \boldsymbol{H} + 4\pi\boldsymbol{M}$	
μ 与 χ 的关系		$\mu_r = 1 + \chi$		$\mu_r = 1 + 4\pi\chi$	

二、CGS 单位制中的磁学量

CGS 单位制又叫绝对电磁单位制(emu)。它是早年使用的一种单位制。在这种单位制中,所有的磁学量都是通过磁偶极子的概念来建立的。磁化强度被定义为

$$\boldsymbol{M} = \sum_{\substack{i \\ (\text{单位体积})}} (m\boldsymbol{l})_i \tag{1.5.8}$$

单位为高斯;式中的$(m\boldsymbol{l})$为元磁偶极子的磁矩。

磁场强度被定义为单位磁荷在磁场中所受到的磁力

$$\boldsymbol{H} = \frac{\boldsymbol{F}}{m} \tag{1.5.9}$$

$\boldsymbol{H}$ 的方向为正磁荷的受力方向。当 m 的单位为单位磁荷、$\boldsymbol{F}$ 的单位为达因时,$\boldsymbol{H}$ 的单位为奥斯特。

引入磁感应强度 $\boldsymbol{B}$,使之满足如下关系

$$\boldsymbol{B} = \boldsymbol{H} + 4\pi\boldsymbol{M} \tag{1.5.10}$$

这样定义的 $\boldsymbol{B}$ 具有以下性质:

1) $\oiint_{(S)} \boldsymbol{B} \cdot \mathrm{d}\boldsymbol{S} = 0$, 即代表磁感应强度 $\boldsymbol{B}$ 的磁力线是闭合的;

2) $B_{2n} - B_{1n} = 0$,这说明磁感应强度 $\boldsymbol{B}$ 的法线分量在磁介质的界面上是连续的。

上述性质说明,磁介质中 $\boldsymbol{B}$ 的行为类似于自由空间中 $\boldsymbol{H}$ 的行为。

同时,从以上介绍还可以清楚地看出,在 CGS 单位制中,$\boldsymbol{M}$ 和 $\boldsymbol{H}$ 有明确的物理意义,是基本物理量,而 $\boldsymbol{B}$ 只是一个导出量。这与 MKSA 单位制有明显的不同。

$\boldsymbol{B}$ 和 $\boldsymbol{H}$ 的关系也可以用磁导率 μ 来表示

$$\boldsymbol{B} = \mu\boldsymbol{H} \tag{1.5.11}$$

$\boldsymbol{B}$ 的单位为高斯,与奥斯特有相同的量纲,因此 μ 是一个无量纲的量。由 $\boldsymbol{M} = \chi\boldsymbol{H}$,还可以进一步得到

$$\mu = 1 + 4\pi\chi \tag{1.5.12}$$

这与 MKSA 单位制中的关系也不一样。

在表 1-2 中列出了常用磁学量在上述两种单位制中的单位及其变换关系。在本书末的附录中我们对两种单位制做了较详细的介绍。

本书采用国际上通用的 MKSA 单位制,仅在讨论微观量子系统时有时沿用 CGS 单位制,凡遇到这种情况,我们都会特别说明。

三、两种观点的比较

如上所述,在两种单位制中对磁学量的定义源于两种不同的观点。在依据分子电流观点建立的 MKSA 单位制中,磁场是用磁感应强度 $\boldsymbol{B}$ 描述的,它由传导电流和分子电流共同产生,磁场强度 $\boldsymbol{H}$ 只是一个导出量。在非均匀磁介质中,$\boldsymbol{H}$ 不等于 $\boldsymbol{B}_0/\mu_0$($\boldsymbol{B}_0$ 是传导电流产生的磁感应强度),这时磁场强度 $\boldsymbol{H}$ 不再是一个只与传导电流有关的量,它的惟一含义是满足式(1.5.5)。在依据磁偶极子观点建立的 CGSM 单位制中,磁场是用磁场强度 $\boldsymbol{H}$ 描述的。它是电流和磁性体所产生的磁场强度的矢量和,有明确的物理意义;磁感应强度 $\boldsymbol{B}$ 只是一个引入的辅助量,引入的目的仅在于 $\boldsymbol{B}$ 满足方程 $\mathrm{div}\boldsymbol{B}=0$,是一个无源量。

在处理介质磁化问题上既然存在着两种观点,那么,从物理的角度来看哪一种观点更加合理、更加接近于物质磁性起源的真实情况呢? 这是人们长期关心和研究的一个问题。从目前的研究结果来看,似乎分子电流的观点更接近于真实情况,因而逐渐被大家所认可。主要原因是:①电子的轨道磁矩来自电子的轨道电流,支持了分子电流的观点;②狄拉克虽然从理论上预言了“磁单极”的存在,但至今没有发现“磁单极”,这使磁偶极子的概念失去了存在的基础。

尽管分子电流的观点已被广泛采用,但两种观点的争论并未结束。因为迄今为止尚不能把一切物质的磁性起源都归结为分子电流。比如,一些基本粒子的固有磁矩(像电子的自旋磁矩)便不能简单地被认为是由于电荷的旋转所产生的。由于这些固有磁矩在远源区的性质与磁偶极子相同,所以通常把基本粒子的固有磁矩视为磁偶极子。另外,由于磁偶极子与环形电流在远源区的完全等效性,也有时把电子的轨道磁矩当作磁偶极子处理。基于以上原因,在某些情况下仍然保留着磁偶极子的概念。

最后我们指出,上述的 $\boldsymbol{B}$ 和 $\boldsymbol{H}$ 都是描写磁介质内部磁场的宏观量,是微观尺度内的磁场在一个小区域内的宏观平均值。但是,在某些实验中需要涉及微观结构的有效场。例如,在核磁共振和穆斯堡尔谱实验中所研究的原子核所受的磁场,就是一种微观场。它既不同于 $\boldsymbol{B}$ 也不同于 $\boldsymbol{H}$,需要根据原子核所处的微观环境具体计算。

第六节　磁性体的热力学基础[5]

为了计算磁性体在平衡状态下的热力学量,需要把它作为一个热力学系统来处理。与非磁性系统不同的是,磁性体在被磁化的过程中外磁场将对它作功(磁化功)。换言之,被磁化的磁性体获得了磁场能。因此,当我们宏观上描述处于磁化状态的磁性体的热力学平衡态时,除了需要知道与热力学势有关的一般参量外,还需要知道与磁化功有关的参量。所以,需要先从磁化功讲起。

一、磁　化　功[6]

为了导出磁化功的形式,我们考察一个简单的例子。设有一个均匀的圆环形磁体,横截面积为 S,周长为 l。在圆环上绕有均匀线圈,线圈密度为 n。将该线圈与电动势为 $\mathscr{E}$ 的电源相联,根据电磁感应定律有

$$\mathscr{E} - nlS\frac{\mathrm{d}B}{\mathrm{d}t} = iR \tag{1.6.1}$$

其中,R 为线圈的电阻;i 为通过线圈的电流。以 $i\mathrm{d}t$ 乘式(1.6.1)两边,注意到线圈内的磁场强度 $H = ni$,容易得出

$$\mathscr{E}i\mathrm{d}t = i^2R\mathrm{d}t + lSH\mathrm{d}B \tag{1.6.2}$$

式(1.6.2)右边第一项为 $\mathrm{d}t$ 时间内产生的焦耳热;第二项为 $\mathrm{d}t$ 时间内电源所做的磁化功。

当磁性体由 $B = 0$ 磁化到 $B = B_1$ 时,电源对其单位体积所做的磁化功应为

$$u_m = \int_0^{B_1} H\mathrm{d}B \tag{1.6.3}$$

上述结果虽然是从一个简单例子导出的,但对于任何各向同性的磁性体都适用。

以 $B = \mu_0(H + M)$ 代入式(1.6.3),得

$$\begin{aligned}\int_0^{B_1} H\mathrm{d}B &= \int_0^{H_1}\mu_0 H\mathrm{d}H + \int_0^{M_1}\mu_0 H\mathrm{d}M \\ &= \frac{1}{2}\mu_0 H_1^2 + \int_0^{M_1}\mu_0 H\mathrm{d}M\end{aligned} \tag{1.6.4}$$

式中右边第一项是对单位体积线圈空心建立磁场所做的功,第二项是使单位体积的磁性体磁化所做的功。如果磁性体的磁化路径是非闭合的,则须计入退磁场能。有关这方面的问题,我们在这里不再讨论。

二、磁性体的热力学关系

根据热力学第一定律及第二定律,当我们把受外磁场作用的磁性体作为一个热力学系统时,在一无限小可逆过程中,应有

$$\mathrm{d}U = T\mathrm{d}S + \delta A \tag{1.6.5}$$

其中,$\mathrm{d}U$ 是磁性体内能的变化;δA 是外力所做的功,在此应为磁化功 $\mu_0 H\mathrm{d}M$ 与机械功 $-P\mathrm{d}V$ 之和;$T\mathrm{d}S$ 是磁性体吸收的热量;T 是绝对温度;$\mathrm{d}S$ 是系统熵的变化。于是可将磁性体的热力学关系表示为

$$\mathrm{d}U = T\mathrm{d}S + \mu_0 H\mathrm{d}M - P\mathrm{d}V \tag{1.6.6}$$

如果不计磁性体的体积变化,由式(1.6.6)可导出

$$TdS = dU - \mu_0 HdM = \left(\frac{\partial U}{\partial T}\right)_M dT + \left(\frac{\partial U}{\partial M}\right)_T dM - \mu_0 HdM \tag{1.6.7}$$

亦即

$$dS = \frac{1}{T}\left(\frac{\partial U}{\partial T}\right)_M dT + \frac{1}{T}\left[\left(\frac{\partial U}{\partial M}\right)_T - \mu_0 H\right]dM$$

由此可以得出

$$\left(\frac{\partial S}{\partial T}\right)_M = \frac{1}{T}\left(\frac{\partial U}{\partial T}\right)_M$$

$$\left(\frac{\partial S}{\partial M}\right)_T = \frac{1}{T}\left[\left(\frac{\partial U}{\partial M}\right)_T - \mu_0 H\right]$$

将以上两式分别对 M 和 T 做偏微商

$$\frac{\partial}{\partial M}\left(\frac{\partial S}{\partial T}\right) = \frac{1}{T}\frac{\partial}{\partial M}\left(\frac{\partial U}{\partial T}\right)$$

$$\frac{\partial}{\partial T}\left(\frac{\partial S}{\partial M}\right) = \frac{1}{T}\left[\frac{\partial}{\partial T}\left(\frac{\partial U}{\partial M}\right) - \mu_0\left(\frac{\partial H}{\partial T}\right)\right] - \frac{1}{T^2}\left[\left(\frac{\partial U}{\partial M}\right) - \mu_0 H\right]$$

利用$\frac{\partial}{\partial M}\left(\frac{\partial S}{\partial T}\right) = \frac{\partial}{\partial T}\left(\frac{\partial S}{\partial M}\right)$，可得如下关系

$$\left(\frac{\partial U}{\partial M}\right)_T = \mu_0\left[H - T\left(\frac{\partial H}{\partial T}\right)_M\right] \tag{1.6.8}$$

将式(1.6.8)代入式(1.6.7)，最后得到

$$TdS = \left(\frac{\partial U}{\partial T}\right)_M dT - \mu_0 T\left(\frac{\partial H}{\partial T}\right)_M dM \tag{1.6.9}$$

式(1.6.9)是研究各种磁化效应的基本热力学方程。我们举例说明以上结果的应用。

在顺磁性物质中有一大类物质服从居里定律：$\chi = \frac{C}{T}$，即

$$M = \frac{C}{T}H$$

式中 C 为常数(称为居里常数)。当 M 为常数时，$\frac{H}{T}$也应为常数。故有

$$H = T\left(\frac{\partial H}{\partial T}\right)_M$$

将上式代入式(1.6.8)，得

$$\left(\frac{\partial U}{\partial M}\right)_T = 0$$

这说明遵守居里定律的顺磁性物质，其内能 U 仅是 T 的函数，与 M 无关。这一结论已经得到朗之万顺磁性理论的证明。

对于绝热($\mathrm{d}S=0$)、等容($\delta V=0$)过程,应用式(1.6.6)比较方便。在这样的过程中,外磁场所做的磁化功等于磁性体内能的增加。对于其他热力学过程最好采用另外的热力学函数,这样的热力学函数有

1) 磁性体的自由能

$$F = U - TS \tag{1.6.10}$$

由式(1.6.6)容易得到

$$\mathrm{d}F = - S\mathrm{d}T - P\mathrm{d}V + \mu_0 H\mathrm{d}M \tag{1.6.11}$$

这一热力学函数特别适用于等温($\delta T=0$)、等容($\delta V=0$)过程。在这一过程中,外磁场所作的磁化功等于磁性体自由能的增加。

当不计磁性体的体积变化时,式(1.6.11)变为

$$\mathrm{d}F = - S\mathrm{d}T + \mu_0 H\mathrm{d}M \tag{1.6.12}$$

并且有

$$\left.\begin{aligned}\left(\frac{\partial F}{\partial T}\right)_M &= - S\\ \left(\frac{\partial F}{\partial M}\right)_T &= \mu_0 H\end{aligned}\right\} \tag{1.6.13}$$

上式说明,如果我们从理论上求得 $F(M,T)$,则可以获得在一定温度下的 M-H 关系。也就是说,可以导出磁化过程。

关于磁性体的自由能,有时也写作

$$F = U - TS - \mu_0 HM \tag{1.6.14}$$

这时由式(1.6.6)可得

$$\mathrm{d}F = - S\mathrm{d}T - P\mathrm{d}V - \mu_0 M\mathrm{d}H \tag{1.6.15}$$

利用式(1.6.15)可以解释应用于超低温下的磁致冷现象。

2) 磁性体的热力学势(吉布斯函数)

$$\Phi = F - \mu_0 MH + PV \tag{1.6.16}$$

利用式(1.6.11)可得出

$$\mathrm{d}\Phi = - S\mathrm{d}T - \mu_0 M\mathrm{d}H + V\mathrm{d}P \tag{1.6.17}$$

将 Φ 看做 T,H 和 P 的函数,由式(1.6.17)可得

$$\left(\frac{\partial \Phi}{\partial T}\right)_{H,P} = - S,\quad \left(\frac{\partial \Phi}{\partial H}\right)_{T,P} = - \mu_0 M,\quad \left(\frac{\partial \Phi}{\partial P}\right)_{T,H} = V \tag{1.6.18}$$

由式(1.6.17)还可以进一步得到

$$\mu_0\left(\frac{\partial M}{\partial P}\right)_{H,T} = - \left(\frac{\partial V}{\partial H}\right)_{P,T} \tag{1.6.19}$$

上式给出了在等温过程中压磁效应$\left(\frac{\partial M}{\partial P}\right)$与磁致伸缩$\left(\frac{\partial V}{\partial H}\right)$之间的关系,它在研究压磁材料的特性时是很有用的。

有时将磁性体的热力学势 Φ 改写为如下的形式

$$\Phi = F - \mu_0 MH \tag{1.6.20}$$

于是

$$\mathrm{d}\Phi = -S\mathrm{d}T - \mu_0 M\mathrm{d}H - P\mathrm{d}V \tag{1.6.21}$$

由此可得

$$\left(\frac{\partial \Phi}{\partial T}\right)_{H,V} = -S,\quad \left(\frac{\partial \Phi}{\partial H}\right)_{T,V} = -\mu_0 M,\quad \left(\frac{\partial \Phi}{\partial V}\right)_{T,H} = -P \tag{1.6.22}$$

可见,只要给出了 Φ 的形式,由式(1.6.18)或式(1.6.22)即可求出磁化强度 M。

自由能 F 和热力学势 Φ 的一个重要应用是它们可以作为磁化过程进行的判据。因为热力学第二定律已经证明,若把磁场 H 作为参数(即对应于某一磁场),则在一定温度 T 之下,磁性体的稳定磁化状态应该是使 $F(M,T)$ 或 $\Phi(M,T)$ 趋于极小值时的状态,亦即热力学平衡状态。

以上讨论所用的是 MKSA 单位制。若用 CGS 单位制,热力学方程的形式有所不同,式(1.6.6),(1.6.12)和(1.6.17)应分别改为

$$\mathrm{d}U = T\mathrm{d}S + H\mathrm{d}M - P\mathrm{d}V$$

$$\mathrm{d}F = -S\mathrm{d}T + H\mathrm{d}M$$

$$\mathrm{d}\Phi = -S\mathrm{d}T - M\mathrm{d}H + V\mathrm{d}P$$

各热力学关系也要做相应的变化。例如,式(1.6.13)和(1.6.18)应分别变为

$$\left(\frac{\partial F}{\partial M}\right)_T = H$$

$$\left(\frac{\partial \Phi}{\partial H}\right)_{T,P} = -M$$

以上介绍的是磁性体的热力学关系。如果知道了自由能 F 或热力学势 Φ,则可利用上述关系计算出磁性体的各种热力学量。一个经常遇到的问题是,如果知道系统在各微观状态中的能量,如何求出该系统的热力学势 Φ? 这是一个典型的统计力学问题。下面介绍有关这种问题的计算方法。

三、磁性系统的统计力学

设原子系统在外磁场中某一微观状态的能量为 ε_n,与这一状态相应的简并度为 g_n。则由统计力学可知,该原子系统的配分函数(状态和)为

$$Z = \sum_n g_n \mathrm{e}^{-\frac{\varepsilon_n}{\kappa_B T}} \tag{1.6.23}$$

式中 κ_B 为玻尔兹曼常数。根据统计力学和热力学的关系,热力学势

$$\Phi = -\kappa_B T \ln Z \tag{1.6.24}$$

由式(1.6.18)或式(1.6.22)以及式(1.6.24)和(1.6.23)可求出磁化强度为

$$M = \kappa_B T \frac{\partial}{\mu_0 \partial H}(\ln Z) = -\frac{\sum_n \frac{1}{\mu_0}\frac{\partial \varepsilon_n}{\partial H} g_n e^{-\frac{\varepsilon_n}{\kappa_B T}}}{\sum_n g_n e^{-\frac{\varepsilon_n}{\kappa_B T}}} \tag{1.6.25}$$

磁化率则为

$$\chi = \frac{M}{H} = \frac{\kappa_B T}{\mu_0 H}\frac{\partial}{\partial H}(\ln Z) = -\frac{1}{H}\cdot\frac{\sum_n \frac{1}{\mu_0}\frac{\partial \varepsilon_n}{\partial H} g_n e^{-\frac{\varepsilon_n}{\kappa_B T}}}{\sum_n g_n e^{-\frac{\varepsilon_n}{\kappa_B T}}} \tag{1.6.26}$$

可见,计算磁化强度或磁化率的关键在于计算原子系统在外磁场的能量本征值及其相应的简并度,而这种计算一般需要应用量子力学方法。

关于式(1.6.25)可做如下的解释:根据玻尔兹曼统计,原子系统处于微观状态 ε_n 的概率为

$$W_n = \frac{g_n e^{-\frac{\varepsilon_n}{\kappa_B T}}}{\sum_n g_n e^{-\frac{\varepsilon_n}{\kappa_B T}}}$$

在该状态下的磁化强度为

$$M_n = -\frac{\partial \varepsilon_n}{\partial H}$$

于是有

$$M = \overline{M} = \sum_n M_n W_n$$

这就是式(1.6.25)所给出的形式。可见,宏观状态的磁化强度 M 代表原子系统各微观状态磁化强度的统计平均值。

在 CGS 单位制中,式(1.6.25)和(1.6.26)分别为下列所代替

$$M = \kappa_B T \frac{\partial}{\partial H}(\ln Z) = -\frac{\sum_n \frac{\partial \varepsilon_n}{\partial H} g_n e^{-\frac{\varepsilon_n}{\kappa_B T}}}{\sum_n g_n e^{-\frac{\varepsilon_n}{\kappa_B T}}} \tag{1.6.27}$$

$$\chi = \frac{\kappa_B T}{H}\frac{\partial}{\partial H}(\ln Z) = -\frac{1}{H}\frac{\sum_n \frac{\partial \varepsilon_n}{\partial H} g_n e^{-\frac{\varepsilon_n}{\kappa_B T}}}{\sum_n g_n e^{-\frac{\varepsilon_n}{\kappa_B T}}} \tag{1.6.28}$$

第七节　抗磁性物质及抗磁性理论

从本节开始,我们将对各类磁性及相关理论做详细讨论。先从抗磁性开始。

一、抗磁性物质

自然界中有一大类物质属于抗磁性物质。产生抗磁效应的机理有两种：

1) 原子壳层中电子的轨道运动在外磁场中受电磁感应作用而产生附加磁矩。由于这一附加磁矩与外磁场方向相反，因此是一种抗磁效应。由于所有的原子都带有轨道电子，所以这种效应是普遍存在的。不过，这样产生的抗磁效应一般都非常微弱，仅当物质不带有其他磁性（如顺磁性、铁磁性）时，才表现出来。

2) 金属中的传导电子在外磁场中由于能量量子化而产生抗磁效应。但是，传导电子在外磁场也产生顺磁效应，并且其顺磁磁化率是抗磁磁化率的 3 倍。因此，仅就传导电子而言并不表现出抗磁性。

本节首先介绍抗磁性物质，然后讨论轨道电子抗磁性的经典理论。关于金属中传导电子的抗磁效应将在本章第十一节中讨论。

抗磁性物质主要包括以下几类：① 惰性气体，如 He，Ne，Ar，Kr，Xe 等；② 碱金属离子，如 Li^+，Na^+，K^+，Rb^+，Cs^+ 等；③ 氟族离子，如 F^-，Cl^-，Br^-，I^{-1} 等；④ 不含过渡族元素的离子晶体，如 NaCl，KBr 等；⑤ 不含过渡族元素的共价键化合物，如 H_2，CO_2 等；⑥ 某些非金属，如 Si，P，S 等；⑦ 几乎所有的有机化合和生物组织。

上述物质中绝大多数的抗磁磁化率不随温度的变化而变化，称之为经典抗磁性，经典抗磁性所遵守的 χ-T 关系称之为居里抗磁定律。

表 1-3 和表 1-4 列出了惰性气体和若干离子的抗磁磁化率。

表 1-3　惰性气体原子的 $\chi_{抗}$ 值（$10^{-6}cm^3/mol$）

元　素	Z	电子组态	$\chi_{抗}$（实验）	$\chi_{抗}$（理论）
He	2	$1s^2$	−2.02	−1.86
Ne	10	$2p^6$	−6.96	−5.8～−11.4
Ar	18	$3p^6$	−19.23	−18.8
Kr	36	$4p^6$	−28.02 −29.2	−31.7～−42.0
Xe	54	$4f^0 5p^6$	−42.02 −44.1	−42.90～−66.0

注：此表引自 S. V. Vonsovskii，Magnetism（1974）。

水是一种其磁化率被大量研究过的抗磁性物质。研究结果表明，它的抗磁磁化率随温度的变化而略有变化：100℃时 $\chi_m = -13.09\times10^{-6}$；室温（20℃）时 $\chi_m = -12.978\times10^{-6}$；0℃时 $\chi_m = -12.93\times10^{-6}$。因此把磁场作用后的水叫做磁化水是不科学的。

表 1-4 若干晶体中离子的 $\chi_{抗}$ 值($10^{-6}cm^3/mol$)

元 素		电子组态	$\chi_{抗}$(实验)	$\chi_{抗}$(理论)	
				Hartree	Slater
	Z+1				
F^-	10	$2p^6$	−9.4	−17.0	−8.1
Cl^-	18	$3p^6$	−24.2	−41.3	−25.2
Br^-	36	$4p^6$	−34.5		−39.2
I^{-1}	54	$4f^05p^6$	−50.6		−58.5
	Z−1				
Li^+	2	$2s^0$	−0.7	−0.7	−0.7
Na^+	10	$3s^0$	−6.1	−5.6	−4.1
K^+	18	$3p^64s^0$	−14.6	−17.4	−14.1
Rb^+	36	$4p^65s^0$	−22.0	−29.5	−25.1
Cs^+	54	$5p^66s^0$	−35.1	−47.5	−38.7
	Z−2				
Mg^{2+}	10	$3s^0$	−4.3	−4.2	−3.1
Ca^{2+}	18	$3p^64s^0$	−10.7	−13.1	−11.1
Sr^{2+}	36	$4p^65s^0$	−18.0		−21.0
Ba^{2+}	54	$5p^66s^0$	−29.0		−32.6

注:此表引自 C. Kittel:固体物理引论(中译本,1962)。

超导体是一种特殊的抗磁性物质。磁场在超导体表面是按指数衰减的形式向内透入的。透入深度约为 10^{-6}cm。超导体内部的磁通密度为零,这相当于 $\chi=-1$,比一般抗磁物质的磁化率约大 6 个数量级。有关超导体抗磁性的问题在此不再讨论。

二、抗磁性的经典理论[2,7]

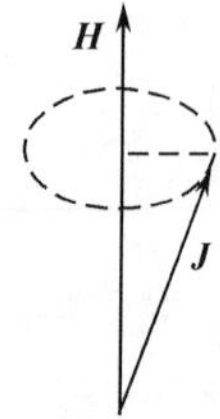

图 1-4

下面介绍轨道电子的抗磁性理论。设原子中某一轨道电子的轨道角动量为 $\boldsymbol{J}$(如图 1-4 所示),相应的轨道磁矩应为

$$\boldsymbol{\mu}=-\frac{|e|}{2m}\boldsymbol{J} \tag{1.7.1}$$

在外磁场 $\boldsymbol{H}$ 中,该电子将受到力矩 $\mu_0\boldsymbol{\mu}\times\boldsymbol{H}$ 的作用,使其角动量发生变化。由角动量定理可知

$$\frac{\mathrm{d}\boldsymbol{J}}{\mathrm{d}t}=\mu_0\boldsymbol{\mu}\times\boldsymbol{H}=-\frac{\mu_0|e|}{2m}\boldsymbol{J}\times\boldsymbol{H} \tag{1.7.2}$$

将 $\boldsymbol{H}$ 方向取为 z 轴方向，令 $\gamma=\frac{\mu_0|e|}{2m}$，则式(1.7.2)可写成如下的分量形式：

$$\left.\begin{aligned}\dot{J}_x&=-\gamma J_y H\\ \dot{J}_y&=\gamma J_x H\\ \dot{J}_z&=0\end{aligned}\right\} \tag{1.7.3}$$

因而有

$$\left.\begin{aligned}\ddot{J}_x&=-\gamma^2H^2J_x\\ \ddot{J}_y&=-\gamma^2H^2J_y\end{aligned}\right\} \tag{1.7.4}$$

解该方程组，可知 J_x,J_y 在 xy 平面内以角频率 $\omega_{\mathrm{L}}=\gamma H=\frac{\mu_0|e|}{2m}H$ 绕 z 轴(即外磁场 $\boldsymbol{H}$ 方向)旋转。这就是说，电子一方面做轨道运动因而有轨道角动量 $\boldsymbol{J}$，另一方面轨道角动量 $\boldsymbol{J}$ 又围绕外磁场 $\boldsymbol{H}$ 转动因而又增加了一个附加的角动量

$$|\Delta\boldsymbol{J}|=m\omega_{\mathrm{L}}\overline{\rho^2} \tag{1.7.5}$$

其中 $\overline{\rho^2}$ 为电子到 z 轴距离平方的平均值，m 为电子质量。$\boldsymbol{J}$ 绕外磁场 $\boldsymbol{H}$ 旋转的现象称之为拉莫尔(Larmor)进动，ω_{L} 为拉莫尔进动频率[8]。我们注意到，不管 $\boldsymbol{J}$ 的方向如何，它们进动的方向是一致的，即围绕外磁场 $\boldsymbol{H}$ 做右旋进动。因而，所有轨道电子所产生的附加角动量 $\Delta\boldsymbol{J}$ 具有相同方向。由此可以得出如下结论：即使各个电子的 $\boldsymbol{J}$ 相加为零(如在闭壳层情况下)，它们的 $\Delta\boldsymbol{J}$ 相加也不为零。

与 $\Delta\boldsymbol{J}$ 相对应，电子将产生附加磁矩

$$\Delta\boldsymbol{\mu}=-\frac{|e|}{2m}\Delta\boldsymbol{J}=-\frac{\mu_0e^2}{4m}\overline{\rho^2}\boldsymbol{H} \tag{1.7.6}$$

设单位体积内的原子数为 N，每个原子有 z 个轨道电子，由此产生的磁化强度为

$$\boldsymbol{M}=-Nz\frac{\mu_0e^2}{4m}\overline{\rho^2}\boldsymbol{H} \tag{1.7.7}$$

由于 $\boldsymbol{M}$ 与 $\boldsymbol{H}$ 方向相反，故为一种抗磁效应。我们还可以进一步求出抗磁磁化率为

$$\chi_{抗}=-Nz\frac{\mu_0e^2}{4m}(\overline{x^2}+\overline{y^2}) \tag{1.7.8}$$

设原子内轨道电子的分布为球形对称，$\overline{x^2}=\overline{y^2}=\overline{z^2}=\overline{r^2}/3$，则应有

$$\chi_{抗}=-Nz\frac{\mu_0e^2}{6m}\overline{r^2} \tag{1.7.9}$$

通过量纲分析可知，$\chi_{抗}$ 为一无量纲的量。上式即为朗之万抗磁磁化率表达式。

原则上，我们可以利用式(1.7.9)计算任何物质的抗磁磁化率。但是，除了氢原子以外我们尚无法准确地计算其他原子的 $\overline{r^2}$ 值，因此也无法准确地计算出各有关物质的抗磁磁化率。

作为估计，取 $e=1.6\times10^{-19}\mathrm{C}$，$m=9.1\times10^{-31}\mathrm{kg}$，$N=10^{6}\times10^{23}$，$\mu_0=4\pi\times10^{-7}\mathrm{H/m}$，$\overline{r^2}=10^{-20}\mathrm{m}^2$。由此算得

$$\chi_{抗}\approx-10^{6}\times10^{23}\times\frac{4\pi\times10^{-7}\times(1.6\times10^{-19})^2}{6\times9.1\times10^{-31}}\times10^{-20}z\approx-4\pi\times4.7\times10^{-7}z$$

可见 $\chi_{抗}$ 的大小与核外电子数 z 成正比，并且与 $\overline{r^2}$ 有关。图 1-5 给出了惰性气体原子及其他离子的 $\chi_{抗}$ 随 z 变化的实验结果，证实了以上有关结论。

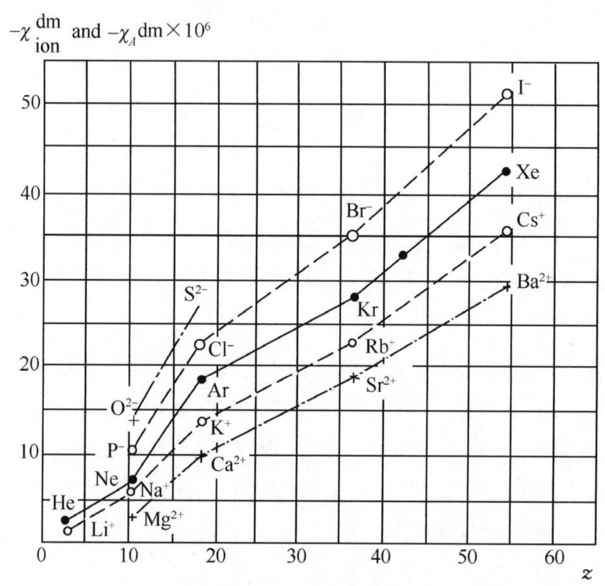

图 1-5　惰性气体原子及相邻正、负离子的抗磁磁化率 $\chi_{抗}$ 随壳层电子数 z 的变化

(摘自 S. V. Vonsovskii, Magnetism 1974, Vol. 1, 80)

* 第八节　抗磁性量子理论[2]

抗磁性量子理论是范弗莱克首先提出并加以研究的[9]。他得到的结果与式(1.7.9)相同，只是对 $\overline{r^2}$ 的计算须按量子力学的方法。

对于在本节中将要处理的微观量子系统，我们沿用 CGS 单位制。按照量子力学理论，在 CGS 单位制中，原子内的电子系统在外磁场中的哈密顿量算符应为[10]

$$\hat{\mathscr{H}}=\sum_i\frac{1}{2m}\left(\hat{\boldsymbol{P}}_i+\frac{e}{c}\boldsymbol{A}_i\right)^2+V+\sum_i\frac{e}{mc}\boldsymbol{H}\cdot\boldsymbol{\sigma}_i \tag{1.8.1}$$

其中，e 为电子电荷；c 为光速；$\hat{\boldsymbol{P}}_i=\frac{\hbar}{i}\nabla_i$ 是动量算符；$\nabla_i=\boldsymbol{i}\frac{\partial}{\partial x_i}+\boldsymbol{j}\frac{\partial}{\partial y_i}+\boldsymbol{k}\frac{\partial}{\partial z_i}$ 是哈密顿算子；$\boldsymbol{A}$ 是磁场矢量势；V 是电子系统内部的(电子与原子核之间及电子与

电子之间)静电作用能;$\boldsymbol{H}$ 是外磁场;$\boldsymbol{\sigma}_i$ 是电子 i 的自旋算符。

如磁场为沿 z 轴方向的均匀磁场($H_x = H_y = 0, H_z = H$),则由 $\boldsymbol{H} = \mathrm{rot}\boldsymbol{A}$ 可得,

$$\boldsymbol{A} = \frac{1}{2}\boldsymbol{H} \times \boldsymbol{r} = \frac{1}{2}(-\boldsymbol{i}Hy + \boldsymbol{j}Hx) \tag{1.8.2}$$

将式(1.8.2)代入式(1.8.1),得到

$$\begin{aligned}\mathscr{H} &= \sum_i \left[-\frac{\hbar^2}{2m}\Delta_i + \frac{\hbar eH}{i\,2mc}\left(x_i\frac{\partial}{\partial y_i} - y_i\frac{\partial}{\partial x_i}\right) + \frac{e^2H^2}{8mc}(x_i^2 + y_i^2)\right] \\ &\quad + V + \sum_i \frac{e}{mc}H\sigma_{z_i} = \sum_i \left[-\frac{\hbar^2}{2m}\Delta_i + V + \frac{eH}{2mc}(\hat{J}_{z_i} + 2\hat{\sigma}_{z_i}) \right. \\ &\quad \left. + \frac{e^2H^2}{8mc^2}(x_i^2 + y_i^2)\right]\end{aligned} \tag{1.8.3}$$

其中,$\Delta_i = \frac{\partial^2}{\partial x_i^2} + \frac{\partial^2}{\partial y_i^2} + \frac{\partial^2}{\partial z_i^2}$是拉普拉斯算子;$\hat{J}_{z_i} = \frac{\hbar}{i}\left(x_i\frac{\partial}{\partial y_i} - y_i\frac{\partial}{\partial x_i}\right)$是第 i 个电子角动量的 z 分量。

对于式(1.8.3)中的 $\hat{\mathscr{H}}$,只能采取微扰法求解。为此,令

$$\hat{\mathscr{H}}_0 = \sum_i -\frac{\hbar^2}{2m}\Delta_i + V \tag{1.8.4}$$

为未微扰系统的哈密顿量

$$\hat{\mathscr{H}}_1 = \sum_i \frac{eH}{2mc}(\hat{J}_{z_i} + 2\hat{\sigma}_{z_i}) + \sum_i \frac{e^2H^2}{8mc^2}(x_i^2 + y_i^2) \tag{1.8.5}$$

为微扰哈密顿量。

解薛定谔方程

$$\hat{\mathscr{H}}_0\psi = E_0\psi \tag{1.8.6}$$

可求出未受磁场作用的电子系统的本征能量 E_0 及相应的本征函数 $\psi_{n,l,m}$。

按照微扰方法,以 $\psi_{n,l,m}$(以后将量子数 n, l, m 简写为 m)为基函数,可计算出 $\hat{\mathscr{H}}_1$ 的一级微扰能量

$$E^{(1)} = -\sum_i \langle m|\hat{\mu}_{z_i}|m\rangle H + \frac{e^2H^2}{8mc}\sum_i \langle m|x_i^2 + y_i^2|m\rangle \tag{1.8.7}$$

及二级微扰能量(只近似到 H^2 项)

$$E^{(2)} = -H^2 \sum_{m'(\neq m)} \sum_i \frac{\left|\langle m'|\hat{\mu}_{z_i}|m\rangle\right|^2}{E_{m'}^{(0)} - E_m^{(0)}} \tag{1.8.8}$$

其中

$$\hat{\mu}_{z_i} = -\frac{e}{2mc}(\hat{J}_{z_i} + 2\hat{\sigma}_{z_i}) \tag{1.8.9}$$

为第 i 个电子磁矩的 z 分量。对于满额的电子壳层,$\sum_i \langle m|\hat{\mu}_{z_i}|m\rangle = 0$,故系统

总微扰能量为

$$\varepsilon = E^{(1)} + E^{(2)} = \frac{e^2H^2}{8mc}\sum_i \langle m | x_i^2 + y_i^2 | m \rangle - H^2 \sum_{m'(\neq m)} \sum_i \frac{\left| \langle m' | \hat{\mu}_{z_i} | m \rangle \right|^2}{E_{m'}^{(0)} - E_m^{(0)}} \tag{1.8.10}$$

如单位体积内有 N 个原子,并假设核外电子的分布是球形对称的,因而有

$$\overline{x_i^2} = \overline{y_i^2} = \frac{1}{3}\overline{r_i^2}$$

和

$$\left| \langle m' | \hat{\mu}_{z_i} | m \rangle \right|^2 = \frac{1}{3}\left| \langle m' | \hat{\mu}_i | m \rangle \right|^2$$

于是,根据热力学关系 $M_z = -\dfrac{\partial \varepsilon}{\partial H}$,可求得磁化强度为

$$M_z = -\frac{Ne^2H}{6mc}\sum_{i=1}^{z} \langle m | r_i^2 | m \rangle + \frac{2NH}{3} \sum_{m'(\neq m)} \sum_i \frac{\left| \langle m' | \hat{\mu}_i | m \rangle \right|^2}{E_{m'}^{(0)} - E_m^{(0)}} \tag{1.8.11}$$

进而可计算出磁化率为

$$\chi = -\frac{M_z}{H} = -\frac{Ne^2}{6mc}\sum_{i=1}^{z} \langle m | r_i^2 | m \rangle + \frac{2N}{3} \sum_{m'(\neq m)} \sum_i \frac{\left| \langle m' | \hat{\mu}_i | m \rangle \right|^2}{E_{m'}^{(0)} - E_m^{(0)}} \tag{1.8.12}$$

上式中第一项与式(1.7.9)相同,代表抗磁磁化率,只是在量子理论中以 r_i^2 的矩阵形式代替了 r^2 的平均值 $\overline{r^2}$。上式中第二项是激发态引起的顺磁磁化率,如 $E_{m'}^{(0)} - E_m^{(0)} \gg \kappa_B T$,该项的贡献则可认为很小。

在量子力学理论中计算原子内轨道电子的 $\langle r^2 \rangle$ 有多种近似方法。其中一种方法是根据 D. R. Hatree 给出的波函数计算的,称 Hatree 函数方法[11]。另一种方法是根据 J. C. Slater 给出的波函数计算的,称 Slater 函数方法[12]。在表 1-4 中列出了用以上两种方法计算的 $\langle r^2 \rangle$ 值所得出的 $\chi_{抗}$。

量子力学方法并未对轨道电子抗磁磁化率的计算带来新的结果,它的价值在于给出了抗磁性和顺磁性之间的密切关系以及显明的物理图像。

第九节　顺磁性物质及朗之万顺磁性理论

一、顺磁性物质

顺磁性物质是一类 $\chi > 0$ 的弱磁性物质。它可分为三个主要类型:

1. 正常顺磁性物质

这类顺磁性物质的基本特点是其原子或离子具有一定的磁矩。这种磁矩有三

种来源:① 原子或离子中包含有未满额的电子壳层,像某些过渡族元素的化合物以及少数过渡族元素的金属和合金,如 $MnSO_4 \cdot 4H_2O$,$FeCl_3$,$FeSO_4 \cdot 7H_2O$,Gd_2O_3,$PrCl_3$,金属 Pt,Pd 等;② 包含奇数个电子的原子或分子,如 Na 原子、NO 分子以及有机化合物中的自由基;③少数含有偶数个电子的化合物,如 O_2 分子、有机化合物中的双自由基。其中少数物质(如 O_2,NO,$Cd_2(SO_4)_3 \cdot 8H_2O$ 等)准确地符合居里定律

$$\chi = \frac{C}{T} \tag{1.9.1}$$

C 称为居里常数,T 是绝对温度。而大多数物质符合居里-外斯(Curie-Weiss)定律

$$\chi = \frac{C}{T - \theta_P} \tag{1.9.2}$$

式中,θ_P 为顺磁居里温度。在极强的外磁场或者足够低的温度下,这些顺磁性物质还表现出顺磁饱和、低温磁性反常等特性。

2. 温度高于临界温度时的铁磁性物质、反铁磁性物质和亚铁磁性物质

高于居里温度的铁磁性物质、高于奈尔温度的反铁磁性物质表现为顺磁性,磁化率随温度的变化遵从居里-外斯定律

$$\chi = \frac{C}{T - \theta_P}$$

对于铁磁性物质,$\theta_P > 0$,称为顺磁居里点;对于反铁磁性物质,$\theta_P < 0$,为渐近居里点。

高于居里温度的亚铁磁性物质也表现出顺磁性,但磁化率随温度变化的形式比较复杂,只有当温度远高于居里点时,磁化率同温度的关系才接近于居里-外斯定律的形式。

3. 磁化率与温度无关的顺磁性物质

碱金属 Li,Na,K,Rb 属于这一类,它们的磁化率约为 $10^{-7} \sim 10^{-6}$,与温度无关。这类物质的顺磁性来源于传导电子,有关这类顺磁性形成的机理将在本章第十一节介绍。

二、朗之万顺磁性理论

顺磁性的经典理论是朗之万首先提出的[13]。他用这一理论说明了上述第一类顺磁性物质的磁化率变化规律。朗之万顺磁性理论的基本概念如下:

假定顺磁性物质的原子或离子具有固定大小的磁矩,磁矩之间无相互作用;在热扰动下,平衡状态时磁矩混乱取向,因此无外磁场时不显示磁性。在外磁场中,

各原子磁矩不同程度的转向外磁场方向，于是在外磁场方向产生了顺磁磁化率。

严格地讲，朗之万关于原子(或离子)磁矩间无相互作用的假设是不成立的，因为至少应存在着磁偶极相互作用。但由于这一相互作用如此之微弱(例如，两个磁矩为玻尔磁子的原子，当相距 3Å 时，其磁偶极相互作用能约为 0.03K)，与室温下的热运动能相比，可以忽略不计。这就是说，如果原子磁矩之间仅存在磁偶极相互作用，朗之万的假设是可以接受的。

设顺磁体内共有 N 个原子。当某个原子的磁矩 $\boldsymbol{\mu}$ 与外磁场 $\boldsymbol{H}$ 间的夹角为 θ 时，其磁场能为 $-\mu_0\mu H\cos\theta$，其中 μ_0 为真空磁导率。按照经典统计理论，这一系统的状态和应为

$$Z(H)=\left[\int_0^{2\pi}\mathrm{d}\phi\int_0^{\pi}\mathrm{e}^{\frac{\mu_0\mu H\cos\theta}{\kappa_B T}}\sin\theta\mathrm{d}\theta\right]^N=\left[\frac{4\pi\kappa_B T}{\mu_0\mu H}\cdot\sinh\left(\frac{\mu_0\mu H}{\kappa_B T}\right)\right]^N \tag{1.9.3}$$

如 N 为单位体积内的原子数，则该系统的磁化强度为

$$M=\frac{\kappa_B T}{\mu_0}\cdot\frac{\partial}{\partial H}\ln Z=N\mu\left(\coth\frac{\mu_0\mu H}{\kappa_B T}-\frac{\kappa_B T}{\mu_0\mu H}\right)$$

令 $\alpha=\dfrac{\mu_0\mu H}{\kappa_B T}$，代入上式得

$$M=N\mu\left(\coth\alpha-\frac{1}{\alpha}\right)=N\mu L_\infty(\alpha) \tag{1.9.4}$$

$L_\infty(\alpha)$称为朗之万函数，下标∞表示 θ 的分布是连续的。

在弱磁场中，$\mu_0\mu H\ll\kappa_B T$，$L_\infty(\alpha)\approx\dfrac{\alpha}{3}-\dfrac{\alpha^3}{45}+\cdots$，可求出顺磁磁化率为

$$\chi=\frac{N\mu_0\mu^2}{3\kappa_B T}=\frac{C}{T} \tag{1.9.5}$$

此即前面所介绍的居里定律，居里常数 $C=\dfrac{N\mu_0\mu^2}{3\kappa_B}$。

当磁场足够强时，$\mu_0\mu H\gg\kappa_B T$，$L_\infty(\alpha)\approx1$

$$M\approx N\mu$$

这时顺磁性物质达到饱和磁化。

在 CGS 单位制中，式(1.9.5)应为 $\chi=\dfrac{N\mu^2}{3\kappa_B T}$，$C=\dfrac{N\mu^2}{3\kappa_B}$。

应当指出，朗之万的顺磁性理论属于经典统计理论。在经典统计理论范畴内不应该得出物质具有磁性的结果。因为理论上已经证明：将玻尔兹曼统计应用于一个受外磁场作用的原子系统，当系统达到稳定状态时，其磁化率等于零[范列温定理]。朗之万理论之所以得出 $\chi\neq0$ 的结果是因为首先假定组成物质的原子(或离子)具有一个固定的磁矩，而这一假定正是量子力学的结果。所以说，朗之万的顺磁性理论实际上已经包含了量子力学的内容。如果进一步考虑到量子力学中电子角动量取向的量子化规则，还可以改进朗之万的理论结果。下面介绍这种方法。

按照量子力学理论,电子的轨道角动量和自旋角动量在外磁场中的取向是量子化的,因而原子的总角动量和总磁矩在外磁场中的取向也是量子化的。根据量子力学的计算结果,当原子磁矩的绝对值为 $g\mu_B\sqrt{J(J+1)}$ 时,它沿外磁场方向的分量为 $m_Jg\mu_B$,其中 $m_J=-J,-J+1,\cdots,0,\cdots,J-1,J$ 为磁量子数。按照磁矩的这一取向方式,系统的状态和为

$$Z(H)=\left(\sum_{m_J=-J}^{+J}e^{\frac{\mu_0 m_J g\mu_B H}{\kappa_B T}}\right)^N \tag{1.9.6}$$

磁化强度则为

$$M=NJg\mu_B\left\{\frac{\sum\limits_{m_J=-J}^{+J}\frac{m_J}{J}e^{\frac{m_J}{J}\alpha}}{\sum\limits_{m_J=-J}^{+J}e^{\frac{m_J}{J}\alpha}}\right\}=NJg\mu_B B_J(\alpha) \tag{1.9.7}$$

其中 $B_J(\alpha)$称为布里渊函数;$\alpha=\dfrac{\mu_0 gJ\mu_B H}{\kappa_B T}=\dfrac{\mu_0\mu H}{\kappa_B T}$。

利用关系式

$$\sum_{m_J=-J}^{+J}x^{m_J}=x^{-J}(1-x+x^2-\cdots+x^{2J})=\frac{x^{-J}-x^{J+1}}{1-x}$$

及

$$\sum_{m_J=-J}^{+J}mx^m=x\frac{d}{dx}\sum_{m=-J}^{+J}x^m$$

可求出

$$B_J(\alpha)=\frac{2J+1}{2J}\coth\frac{2J+1}{2J}\alpha-\frac{1}{2J}\coth\frac{1}{2J}\alpha \tag{1.9.8}$$

在弱磁场中,$\alpha\ll 1$,于是可取以下的近似

$$\coth\alpha=\frac{1}{\alpha}+\frac{\alpha}{3}-\frac{\alpha^3}{45}+\cdots$$

只取到 α 的一次方项,得

$$M=\frac{N\mu_0\mu^2}{3\kappa_B T}\cdot\frac{J+1}{J}H \tag{1.9.9}$$

而

$$\chi=\frac{M}{H}=\frac{J+1}{J}\frac{N\mu_0\mu^2}{3\kappa_B T}=\frac{C}{T} \tag{1.9.10}$$

显然,当 $J\to\infty$时,式(1.9.10)变为式(1.9.5),即朗之万的结果。

将 $\mu=Jg\mu_B$ 代入式(1.9.10),得到

$$\chi_{顺磁}=\frac{N\mu_0 g^2\mu_B^2}{3\kappa_B T}J(J+1) \tag{1.9.11}$$

由上式可以看出,$g\mu_B\sqrt{J(J+1)}$应为原子(或离子)的有效磁矩,而$n_P=g\sqrt{J(J+1)}$,则为有效磁子数。

比较式(1.9.11)与式(1.9.1)可见,居里常数$C=\frac{N\mu_0 g^2\mu_B^2 J(J+1)}{3\kappa_B}$。

三、离子磁矩的测定值与理论结果的比较

式(1.9.11)告诉我们,通过测量物质的顺磁磁化率随温度的变化可由居里常数确定离子或原子的有效磁矩和有效磁子数。这样,便可用实验结果来验证我们用洪德定则对离子或原子磁矩所作的计算。我们发现,对于稀土元素的离子,理论与实验符合得较好;对于铁族离子,则符合程度较差。表1-5和1-6列举了这两类元素离子的理论及实验结果。

表1-5　稀土族元素三价离子的有效磁子数

离　子	n_p(计算)$=g_J[J(J+1)]^{\frac{1}{2}}$	n_p(实验)(近似值)	离　子	n_p(计算)$=g_J[J(J+1)]^{\frac{1}{2}}$	n_p(实验)(近似值)
Ce^{3+}	2.54	2.4	Tb^{3+}	9.72	9.5
Pr^{3+}	3.58	3.5	Dy^{3+}	10.63	10.6
Nd^{3+}	3.62	3.5	Ho^{3+}	10.60	10.4
Pm^{3+}	2.68	…	Er^{3+}	9.59	9.5
Sm^{3+}	0.84	1.5	Tm^{3+}	7.57	7.3
Eu^{3+}	0	3.4	Yb^{3+}	4.54	4.5
Gd^{3+}	7.94	8.0			

表1-6　铁族元素离子的有效磁子数

离　子	n_p(计算)$=g_J[J(J+1)]^{\frac{1}{2}}$	n_p(计算)$=2[S(S+1)]^{\frac{1}{2}}$	n_p(实验)	g(实验)$=n_p$(实验)$/[S(S+1)]^{\frac{1}{2}}$
Ti^{3+}, V^{4+}	1.55	1.73	1.8	
V^{3+}	1.63	2.83	2.8	(1.98)
Cr^{3+}, V^{2+}	0.77	3.87	3.8	(1.97)
Mn^{3+}, Cr^{2+}	0	4.90	4.9	2.0
Fe^{3+}, Mn^{2+}	5.92	5.92	5.9	2.0
Fe^{2+}	6.70	4.90	5.4	2.2
Co^{2+}	6.54	3.87	4.8	2.5
Ni^{2+}	5.59	2.83	3.2	2.3
Cu^{2+}	3.55	1.73	1.9	2.2

注:以上两表摘自C.基特耳,固体物理引论,1962年,人民教育出版社。

图 1-6(a),(b)是以上结果的图示。由图可见,稀土离子的实验数值(用竖线表示)与按 $g\sqrt{J(J+1)}$ 计算的理论结果符合较好,仅在电子数为 58～60 的范围内(对应于 Pm^{3+}, Sm^{3+}, Eu^{3+})有所偏离。而铁族离子的实验数值(图中的竖线)则完全不符合按 $g\sqrt{J(J+1)}$ 计算的结果,与按 $2\sqrt{S(S+1)}$ 计算的结果较为符合。

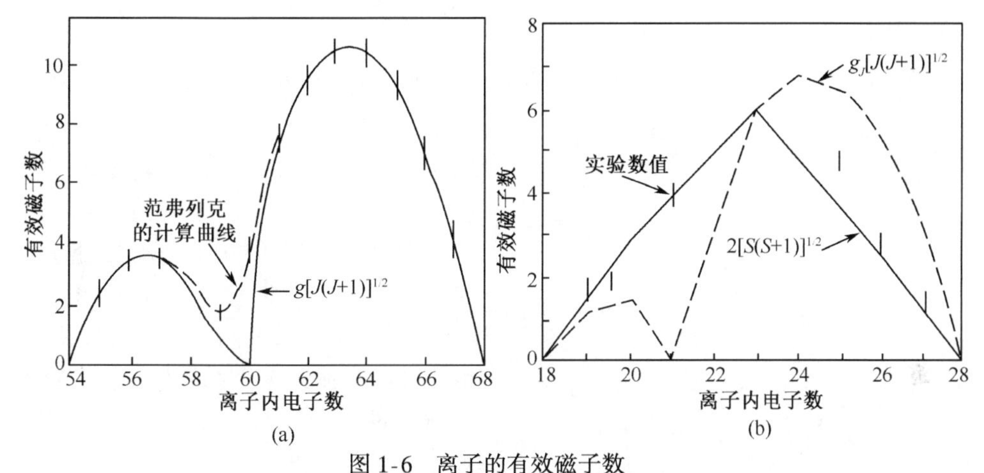

图 1-6　离子的有效磁子数

(a) 稀土族元素离子的有效磁子数;(b) 铁族元素离子的有效磁子数

这一事实说明铁族离子的轨道磁矩接近于零。人们称这种现象为轨道角动量的“冻结”或“猝灭”(quenching)。下面对这一现象做一简单的解释。

四、关于轨道角动量“冻结”的简单解释

在盐类晶体中,金属阳离子和非金属阴离子有序地排列为晶体点阵,阳离子被邻近的阴离子所包围。因此每一个金属阳离子都受到邻近阴离子所产生的电场作用,此即所谓晶体场。对于铁族元素来说,磁矩来自 $3d$ 电子,外面只有 $4s$ 电子。在盐类晶体中,$4s$ 电子移向非金属离子,这时 $3d$ 电子完全裸露于晶体场中,因此所受的晶体场作用较强。稀土元素的磁矩来自 $4f$ 电子,在这些电子的外面有 $5s$,$5p$ 电子作屏蔽,因此所受的晶体场作用较弱。这是 $3d$ 电子与 $4f$ 电子在所处环境方面的重要区别。

另一方面,电子的轨道磁矩和自旋磁矩之间存在着耦合作用,称为 L-S 耦合。这是核外电子运动的一种相对论效应,耦合强度与电子运动的轨道半径有直接的关系。$4f$ 电子的轨道半径较大,耦合强度大;$3d$ 电子的轨道半径小,耦合强度小。这是 $3d$ 电子与 $4f$ 电子的另一个重要区别。

正是由于以上原因,铁族元素的 $3d$ 电子在晶体场作用下将发生两个方面的变化:①总轨道角动量 $\boldsymbol{L}$ 与总自旋角动量 $\boldsymbol{S}$ 之间的耦合在很大程度上受到破坏,

磁矩变为 $\mu_B \boldsymbol{L}$ 和 $2\mu_B \boldsymbol{S}$ 两部分;②L^2 虽然还是运动恒量,但 L_z 不再是运动恒量,原来 5 重简并的轨道态将发生分裂。例如,当铁族离子处于体心立方的中心并且周围 8 个配位子带负电荷时,$3d$ 电子 5 重简并的轨道态将分裂为两个能级:具有较高能量的 3 重简并轨道态(记为 dε 或 t_{2g})和具有较低能量的 2 重简并轨道态(记为 dν 或 e_g)。如果晶体场的对称性更低(如三角对称),$3d$ 电子的轨道态还将进一步分裂(如图 1-7 所示)。在理论上可以严格证明:当分裂后的最低能级为轨道单重态时(大多数铁族元素的盐类属于这一情况),L_z 的平均值为零。这就是说,基态电子的轨道角动量处于被"冻结"状态。另外,理论计算还表明,当电子处于 dγ 能级的两个轨道态时,轨道角动量也将被完全冻结;而当电子处于 dε 能级的三个轨道态时,轨道角动量将被部分冻结。

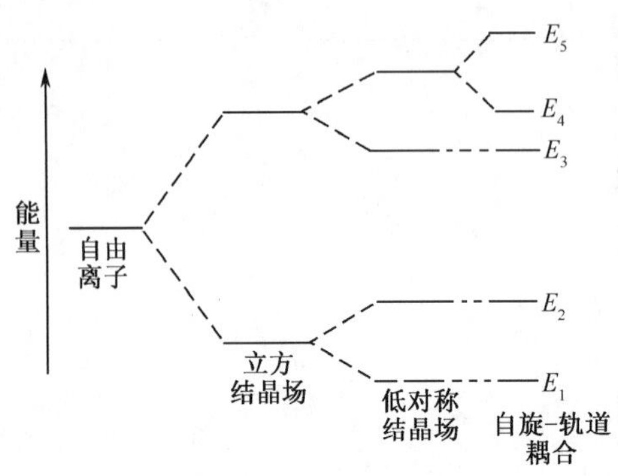

图 1-7　在结晶场作用下 d 电子五重简并能级的分裂示意

在轨道角动量被冻结的情况下,铁族离子的磁矩将全部由电子的自旋磁矩来提供。因此,离子的有效磁矩 $=2\mu_B\sqrt{S(S+1)}$,这正是我们在表 1-6 中看到的结果。如果电子的轨道角动量没有完全被冻结而存在着某些"残余","残余"的轨道角动量将对离子磁矩产生微弱的影响。这时 S-L 耦合依然存在。通过这种耦合,"残余"的轨道磁矩"混入"了自旋磁矩。在这种情况下,如果我们仍然用 $g\mu_B\cdot\sqrt{S(S+1)}$表示离子的磁矩,g-因子不再严格地等于 2。显然,当 S-L 耦合在能量上有利于$\boldsymbol{S}$ 与$\boldsymbol{L}$ 同向时($3d$ 壳层中的电子数目超过半满额的情况),$g>2$;反之,当 S-L 耦合在能量上有利于$\boldsymbol{S}$ 与$\boldsymbol{L}$ 反向时($3d$ 壳层中的电子数不足或等于半满额的情况),$g<2$。这一点可从表 1-6 直接看出。

稀土离子的情况与上述完全不同。首先,$4f$ 电子受到的晶体场作用较弱,不会造成轨道角动量的"冻结"。其次,S-L 耦合作用较强,离子磁矩仍然保持 $g_J\mu_B\sqrt{J(J+1)}$的形式。至于在 Pm^{3+}, Sm^{3+}, Eu^{3+} 离子中出现的磁矩实测值与 $g_J\mu_B\sqrt{J(J+1)}$值的偏离,主要原因是这 3 种离子的能量激发态与基态间的能级差太小,计算磁化率时应当考虑激发态的影响,而朗之万的顺磁理论则完全没有考虑这种影响。这一问题需要应用顺磁性量子理论来解决。

*第十节　顺磁性量子理论[2]

顺磁性量子理论是由范弗莱克建立的[9]。这一理论对顺磁性给出了严格计算。

在以下的计算中采用 CGS 单位制，并且假定由外磁场激发的磁场能不但比原子的非简并态间的能级小，而且也比平均热动能 $\kappa_B T$ 小，即 $\mu_B H \ll \kappa_B T$（相当于弱磁场或高温情形）。这样便毋需考虑顺磁饱和现象。

原子中电子系统的哈密顿量已在本章第八节中给出，其形式为

$$\hat{\mathscr{H}} = \hat{\mathscr{H}_0} + \hat{\mathscr{H}_1} \tag{1.10.1}$$

其中

$$\hat{\mathscr{H}_0} = \sum_i -\frac{\hbar^2}{2m}\Delta_i + V$$

$$\hat{\mathscr{H}_1} = H\hat{M}_z + \sum_i H^2 \frac{e^2}{8mc^2}(x_i^2 + y_i^2)$$

系统的能量也已经在本章第八节中用微扰法求出，其值为

$$\begin{aligned} E_n = E_n^0 - H\langle n|\hat{M}_z|n\rangle + H^2\frac{e^2}{8mc^2}\sum_i\langle n|x_i^2 + y_i^2|n\rangle \\ - H^2\sum_{n'\neq n}\frac{|\langle n|\hat{M}_z|n'\rangle|^2}{E_{n'}^0 - E_n^0} \end{aligned} \tag{1.10.2}$$

同在本章第八节中一样，状态的指标 n 一般是指三个量子数 (n, j, m)。

为求系统的磁化率，我们先求其状态和。取权重因子 $g_n = 1$。考虑到 $\hat{\mathscr{H}_1}$，作为系统的微扰能量在量值上远小于 E_n^0，也远小于 $\kappa_B T$，在将指数函数展为级数后我们得到

$$\begin{aligned} Z = \sum_n \mathrm{e}^{-\frac{E_n}{\kappa_B T}} = \sum_n \mathrm{e}^{-\frac{E_n^0}{\kappa_B T}}\Bigg\{1 + \frac{H\langle n|\hat{M}_z|n\rangle}{\kappa_B T} \\ - \frac{H^2 e^2}{\kappa_B T 8mc^2}\sum_i\langle n|x_i^2 + y_i^2|n\rangle + \frac{H^2}{\kappa_B T}\sum_{n\neq n'}\frac{|\langle n|\hat{M}_z|n\rangle|^2}{E_{n'}^0 - E_n^0} \\ + \frac{1}{2}\frac{H^2}{\kappa_B^2 T^2}|\langle n|\hat{M}_z|n\rangle|^2\Bigg\} \end{aligned} \tag{1.10.3}$$

在式(1.10.3)中只保留到 H 的二次项。

上式中的 $\hat{M}_z$ 为在外磁场中电子系统沿 z 轴的磁矩。由于 E_n^0 与磁场无关，$\hat{M}_z$ 在各个方向取向的概率 $\mathrm{e}^{-E_n^0/\kappa_B T}$ 相等，因此从对称性考虑，应有

$$\sum_n \mathrm{e}^{-E_n^0/\kappa_B T}\langle n|\hat{M}_z|n\rangle = 0$$

也就是说，按各种 E_n^0 的状态分布，顺磁体不存在自发的总磁矩。于是

$$\begin{aligned} Z = Z_0\Bigg\{1 + \frac{H^2}{\kappa_B T Z_0}\sum_n \mathrm{e}^{-\frac{E_n^0}{\kappa_B T}}\Bigg[\frac{|\langle n|\hat{M}_z|n\rangle|^2}{2\kappa_B T} \\ + \sum_{n'\neq n}\frac{|\langle n|\hat{M}_z|n'\rangle|^2}{E_{n'}^0 - E_n^0} - \frac{\mathrm{e}^2}{8mc^2}\sum_i\langle n|x_i^2 + y_i^2|n\rangle\Bigg]\Bigg\} \end{aligned} \tag{1.10.4}$$

其中,$Z_0=\sum_n e^{-\frac{E_n^0}{\kappa_B T}}$ 是 $H=0$ 时的状态总和。将式(1.10.4)代入式(1.6.28),并取 $\ln(1+y)\approx y$(因为前面假定了 $\mu_B H\ll\kappa_B T$),则可得单位体积的磁化率为

$$\begin{aligned}\chi=&\frac{N}{\kappa_B T Z_0}\sum_n|\langle n|\hat{M}_z|n\rangle|^2 e^{-\frac{E_n^0}{\kappa_B T}}\\&+\frac{2N}{Z_0}\sum_n\sum_{n'\neq n}\frac{|\langle n|\hat{M}_z|n'\rangle|^2}{E_{n'}^0-E_n^0}e^{-\frac{E_n^0}{\kappa_B T}}\\&-\frac{N}{Z_0}\frac{e^2}{4mc^2}\sum_n\sum_i\langle n|x_i^2+y_i^2|n\rangle e^{-\frac{E_n^0}{\kappa_B T}}\end{aligned}\tag{1.10.5}$$

式(1.10.5)称之为朗之万-德拜公式。式中第三项是抗磁磁化率,在第八节中已做过详细讨论。第一、二项是顺磁磁化率,正是本节所要讨论的内容。

根据本章第八节中的结果,$|\langle n|\hat{M}_z|n\rangle|^2=\frac{1}{3}|\langle n|\hat{M}|n\rangle|^2$。令 $E_{n'}^0-E_n^0=h\nu(n',n)$,将 n 恢复写成 n,j,m 的形式,注意到 E_n^0 中的 n 不包含磁量子数 m(因为不加磁场时 m 与能量无关),于是式(1.10.5)中的前两项可分别写为

$$\text{第一项}=\frac{N}{3\kappa_B T Z_0}\sum_{njm}|\langle n\,j\,m|\hat{M}|n\,j\,m\rangle|^2 e^{-\frac{E_{nj}^0}{\kappa_B T}}\tag{1.10.6}$$

$$\text{第二项}=\frac{2N}{3Z_0}\sum_{\substack{n\,j\,m\\n'j'm'}}\frac{|\langle n\,j\,m|\hat{M}|n'\,j'\,m'\rangle|^2}{h\nu(n',j';n,j)}e^{-\frac{E_{nj}^0}{\kappa_B T}}\tag{1.10.7}$$

我们先讨论式(1.10.7)。处理该项的困难在于 $h\nu(n',j';n,j)$的变化范围太大。按照范弗莱克的做法,考察两种极端情况:

(1) 低频能级　　这是指能级差 $E_{n',j'}^0-E_{n,j}^0$非常小的一类情况,即对应于同一 n 之下的多重结构。具体地说,要求满足 $h\nu(j',j)\ll\kappa_B T$。

对式(1.10.7)中的各项做以下形式的配对

$$\begin{aligned}P_{12}=\frac{2}{3}\frac{N}{Z_0}\Bigg[&\frac{|\langle nj_1m_1|\hat{M}|nj_2m_2\rangle|^2}{h\nu(j_2,m_2;j_1,m_1)}e^{-\frac{E_{nj_1m_1}^0}{\kappa_B T}}\\&+\frac{|\langle nj_2m_2|\hat{M}|nj_1m_1\rangle|^2}{h\nu(j_1,m_1;j_2,m_2)}e^{-\frac{E_{nj_2m_2}^0}{\kappa_B T}}\Bigg]\end{aligned}$$

因

$$h\nu(j_2,m_2;j_1,m_1)=-h\nu(j_1,m_1;j_2,m_2)=E_{nj_2m_2}^0-E_{nj_1m_1}^0$$

以 $W=\frac{h\nu(j_2,m_2;j_1,m_1)}{\kappa_B T}$代入上式,则可得

$$P_{12}=\frac{2}{3}\frac{N}{Z_0}\frac{|\langle nj_1\,m_1|\hat{M}|nj_2\,m_2\rangle|^2}{W\kappa_B T}e^{-\frac{E_{nj_1m_1}^0}{\kappa_B T}}(1-e^{-W})$$

$$\approx \frac{2}{3}\frac{N}{Z_0}\frac{|\langle nj_1\, m_1|\hat{M}|nj_2\, m_2\rangle|^2}{\kappa_B T}e^{-\frac{E^0_{nj_1m_1}}{\kappa_B T}} \tag{1.10.8}$$

将式(1.10.8)与式(1.10.6)合并，得

$$\chi_{(\text{低频})} = \frac{N}{3Z_0\kappa_B T}\sum_{\substack{j\,m,\\ j'\,m'}}|\langle njm|\hat{M}|nj'm'\rangle|^2 e^{-\frac{E^0_{njm}}{\kappa_B T}}$$

因

$$\sum_{j'\,m'}|\langle njm|\hat{M}|nj'm'\rangle|^2 = \sum_{j'\,m'}\langle njm|\hat{M}|nj'm'\rangle\langle nj'm'|\hat{M}|njm\rangle$$

$$= \langle njm|\hat{M}|^2 njm\rangle$$

$$\chi_{(\text{低频})} = \frac{N}{3\kappa_B T Z_0}\sum_{j\,m}\langle njm|\hat{M}|^2 njm\rangle e^{-\frac{E^0_{njm}}{\kappa_B T}}$$

令 $\frac{1}{Z_0}\sum_{j\,m}\langle njm|\hat{M}|^2 njm\rangle e^{-\frac{E^0_{njm}}{\kappa_B T}} = \overline{\overline{\mu^2}}$ 为低频部分的磁矩平方的平均值(对于时间及对于不同状态的平均)，则

$$\chi_{(\text{低频})} = \frac{N\overline{\overline{\mu^2}}}{3\kappa_B T} \tag{1.10.9}$$

这一结果与朗之万理论结果的形式相同。

(2) 高频能级　这是指能级差 $E^0_{n',j'} - E^0_{n,j}$ 较大的情况，即对应于不同主量子数 n 之间的能级结构。具体地说，要求 $h\nu \gg \kappa_B T$。

取式(1.10.7)中 $n' \neq n$ 的能级差所对应的部分，即

$$\chi_{(\text{高频})} = \frac{2}{3}\frac{N}{Z_0}\sum_{\substack{n\,j\,m,\\ n'\,j'\,m'}}\frac{|\langle njm|\hat{M}|n'j'm'\rangle|^2}{h\nu(n',j',m';n,j,m)}e^{-\frac{E_{nj}}{\kappa_B T}}$$

因高频能级的距离甚大，故 $h\nu(n',j',m';n,j,m) \approx h\nu(n',n)$，又因为 $|\langle njm|\hat{M}|n'j'm'\rangle|^2$ 与 jm 无关(这是光谱学上多重结构的谱线强度叠加原则)，故可写为 $|\langle n|\hat{M}|n'\rangle|^2$，因此

$$\chi_{(\text{高频})} = \frac{2N}{3Z_0}\sum_{n'\neq n}\frac{|\langle n|\hat{M}|n'\rangle|^2}{h\nu(n',n)}\sum_{j\,m}e^{-\frac{E^0_{nj}}{\kappa_B T}}$$

$$= \frac{2N}{3}\sum_{n'\neq n}\frac{|\langle n|\hat{M}|n'\rangle|^2}{h\nu(n',n)} \tag{1.10.10}$$

分析式(1.10.10)可以看出，$\chi_{(\text{高频})}$ 与温度无关。在朗之万顺磁性理论中没有与该项对应的形式，它是量子力学理论的新结果，被称为范弗莱克顺磁性。

令

$$N\overline{\overline{\alpha}} = \frac{2}{3}N\sum_{n'\neq n}\frac{|\langle n|\hat{M}|n'\rangle|^2}{h\nu(n',n)} - \frac{N}{Z_0}\frac{e^2}{6mc^2}\sum_n\sum_i\langle n|r_i^2|n'\rangle e^{-\frac{E^0_n}{\kappa_B T}}$$

则

$$\chi = \frac{N\overline{\overline{\mu^2}}}{3\kappa_B T} + N\overline{\overline{\alpha}} \tag{1.10.11}$$

如果以 $n_p\mu_B = \overline{\overline{\mu}}$ 代入上式的磁矩,其中 n_p 为低频部分的有效磁子数,则(1.10.11)式可改写如下

$$\chi = N\left(\frac{n_p^2\mu_B^2}{3\kappa_B T} + \overline{\overline{\alpha}}\right) \tag{1.10.12}$$

以上是范弗莱克顺磁性量子理论的主要结果。下面应用这一结果对各种过渡金属离子的顺磁性特点做一简单的分析。在分析中,我们将离子的能级结构分为3种类型:

(1) $h\nu(j,j') \ll \kappa_B T$　这时顺磁磁矩只有低频部分,各能级间的差距很小,原子具有不同能态的概率较大,同时原子内轨道矩与自旋矩的相互耦合作用小于它们各自所受的磁场作用,因此这两种磁矩独立分别地量子化(类似于强磁场中的帕邢-巴克效应),故

$$\chi = \frac{\partial}{\partial H}\left(N\mu_B \frac{\sum\limits_{m_L=-L}^{+L} m_L e^{-\frac{m_L\mu_B H}{\kappa_B T}}}{\sum\limits_{m_L=-L}^{+L} e^{-\frac{m_L\mu_B H}{\kappa_B T}}} + N\mu_B \frac{\sum\limits_{m_S=-S}^{+S} 2m_S e^{-\frac{2m_S\mu_B H}{\kappa_B T}}}{\sum\limits_{m_S=-S}^{+S} e^{-\frac{2m_S\mu_B H}{\kappa_B T}}}\right) \tag{1.10.13}$$

因 $m_L\mu_B H \ll \kappa_B T$,上式可简化为

$$\chi = \frac{N\mu_B^2}{\kappa_B T}\left(\frac{\sum m_L^2}{2L+1} + \frac{4\sum m_S^2}{2S+1}\right)$$

代入 $\sum\limits_{m=-j}^{+j} m^2 = \frac{1}{3}(2j+1)j(j+1)$,则可得

$$\left.\begin{aligned}\chi &= \frac{N\mu_B^2}{3\kappa_B T}[4S(S+1) + L(L+1)] \\ n_p &= \sqrt{4S(S+1) + L(L+1)}\end{aligned}\right\} \tag{1.10.14}$$

式(1.10.14)即顺磁性的居里定律,但有效磁子数 n_p 则与上节不同。

铁族元素离子的顺磁性属于这种情形。

(2) $h\nu(j,j') \gg \kappa_B T$　由于能级间的差距很大,几乎所有的原子都处于最低能态。因此磁化率的低频部分表现为经典形式(1.9.11),轨道矩与自旋矩互相耦合,联合地量子化(类似于弱磁场中的塞曼效应)。磁化率的高频部分不等于零,而为下面的形式(略去抗磁性部分)

$$N\overline{\overline{\alpha}} = \frac{N\mu_B^2}{6(2J+1)}\left[\frac{F(J+1)}{h\nu(J+1;J)} + \frac{F(J)}{h\nu(J-1;J)}\right] \tag{1.10.15}$$

其中

$$F(J)=\frac{1}{J}[(S+L+1)^2-J^2][J^2-(S-L)^2] \tag{1.10.16}$$

大多数稀土族元素离子的顺磁性属于这种情形。

(3) $h\nu(j,j')\approx\kappa_B T$　　这是一般的情形。这时原子能级可以有各种不同的 J 值(J 为由 $|L-S|$ 到 $L+S$ 间的各数值),而按玻尔兹曼统计分布,不同的各 J 值有不同的朗代因子 g_J 和 α_J,于是

$$\chi=N\sum_{J=|L-S|}^{L+S}\frac{\left[\dfrac{g_J^2\mu_B^2 J(J+1)}{3\kappa_B T}+\alpha_J\right](2J+1)e^{-\frac{W_J^0}{\kappa_B T}}}{\sum(2J+1)e^{-\frac{W_J^0}{\kappa_B T}}} \tag{1.10.17}$$

其中 W_J^0 为当 $H=0$ 时对应于 J 状态的能量。

由式(1.10.17)计算出的磁化率不同于居里定律 $\left(\chi-\dfrac{1}{T}\right)$ 的形式。进行这种计算的主要困难在于确定能级差 $h\nu(J,J\pm1)$。原则上,$h\nu(J,J\pm1)$ 可由测定原子光谱的精细结构给出,但在实验上很难得到这种数据。

稀土离子 Pm^{3+},Sm^{3+},Eu^{3+} 的离子磁矩与 $g_J\mu_B\sqrt{J(J+1)}$ 的偏离即与其能级结构接近于这一类型有关。

第十一节　传导电子的磁效应

金属中的传导电子在磁场中产生三种磁效应:抗磁效应、顺磁效应和低温下的德哈斯-范阿耳芬(de Hass-Van Alphen)效应。德哈斯-范阿耳芬效应是指金属中传导电子的磁化率随外磁场强度的变化发生振荡的现象。利用这一现象可以测定金属的费米面,有助于研究传导电子的运动状态。本节主要介绍传导电子的抗磁效应和顺磁效应。有关德哈斯-范阿耳芬效应的内容放在本节的最后作为选读材料。本节所有的推导都采用 CGS 单位制。

一、传导电子的抗磁效应

传导电子在磁场中受洛伦兹(Lorentz)力 $\boldsymbol{F}=-\dfrac{e}{c}v\times\boldsymbol{H}$ 的作用,其中 e 是电子的电量,v 是电子的运动速度。由于这种力的方向与电子运动的方向相垂直,因而只改变电子的运动方向不改变电子的运动速率。也就是说,洛伦兹力不改变电子的运动能量。因此,传导电子在外磁场中的内能 U(或者说自由能 F)应不包含与磁场有关的项。依据热力学理论

$$\chi=-\frac{1}{H}\frac{\partial F}{\partial H}=0$$

上式表明,如不考虑电子自旋,在经典物理范围内传导电子对磁化率无贡献。朗道[14]首先指出:按照量子力学理论,上述结论是不正确的。他从理论上证明,在外磁场中传导电子的能量将发生量子化,从连续值变为不连续值,从而产生了抗磁性。人们将之称为朗道抗磁性。下面介绍这一理论。

在外磁场中,传导电子受洛伦兹力的作用将绕磁场做螺旋运动。这一运动可分为两个分量:①沿外磁场 $\boldsymbol{H}$ 方向(取为 z 轴),电子不受外力作用,因而运动状态保持不变,能量仍为 $P_z^2/2m$;②在垂直于磁场 $\boldsymbol{H}$ 的 x-y 平面内,电子因受洛伦兹力的作用做圆周运动,运动频率 $\nu=\dfrac{eH}{2\pi mc}$。根据量子力学理论,电子做圆周运动的能量应当量子化,其值为

$$\frac{P_x^2+P_y^2}{2m}=h\nu\left(n+\frac{1}{2}\right)=\frac{ehH}{2\pi mc}\left(n+\frac{1}{2}\right) \tag{1.11.1}$$

其中,$n=0,1,2,\cdots$,称为轨道量子数。这就是说,在外磁场作用下,电子在 x-y 平面上的动能变成以$\dfrac{ehH}{2\pi mc}$为能量差的能级。由于这一变化,使电子系统的能量与磁场有关,磁化率 χ 不再为零。

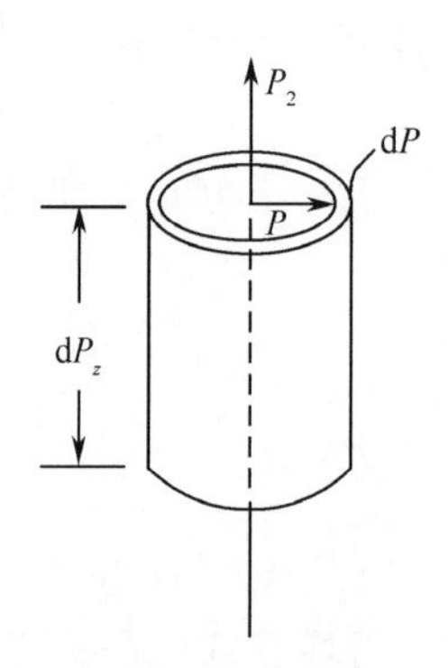

图 1-8 传导电子在外磁场中的动量分布示意图

为了计算电子系统的状态和,需求出状态的统计权重(即能级的简并度)。如以 P 表示电子在 x-y 平面上的动量半径(即 $P=\sqrt{P_x^2+P_y^2}$),简并度应等于动量空间中包含在高度为 $\mathrm{d}P_z$、半径由 P 至 $P+\mathrm{d}P$ 的圆柱环体积中的能级数目(如图 1-8 所示)。由量子统计力学可知,动量空间中的“电子状态”单位(所谓“相格”)为 h^3/V,其中 V 为金属的体积。故上述电子系统的简并度为

$$g_n=2\frac{2\pi P\mathrm{d}P\mathrm{d}P_z}{\dfrac{h^3}{V}}$$

由式(1.11.1)可得

$$P\mathrm{d}P=\frac{ehH}{2\pi c}\Delta n=\frac{ehH}{2\pi c}$$

$$g_n=2V\frac{eH}{ch^2}\mathrm{d}P_z \tag{1.11.2}$$

于是

$$Z=\sum_{n=0}^{\infty}\int_{-\infty}^{\infty}\mathrm{d}P_z\frac{2eVH}{ch^2}\mathrm{e}^{-\left(\frac{ehH}{4\pi mc}\frac{2n+1}{\kappa_{\mathrm{B}}T}+\frac{p_z^2}{2m\kappa_{\mathrm{B}}T}\right)}$$

$$=\frac{eVH}{ch^2}\frac{\sqrt{2\pi m\kappa_B T}}{2\sinh\left(\frac{\mu_B H}{\kappa_B T}\right)} \tag{1.11.3}$$

由此可得

$$M = N\kappa_B T\frac{\partial \ln Z}{\partial H} = -N\mu_B\left[\coth\left(\frac{\mu_B H}{\kappa_B T}\right)-\frac{\kappa_B T}{\mu_B H}\right] \tag{1.11.4}$$

式(1.11.4)的形式与朗之万的顺磁公式相似,其中 N 为单位体积内的导电电子数目。

在弱磁场及较高的温度下,式(1.11.4)可取近似值,因此

$$\chi_{(抗磁)} = -\frac{1}{3}\frac{N\mu_B^2}{\kappa_B T} \tag{1.11.5}$$

如果不用式(1.11.3)所代表的经典统计,而代之以自由电子的费米统计,则可得出更精确的结果,为此需将 N 代之以

$$N' = \frac{3}{2}N\frac{T}{\theta_F} \tag{1.11.6}$$

其中

$$\theta_F = \frac{h^2}{2m\kappa_B}\left(\frac{3N}{8\pi}\right)^{\frac{2}{3}} \tag{1.11.7}$$

为费米温度。

合并式(1.11.5),(1.11.6)及(1.11.7)可得

$$\chi_{(抗磁)} = -\frac{4m\mu_B^2}{h^2}\left(\frac{\pi}{3}\right)^{\frac{2}{3}}N^{\frac{1}{3}} \tag{1.11.8}$$

这就是朗道所得到的公式。由这个公式所算出的金属抗磁磁化率比它的自旋顺磁磁化率约小两倍。因此,在实验上很难观测。更精确的计算指出,金属的抗磁磁化率包括三部分:导电电子(自由电子)的磁化率,离子的磁化率,以及由电子和离子相互作用所决定的磁化率,这里不详细叙述。

二、传导电子的顺磁效应

前面已经介绍,传导电子的抗磁效应来源于电子在垂直于磁场方向上的动能量子化。除抗磁效应外,传导电子还存在着顺磁效应,传导电子的顺磁效应则起源两种自旋的电子在外磁场中的重新分布。这一结果是泡利、弗仑克耳、道尔弗曼等人利用量子力学理论先后创立的[15,16],故又称做泡利顺磁性。下面介绍这一理论。

将传导电子近似地作为自由电子处理。先讨论无外磁场的情况。

由集体电子所遵守的“泡利不相容原理”可知,在动量空间的每个单位“相格”中不允许存在多于两个自旋相反的电子。因此 0K 时电子所填充的动量空间为一

球形,球半径 P_{m} 由单位体积内的传导电子数 n 所决定,即

$$n = 2 \times \frac{4}{3} \frac{\pi P_{\mathrm{m}}^3}{h^3} \tag{1.11.9}$$

式中的因子 2 是因为有两种电子自旋。与 P_{m} 对应的能量 $E_{\mathrm{m}} = P_{\mathrm{m}}^2/2m$,称为费米能。电子填充的球形动量空间,称为费米球。在费米球以内,当能量从 E 变化到 $E + \mathrm{d}E$ 时,增加的电子数为

$$\mathrm{d}n = \frac{4\pi}{h^3}(2m)^{\frac{3}{2}} E^{\frac{1}{2}} \mathrm{d}E = N(E)\mathrm{d}E \tag{1.11.10}$$

其中,$N(E)$为电子按能量分布的密度,称为电子态密度。磁场为零时,自旋向上的电子和自旋向下的电子在动量空间的分布是完全对称的,$N_+(E) = N_-(E)$,它们的费米面高度相同(如图 1-9(a)所示),因此两种自旋的电子数相等,磁矩为零。

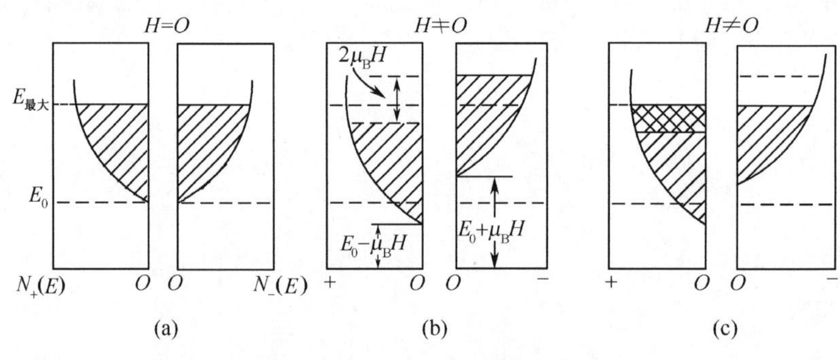

图 1-9　自由电子的顺磁性

下面讨论存在外磁场的情况。设外磁场 $\boldsymbol{H}$ 的方向与自旋向上的磁矩平行、与自旋向下的磁矩反平行,则前者具有磁场能 $-\mu_{\mathrm{B}}H$,后者具有磁场能 $\mu_{\mathrm{B}}H$。两种自旋的电子发生了能量变化(如图 1-9(b))。这种能量的相对变化破坏了原来两种自旋的能量对等状态,新的热力学平衡状态要求一部分自旋向下的电子迁移到自旋向上的能带中以使两者的总能量达到最小值(如图 1-9(c))。平衡时,单位体积内的电子迁移数为

$$\Delta_z = \mu_{\mathrm{B}}H \cdot \frac{1}{2}\left(\frac{\mathrm{d}n}{\mathrm{d}E}\right)_{E_{\mathrm{m}}} = \frac{2\pi\mu_{\mathrm{B}}}{h^3}(2m)^{\frac{3}{2}} E_{\mathrm{m}}^{\frac{1}{2}} H \tag{1.11.11}$$

考虑到一个电子从自旋向下的能带迁移到自旋向上的能带所发生的磁矩变化为 $2\mu_{\mathrm{B}}$,故有

$$M = 2\mu_{\mathrm{B}}\Delta_z = \frac{4\pi\mu_{\mathrm{B}}^2}{h^3}(2m)^{\frac{3}{2}} E_{\mathrm{m}}^{\frac{1}{2}} H \tag{1.11.12}$$

而磁化率则为

$$\chi_{(顺磁)} = \frac{4\pi\mu_{\mathrm{B}}^2}{h^3}(2m)^{\frac{3}{2}} E_{\mathrm{m}}^{\frac{1}{2}} = \frac{12m\mu_{\mathrm{B}}^2}{h^2} n^{\frac{1}{3}} \left(\frac{\pi}{3}\right)^{\frac{2}{3}} \tag{1.11.13}$$

比较式(1.11.13)和式(1.11.8)可知，$\chi_{(顺磁)}=3|\chi_{(抗磁)}|$。因此，对金属中的传导电子来说，抗磁磁化率和顺磁磁化率都不可能单独观察到。所得到的只能是两者之差，即式(1.11.13)的2/3。

如果更精确地计算金属的顺磁磁化率，则不能将传导电子作为自由电子处理，必须计算电子间的相互作用，即磁相互作用和静电相互作用，后者包含库仑相互作用和量子力学的交换作用。此外，还需考虑传导电子的朗道抗磁性和离子核的抗磁性，按这样计算的理论值与实验数据符合得很好，见表1-7。

表1-7　碱金属的顺磁磁化率($\times 10^7$/g)

金　属	用自由电子论算得的磁化率	朗道电子抗磁化率	总计算值	实验数据	精确计算值
Li	5.4	−0.1	5.3	35.4	35
Na	4.4	−1.8	2.6	7.0	8.8
K	3.6	−3.7	−0.1	5.4	7.1
Rb	3.3	−3.0	0.32	2.2	3.5
Cs	3.1	−3.0	0.1	2.0	2.4

应注意，由于许多顺磁金属的磁化率很小，故其中极少量的铁磁性杂质也能完全混乱磁性的真相。除去这种影响的一种方法是在不同外磁场下测量 χ，当磁场很强时，$\chi_{(顺磁)}=\chi-\dfrac{a}{H}$；其中 a 是与杂质的磁饱和有关的常数。

以上几节分别介绍了居里抗磁性、朗之万顺磁性、范弗莱克顺磁性、朗道抗磁性和泡利顺磁性。为了便于比较，将以上所得的结果示于图1-10中。

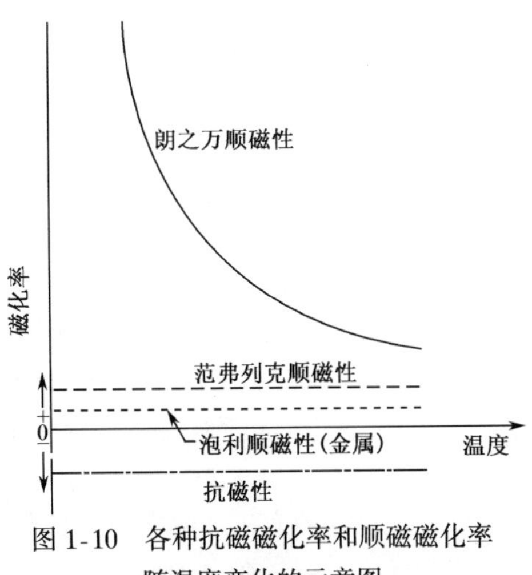

图1-10　各种抗磁磁化率和顺磁磁化率随温度变化的示意图

*三、德哈斯-范阿耳芬效应

1930年德哈斯和范阿耳芬在测量铋单晶体的低温磁化率时,发现这种材料的抗磁磁化率随磁场强度的变化而发生振荡(见图1-11);当温度升高时,振荡振幅逐渐减弱;当温度超过30～40K时,该效应消失[17]。这一效应被称作德哈斯-范阿耳芬效应。后来在其他多价金属(如镓、锌、铅、锡、镉)中发现了同一效应。近年来又在贵重金属铜、银、金中观察到这一现象。该效应已经成为探测金属费米面形状的重要工具。下面我们应用传导电子在磁场中轨道量子化的结果对上述现象做一理论解释[18]。

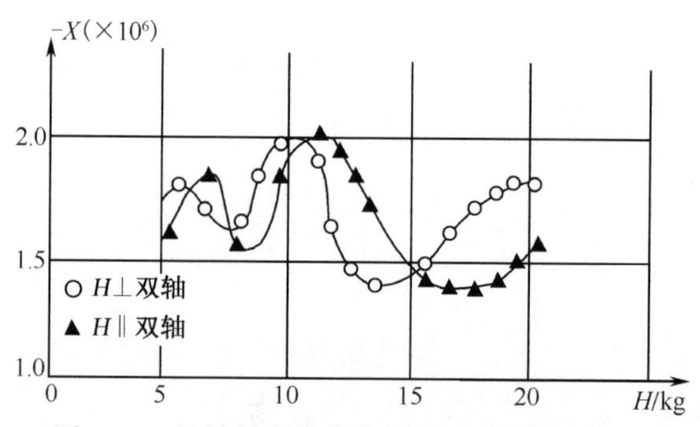

图1-11　铋单晶磁化率随外磁场的振荡现象

将金属中的传导电子简化为自由电子。考察0K时自由电子系统在K-空间中的分布情况:未加磁场时,电子均匀地分布在费米球内。沿z轴加一磁场后,根据上面的讨论,电子沿z方向的分布没有变化;沿x,y方向则应有

$$K_x^2 + K_y^2 = \frac{eH}{\hbar c}(2n+1), \quad n = 0,1,2,\cdots \tag{1.11.14}$$

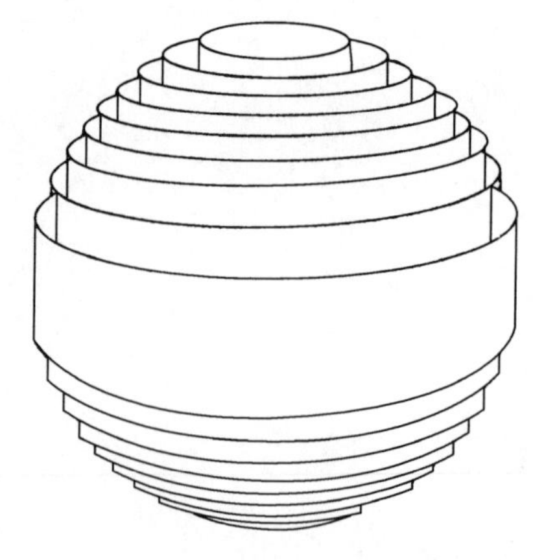

图1-12　存在磁场时电子在K-空间分布的量子化示意图

这一量子化条件使K_x、K_y的取值只能为一系列同心圆的半径。从3维K-空间看,电子只能位于局限在费米球面以内的一系列同轴圆筒的筒面上(如图1-12所示)。圆筒面两侧的电子则向圆筒面上迁移,集中在圆筒面上,从而增加了圆筒面上能级的简并度。

图1-13演示了磁场出现前后电子能量的变化。图中阴影部分表示未加磁场时电子能量在费米面以下的准连续分布;粗线则表示施加磁场后电子能量由于量子化而产生的

分立能级。随着磁场强度的变化,分立能级的宽度也将产生变化,如图 1-13 所示。当磁场强度等于图中的 H_1 时(对应于图中(b)),由于能量量子化引起的一部分电子的能量增加、另一部分电子的能量减少所造成的总能量变化为零,也就是说施加磁场前后电子系统的总能量相等,故磁化率为零。当磁场等于图中的 H_2 时(对应于图中(c)),分立能级中的一个能级与费米面相等,与费米面邻近的半个区间的电子能量增加,电子系统的总能量大于未加磁场时的能量,按磁性体的热力学关系,$\chi = -\frac{1}{H}\frac{\partial E}{\partial H}$,系统呈现抗磁性。而当磁场等于图中的 H_3 时(对应于图中(e)),又出现了系统的总能量与未加磁场时相等的情况,磁化率又变为零。于是,随外磁场强度的变化产生了抗磁磁化率的周期变化。

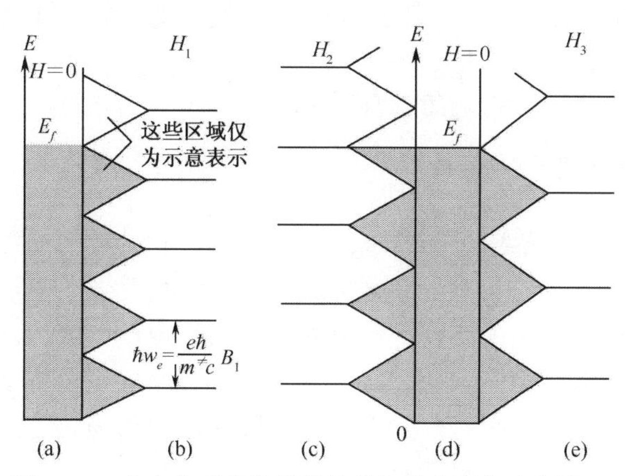

图 1-13　自由电子的能量随外磁场强度变化示意图

可以估算抗磁磁化率的振荡周期。设 E_{F}^0 为 0K 时的费米能级,假定对应于两个相邻能量最大值的磁场分别为 H_m 和 H_n,且 $H_m > H_n$。根据图 1-13,有

$$E_{\mathrm{F}}^0 = \frac{ehH_m}{2\pi mc}\left(n + \frac{1}{2}\right),\quad E_{\mathrm{F}}^0 = \frac{ehH_n}{2\pi mc}\left(n + 1 + \frac{1}{2}\right) \tag{1.11.15}$$

于是

$$\frac{E_{\mathrm{F}}^0}{2\mu_{\mathrm{B}}}\left(\frac{1}{H_n} - \frac{1}{H_m}\right) = \frac{E_{\mathrm{F}}^0}{2\mu_{\mathrm{B}}}\Delta\left(\frac{1}{H}\right) = 1 \tag{1.11.16}$$

从而得到

$$\Delta\left(\frac{1}{H}\right) = \frac{2\mu_{\mathrm{B}}}{E_{\mathrm{F}}^0} \tag{1.11.17}$$

即磁场倒数$\frac{1}{H}$每变化一个 $2\mu_{\mathrm{B}}/E_{\mathrm{F}}^0$ 的量值,电子系统的能量便从一个最大值变化到下一个最大值。相应地,抗磁磁化率的变化完成了一个振荡周期。

金属晶体中真实的德哈斯-范阿耳芬效应要比以上计算复杂得多。具体的计

算表明,抗磁磁化率的振荡周期由垂直于磁场方向的费米面极大截面和极小截面的面积差来决定,因而与金属费米面的结构直接相关。正是这一原因,使德哈斯-范阿耳芬效应成为在实验上测定金属费米面结构的一个强有力的方法。

第十二节 铁磁性物质及其基本特征

铁、钴、镍、钆以及它们与其他金属和非金属的合金,锰-铋合金,锰-铝合金,稀土元素的某些金属间化合物具有非常高的饱和磁化强度,因而表现出很强的磁性,被称为铁磁性物质。铁磁性物质最基本的特征是近邻原子的磁矩由于内部相互作用而具有相同的方向。因此,即使没有外磁场,在铁磁物质内部也形成了若干原子磁矩取向相同的区域(磁畴),只是由于各个磁畴的磁矩取向紊乱,因而不显示磁性。

在宏观磁性上,铁磁性物质具有以下特征:

1. 具有高的饱和磁化强度

具有高饱和磁化强度是一切铁磁性物质的共同特点,例如铁的饱和磁化强度为 1.707×10^6A/m,钴的饱和磁化强度为 1.430×10^6A/m。正因为饱和磁化强度高,所以当其磁化饱和后能在内部形成非常高的磁通量密度。对于大多数铁磁性物质来说,在不太强的磁场($10^3\sim10^4$A/m,即约 $10\sim10^2$Oe)中就可以磁化到饱和状态(技术饱和状态);但也有一些铁磁性物质的饱和磁场高达 10^6A/m,此即所谓永磁性材料。

2. 存在铁磁性消失的温度——居里温度

所有铁磁性物质都存在着铁磁性消失的温度,称为居里温度,以 T_c 或 θ_{cf} 表示。当温度低于 T_c 时,它呈现铁磁性;当温度高于 T_c 时,则呈现顺磁性。居里温度是铁磁性物质由铁磁性转变为顺磁性的临界温度。进一步研究表明,当温度通过居里点时,某些物理量表现出反常行为,如比热突变、热膨胀系数突变、电阻的温度系数突变等。按照相变分类,上述变化属于二级相变,居里点则为二级相变点。

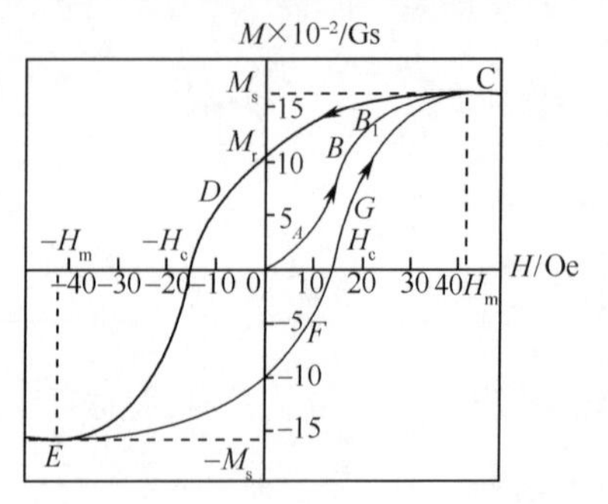

图 1-14 铁的磁化曲线与磁滞回线

3. 存在磁滞现象

铁磁性物质的典型磁化曲线和磁滞回线如图 1-14 所示。磁化曲线 *OABC* 经过初始磁化阶段(*OA* 段)后迅速上升(*AB* 段),过 *B* 点后上升速度变慢,在 *C* 点达到饱和磁化,这时对应的磁化强度称为饱和磁化强度,以 M_s 表示。

如果从磁化曲线的 C 点($H = H_m$ 处)逐渐减小磁场,磁化强度 M 将沿另一条曲线 CD 下降。$H = 0$ 时所对应的磁化强度 M_r 称为剩余磁化强度。

再沿相反的方向增加磁场,M 继续下降。与 $M = 0$ 对应的反向磁场($-H_C$),称为内禀矫顽力,记为${}_MH_C$ 或${}_IH_C$。当磁场反方向增加到 $-H_m$ 时,M 在反方向达到饱和。尔后,磁场由 $-H_m$ 回升到 $+H_m$,磁化强度沿曲线 EFG 回到 C 点,完成了一条回线。

在反磁化过程中(对应曲线 CDE),磁化强度的变化总是落后于磁场的变化,这种现象称为磁滞现象。上述回线称为磁滞回线。当磁化场的最大值达到技术饱和所需要的磁场值时,对应的磁滞回线称为饱和磁滞回线。

如果磁滞回线的起点不是 C 点,而是从 $H_1 < H_m$ 的某点 B_1 起变化一周,则磁滞回线变得扁平些,继续减少 H,不但 M_r 减少,而且 H_c 也随之减少。照此下去,当 $H_1 \to 0$ 时,回线变为通过 O 点的可逆曲线。到 $H = 0$ 时,铁磁体则完全退磁。这就提供了一种有效的技术退磁方法。

如果以磁感强度 B 为纵坐标,以 H 为横坐标做磁化曲线和磁滞回线,则其形状略有不同。相应于饱和磁化强度 M_s 的是饱和磁感强度 B_s,相应于剩余磁化强度 M_r 的是剩余磁感强度 B_r,两者之间有如下的关系:

$$B_s = \mu_0 M_s, \quad B_r = \mu_0 M_r, \tag{1.12.1}$$

矫顽力 H_c 也与前不同,通常以${}_BH_C$ 代表 B 对 H 磁滞回线上的矫顽力。对于高矫顽力的铁磁体,有

$${}_IH_C - {}_BH_C \approx M_s \tag{1.12.2}$$

以上所谈是在一定温度下的磁化曲线(等温磁化曲线)。在不同温度下,铁磁体的磁化曲线是不同的。图 1-15 是 Ni 在不同温度下的磁化曲线。由图可见,随着温度的升高,饱和磁化强度 M_s 逐渐降低,达到某一温度时(对 Ni 说是 358℃),磁化曲线变为一条直线,此时铁磁性消失了,变为顺磁性。这一转变温度称为该铁磁物质的居里温度。

4. 饱和磁化强度与温度的关系

随温度的升高,饱和磁化强度减小,其变化如图 1-16 所示,该图为 Ni 的 M_s 变化曲线。当温度升高时,最初变化缓慢,不久就降低得很快,最后与横轴相接近。将曲线末端延长,与横轴相交,其交点即为铁磁居里点 T_c。

5. 大多数铁磁性物质具有一定的晶体结构并存在磁晶各向异性

大多数铁磁性物质呈固体结晶状态,具有一定的晶体结构。例如,铁在大约 900℃以下为体心立方结构(α 相),在 900～1400℃之间为面心立方结构(γ 相),在大约 1400℃以上又变为体心立方结构(δ 相)。镍在低于熔点的各种温度下都

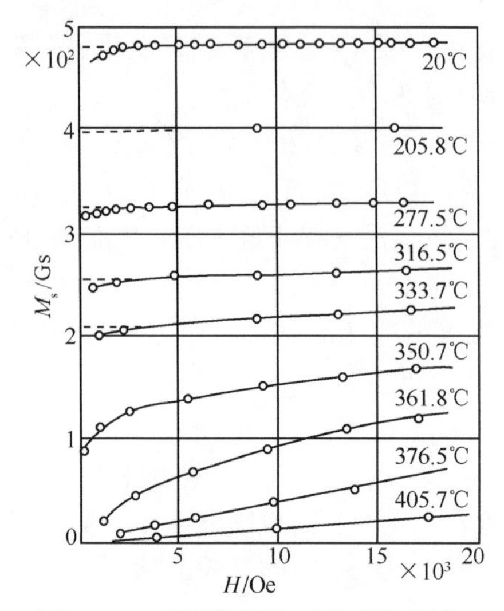

图 1-15　不同温度下 Ni 的磁化曲线
(Weiss-Forrer, 1926)

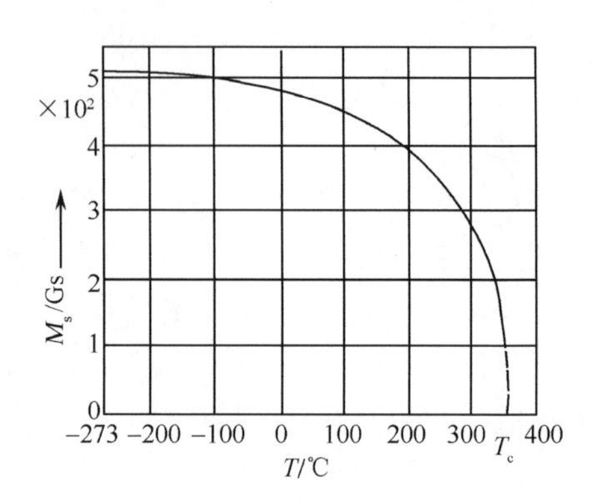

图 1-16　Ni 的 M_s 与 T 的关系
(Weiss-Forrer, 1926)

是面心立方结构(γ 相)。钴在大约 450℃ 以下为六角密排结构(ε 相),在大约 450℃以上则为面心立方结构(γ 相)。钆在常温下为六角密排结构。铁磁性合金的结晶结构则随其成分和热处理工艺而不同。

在对铁磁性单晶体做磁性测量时发现,当磁场加在不同晶轴方向时磁化曲线的形状不同,在某些晶轴方向晶体容易磁化,在另一些晶轴方向则不容易磁化。这种现象称之为磁晶各向异性。磁晶各向异性的强弱由磁晶各向异性常数决定,磁晶各向异性常数是影响磁性材料磁导率、剩余磁化强度和矫顽力的重要因素,也是表征铁磁性物质的重要参量,后面我们将详细讨论。

除了晶态铁磁性物质以外,还存在非晶态铁磁性物质。近年来对非晶态铁磁合金(如 Co 基非晶态合金、Fe-B 基非晶态合金等)、准晶态铁磁合金(如 Al-Fe-Ce 准晶态合金、Co-Er 准晶态合金等)以及纳米微晶铁磁性材料(如 Fe-Si-Nd-Cu-B 系列)进行了较深入地研究并取得了一定进展。从研究结果来看,这些新型材料有望成为未来铁磁性材料的发展方向。

6. 存在磁致伸缩

铁磁性物质在磁化过程中伴随着磁化状态的变化而产生的长度和体积的变化称之为磁致伸缩,其中长度的变化称之为线磁致伸缩。线磁致伸缩的大小用伸缩系数来表示,它被定义为磁化前后长度的相对变化$\dfrac{l-l_0}{l_0}=\lambda$。实验表明,平行于磁场方向(纵向)和垂直于磁场方向(横向)的 λ 值明显不同,铁的纵向 λ 为正值

(在较低磁场范围内),镍的纵向 λ 为负值,各种铁磁性合金的 λ 值皆随成分而变化。

线磁致伸缩系数 λ 随磁场强度的增加而发生变化,最后趋于一个稳定值,被称为铁磁物质的饱和磁致伸缩系数,用 λ_s 来表示。

线磁致伸缩系数是表征铁磁性物质的一个重要参量。它不但对材料的磁性能有重要影响(特别是对起始磁导率和矫顽力),而且这一效应本身也有重要应用,例如利用在交变磁场中的磁致伸缩效应可以制作超声波发生器和接受器,还可以用这一效应制成力、速度、加速度的传感器等。

以上是铁磁性物质的主要特征。

为了说明在不同条件下铁磁性物质在磁场中被磁化的难易程度,需要使用不同的磁化率。除了前面介绍的绝对磁导率 μ 和相对磁导率 μ_r 以外,还经常使用以下磁导率:

1) 起始磁导率 μ_a(或 μ_i),被定义为

$$\mu_a = \frac{1}{\mu_0}\lim_{H\to 0}\frac{B}{H} \tag{1.12.3}$$

2) 微分磁导率 $\mu_{微分}$,被定义为

$$\mu_{微分} = \frac{1}{\mu_0}\lim_{\Delta H\to 0}\frac{\Delta B}{\Delta H} \tag{1.12.4}$$

3) 可逆磁导率 $\mu_{可逆}$

如图 1-17 所示,在磁化曲线上任取一点 A,磁场减少 $\Delta H'$ 时,曲线沿着另一条路至 D 点,相应的磁感强度减少 $\Delta B'$,如果由 D 点再使磁场增加 $\Delta H'$,磁感强度亦增加 $\Delta B'$,但其路线又不同了。因此,我们便得到了一个小回线,显然,$\Delta H'$ 减少时,回线所包围的面积也减小。由此可定义

$$\mu_{可逆} = \frac{1}{\mu_0}\lim_{\Delta H'\to 0}\left(\frac{\Delta B'}{\Delta H'}\right) = \frac{1}{\mu_0}\left(\frac{\mathrm{d}B}{\mathrm{d}H}\right)_{\Delta H<0} \tag{1.12.5}$$

一般地,$\mu_{可逆} < \mu_{微分}$,其差数称为不可逆磁导率 $\mu_{不可逆}$(不可逆磁导率 $\mu_{不可逆}$是由

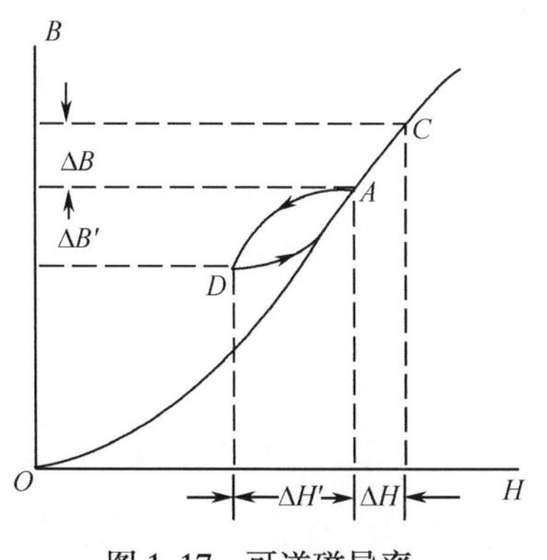

图 1-17　可逆磁导率

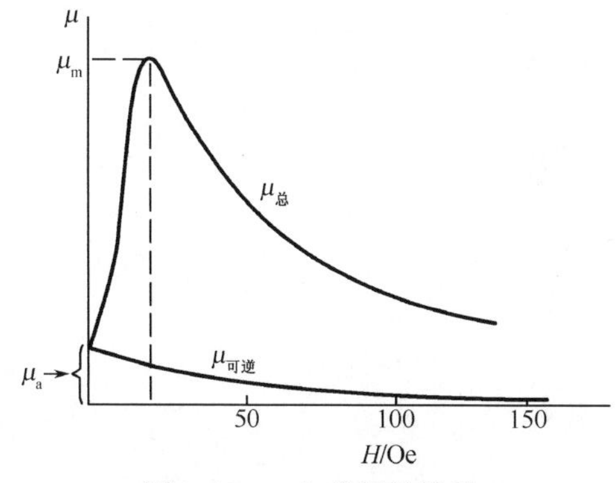

图 1-18　μ 与磁场的关系

不可易磁化过程产生的,有关这方面的内容将在第五章中详细介绍),亦即

$$\mu_{微分} = \mu_{可逆} + \mu_{不可逆} \quad (1.12.6)$$

铁磁性物质的磁化率通常是磁场的函数,一般变化关系如图1-18所示。图中的$\mu_{总}$为相对磁导率,它与$\mu_{可逆}$相交于纵轴,其截距为μ_a。图中$\mu_{总}$的最大值μ_m称为最大磁导率。

根据$\mu = 1 + \chi$,可由磁导率导出相应的磁化率,如起始磁化率χ_a及最大磁化率χ_m等。

本节介绍的表征铁磁性物质的磁学量可分为两类:一类用于表征铁磁性物质的固有特性,这些特性与是否存在着外磁场无关,如居里温度T_c、饱和磁化强度M_s(M_s=自发磁化强度)、磁晶各向异性常数K、饱和磁致伸缩系数λ_s等,人们称这类参量为内禀磁性参量。由于这类参量完全由物质的成分和晶格结构决定,基本上不受其中的杂质、缺陷、晶粒大小以及机械加工、热处理工艺等结构因素的影响,因此又称为结构不灵敏参量。另一类则用于表征铁磁性物质在外磁场中的磁性能,如磁导率μ、磁化率χ、剩余磁化强度M_r、矫顽力H_c等,人们称这类参量为技术磁性参量。这些参量是由磁化曲线或磁滞回线决定的,而磁化曲线和磁滞回线又与物质中的杂质、缺陷、晶粒排列以及机械加工、热处理条件等结构因素有关,因此这类参量又称为结构灵敏参量。

表1-8列出了铁磁金属及一部分铁磁合金的磁特性常数。表中的有效磁子数n_f是指一个原子内所含的玻尔磁子数

$$n_f = M_s A / \rho\mu_B N_0$$

其中,A是原子量;N_0是阿伏伽德罗常数;ρ是密度。表中n_f等于分数这一实验事实可应用能带理论加以解释。

表1-8　铁磁性物质的磁性常数

铁磁性物质	成　分	T_c/K	M_s/($\times10^6$A/m)(室温)	有效磁子数n_f(0K)	χ_a	χ_m	H_c/(A/m)
铁	Fe	1043	1.707	2.221	~1100	~22000	~2.0
镍	Ni	631	0.485	0.606	12	~80	119.4
钴	Co	1400	1.430	1.716	—	—	397.9
钆	Gd	289	1.090	7.10	—	—	—
变压器钢	4% Si 96% Fe	—	1.550	—	~40	475	~40.0
坡莫合金	78.5% Ni 21.5% Fe	—	0.900	—	~800	~8000	~2.4

续表

铁磁性物质	成　　分	T_c/K	M_s/(×10^6A/m)(室温)	有效磁子数 n_f(0K)	χ_a	χ_m	H_c/(A/m)
机械钢	65% Fe 23% Ni 12% Al	—	0.800	—	—	—	52500
锰铋合金		630	0.600	3.52	—	—	370×10^3
铝镍钴合金	AlNiCo 5 系	1163			—	—	$(40\sim60)\times10^3$
	AlNiCo 8 系	1133			—	—	$(110\sim160)\times10^3$
钐钴合金	$SmCo_5$ 系	993	0.900		—	—	$(1100\sim1540)\times10^3$
	Sm_2Co_{17}系	1073	0.950		—	—	$(500\sim600)\times10^3$
钕铁硼合金	$Nd_2Fe_{14}B$	585	1.273		—	—	$(800\sim2400)\times10^3$

在居里点以上，铁磁物质变为顺磁物质，服从居里定律，如果按照顺磁理论，亦可求出每一克原子内的有效磁子数 n_p，n_p 与 n_f 不相等，表 1-9 列举了四种铁磁元素的铁磁与顺磁常数。

表 1-9　铁磁元素的铁磁与顺磁常数表(居里温度和有效磁子数)

元　　素	θ_{cf}	θ_{cp}	n_f	n_p
Fe	770℃	820℃	2.221	3.18
Co	1123℃	1150℃	1.716	3.13
Ni	358℃	376℃	0.606	1.60
Gd	16℃	29.5℃	7.10	—

第十三节　铁磁性物质的“分子场”理论

为了说明铁磁性物质的基本特性，特别是在弱磁场中容易达到饱和磁化的特性，外斯[19]提出了两个理论假说：

1) 分子场假说——铁磁性物质内部存在着强大的“分子场”(约 10^9A/m，即约 10^7Oe)。因此，即使无外加磁场，其内部各区域也已经自发地被磁化。外磁场的作用是把各区域磁矩的方向调整到外磁场的方向。因此，在较弱外磁场下即可达到磁化饱和。

可以用以下事实估计“分子场”的大小：在居里温度时，一个电子自旋的热能 $\kappa_B T_c$ 可以抵消分子场 H_m 加于电子自旋的磁场能使其失去铁磁性，故有

$$H_m \approx \frac{\kappa_B T_c}{\mu_B} \approx \frac{1.38\times10^{-23}\times10^3\text{J}}{1.17\times10^{-29}\text{Wb}\cdot\text{m}} \approx 10^9 \quad \text{A/m}$$

这一磁场约为 12×10^6Oe,是实验室内目前尚无法达到的静磁场。

2) 磁畴假说——铁磁体内部的自发磁化分为若干区域(磁畴),每个区域都自发磁化到饱和。未加磁场时,各区域磁矩的方向紊乱分布,互相抵消,所以在宏观上不显示磁性。

外斯的这两个理论假说为后来研究铁磁性奠定了基础。有关磁畴的理论我们将在第四章介绍,下面用“分子场”假说说明自发磁化的形成。

按照外斯的“分子场假说”,在铁磁体内部存在着分子场,分子场 $\boldsymbol{H}_{\mathrm{m}}$ 的大小与铁磁体内磁化强度 $\boldsymbol{M}$ 成比例,即

$$\boldsymbol{H}_{\mathrm{m}} = W\boldsymbol{M} \tag{1.13.1}$$

其中,W 为分子场常数。当外加磁场为 $\boldsymbol{H}$ 时,铁磁体内原子磁矩实际受到的磁场为 $\boldsymbol{H}+W\boldsymbol{M}$。借助于朗之万的顺磁性理论(取 CGS 单位制),可得

$$\left.\begin{aligned} M &= Ng_{\mathrm{J}}J\mu_{\mathrm{B}}B_J(\alpha) \\ \alpha &= \frac{g_{\mathrm{J}}J\mu_{\mathrm{B}}(H+WM)}{\kappa_{\mathrm{B}}T} \end{aligned}\right\} \tag{1.13.2}$$

式中 $B_J(\alpha)$为布里渊函数,其形式为

$$B_J(\alpha) = \frac{2J+1}{2J}\coth\frac{2J+1}{2J}\alpha - \frac{1}{2J}\coth\frac{1}{2J}\alpha \tag{1.13.3}$$

解联立方程(1.13.2),可以求出在一定磁场和温度下的磁化强度;如令外磁场 $H=0$,可以求出在一定温度的自发磁化强度并可算出居里温度;在高温下,可导出居里-外斯定律。下面分别进行讨论。

1. 自发磁化强度的计算

令式(1.13.2)中的 $H=0$ 并对其求解。我们发现,即使这样一个简单方程也无法得到 M 的解析解。一个简便的方法是利用计算机进行数值计算,而一个更为直观的方法是利用图解法进行求解。下面介绍后一种方法。为此,将式(1.13.2)改写成如下形式

$$\frac{M_{\mathrm{s}}}{M_0} = B_J(\alpha) \tag{1.13.4}$$

$$\frac{M_{\mathrm{s}}}{M_0} = \frac{\kappa_{\mathrm{B}}T}{Ng_{\mathrm{J}}^2J^2\mu_{\mathrm{B}}^2W}\alpha \tag{1.13.5}$$

其中,$M_0=Ng_{\mathrm{J}}J\mu_{\mathrm{B}}$,为绝对饱和磁化强度;$M_{\mathrm{s}}=M|_{H=0}$,为自发磁化强度。取 M_{s}/M_0 为纵坐标轴,α 为横坐标轴,分别画出式(1.13.4)所代表的曲线和式(1.13.5)所代表的直线。我们注意到,直线的斜率与温度 T 有关。当温度较低时,该直线和式(1.13.4)所代表的曲线将会有两个交点,如图 1-19 中的点 O(原点)和点 P。这两个交点即为该温度下两方程的解。但是点 O 对应于能量的极大值,因而是不稳定的;点 P 对应于能量的极小值,是稳定的。因此,点 P 的纵坐标

即决定了这一温度下的自发磁化强度。改变温度，可以得到不同温度下满足式(1.13.5)的一簇直线，由这簇直线与 $B_J(\alpha)$曲线的交点，可以求出不同温度下的自发磁化强度。

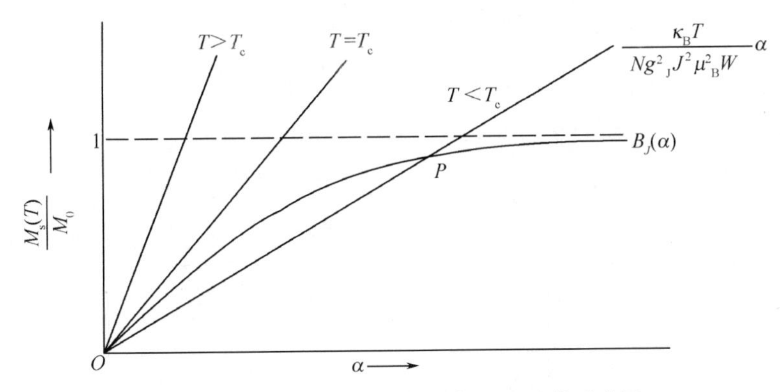

图 1-19 用图解法求自发磁化强度 $M(T)$的示意图

2. 居里温度的计算

继续讨论对联立方程式(1.13.4))和(1.13.5)的求解。当温度升高时，直线(1.13.5)的斜率增加，点 P 靠近点 O，M_s 降低。假定温度升高到这样的温度：点 P 与点 O 重合，即直线(1.13.5)和曲线(1.13.4)在点 O 相切，这时自发磁化强度 M_s 下降到零。显然，这一温度应为居里温度。

在温度接近居里温度时，$\alpha\ll1$，$B_J(\alpha)$可展为近似式

$$B_J(\alpha)=\frac{J+1}{3J}\alpha-\frac{J+1}{3J}\cdot\frac{2J^2+2J+1}{30J^2}\alpha^3 \tag{1.13.6}$$

当 $\alpha\to0$ 时，式(1.13.4)切线的斜率为$(J+1)/3J$。利用它与直线(1.13.5)在原点具有相同的斜率这一条件，可得

$$\frac{\kappa_B T_c}{Ng_J^2 J^2\mu_B^2 W}=\frac{J+1}{3J} \tag{1.13.7}$$

由此得出

$$T_c=\frac{Ng_J^2\mu_B^2 J(J+1)W}{3\kappa_B} \tag{1.13.8}$$

这一结果说明，T_c 随分子场系数 W 和总角动量量子数J 的增加而升高，因而是一个与铁磁性物质原子本性有关的参量。

利用式(1.13.8)可将式(1.13.5)改写为

$$\frac{M_s}{M_0}=\frac{J+1}{3J}\frac{T}{T_c}\alpha \tag{1.13.9}$$

由式(1.13.9)和(1.13.4)消去 α,可得到 M_s/M_0 与 T/T_c 的如下关系:

$$\frac{M_s}{M_0}=f_J\left(\frac{T}{T_c}\right) \tag{1.13.10}$$

上式右边的函数仅依赖于 J 的数值。图 1-20 给出了 $J=\frac{1}{2}$,1 和∞时的理论曲线,同时还在图中示出了 Fe,Co,Ni 的实验结果。可见,$J=\frac{1}{2}$的理论曲线与实验结果符合较好。这说明 Fe,Co,Ni 的原子磁矩主要来自电子的自旋磁矩。

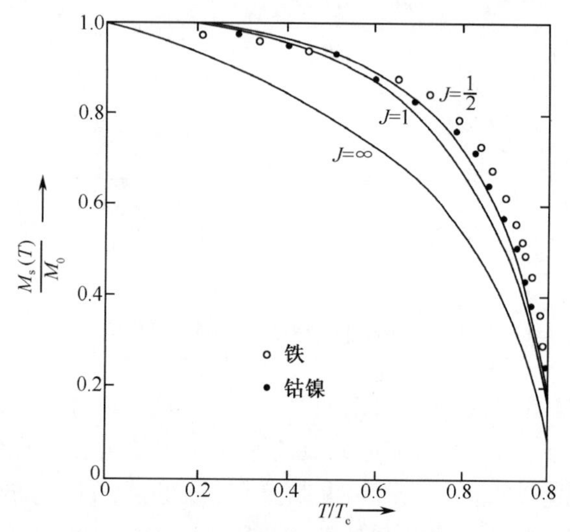

图 1-20 J 取不同值时 M_s 随温度的变化

3. 存在外磁场时磁化强度的计算

当存在外磁场时,原子磁矩同时受到分子场和外磁场的作用。这时,磁化强度 $M(T)$的大小将由下列两方程的解来决定

$$\frac{M(T)}{M_0}=B_J(\alpha) \tag{1.13.11}$$

$$\frac{M(T)}{M_0}=\frac{\kappa_B T}{Ng_J^2J^2\mu_B^2W}\alpha-\frac{H}{Ng_JJ\mu_BW} \tag{1.13.12}$$

求解 $M(T)$仍需要采用图解法。如图1-21所示,与 $H=0$ 的情况惟一不同的是,式(1.13.12)所代表的直线向下平移了 $H/(Ng_JJ\mu_BW)$,与曲线 $B_J(\alpha)$的交点变为 P'。在外磁场一般不超过 10^5Oe 的情况下,平移的距离是很小的,$M(T)$与同温下的自发磁化强度 $M_s(T)$相差甚微,我们可以不加以区别。

4. 居里-外斯定律的导出

当 $T>T_c$ 时,由式(1.13.11)和(1.13.12)可导出居里-外斯定律。这是分子

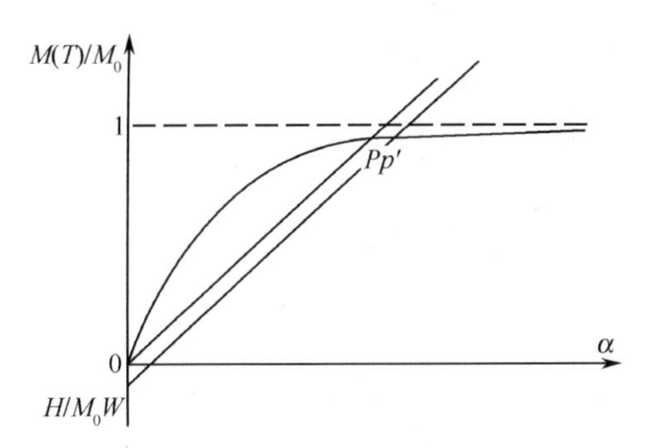

图 1-21　$H\neq 0$ 时计算磁化强度 $M(T)$ 的示意图

场理论的一个重要结果。下面我们推导这一结果。

$T>T_c$ 时，$\alpha\ll 1$，在取 α 的一次方近似下，有

$$B_J(\alpha)=\frac{J+1}{3J}\alpha \tag{1.13.13}$$

将上式代入式(1.13.11)与式(1.13.12)联立求解，可得

$$M=\frac{C}{T-T_P}H \tag{1.13.14}$$

由此得出居里-外斯定律

$$\chi=\frac{C}{T-T_P} \tag{1.13.15}$$

其中，$C=\dfrac{Ng_J^2\mu_B^2J(J+1)}{3\kappa_B}$，称为居里常数；$T_P=\dfrac{Ng_J^2\mu_B^2J(J+1)W}{3\kappa_B}$，称为顺磁居里温度。$T_P$ 虽然与式(1.13.8)中的 T_c 有着相同的形式，但两者的物理意义不同，它们的实验测定值也不相同。表 1-10 列出了几种典型铁磁性物质的 T_c 及 T_P 的实验值。由表 1-10 可见，$T_P>T_c$。这一现象可由铁磁性物质的 $1/\chi$-T 曲线加以解释。图 1-22 是 Ni 的 ρ/χ-T 关系曲线(其中 ρ 为密度)。由图 1-22 可见，当 T 接近于 T_c 时 ρ/χ-T 关系失去线性而发生了弯曲。T_P 是按着线性关系外推交于横轴所得的结果，T_c 是弯曲部分交于横轴所得的结果，因而 $T_P>T_c$。我们也可以从另一个方面进行解释：T_c 是自发磁化消失的温度。但是在 $T>T_c$ 的一个有限温度范围内铁磁体内部仍然存在着局部磁矩的短程有序状态。在这种状态下磁化率不遵守居里-外斯定律，因而从居里-外斯定律导出的 T_P 高

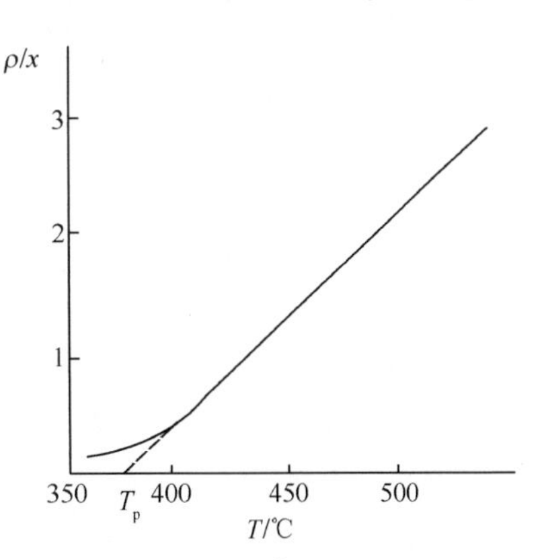

图 1-22　Ni 的 $\dfrac{\rho}{\chi}$ 与 T 的关系

(Weiss-Forres，1926)

于 T_c。

表 1-10　几种典型铁磁性物质的 T_c,T_P 及其他参数

物　质	M_s /(A/m)	T_c/K	T_P/K	C	W	$H_m = WM_s$ /(A/m)
Fe	1.74×10^6	1043	1101	0.7184	6160	1.07×10^9
Co	1.43×10^6	1403	1428	0.1830	7700	1.10×10^9
Ni	5.10×10^6	631	650	0.0485	13400	6.83×10^9

以上介绍了分子场理论。从整体上看,分子场理论在解释铁磁性物质的磁性方面是相当成功的:它说明了铁磁性物质的自发磁化,给出的 M_s-T 关系基本上与实验相符合(见图1-20),导出了居里温度和居里-外斯定律。但当用分子场理论结果具体地对比材料的 M_s-T 关系时就会发现,在低温范围($T\gtrsim0$K)和在居里温度附近($T\lesssim T_c$)两者符合程度较差。这说明,在这两个温度范围内分子场理论存在着某些缺陷。

在进一步地用分子场理论计算材料的磁性时发现,稀土金属与之符合较好,铁族金属则符合程度较差。钆是具有铁磁性的惟一稀土元素,因此可以用它作为例子说明这个问题。钆的磁性电子为 $4f^7$,光谱项为$^8S_{7/2}$。按洪德定则计算的原子磁矩为 $7\mu_B$,而由饱和磁化强度的实验值推算的原子磁矩为 $7.55\mu_B$,两者相当接近。其差异被解释为与外部电子的附加极化有关。钆的 $M_s(T)$实验曲线与按 $J=S=\frac{7}{2}$计算的分子场理论结果也比较吻合(见图 1-23)。高于居里点时,钆的 $1/\chi$-T关系为一严格的直线。特别是,顺磁状态下钆的有效磁子数实验值为 7.98,与$^8S_{7/2}$态的理论计算值 7.94 非常接近。这一切都说明用分子场理论能够很好地解释电子局域性比较强的稀土元素的铁磁性。

铁、钴、镍及其合金的磁性则与分子场理论结果存在着较大的差异:高于居里点的 $1/\chi$-T 关系不完全遵守居里-外斯定律,在许多情况下这一关系对应的直线发生了弯曲;顺磁状态下测得的有效磁子数 n_p 既不与居里常数 C 相关联,也不与低温下的饱和磁化强度相对应(见表 1-9);由饱和磁化强度推出的每个原子的有效磁子数 n_f 为一非整数(见表 1-9)。这一切皆缘于铁族元素的 $3d$ 电子的非局域特点。只有考虑到这类电子的巡游特性,上述现象才能得到较圆满的解释。同时也说明分子场理论更适合用于局域电子模型。

关于分子场的来源,自外斯的两个假说提出后一直是人们所关心的一个问题。首先说明,这样强的一个磁场不可能由原子的磁矩所产生。因为原子磁矩所产生的磁场大约为 $\mu_B/r^3\approx(9.273\times10^{-24}\text{Am}^2)\big/(2\times10^{-10}\text{m})^3\approx1.16\times10^6$A/m,比分子场约小 3 个数量级。为了探测铁磁性物质内部实际存在的磁场,多尔夫曼(Я. Г. Дорфман)于 1927 年做了快速 β 粒子通过铁磁体时发生偏转的实验。他证明,

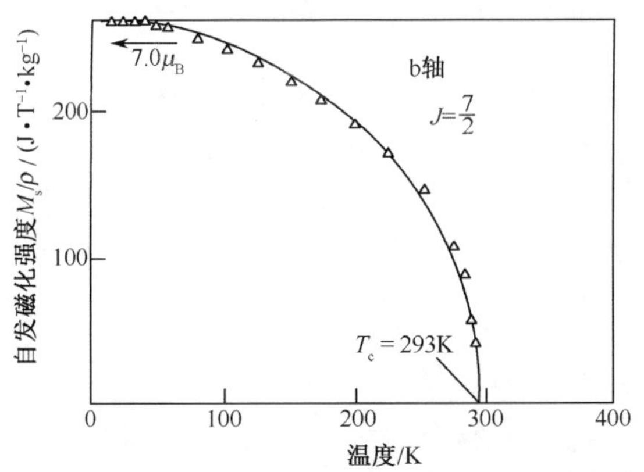

图 1-23　沿单晶钆基面 b 轴测得的自发磁化强度

（与 $J=\frac{7}{2}$ 的计算值比较）

（引自 Nigh, Legvold and Spedding, 1963, Phys. Rev., 132, 1092.）

使 β 粒子偏转的磁场在所有的情况下都小于 10^5Oe。由此可以得出结论：在铁磁体内部并不存在“磁”性质的分子场。后来，海森伯等人的研究证明，所谓“分子场”实际上是电子之间“交换作用”的等效场。而电子之间的交换作用属于静电性质，它来源于电子的量子效应。我们将在第三章对交换作用做详细介绍。

第十四节　铁磁物质的回转磁效应及 g 值的测定

在第九节中曾经指出，顺磁性盐类中铁族元素的离子磁矩主要由 $3d$ 电子的自旋磁矩所提供，$3d$ 电子的轨道磁矩由于晶体场作用大部分被“冻结”。顺磁性盐类中稀土元素的离子磁矩则由 $4f$ 电子的自旋磁矩和轨道磁矩共同提供。在铁磁性金属中也存在着类似的情况。本节即介绍有关这一内容的实验方法及其结果。

由第二节我们知道电子自旋的回转磁比率为 $\frac{e}{m}$，而电子轨道运动的回转磁比率为 $\frac{e}{2m}$。为了便于比较，我们把回转磁比率写作 $g\cdot\frac{e}{2m}$，而称 g 为磁力比率。由上述可知电子自旋的磁力比率 $g_{自旋}=2$，而电子轨道运动的磁力比率 $g_{轨道}=1$。

磁矩与角动量的上述关系不但对于孤立原子成立，对于宏观的磁性物体也同样成立。设以 $\boldsymbol{P}$ 表示物体的总角动量，它包括宏观(晶格)角动量及与各原子磁矩相对应的角动量 $\boldsymbol{P}_m$。以 $\boldsymbol{M}$ 表示物体的总磁矩，则有以下的关系：

$$\frac{\boldsymbol{M}}{\boldsymbol{P}_m}=-g\frac{|e|}{2m} \tag{1.14.1}$$

负号表示 $\boldsymbol{M}$ 和 $\boldsymbol{P}_m$ 的方向相反。式(1.14.1)是各种回转磁效应产生的依据，而回转磁效应本身又分为两个类型：

1) 由转动而产生磁化——每一元磁性体(磁矩的元负荷者)作为一个小回转仪。

波瑞(Perry)在 1890 年已经想到,一个铁杆绕其长轴转动时,必然要磁化。第一个实验成功而且证明了式(1.14.1)的是巴奈特[20]。

2) 由磁化而产生转动——当一铁杆沿其长轴方向磁化时,它将得到绕长轴的角动量。李卡德逊(Richardson)首先提出这个实验(1904)。第一次实验成功的是爱因斯坦和德哈斯[21]。

各种回转磁效应的实验结果证明,铁族金属及其合金以及各种铁氧体的 g 值均在 1.85~2.0。由此我们得出的结论是:铁磁物质中所有铁族元素(无论其温度在居里点以上或以下)磁矩的元负荷者主要是电子自旋,而不是电子的轨道运动。

为了证明以上结论,也为了演示磁矩与角动量之间的联系,我们介绍两种回转磁效应方法。此外,用铁磁共振方法测定材料的 g 值已被普遍采用,我们在本节最后介绍这一方法及用这一方法测定的 g 值。

一、回转磁效应方法[2]

(1) 巴奈特效应 设铁杆绕其长轴的角速度为 $\boldsymbol{\omega}$(见图 1-24),因铁杆内的各元磁性体并未直接受到外加力矩的作用,故对于杆外的静坐标系(如地球)而言,各元磁性体的角动量应守恒,即

$$\left(\frac{\mathrm{d}\boldsymbol{P}_j}{\mathrm{d}t}\right)_f = 0$$

式中下标 f 表示静坐标系。

但

$$\left(\frac{\mathrm{d}\boldsymbol{P}_j}{\mathrm{d}t}\right)_f = \frac{\mathrm{d}\boldsymbol{P}_j}{\mathrm{d}t} + \boldsymbol{\omega} \times \boldsymbol{P}_j = 0$$

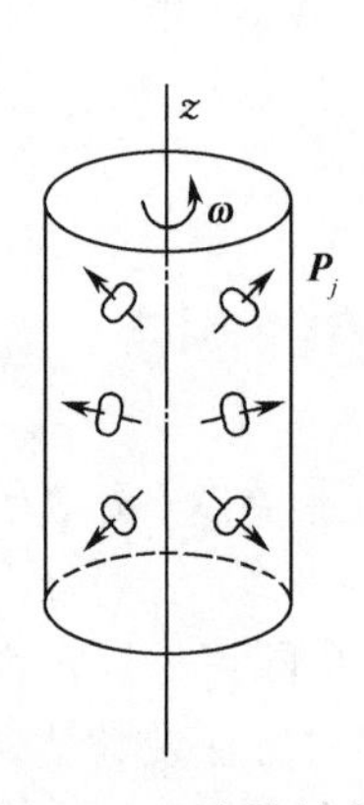

图 1-24 巴奈特效应

故

$$\frac{\mathrm{d}\boldsymbol{P}_j}{\mathrm{d}t} = -\boldsymbol{\omega} \times \boldsymbol{P}_j = \boldsymbol{P}_j \times \boldsymbol{\omega} \tag{1.14.2}$$

此处$\dfrac{\mathrm{d}\boldsymbol{P}_j}{\mathrm{d}t}$是对于固定在该杆上的坐标系(以角速度 $\boldsymbol{\omega}$ 运动的动坐标系)而言。

杆内的元磁性体作为一个回转仪,由于受杆转动的影响而受到力矩$\dfrac{\mathrm{d}\boldsymbol{P}_j}{\mathrm{d}t}$,因而将趋向于沿杆的长轴取向。故转动对于元磁性体的作用等效于一个磁场 $\boldsymbol{H}$ 对于它的作用,$\boldsymbol{H}$ 的方向和量值为下式所表示:

$$\mu_0 \boldsymbol{\mu} \times \boldsymbol{H} = \boldsymbol{P}_j \times \boldsymbol{\omega} \tag{1.14.3}$$

其中，$\boldsymbol{\mu}$ 是元磁性体的磁矩；μ_0 是真空磁导率。由式(1.14.3)可得

$$\boldsymbol{H} = \frac{1}{\mu_0}\left(\frac{\boldsymbol{P}_j}{\boldsymbol{\mu}}\right)\boldsymbol{\omega} = -\frac{2m}{\mu_0 g e}\boldsymbol{\omega} \tag{1.14.4}$$

铁杆由此而得的磁化强度为 $\chi\boldsymbol{H}$。事实上，$\boldsymbol{H}$ 是非常小的，我们可以做如下的估计：设铁杆的角速度 $\boldsymbol{\omega}$ 为 $100\times2\pi$，$g\approx2$，$\frac{m}{e}=5.68\times10^{-12}\text{kg/C}$，则 $H\approx2.84\times10^{-3}\text{A/m}$，这个数值仅仅是地磁场水平强度的 $\frac{1}{6000}$。这样小的磁场所引起的磁矩变化是很难测量的，巴奈特采用了感应法才实验成功。他用两个相同的长铁杆平行且水平放置，方向垂直于地磁子午面，两杆外绕以匝数相同的感应线圈，互相串联反接，使地磁场对两杆的影响互相抵消。当一杆转动而被磁化时，该杆内的磁通量变化可由接于感应线圈线路内的冲击电流计或磁通计量出。

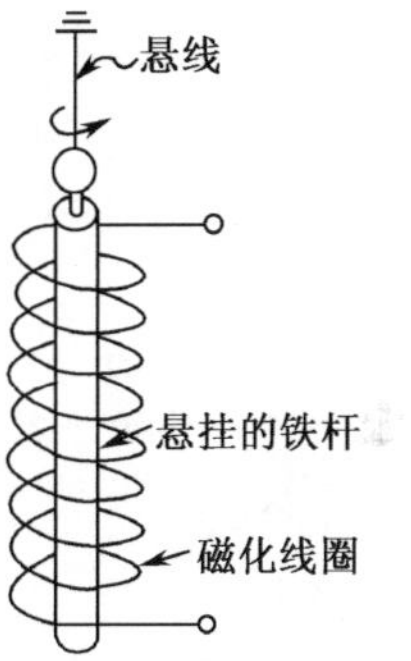

图 1-25　爱因斯坦-德哈斯效应

(2) *爱因斯坦-德哈斯效应*　　这个效应的实验原理可用图 1-25 说明。当无外加力矩作用在铁杆上、铁杆亦无辐射时，铁杆系统的总角动量 $\boldsymbol{P}$ 的变量应等于零

$$\Delta\boldsymbol{P} = 0 \tag{1.14.5}$$

按照基特耳的推论，总角动量 $\boldsymbol{P}$ 应包括电子自旋、电子轨道运动和铁原子的晶格运动三部分的贡献

$$\boldsymbol{P} = \boldsymbol{P}_{自旋} + \boldsymbol{P}_{轨道} + \boldsymbol{P}_{晶格}$$

由式(1.14.5)可知

$$\Delta\boldsymbol{P} = \Delta\boldsymbol{P}_{自旋} + \Delta\boldsymbol{P}_{轨道} + \Delta\boldsymbol{P}_{晶格} = 0 \tag{1.14.6}$$

所以

$$\Delta\boldsymbol{P}_{晶格} = -(\Delta\boldsymbol{P}_{自旋} + \Delta\boldsymbol{P}_{轨道})$$

实验中观测到的角动量变化为 $\Delta\boldsymbol{P}_{晶格}$，因为这是宏观的表现。

实验中测出的磁矩变化为

$$\Delta\boldsymbol{M} = \Delta\boldsymbol{M}_{自旋} + \Delta\boldsymbol{M}_{轨道} + \Delta\boldsymbol{M}_{晶格}$$

在以上三项中，$\Delta\boldsymbol{M}_{晶格}$ 的数量比起前两项来非常小 $\left(大约是\frac{1}{2000}\right)$。这是因为构成晶格的铁原子核的质量很大，转动很慢，因而产生的磁矩很小。因此

$$\frac{g|e|}{2m} = -\frac{\Delta\boldsymbol{M}}{\Delta\boldsymbol{P}_{晶格}} = \frac{\Delta\boldsymbol{M}_{自旋} + \Delta\boldsymbol{M}_{轨道}}{\Delta\boldsymbol{P}_{自旋} + \Delta\boldsymbol{P}_{轨道}} \tag{1.14.7}$$

令 $\frac{|\Delta\boldsymbol{P}_{轨道}|}{|\boldsymbol{P}_{自旋}|} = \varepsilon$，则有

$$\frac{|\Delta\boldsymbol{M}_{轨道}|}{|\boldsymbol{M}_{自旋}|} = \frac{\varepsilon}{2}$$

ε 代表 $\boldsymbol{M}_{轨道}$ 对于磁化的贡献(相对于 $\boldsymbol{M}_{自旋}$ 而言)。

因 $\varepsilon \ll 1$,故可得

$$g \approx 2 - \varepsilon \tag{1.14.8}$$

如果轨道角动量完全被"冻结"(即对于磁化无贡献),则 $\varepsilon = 0$,而 $g = 2$。测量爱因斯坦-德哈斯效应中的转动有三种方法:① 冲击法;② 强迫振动法;③ 平衡法。表 1-11 列出了用回转磁效应法所得 $g_{回转}$ 值的较新实验结果[22]。

表 1-11　几种磁性物质的磁力比率 g 的测定值

磁性物质	回转磁效应方法		铁磁共振方法	
	$g_{回转}$	$\varepsilon/2$	$g_{共振}$	$\varepsilon/2$
Fe	1.92	0.04	2.05~2.16	0.03~0.08
Co	1.85	0.07	2.18~2.23	0.09~0.12
Ni	1.84	0.08	2.17~2.21	0.09~0.11
Cu_2MnAl	1.99	0.00	2.01	0.005
$Ni_{0.78}Fe_{0.22}$	1.90	0.05	2.07~2.14	0.04~0.07
Fe_3O_4	1.85	0.07	2.20	0.10
$NiFe_2O_4$	1.94	0.03	2.19	0.10
CoNi	1.84	0.08	2.18	0.09
MnSb	1.91	0.04	2.10	0.05

注:此表引自 G. G. Scott, Rev. Mod. Phys., 1962, 34(1):102。

二、铁磁共振方法

在铁磁共振实验中,g 值是用能级来确定的,因此其定义与在回转磁效应中的定义并不完全相同。

考虑一个具有固有磁矩的自由离子,总角动量量子数为 J。在外磁场 H 中将发生塞曼分裂,$2J+1$ 重简并态分裂成能量为 $M_J g \mu_B H$ 的 $2J+1$ 个能级。其中 $M_J = -J, -J+1, \cdots, 0, \cdots, J-1, J$ 为磁量子数。如果离子不是单个离子而是组成晶体,晶体场将使轨道角动量部分冻结。这时离子的角动量可用自旋量子数 S 来表征。当受外磁场 H 作用时,原来的简并态分裂为 $2S+1$ 个能级,各能级对应的能量为 $M_S g \mu_B H$,而"残存"轨道角动量对能级间隔的影响则体现于 $g_{共振}$ 因子中。注意到离子基态的能量为 $-g\mu_B SH$,与这一状态对应的单位体积的能量应为 $-Ng\mu_B SH$,该能量应等于物质被磁化的磁场能 $-MH$。因而有

$$M = Ng\mu_B S \tag{1.14.9}$$

另一方面,如设 $P_{自旋}$为离子的自旋角动量,$P_{轨道}$为离子“残存”的轨道角动量,并令 $P_{轨道}/P_{自旋}=\varepsilon$,则应有

$$\begin{aligned} M &= N\left(\frac{|e|}{2m}P_{轨道} + \frac{|e|}{m}P_{自旋}\right) \\ &= N\frac{|e|}{2m}P_{自旋}(2+\varepsilon) = (2+\varepsilon)N\mu_B S \end{aligned} \tag{1.14.10}$$

故有

$$g_{共振} = 2 + \varepsilon \tag{1.14.11}$$

在铁磁共振实验中,铁磁体同时受到静磁场 H 和高频交变场 $h_0e^{i\omega t}$的作用。在 H 作用下能级发生分裂。根据“选择定则”,分裂后的能级跃迁只能发生在相邻的能级之间,即 $\Delta M_s=\pm 1$。根据量子力学原理,当交变磁场的量子化能量 $\hbar\omega$ 等于跃迁能量 $g\mu_B H$ 时将发生铁磁共振,这时铁磁体对能量的吸收达到最大值。由此可测出 g 值。表 1-11 中的 $g_{共振}$即是用这一方法测量的结果。

由表 1-11 可见,各种铁族金属(包括合金及铁氧体)的 $g\approx 2$,ε 值很小。这证明上述物质的铁磁性主要由电子自旋所贡献。

习　题

1.1　有一简立方结构晶体,晶格常数为 $a=3\text{Å}$,每一个格点上的磁矩均为一个玻尔磁子($\approx 10^{-23}\text{A·m}^2$),所有格点上的磁矩方向相同,均沿一个立体边的方向。(1) 试计算周围 6 个格点的磁矩在中心格点上所产生的磁场;(2) 计算上述磁场与中心格点磁矩的作用能 ΔE;(3) 计算与 ΔE 相对应的热运动能的温度。

1.2　有一磁偶极子,正、负磁荷分别为 $+m$ 和 $-m$,两磁荷间的距离为 l。已知磁荷 m 在磁场 $\boldsymbol{H}$ 中的受力 $\boldsymbol{F}=m\boldsymbol{H}$。试证明:该磁偶极子在磁场 $\boldsymbol{H}$ 中所受力矩 $\boldsymbol{L}=\boldsymbol{\mu}\times\boldsymbol{H}$,其中 $\boldsymbol{\mu}=m\boldsymbol{l}$。

1.3　证明:在一定温度下,磁性体的磁化状态是自由能 F 或热力学势 Φ 等于极小值的状态。

1.4　利用洪德定则写出下列原子(或离子)基态的光谱学标记并计算出磁矩:Fe,Fe^{2+},Fe^{3+},Mn^{3+},Ni,Ni^{2+},Co,Y^{3+},Eu^{3+},Sm^{3+}。

1.5　证明范列温定理:将玻尔兹曼统计应用于受外磁场作用的原子系统,在稳定状态下,系统的磁化率等于零。

1.6　氢原子基态 1s 的波函数 $\psi=(\pi a_0^3)^{-\frac{1}{2}}e^{-\frac{r}{a_0}}$,其中 $a_0=\dfrac{\hbar^2}{me^2}=0.529\text{Å}$。(1) 试证明基态 $\langle r^2\rangle=3a_0^2$;(2) 计算氢原子的抗磁磁化率。

1.7　按朗之万经典顺磁理论,试证明微分磁化率 χ 的级数展开式前两项为

$$\chi = \frac{dM}{dH} = \frac{N\mu^2}{3\kappa_B T}\left[1 - \frac{1}{5}\left(\frac{\mu H}{\kappa_B T}\right)^2 + \cdots\right]$$

1.8 按朗之万经典顺磁理论,当 $T\to 0K$ 时,顺磁体的熵 $s\to -\infty$。试证明之。

1.9 对硫酸铜顺磁性最重要的贡献,来自具有自旋1/2且可考虑没有相互作用的铜离子。(1) 试证明在磁场 H 中的磁化强度为

$$M = N\mu_B \tanh\left(\frac{\mu_B\mu_0 H}{\kappa_B T}\right)$$

式中 N 是单位体积内的铜离子数,μ_B 是玻尔磁子,μ_0 为真空磁导率;(2) 导出在磁场 H 中磁比热的高温($\mu_B\mu_0 H \ll \kappa_B T$)形式。

1.10 设有一顺磁性物质,单位体积内有 N 个原子,每个原子的角动量为 J,朗德因子为 g。(1) 应用朗之万理论及空间量子化条件证明

$$M = NgJ\mu_B B_J(\alpha)$$

其中

$$\alpha = gJ\mu_B\mu_0 H/\kappa_B T$$

$$B_J(\alpha) = \frac{2J+1}{2J}\coth\left[\frac{(2J+1)\alpha}{2J}\right] - \frac{1}{2J}\coth\left(\frac{\alpha}{2J}\right)$$

(2) 证明:当 $\alpha \ll 1$ 时,$B_J(\alpha) \approx \frac{J+1}{3J}\alpha$,$M = \frac{Ng^2\mu_B^2 J(J+1)\mu_0 H}{3\kappa_B T}$,求出居里常数 C。

1.11 已知钾的密度为 $0.86g/cm^3$,原子量为39.1,利用式(1.11.8)及(1.11.13)并引用表1-4中的数据计算钾的总磁化率 χ。

1.12 由分子场理论证明:(1) 当 $T \lesssim T_c$ 时,$M_s \approx M_0\sqrt{\frac{3(T_c - T)}{T_c}}$;(2) 当 $T\to 0K$ 时,$M_s \approx M_0(1 - e^{-2T_c/T})$

1.13 铁具有体心立方晶格结构,晶格常数为2.87Å,原子量为55.85,密度为 $7.86g/cm^3$,居里温度 T_c 为1043K;饱和磁化强度 $M_s(0)$ 为 $1740\times 90A/m$,单原子的有效玻尔磁子数为2.2。试估算铁的:(1) 外斯分子场系数 W;(2) 居里常数;(3) 分子场强度。

1.14 设某铁磁体的自发磁化强度为 $M_s(T)$,分子场系数为 λ,说明由于自发磁化的缘故,铁磁体的比热增量为

$$\Delta c\Big|_{H=0} = -\frac{\mu_0\lambda}{2}\frac{d}{dT}(M_s^2)$$

参 考 文 献

[1] 宋德生,李国栋.电磁学发展史.修订版.南宁:广西人民出版社,1987;1996
[2] 郭贻诚.铁磁学.北京:人民教育出版社,1965

[3] C.B.冯索夫斯基.现代磁学.北京:科学出版社,1960
[4] C.B.冯索夫斯基,舒尔 Я.C.铁磁学(上册).廖莹译.北京:科学出版社,1965
[5] C.B.冯索夫斯基,舒尔 Я.C.铁磁学(上册).廖莹译.北京:科学出版社,1965
[6] E. Stoner. *Phil. Mag.*,1937,**23**:833
[7] C.B.冯索夫斯基,舒尔 Я.C.铁磁学(上册).廖莹译.北京:科学出版社,1965
[8] I. Larmor. *Phil. Mag.*,1987,**44**(5):503
[9] J.H. Van Vleck. *Theory of Electric and Magnetic Susceptibities*,1932
[10] 周世勋. 量子力学.上海:上海科学技术出版社,1961
[11] D.R. Hartree. *Repts. Prog. phys*.1946～1947,**11**:113
[12] J.C. Slater. *Phys. Rev*.1930,**36**:57
[13] P. Langevin. *Journ. de Phys. et de Radium* (4),**4**,678(1905),*Ann. de Chim. et Phys.*, 1905,**5**(8):70
[14] L. Landau. *Z.f. Physik*,1930,**64**:629
[15] W. Pauli. *Z.f. Physik*,1927,**41**:81
[16] Я.И. Френкель. *Z.f. Physik*,1928,**49**:31
[17] W.J. de Hass and Van P.M. Alphen. *Commun. Kamerlingh Onnes Lab*. Univ. Leiden, 1930,208d, 212a; 1933, 220d
[18] C.基泰尔.固体物理导论.杨顺华等译.北京:科学出版社,1979
[19] P. Weiss. *Journ. de Phys. et de Radium*, 1907,**6**:661
[20] S.J. Barnett. *Phys. Rev.*,1915,**6**:171;1917,**10**:7;*Proc. Amer. Acad. Arts. Sci.*,1952,**60**:125;1944, **75**:109
[21] A. Einstein and W.J. de Haas. *Verh. deut. Phys. Ges.*,1915,**17**:152;1916,**18**:173,423
[22] G.G. Scott. *Revs. Mod. Phys.*,1962, **34**:102

附表 1-1(a)　顺磁性过渡族元素原子的电子组态

Z	原　子	K	L		M			N				未抵消的电子数
		1s	2s	2p	3s	3p	3d	4s	4p	4d	4f	
19	K	2	2	6	2	6		1				1
20	Ca	2	2	6	2	6		2				0
21	Sc	2	2	6	2	6	1	2				1
22	Ti	2	2	6	2	6	2	2				2
23	V	2	2	6	2	6	3	2				3
24	Cr	2	2	6	2	6	5	1				6
	Cr^{3+}	2	2	6	2	6	3	0				3
25	Mn	2	2	6	2	6	5	2				5
	Mn^{4+}	2	2	6	2	6	3	0				3

续表

Z	原 子	K	L		M			N				未抵消的电子数
		1s	2s	2p	3s	3p	3d	4s	4p	4d	4f	
26	Fe	2	2	6	2	6	6	2				4
	Fe^{2+}	2	2	6	2	6	6	0				4
	Fe^{3+}	2	2	6	2	6	5	0				5
27	Co	2	2	6	2	6	7	2				3
	Co^{2+}	2	2	6	2	6	7	0				3
28	Ni	2	2	6	2	6	8	2				2
	Ni^{2+}	2	2	6	2	6	8	0				2
29	Cu	2	2	6	2	6	10	1				1
30	Zn	2	2	6	2	6	10	2				0

附表 1-1(b) 顺磁性钯族元素原子的电子组态

Z	原 子	K	L		M			N				O		
		1s	2s	2p	3s	3p	3d	4s	4p	4d	4f	5s	5p	5d
37	Rb	2	2	6	2	6	10	2	6			1		
38	Sr	2	2	6	2	6	10	2	6			2		
39	Y	2	2	6	2	6	10	2	6	1		2		
40	Zr	2	2	6	2	6	10	2	6	2		2		
41	Nb	2	2	6	2	6	10	2	6	4		1		
42	Mo	2	2	6	2	6	10	2	6	5		1		
43	Tc	2	2	6	2	6	10	2	6	6		1		
44	Ru	2	2	6	2	6	10	2	6	7		1		
45	Rh	2	2	6	2	6	10	2	6	8		1		
46	Pd	2	2	6	2	6	10	2	6	10				

附表 1-1(c) 顺磁性稀土元素原子的电子组态

Z	原子	K	L		M			N				O			P		
		1s	2s	2p	3s	3p	3d	4s	4p	4d	4f	5s	5p	5d	6s	6p	6d
55	Cs	2	2	6	2	6	10	2	6	10		2	6		1		
56	Ba	2	2	6	2	6	10	2	6	10		2	6		2		
57	La	2	2	6	2	6	10	2	6	10		2	6	1	2		
58	Ce	2	2	6	2	6	10	2	6	10	1	2	6	1	2		
59	Pr	2	2	6	2	6	10	2	6	10	2	2	6	1	2		
60	Nd	2	2	6	2	6	10	2	6	10	3	2	6	1	2		
61	Pm	2	2	6	2	6	10	2	6	10	4	2	6	1	2		
62	Sm	2	2	6	2	6	10	2	6	10	5	2	6	1	2		

续表

Z	原子	K	L		M			N				O			P		
		1s	2s	2p	3s	3p	3d	4s	4p	4d	4f	5s	5p	5d	6s	6p	6d
63	Eu	2	2	6	2	6	10	2	6	10	6	2	6	1	2		
64	Gd	2	2	6	2	6	10	2	6	10	7	2	6	1	2		
65	Tb	2	2	6	2	6	10	2	6	10	8	2	6	1	2		
66	Dy	2	2	6	2	6	10	2	6	10	9	2	6	1	2		
67	Ho	2	2	6	2	6	10	2	6	10	10	2	6	1	2		
68	Er	2	2	6	2	6	10	2	6	10	11	2	6	1	2		
69	Tm	2	2	6	2	6	10	2	6	10	12	2	6	1	2		
70	Yb	2	2	6	2	6	10	2	6	10	13	2	6	1	2		
71	Lu	2	2	6	2	6	10	2	6	10	14	2	6	1	2		

附表 1-1(d)　顺磁性铂族元素原子的电子组态

Z	原子	K	L		M			N				O			P		
		1s	2s	2p	3s	3p	3d	4s	4p	4d	4f	5s	5p	5d	6s	6p	6d
71	Lu	2	2	6	2	6	10	2	6	10	14	2	6	1	2		
72	Hf	2	2	6	2	6	10	2	6	10	14	2	6	2	2		
73	Ta	2	2	6	2	6	10	2	6	10	14	2	6	3	2		
74	W	2	2	6	2	6	10	2	6	10	14	2	6	4	2		
75	Re	2	2	6	2	6	10	2	6	10	14	2	6	5	2		
76	Os	2	2	6	2	6	10	2	6	10	14	2	6	6	2		
77	Ir	2	2	6	2	6	10	2	6	10	14	2	6	7	2		
78	Pt	2	2	6	2	6	10	2	6	10	14	2	6	9	1		
79	Au	2	2	6	2	6	10	2	6	10	14	2	6	10	1		

附表 1-1(e)　顺磁性锕族元素原子的电子组态

Z	原子	K	L		M			N				O			P			Q
		1s	2s	2p	3s	3p	3d	4s	4p	4d	4f	5s	5p	5d	6s	6p	6d	7s
88	Ra	2	2	6	2	6	10	2	6	10	14	2	6	10	2	6		2
89	Ac	2	2	6	2	6	10	2	6	10	14	2	6	10	2	6	1	2
90	Th	2	2	6	2	6	10	2	6	10	14	2	6	10	2	6	2	2
91	Pa	2	2	6	2	6	10	2	6	10	14	2	6	10	2	6	3	2
92	U	2	2	6	2	6	10	2	6	10	14	2	6	10	2	6	4	2

附表 1-2　元素周期表

原子序数—29
元素符号—Cu 铜 —元素名称
磁性符号—· −3.46 —质量磁化率(室温)($4\pi\times10^{-6}cm^3/g$)

· 抗磁性
↑ 顺磁性
↑↑ 铁磁性

1 H 氢 · −3.98								
3 Li 锂 ↑ +14.2	4 Be 铍 · −9.0							
11 Na 钠 ↑ +16.0	12 Mg 镁 ↑ 13.1							
19 K 钾 ↑ +20.8	20 Ca 钙 ↑ +40.0	21 Sc 钪 ↑ 315.0	22 Ti 钛 ↑ +153.0	23 V 钒 ↑ +255.0	24 Cr 铬 ↑ +180.0	25 Mn 锰 ↑ +529.0(α) +483.0(α)	26 Fe 铁 ↑↑	27 Co 钴 ↑↑
37 Rb 铷 ↑ 17.0	38 Sr 锶 ↑ 92.0	39 Y 钇 ↑ 187.7	40 Zr 锆 · −122.0	41 Nb 铌 ↑ +195.0	42 Mo 钼 ↑ +89.0	43 Tc 锝 270.0	44 Ru 钌 ↑ 43.2	45 Rh 铑 ↑ +111.0
55 Cs 铯 ↑ +29.0	56 Ba 钡 ↑ +20.6	57—71 La—Lu	72 Hf 铪 ↑ +75.0	73 Ta 钽 ↑ +154.0	74 W 钨 ↑ +59.0	75 Re 铼 ↑ +67.6	76 Os 锇 ↑ +9.9	77 Ir 铱 ↑ +25.6
87 Fr 钫	88 Ra 镭	89—103 Ac—Lr						

57 La 镧 ↑ +95.9	58 Ce 铈 ↑ +2500	59 Pr 镨 ↑ +5010.0	60 Nd 钕 ↑ +5930	61 Pm 钷	62 Sm 钐 ↑ +1860.0	63 Eu 铕 ↑ +30900
89 Ac 锕	90 Th 钍 ↑ +132.0	91 Pa 镤	92 U 铀 ↑ +409.0	93 Np 镎	94 Pu 钚 ↑ +610.0	95 Am 镅 ↑ +1000.0

注:引自李国栋编著的《当代磁学》。

和元素的磁性

								^{2}He 氦 • −1.88
			^{5}B 硼 • −6.7	^{6}C 碳 • −5.9 (金刚石) −6.0 (石墨)	^{7}N 氮 • −12.0	^{8}O 氧 ↑ +3449.0	^{9}F 氟	^{10}Ne 氖 • −6.74
			^{13}Al 铝 ↑ +16.5	^{14}Si 硅 • −3.9	^{15}P 磷 • −20.8(红) −26.6(黑)	^{16}S 硫 • −15.5(α) −14.9(β)	^{17}Cl 氯 • −40.5	^{18}Ar 氩 • −19.6
^{28}Ni 镍 ↑↑	^{29}Cu 铜 • −3.46	^{30}Zn 锌 • −11.4	^{31}Ga 镓 • −21.6	^{32}Ge 锗 • −76.84	^{33}As 砷 • −5.5(α) −23.7(β) −23.0(γ)	^{34}Se 硒 • −25.0	^{35}Br 溴 • −56.4	^{36}Kr 氪 • −28.8
^{46}Pd 钯 ↑ +567.4	^{47}Ag 银 • −19.5	^{48}Cd 镉 • −19.8	^{49}In 铟 • −64.0	^{50}Sn 锡 ↑ +3.1(白) • −37.0(灰)	^{51}Sb 锑 • −99.0	^{52}Te 碲 • −39.5	^{53}I 碘 • −88.7	^{54}Xe 氙 • −43.9
^{78}Pt 铂 ↑ +201.9	^{79}Au 金 • −28.0	^{80}Hg 汞 • −33.44	^{81}Tl 铊 • −50.9	^{82}Pb 铅 • −23.0	^{83}Bi 铋 • −280.1	^{84}Po 钋	^{85}At 砹	^{86}Rn 氡

^{64}Gd 钆 ↑↑	^{65}Tb 铽 ↑ +170000	^{66}Dy 镝 ↑ +98000	^{67}Ho 钬 ↑ +72900	^{68}Er 铒 ↑ +48000	^{69}Tm 铥 ↑ +24700	^{70}Yb 镱 ↑ +67	^{71}Lu 镥 ↑ >0.0
^{96}Cm 锔	^{97}Bk 锫	^{98}Cf 锎	^{99}Es 锿	^{100}Fm 镄	^{101}Md 钔	^{102}No 锘	^{103}Lr 铹

第二章　物质的磁性（Ⅱ）
——反铁磁性、亚铁磁性及非共线磁结构

第一节　反铁磁性物质及其基本磁性

铁族元素的某些氧化物，硫化物以及卤素化合物如 FeO，FeS，FeF_2，FeF_3，CoO，CoS，CoF_2，NiO，MnO，Cr_2O_3 等属于反铁磁物质。在晶格结构上，这类物质属于离子型晶体，具有磁矩的金属离子被非金属离子所包围，因而磁性离子的间距较远。在微观磁结构上，它们和铁磁性物质同属于磁有序物质。与铁磁性物质不同的是，反铁磁性物质中的相邻离子磁矩是反平行排列的并且大小相等，因而互相抵消，不产生自发磁化。只有在外磁场中才出现微弱的沿外磁场方向的合磁矩。所以这类物质是一类弱磁性物质，χ 值约为 $10^{-2} \sim 10^{-5}$。

最早对反铁磁物质进行研究的是日本学者本多、曾根和石原等人，他们测量了 MnO，Cr_2O_3，$CuBr_2$，CuO，NiO 从液态空气到 1000℃ 温度范围内磁化率的变化。Bizette 等对 MnO 的磁化率做了更精确的测量，最低测量温度达到 14K[1]。他们测得 MnO 由反铁磁性到顺磁性的转变温度（T_N）为 116K。在此温度以上，MnO 的磁化率服从居里-外斯定律 $\chi = \dfrac{C}{T+\theta_P}$，其中 $C = 4.40\ \dfrac{cm^3}{mol}$，$\theta_P = 610K$。由此算出的 Mn^{2+} 离子的有效子数是 5.95，与按洪德定则计算的理论值 5.92 符合得很好。我们在图 2-1 中引证了他们的测量结果。

对反铁磁性物质磁性的有系统地进行研究始于 20 世纪 30 年代，在此后的 20 多年研究中，人们发现它们有以下规律：

1）　存在着临界温度，称为奈尔温度（T_N）。当 $T > T_N$ 时，反铁磁性转变为顺磁性，磁化率服从居里-外斯定律，$\chi = \dfrac{C}{T+\theta_P}$。其中 C 为居里常数，θ_P 为顺磁奈尔温度。多数反铁磁性物质的 θ_P 为正值，也有的为负值。

2）　当 $T < T_N$ 时，表现为反铁磁性。最大特征是，磁化率随温度降低反而减小。因此在 T_N 点 χ 具有极大值，如图 2-1 所示。

3）　在 T_N 点附近，除磁化率 χ 的反常变化外，比热和热膨胀系数都将出现反常高峰（如图 2-2 和图 2-3 所示），某些物质的杨氏模量也将发生反常变化。这表明 T_N 是二类相变温度。

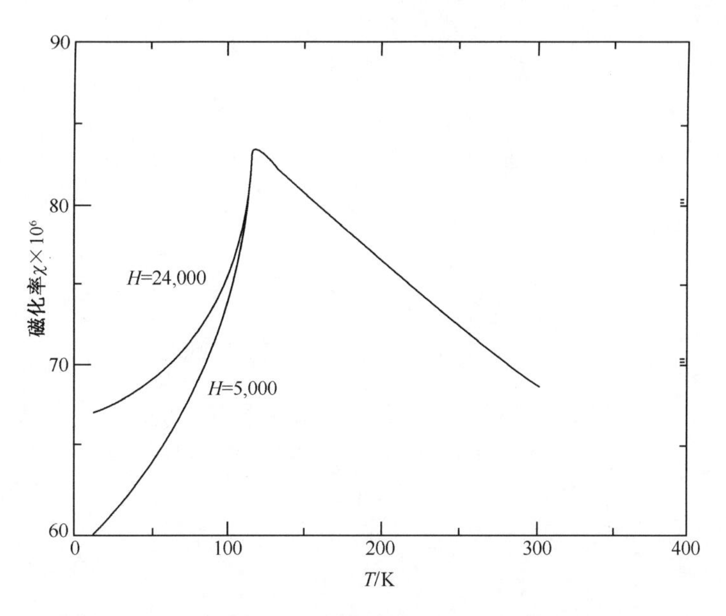

图 2-1　MnO 粉末样品在不同磁化场中的磁化率随温度的变化

(Bizette et al. Compt. rend. (Paris) **207**,449(1938))

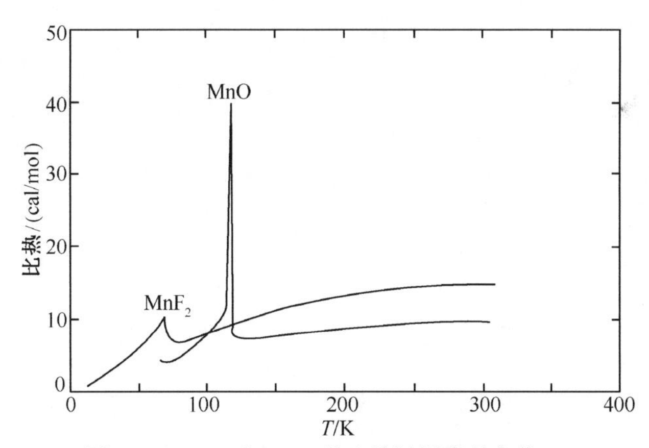

图 2-2　MnF_2 和 MnO 的比热随温度的变化

(MnF_2:Stout et al. J. Am. Chem. Soc. **64**,1535(1942);

MnO:Millar, J. Am. Chem. Soc. **50**,1875(1928))

4)　存在磁晶各向异性。当样品为单晶体时,沿不同晶轴方向测量的磁化率明显不同。图 2-4 引证了毕载特和蔡柏龄对 MnF_2 单晶体沿平行和垂直于四角晶系 c 轴方向的测量结果。

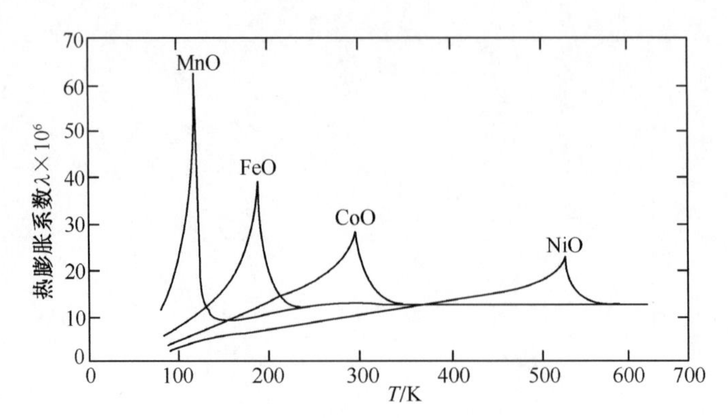

图 2-3　MnO、FeO 等的热膨胀系数随温度的变化

(Foëx, Compt. rend (Paris): **227**, 193(1948))

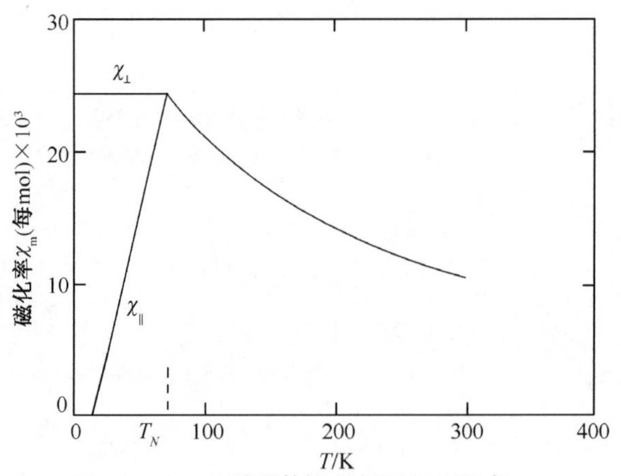

图 2-4　MnF_2 单晶体在磁场平行和垂直于 c 轴时磁体率随温度的变化

(Bizette et al. Compt. rend. (Paris) **238**, 1575(1954))

表 2-1 列出了若干常见反铁磁性物质的磁性常数,其中,T_N 为奈尔温度;θ_P 为顺磁奈尔温度;C 为居里常数;$\chi(0)$为 0K 时的磁化率;$\chi(T_N)$为 $T = T_N$ 时的磁化率。可见,多数反铁磁性物质的奈尔温度在室温以下。

关于在反铁磁性物质中相邻离子磁矩反平行的概念是奈尔首先提出的[2]。这一概念得到证明是在 20 世纪 50 年代将中子衍射方法用来分析物质的磁结构之后。中子衍射是能够直接显示磁结构的惟一实验方法,对反铁磁性及其他磁结构的研究起过重要作用。下面对这一方法及其在研究反铁磁物质中的应用做一简单介绍[3]。

表 2-1　若干反铁磁性物质的磁性常数

物质	晶体结构	T_N/K	θ_P/K	θ_P/T_N	C_{mol}	$\chi(0)/\chi(T_N)$
MnO	面心立方	122	610	5.0	4.40	0.69
FeO	面心立方	185	570	3.1	6.24	0.77
CoO	面心立方	291	280	0.96	3.0	—
NiO	面心立方	515	—	—	—	0.67
MnS	面心立方	165	528	3.2	4.30	0.82
MnSe	面心立方	~150(?)	~435(?)	~3	—	—
MnTe	六角层	323	690			0.68
MnF_2	体心长方	74	113	1.5	4.08	0.75
FeF_2	体心长方	85	117	1.4	3.9	0.72
CoF_2	体心长方	40	53	1.3	3.3	—
NiF_2	体心长方	78	116	1.5	1.5	—
MnO_2	体心长方	86	—	—	—	0.93
Cr_2O_3	三角	307	1070	3.5	2.56	0.76
α-Fe_2O_3	三角	950	2000	2.1	4.4	—
FeS	六角层	613	857	1.4	3.44	—
$FeCl_2$	六角层	24	-48	-2.0	3.59	<0.2
$CoCl_2$	六角层	25	-38.1	-1.5	3.46	~0.6
$NiCl_2$	六角层	50	-68.2	-1.4	1.36	—
$FeCO_3$	复杂结构	57	—	—	—	0.25
α-Mn	复杂结构	~100	—	—	—	—
Cr	体心立方	475	—	—	—	—
CrSb	六角层	725	~1000	1.4	—	~0.25
$TsCl_3$	复杂结构	~100	—	—	—	—
$CuCl_2 \cdot H_2O$	三角	4.3	5	1.16	—	—
$FeCl_2 \cdot 4H_2O$		1.6	2	1.2	3.61	—
$NiCl_2 \cdot 6H_2O$		5.3	—	—	—	—

注：此表摘自：(1) A. H. Morrish, The Physical Principles of Magnetism, John Wiley & Sons, 1965；(2) 郭贻诚，铁磁学，高等教育出版社，1965。

我们知道 X 射线衍射分析是研究晶体结构的主要方法。排列在晶体点阵上的原子形成了 X 射线的衍射中心。衍射作用来源于 X 光量子与核外电子电荷的相互作用。电子磁矩对 **X** 光量子的作用是如此之微弱,以至所产生的衍射完全淹没在背景之中。因此,**X** 射线衍射分析只能确定原子形成的晶格结构,无法确认原子磁矩的空间方向。后者是通过中子衍射实验来完成的。一束具有一定能量的中子通过磁有序物质(例如反铁磁体)的粉末样品时,中子受到原子核及核外电子磁矩的作用,将发生衍射现象。通过分析衍射图形可以确定原子在晶体中的位置以及原子磁矩的排列方向。这一有力的实验技术是在有了原子反应堆能产生足够强的中子源以后才发展起来的。自 1949 年开始,利用中子衍射分析来测定磁结构(即原子磁矩在晶格中的方向分布)的工作逐渐增多。沙勒(Shull)等人用此法测定了 MnO, FeO, CoO, NiO, MnS 和 MnSe 等的磁结构[4]。图 2-5 画出了由中子衍射分析测定的 MnO 晶体中各个 Mn 离子的磁矩分布。由图可见 Mn^{2+} 离子的近邻都是非磁性的 O^{2-} 离子,用虚线画出的两个相邻角属于磁矩相反的两种次晶格。这种磁结构的特点是每一个 O^{2-} 离子两侧(前后,左右或上下)的两个 Mn^{2+} 离子的磁矩都是反平行的。显然,从一个正向磁矩到次一个正向磁矩的周期是晶格常数的 2 倍。因此,磁单胞是化学单胞体积的 8 倍。

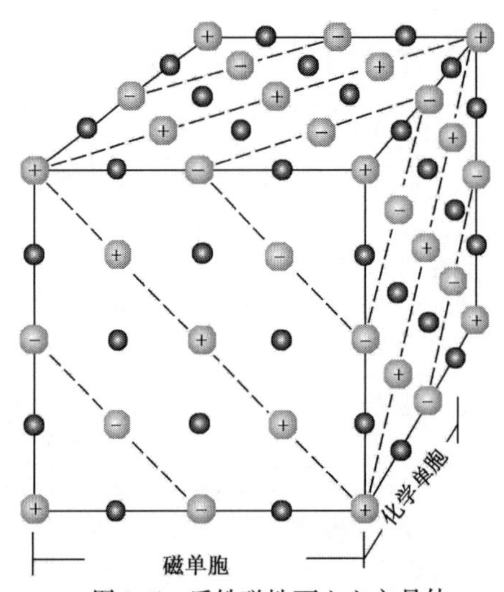

图 2-5　反铁磁性面心立方晶体(如 MnO)中离子的排列

大球代表 Mn^{2+} 离子,球中的"+"、"−"号代表磁矩的两种相反取向;小球代表 O^{2-} 离子(按 Shull et al. 的表示)

中子衍射的原理如下:

原子(或离子)对中子束的散射来源于中子与原子核之间的作用(核散射)以及中子磁矩与原子中的电子磁矩之间的作用(磁散射),后者对于中子自旋和电子自旋的相对取向是敏感的,所以磁散射能够用来测定晶体中原子磁矩的方向。

原子对未极化的中子束的散射截面为

$$F^2 = C^2 + D^2 q^2 \tag{2.1.1}$$

其中,

$$q^2 = 1 - (\boldsymbol{e} \cdot \boldsymbol{k})^2 \tag{2.1.2}$$

$$D = \frac{e^2}{mc^2} rsf = 0.539 \times 10^{-12} sf \ (\text{cm}) \tag{2.1.3}$$

C 为核散射振幅;D 为磁散射振幅;k 为原子磁矩方向(单位矢量);$\boldsymbol{e}$ 为入射方向与散射方向的矢量差(均指单位矢量);r 为中子磁矩(1.9 核磁子);s 为原子中未

满额壳层的电子自旋量子数；f 为散射波的波形因数$\left(f\text{ 是}\frac{\sin\theta}{\lambda}\text{的函数},\theta\text{ 是布拉格角度},\lambda\text{ 是中子波长}\right)$。

核散射振幅对周期表中相邻元素的变化非常明显，并且没有显著的规律性，因而可以利用这一技术容易观察其原子序数相近的原子在晶格中的分布。其次，低原子序数的原子对中子的散射也很强烈，所以常用它来确定轻原子(如氢、碳等)在晶格中的位置。当将中子衍射用于磁结构分析时，需将式(2.1.1)中的两部分散射分开。为此，通常有两种方法：一种是比较在高于和低于奈尔点的两个温度下的衍射强度(加以适当的温度修正)；另一种是将样品饱和磁化后进行读数(此法不适用于反铁磁体)。当磁化方向(即原子磁矩的总方向)平行于 $\boldsymbol{e}$ 时，$q=0$；而当磁化方向垂直于 $\boldsymbol{e}$ 时，$q=1$。同一衍射图案在上述两种不同的安排下所表现的衍射强度之差，即为磁结构所引起的散射。

在反铁磁体中，由于近邻磁性原子的自旋取向反平行，所以对中子的散射行为类似于两种不同类型的原子，因而其散射效应较强烈。在图 2-6 中引证了沙勒关于 MnO 的实验结果。由图可见，在奈尔点(MnO 的奈尔点为 122K)以下存在着一些额外的衍射峰。其中位于 12°附近的一个强峰是由于相邻的(111)晶面的 Mn 离子在磁矩上反平行排列造成的。

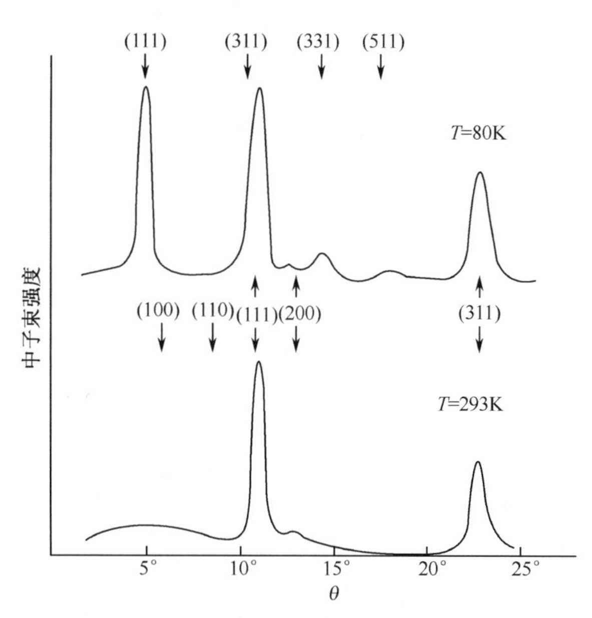

图 2-6　MnO 在低于和高于奈尔温度($T_N=122$K)时的中子衍射谱

(Shull et al., Phys. Rev. **83**, 333(1951))

第二节 反铁磁性物质的分子场理论

在上一章中我们将铁磁性物质的磁有序归结为内部分子场的作用并建立了相应的分子场理论。反铁磁性物质也属于磁有序物质,因此有理由认为反铁磁性物质中的磁有序也是内部分子场造成的。与铁磁性物质不同的是,反铁磁性物质中的离子磁矩沿两个相反的方向。为了建立反铁磁物质中的分子场理论,奈尔提出了"次晶格"概念[5],即认为在反铁磁性物质中磁性离子形成两种或更多的次晶格,每一种次晶格即保持空间位置的对称性,又保持磁矩的方向一致,两种或几种次晶格互相穿插,构成了反铁磁体。后来,安德森从理论上证明这类反铁磁体的磁性离子之间存在着间接的交换作用(超交换作用),其一级近似可等效为分子场[6]。于是,反铁磁性的分子场理论才找到了根据。图 2-7～2-9 画出了简单立方、体心立方及面心立方的次晶格结构,其中前两种可容易地分为两种(A 和B)次晶格,而面心立方则必须分为四个(A,B,C 和D)次晶格;体心立方和面心立方又分为不同的类序。

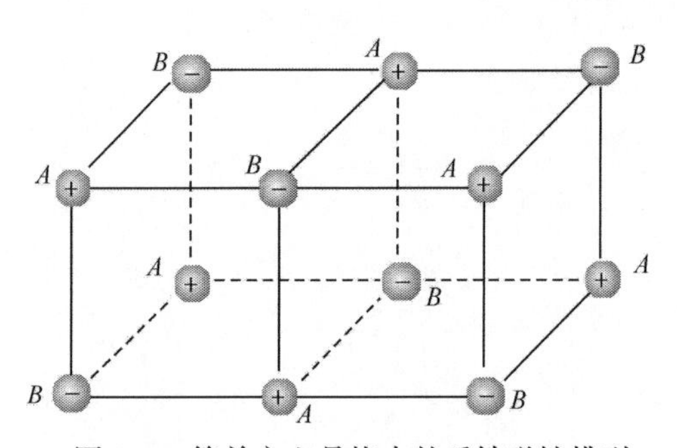

图 2-7 简单方立晶格中的反铁磁性排列

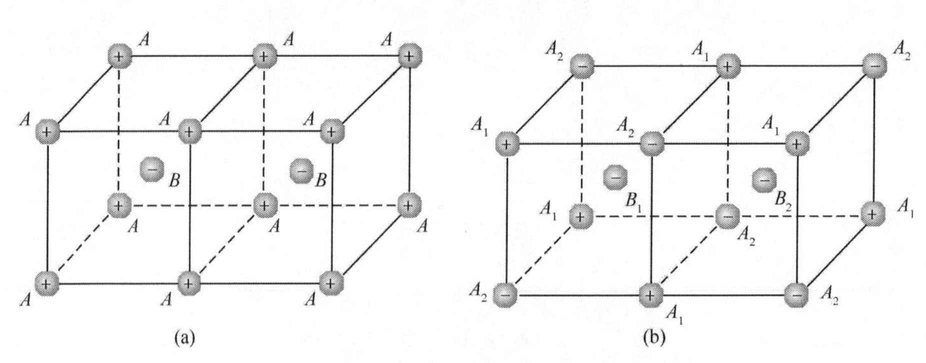

图 2-8 体心立方晶格中的反铁磁性排列

(a)第一类序;(b)第二类序

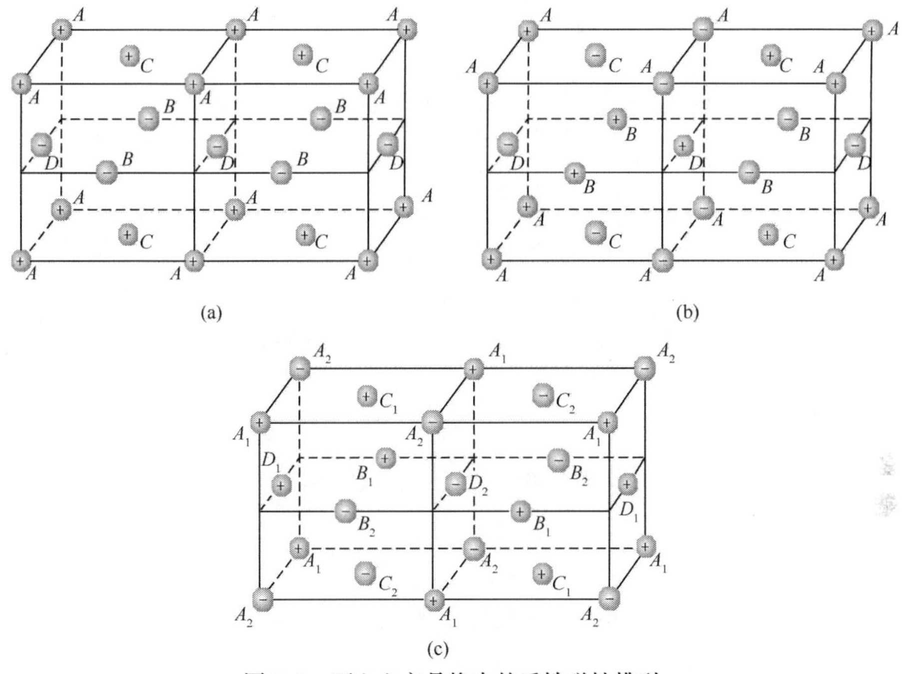

图 2-9 面心立方晶格中的反铁磁性排列

(a)第一类序;(b)改进的第一类序

(c)第二类序(MnO 结构)

下面我们按不同的晶格结构推导分子场理论。

一、简单立方和体心立方晶体[1]

在简单立方和体心立方结构的晶体中,可分为 A,B 两种次晶格。如设 $\boldsymbol{M}_A$,$\boldsymbol{M}_B$ 分别为两种次晶格的磁化强度,在无外磁场时应有 $|\boldsymbol{M}_A|=|\boldsymbol{M}_B|$ 和 $\boldsymbol{M}_A+\boldsymbol{M}_B=0$。显然,在这种晶格结构中,磁性离子所受的分子场应来自 A,B 两种次晶格,其大小分别与 M_A,M_B 成比例。考虑到两种次晶格的对等性以及大多数离子晶体中的间接交换作用的交换积分为负值,对于 A 位和 B 位的磁性离子,我们可将分子场分别表示为

$$\left.\begin{aligned}\boldsymbol{H}_A&=-\lambda\boldsymbol{M}_B-\varepsilon\boldsymbol{M}_A\\\boldsymbol{H}_B&=-\lambda\boldsymbol{M}_A-\varepsilon\boldsymbol{M}_B\end{aligned}\right\}\tag{2.2.1}$$

其中,λ 为最近邻磁性离子间的分子场系数;ε 为次近邻磁性离子间的分子场系数。在一般情况下,λ 的作用大于 ε 的作用。并且,对于反铁磁体,一定有 $\lambda>0$。

沿平行于 $\boldsymbol{M}_A$,$\boldsymbol{M}_B$ 的方向加磁场 $\boldsymbol{H}$,由此产生的磁化强度 $\boldsymbol{M}=\boldsymbol{M}_A+\boldsymbol{M}_B$。根

据朗之万顺磁理论,我们有

$$\boldsymbol{M}_A = \frac{1}{2}Ng\mu_B s_A B_{s_A}(\alpha_A) \tag{2.2.2}$$

$$B_{s_A}(\alpha_A) = \frac{2s_A+1}{2s_A}\coth\left(\frac{2s_A+1}{2s_A}\alpha_A\right) - \frac{1}{2s_A}\coth\left(\frac{\alpha_A}{2s_A}\right) \tag{2.2.3}$$

$$\alpha_A = \frac{(H+H_A)s_A g\mu_B}{\kappa_B T} \tag{2.2.4}$$

其中,s_A 为 A 位磁性离子的自旋量子数;g 为朗德因数;μ_B 为玻尔磁子;N 为单位体积内的离子数。

对于 $\boldsymbol{M}_B$,有完全相似的结果。于是可做分子场计算:

1. 高温顺磁磁化率

高温时,$\alpha \ll 1$,对布里渊函数取一级近似,$B_s(\alpha) \approx \frac{s+1}{3s}\alpha$,于是有

$$\left.\begin{aligned} \boldsymbol{M}_A &= \frac{C}{2T}(\boldsymbol{H} - \lambda\boldsymbol{M}_B - \varepsilon\boldsymbol{M}_A) \\ \boldsymbol{M}_B &= \frac{C}{2T}(\boldsymbol{H} - \lambda\boldsymbol{M}_A - \varepsilon\boldsymbol{M}_B) \end{aligned}\right\} \tag{2.2.5}$$

其中

$$C = \frac{Ng^2\mu_B^2 s(s+1)}{3\kappa_B} \quad (s = s_A = s_B) \tag{2.2.6}$$

因 $\boldsymbol{H}$ 平行于 $\boldsymbol{M}_A$,$\boldsymbol{M}_B$,故由式(2.2.5)可得

$$\boldsymbol{M} = \boldsymbol{M}_A + \boldsymbol{M}_B = \frac{C}{T}\left(\boldsymbol{H} - \frac{\lambda+\varepsilon}{2}\boldsymbol{M}\right) \tag{2.2.7}$$

亦即

$$\boldsymbol{M} = \frac{C\boldsymbol{H}}{T + \frac{C(\lambda+\varepsilon)}{2}} = \frac{C\boldsymbol{H}}{T+\theta} \tag{2.2.8}$$

由此可得

$$\chi = \frac{C}{T+\theta} \tag{2.2.9}$$

其中

$$\theta = \frac{C(\lambda+\varepsilon)}{2} \tag{2.2.10}$$

称为渐近居里点。

2. 奈尔温度 T_N

奈尔温度是次晶格自发磁化强度消失的临界温度,我们当然可以用第一章第

十二节所介绍的方法由方程式(2.2.2)～(2.2.4)求出 T_N。现在我们换一种方法，从临界温度的高温边($T>T_N$)计算这一温度。取 $H=0$，这时方程式(2.2.5)变为

$$\left.\begin{aligned}\boldsymbol{M}_A &= \frac{C}{2T}(-\lambda\boldsymbol{M}_B-\varepsilon\boldsymbol{M}_A)\\ \boldsymbol{M}_B &= \frac{C}{2T}(-\lambda\boldsymbol{M}_A-\varepsilon\boldsymbol{M}_B)\end{aligned}\right\}\tag{2.2.11}$$

显然，当温度高于临界温度时上式中的 M_A, M_B 应同时为零，只有当等于临界温度时上式中的 M_A, M_B 才有非零值。而 M_A, M_B 具有非零值的条件是其系数行列式等于零，由此可得

$$T_N=\frac{C(\lambda-\varepsilon)}{2}\tag{2.2.12}$$

由式(2.2.12)可见，A，B 次晶格间分子场系数越大，A，A(或 B，B)次晶格间分子场系数越小，奈尔温度越高。

由式(2.2.10)和(2.2.12)还可以得到

$$\frac{\theta}{T_N}=\frac{\lambda+\varepsilon}{\lambda-\varepsilon}\tag{2.2.13}$$

后面的讨论将指出，上式只是在 $\varepsilon/\lambda<\frac{1}{2}$ 时成立。当 $\varepsilon/\lambda>\frac{1}{2}$，体心立方晶格的第二类序变得更加稳定，$T_N$ 的表达式也将随之变化。

3. 低于奈尔温度时的磁化率

当温度低于 T_N 时，磁矩呈现磁有序状态。这时可计算反铁磁磁化率如下：

(1)平行于易磁化轴的磁化率 $\chi_{/\!/}$　　设反铁磁体为具有单轴磁晶各向异性的单晶体，易磁化轴沿单轴方向。未加磁场时，$\boldsymbol{M}_A$，$\boldsymbol{M}_B$ 沿易轴方向反平行排列。下面求沿易轴方向的磁化率。

令外磁场 $\boldsymbol{H}$ 与 $\boldsymbol{M}_A$ 的方向一致，则有

$$\left.\begin{aligned}\boldsymbol{M}_A &= \frac{1}{2}Ng\mu_B sB_s(\alpha_A)\\ \alpha_A &= \frac{(H+\lambda M_B-\varepsilon M_A)sg\mu_B}{\kappa_B T}\end{aligned}\right\}\tag{2.2.14}$$

$$\left.\begin{aligned}\boldsymbol{M}_B &= \frac{1}{2}Ng\mu_B sB_s(\alpha_B)\\ \alpha_B &= \frac{(-H+\lambda M_A-\varepsilon M_B)sg\mu_B}{\kappa_B T}\end{aligned}\right\}\tag{2.2.15}$$

当 $H=0$ 时，$|\boldsymbol{M}_{A_0}|=|\boldsymbol{M}_{B_0}|=M_0$，设

$$\alpha_0=\frac{(\lambda-\varepsilon)M_0 sg\mu_B}{\kappa_B T}\tag{2.2.16}$$

则应有

$$M_0 = \frac{N}{2} g\mu_B s B_s(\alpha_0) \tag{2.2.17}$$

正如我们前面指出的,同分子场相比,外磁场 H 是一小量。因此,可将式(2.2.14)及式(2.2.15)中的布里渊函数在 α_0 附近展为泰勒级数,取其前两项有

$$B_s(\alpha_A) = B_s(\alpha_0) + B_s'(\alpha_0)\left\{\frac{sg\mu_B}{\kappa_B T}[H + \lambda(M_B - M_0) + \varepsilon(M_0 - M_A)]\right\} + \cdots \tag{2.2.18}$$

$$B_s(\alpha_B) = B_s(\alpha_0) + B_s'(\alpha_0)\left\{\frac{sg\mu_B}{\kappa_B T}[-H + \lambda(M_A - M_0) + \varepsilon(M_0 - M_B)]\right\} + \cdots \tag{2.2.19}$$

由 $M = M_A - M_B$ 可求出

$$\chi_{/\!/} = \frac{3sB_s'(\alpha_0)}{s+1}C\Big/\left[T + \left(\frac{\lambda+\varepsilon}{2}\right)C \cdot \frac{3s}{s+1}B_s'(\alpha_0)\right] \tag{2.2.20}$$

当 $T \to 0\text{K}$ 时,上式中的 $B_s'(\alpha_0)$ 比 T 更快趋近于零,因而有 $\chi_{/\!/}(0\text{K}) = \lim\limits_{T\to 0}\chi_{/\!/}(T) = 0$。这是可以理解的,因为在 0K,$A$ 次晶格的所有离子磁矩都平行于易轴方向,B 次晶格的所有离子磁矩则沿相反方向平行于易轴方向,因此外磁场对磁矩的作用力矩为零,故 $\chi_{/\!/}(0\text{K}) = 0$。随温升高,$\chi_{/\!/}(T)$ 逐渐增加。可以证明:当 $T = T_N$ 时,式(2.2.20)所表示的 $\chi_{/\!/}(T_N)$ 与式(2.2.9)相同,这一理论结果与图 2-4 所示的对 MnF_2 单晶体的实验结果相一致。

如设 $\varepsilon = 0$,$\chi_{/\!/}$ 仅为 T/T_N 及 s 的函数。图 2-10 给出了 s 取不同值时 $\chi_{/\!/}(T)/\chi_{/\!/}(T_N)$ 与 T/T_N 的关系。

(2) *垂直于易磁化轴的磁化率 $\chi_\perp$*　　依然采用上述单晶体,外磁场 $\boldsymbol{H}$ 垂直于易轴方向。这时 $\boldsymbol{M}_A$ 和 $\boldsymbol{M}_B$ 因受 $\boldsymbol{H}$ 所产生的力矩的作用而发生偏转。平衡时,$\boldsymbol{M}_A$,$\boldsymbol{M}_B$ 对称于 $\boldsymbol{H}$ 取向并且所受的力矩均为零(见图 2-11)。对于 M_A 这一平衡条件为

$$\boldsymbol{M}_A \times (\boldsymbol{H} + \boldsymbol{H}_A) = \boldsymbol{M}_A \times \boldsymbol{H} - \boldsymbol{M}_A \times \lambda \boldsymbol{M}_B = 0 \tag{2.2.21}$$

即有

$$M_A H\cos\phi - \lambda M_A^2 \sin 2\phi = 0 \quad (|\boldsymbol{M}_A| = |\boldsymbol{M}_B|) \tag{2.2.22}$$

由图 2-11 可见,$M = 2M_A\sin\phi = \dfrac{H}{\lambda}$,于是

$$\chi_\perp = \frac{1}{\lambda} \tag{2.2.23}$$

$\chi_\perp$ 为与温度无关的常数,图 2-10 给出了 $\chi_\perp \sim T$ 间的这一关系。

(3) *多晶体或粉末样品的磁化率*　　我们在实验中所用的材料通常是多晶或粉末样品,样品中的易磁化方向混乱分布。设外磁场 $\boldsymbol{H}$ 与某个晶粒的易磁化方向

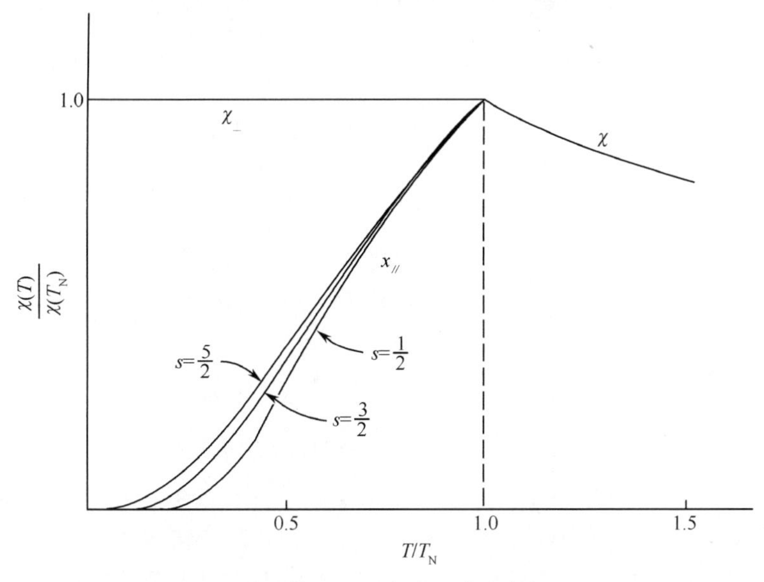

图 2-10 反铁磁体的磁化率随温度的变化(取 $\varepsilon=0$)
(Lidiard, Rept. Prog. Phys. **25**, 441(1962))

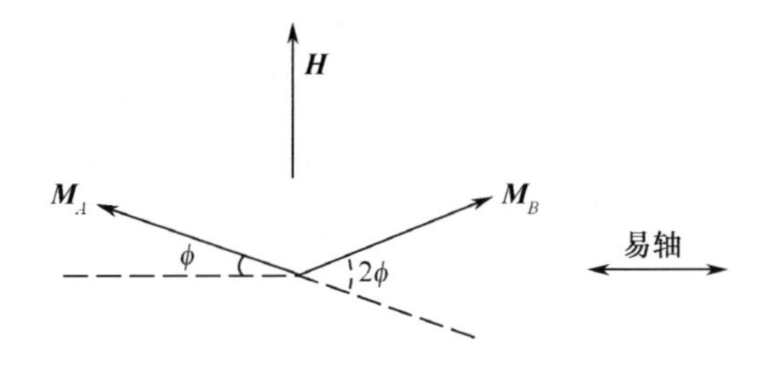

图 2-11 计算垂直磁化率 $\chi_\perp$示意图

夹角为θ,则平行与垂直易磁化方向的磁场分量分别为 $H\cos\theta$ 和$H\sin\theta$。由此可得平均磁化率为

$$\overline{\chi} = \overline{\sin^2\theta}\chi_\perp + \overline{\cos^2\theta}\chi_{/\!/} \tag{2.2.24}$$

因为

$$\overline{\sin^2\theta} = \frac{1}{2}\int_0^\pi \sin^2\theta\sin\theta d\theta = \frac{2}{3}$$

$$\overline{\cos^2\theta} = \frac{1}{2}\int_0^\pi \cos^2\theta\sin\theta d\theta = \frac{1}{3}$$

故有

$$\overline{\chi} = \frac{2}{3}\chi_\perp + \frac{1}{3}\chi_{/\!/} \tag{2.2.25}$$

此即多晶体或粉末样品的磁化率。前面我们已经介绍,$\chi_{/\!/}(0\mathrm{K})=0$, $\chi_{/\!/}(T_{\mathrm{N}})=\frac{1}{\lambda}$,而 $\chi_{\perp}$ 为一不随温度变化的常数 $1/\lambda$。所以

$$\overline{\chi}(0\mathrm{K})=\frac{2}{3\lambda},\quad \overline{\chi}(T_{\mathrm{N}})=\frac{1}{\lambda}$$

因而有

$$\overline{\chi}(0\mathrm{K})/\overline{\chi}(T_{\mathrm{K}})=\frac{2}{3} \tag{2.2.26}$$

这一关系与表 2-1 中若干反铁磁性物质的实验结果相接近。

4. 类序的转变

对于体心立方晶体,当 $\varepsilon/\lambda>\frac{1}{2}$时,第二类序在能量上变得更为稳定。这时磁性离子的排列可分为 A_1,A_2,B_1,B_2 四种次晶格,如图 2-8(b)所示。对每一个磁性离子来说,最近邻离子中磁矩与之平行与反平行的数目相等,因此与该项相关的分子场为零。按照对第一类序的同样分析,在奈尔温度以上及其附近可导出:

$$M_{A_1}=\frac{C}{2T}(H-\varepsilon M_{A_2});\quad M_{A_2}=\frac{C}{2T}(H-\varepsilon M_{A_1}) \tag{2.2.27}$$

$$M_{B_1}=\frac{C}{2T}(H-\varepsilon M_{B_2});\quad M_{B_2}=\frac{C}{2T}(H-\varepsilon M_{B_1}) \tag{2.2.28}$$

令 $H=0$,上述方程变为两个齐次方程组,由其有解的条件可求得

$$T_{\mathrm{N}}=\frac{C\varepsilon}{2} \tag{2.2.29}$$

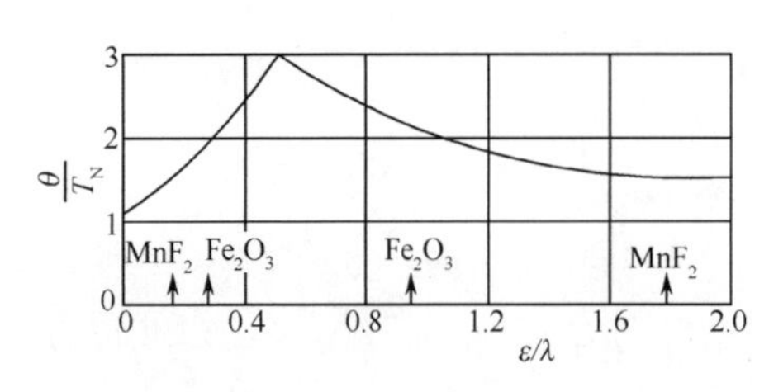

图 2-12　体心立方晶格的 $\frac{\theta}{T_{\mathrm{N}}}$ 与 $\frac{\varepsilon}{\lambda}$ 的关系曲线

结合式(2.2.10),有

$$\frac{\theta}{T_{\mathrm{N}}}=\frac{\lambda+\varepsilon}{\varepsilon} \tag{2.2.30}$$

图 2-12 给出了 θ/T_{N} 对 ε/λ 的关系曲线。其中 $\varepsilon/\lambda<\frac{1}{2}$一段属于第一类序;$\varepsilon/\lambda>\frac{1}{2}$一段属于第二类序。二段曲线在 $\varepsilon/\lambda=\frac{1}{2}$处有一极大值。

二、面心立方晶体

对面心立方晶体,需分为 4 个次晶格,如图 2-9 所示。如果 M_A,M_B,M_C,M_D 是 4 个次晶格的磁化强度,分子场则应为下列形式

$$\left.\begin{aligned} H_A &= -\varepsilon M_A - \lambda(M_B + M_C + M_D) \\ H_B &= -\varepsilon M_B - \lambda(M_A + M_C + M_D) \end{aligned}\right\} \tag{2.2.31}$$

及其他两个关于 H_C,H_D 方程。ε 及 λ 的符号须根据各次晶格分子场的正负而采取相应的符号。

对于第一类序(见图 2-9(b)),安德森得到如下的解

$$\left.\begin{aligned} \theta &= C\left(\frac{\varepsilon}{4} + \frac{3\lambda}{4}\right) \\ T_{\mathrm{N}} &= C\left(\frac{\lambda}{4} - \frac{\varepsilon}{12}\right) \\ \frac{\theta}{T_{\mathrm{N}}} &= \frac{3\left(\lambda + \frac{1}{3}\varepsilon\right)}{\lambda - \frac{1}{3}\varepsilon} \end{aligned}\right\} \tag{2.2.32}$$

当 $\varepsilon/\lambda > \frac{3}{4}$ 时,第一类序变为第二类序。图 2-13 示出了 $\frac{\theta}{T_{\mathrm{N}}}$ 对 ε/λ 的变化曲线。其中 $\varepsilon/\lambda < \frac{3}{4}$ 一段是按第一类序计算的,$\varepsilon/\lambda > \frac{3}{4}$ 一段是按第二类序计算的。可以证明,对于第二类序,$T_{\mathrm{N}} = \frac{C\varepsilon}{4}$,$\frac{\theta}{T_{\mathrm{N}}} = 1 + \frac{3}{\varepsilon/\lambda}$。较普遍的分子场理论[7]由斯马特做出,我们不再介绍。李荫远曾强调指出 T_{N} 依赖于外磁场的数值[8]。盖里特(Garret)指出,即使在 0K,只有当 $H < H_c = \frac{\kappa_{\mathrm{B}} T_{\mathrm{N}}}{\mu}$ 时,才出现反铁磁性。

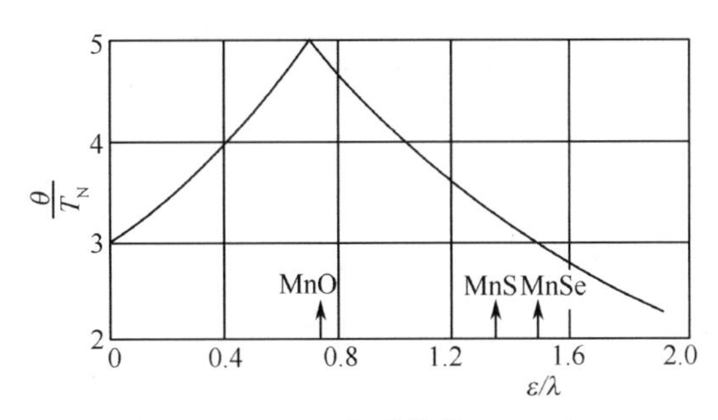

图 2-13　面心立方晶格的 θ/T_{N} 与 ε/λ 的关系曲线

分子场理论虽然简单而有成效地解释了许多反铁磁性的实验事实,但它有本质上的缺陷,严格的计算须用量子力学的方法。关于反铁磁性物质的应用,目前还主要限于科学研究方面。例如,通过研究反铁磁性形成的机理探索物质结构与其他物性的关系。在实际应用方面,有人提出了利用某些反铁磁性物质内部的强分子场和磁晶各向异性场作为制作毫米波、亚毫米波旋磁器件所需要的恒定磁场的建议。这方面的工作尚处于试验阶段。

第三节 亚铁磁性及亚铁磁性物质

在反铁磁性物质中,离子磁矩形成两组或多组对等的次晶格。每一组次晶格具有类似铁磁性的自发磁化。但是,由于不同次晶格的磁矩大小相等、方向相反,因而互相抵消。所以,在不加磁场的情况下,并不显示宏观磁性。

如果两组或多组次晶格的离子磁矩虽然反平行排列,但由于离子磁矩的大小不同或磁矩反向的离子数目不同而未能使两者完全抵消,其合磁矩便不为零,因而存在着自发磁化。奈尔称这种磁性为亚铁磁性[9]。从微观磁结构上看,亚铁磁性类似于反铁磁性;从宏观磁性上看,亚铁磁性又类似于铁磁性。这就是亚铁磁性的基本特点。

具有亚铁磁性的典型物质是各种类型的铁氧体(早期称铁氧体为铁淦氧磁物,或铁淦氧)。它是一类由铁及其他一种或几种金属元素组成的复合氧化物。人类最早发现的磁性体(主要成分为 Fe_3O_4)便是一种天然的铁氧体。人们认识到这类材料的应用价值并着手进行系统的研究是在 20 世纪初期,在以后的 50 年中取得了重要突破,相继开发出尖晶石型、磁铅石型、石榴石型三大晶系的铁氧体材料。正是这些材料的研制成功,为后来电子工业的发展提供了条件。

迄今为止,已经对 7 种类型的铁氧体进行过系统的研究,其中大多数已被应用,详见表 2-2。

表 2-2 铁氧体材料按晶格结构的分类

结构类型	晶系	例 子	主 要 应 用
尖晶石型	立方	$NiFe_2O_4$	软磁、旋磁、矩磁、压磁材料
磁铅石型	六角	$BaFe_{12}O_{19}$	永磁、旋磁和甚高频软磁材料
石榴石型	立方	$Y_3Fe_5O_{12}$	旋磁、磁泡、磁声、磁光材料
钙钛石型	立方1)	$LaFeO_3$	磁泡材料
钛铁石型	三角	$MnNiO_3$	目前尚无实用价值
氯化钠型	四方	EuO	强磁半导体、磁光材料
金红石型	四角	CrO_2	磁记录介质

1) 严格地讲,应属于有畸变的类钙钛石结构,已非立方晶系。

从已知的反铁磁结构出发,通过元素代换,可以制备出保持原来的磁结构、但两组次晶格的磁矩不相等的亚铁磁晶体。例如,铁钛石型氧化物(Ilmenite) $Fe_{1+x}Ti_{1-x}O_3$是反铁磁体 α-Fe_2O_3 和 $FeTiO_3$ 的固溶体,后两者的晶格结构相同,但磁结构不同。当 $0.1<x<0.5$ 时,$Fe_{1+x}Ti_{1-x}O_3$ 表现出颇为强烈的亚铁磁性[11]。这一方法为寻找新的铁氧体材料开辟了途径。

同铁磁性物质相比,亚铁磁性物质在磁性上有着类似的特点:① 存在着磁有序—无序的转变温度,称为奈尔点,更多地称为居里点。在居里点以下,存在着自发磁化,其磁性与铁磁性相类似,一般不加区别;在居里点以上,呈现顺磁性,但 $\chi\sim T$ 关系要复杂得多,除在高温区以外不遵守居里-外斯定律。② 存在着磁滞现象。即使在准静态磁化过程,磁化强度的变化也落后磁场的变化。③ 存在着磁晶各向异性。对不同晶体结构的铁氧体而言,磁晶各向异性常数有较大的差异。正是这种较大的差异使铁氧体材料有着广泛的应用。④ 存在着磁致伸缩。即使同一晶系的铁氧体材料,磁致伸缩系数也存在着较大的变化范围。因此可通过元素代换调节磁致伸缩系数的大小。

铁氧体也有着不同于铁磁性物质的明显特征:① 饱和磁化强度 M_s 较低,一般仅为铁磁性金属的三分之一,甚至更低。这是因为铁氧体中含有大量的非磁性原子并且其磁矩来自不同次晶格的磁矩之差。② 居里温度 T_c 较低,多数在 500～800K 之间。这是因为铁氧体中磁性离子之间的交换作用是通过氧离子进行的间接交换作用,强度较小。有关这一问题我们将在第三章讨论。③ 电阻率 ρ 高,一般为 $10^0\sim10^6\Omega\cdot m$,有的可以达到 $10^9\Omega\cdot m$;而一般铁磁性金属的电阻率仅为 $10^{-8}\sim10^{-6}\Omega\cdot m$。正是因为具有这一特点,铁氧体材料更适合在交变磁场、特别是在高频和超高频交变磁场中使用。④ 介电常数 ε 大。因此可将它作为导磁、介电的"复合介质"使用。

由于铁氧体具有以上特点,它在无线电通讯、自动控制、计算机技术、磁记录、雷达、射电天文等方面获得了重要应用。

目前应用的铁氧体主要集中于尖晶石型、磁铅石型、石榴石型三大晶系。从下一节开始我们将详细介绍它们的晶格结构、分子磁矩以及有关亚铁磁性的分子场理论。至于这些材料的制备工艺及技术性能可参考有关专业著作[10]。

第四节　铁氧体的晶格结构[11]

本节介绍三种类型(尖晶石型、磁铅石型、石榴石型)铁氧体的晶格结构。

一、尖晶石型[12,13]

尖晶石型铁氧体是指和尖晶石 $MgO\cdot Al_2O_3$ 具有同样晶体结构的铁氧体,分子式的通式可表示为 $XO\cdot Fe_2O_3$(其中 X 代表二价金属离子,通常为 Mn,Co,Cu,Ni,Mg,Zn,Fe,Cd 等),晶体结构属于立方晶系,空间群为 $O_h^7(F3dm)$。每一个晶胞由 8 个分子组成,其中包含 24 个金属离子和 32 个氧离子。氧离子组成面心立方晶格,二价阳离子和三价阳离子分别占据氧离子的两种间隙位置(A 位和 B 位)。若以晶格常数 a 为单位、以 A 位置的某个格点为原点,各格点位置的坐标如下:

A 位置($8f$)

$$0\ 0\ 0;\frac{1}{4}\ \frac{1}{4}\ \frac{1}{4};\quad (+f.c.c.)$$

B 位置($16c$)

$$\frac{5}{8}\ \frac{5}{8}\ \frac{5}{8};\frac{5}{8}\ \frac{7}{8}\ \frac{7}{8};\frac{7}{8}\ \frac{5}{8}\ \frac{7}{8};\frac{7}{8}\ \frac{7}{8}\ \frac{5}{8};\quad (+f.c.c.)$$

氧位置($32b$)

$$u\ u\ u;u\ \bar{u}\ \bar{u};\bar{u}\ u\ \bar{u};\bar{u}\ \bar{u}\ u;\frac{1}{4}-u,\frac{1}{4}-u,\frac{1}{4}-u;$$

$$\frac{1}{4}-u,u+\frac{1}{4},u+\frac{1}{4};u+\frac{1}{4},\frac{1}{4}-u,u+\frac{1}{4};$$

$$u+\frac{1}{4},u+\frac{1}{4},\frac{1}{4}-u;\quad (+f.c.c.)$$

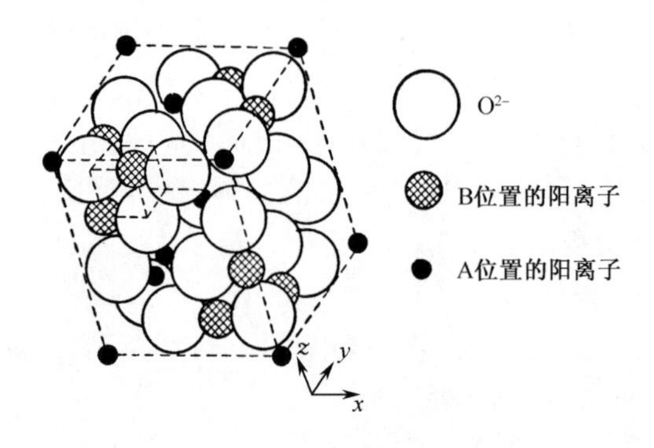

图 2-14 尖晶石的晶格结构

u 称为氧参数,当晶格无畸变时,$u=\frac{3}{8}$。($+f.c.c.$)表示在原有格点上再加上如下的三个平移

$$0,\frac{1}{2},\frac{1}{2};\qquad \frac{1}{2},0,\frac{1}{2};\qquad \frac{1}{2},\frac{1}{2},0$$

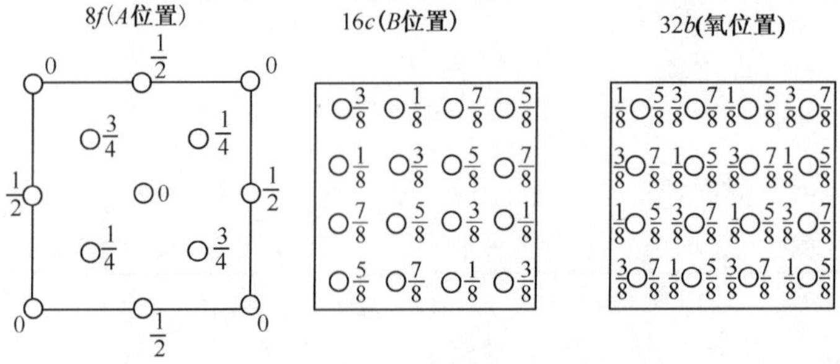

图 2-15 尖晶石中离子在各截面上的分布示意图$\left(取\ u=\frac{3}{8}\right)$

可以看出,晶胞内的氧离子按 $z=\frac{1}{8},\frac{3}{8},\frac{5}{8},\frac{7}{8}$分为四层排列,每层上有8个,隔一层的两层上氧离子的分布相同,如图2-15所示。

为了进一步了解尖晶石型的晶格结构,可将其一个晶胞分为8个分立方体(图2-16),凡是共有一边的各分立方体,如图中画斜线的各分体内的离子分布均相同。因此,可以取共有一面的相邻的两分立方体来作代表,如图2-17(a)所示。由图可以看出氧离子组成密集的面心立方晶格,每一个 A 位的二价阳离子 X^{2+} 处在4个氧离子所构成的四面体中心,每一个 B 位的三价阳离子 Fe^{3+} 则处在6个氧离子所构成的八面体中心。每一个氧离子(32b)有四个近邻,其中三个为三价阳离子(16c),一个为二价阳离子(8f),如图2-17(b)所示。

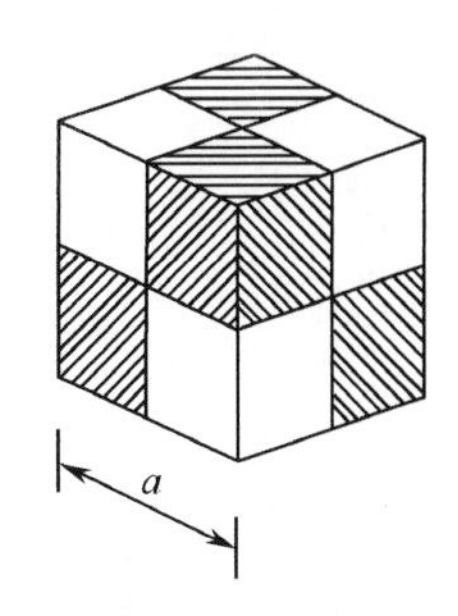

图2-16　尖晶石单胞的8个分立方体

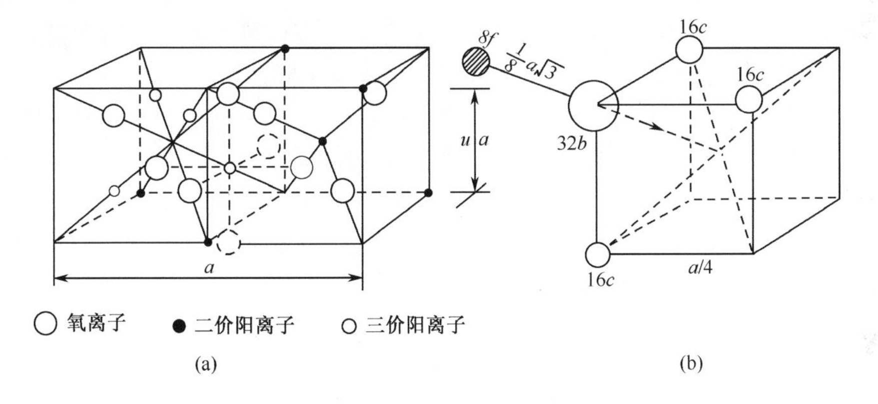

图2-17　尖晶石中的局部结构示意图
(a) 尖晶石晶胞的两个相邻分立方体;(b) 氧离子的四个近邻离子

四面体中心(A 位)和八面体中心(B 位)都是氧离子之间的间隙位置。在理想无畸变的晶格结构中,可以证明这两种间隙的最大半径为

$$\left.\begin{aligned} r_A &= \left(u-\frac{1}{4}\right)a\sqrt{3}-r_0 \\ r_B &= \left(\frac{5}{8}-u\right)a-r_0 \end{aligned}\right\} \tag{2.4.1}$$

其中,r_0 为氧离子的半径($r_0=1.35\text{Å}$);a 为晶格常数。

表2-3列出了几种常见的铁氧体的阳离子分布及 A 位、B 位间隙的半径。

因金属阳离子的半径总是大于 r_A 或 r_B,故当 A 位和 B 位被阳离子占据时,四面体将略膨胀,但仍保持正四面体的对称,未被阳离子占据的八面体的体积将相应地缩小,不再保持八面体的对称,这样就使氧离子参数 u 稍大于$\frac{3}{8}$。

表 2-3　几种常见的铁氧体的阳离子分布及 *A* 位、*B* 位间隙的半径

	A 位		*B* 位	
	r_A/Å	阳离子	r_B/Å	阳离子
$NiFe_2O_4$	0.54	Fe^{3+}	0.69	Ni^{2+}, Fe^{3+}
$ZnFe_2O_4$	0.62	Zn^{2+}	0.67	Fe^{3+}
$MgFe_2O_4$	0.54	Mg^{2+}, Fe^{3+}	0.69	Mg^{2+}, Fe^{3+}
$CoFe_2O_4$	0.54	Fe^{3+}	0.69	Co^{2+}, Fe^{3+}
$MnFe_2O_4$	0.61	Mn^{2+}, Fe^{3+}	0.69	Mn^{2+}, Fe^{3+}
$MgAl_2O_4$	0.60	Mg^{2+}	0.55	Al^{3+}

注:摘自 Smit and Wijn:Ferrites,1959。

由表 2-3 可见各铁氧体中,大多数是 Fe^{3+} 离子占据 *A* 位而 Ni^{2+} 或 Co^{2+} 离子和 Fe^{3+} 离子共占 *B* 位。这是与正常尖晶石 $MgAl_2O_4$ 中的阳离子分布情形相反的,因此称为反尖晶石型。而 $ZnFe_2O_4$ 则称为正尖晶石型。不完全的反尖晶石型如 $MnFe_2O_4$,在这种晶体中 Mn^{2+} 离子的一部分占据 *A* 位,另一部分占据 *B* 位。金属离子对 *A* 位或 *B* 位的择优趋势是由离子的半径、离子间的库仑能及晶体场效应等因素共同决定的。依据实验规律,我们将金属离子优先占据 *A* 位的顺序归纳如下:Zn^{2+},Cd^{2+},Ga^{2+},In^{3+},Mn^{2+},Fe^{3+},Mn^{3+},Fe^{2+},Mg^{2+},Cu^{2+},Co^{2+},Ti^{4+},Ni^{2+},Cr^{3+}。金属离子的这一优先占位趋势还受温度的影响。超过一定温度后,所有金属离子的分布趋于形成混合尖晶石型结构。

以上介绍的尖晶石型铁氧体在晶体化学上属于正分化合物。它要求金属离子与氧离子的数目之比为 3∶4。如果晶格中由于存在阳离子或阴离子空位而使两种离子的数目比不满足上面的条件,则称为非正分化合物。不论正分还是非正分,都要求阳离子与阴离子的化学价达到平衡。因此,在脱氧的情况下,将有部分 Fe^{3+} 转变为 Fe^{2+}。γ-Fe_2O_3 则是另一种形式的非正分反尖晶石型铁氧体。在晶体结构上,它相当于有$\frac{1}{6}$的 *B* 位未被占据,因而可写作$\square_{\frac{1}{3}}Fe_{\frac{8}{3}}^{3+}O_4^{2-}$($\square$表示空位)。在化学价上,Fe 离子全部变为 3 价离子。

二、磁铅石型[13~16]

磁铅石型铁氧体的分子式类似于天然磁铅石 $Pb(Fe_{7.5}Mn_{3.5}Al_{0.5}Ti_{0.5})O_{19}$,晶体结构属于六角晶系,空间群为 D_{6h}^{1}($C6/mmm$),其中 Fe 离子的分布有 5 种对称性不同的位置,一般称为 $2a$,$2b$,$12k$,$4f_1$ 和 $4f_2$。

最早研究成功的有 $BaFe_{12}O_{19}$,$PbFe_{12}O_{19}$等,每一晶胞包含 2 个分子式,各离子的分布十分复杂。图 2-18 画出了 $BaFe_{12}O_{19}$晶胞通过 c 轴的一个纵截面(110)

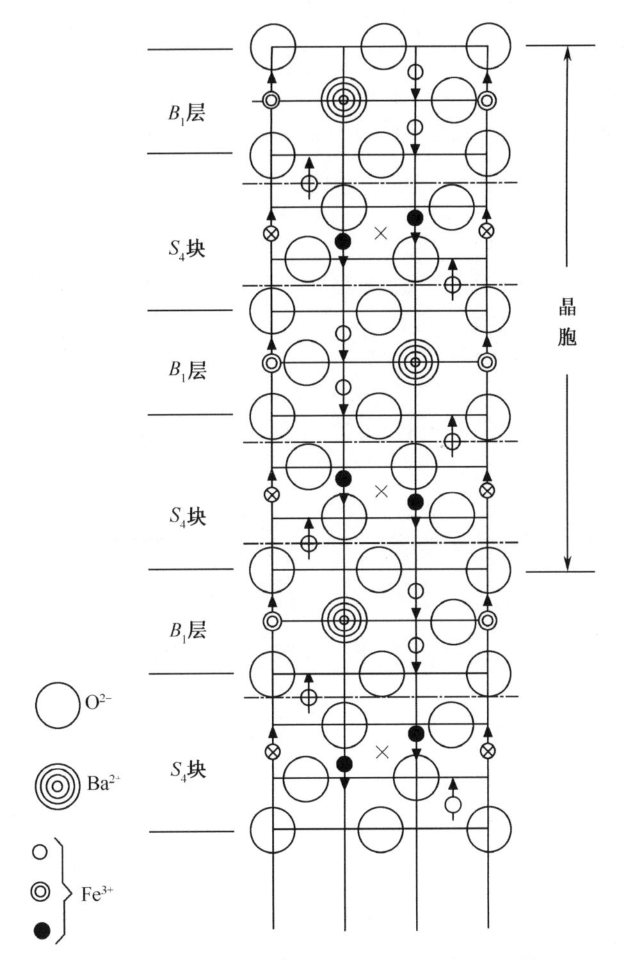

图 2-18　$BaFe_{12}O_{19}$晶胞沿(110)纵截面的离子排列

大白圆代表氧离子;画圈大圆代表 Ba 离子;三种小圆代表 Fe 离子

(Went et al. Philips Tech. Rev. ,**13**,194(1952))

晶面上的离子分布。每一晶胞共有 10 个密集的氧离子层,其中有 2 个密集层各含一个占据氧位的 Ba 离子(图中的画圈的大圆),称为"含 Ba 层"B_1。此外则有两个各含 4 个密集层的"尖晶石块"S_4,其中 Fe 和 O 离子的分布情况接近于 γ-Fe_2O_3 的情况。晶胞中各层的顺序为 B_1,S_4,B_1,S_4。每一 S_4 块中有 9 个 Fe^{3+} 离子分别占据 7 个 B 位和 2 个 A 位,每一 B_1 层中有 3 个 Fe^{3+} 离子。这种结构的铁氧体称为 M 型 Ba 铁氧体。

除 M 型外,还有 4 种有类似结构的 Ba 铁氧体,见表 2-4。$\frac{c}{n}$ 为氧密集层间的距离。表中分子式的 Me 离子可为 Mn,Fe,Co,Ni,Zn,Mg,…离子,分子式常缩写

为 Me_2W,Me_2X 等。它们的差别在于氧密集层的堆垛重复次数和含 Ba 层出现的频率不同,例如$(B_1S_6)_2$ 表示 $B_1S_6B_1S_6$ 组成晶胞,S_6 表示包含 6 个氧密集层的尖晶石块,B_2 表示含有 Ba 离子的两个氧密集层,余类推。

关于各种钡铁氧体的晶体结构可参阅布劳恩的论文[16]。

表 2-4　五种磁铅石型铁氧体

符　号	分　子　式	晶胞的组成	氧密集层数	晶格常数 c/Å	$\frac{c}{n}$
M	$BaFe_{12}O_{19}$	$(B_1S_4)_2$	10	2.32	2.32
W	$BaMe_2^{2+}Fe_{16}O_{27}$	$(B_1S_6)_2$	14	32.85	2.35
X	$Ba_2Me_2^{2+}Fe_{28}O_{46}$	$(B_1S_4B_1S_6)_3$	36	84.11	2.34
Y	$Ba_2Me_2^{2+}Fe_{12}O_{22}$	$(B_2S_4)_3$	18	43.56	2.42
Z	$Ba_3Me_2^{2+}Fe_{24}O_{41}$	$(B_2S_4B_1S_4)_2$	22	52.30	2.38

三、石榴石型[13,17,18]

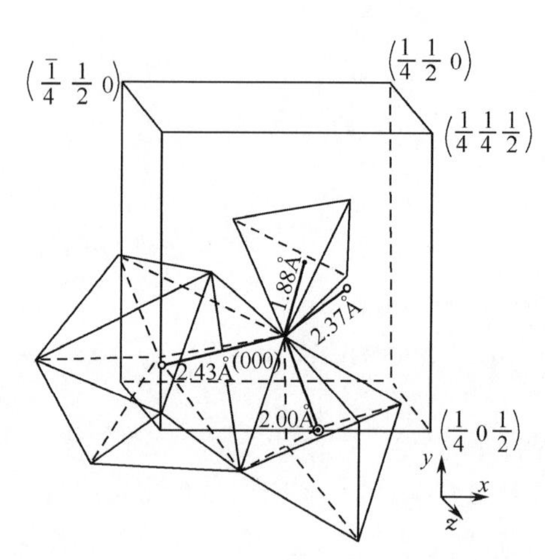

⊙ $Fe^{3+}(a)$, $\left(0\ 0\ \frac{1}{2}\right)$　● $Fe^{3+}(d)$, $\left(0\ \frac{1}{4}\ \frac{3}{8}\right)$

○ Y^{3+}, $\left(\frac{\bar{1}}{4}\ \frac{1}{8}\ \frac{1}{2}\right)$及$\left(0\ \frac{1}{4}\ \frac{5}{8}\right)$

O^{2-}在三个多面体的共同顶点$\left(\bar{y}, z, \frac{1}{2}+x\right)$

图 2-19　$Y_3Fe_5O_{12}$中三种阳离子的相对位置

(Cilles et al. Phys. Rev. **110**, 73(1958))

石榴石型铁氧体的分子式类似于天然石榴石$(Fe,Mn)_3Al_2(SiO_4)_3$,晶体结构属于体心立方系,空间群为$O_h^{10}(I_a3d)$。研究最多的为 $Y_3Fe_5O_{12}$(亦可写作 $5Fe_2O_3·3Y_2O_3$)及以其他稀土元素代换 Y 的铁氧体,这类材料是贝尔陶(Bertaut)等最先发现的[19]。每一晶胞包含 8 个分子式,Fe 离子分别占据 24 个四面体中心间隙$(24d)$和 16 个八面体中心间隙$(16a)$。Y^{3+}或其他三价稀土元素离子则位于 24 个十二面体的中心$(24c)$,这十二面体由 8 个近邻氧离子构成,4 个距离较近(2.37Å),4 个距离较远(2.43Å)。图 2-19 画出了这三种离子的位置特征。

目前已制成的石榴石型铁氧体有 11 种。如果以 $A_3Fe_5O_{12}$表示分子式,则有 A = Y, Sm, Eu, Gd, Tb, Dy, Ho, Er, Tm, Yb, Lu。其中最重要的是钇石榴石铁氧

体 $Y_3Fe_5O_{12}$(缩写为 YIG)。处于磁化状态的 YIG 在超高频(微波)场内的损耗特别小,比一般铁氧体小 1 个到几个数量级(见第七章),因此是铁氧体微波器件中的一种非常重要的材料。

表 2-5 列出了 YIG 中各离子的最近邻距离及它们之间的夹角。YIG 在室温下的晶格常数 $a=12.36$Å,X 射线密度 $d=5.190\mathrm{g/cm^3}$。用稀土元素离子代替 Y^{3+} 的铁氧体的晶格常数在 12.3～12.5Å。

表 2-5　YIG 中各离子的近邻距离及夹角*

离　子	最近邻离子	距离/Å	离　子	夹　角
Y^{3+}	$4Fe^{3+}(a)$	3.46	$Fe^{3+}(a)$—O^{2-}—$Fe^{3+}(d)$	126°
	$6Fe^{3+}(d)$	3.09,(2)3.79(4)	(i)$Fe^{3+}(a)$—O^{2-}—Y^{3+}	102°.8
	$8O^{2-}$	2.37(4),2.43(4)	(ii)$Fe^{3+}(a)$—O^{2-}—Y^{3+}	104°.7
$Fe^{3+}(a)$	$6Y^{3+}$	3.46	(i)$Fe^{3+}(d)$—O^{2-}—Y^{3+}	122°.2
	$6Fe^{3+}(d)$	3.46	(ii)$Fe^{3+}(d)$—O^{2-}—Y^{3+}	92°.2
	$6O^{2-}$	2.00	Y^{3+}—O^{2-}—Y^{3+}	104°.7
$Fe^{3+}(d)$	$6Y^{3+}$	3.09(2),3.79(4)		
	$4Fe^{3+}(a)$	3.46		
	$4Fe^{3+}(d)$	3.79		
	$4O^{2-}$	1.88		
O^{2-}	$2Y^{3+}$	(i)2.37,(ii)2.43		
	$1Fe^{3+}(a)$	2.00		
	$1Fe^{3+}(d)$	1.88		
	$9O^{2-}$	2.68(2),2.81,2.87 2.96,2.99(2),3.16(2)		

* 摘自 S. Geller and M. A. Gilleo, Acta Cryst, **10**,239(1957)。

另外,经常和石榴石型铁氧体共生的是具有钙钛石(perovskite, $CaTiO_3$)结构的 $AFeO_3$,其中 A 可以是稀土元素离子或 Y 离子,这种晶体具有立方结构,O^{2-} 占面心,Fe^{3+} 占体心,A^{3+} 占立方体的各顶点位置。$AFeO_3$ 只有很弱的磁化强度,这一事实是制备石榴石型铁氧体时必须注意的。

第五节　单一铁氧体的分子饱和磁矩[11]

在第三节中我们曾经指出,亚铁磁性的磁矩来自两种或几种次晶格的离子磁矩之差。在本节中我们将根据金属离子在不同次晶格中的分布计算这类材料的分子饱和磁矩。

(1) 尖晶石型　在尖晶石型铁氧体中,A 位与 B 位离子的磁矩取向有如下规律:① 若 A 位离子为磁性离子,则 A 位离子的磁矩取同一方向,B 位离子的磁矩取与之相反的方向,分子磁矩为两者之差;② 若 A 位离子为非磁性离子,B 位离子则分成两个对等的次晶格,两个次晶格的磁矩方向相反,分子磁矩为其差。具体计算可用下面的图示说明:

次晶格	A 位	B 位	氧离子	举例
正尖晶石型	X^{2+}	$[2Fe^{3+}]$	$4O^{2-}$	$ZnO \cdot Fe_2O_3$
磁矩方向	(无磁矩)	$\rightarrow\leftarrow$		
	分子磁矩 = 0			
反尖晶石型	Fe^{3+}	$[X^{2+}, Fe^{3+}]$	$4O^{2-}$	$NiO \cdot Fe_2O_3$
磁矩方向	$\leftarrow$	$\rightarrow\rightarrow$		$FeO \cdot Fe_2O_3$
	分子磁矩 $= m_{Fe} + m_X - m_{Fe} = m_X$ (以 μ_B 为单位)			

其中,m_{Fe}为Fe^{3+}的磁矩;m_X为 X^{2+} 的磁矩。

尖晶石型铁氧体中离子分布的一般情形为

$$\underbrace{Fe_\alpha X_{1-\alpha}}_{A}\ \underbrace{[X_\alpha Fe_{2-\alpha}]}_{B}O_4$$

其分子饱和磁矩为

$$\begin{aligned} m &= 2m_{Fe}(1-\alpha) + m_X(2\alpha - 1) \\ &= 10(1-\alpha) + m_X(2\alpha - 1) \quad (\text{以 } \mu_B \text{ 为单位}) \end{aligned} \tag{2.5.1}$$

其中,$m_{Fe} = 5\mu_B$,已代入式中。

表 2-6 引证了高特尔(E. W. Gorter)、吉奥(C. Guillaud)和亨利-鲍谟(W. E. Henry and M. J. Böhm)等人精测的数据[20~22]。其中 $g_{有效}$是由铁磁共振数据算出的,由于同一类阳离子在 A 位和 B 位上所受的结晶场作用不相同,故其 g 因子也可能不相等。$g_{有效}$是总磁矩与自旋矩之比,即

$$g_{有效} = \frac{|m_A| - |m_B|}{|s_A| - |s_B|} = \frac{\sum_i (x_i g_i s_i)_B - \sum_i (x_i g_i s_i)_A}{\sum_i (x_i s_i)_B - \sum_i (x_i s_i)_A} \tag{2.5.2}$$

其中,x_i, g_i, s_i 为第 i 类离子的分数,g 因子和自旋量子数,显然,对于完全反尖晶石型,$\alpha = 1, m = m_x = (g_x)_B s_x \mu_B$。

由表 2-6 可见,前 6 种基本上是反尖晶石型的,即 $m \approx g_{有效} s_x$。$MnFe_2O_4$ 的实验数据不很一致,这是由于 Mn 离子的原子价容易随热处理条件的不同而变动,这一点已由若干人的实验证实。$MgFe_2O_3$ 如为反尖晶石型,m 应等于零,但实验结果为 $1.1\mu_B$(退火样品)。泡森奈特(Pauthenet)曾将样品由不同高温淬火后,测得 m 数值很不相同,由式(2.5.1)算出的 α 也有差异,说明反型的程度是不相同的,退火样品与淬火样品的 α 分别为 0.89 和 0.86,这与中子衍射分析的结果相合。

表 2-6　单铁氧体的分子饱和磁矩(以 μ_B 为单位)

XFe_2O_4	$2s_x$	m(实验值)	$g_{有效}$	$g_{有效}s_x$
$MnFe_2O_4$	5	4.6～5.0	2.00	5
Fe_3O_4	4	4.1	2.06	4.12
$CoFe_2O_4$	3	3.7	2.7	4.1
$NiFe_2O_3$	2	2.3	2.25	2.25
$CuFe_2O_4$	1	1.3	2.15	1.08
$(Li_{0.5}Fe_{0.5})Fe_2O_4$	2.5	2.5～2.6	2.08	2.6
γFe_2O_3	3.33	3.15	—	—
$MgFe_2O_3$	0	1.1	2.05	0

自 1951 年以后,应用中子衍射方法分析铁氧体的磁结构日益发展,结果完全证实了上面的推算。

(2) *磁铅石型*　　在 M 型 Ba 铁氧体中,每一尖晶石块 S_4 内的 9 个 Fe^{3+} 离子有 7 个在 B 位,2 个在 A 位,A,B 两个晶位的磁矩方向相反;含 Ba 层内的 3 个 Fe^{3+} 离子有 2 个与 A 位的离子磁矩平行,1 个反平行,如下图所示(就 Fe 离子的 5 种次晶格来讲,这里的情况是 $2a$,$2b$ 和 $12k$ 位上的磁矩互相平行,而与 $4f_1$ 和 $4f_2$ 位上的磁矩反平行)。

	S_4		B_1	
	A	B	$/\!/A$	$/\!/B$
磁性离子	$2Fe^{3+}$	$7Fe^{3+}$	$2Fe^{3+}$	$1Fe^{3+}$
磁矩方向	←	→	←	→
磁矩	$-10\mu_B$	$+35\mu_B$	$-10\mu_B$	$+5\mu_B$

$$\text{分子饱和磁矩}\quad m=(-10+35-10+5)\mu_B=20\mu_B \tag{2.5.3}$$

在 $T=1.3K$,$H=6\times10^4Oe$ 下,亨利测得 $m=19.7\mu_B$,与计算数值很接近[23]。

关于其他类型(W 型,X 型,Y 型,Z 型)钡铁氧体的分子饱和磁矩,我们将在下一节讨论。

(3) *石榴石型*　　在 $A_3Fe_5O_{12}$类型的晶体中,四面体中心($24d$)和八面体中心($16a$)间隙的 Fe^{3+} 离子磁矩方向反平行,合成磁矩为 $5\mu_B$;A^{3+} 离子的磁矩则与这合成磁矩又形成反平行,如下图所示。

	$24d$	$16a$	$24c$
	A	B	
磁性离子	$24Fe^{3+}$	$16Fe^{3+}$	$24A^{3+}$
磁矩方向	←	→	→
磁矩	$-24m_{Fe}$	$+16m_{Fe}$	$+24m_A$

分子饱和磁矩

$$m = \frac{1}{8}(24m_A - 8m_{Fe}) = |3m_A - 5| \tag{2.5.4}$$

在 $Y_3Fe_5O_{12}$ 中,Y 无磁矩,故 $m(YIG) = 5\mu_B$。这一计算最初是奈尔作为假设提出的,后来得到了中子衍射分析的证实[24]。表 2-7 列出这些铁氧体的分子饱和磁矩的实验值及计算结果[25]。

表 2-7 石榴石型铁氧体的分子饱和磁矩

A元素	Y	Gd	Tb	Dy	Ho	Er	Tm	Yb	Lu
m(实验)	4.72	15.2	15.7	16.3	13.8	11.6	1.0	~0	4.16
s_A	0	7/2	6/2	5/2	4/2	3/2	2/2	1/2	0
L_A	0	0	3	5	6	6	5	3	0
$\|6s_A-5\|$	5	16	13	10	7	4	1	2	5
$\|3(gJ)_A-5\|$	5	16	22	25	25	22	16	7	5

由表 2-7 可见,m 的实验值一般都在 $|6s_A - 5|$ 与 $|3(gJ)_A - 5|$ 之间。这证明稀土元素离子的轨道角动量在这种材料中被部分冻结。由于 Y^{3+},Gd^{3+} 和 Lu^{3+} 的轨道角动量 L_A 为零,故它们所对应的 m(实验)值接近 $|6s_A - 5|$。

第六节 复合铁氧体的分子饱和磁矩[11]

复合铁氧体系指一部分金属离子被另一种金属离子所代替或者某些晶体结构单元有不同重复程序的铁氧体。下面分三种类型介绍其分子饱和磁矩。

1. 尖晶石型

应用最广泛的尖晶石型复合铁氧体是将反铁磁性的 $ZnFe_2O_4$ 与亚铁磁性的 XFe_2O_4 混合组成的铁氧体。在这种铁氧体中由于 Zn^{2+} 进入 A 位代替了一部分 Fe^{3+},所以分子饱和磁矩增大。通常情况下各离子的占位为:

$$\underbrace{Zn_aFe_{1-a}}_{A位}\underbrace{[X_{1-a}Fe_{1+a}]O_4}_{B位}$$

分子饱和磁矩

$$m = m_B - m_A = 10a + (1-\alpha)m_x \quad (以\ \mu_B\ 为单位) \tag{2.6.1}$$

图 2-20(a)和(b)引证了几种复合铁氧体的 m 与含 Zn 量 a 的关系。在 a 较小时,m 随 a 的变化符合式(2.6.1)的线性关系,说明 Zn^{2+} 是进入 A 位的。当 a 较大时,则 m 的实验数值下降,愈来愈小于理论数值。吉奥的数据 m 一般比高耳特

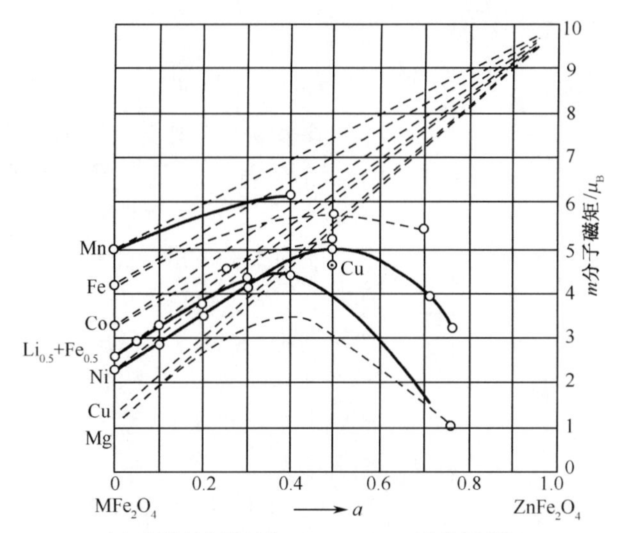

(a) 几种复合铁氧体 $X_{1-a}Zn_aFe_2O_4$ 的分子磁矩

(Gorter, Philips Res. Rep. **9**,295(1954))

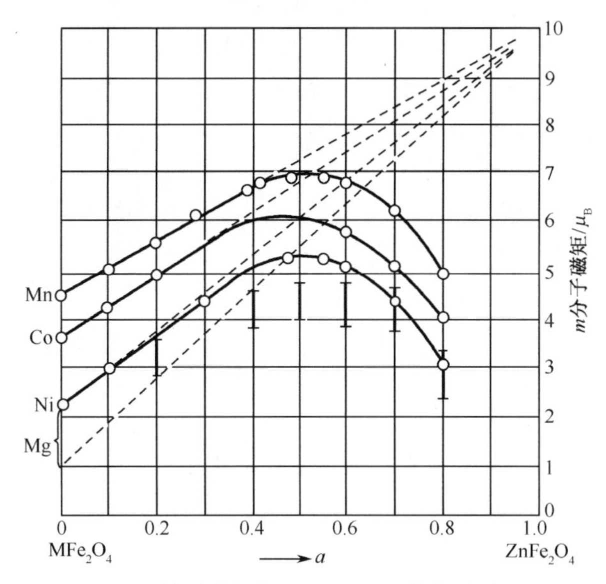

(b) 几种复合铁氧体 $X_{1-a}Zn_aFe_2O_4$ 的分子磁矩

(Guillaud, J. Phys. Rad. **12**,239(1951))

图 2-20　尖晶石型复合铁氧体的分子磁矩随成分的变化

(Galt)的稍大,可能是由于样品的热处理条件不同,以及所用的磁场较高,因为计算 m 的实验数值需外推到 $H\to\infty$, $T\to0\text{K}$ 时的数值。复合铁氧体的居里点温度一直是随含 Zn 量 a 的增加而下降的,如图 2-21 所示。

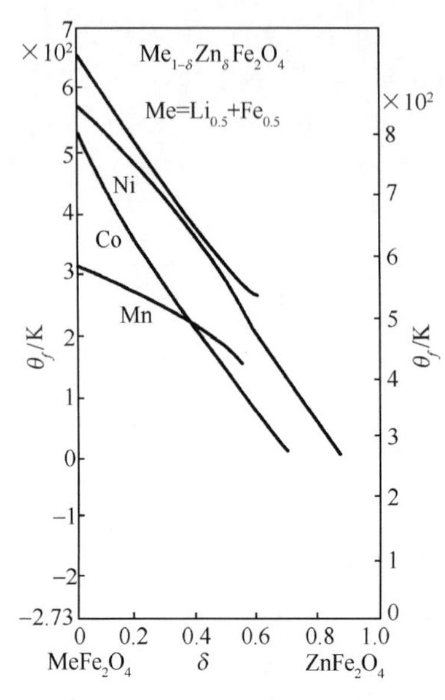

图 2-21　含锌铁氧体的居里点
(Smit et al. Ferrite (1959))

以上结果可以解释如下:

1) Zn^{2+} 离子有进入 A 位的趋势(可由晶体化学的原理证明),且 Zn^{2+} 无磁矩。当 Zn^{2+} 进入 A 位后,代换了其中的 Fe^{3+} 使之进入 B 位,与原在 B 位的其他 Fe^{3+} 磁矩平行,增加了总磁矩,式(2.6.1)就是根据这个论点计算的。

2) 按照奈尔的分子场理论,A 位与 B 位离子间存在着使磁矩反平行的分子场,B 位与 B 位离子间也存在着使磁矩反平行的分子场。由于 A-B 间的分子场强度比 B-B 间的分子场强度大得多,其结果是 A-B 间的离子磁矩保持反平行,B-B 间的离子磁矩则保持平行。当材料中含 Zn 量增多时,更多的 A 位被 Zn^{2+} 所占据,由于 Zn^{2+} 无磁矩因而对分子场无贡献,所以削弱了 A-B 两个次晶格的分子场作用,B-B 间的分子场作用便逐渐显示出来。这样,B-B 间的离子磁矩不再保持平行而有可能形成一定的角度(三角形结构——见本章第八节的理论结果),从而使分子饱和磁矩降低。另外,从 Zn^{2+} 开始加入起,分子场一直随 Zn 含量的增加而减小,所以居里点也一直随之降低。

3) 下一章将要介绍,铁氧体中的分子场实际是磁性离子之间的超交换作用等效场。A-B 次晶格间存在着超交换作用,B-B 次晶格间也存在超交换作用。铁氧体中超交换作用的交换积分一般为负值,这就决定着分子场的作用是使彼此离子间的磁矩反平行。由于 A-B 次晶格间离子的超交换作用强度比 B-B 次晶格间离子的超交换作用强度大得多,于是就产生了上面所说的结果。

4) B 位各磁性离子所受的 A-B 交换作用强度不同(奈尔称之为分子场的“涨落”),使整个晶体没有单一的居里点。本章第七节中图 2-35 和图 2-36 引证的 Mn-Zn 和 Ni-Zn 铁氧体的 $m_s(T)$ 曲线在居里点处的斜率随含锌量 δ 的增加而渐趋平缓,即可证明。

Mn-Zn 和 Ni-Zn 铁氧体具有较大的分子饱和磁矩和磁导率,在交变磁化过程中能量损耗低,是性能优良的软磁材料,在电子工业中已经得到广泛应用。Mn-Mg 铁氧体的磁滞回线具有矩形度高、低矫顽力等特点,在计算技术中可以作为磁性存储器。γ-Fe_2O_3 具有较高的矫顽力和较高的堆集密度,是目前应用最多的磁记录材料。

2. 磁铅石型

上节所介绍的 W,X,Y,Z 型 Ba 铁氧体可以认为是磁铅石型复合铁氧体,其结构关系见表 2-8,它们在三元相图上的位置见图 2-22。

表 2-8　磁铅石型铁氧体的化学关系

符　号	化　学　分　子　式	相互关系
S	$Me^{2+}Fe_2O_4 \equiv MeO \cdot Fe_2O_3$	
M	$BaFe_{12}O_{19} \equiv BaO \cdot 6Fe_2O_3$	
W	$BaMe_2^{2+}Fe_{16}O_{27} \equiv BaO \cdot 2MeO \cdot 8Fe_2O_3$	$W = M + 2S$
Y	$Ba_2Me_2^{2+}Fe_{12}O_{22} \equiv 2BaO \cdot 2MeO \cdot 6Fe_2O_3$	
Z	$Ba_3Me_2^{2+}Fe_{24}O_{41} \equiv 3BaO \cdot 2MeO \cdot 12Fe_2O_3$	$Z = M + Y$

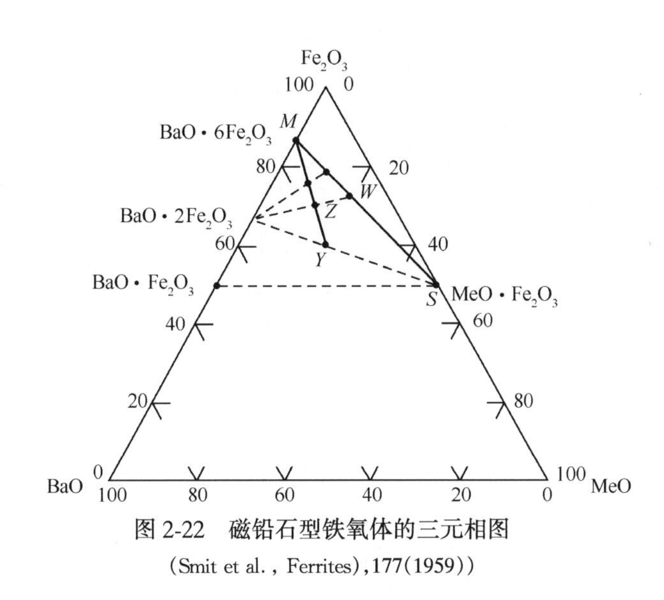

图 2-22　磁铅石型铁氧体的三元相图

(Smit et al., Ferrites),177(1959))

由表 2-8 中的化学分子式关系,可以计算它们的分子饱和磁矩 m 如下:

$$W\text{型:}\quad m_W = m_M + 2m_S \quad (\text{以 } \mu_B \text{ 为单位}) \tag{2.6.2}$$

$$Z\text{型:}\quad m_Z = m_M + m_Y$$

其中,m_S, m_M, m_Y, m_Z 分别代表 S, M, Y, Z 等型铁氧体的分子饱和磁矩。表 2-9 引证了实验结果与计算结果的比较,在计算中取 $m_M = 20\mu_B$。

表 2-9(a)　Me_2W 的分子磁矩

Me_2W / Me_2	m_S	m_W(计算)$=20+2m_S$	m_W(实验)	居里点 θ_c/℃
Mn_2	4.6	29.2	27.4	415
Fe_2^{2+}	4.0	28	27.4	455°
$NiFe^{2+}$	3.2	26.4	22.3	520°
$ZnFe^{2+}$	5.8	31.6	30.7	430°
$Ni_{0.5}Zn_{0.5}Fe^{2+}$	4.6	29.2	29.5	450°

表 2-9(b)　Me_2Y 的分子磁矩

Me_2Y / Me	m_Y(实验)	$2m_S$	$m_Y=m_Z$(实验)-20	居里点 θ_c/℃
Mn	10.6	9.2		290°
Co	9.8	7.4	11.2	340°
Ni	6.3	4.6	4.6	390°
Cu	7.1	2.6	7.2	
Mg	6.9	2.2	4.6	280°
Zn	18.4	—		130°

表 2-9(c)　Me_2Z 的分子磁矩

Me_2Z / Me	m_Z(计算)$=20+m_Y$	m_Z(实验)	居里点 θ_c/℃	
Co	29.8	31.2	410°	
Ni	26.1	24.6		
Cu	27.1	27.2	440°	
Mg	26.9	24		

注:摘自 Smit and Wijn, Ferriteo,1959。

磁铅石型铁氧体的主要特点是具有很强的磁晶各向异性。其中 MeM(如 BaM,(Sr-Ca)M)为单轴各向异性,c 轴为易磁化轴,是目前广泛应用的永磁铁氧体材料。Me_2W 中的大多数也是以 c 轴为易磁化轴,且具有比 M 型铁氧体更高的饱和磁化强度,由于制备工艺复杂,至今未能作为永磁材料使用。Me_2Y 和 Me_2Z 具有平面型磁晶各向异性,其易磁化方向为垂直于 c 轴的平面,因此称之为平面型铁氧体(ferroxplana),有可能作为高频软磁、微波旋磁和磁记录的新型材料使用。

3. 石榴石型

石榴石型铁氧体的元素代换是曾经大量研究的一个课题。盖勒在一篇总结性文章中指出[42]，代换离子的大小是决定其进入某一晶位的关键。此外，离子的电子组态也有重要影响。归纳已有的研究成果，可以得到以下规律：① 一般地说，离子半径稍大者，如 Ca^{2+}，Na^{1+}，Y^{3+}，Sr^{2+} 以及某些稀土离子容易进入 c 位；但离子半径超过一定限度也难以进入 c 位。如，由于“镧系收缩”效应，稀土离子的半径随原子序数的增加而减小，位于镧系之首的几种元素(La^{3+}，Pr^{3+}，Nd^{3+} 等)便因离子半径大就难以进入 c 位，所以至今尚未合成这几种元素的单一石榴石铁氧体。② 除 Fe^{3+} 外，一般只允许体积较小且具有球形对称电子结构的非磁性离子(如 Al^{3+}，Si^{4+}，Ga^{3+}，Ge^{4+}，Sn^{4+} 等)进入 d 位。③ 一般容易接受具有球形对称电子结构且离子半径较大者(如 In^{3+}，Sc^{3+}，Cr^{3+} 等)进入 a 位。在表 2-10 中引证了分子式为 $Y_3Fe_{5-x}Me_xO_{12}$ 的元素代换实验结果，由表可见，Al^{3+} 和 Ga^{3+} 离子进入 $24d$ 位的趋势很强(它们的离子半径小于 Fe^{3+} 离子半径)，因此，m_d 随 x 的增长而减小，但 m_a 则不变，故

$$m(x) = (m_{x=0} - 5x)\mu_B \tag{2.6.3}$$

结果使 $m(x)$减小。

Cr^{3+} 离子(磁矩 $=3\mu_B$)不进入 d 位，而进入 a 位，减弱了 m_a，但 m_d 则不变，故

$$m(x) = (m_{x=0} + 2x)\mu_B \tag{2.6.4}$$

结果使 $m(x)$增加。

Se^{3+} 和 In^{3+} 离子也有选择 a 位的趋势。

表 2-10　$Y_3Fe_{5-x}Me_xO_{12}$ 的磁矩

Me_x	分子饱和磁矩/μ_B	居里点 θ_c/℃	进入 $24d$ 位的 Me 离子
$x=0$	4.96	275	0
$Al_{\frac{1}{3}}$	3.50	224	0.95
Al_1	1.62	142	0.84
$Ga_{\frac{1}{4}}$	3.98	246	0.91
$Ga_{\frac{3}{4}}$	2.17	187	0.88
$Sc_{\frac{1}{4}}$	5.98	227	0.11
$Sc_{\frac{3}{4}}$	7.2	92	0.21
$In_{\frac{1}{2}}$	6.9	171	0.11
$Cr_{\frac{1}{4}}$	5.48	242	0.0

注：摘自 Gilleo and Geller, Phys. Rev., **110**, 73, 1958。

当 $A_3Fe_5O_{12}$中的 A 为稀土元素时,由于稀土元素具有离子磁矩,分子磁矩 m 的方向应与占 $24c$ 位的 A^{3+} 离子磁矩的方向相同。故以 Al^{3+} 或 Ga^{3+} 离子代入 $24d$ 位时将使 m 增加;而以 Cr^{3+} 离子代入 $16a$ 位时将使 m 减少。这个结果和 $Y_3Fe_5O_{12}$的代换实验的结果正相反。图 2-23 和 2-24 引证了这两类代换实验的曲线[26]。我们注意到,当 x 增加时式(2.6.3)和(2.6.4)与实验结果偏离越来越大。

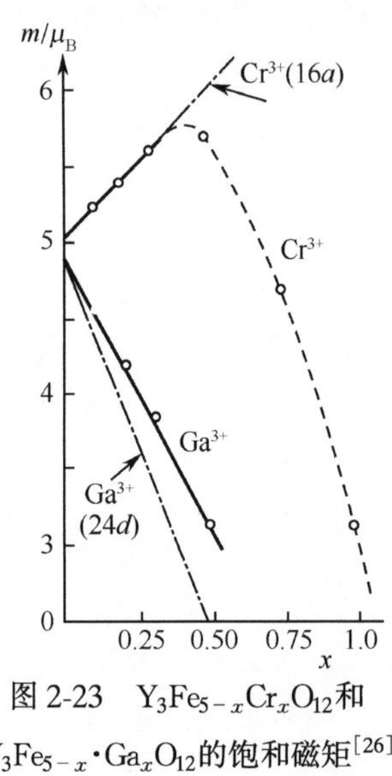

图 2-23　$Y_3Fe_{5-x}Cr_xO_{12}$和 $Y_3Fe_{5-x}\cdot Ga_xO_{12}$的饱和磁矩[26]

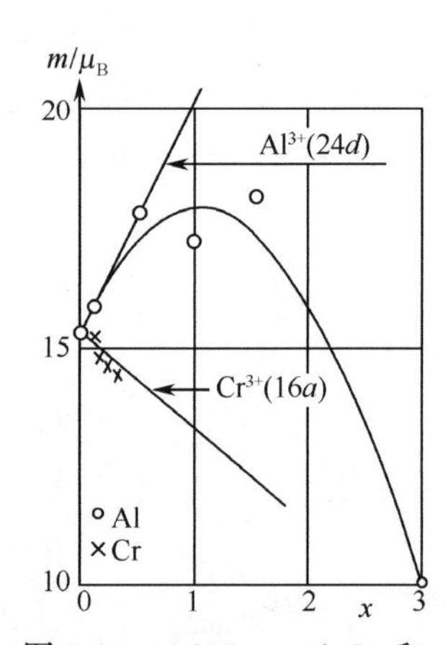

图 2-24　$Gd_3Fe_{5-x}Al_xO_{12}$和 $Gd_3Fe_{5-x}\cdot Cr_xO_{12}$的饱和磁矩[26]

$Y_3Fe_5O_{12}$和 $Gd_3Fe_5O_{12}$的代换实验都使其居里点线性地降低。这说明 d 位和 a 位的 Fe^{3+} 离子间的超交换作用因代换非磁性离子而减弱。

石榴石型铁氧体主要用作微波技术、磁光技术和磁泡存储技术中的磁性材料。在微波技术方面,利用这种材料良好的高频性能及旋磁效应、非线性效应等特性已制成隔离器、环行器、相移器、倍频器、振荡器、限幅器等多种器件,广泛应用于微波通讯、微波导航及雷达系统中。在磁光技术中,主要作为光的存储器件和感应器件。在磁泡存储技术方面,主要用作小型、大规模数字存储器。为了满足应用要求,从改进材料性能出发,做了大量的元素代换实验,如用 Ca 代换 Y,用 V, Ge,Si 代换 d 位中的 Fe,用 In,Zr,Sn 代替 a 位中的 Fe,以降低材料的饱和磁化强度和磁晶各向异性;用 Gd 代换 Y,以提高饱和磁化强度的温度稳定性;用 Bi 和 Ca 代替全部的 Y,用 V 代替部分 Fe,以降低晶体的生长温度等。

第七节　亚铁磁性物质的分子场理论[11,13]

奈尔以反尖晶石型铁氧体的晶格结构为基础,建立了两种次晶格的亚铁磁性分子场理论[9]。这一理论的基本思路与反铁磁性的分子场理论相同,所得的结果对亚铁磁物质的宏观磁性给予了定性解释。尔后,高尔特和泡森奈特又分别提出了钡铁氧体的分子场理论和石榴石型铁氧体的分子场理论[12,27]。本节主要介绍奈尔的理论,对于后两者只给予简单说明。

奈尔以反尖晶石型铁氧体的晶格结构为基础的简单分子场理论:

设铁氧体的分子式为

$$\underbrace{Fe_{x_A}^{3+}X_{1-x_A}^{2+}}_{A}\underbrace{(Fe_{x_B}^{3+}X_{2-x_B}^{2+})O_4}_{B}$$

其中,X为非磁性离子。如X为Mg^{2+},则$x_A+x_B=2$,如X为Li^{1+},则$x_A+x_B=2.5$。

对于每一克分子而言,两种次晶格的分子场分别为

$$\left.\begin{aligned}\boldsymbol{h}_A &= x_A\gamma_{AA}\boldsymbol{M}_A + x_B\gamma_{AB}\boldsymbol{M}_B\\ \boldsymbol{h}_B &= x_A\gamma_{AB}\boldsymbol{M}_A + x_B\gamma_{BB}\boldsymbol{M}_B\end{aligned}\right\}\tag{2.7.1}$$

其中,$\gamma_{AA},\gamma_{BB},\gamma_{AB}(=\gamma_{BA})$分别是$A$对$A$,$B$对$B$,$A$对$B$(或$B$对$A$)的分子场系数。由于$\boldsymbol{M}_A$和$\boldsymbol{M}_B$反平行,故有$\gamma_{AB}<0$。而$\gamma_{AA}$和$\gamma_{BB}$原则上可正、可负。通常$|\gamma_{AA}|$,$|\gamma_{BB}|$小于$|\gamma_{AB}|$。

以$-\gamma(\gamma>0)$代替上式中的γ_{AB},并记

$$\alpha = \frac{\gamma_{AA}}{|\gamma_{AB}|},\quad \beta = \frac{\gamma_{BB}}{|\gamma_{AB}|}\tag{2.7.2}$$

则上式可以改写为

$$\left.\begin{aligned}\boldsymbol{h}_A &= \gamma(-x_B\boldsymbol{M}_B + \alpha x_A\boldsymbol{M}_A)\\ \boldsymbol{h}_B &= \gamma(-x_A\boldsymbol{M}_A + \beta x_B\boldsymbol{M}_B)\end{aligned}\right\}\tag{2.7.3}$$

每一克分子的磁化强度为$\boldsymbol{M}=x_A\boldsymbol{M}_A+x_B\boldsymbol{M}_B$,其中,$\boldsymbol{M}_A=Ngs\mu_BB_s(y_A)$;$\boldsymbol{M}_B=Ngs\mu_BB_s(y_B)$,分别是$A$,$B$两种次晶格中每一克离子$Fe^{3+}$的磁化强度,$gs\mu_B$为$Fe^{3+}$离子在轨道角动量未被完全冻结下的磁矩;$N$为阿伏伽德罗常数;$B_s(y)$为布里渊函数。在有外磁场的条件下,$B_s(y)$中的变量分别为

$$\begin{aligned}y_A &= gs\mu_B(H+h_A)/kT\\ y_B &= gs\mu_B(H+h_B)/kT\end{aligned}\tag{2.7.4}$$

下面分两种情形讨论:

(1) 高温顺磁状态($T>T_c$),$y\ll1$

$$B_s(y)\approx\frac{s+1}{3s}y\tag{2.7.5}$$

$$\left.\begin{aligned}\boldsymbol{M}_A &= C(\boldsymbol{H}+\boldsymbol{h}_A)/T\\ \boldsymbol{M}_B &= C(\boldsymbol{H}+\boldsymbol{h}_B)/T\end{aligned}\right\}\tag{2.7.6}$$

其中,

$$C = Ng^2\mu_B^2 \frac{s(s+1)}{3k}$$

为居里常数。

如 $\boldsymbol{H} /\!/ \boldsymbol{M}_A$ 和 $\boldsymbol{M}_B$，则

$$M = x_A M_A + x_B M_B \tag{2.7.7}$$

由式(2.7.3)至(2.7.7)可以求出克分子顺磁磁化率 χ_m

$$\frac{1}{\chi_m} = \frac{H}{M} = \frac{T}{C_m} + \frac{1}{\chi_0} - \frac{\rho}{T-\theta} \tag{2.7.8}$$

其中，

$$\left.\begin{aligned} \frac{1}{\chi_0} &= \gamma \frac{2x_A x_B - \alpha x_A^2 - \beta x_B^2}{(x_A + x_B)^2} \\ \rho &= \frac{\gamma^2 C_m x_A x_B [x_A(1+\alpha) - x_B(1+\beta)]^2}{(x_A + x_B)^4} \\ \theta &= \frac{\gamma C_m x_A x_B (2 + \alpha + \beta)}{x_A + x_B} \\ C_m &= (x_A + x_B) C \end{aligned}\right\} \tag{2.7.9}$$

由式(2.7.8)可以看出，$\dfrac{1}{\chi_m}$对 T 的曲线是一双曲线，其渐近线是直线

$$\frac{1}{\chi_a} = \frac{T}{C_m} + \frac{1}{\chi_0} \tag{2.7.10}$$

渐近线与 T 轴的交点为 $-\theta' = -\dfrac{C_m}{\chi_0}$，于是上式可写为

$$\chi_a = \frac{C_m}{T + \theta'} \tag{2.7.11}$$

此处 $\theta' > 0$。在形式上，方程(2.7.11)与反铁磁体的顺磁磁化率相同。因而当温度足够高时，$1/\chi_a$ 对 T 的曲线同样具有线性关系。

图 2-25 给出了以上计算结果。图中 $1/\chi_m$ 对 T 的双曲线关系已经为许多实验所证实，例如在图 2-26 中所引证的法洛特-马郎尼(Fallot-Maroni)对 $NiFe_2O_4$，$CoFe_2O$ 及 Fe_3O_4 所做的实验[28]。由图 2-26 可见，理论结果仅在居里点附近与实验不甚符合，即由$\dfrac{1}{\chi_m}=0$ 所得的顺磁居里点 θ_P 比实际的居里点略高(见图 2-26)。此外，由渐近线的斜率算出的 C_m 也与理论值有一定差异，后者是由于 γ 随温度而变化之故。

(2) *亚铁磁居里点*　　亚铁磁体自发磁化消失的临界温度叫居里温度或奈尔温度。为了求出这一温度，令式(2.7.8)中的$\dfrac{1}{\chi_m}=0$，由此可以得到温度 T 的两个

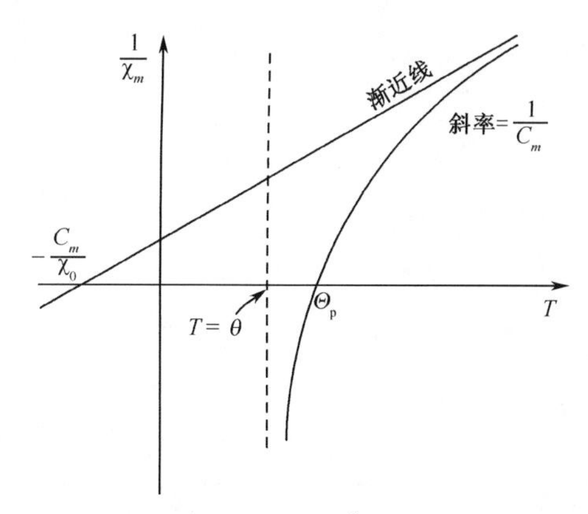

图 2-25　亚铁磁体的$\frac{1}{\chi}$对 T 关系曲线

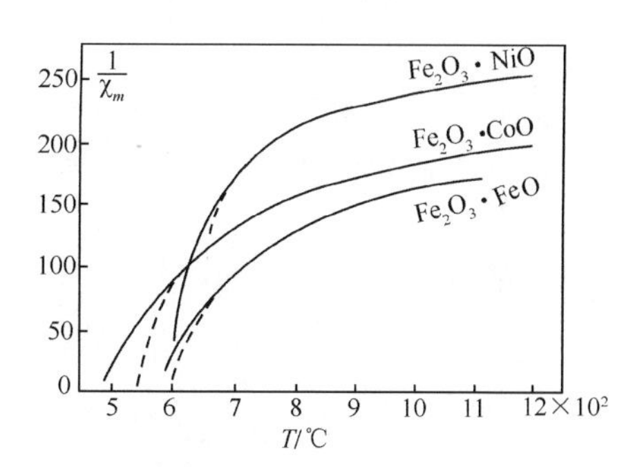

图 2-26　$\frac{1}{\chi_m}$对 T 的曲线

实线为实验结果,虚线为理论结果

(Fallot & Maroni, J. Phys. Rad., **12**,256(1951))

根值。如设

$$\lambda = \frac{\chi_A}{\chi_A + \chi_B}, \quad \mu = \frac{\chi_B}{\chi_A + \chi_B} \tag{2.7.12}$$

这两个根值分别是

$$\left.\begin{aligned} \theta_P &= \frac{1}{2}C\gamma\{(\lambda\alpha + \mu\beta) + [(\lambda\alpha - \mu\beta)^2 + 4\lambda\mu]^{\frac{1}{2}}\} \\ \theta'_P &= \frac{1}{2}C\gamma\{(\lambda\alpha + \mu\beta) - [(\lambda\alpha - \mu\beta)^2 + 4\lambda\mu]^{\frac{1}{2}}\} \end{aligned}\right\} \tag{2.7.13}$$

式中,$\theta_P > \theta'_P$,θ_P 为亚铁磁性的顺磁居里温度;θ'_P 为双曲线另一分支的根值,无明确的物理意义。

表 2-11 列出了若干铁氧体的居里温度(近似值)。

表 2-11　铁氧体的居里点

尖晶石型铁氧体	居里点 θ_c/℃	石榴石型铁氧体	居里点 θ_c/℃
Fe_3O_4	575	$3Y_2O_3 \cdot 5Fe_2O_3$	287
γ-Fe_2O_3	620	$3La_2O_3 \cdot 5Fe_2O_3$	465
$AlFe_2O_4$	339	$3Pr_2O_3 \cdot 5Fe_2O_3$	425
$BaFe_2O_4$	445	$3Nd_2O_3 \cdot 5Fe_2O_3$	300
$BeFe_2O_4$	190	$3Sm_2O_3 \cdot 5Fe_2O_3$	300
$CdFe_2O_4$	250	$3Gd_2O_3 \cdot 5Fe_2O_3$	291
$CoFe_2O_4$	520	$3Tb_2O_3 \cdot 5Fe_2O_3$	295
$CuFe_2O_4$	490	$3Dy_2O_3 \cdot 5Fe_2O_3$	290

续表

尖晶石型铁氧体	居里点 θ_c/℃	石榴石型铁氧体	居里点 θ_c/℃
$MgFe_2O_4$	315	$3Ho_2O_3\cdot5Fe_2O_3$	294
$MnFe_2O_4$	510	$3Er_2O_3\cdot5Fe_2O_3$	283
$NiFe_2O_4$	590	$3Tm_2O_3\cdot5Fe_2O_3$	276
$PbFe_2O_4$	435	$3Yb_2O_3\cdot5Fe_2O_3$	275
$SnFe_2O_4$	325	$3Lu_2O_3\cdot5Fe_2O_3$	276
$SrFe_2O_4$	450		

此外,我们还应注意到,在图2-25中当 T 从高温端接近 θ_P 时,$1/\chi_m$ 曲线急剧向 T 轴弯曲。这是亚铁磁性明显不同于铁磁性与反铁磁性的一个重要特征。其原因既与两个次晶格的磁矩反平行有关,也与 $\chi_A \neq \chi_B$ 有关。

(3) 低于居里温度时的亚铁磁状态　　如果 $\gamma_{AB}<0$,并且其作用相对于 γ_{AA} 和 γ_{BB} 占充分优势,则在居里温度以下出现亚铁磁状态。两个次晶格的自发磁化强度可根据前面的讨论并令 $H=0$ 得到。将其写成标量形式,有

$$
\begin{aligned}
M_A &= Ngs\mu_B B_s(y_A) \\
M_B &= Ngs\mu_B B_s(y_B)
\end{aligned}
\tag{2.7.14}
$$

其中,

$$
y_A = gs\mu_B h_A/\kappa_B T, \quad y_B = gs\mu_B h_B/\kappa_B T \tag{2.7.15}
$$

而

$$
\begin{aligned}
h_A &= -\gamma(\chi_B M_B - \alpha\chi_A M_A) \\
h_B &= \gamma(\beta\chi_B M_B - \chi_A M_A)
\end{aligned}
\tag{2.7.16}
$$

亚铁磁体的自发磁化强度为

$$
M = \chi_B M_B - \chi_A M_A \tag{2.7.17}
$$

$M(T)$曲线的形状可用图解法或数字计算法求得[29]。$M(T)$曲线随 λ,μ 和 α,β 等的相对数值而有不同的形状,也就是说,$M(T)$曲线的形状依赖于离子在 A 位和 B 位的分布以及 A-A,B-B,A-B 间的交换作用。

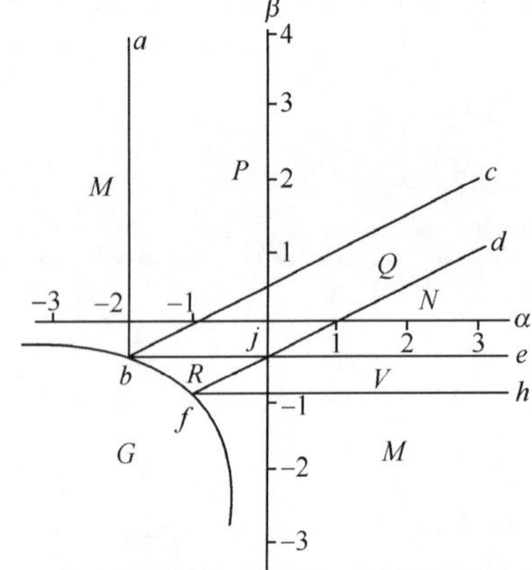

图2-27　α-β平面的各区域$\left(\lambda=\frac{1}{3},\mu=\frac{2}{3}\right)$

(Smart, Amer. J. Physics, **23**, 256(1955))

为了分析方便,我们在 α-β 的坐标平面上以 λ 为参数($\mu=1-\lambda$)分成若干区域,按区计算 $M(T)$。按照斯马特的做法,取 $\lambda=\frac{1}{3}$,可得出如图2-27所示的情况。我们首先注意到,如

果 α,β 都是负数,且 $\alpha\beta>1$[①],则式(2.7.11)中的 θ_P,θ'_P 都变为负数,这显然是不合理的。因此在 α-β 平面上双曲线 $\alpha\beta=1$ 以左的区域(G 区)不可能有自发磁化,而在其他区域,则可能有亚铁磁性出现。奈尔对可能出现亚铁磁性的区域又作了进一步分析如下:

1) 在直线 $ab\left(\alpha=-\frac{\mu}{\lambda}=-2\right)$和直线 $be\left(\beta=-\frac{\lambda}{\mu}=-\frac{1}{2}\right)$所包围的右上角区域内,$M_A$ 和 M_B 在 $T=0$K 时都可分别达到绝对饱和值,但在此以外的区域(M)则不如此。

2) 在直线 bc 上

$$\lambda(1-\alpha)=\mu(1-\beta)$$

或

$$x_A(1-\alpha)=x_B(1-\beta)$$

$M_A(T)$,$M_B(T)$和 $M(T)$都按分子场的布里渊函数变化,即当 $T\to0$K 时

$$\frac{\mathrm{d}M}{\mathrm{d}T}\to0$$

相应的 $M(T)$曲线与普通铁磁物质相同。在 bc 线以上区域,$M(T)$曲线在 $T=0$K 处是增函数(P 型曲线);在 bc 线以下区域,$M(T)$曲线在 $T=0$K 处是减函数(Q 型曲线)。

3) 做直线 $df:\lambda(1+\alpha)=\mu(1+\beta)$及直线 $hf:\beta=-1$ 将 bc 线以下的区域再分为四个区域(Q,N,R,V)。

在直线 df 以上,$\boldsymbol{M}$ 在居里点附近的方向为$\boldsymbol{M}_B$ 的方向;而在直线 df 以下,$\boldsymbol{M}$ 在居里点附近的方向则为 $\boldsymbol{M}_A$ 的方向。

在直线 hf 以下(M 区)次晶格 B 内的分子场是负的,因此在 0K 附近,M_B 很小,而 $\boldsymbol{M}$ 的方向为$\boldsymbol{M}_A$ 的方向。

根据以上分析,奈尔得出在不同区域内的 $M(T)$曲线的形状共有六种不同类型,分别用不同字母标出了所在的区域。图 2-28 画出了这一结果,下面分别讨论:

1) P 型——这种 $M(T)$曲线在 $T=0$K 时,$\frac{\mathrm{d}M}{\mathrm{d}T}\to0$,但在 0K 附近,M(T)随 T 的升高而增加。这是由于 M_A 和 M_B 随 T 的升高而减小的速度不同,M_B 比 M_A 减小的慢。

2) Q 型——与正常铁磁物质的 M(T)曲线相似,在 0K 和居里点处$\boldsymbol{M}$ 平行于 $\boldsymbol{M}_B$。

3) N 型——位于直线 je 和 jd 所包围的区域内。在此区域内,M 在居里点附

---

① $\alpha\beta>1$,表示 α,β 两系数中常有一个大于 1 很多,相应的次晶格内的负分子场使自旋反平行的程度很高,足以抵消两次晶格间的分子场,而使它们都无自发磁化,使整个晶体无亚铁磁性,但有可能出现反铁磁性。

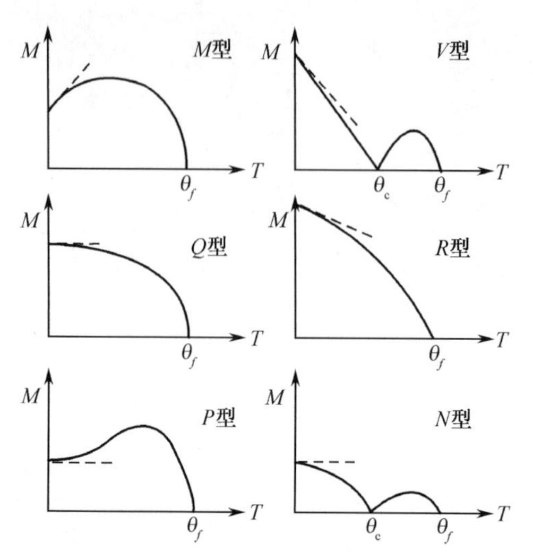

图 2-28　六种类型的 $M(T)$ 曲线
(Smart, Amer. J. Physics, **23**, 256(1955))

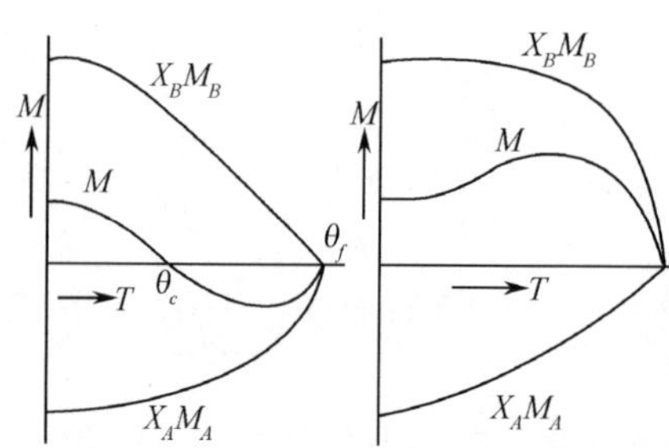

图 2-29　N 型和 P 型 $M(T)$ 曲线
(Smart, Amer. J. Physics, **23**, 256(1955))

近为 M_A 的方向，而在 0K 时，则为 M_B 的方向，故在 0K 与居里点之间某一温度 θ_c，$M(T)=0$，这个温度称为抵消点或补偿点，如图 2-29 所示。在抵消点处

$$|x_A M_A| = |x_B M_B|，但\ s_A \neq s_B$$

4) M, R, V 等型——这三种 $M(T)$ 曲线分别和 P, Q, N 三型相类似，只是在 0K 时，有一个次晶格的磁化强度未到绝对饱和，因此 $\frac{\mathrm{d}M}{\mathrm{d}T}\neq 0$。这是违反热力学第三定律的。有关这一问题，将在下一节详细讨论。

前三种 $M(T)$ 曲线(P, Q, N)均已得到实验的证实。具有 Q 型 $M(T)$ 曲线的铁氧体甚多，例如尖晶石型和磁铅石型铁氧体就是。具有 P 型 $M(T)$ 曲线的铁氧体已由麦克吉尔(McGuire)和麦克斯韦观测到，图 2-30 和图 2-31 引证了他们的实验结果。

高尔特和沙勒克等证实铁氧体 $Li_{0.5}Fe_{1.25}Cr_{1.25}O_4$ 的 $M(T)$ 曲线属于 N 型，并测得 $\theta_c \approx 313K$[30]。

高尔特曾用一表演实验来证明抵消现象。他用一 $Li_{0.5}Fe_{1.25}Cr_{1.25}O_4$ 的棒形样品放在弱磁场(小于样品的 H_c)中。当温度通过抵消点(≈44℃)时，样品自动地转了 180°，说明其磁化强度反向。

在 Li-Cr 铁氧体($Li_{0.5}Fe_{2.5-a}Cr_aO_4$)中，当 a 在 0.8～2 之间都可能出现 N 型

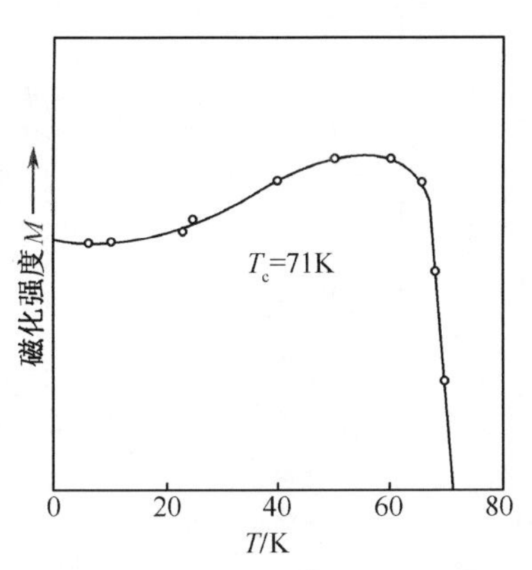

图 2-30　$NiCr_2O_3$ 的 $M(T)$曲线

（McGuire, Phys. Rev. **93**,206(1954)）

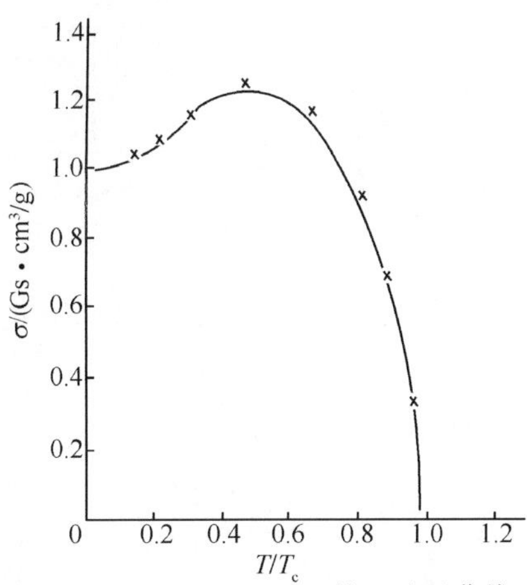

图 2-31　$NiFe_{1.37}Al_{0.63}O_4$ 的 $M(T)$曲线

（Maxwell et al. Phys. Rev. ,**92**,1120(1953)）

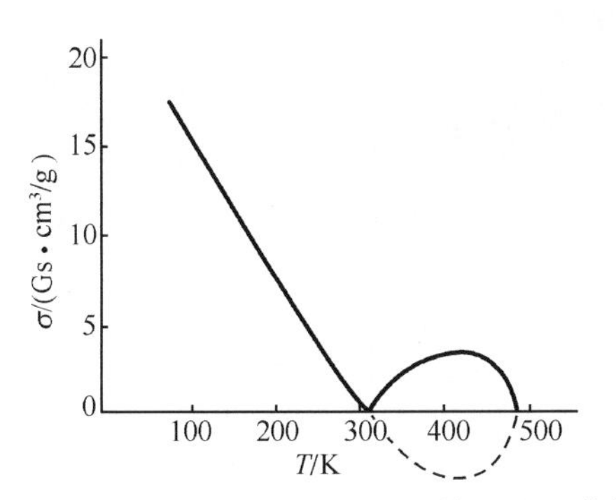

图 2-32　$Li_{0.5}Fe_{1.25}Cr_{1.25}O_4$ 的 $M(T)$曲线

（Geller, J. Phys. Chem. Solids,**16**,21(1960)）

的$M(T)$曲线。高尔特指出，在这一系统中，N 型曲线之所以能在较宽的成分范围内出现，是因为当 Cr 离子加多时，Li 离子的分布在 A 位上逐渐增大之故。高尔特的结果见图 2-32。

大多数稀土元素石榴石型铁氧体 $A_3Fe_5O_{12}$的 $M(T)$曲线属于 N 型，见表 2-12。

表 2-12 中 Y 和 Lu 离子的 $S=0, J=0$，无磁矩，故无抵消点。由此可见，在抵消点处所抵消的磁矩 M_A 和 M_B 是稀土元素离子的磁矩和铁离子的净磁矩，后者是四面体中心的 Fe^{3+} 与八面体中心 Fe^{3+} 的磁矩之差。图 2-33 和图 2-34 引证了几种单铁氧体的 $\sigma(T)$曲线和 $M_s(T)$曲线，图 2-35 和图 2-36 引证了不同成分的 MnZn 与 NiZn 铁氧体的 $\sigma(T)$曲线。稀土元素石榴石型铁氧体的 $\sigma(T)$曲线画在图 2-37 中。

表 2-12　$A_3Fe_5O_{12}$型铁氧体的居里点及抵消点

	A=Y	Gd	Tb	Dy	Ho	Er	Tm	Yb	Lu
居里点 $\theta_c(\pm 2K)$	560	564	568	563	567	556	549	548	549
抵消点 $\theta_f(\pm 2K)$	无	290	246	220	136	84	<4	≈ 0	无
自旋 S	0	7/2	3	5/2	2	3/2	1	1/2	0

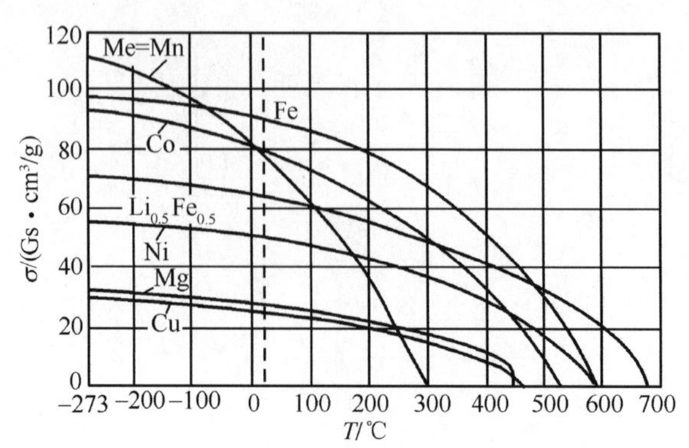

图 2-33　几种尖晶石型单铁氧体的 $\sigma(T)$ 曲线

(Smit, Ferrites(1959))

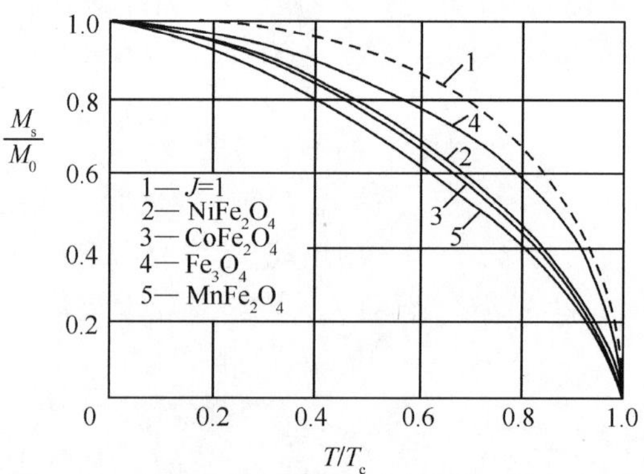

图 2-34　几种尖晶石型单铁氧体的相对 $M_s(T)$ 曲线

(Smit, Ferrites(1959))

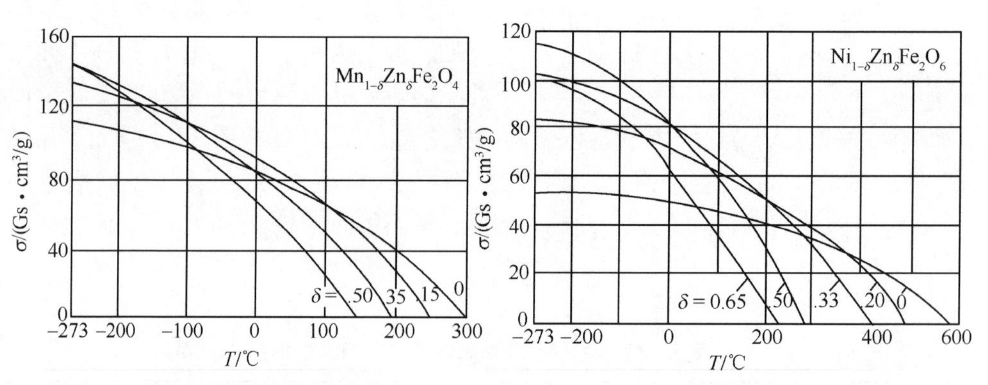

图 2-35　MnZn 铁氧体的 $\sigma(T)$ 曲线

(Smit, Ferrites(1959))

图 2-36　NiZn 铁氧体的 $\sigma(T)$ 曲线

(Smit, Ferrites(1959))

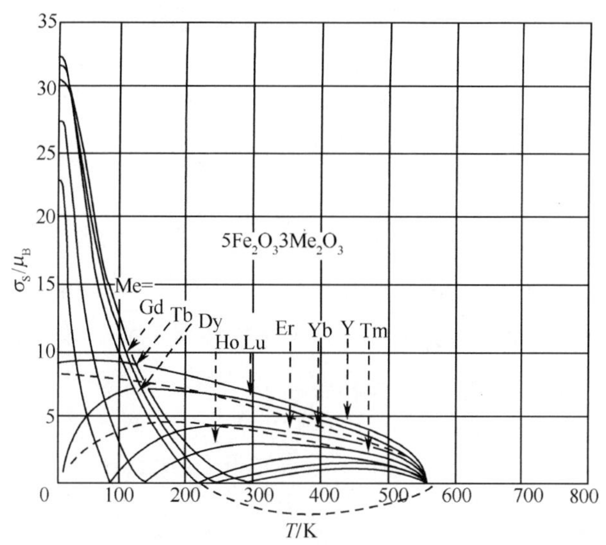

图 2-37　石榴石型铁氧体的磁矩随温度的变化
(Smit, Ferrites,(1959))

泡森奈特推导了石榴石型铁氧体的分子场理论[27]。如前所述,石榴石型铁氧体 $A_3Fe_5O_{12}$有三种次晶格:24c,24d 和 16a。任一次晶格 i 的离子所受到的分子场为

$$\boldsymbol{h}_i = \sum_j n_{ij}\rho_j M_j, \quad i,j = c,d,a \tag{2.7.18}$$

其中,M_j 为次晶格j 的磁化强度(每克原子);ρ_j 为次晶格j 中的离子比数;n_{ij}为分子场常数,共有 6 个常数。

如果 A 是非磁性离子(如 Y,Lu),则只有 a,d 两种次晶格间的作用,n_{ij}可由在居里点以上的顺磁测量测得,因之自发磁化强度 $M_s=\rho_d M_d-\rho_a M_a$ 可以算出。

如果 A 是磁性离子(稀土金属离子),则在 $H>5000$Oe,$T\geqslant 60$K 时,M 中还有附加的顺磁磁化强度

$$M(H) = M_s + xH \tag{2.7.19}$$

由表 2-12 中各种石榴石型铁氧体的 $\theta_f\approx 560$K 可见,θ_f 与 A 为何种离子无关,而只决定于 24d 位与 16a 位的 Fe^{3+}离子的相互作用,对于各种石榴石型铁氧体而言,这种作用都相同,即 n_{ad},n_{aa},n_{dd}三个系数都是定值。由此计算出来的 Fe^{3+}部分的 M_s 随温度的变化即可以用 Y 石榴石的 $M_s(T)$为代表。在这种情形下,我们只需再加上次晶格 24c 中离子的M_c,即可得出稀土金属石榴石型铁氧体的 M_s。c 中离子的分子场为

$$h_c = n_{cc}\rho_c M_c + n(\rho_d M_d + \rho_a M_a) \tag{2.7.20}$$

其中,n 是n_{cd}和n_{ca}的平均值;n_{cc}和 n 都可由实验数据求出。依照泡森奈特的计

算,当 $\rho_a=\frac{1}{4}$,$\rho_c=\rho_d=\frac{3}{8}$时,$n_{aa}=-352$(CGS 电磁单位,下同),$n_{dd}=-210$,$n_{ad}=-742$。$n_{cc}\approx-3$,$n=-107$($A=Gd$),$n=-15$($A=Tm$)。可见,稀土金属离子间的相互作用 n_{cc} 极小,可以忽略不计。M_c 对温度和磁场的关系可用布里渊函数 $B_J\left(\frac{H+h_c}{T}\right)$ 来表示(J 是稀土金属离子的总量子数)。在 60K 以上时,利用 $(H+h_c)sg\mu_B\ll\kappa_B T$ 将 $B_J\left(\frac{H+h_c}{T}\right)$ 展开,由此可求出顺磁磁化率 $\chi=\frac{\partial M_c}{\partial H_i}$(其中 $H_i=H+h_c$),以与式(2.7.19)进行比较。

关于钡铁氧体的分子场理论,因 Fe^{3+} 离子分布于五种不同的次晶格,使分子场方法变得过于繁琐,不再讨论,只在图 2-38 中引证了高尔特的结果[12]。$M(T)$ 曲线在居里点以下一个很宽的温度范围内近于一条直线,这一情况可以解释如下:不同次晶格上的 Fe^{3+} 离子开始出现自发磁化的温度不同,故 $M(T)$ 具有线性特征。

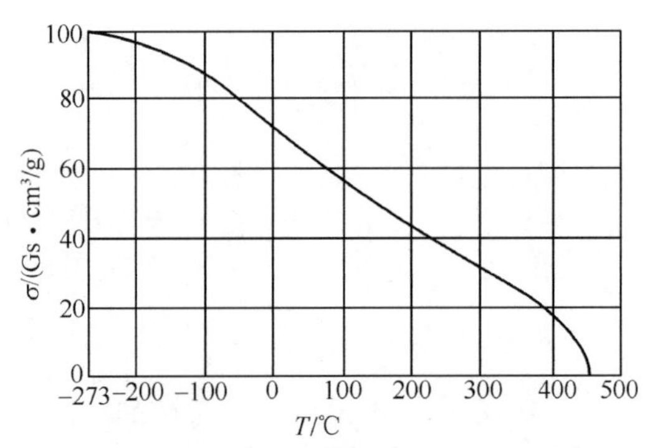

图 2-38 钡铁氧体 $BaFe_{12}O_{19}$ 的 $\sigma(T)$ 曲线

(Gorter, Philips Res. Rep. **9**,295,403(1954))

第八节 非共线磁结构

迄今我们讨论的仅限于共线磁性系统,即在长程范围内(或者说在一个磁畴的范围内)近邻原子(或离子)的磁矩是平行(铁磁性)或反平行(反铁磁性及亚铁磁性)的。磁矩的这种有序排列,称之为共线磁结构。在磁性体内除了共线磁结构以外,还存在非共线磁结构。本节即讨论这一问题。

一、$MnAu_2$ 中的螺旋磁结构[31]

非共线磁结构是在 $MnAu_2$ 中被首先发现的。$MnAu_2$ 是一种金属间化合物,

Mn 原子形成体心四方晶格，$c/a=2.6$，在每一个 Mn 原子沿 c 轴的上、下两侧各有一个 Au 原子。Mn 原子形成垂直于 c 轴的平面层，层间距离为 $c/2$（如图 2-39 所示）。

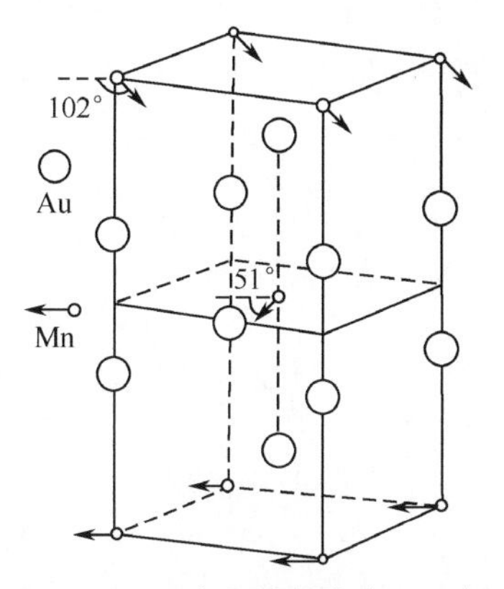

图 2-39　$MnAu_2$ 合金的晶胞中 Mn 离子、Au 离子的分布及 Mn 离子磁矩的取向[31]

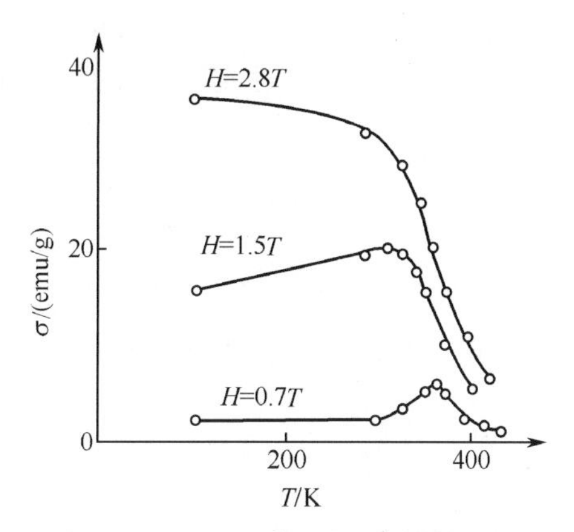

图 2-40　$MnAu_2$ 合金在不同磁场下的磁矩与温度的关系[31]

化合物 $MnAu_2$ 在宏观磁性上具有反铁磁性的特点，奈尔温度 T_N 为 365K。$T<T_N$ 时，在弱磁场作用下，Mn 原子的磁矩方向基本保持不变，类似于反铁磁性；在强磁场作用下，Mn 原子的磁矩逐渐转向外磁场的方向，又类似铁磁性（称为准铁磁性）。因此，在外磁场增加的过程中，$MnAu_2$ 经历一个从反铁磁性到准铁磁性的转变，这种特性称为变磁性，如图 2-40 所示。

$MnAu_2$ 中的螺旋形磁结构是利用中子衍射实验发现的。分析 $T\gg T_N$ 和 $T<T_N$ 两种温度下的中子衍射谱证明，在垂直 c 轴的平面上，同一平面层 Mn 原子的磁矩方向一致，相邻平面层 Mn 原子的磁矩方向发生旋转，室温下转角为 51°，即每经过一个单胞磁矩方向改变 102°（见图 2-39）。

在强磁场作用下，Mn 原子的磁矩将在垂直于 c 轴的平面内重新排列并最终转向外磁场方向，达到准铁磁状态。

二、亚铁磁性中的三角形结构

对奈尔亚铁磁性分子场理论做进一步分析，在某些情况下可以得出存在着三角形磁结构的概念。这一结果被后来的实验所证实，下面介绍有关这方面的理论和实验。

在奈尔所求得的 $M(T)$ 曲线中，除了 P，Q 和 N 三种类型曲线在 0K 处$\frac{\partial M}{\partial T}=0$以外，其他几种类型曲线在 0K 处，$\frac{\partial M}{\partial T}\neq 0$。这表示 A 位和 B 位的磁矩至少有一

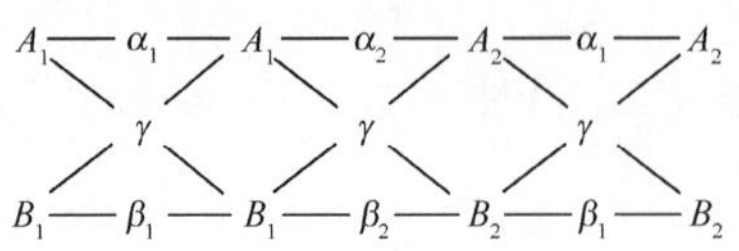

图 2-41　次晶格离子间的分子场系数

个在 0K 时未达到饱和。从理论上讲,这是违反热力学第三定律的。为了处理这一问题,基特尔和亚菲特将 A,B 两种次晶格再分为 A_1,A_2,B_1,B_2 两对对等的次晶格,它们之间的分子场常数 α,β,γ 等分别表示在图2-41 中,其中 α_2 和 β_2 至少有一个为负值[32]。

设 A_1,A_2 上的分子数 $x_{A_1}=x_{A_2}=\dfrac{x_A}{2}$,$B_1$,$B_2$ 上的分子数 $x_{B_1}=x_{B_2}=\dfrac{x_B}{2}$,则四个次晶格上的分子场为

$$\left.\begin{aligned}
\boldsymbol{h}_{A_1} &= \frac{1}{2}\gamma\left[\alpha_1 x_A \boldsymbol{M}_{A_1} + \alpha_2 x_A \boldsymbol{M}_{A_2} - x_B(\boldsymbol{M}_{B_1} + \boldsymbol{M}_{B_2})\right] \\
\boldsymbol{h}_{A_2} &= \frac{1}{2}\gamma\left[\alpha_1 x_A \boldsymbol{M}_{A_2} + \alpha_2 x_A \boldsymbol{M}_{A_1} - x_B(\boldsymbol{M}_{B_1} + \boldsymbol{M}_{B_2})\right] \\
\boldsymbol{h}_{B_1} &= \frac{1}{2}\gamma\left[- x_A(\boldsymbol{M}_{A_1} + \boldsymbol{M}_{A_2}) + \beta_1 x_B \boldsymbol{M}_{B_1} + \beta_2 x_B \boldsymbol{M}_{B_2}\right] \\
\boldsymbol{h}_{B_2} &= \frac{1}{2}\gamma\left[- x_A(\boldsymbol{M}_{A_1} + \boldsymbol{M}_{A_2}) + \beta_2 x_B \boldsymbol{M}_{B_1} + \beta_1 x_B \boldsymbol{M}_{B_2}\right]
\end{aligned}\right\} \tag{2.8.1}$$

对于极低温度下平衡态的分析可以只考虑磁矩组态间的互作用能,这一能量为

$$\begin{aligned}
U_m &= -\frac{1}{2}\sum_{\substack{i=A_1,A_2\\ B_1,B_2}} \boldsymbol{m}_i \cdot \boldsymbol{h}_i \\
&= -\frac{\gamma}{4}\left[\alpha_1 x_A^2 \boldsymbol{M}_{A_1}^2 + \alpha_2 x_A^2(\boldsymbol{M}_{A_1}\cdot\boldsymbol{M}_{A_2}) + \beta_1 x_B^2 \boldsymbol{M}_{B_1}\right. \\
&\quad \left. + \beta_2 x_B^2(\boldsymbol{M}_{B_1}\cdot\boldsymbol{M}_{B_2}) - x_A x_B(\boldsymbol{M}_{A_1} + \boldsymbol{M}_{A_2})(\boldsymbol{M}_{B_1} + \boldsymbol{M}_{B_2})\right] \\
&= -\frac{\gamma}{4} x_B^2 \boldsymbol{M}_{B_1}^2\left[(\alpha_1 - \alpha_2\cos 2\phi_A)y^2 + (\beta_1 - \beta_2\cos 2\phi_B)\right. \\
&\quad \left. + 4y\sin\phi_A\sin\phi_B\right]
\end{aligned} \tag{2.8.2}$$

其中,$y=\dfrac{x_A \boldsymbol{M}_{A_1}}{x_B \boldsymbol{M}_{B_1}}$;$\phi_A$,$\phi_B$ 如图 2-42 所示。当 $\boldsymbol{M}_{A_1}$ 和 $\boldsymbol{M}_{A_2}$ 平行时,$\phi_A=\dfrac{\pi}{2}$;当 $\boldsymbol{M}_{A_1}$ 和 $\boldsymbol{M}_{A_2}$ 反平行时,$\phi_A=0$。$\boldsymbol{M}_{B_1}$ 和 $\boldsymbol{M}_{B_2}$ 间的夹角 ϕ_B 也是这样。

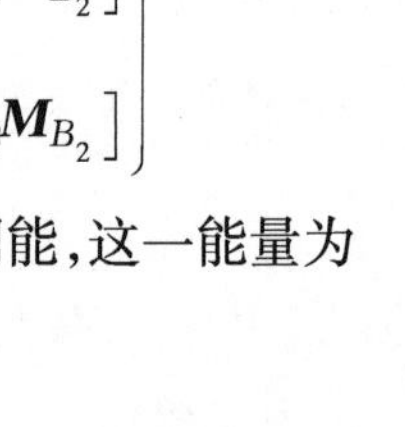

图 2-42

U_m = 极小值的条件为

$$\frac{\partial U_m}{\partial \phi_A} = 0,\quad \frac{\partial U_m}{\partial \phi_B} = 0$$

以及

$$\frac{\partial^2 U_m}{\partial \phi_A^2} > 0,\quad \frac{\partial^2 U_m}{\partial \phi_B^2} > 0$$

$$\left(\frac{\partial^2 U_m}{\partial \phi_A^2}\right)\left(\frac{\partial^2 U_m}{\partial \phi_B^2}\right)-\left(\frac{\partial^2 U_m}{\partial \phi_A^2 \partial \phi_B}\right)^2>0$$

由此算出以下四种平衡态及其存在的范围：

(a) 如果 $\alpha_2<0, \beta_2<0$，而且 $\alpha_2\beta_2>1$（A_1, A_2 间的作用和 B_1, B_2 间的作用均较强），则无论 y 为何值，最低能量状态是 $\phi_A=\phi_B=0$，这是双重反铁磁结构（见图 2-43）。

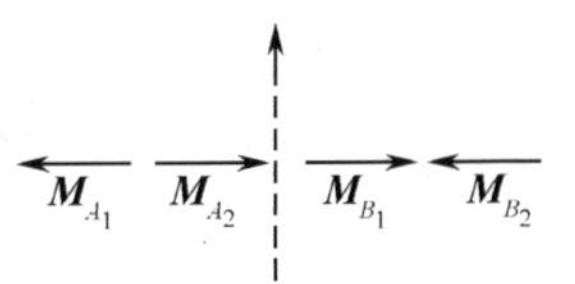

图 2-43

(b) 如果 $\alpha_2\beta_2<1$（A_1, A_2 间或 B_1, B_2 间的作用有一较强），则最低能量态与 y 的取值有关。

① 当 $|\beta_2|<y<\frac{1}{|\alpha_2|}$ 时，则最低态为 $\phi_A=\phi_B=\frac{\pi}{2}$，如图 2-44，即正常的亚铁磁结构。

② 当 $0<y<|\beta_2|$ 时，则最低态为 $\phi_A=\frac{\pi}{2}, \sin\phi_B=\frac{y}{|\beta_2|}$，如图 2-45，这时

$$M = x_B M_B \sin\phi_B - x_A M_A = -x_A M_A\left(1-\frac{1}{|\beta_2|}\right) \tag{2.8.3}$$

③ 当 $\frac{1}{|\alpha_2|}<y$，且 $\alpha_2<0$ 时，则最低态为 $\phi_B=\frac{\pi}{2}, \sin\phi_A=\frac{1}{|\alpha_2|y}$，如图2-46，这时

$$M = -x_B M_B\left(1-\frac{1}{|\alpha_2|}\right) \tag{2.8.4}$$

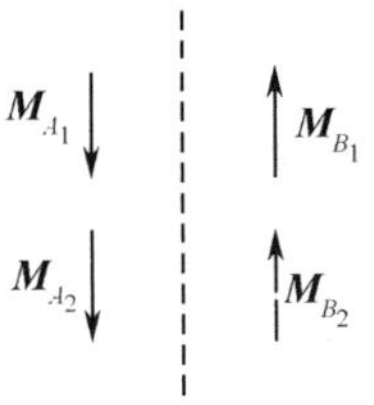

图 2-44 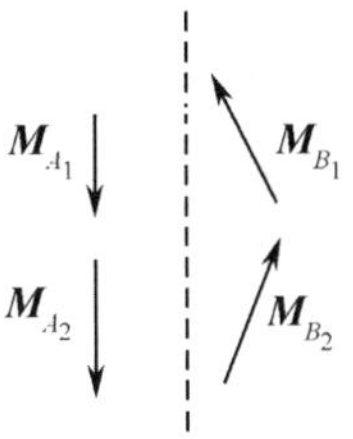　　图 2-45 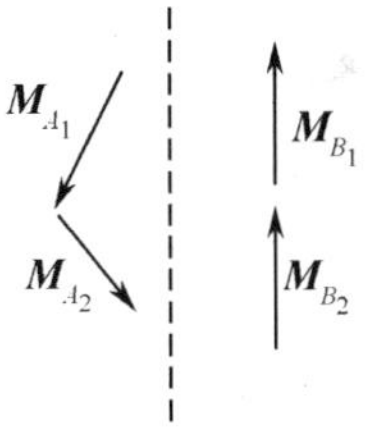　　图 2-46

②，③两种磁结构称为三角形亚铁磁结构。这时，$\boldsymbol{M}_{B_1}$ 和 $\boldsymbol{M}_{B_2}$ 的矢量和与 $\boldsymbol{M}_{A_1}$ 和 $\boldsymbol{M}_{A_2}$ 的矢量和反平行而不相等。由式(2.8.3)和(2.8.4)可知，这时 M 实际上单独由 M_A 或 M_B 所决定。如果从低温到居里温度该系统一直保持三角形组态，则 $M(T)$ 曲线应由一个单一的布里渊函数所决定，必然属于 Q 型（正常型）。

然而，洛特格林证明[33]，在低温下出现的三角形组态，到了其他温区很可能不再保持。于是，在居里点以下会出现一个或更多的转变点。例如，由(a)变为(b)中②或③。因之，在极低温度下是三角形组态的介质，其 $M(T)$ 曲线也还可能是 N 型或 P 型。在由一类组态转变为另一类组态的转变点，可能出现比热高峰和 $\frac{\partial M}{\partial T}$ 的不连续变化。

以上分析表明,亚铁磁性中三角形结构的形成是各种次晶格间分子场的抗争达到平衡的一种结果。具体地说,$\boldsymbol{M}_{B_1}$ 和 $\boldsymbol{M}_{B_2}$ 间的不平行要求 $|\beta_2| > x_A\boldsymbol{M}_A / x_B\boldsymbol{M}_B \approx x_A/x_B$,只有 $x_A < |\beta_2|(x_A + x_B)/(1 + |\beta_2|)$的样品才符合这一条件。同样,$\boldsymbol{M}_{A_1}$ 和 $\boldsymbol{M}_{A_2}$ 间的不平行,只能在 $x_B < |\alpha_2|(x_A + x_B)/(1 + |\alpha_2|)$的铁氧体里产生。这样严格的条件限制了三角形结构的形成。

在以 Cr 或 Mn 代替 Fe 作为主要成分的少数磁性尖晶石中,三角形磁结构的存在已经被证实。利用中子衍射首先发现具有三角形磁结构的是化合物 $Cu[Cr_2]O_4$[34]。实验测得分子饱和磁矩 $m = 0.7\mu_B$,居里温度 $T_c = 135K$,$\sin\phi_B = 0.28$。被发现具有三角形结构的另一种材料是 Mn_3O_4[35],分子饱和磁矩的实验值 $m_{exp} = 1.6\mu_B$,$T_c = 4.3K$,三角形结构中的 $\phi_B = 25°$。

三、重稀土金属中的复杂磁结构

镧族元素的后 7 种元素称为重稀土元素。在所有重稀土元素中,除镱(Yb)以外,其他元素的纯金属形式均显示磁有序状态并且具有复杂的磁结构。根据对这些金属单晶体所作的中子衍射实验分析,在不同温度下同一元素可具有不同的磁结构,其结构变化如下[36,37]:

1) 钆(Gd):居里温度 $T_c = 293K$。$T < T_c$ 时为铁磁性,$T > T_c$ 时为顺磁性。在 T_c 以下,磁矩取向随温度而变化:

$T_c < T < 245K$,磁矩 $\boldsymbol{\mu} /\!/ c$ 轴;245~225K,由 $\boldsymbol{\mu} /\!/ c$ 轴连续变化到 $\mu \perp c$ 轴;$225K < T < 165K$,$\boldsymbol{\mu} \perp c$ 轴;165~0K 附近,由 $\boldsymbol{\mu} \perp c$ 轴连续变化到 $\boldsymbol{\mu}$ 与 c 轴夹角为 34°。

2) 铽(Tb):奈尔温度 $T_N = 230K$。$T > T_N$ 时为顺磁性;$T_N > T > 221K$ 时为 $\boldsymbol{\mu} \perp c$ 轴的螺旋结构;$T < 221K$ 时为铁磁性,$\boldsymbol{\mu} /\!/ b$ 轴,0K 附近的原子磁矩 $\mu = 9.34\mu_B$。

3) 镝(Dy):$T_N = 179K$。$T > T_N$ 时为顺磁性,$T_N > T > 85K$ 时为 $\boldsymbol{\mu} \perp c$ 轴的螺旋结构;$T < 85K$ 时为铁磁性结构,$\boldsymbol{\mu} /\!/ a$ 轴,0K 附近的原子磁矩 $\mu = 10\mu_B$。

4) 钬(Ho):$T_N = 133K$。$T > T_N$ 时为顺磁性;$T_N < T < 20K$ 时为 $\boldsymbol{\mu} \perp c$ 轴的螺旋结构;$T < 20K$ 时为锥形结构,原子磁矩 μ 在 c 轴方向的分量为 $1.7\mu_B$,在垂直 c 轴方向上的旋转分量为 $10.2\mu_B$。

5) 铒(Er):$T_N = 85K$。$T > T_N$ 时为顺磁性;$T_N < T < 53.5K$ 时为 $\boldsymbol{\mu}$ 平行于 c 轴的正弦调幅共线结构;$53.5K > T > 20K$ 时为反相调幅锥形螺旋结构;$T < 20K$ 时为锥形螺旋结构,平行和垂直 c 轴的原子磁矩分量分别为 $\mu(/\!/) = 8\mu_B$,$\mu(\perp) = 4\mu_B$。

6) 铥(Tm):$T_N = 56K$,$T > T_N$ 时为顺磁性;$T_N > T > 40K$ 时为正弦调幅共

线结构；$T<40K$ 时为方波调幅共线结构，由于自旋向上、自旋向下两个相位的原子数不同而具有铁磁性。0K 附近的原子磁矩 $\mu=7\mu_B$。

上述各种磁结构示于图 2-47 中。

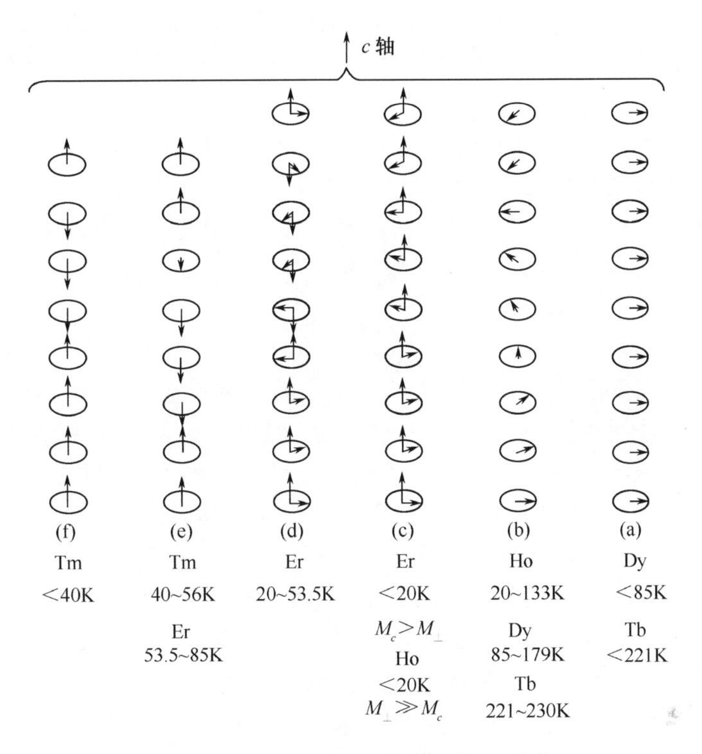

图 2-47　重稀土金属中的各种磁结构[38]

(a)平面型铁磁结构；(b)螺旋结构；(c)锥形螺旋结构；

(d)反相锥形螺旋结构；(e)正弦形调幅结构；(f)方波形调幅结构

轻稀土元素(从 Ce 到 Eu)具有比重稀土元素更复杂的磁结构，其中有些元素的磁结构至今尚不完全清楚。稀土元素之所以具有复杂的磁结构主要在于其原子间存在较复杂的交换作用(RKKY 交换作用)、电子的自旋-轨道之间存在较强的耦合作用并且受到较强的晶体场的作用，在这方面至今尚未建立起完整的理论。

四、非晶态稀土合金中可能存在的非共线磁结构

非晶态固体是指组成这种物质的原子、分子在空间的排列不具有周期性和平移对称性，因而不具有长程序的物质。仅仅由于原子间的相互关联效应，使这类物质在小于几个原子间距的范围内(约 10～15Å)仍然在原子的分布上保持着一定程度的有序特征。近邻原子数及原子间距的统计平均值与相同成分的晶体非常接

近。因此,非晶态合金一方面在宏观上显示出与晶态合金相似的性质,另一方面由于微观结构的涨落使原子磁矩在局部环境中所受的与磁矩取向有关的作用各不相同,从而造成磁矩的分散排列。这种分散并且有序的磁矩排列称为散磁性。根据对宏观磁性测量、电性测量的结果及对穆斯堡尔谱的分析,人们推测在非晶态合金中可能存在着三种类型的散磁性[39],尽管这种推测尚未得到中子衍射实验的直接证明。

(1) 散反铁磁性　在非晶态 TbAg 合金中,只有 Tb 原子具有磁矩。由于稀土离子磁矩间的相互作用是形式复杂的 RKKY 交换作用,也由于稀土离子的 $4f$ 电子受到较强的局域各向异性的影响,因而其磁矩在空间的取向是完全随机的。如以 $2\psi_0$ 表示磁矩取向的锥体的顶角,则有 $2\psi_0=4\pi$,如图 2-48(a)所示。此即所谓散反铁磁性。

(2) 散亚铁磁性　在非晶态 R_W-T 合金中(R_W 表示重稀土元素;T 表示强磁性的铁族元素 Fe,Co 等),存在着 3 种与自旋取向有关的交换作用。其中,T-T 离子间的交换作用最强并且交换积分为正值,其结果是在一个磁畴范围内所有 T 离子的自旋磁矩同向排列;R_W-T 离子间的交换作用弱于前者并且交换积分为负值,其结果是使两者的自旋磁矩倾向于反平行排列;R_W-R_W 离子间的交换作用及与磁矩取向有关的问题已在散反铁磁性中作过讨论。在那里我们指出,R 离子的磁矩取向是依离子的位置随机变化的,并由此形成散反铁磁性。在进一步考虑到 R_W-T 离子间、T-T 离子间的交换作用后,R_W 离子的磁矩取向受 T 离子磁矩的影响被收缩到一个圆锥形的立体角中,在这个立体角中各磁矩的矢量和又与 T 离子磁矩的方向反平行,形成散亚铁磁性(如图 2-48(b)所示)。这样的磁结构已由在这类物质中存在着自发磁化强度的抵消点得到间接证明。另外,按照上面的分析,当外加一很强的磁场时,R_W 离子磁矩分布的立体角应减少。这一点也得了验证。莱恩根据他在 1.5K 温度下对非晶态 $TbFe_2$ 合金的测试结果并取 Fe 离子的磁矩为 $1.9\mu_B$(在 α-$GdFe_2$ 中所得数据)、Tb 离子的磁矩为 $9\mu_B$(自由离子数据),估计圆锥形的顶角 $2\psi_0$ 为 94°;而当外加大小为 60kOe 磁场后,$2\psi_0$ 将减至 72°[40]。

(3) 散铁磁性　在非晶态 R_l-T 合金中(R_l 表示轻稀土元素),同样存在着上述 3 种类型的电子自旋间的交换作用,而且 R_l-T 离子间的交换积分亦为负值。与重稀土元素不同的是,轻稀土元素(钆除外)的离子总磁矩 $g_J J\mu_B$ 与自旋磁矩 $2s\mu_B$ 方向相反。因此,R_l 离子与 T 离子的磁矩应具有同样的方向,形成散铁磁性。这样的磁结构有可能出现在非晶态 Nd-Co 合金中。据分析,当 Co 成分较多时,Nd 离子磁矩的方向将分布在立体角 $\psi_0<\frac{\pi}{2}$ 的圆锥体中,它们的合磁矩与 Co 离子的磁矩方向相同,如图 2-48(c)所示。类似的磁结构还可能出现在非晶态 Nd-Fe 合金中。与前者不同的是,Fe 离子的磁矩可能存在着一个不大的分散角,Nd 离子磁矩的分散角 ψ_0 则可能接近 $\frac{\pi}{2}$[41],如图 2-48(c)所示。

在非晶态合金 Nd-Co、Nd-Fe 中出现散铁磁性的一个有力佐证是它们的自发磁化强度随温度的变化未发现抵消点现象[42]。

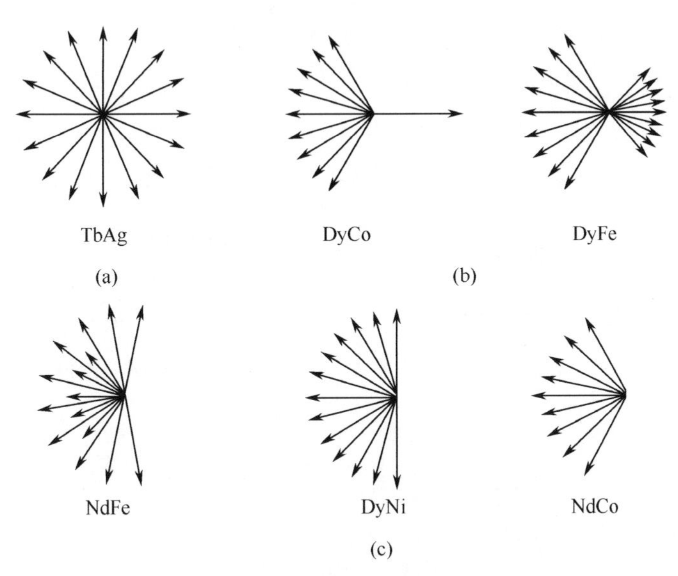

图 2-48　非晶态稀土-Fe,Co 合金中磁矩取向的二维投影示意图[39]

(a) 散反铁磁性;(b) 散亚铁磁性;(c) 散铁磁性

习　题

2.1　根据 $\boldsymbol{H}$ 平行于 $\boldsymbol{M}_A$ 和 $\boldsymbol{M}_B$ 时的磁化率表达式(2.2.20),计算下列情况下的 $\chi_{/\!/}$:(1) $T=0\text{K}$;(2) $T>T_{\text{N}}$;(3) $T=T_{\text{N}}$;(4) $s=\dfrac{1}{2}$;(5) $s=\infty$(经典情况)。

2.2　设尖晶石型晶胞的晶格常数为 a,氧参数为 u,证明四面体间隙(A 位)和八面体间隙(B 位)的最大半径分别为

$$r_A=\left(u-\frac{1}{4}\right)a\sqrt{3}-r_0$$

$$r_B=\left(\frac{5}{8}-u\right)a-r_0$$

其中 r_0 为氧离子 O^{2-} 的半径。

2.3　对于面心立方的反铁磁晶体,试证其渐近居里点 θ 和奈尔点 T_{N} 分别如下式:

$$\theta=C\left(\frac{\varepsilon}{4}+\frac{3\lambda}{4}\right),\quad T_{\text{N}}=C\left(\frac{\lambda}{4}-\frac{\varepsilon}{4}\right)$$

如果交换作用只限于最近邻电子，则$\frac{\theta}{T_N}=3$。

2.4　对于面心立方的反铁磁晶体第二类序，试证奈尔点为

$$T_N=\frac{C}{4}\varepsilon;\quad \frac{\theta}{T_N}=\frac{3\lambda+\varepsilon}{\varepsilon}$$

2.5　比较体心立方晶格的第一类和第二类序，证明：当$\frac{\varepsilon}{\lambda}>\frac{1}{2}$时，第二类序的奈尔点较高，即更为稳定。

2.6　试由亚铁磁性的$\frac{1}{\chi}$公式推广，证明铁磁体和反铁磁体在居里点以上时服从居里-外斯定律：$\chi=\frac{C}{T\mp\theta}$。

2.7　试证在温度较高时，如果令$B_s(y)\approx\frac{s+1}{s}y$，则亚铁磁性物质的克分子磁化率$\chi_m$为

$$\frac{1}{\chi_m}=\frac{H}{M}=\frac{T}{C_m}+\frac{1}{\chi_0}-\frac{\rho}{T-\theta}$$

2.8　从热力学基本关系，证明$M(T)$曲线在$T=0\text{K}$处的$\frac{\mathrm{d}M}{\mathrm{d}T}\neq 0$是违反热力学第三定律的。

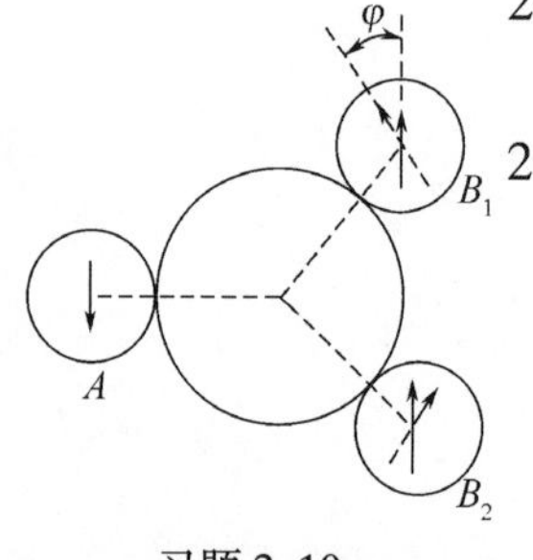

习题2.10

2.9　证明三角形亚铁磁性结构只能出现在一个次晶格内，并求晶体的三个居里点。

2.10　设次晶格A-B间的交换作用小于B_1-B_2次晶格内的交换作用，即交换积分$A_{AB}<2A_{B_1B_2}$，则B_1，B_2两个“二次”晶格的磁矩不能保持平行(附图)。试由总交换能等于极小值的条件，证明：

$$\cos\varphi=\frac{A_{AB}}{2A_{B_1B_2}}$$

2.11　求以下各种铁氧体的分子饱和磁矩：

Fe_3O_4，　$CoFe_2O_4$，　$Ni_{0.8}Zn_{0.2}Fe_2O_4$，　Fe_2W

参考文献

[1] H. Bizette, C. Squire and B. L. Cai. *Compt. Rend.* (*Paris*) 1938, 207:449

[2] L. Néel. *Ann. Phys.* (*Paris*) **17**, 64(1932)

[3] G. E. Bacon. *Neutron Diffraction*, *3rd ed.*, Oxford. Clarendon Press. 1975

[4] C. G. Shull, W. A. Strauser, E. O. Wollan. *Phys. Rev.* 1951, **83**:333
C. G. Shull, E. O. Wollan and W. C. Koehler. *Phys. Rev.* **84**, 912(1951)

[5] L. Néel. *Ann. de Phys.* **18**, 5(1932); 5, 232(1936)

[6] P. W. Andersen. *Phys. Rev.* **79**, 350, 705(1950)

[7] J.S.Smart. *Phys. Rev.* **86**,968(1952);*Rev. Mod. Phys. Jan.*(1953)
[8] Y.Y.Li. *Phys. Rev.* **80**,457(1950)
[9] L. Néel. *Ann. de Phys.* **3**,137,(1948)
[10] J. Smit. *Magnetic Propeties of Materials* McGraw-Hill, 1971;中译本:材料的磁性.中国科学院物理研究所磁学室译.科学出版社,1978
[11] 郭贻诚.铁磁学.北京:人民教育出版社,1965
[12] E.W.Gorter. *Philips Res. Rep.* 9(1954),295~365;403~443
[13] 李荫远,李国栋.铁氧体物理学.科学出版社,1978
[14] V. Adelsköld. *Arkiv Kemi. Min. Geol.*,12A, 1~9(1938)
[15] J. Smit and H. P. J. Wijn. *Ferrites. Wiley*, New York, 1959
[16] F. B. Braun. *Philips Res. Rept.*, **12**,491(1957)
[17] G. Menzer. *Z. f. Kryst. u. Miner* **69**,300(1929)
[18] M. A. Cilles and S. Geller. *Phys. Rev.* **110**,73(1958)
[19] F. Bertaut and F. Forrat. *Compt. Rend.* **242**,382(1956)
[20] E. W. Gorter. *Philips Res. Rep.* **9**,321(1954)
[21] G.Guilland. *J. Phys. Rad.*, **12**,239(1951)
[22] W.E.Henry. *J. Phys. Boehm*, *Phys. Rev.*, **101**,1253(1956)
[23] W E. Henry. *Phys. Rev.* **112**,326(1958)
[24] F. Bertaut et al. *Compt. Rend* **243**,898(1956)
[25] R. Pauthenet. *Ann. de Phys.*,**3**,424(1958)
[26] G. Villers et al. *J. Phys. Rad.*, **20**,382(1959)
[27] R. Pauthenet. *J. Appl. Phys.* **30**,2905(1959)
[28] M. Fallot and P. Maroni. *J. Phys. Rad.*, **12**,256(1951)
[29] J. S. Smart. *Amer. J. Physics*, **23**,256(1955)
[30] E. W. Gorter and J.A.Schulkes. *Phys. Rev.* **90**,487(1953)
[31] A. Herpin *Compt. Rend.*, **246**, 3170(1958);**249**,1334(1959)
[32] Y. Yaffet and C. Kittel. *Phys. Rev.* **87**,290(1952)
[33] F. K. Lotgering. *Philips Res. Rept.* **11**,190(1956)
[34] E. Prince. *Acta Cryst.*,**10**,554(1957)
[35] J. S. Kasper. *Bull. Amer. Phys. Soc.*, **4**,178(1958)
[36] R. Kybo and T. Nagamiya. *Solid State Physics*, 595(1960)
[37] W.C. Koehler. *J. Appl. Phys.* **36**,1080(1965)
[38] S. V. Vonsovskii. *Magnetism*(Vol.2), John Wiley & Sons New York. Toronto, (1974),691
[39] J. Chappert. *Magnetism of Metals and Alloys*, 507(1982)
[40] J. J. Rhyne, K.A.Gachneidner, Jr., L. Eyring. eds. *Handbook on the Physics and Chemistry of Rare Earths. Chap.*,16, NorthHolland (1979)
[41] R. C. Taylor et al. *J. Appl. Phys.* **49**,2886(1978)
[42] S. Geller. *J. Appl. Phys.* **31**,305(1960)

附表 2-1(a) 第一长周期金属离子的量子数与离子磁矩

离　子	d 电子数	L	S	J	$g_J J$	$2S$
$Ca^{2+}, Sc^{3+}, Ti^{4+}$	0	0	0	0	0	0
Ti^{3+}	1	2	$\frac{1}{2}$	$\frac{3}{2}$	$\frac{6}{5}$	1
V^{3+}	2	3	1	2	$\frac{4}{3}$	2
Cr^{3+}, Mn^{4+}	3	3	$\frac{3}{2}$	$\frac{3}{2}$	$\frac{3}{5}$	3
Mn^{3+}	4	2	2	0	0	4
Mn^{2+}, Fe^{3+}	5	0	$\frac{5}{2}$	$\frac{5}{2}$	5	5
Fe^{2+}	6	2	2	4	6	4
Co^{2+}	7	3	$\frac{3}{2}$	$\frac{9}{2}$	6	3
Ni^{2+}	8	3	1	4	5	2
Cu^{2+}	9	2	$\frac{1}{2}$	$\frac{5}{2}$	3	1
Zn^{2+}	10	0	0	0	0	0

附表 2-1(b) 稀土金属和钇的离子的量子数与离子磁矩

离　子	f 电子数	L	S	J	$g_J J$	$2S$
Y^{3+}	0	0	0	0	0	0
La^{3+}	0	0	0	0	0	0
Ce^{3+}	1	3	$\frac{1}{2}$	$\frac{5}{2}$	$\frac{15}{7}$	1
Pr^{3+}	2	5	1	4	$\frac{16}{5}$	2
Nd^{3+}	3	6	$\frac{3}{2}$	$\frac{9}{2}$	$\frac{36}{11}$	3
Pm^{3+}	4	6	2	4	$\frac{12}{5}$	4
Sm^{3+}	5	5	$\frac{5}{2}$	$\frac{5}{2}$	$\frac{5}{7}$	5
Eu^{3+}	6	3	3	0	0	6
Gd^{3+}	7	0	$\frac{7}{2}$	$\frac{7}{2}$	7	7
Tb^{3+}	8	3	3	6	9	6
Dy^{3+}	9	5	$\frac{5}{2}$	$\frac{15}{2}$	10	5

续表

离　子	f 电子数	L	S	J	$g_J J$	$2S$
Ho^{3+}	10	6	2	8	10	4
Er^{3+}	11	6	$\frac{3}{2}$	$\frac{15}{2}$	9	3
Tm^{3+}	12	5	1	6	7	2
Yb^{3+}	13	3	$\frac{1}{2}$	$\frac{7}{2}$	4	1
Lu^{3+}	14	0	0	0	0	0

以上两表最后两行中，$g_J J$ 是孤立离子的磁矩(以 μ_B 为单位)；$2S$ 则是只有电子自旋的磁矩。在晶格中的离子由于受到近邻离子电场(即晶体场)的作用，电子的轨道角动量在空间不断地进动，L_z 不再是一恒量，它的平均值可能等于零。这时，轨道角动量被冻结，而离子磁矩只有电子自旋的贡献，等于 $2S$。

第三章 磁有序的量子理论

第一节 引 言

前两章我们介绍了物质的各种磁性，其中铁磁性、反铁磁性、亚铁磁性、非共线磁结构属于磁有序状态，即在磁畴大小的范围内原子(或离子)磁矩是有序排列的。为了解释铁磁体内的磁有序排列，外斯提出了分子场假说。尔后，奈尔又提出并建立了反铁磁性与亚铁磁性的分子场理论。但是，直到量子力学建立前没有人能对分子场的来源做出合理的解释。1928 年，海森伯把量子力学中电子之间的交换作用(一种量子效应)同电子自旋的相对取向联系起来才正确地解释了铁磁体内磁有序现象的产生，大家才理解到所谓“分子场”实际是电子之间交换作用的一种平均场近似。海森伯交换作用理论模型的建立，为铁磁性量子理论的发展奠定了基础。正是在这一基础上，逐步建立起了低温自旋波理论、铁磁相变理论和铁磁共振理论。研究还进一步表明，不同的物质产生交换作用的机理也不完全相同。磁性氧化物中的交换作用是通过氧离子产生的间接交换作用。稀土金属及其合金中的交换作用是以传导电子作媒介产生的 RKKY 交换作用。这些交换作用模式的提出丰富了磁有序的量子理论。需要指出的是，无论我们以前介绍的分子场理论假说还是上面提到的各种交换作用理论模型都是以磁性物质中的原子(或离子)具有固定的磁矩为基本前提的，这种认为对磁性有贡献的电子(称为磁电子)被定域于原子范围内形成一个固有磁矩的模型被称为局域电子模型或海森伯模型。稀土金属及其合金和化合物的磁电子($4f$)、磁性氧化物中铁族元素的磁电子($3d$)即属于这个类型。因此，用局域电子模型处理上述物质的磁性是适合的。但是研究表明，当 Fe，Co，Ni 以金属或合金的形式存在时其磁电子($3d$)并不具有这一特征，它们的磁电子能够在各原子的 d 轨道之间游移，从而使电子在原子状态时的能级变成一个窄能带。正因为 Fe，Co，Ni 的磁性带有非局域电子的某些特点，所以早在海森伯建立局域电子交换作用模型时，布洛赫便提出了计算 Fe，Co，Ni 磁性的能带模型(后来又称为巡游电子模型)。这一模型经斯托纳(E. C. Stoner)等人发展逐步得到完善，以至形成当代磁性理论的一个重要学派。守谷在用自洽重整化方法处理了弱铁磁性合金 ZrZn，Sc_3In 的自旋涨落的问题后认为，局域电子模型和巡游电子模型并不是完全对立的，可以用自旋涨落将两者联系起来并且提出了建立包含上述两个模型的统一理论的设想。这方面的研究虽有一些进展但尚未获得实质性的突破。

本章将首先介绍局域电子模型的理论，其中包括各种类型的交换作用理论、自旋波理论、改进的分子场理论和铁磁相变理论；然后介绍巡游电子磁性理论以及磁性理论的一些新进展。为了便于读者学习，我们对本章主要理论的处理仅限于量子力学方法。通过对这部分内容的学习，读者完全可以掌握对磁有序现象所做的理论解释。此外，为了满足一部分理论基础较好的读者对磁性理论更深入理解的需求，我们还介绍了用二次量子化方法对多原子系统的海森伯交换作用、间接交换作用、RKKY 交换作用所作的严格理论计算。有关这部分内容我们在节前用 * 号标出，希望读者注意识别。

第二节　海森伯交换作用模型

外斯提出分子场假说 20 年后，弗仑克耳首先正确地指出铁磁性物质的自发磁化可以用电子间的特殊相互作用来解释[1]。这种相互作用使铁磁性物质在稳定状态时各原子的电子自旋平行取向。与此同时，海森伯认为电子间的交换作用导致了自发磁化的产生并按这一模型计算了自发磁化随温度变化的关系[2]。海森伯的这一理论模型正确地提示了铁磁性物质自发磁化的本质，为铁磁性量子理论的发展奠定了基础。在介绍这一理论模型之前，我们先以氢分子为例说明交换作用的物理意义。

一、氢分子中的交换作用

1. 交换作用的概念

图 3-1 表示一氢分子的电子系统，R 为两原子核间的距离。在略去电子自旋与自旋之间以及自旋与轨道之间的磁相互作用后，该系统的哈密顿量为

$$\hat{H} = -\frac{\hbar^2}{2m}(\nabla_1^2 + \nabla_2^2) - \frac{e^2}{r_{a1}} - \frac{e^2}{r_{b2}} + \frac{e^2}{R} + \frac{e^2}{r_{12}} - \frac{e^2}{r_{a2}} - \frac{e^2}{r_{b1}} \tag{3.2.1}$$

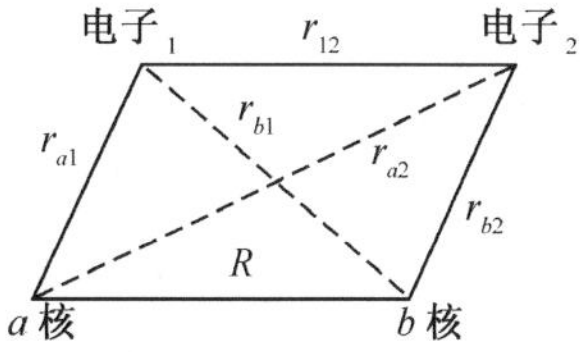

电子$_1$　r_{12}　电子$_2$　r_{a1}　r_{b1}　r_{a2}　r_{b2}　R　a 核　b 核

图 3-1　氢分子的电子系统示意图

设

$$\hat{H}_a(1) = -\frac{\hbar^2}{2m}\nabla_1^2 - \frac{e^2}{r_{a1}} \tag{3.2.2}$$

$$\hat{H}_b(2) = -\frac{\hbar^2}{2m}\nabla_1^2 - \frac{e^2}{r_{b2}} \tag{3.2.3}$$

$\hat{H}_a(1)$和 $\hat{H}_b(2)$相当于两个孤立氢原子的哈密顿量。式(3.2.1)中的剩余项

$$W(1,2) = \frac{e^2}{R} + \frac{e^2}{r_{12}} - \frac{e^2}{r_{a2}} - \frac{e^2}{r_{b1}} \tag{3.2.4}$$

则是两原子之间的相互作用项。为求氢分子的能量需要解如下的薛定谔方程

$$[\hat{H}_a(1) + \hat{H}_b(2) + W(1,2)]\Psi = E\Psi \tag{3.2.5}$$

这一方程只能近似求解。取相互作用不存在时(即 $W(1,2)=0$)两个氢原子的波函数作为近似波函数,这一波函数可以通过求解下面的薛定谔方程得到

$$[\hat{H}_a(1) + \hat{H}_b(2)]\Phi = E\Phi \tag{3.2.6}$$

显然,这是两个孤立的氢原子的薛定谔方程,可以精确求解。这样求得的基态波函数(即对应于最低能级 $2E_0$ 的本征函数)为

$$\Phi_0(r_1, r_2) = \psi_a(r_{a1}) \cdot \psi_b(r_{b2}) \tag{3.2.7}$$

其中,$\psi_a(r_{a1})$,$\psi_b(r_{b2})$分别为

$$\left.\begin{aligned} \psi_a(r_{a1}) &= \psi_a(1) = \frac{1}{\sqrt{\pi a_0^3}} e^{-\frac{r_{a1}}{a_0}} \\ \psi_b(r_{b2}) &= \psi_b(2) = \frac{1}{\sqrt{\pi a_0^3}} e^{-\frac{r_{b2}}{a_0}} \end{aligned}\right\} \tag{3.2.8}$$

其中,a_0 为氢原子的第一轨道半径。

由于电子为全同性粒子,因而 $\psi_a(2)\psi_b(1)$也同样是薛定谔方程(3.2.6)的基态波函数。所以对于无相互作用的两个氢原子的电子系统来说,其基态波函数的轨道部分应为 $\psi_a(1)\psi_b(2)$与 $\psi_a(2)\psi_b(1)$的线性叠加。在进一步考虑到两个电子的自旋波函数以及对波函数的反对称要求后,氢分子的基态近似波函数应有如下两种形式

$$\Psi_{\mathrm{I}} = C_1[\psi_a(1)\psi_b(2) + \psi_a(2)\psi_b(1)]\phi_A(1,2) \tag{3.2.9}$$

$$\Psi_{\mathrm{II}} = C_2[\psi_a(1)\psi_b(2) - \psi_a(2)\psi_b(1)]\phi_S(1,2) \tag{3.2.10}$$

其中,ϕ_A 和 ϕ_S 分别为电子系统的反对称自旋波函数和对称自旋波函数,其形式为

$$\phi_A(1,2) = \varphi_{\frac{1}{2}}(1)\varphi_{-\frac{1}{2}}(2) - \varphi_{-\frac{1}{2}}(1)\varphi_{\frac{1}{2}}(2) \tag{3.2.11}$$

$$\phi_S(1,2) = \begin{cases} \varphi_{\frac{1}{2}}(1)\varphi_{-\frac{1}{2}}(2) + \varphi_{-\frac{1}{2}}(1)\varphi_{\frac{1}{2}}(2) \\ \varphi_{\frac{1}{2}}(1)\varphi_{\frac{1}{2}}(2) \\ \varphi_{-\frac{1}{2}}(1)\varphi_{-\frac{1}{2}}(2) \end{cases} \tag{3.2.12}$$

C_1,C_2 为归一化常数。容易证明

$$C_1^2 = \frac{1}{2(1+\Delta^2)}$$

$$C_2^2 = \frac{1}{2(1-\Delta^2)}$$

其中,

$$\Delta = \int \psi_a^+(1)\psi_b(1)\mathrm{d}\tau_1 = \int \psi_a(2)\psi_b^+(2)\mathrm{d}\tau_2 \tag{3.2.13}$$

为重叠积分,它表示原子 a 的波函数与原子 b 的波函数的重叠程度,故应有

$0 \leqslant \Delta \leqslant 1$。显然，$\Psi_{\mathrm{I}}$ 代表自旋单重态，Ψ_{II} 代表自旋三重态。在 Ψ_{I} 状态，两电子自旋反平行，总自旋 $\sum = 0$。在 Ψ_{II} 状态，两电子自旋正平行，总自旋 $\sum = 1\hbar$。

以 Ψ_{I}，Ψ_{II} 为近似波函数求解方程(3.2.5)，对应于 Ψ_{I} 和 Ψ_{II} 两种状态所得到的能量分别为

$$\left.\begin{aligned} E_{\mathrm{I}} &= 2E_0 + \frac{e^2}{R} + \frac{K+A}{1+\Delta^2} \\ E_{\mathrm{II}} &= 2E_0 + \frac{e^2}{R} + \frac{K-A}{1-\Delta^2} \end{aligned}\right\} \tag{3.2.14}$$

其中，

$$K = \iint |\psi_a(1)|^2 \cdot V_{ab} \cdot |\psi_b(2)|^2 \mathrm{d}\tau_1 \mathrm{d}\tau_2 \tag{3.2.15}$$

$$A = \iint \psi_a^+(1)\psi_b^+(2) \cdot V_{ab} \cdot \psi_a(2)\psi_b(1) \mathrm{d}\tau_1 \mathrm{d}\tau_2 \tag{3.2.16}$$

$$V_{ab} = e^2\left(\frac{1}{r_{12}} - \frac{1}{r_{b1}} - \frac{1}{r_{a2}}\right)$$

K 代表两个氢原子的电子间及电子与原子核间的库仑能。A 代表两个氢原子中电子交换所产生的交换能，通常将 A 称为两电子间的交换积分。交换能也是属于静电性质的，可由其中一项看出其意义。

令

$$\rho_{ab}(1) = -e\psi_a^+(1)\psi_b(1)$$
$$\rho_{ab}^+(2) = -e\psi_a(2)\psi_b^+(2)$$

$\rho_{ab}(1)$代表电子 1 一部分在 $\psi_a(1)$态、一部分在 $\psi_b(1)$态上而形成的“电荷密度”，$\rho_{ab}^+(2)$的意义类似。此处所谓“电荷密度”只是从形式上谈的，因为实际上 ρ_{ab}可能是复数。经过以上代换，式(3.2.16)中的第一项变为

$$\iint \frac{\rho_{ab}(1)\rho_{ab}^+(2)\mathrm{d}\tau_1\mathrm{d}\tau_2}{\boldsymbol{r}_{12}} \tag{3.2.17}$$

从形式上看，这一项代表密度为 $\rho_{ab}(1)$和 $\rho_{ab}^+(2)$的交换电子云之间的静电相互作用能。其他两项可改写为

$$\Delta\int \frac{e}{r_{b1}} \cdot \rho_{ab}(1)\mathrm{d}\tau_1 \text{ 和 } \Delta\int \frac{e}{r_{a2}} \cdot \rho_{ab}^+(2)\mathrm{d}\tau_2 \tag{3.2.18}$$

式(3.2.18)两项所代表的能量也是交换能。这是由于波函数 ψ_a，ψ_b 的非正交性所引起的修正项。

交换能的出现是量子力学的结果，在经典力学中并无类似的情况。从直观上看，交换能来源于电子波函数存在着交叠区域。在交叠区域电子是不可标识的，如果我们仍然按照处理宏观粒子的方式将它们加以标识，则必然出现交换能。

2. 基态能量与电子自旋态的关系

下面证明基态能量与电子的自旋态有关。为简单起见，假设 $\Delta = 0$(即 ψ_a 与

ψ_b 为正交函数),于是式(3.2.14)可简化为

$$\left.\begin{aligned} E_{\mathrm{I}} &= 2E_0 + \frac{e^2}{R} + K + A \\ E_{\mathrm{II}} &= 2E_0 + \frac{e^2}{R} + K - A \end{aligned}\right\} \tag{3.2.19}$$

仿照狄拉克和范弗莱克的做法,将电子的自旋角动量看做经典矢量并取 $\hbar$ 作为自旋角动量的单位,两电子的总自旋矢量 $\boldsymbol{s}$ 的平方则可表示为

$$\boldsymbol{s}^2 = (\boldsymbol{s}_1 + \boldsymbol{s}_2)^2 = \boldsymbol{s}_1^2 + \boldsymbol{s}_2^2 + 2\boldsymbol{s}_1 \cdot \boldsymbol{s}_2$$

其中,$\boldsymbol{s}_1^2, \boldsymbol{s}_2^2$ 为单电子自旋矢量的平方,其本征值均为$\frac{1}{2}\left(\frac{1}{2}+1\right)=\frac{3}{4}$;而 $\boldsymbol{s}^2$ 的本征值为 $s(s+1)$。对应于式(3.2.11)所表示的自旋单重态,$s=0$,因而 $\boldsymbol{s}^2$ 的本征值为 0。对应于式(3.2.12)所表示的自旋三重态,$s=1$,因而 $\boldsymbol{s}^2$ 的本征值为 2。于是

$$\boldsymbol{s}_1 \cdot \boldsymbol{s}_2 = \begin{cases} -\frac{3}{4}, & \text{对应于 } s = 0 \\ \frac{1}{4}, & \text{对应于 } s = 1 \end{cases}$$

这样,式(3.2.19)中的 E_{I} 和 E_{II} 可以合并写为

$$\begin{aligned} E &= 2E_0 + \frac{e^2}{R} + K + A(1 - \boldsymbol{s}^2) \\ &= E_c - \frac{A}{2} - A2\boldsymbol{s}_1 \cdot \boldsymbol{s}_2 = \text{常数} - 2A\boldsymbol{s}_1 \cdot \boldsymbol{s}_2 \end{aligned} \tag{3.2.20}$$

上式说明,由于存在着交换能,氢分子的基态能量与两电子自旋的相对取向有关。对氢分子的计算表明,$A<0$。因而氢分子的基态是自旋单重态。对另外一些物质,假如 $A>0$,则其能量的最小值状态对应于自旋三重态,即两电子的自旋同向排列。正是从这样一种分析出发,海森伯建立了铁磁性物质的自发磁化理论。下面介绍这一理论的要点。

二、海森伯铁磁性理论

1. 海森伯交换模型及分子场近似

海森伯首先将氢分子的交换作用模型推广到多原子系统。他提出了两点假设:① 在由 N 个原子组成的系统中,每个原子仅有一个电子对铁磁性有贡献;② 原子无极化状态(即不存在两个电子同处于一个原子中的状况),因此只需考虑不同原子中电子的交换作用。于是可直接推广氢分子中的结果得出 N-电子系统的交换能为

$$E_{\mathrm{ex}} = -\sum_{i<j} 2A_{ij}\boldsymbol{s}_i \cdot \boldsymbol{s}_j \tag{3.2.21}$$

其中,A_{ij}为第i个电子与第j个电子间的交换积分。由前面的讨论可知,交换作用是一种近程作用,故上式中的求和应限于近邻原子对。进一步考虑到晶格结构的对称性,可以假设$A_{i,i\pm1}=A$。于是上式可写为

$$E_{\mathrm{ex}}=-2A\sum_{\substack{i<j\\(\text{近邻})}}\boldsymbol{s}_i\cdot\boldsymbol{s}_j$$

上式中求和的项数等于$\frac{1}{2}zN$,z为最近邻的原子数(即配位数)。

在实际的铁磁体和反铁磁体中,每个原子有多个对磁性有贡献的电子,因此式(3.2.21)中的交换能应包括两部分:① 同一原子内电子间的交换能;② 不同原子间电子的交换能。第一部分交换能的交换积分恒为正,正是这部分交换能使原子(或离子)中不满壳层的电子按洪德定则的第一条排布(即在泡利原理允许的条件下总自旋量子数取最大值)。下面我们讨论不同原子间电子的交换能,它可表示为

$$\begin{aligned}E_{\mathrm{ex}}&=-\sum_{i<j}\sum_{p,q}2A_{ij}\boldsymbol{s}_{ip}\cdot\boldsymbol{s}_{jq}\\&=-\sum_{i<j}2A_{ij}\Big(\sum_{p}\boldsymbol{s}_{ip}\Big)\cdot\Big(\sum_{q}\boldsymbol{s}_{jq}\Big)\\&=-2\sum_{i<j}A_{ij}\boldsymbol{s}_i\cdot\boldsymbol{s}_j\end{aligned}\tag{3.2.22}$$

式中,$\boldsymbol{s}_i=\sum_{p}\boldsymbol{s}_{ip}$,$\boldsymbol{s}_j=\sum_{q}\boldsymbol{s}_{jq}$分别为原子$i$和原子$j$的自旋总矢量。在此我们再一次强调指出,上式中的自旋矢量是自旋角动量以$\hbar$为单位时所具有的数值部分。

考虑到交换作用是近程作用,假设$A_{ij}=A$,于是得出

$$E_{\mathrm{ex}}=-2A\sum_{i<j}\boldsymbol{s}_i\cdot\boldsymbol{s}_j\tag{3.2.23}$$

此即通常所说的海森伯交换模型。由这一模型容易说明“分子场”的来源。为此,将上式改写为

$$E_{\mathrm{ex}}=-\sum_{i}\Big[\Big(\sum_{\substack{j\\(i\text{的近邻})}}A\boldsymbol{s}_j\Big)\cdot\boldsymbol{s}_i\Big]\tag{3.2.24}$$

对圆括号中的求和做平均近似,得

$$E_{\mathrm{ex}}\approx-\sum_{i}\left[zA\langle\boldsymbol{s}\rangle\cdot\boldsymbol{s}_i\right]\tag{3.2.25}$$

式中,z为配位数。注意到$\boldsymbol{\mu}_i=-g\mu_{\mathrm{B}}\boldsymbol{s}_i$,$\boldsymbol{M}=-Ng\mu_{\mathrm{B}}\langle\boldsymbol{s}\rangle$,上式可进一步近似为

$$E_{\mathrm{ex}}\approx-\frac{1}{2}\sum_{i}\boldsymbol{\mu}_i\cdot\boldsymbol{H}_{\mathrm{m}}\tag{3.2.26}$$

式中,$\boldsymbol{H}_{\mathrm{m}}=\frac{2zA}{N(g\mu_{\mathrm{B}})^2}\boldsymbol{M}=W\boldsymbol{M}$即为分子场。可见,外斯所假设的分子场实则是对电子间交换作用所做的平均场近似。

2. 关于交换积分 A 的讨论

按照海森伯交换模型,$A>0$是物质具有铁磁性的必要条件。现在我们对影

响 A 的诸因素进行讨论。为了方便起见，将式(3.2.16)改写为电子 i 与电子 j 之间的交换积分

$$A = \iint \psi_i^+(r_i)\psi_j^+(r_j)V_{ij}\psi_i(r_j)\psi_j(r_i)\mathrm{d}\tau_i\mathrm{d}\tau_j \tag{3.2.27}$$

其中，

$$V_{ij} = e^2\left(\frac{1}{r_{ij}} - \frac{1}{r_i} - \frac{1}{r_j}\right)$$

由上式可见，A 是电子 i 和电子 j 间的距离 r_{ij} 以及这两个电子各自与其原子核的距离 r_i 和 r_j 的函数，同时又与波函数 $\psi_i(r_i)$ 等的形式有关。贝特曾对此做过定性的分析[4]。他的结论是：若 ψ_i,ψ_j 在两原子中间的区域很大，而在其各自的原子核附近较小，换言之，二近邻原子中的电子云在中间区重叠很多，以致式(3.2.27)中正项 $\frac{e^2}{r_{ij}}$ 的贡献很大；同时负项 $\frac{e^2}{r_i}$ 和 $\frac{e^2}{r_j}$ 的贡献较小，则可使 A 成为正值。这就要求：① 波函数 $\psi_i(r_i)$ 和 $\psi_j(r_j)$ 在其原子核附近很小；② 近邻原子间的距离 R_{ij} 大于轨道半径 r_i 或 r_j。角量子数 l 大的电子如 $3d$ 或 $4f$ 电子的波函数正好满足这些条件。当然，贝特的考虑只具有粗略定性的意义。更详细的计算属于物质结构理论的问题。

奈尔根据上述两个条件总结出了各种 $3d$，$4d$ 及 $4f$ 族金属及合金的交换积分 A 与两近邻电子接近距离的关系[5]。图 3-2 中引证了这一结果。其中 d-$2r$ 为两近邻原子距离 d 与未充满的电子壳层直径 $2r$ 之差，亦即两近邻电子的接近距离。

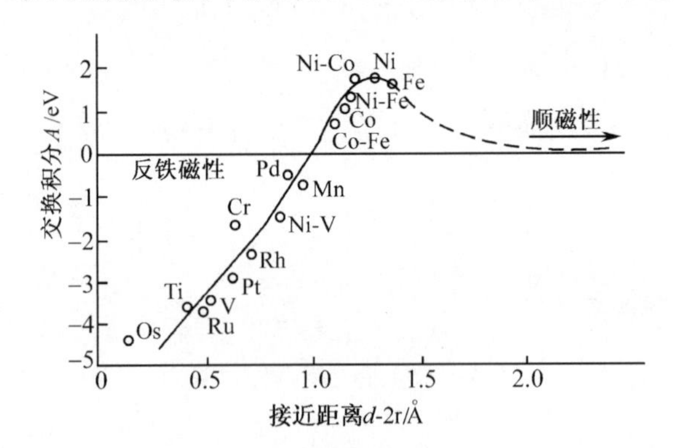

图 3-2 交换积分的相对数值随近邻电子的接近距离的变化

(Néel, Le Magnetism, Vol. 2, p. 79, 1940)

由图 3-2 可见，当电子的接近距离由大减小时，交换积分为正值并有一峰值，Fe，Ni，Ni-Co，Ni-Fe 等铁磁性物质正处于这一段位置。但当接近距离再减小时，则 A 变为负值，Mn，Cr，Pt，V 等反铁磁物质正处于该段位置。当 $A>0$ 时，各电子自旋的稳定状态($E_{交换}$ = 极小值)是自旋方向一致平行的状态，因而产生了自发磁

矩。这就是铁磁性的来源。如果 $A<0$,则电子自旋的稳定状态是近邻自旋方向相反的状态,因而无自发磁矩。这就是反铁磁性。

斯莱特和贝特也做了类似的计算[6],所得的结果与上述相似。

3. 磁化强度的计算

前面已由海森伯交换模型直接导出了分子场。但是,海森伯最初对这个问题的证明是采用了另外一种方式。下面介绍海森伯的理论方法。

如前所述,海森伯在将氢分子交换模型推广到多原子系统时做了两点假设:① 在 N-原子系统中,每个原子只有一个对磁性有贡献的电子。因此,N-原子系统也即是 N-电子系统;② 原子无极化状态,每一个格点上只有一个磁性电子。海森伯的铁磁性理论正是建立在上述两个假设的基础上。

根据狄拉克的矢量模型,N-原子系统的电子自旋总矢量的平方为

$$(\sum_i \boldsymbol{s}_i)^2 = \sum_i \boldsymbol{s}_i^2 + \sum_{\substack{i,j\\(i\neq j)}} \boldsymbol{s}_i \cdot \boldsymbol{s}_j = Ns(s+1) + \sum_{\substack{i,j\\(i\neq j)}} \boldsymbol{s}_i \cdot \boldsymbol{s}_j$$

式中 $\boldsymbol{s}_i$ 为第 i 个电子的自旋矢量,s 是每个电子的自旋量子数。如设 S 为该电子系统的总自旋量子数,则应有 $(\sum_i \boldsymbol{s}_i)^2 = S(S+1)$, 于是

$$\sum_{\substack{i,j\\(i\neq j)}} \boldsymbol{s}_i \cdot \boldsymbol{s}_j = S(S+1) - Ns(s+1) = S(S+1) - \frac{3}{4}N \tag{3.2.28}$$

将上式左端的求和用其平均值来代替,容易得到

$$\sum_{\substack{i,j\\(i\neq j)}} \boldsymbol{s}_i \cdot \boldsymbol{s}_j = N(N-1) \left| \boldsymbol{s}_i \cdot \boldsymbol{s}_j \right|_{\text{平均}} \tag{3.2.29}$$

将式(3.2.28)和(3.2.29)代入式(3.2.23),考虑到式(3.2.23)中的求和项数为 $\frac{1}{2}zN$,最后得出

$$E_{\text{ex}} = -\frac{zA}{N-1}\left[S(S+1) - \frac{3}{4}N\right] \tag{3.2.30}$$

设 M 为该电子系统的磁化强度,y 为相对磁化强度,它们分别被表示为

$$M = 2S\mu_{\text{B}}$$

$$y = \frac{M}{N\mu_{\text{B}}} = \frac{2S}{N}$$

于是式(3.2.30)可进一步写为

$$E_{\text{ex}} = -\frac{zA}{N-1}\left(\frac{N^2y^2}{4} + \frac{Ny}{2} - \frac{3}{4}N\right) \approx -\frac{1}{4}NzAy^2 \tag{3.2.31}$$

上面所做近似的准确度为$\frac{1}{N}$。

假设该系统所受的外磁场为 H 并设 N 个电子中有 r 个自旋向上、有 l 个自旋向下,则可将磁化强度具体地表示为

$$M = [r-(N-r)]\mu_B = 2(r-n)\mu_B = 2m\mu_B$$

其中,$2n=N$;$m=r-n$ 为磁化状态的自旋量子数;$y=2m/N$。对应于这一状态的简并度为$\dfrac{N!}{r!\ (N-r)!}$,故其状态和为

$$Z(H) = \sum_{m=-n}^{n}\left(\frac{N!}{r!(N-r)!}\right)e^{\frac{1}{\kappa_B T}\left(\frac{1}{4}NzAy^2+2m\mu_B H\right)}$$
$$= \sum_{m=-n}^{n}\left(\frac{N!}{r!(N-r)!}\right)e^{\frac{1}{\kappa_B T}\left(\frac{zA}{N}m^2+2m\mu_B H\right)} \tag{3.2.32}$$

为了计算状态总和,海森伯做了一个过分简略的假设,即认为 $Z(H)$的各状态集中地分布在能量平均值(能量重心)附近,而在其他各处为零。因此上式中的求和可简化为

$$Z(H) = \left(\frac{N!}{r!(N-r)!}\right)e^{\frac{1}{\kappa_B T}\left(\frac{zA}{N}\overline{m^2}+2\overline{m}\mu_B H\right)} \tag{3.2.33}$$

由此再应用 $M=\kappa_B T\dfrac{\partial}{\partial H}(\ln Z)$关系便可计算出磁化强度。即使做了上述简化,这一计算过程仍然相当繁琐。有兴趣的读者可阅读范弗莱克的文章①。在此,我们介绍一种较简单的计算方法,这是绍特(Sauter)后来所采用的方法[7]。仍由式(3.2.32)出发,令

$$\frac{zA}{N\kappa_B T} = \beta, \quad \frac{\mu_B H}{\kappa_B T} = \alpha$$

则

$$Z(H) = \sum_{m=-n}^{n}\left(\frac{N!}{r!(N-r)!}\right)e^{\beta m^2+2\alpha m} \tag{3.2.34}$$

以

$$1 = \frac{1}{\sqrt{\pi}}\int_{-\infty}^{+\infty} e^{-(x-\sqrt{\beta}m)^2}\mathrm{d}x$$

乘式(3.2.34)的两边,可得

$$Z(H) = \frac{1}{\sqrt{\pi}}\int_{-\infty}^{+\infty}\mathrm{d}x e^{-x^2}\sum_{m=-n}^{n}\left(\frac{N}{r!(N-r)!}\right)e^{2(\alpha+x\sqrt{\beta})m}$$

应用公式

$$\sum_{m=-n}^{n}\frac{N!}{r!(N-r)!}e^{2my} = 2^N(\cosh y)^N$$

于上式,可得

$$Z(H) = \frac{2^N}{\sqrt{\pi}}\int_{-\infty}^{+\infty} e^{-x^2}[\cosh(\alpha+x\sqrt{\beta})]^N\mathrm{d}x \tag{3.2.35}$$

---

① 可参阅 Van Vleck:Theory of Electric and Magnetic Susceptibilities,p.326。

为了求 $\ln Z$ 的极大值,可令

$$\begin{aligned}\phi(x) &\doteq \ln e^{-x^2}[\cosh(\alpha + x\sqrt{\beta})]^N \\ &= -x^2 + N\ln\cosh(\alpha + x\sqrt{\beta})\end{aligned}$$

而由

$$\phi'(x) = -2x + N\sqrt{\beta}\tanh(\alpha + x\sqrt{\beta}) = 0$$

可求出 x 值。设满足这一方程的 x 值为 ξ,它是 $\phi=$极大值亦即 $Z=$极大值时 x 的数值。假设 N 很大,而且温度较高($\beta \ll 1$)。这样随着 x 偏离 ξ, $e^{-x^2}[\cosh(\alpha + x\sqrt{\beta})]^N$将迅速趋于零。故可采用状态分布集中于能量重心的假设,略去常数项后,得

$$\begin{aligned}\ln Z &= \ln\frac{2^N}{\sqrt{\pi}}\int_{-\infty}^{+\infty} e^{-x^2}[\cosh(\alpha + x\sqrt{\beta})]^N \mathrm{d}x \\ &\approx \phi(\xi) = -\xi^2 + N\ln\cosh(\alpha + \xi\sqrt{\beta})\end{aligned} \tag{3.2.36}$$

故

$$M = \kappa_{\mathrm{B}}T\frac{\partial \ln Z}{\partial H} = \kappa_{\mathrm{B}}T\frac{\partial\phi(\xi)}{\partial H}$$

由式(3.2.36),可得

$$\frac{\partial\phi(\xi)}{\partial H} = \frac{N\mu_{\mathrm{B}}}{\kappa_{\mathrm{B}}T}\tanh(\alpha + \xi\sqrt{\beta})$$

因而有

$$M = N\mu_{\mathrm{B}}\tanh(\alpha + \xi\sqrt{\beta}) \tag{3.2.37}$$

另一方面,由 $\phi'(\xi)=0$,得

$$\xi = \frac{1}{2}N\sqrt{\beta}\tanh(\alpha + \xi\sqrt{\beta}) = \frac{1}{2}\frac{\sqrt{\beta}}{\mu_{\mathrm{B}}}M$$

将上式代入式(3.2.37),最后得到

$$M = N\mu_{\mathrm{B}}\tanh\left[\frac{1}{\kappa_{\mathrm{B}}T}\left(\mu_{\mathrm{B}}H + \frac{zA}{2N\mu_{\mathrm{B}}}M\right)\right] \tag{3.2.38}$$

这便是海森伯铁磁性理论的主要结果。可见,与外斯的分子场理论 $s=\dfrac{1}{2}$时所得的结果完全相同。因此可以将分子场理论的结果直接引用到量子理论中来,得到

$$\begin{aligned}W &= \frac{zA}{2N\mu_{\mathrm{B}}^2} \\ T_{\mathrm{c}} &= \frac{zA}{2\kappa_{\mathrm{B}}}\end{aligned} \tag{3.2.39}$$

上式表明,分子场系数 W、居里温度 T_{c} 均正比于交换积分。可见铁磁晶体的交换积分是说明其铁磁性强弱的重要参量。

由式(3.2.38)和(3.2.39)还可求出在高温($T \lesssim T_c$)和低温($T \approx 0K$)范围自发磁化强度的近似表达式:

当 $T \lesssim T_c$ 时

$$M_s \approx M_0 \sqrt{\frac{3}{T_c}} \cdot \sqrt{T_c - T} \tag{3.2.40}$$

当 $T \approx 0K$ 时

$$M_s \approx M_0 (1 - e^{-\frac{2T_c}{T}}) \tag{3.2.41}$$

上式中 $M_0 = N\mu_B$,式(3.2.40)与实验结果比较接近,式(3.2.41)则与实验结果相差甚多,说明上述近似不适用低温情况。

以上是海森伯理论的主要结果。这一理论的主要贡献在于对自发磁化的产生给出了清晰的物理图像,对分子场的起源给出了令人满意的解释,因而对后来磁学量子理论的发展具有较大影响。但是也有些问题仍然没有得到解决。譬如,迄今还没有严格的理论证明铁、钴、镍的交换积分 A 有足够的量值和正确的符号能够解释它们所具有的铁磁性。事实上,斯图阿特(R. Stuart)和弗里曼(A. J. Freeman)曾分别对铁的交换积分 A 进行过计算[8,9],其结果是 A 值太小,远不能说明铁所具有的铁磁性。后来,沃特森(R. E. Watson)和弗里曼等人又计算了镍的交换积分 A,所得的 A 值不但比解释镍的居里温度所需要的量值小两个数量级,而且符号也不对。这一切都说明,局域电子之间的直接交换作用并不是铁族金属产生铁磁性的主要根源,铁、钴、镍的铁磁性还存在其他机制,有关这一问题我们将在本章第十一节中讨论。

此外,海森伯交换作用模型本身的推导也是不严格的。他在将两个电子之间的交换作用形式推广到多电子系统时没有给出应有的证明。后来狄拉克完成了这一证明工作,下一节介绍狄拉克的理论。

*第三节 多原子系统的电子交换作用理论

狄拉克用二次量子化方法对多原子系统的海森伯交换模型做了严格的理论推导[10]。下面介绍狄拉克的理论。

与海森伯一样,狄拉克对多原子系统做了同样的简化:① 铁磁晶体由 N 个格点组成,每个格点上的原子只有一个对磁性有贡献的电子,该电子被定域于原子周围;② 不考虑原子的极化状态,即在一个原子上不可能同时存在两个或两个以上对磁性有贡献的电子,因此只需考虑不同原子间电子的交换作用。

对于这样一个局域电子的系统,狄拉克采用旺尼尔函数 $a_n(\boldsymbol{r} - \boldsymbol{l})$ 作为基函数来表示这一电子系统的态向量。我们知道,旺尼尔函数是正格子空间的局域函数,它与倒格子空间的布洛赫函数互为傅里叶变换。作为基函数,旺尼尔函数还具备

以下性质:

1）正交性

$$\int a_n^*(\boldsymbol{r}-\boldsymbol{l})a_{n'}(\boldsymbol{r}-\boldsymbol{l}')\mathrm{d}\boldsymbol{r} = \delta_{nn'}\delta_{ll'} \tag{3.3.1}$$

2）完备性

$$\sum_n \sum_l a_n^*(\boldsymbol{r}-\boldsymbol{l})a_n(\boldsymbol{r}'-\boldsymbol{l}) = \delta(\boldsymbol{r}-\boldsymbol{r}') \tag{3.3.2}$$

正因为旺尼尔函数有以上特征,故可用作上述电子系统的基函数。于是,N-电子系统的态向量可表示为

$$\boldsymbol{\Psi}(\boldsymbol{r}) = \sum_{n,l} C_{nl}a_n(\boldsymbol{r}-\boldsymbol{l}) \tag{3.3.3}$$

其中,n 为能带指标。对于这里我们讨论的单能带,可略去指标 n。在考虑到电子的自旋后,上述 N-电子系统的态向量可进一步表示为

$$\boldsymbol{\Psi}(\boldsymbol{r},\sigma) = \sum_l C_{l\sigma}a(\boldsymbol{r}-\boldsymbol{l}) \tag{3.3.4}$$

略去电子的自旋和轨道以及自旋和自旋间的磁相互作用后,N-电子系统的哈密顿量为

$$\hat{H} = \sum_{i=1}^{N}\left[-\frac{\hbar^2}{2\mu}\nabla_i^2 + V(r_i)\right] + \frac{1}{2}\sum_{i\neq j}\frac{e^2}{\boldsymbol{r}_i-\boldsymbol{r}_j} \tag{3.3.5}$$

其中,$V(r_i)$为位于 r_i 处的电子与所在格点离子及其他离子间的作用能。

为了将上述哈密顿量写成二次量子化的形式,须把 N-电子系统由原来的坐标表象变换为粒子数表象。为此,将场向量看做是场算符

$$\boldsymbol{\Psi}(\boldsymbol{r},\sigma) = \sum_l C_{l,\sigma}a(\boldsymbol{r}-\boldsymbol{l}) \tag{3.3.6}$$

$$\boldsymbol{\Psi}^+(\boldsymbol{r},\sigma) = \sum_l C_{l,\sigma}^+ a^*(\boldsymbol{r}-\boldsymbol{l}) \tag{3.3.7}$$

其中,$C_{l,\sigma}$,$C_{l,\sigma}^+$分别为电子的湮没和产生算符。$C_{l,\sigma}$表示在 $\boldsymbol{l}$ 格点局域态上湮没一个自旋为 σ 的电子,$C_{l,\sigma}^+$表示在 $\boldsymbol{l}$ 格点局域态上产生一个自旋为 σ 的电子。$C_{l,\sigma}$和 $C_{l,\sigma}^+$满足费米子的对易关系

$$[C_{l,\sigma},C_{l',\sigma'}^+]_+ = C_{l,\sigma}C_{l',\sigma'}^+ + C_{l',\sigma'}^+C_{l,\sigma} = \delta_{ll'}\delta_{\sigma\sigma'} \tag{3.3.8}$$

$$[C_{l,\sigma},C_{l',\sigma'}]_+ = [C_{l,\sigma}^+,C_{l',\sigma'}^+]_+ = 0 \tag{3.3.9}$$

并且有

$$C_{l,\sigma}^+C_{l,\sigma} = n_{l,\sigma}$$

其中,$n_{l,\sigma}$为在 $\boldsymbol{l}$ 格点局域态上自旋为 σ 的电子数。根据对电子系统所做的假设,应有

$$\sum_\sigma n_{l\sigma} = C_{l\uparrow}^+C_{l\uparrow} + C_{l\downarrow}^+C_{l\downarrow} = 1 \tag{3.3.10}$$

利用以上场算符,我们将 N-电子系统的哈密顿量转换为二次量子化的形式

$$\hat{H} = \sum_{\sigma}\int \Psi^{+}(\boldsymbol{r},\sigma)\left[-\frac{\hbar^2}{2\mu}\nabla^2 + V(\boldsymbol{r})\right]\Psi(\boldsymbol{r},\sigma)\mathrm{d}\boldsymbol{r}$$
$$+\frac{1}{2}\sum_{\sigma,\sigma'}\int \Psi^{+}(\boldsymbol{r}',\sigma')\Psi^{+}(\boldsymbol{r},\sigma)\frac{e^2}{|\boldsymbol{r}-\boldsymbol{r}'|}\Psi(\boldsymbol{r},\sigma)\Psi(\boldsymbol{r}',\sigma')\mathrm{d}\boldsymbol{r}\mathrm{d}\boldsymbol{r}' \tag{3.3.11}$$

上式右边第一项为电子的单体能量,与自旋方向无关,可不必讨论。第二项为电子之间的作用能,记为 V,将式中的场算符展开,有

$$V = \frac{1}{2}\sum_{\sigma,\sigma'}\sum_{\substack{l_1,l_2\\ l_3,l_4}} C^{+}_{l_1,\sigma'}C^{+}_{l_2,\sigma}C_{l_3,\sigma}C_{l_4,\sigma'}\int a^{*}(\boldsymbol{r}'-\boldsymbol{l}_1)$$
$$\cdot a^{*}(\boldsymbol{r}-\boldsymbol{l}_2)\frac{e^2}{|\boldsymbol{r}-\boldsymbol{r}'|}a(\boldsymbol{r}-\boldsymbol{l}_3)a(\boldsymbol{r}'-\boldsymbol{l}_4)\mathrm{d}\boldsymbol{r}\mathrm{d}\boldsymbol{r}' \tag{3.3.12}$$

显然,上式表示在 $\boldsymbol{l}_4$ 格点上消灭一个自旋为 σ' 的电子,在 $\boldsymbol{l}_3$ 格点上消灭一个自旋为 σ 的电子;同时,在 $\boldsymbol{l}_2$ 格点上产生一个自旋为 σ 的电子,在 $\boldsymbol{l}_1$ 格点上产生一个自旋为 σ' 的电子。但是根据对多原子系统的假设,每个格点上只允许有一个电子。因此,$\boldsymbol{l}_3$,$\boldsymbol{l}_4$ 格点即是 $\boldsymbol{l}_1$,$\boldsymbol{l}_2$ 格点,这里存在着两种情况:

1) $\boldsymbol{l}_1=\boldsymbol{l}_4$,记为 $\boldsymbol{l}'$;$\boldsymbol{l}_2=\boldsymbol{l}_3$,记为 $\boldsymbol{l}$。

它表示在 $\boldsymbol{l}'$ 格点上消灭一个自旋为 σ' 的电子,同时在该格点上又产生了一个自旋为 σ' 的电子;在 $\boldsymbol{l}$ 格点上消灭一个自旋为 σ 的电子,同时在该格点上又产生了一个自旋为 σ 的电子。这一过程前后两格点上的电子状态没有变化。它代表电子间的库仑作用,其作用能以 $K_{ll'}$ 表示。

2) $\boldsymbol{l}_2=\boldsymbol{l}_4$,记为 $\boldsymbol{l}$;$\boldsymbol{l}_1=\boldsymbol{l}_3$,记为 $\boldsymbol{l}'$。

它表示在 $\boldsymbol{l}$ 格点上消灭一个自旋为 σ' 的电子,同时在该格点上产生了一个自旋为 σ 的电子;在 $\boldsymbol{l}'$ 格点上消灭一个自旋为 σ 的电子,同时在该格点上产生了一个自旋为 σ' 的电子。在这一过程前后,$\boldsymbol{l}$,$\boldsymbol{l}'$ 两格点上的电子交换了自旋方向。这是电子间的交换作用,其交换积分以 $J_{ll'}$ 表示。

于是,式(3.3.12)变为

$$V = \frac{1}{2}\sum_{\sigma,\sigma'}\sum_{l,l'}\left(n_{l,\sigma}n_{l',\sigma'}K_{ll'} + C^{+}_{l',\sigma}C^{+}_{l,\sigma}C_{l',\sigma'}C_{l,\sigma'}J_{ll'}\right) \tag{3.3.13}$$

其中,

$$K_{ll'} = \int |a(\boldsymbol{r}-\boldsymbol{l})|^2\frac{e^2}{|\boldsymbol{r}-\boldsymbol{r}'|}|a(\boldsymbol{r}'-\boldsymbol{l}')|^2\mathrm{d}\boldsymbol{r}\mathrm{d}\boldsymbol{r}' \tag{3.3.14}$$

$$J_{ll'} = \int a^{*}(\boldsymbol{r}-\boldsymbol{l})a(\boldsymbol{r}-\boldsymbol{l}')\frac{e^2}{|\boldsymbol{r}-\boldsymbol{r}'|}a^{*}(\boldsymbol{r}'-\boldsymbol{l}')a(\boldsymbol{r}'-\boldsymbol{l})\mathrm{d}\boldsymbol{r}\mathrm{d}\boldsymbol{r}' \tag{3.3.15}$$

下面证明费米算符和自旋算符之间存在着等效关系,因而上式中的交换作用能可以用自旋算符来表示。

对于单电子,自旋算符为一泡利矩阵

$$\sigma^{+}=\begin{pmatrix}0 & 2\\ 0 & 0\end{pmatrix},\quad \sigma^{-}=\begin{pmatrix}0 & 0\\ 2 & 0\end{pmatrix},\quad \sigma^{z}=\begin{pmatrix}1 & 0\\ 0 & -1\end{pmatrix} \tag{3.3.16}$$

自旋函数为

$$\chi_{\frac{1}{2}}=\begin{pmatrix}1\\ 0\end{pmatrix},\quad \chi_{-\frac{1}{2}}=\begin{pmatrix}0\\ 1\end{pmatrix} \tag{3.3.17}$$

不难证明,在以 $\chi_{\frac{1}{2}},\chi_{-\frac{1}{2}}$ 为基函数的表象中自旋朝上的粒子数算符 $C_{\uparrow}^{+}C_{\uparrow}$ 可以用下面的矩阵来表示

$$C_{\uparrow}^{+}C_{\uparrow}=\begin{pmatrix}1 & 0\\ 0 & 0\end{pmatrix} \tag{3.3.18}$$

类似地有

$$C_{\downarrow}^{+}C_{\downarrow}=\begin{pmatrix}0 & 0\\ 0 & 1\end{pmatrix},\quad C_{\uparrow}^{+}C_{\downarrow}=\begin{pmatrix}0 & 1\\ 0 & 0\end{pmatrix},\quad C_{\downarrow}^{+}C_{\uparrow}=\begin{pmatrix}0 & 0\\ 1 & 0\end{pmatrix} \tag{3.3.19}$$

将式(3.3.18),(3.3.19)与式(3.3.16)相比较,可以得到如下的重要关系

$$\left.\begin{aligned}\sigma_{l}^{+}&=2C_{l\uparrow}^{+}C_{l\downarrow}\\ \sigma_{l}^{-}&=2C_{l\downarrow}^{+}C_{l\uparrow}\\ \sigma_{l}^{z}&=C_{l\uparrow}^{+}C_{l\uparrow}-C_{l\downarrow}^{+}C_{l\downarrow}\end{aligned}\right\} \tag{3.3.20}$$

或者换一种形式

$$\left.\begin{aligned}&C_{l\uparrow}^{+}C_{l\uparrow}=\frac{1}{2}(1+\sigma_{l}^{z}),\quad C_{l\downarrow}^{+}C_{l\downarrow}=\frac{1}{2}(1-\sigma_{l}^{z})\\ &C_{l\uparrow}^{+}C_{l\downarrow}=\frac{1}{2}\sigma_{l}^{+},\quad C_{l\downarrow}^{+}C_{l\uparrow}=\frac{1}{2}\sigma_{l}^{-}\end{aligned}\right\} \tag{3.3.21}$$

将式(3.3.13)中交换能部分的自旋求和展开,应用式(3.3.8)和式(3.3.9)中的对易关系并将式(3.3.21)中的结果代入,可得

$$\begin{aligned}H_{\mathrm{ex}}&=-\frac{1}{2}\sum_{\substack{l,l'\\(l\neq l')}}J_{ll'}(C_{l'\uparrow}^{+}C_{l'\uparrow}C_{l\uparrow}^{+}C_{l\uparrow}+C_{l'\downarrow}^{+}C_{l'\downarrow}C_{l\downarrow}^{+}C_{l\downarrow}\\ &\quad+C_{l'\uparrow}^{+}C_{l'\downarrow}C_{l\downarrow}^{+}C_{l\uparrow}+C_{l'\downarrow}^{+}C_{l'\uparrow}C_{l\uparrow}^{+}C_{l\downarrow})\\ &=-\frac{1}{2}\sum_{\substack{l,l'\\(l\neq l')}}J_{ll'}\Big[\frac{1}{4}(1+\sigma_{l'}^{z})(1+\sigma_{l}^{z})\\ &\quad+\frac{1}{4}(1-\sigma_{l'}^{z})(1-\sigma_{l}^{z})+\frac{1}{4}\sigma_{l'}^{+}\sigma_{l}^{-}+\frac{1}{4}\sigma_{l'}^{-}\sigma_{l}^{+}\Big]\\ &=-\frac{1}{4}\sum_{\substack{l,l'\\(l\neq l')}}J_{ll'}\Big[\sigma_{l'}^{z}\sigma_{l}^{z}+\frac{1}{2}(\sigma_{l'}^{+}\sigma_{l}^{-}+\sigma_{l'}^{-}\sigma_{l}^{+})+1\Big]\end{aligned}$$

$$= -\frac{1}{4}\sum_{\substack{l,l'\\(l\neq l')}} J_{ll'}(\boldsymbol{\sigma}_l \cdot \boldsymbol{\sigma}_{l'} + 1) \tag{3.3.22}$$

略去常数项,并注意到 $s=\frac{1}{2}$时 $\boldsymbol{s}_l=\frac{1}{2}\boldsymbol{\sigma}_l$,因而有

$$H_{\text{ex}} = -2\sum_{l<l'} J_{ll'}\boldsymbol{s}_l \cdot \boldsymbol{s}_{l'}, \tag{3.3.23}$$

这正是海森伯模型。

上面的推导仅限于自旋量子数 $s=\frac{1}{2}$的情况。在狄拉克理论的基础上,安德森进一步证明了海森伯模型也适用于 $s>\frac{1}{2}$的情况[11]。关于安德森的证明不再介绍。

由上面的推导可见,电子间的交换作用是由于电子的产生和消灭算符满足费米子算符的反对易关系所致。而满足费米子算符的反对易关系正是电子遵守泡利原理的必然结果。由此我们可以看出,当电子间的波函数存在着交叠时,电子间产生交换作用是它们作为费米子的一种内禀性质。

第四节 间接交换作用及其理论分析

在第二章中介绍过,铁氧体和过渡金属的其他硫族、氟族化合物表现为亚铁磁性或反铁磁性。这类物质属于离子晶体,其中磁性阳离子被非磁性的阴离子所隔开。因之,磁性离子之间的距离较远,不可能产生较强的直接交换作用。理论证明,这类物质中的交换作用是通过非磁性的阴离子来实现的,称为间接交换作用,又称为超交换作用(superexchange)。

间接交换作用的概念是克拉默斯最先提出的[12],而关于其机制的讨论是安德森完成的[13]。后来,古德纳夫和金森又做了进一步改进,使之更加完整[14,15]。下面我们按照安德森模型介绍这种交换作用的机理。

一、间接交换作用的物理图像

根据安德森所假设的模型,取两个金属磁性离子 M^{2+}(其磁矩分别由 d_1 与 d_2 态电子所产生)和一个隔在中间的非磁性的阴离子(例如氧离子 O^{2-})作为研究的系统,并认为氧离子的两个 p 电子参与了这一交换作用的中介过程,其情形如图 3-3 所示。

图 3-3 中(a)为基态,对应于这一状态,金属原子 M 的两个 $4s$ 电子迁移到氧原子中,形成了 M^{2+} 和 O^{2-}。由于氧离子 O^{2-} 的 $2p$ 壳层已经满额,故不表现出磁矩。因此,在这种情况下,磁性离子 M^{2+} 不可能通过 O^{2-} 产生间接交换作用。然

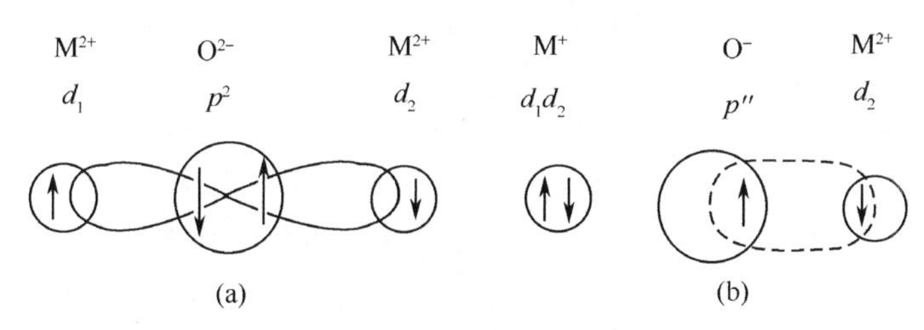

图 3-3　间接交换作用示意图

(a) 基态;(b) 激发态

而理论和实验都证明,上述离子系统存在着激发态。当处于激发态时,O^{2-}的一个 p 电子(例如 p'电子)跃迁到邻近的 M^{2+} 上占据着 d 电子态;原来与 p'电子相配对的p''电子便表现出净自旋。由于氧离子的 p 电子波函数为哑铃形,故 p''电子的波函数可与在同一直线上的另一个 M^{2+} 的 d_2 电子的波函数相重叠,使两者发生直接交换作用,如图 3-3 中的(b)所示。在这一过程中,电子的自旋取向有如下的规律:

1) p'电子由 O^{2-}跃迁到 M^{2+} 上后,它在 M^{2+} 上所占据的自旋态按洪德定则决定;

2) p'电子在跃迁过程中自旋方向不变;

3) p'和p''电子是自旋方向相反的一对p 电子;

4) p''电子与d_2 电子自旋的相对取向由两者交换积分的符号来决定。

这样,通过 p 电子的跃迁过程,d_1 电子的自旋取向便与 d_2 电子的自旋取向发生了耦合,这种耦合通常称为间接交换作用。对于正常的自旋饱和的化学键来说,p 电子与d 电子的直接交换积分通常为负值。所以,按照安德森的间接交换作用模型,可以得出如下的结论:

1) 如果金属磁性离子的 3d 电子数达到或超过半满(如 Mn^{2+},Fe^{2+},Co^{2+},Ni^{2+}等),其离子化合物应表现为反铁磁性;

2) 如果金属磁性离子的 3d 电子数不到半满(如 V^{2+},Cr^{2+},Cr^{3+},Cr^{4+}等),其离子化合物应表现为铁磁性。

关于第一条,已经得到大量的实验证明,如 MnO,FeO,CoO,NiO,MnF_2,FeF_2,$CoCl_2$,$NiCl_2$ 等均为反铁磁性晶体。关于第二条,也得到了部分的实验证明,如 VCl_2,$CrCl_2$,CrO_2 为铁磁性晶体。但例外的是 Cr_2O_3,MnO_2,CrS 却表现出反铁磁性。这一有悖于理论结果的现象反映出了安德森模型的不足。进一步的研究表明,3d 电子波函数同 2p 电子波函数的不同配位以及晶体场的影响对于 p 电子的跃迁以及 p-d 电子间的交换积分的符号都会产生一定的影响,这是安德森模型未考虑的。古德诺夫和金森先后研究了这一情况,他们所得到的结果是:① 仅当 3d 轨道同 2p 轨道非正交时,2p 电子才可能从 O^{2-}跃迁到近邻的 M^{2+};否则,这种跃迁过程不会产生。② 当 $3d$ 轨道与 $2p$ 轨道正交时，O^{2-} 中的 p 电子与 M^{2+} 中的 d 电子间的直接交换积分为正；反之，两者间的直接交换积分为负。

由于晶体场将影响铁族元素的 $3d$ 电子轨道，因而也将影响间接交换作用，下面以立方晶体为例详细地介绍这种影响。我们在第一章第九节中曾经讨论过，在立方对称的晶体场中（铁氧体中的八面体结构和四面体结构即属于这种对称），铁族元素五重简并的 d 轨道要分裂为二重简并的 $d\gamma$ 轨道（d_{3z-r^2}，$d_{x^2-y^2}$）和三重简并的 $d\varepsilon$ 轨道（d_{xy}，d_{yz}，d_{zx}），如图 3-4 所示。

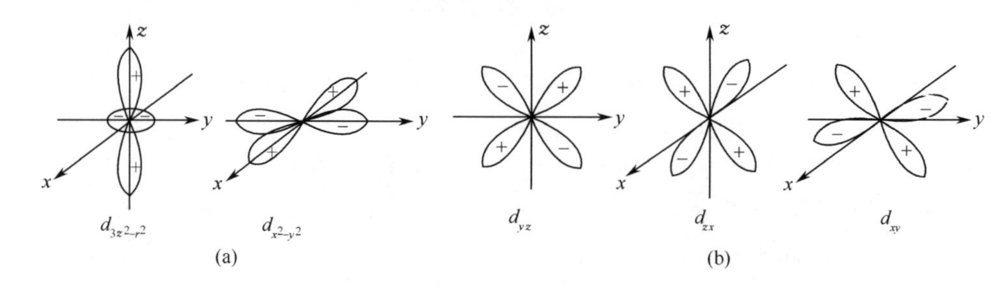

图 3-4 在体心立方晶体场或八面体晶体场中 d 轨道波函数的分裂示意图

(a) $d\gamma$ 轨道；(b) $d\varepsilon$ 轨道

另一方面，O^{2-} 中的 p 轨道也有 p_x，p_y，p_z 三种形式。按照对称性的要求，$d\gamma$ 轨道可以和 p_z 轨道相混合；$d\varepsilon$ 轨道可以和 p_x，p_y 轨道相混合。如果我们考察沿 z

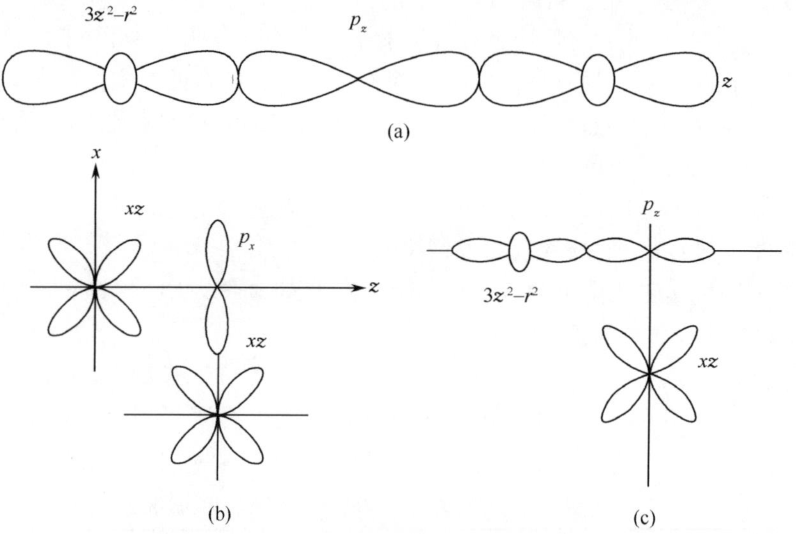

图 3-5 沿 z 轴的三种非正交组合示意图

(a) $d_{3z^2-r^2}-p_z-d_{3z^2-r^2}$ 的 180°耦合；(b) $d_{xz}-p_x-d_{xz}$ 的 90°耦合；

(c) $d_{3z^2-r^2}-p_z-d_{xz}$ 的 90°耦合

轴排成直线链的金属阳离子和氧离子，则会发现 d-p 轨道的非正交组合只有下列三种情况：

$$p_z(\text{称为 } p\sigma) \text{ 和 } d_{3z^2-r^2}$$
$$p_x(\text{称为 } p\pi) \text{ 和 } d_{zx}$$
$$p_y(\text{称为 } p\pi) \text{ 和 } d_{yz}$$

其他组合都是正交的。因此，只有在上述三种组合下才会发生从 O^{2-} 到 M^{2+} 的电子跃迁，而且 p，d 轨道间的直接交换积分在该三种情况下为负值，在其他情况下为正值。我们在图 3-5 中画出了沿 z 轴的三种非正交组合示意图。由图 3-5(a)可见，以 p_z 轨道为媒介的成 180°键角的两个 M^{2+} 的自旋取向应与安德森结果相同。图 3-5(b)表明，以 p_x 轨道为媒介的成 90°键角的两个 M^{2+} 的自旋取向因直接交换积分为正，而应与安德森结果相反。图 3-5(c)则又表明，以 p_z 轨道为媒介的成 90°键角的两个 M^{2+} 的自旋取向与安德森结果相同。这就使这类化合物的磁性变得比单纯的安德森模型复杂得多。因此，我们不难理解 Cr_2O_3，MnO_2，CrS 具有反铁磁性。

二、间接交换作用的理论分析

下面我们对间接交换作用进行半定量的理论分析。为了简单起见，仍然采用图 3-3 所示的三离子、四电子模型。这样一个系统的基态波函数可表示为

$$\left.\begin{aligned} \Psi_g^{(1)} &= [(p'\,p'')^1 \quad (d_1\,d_2)^1]^1 \quad (\text{自旋单重态}) \\ \Psi_g^{(3)} &= [(p'\,p'')^1 \quad (d_1\,d_2)^3]^3 \quad (\text{自旋三重态}) \end{aligned}\right\} \tag{3.4.1}$$

其中圆括号和方括号左上角的数字表示自旋态的数目。

p' 电子由 O^{2-} 跃迁到 M^{2+} 上后，成为 d'_1 电子。p'' 电子与 d_2 电子发生直接交换作用，系统处于激发态。这一激发态的波函数可表示为

$$\left.\begin{aligned} \Psi_a^{(1)} &= [(d_1\,d'_1)^3 \quad (p''\,d_2)^3]^{(1)} \quad (\text{自旋单重态}) \\ \Psi_a^{(3)} &= [(d_1\,d'_1)^3 \quad (p''\,d_2)^3]^{(3)} \quad (\text{自旋三重态}) \\ \Psi_b^{(1)} &= [(d_1\,d'_1)^1 \quad (p''\,d_2)^1]^{(1)} \quad (\text{自旋单重态}) \\ \Psi_c^{(3)} &= [(d_1\,d'_1)^1 \quad (p''\,d_2)^3]^{(3)} \quad (\text{自旋三重态}) \\ \Psi_d^{(3)} &= [(d_1\,d'_1)^3 \quad (p''\,d_2)^1]^{(3)} \quad (\text{自旋三重态}) \end{aligned}\right\} \tag{3.4.2}$$

其中，$\Psi_a^{(1)}$ 和 $\Psi_a^{(3)}$ 分别为两个双电子系统的三重态 $(d_1\,d'_1)^3$ 和 $(p''\,d_2)^3$ 所形成的四电子系统的单重态和三重态。

为了计算方便起见，我们取基态能量

$$E_g = 0$$

于是，各激发态的能量分别为

$$
\left.\begin{aligned}
E_a^{(1)} &= E_a^{(3)} = E(\uparrow\uparrow) - J \\
E_b^{(1)} &= E(\uparrow\downarrow) + J \\
E_c^{(3)} &= E(\uparrow\downarrow) - J \\
E_d^{(3)} &= E(\uparrow\uparrow) + J
\end{aligned}\right\} \tag{3.4.3}
$$

其中，

$$
J = \iint \Psi_d^*(r)\Psi_p^*(r')\frac{e^2}{|\boldsymbol{r}-\boldsymbol{r}'|}\Psi_d(r')\Psi_p(r)\mathrm{d}^3r\mathrm{d}^3r' \tag{3.4.4}
$$

为 p''电子和d_2电子间的直接交换积分，安德森称为位势交换积分。显然，对于$(p''d_2)^1$，其交换能为$+J$；对于$(p''d_2)^3$，其交换能为$-J$。$E(\uparrow\uparrow)$和$E(\uparrow\downarrow)$是p'电子由O^{2-}跃迁到M^{2+}的 d 轨道所增加的能量，$E(\uparrow\uparrow)$对应于$(d_1d'_1)^3$，$E(\uparrow\downarrow)$对应于$(d_1d'_1)^1$。实际上，它是 p'电子跃迁到d 轨道所需要的跃迁能量与d'_1，d_1 电子间的直接交换能之和。

这里存在着两种可能的基态，如式(3.4.1)所示。当不考虑由于晶体场引起的 p 电子跃迁时，这两种基态在能量上是简并的。但是，这种跃迁是存在的。并且，当基态为自旋单重态 $\Psi_g^{(1)}$ 时，p 电子跃迁后的激发态也应保持为自旋单重态；当基态为自旋三重态 $\Psi_g^{(3)}$ 时，p 电子跃迁后的激发态也应保持为自旋三重态。因此，当考虑到电子跃迁后，两种在能量上简并的基态便发生了分裂。分裂后的能量可以用下面的微扰理论求出。

设电子所受的晶场势为 $V(\boldsymbol{r})$，取 $V(\boldsymbol{r})$为微扰，在准确到二级微扰近似下，基态为自旋单重态和自旋三重态的能量分别为

$$
E_1 = \langle\Psi_g^{(1)}|V(r)|\Psi_g^{(1)}\rangle - \sum_i\frac{\langle\Psi_g^{(1)}|V(r)|\Psi_i^{(1)}\rangle\langle\Psi_i^{(1)}|V(r)|\Psi_g^{(1)}\rangle}{E_i - E_g} \tag{3.4.5}
$$

$$
E_3 = \langle\Psi_g^{(3)}|V(r)|\Psi_g^{(3)}\rangle - \sum_i\frac{\langle\Psi_g^{(3)}|V(r)|\Psi_i^{(3)}\rangle\langle\Psi_i^{(3)}|V(r)|\Psi_g^{(3)}\rangle}{E_i - E_g} \tag{3.4.6}
$$

其中，第一项为一级微扰能量；第二项为二级微扰能量。式中的 $\Psi_i^{(1)}$ 代表$\Psi_a^{(1)}$ 和 $\Psi_b^{(1)}$；$\Psi_i^{(3)}$ 代表 $\Psi_a^{(3)}$，$\Psi_c^{(3)}$ 和 $\Psi_d^{(3)}$。可以证明，$\langle\Psi_g^{(1)}|V(r)|\Psi_g^{(1)}\rangle = \langle\Psi_g^{(3)}|V(r)|\Psi_g^{(3)}\rangle$，即基态的晶体场能与电子的自旋取向无关。这是因为在基态的情况下，O^{2-}中的一对 p 电子自旋方向相反，所以O^{2-}与M^{2+}之间的静电作用与M^{2+}中 d 电子的自旋取向无关。为了计算二级微扰，需将基态波函数按激发态波函数展开

$$
\begin{aligned}
\Psi_g^{(1)} &= c_1[(d_1p')^3(p''d_2)^3]^{(1)} + c_2[(d_1p')^1(p''d_2)^1]^{(1)} \\
\Psi_g^{(3)} &= b_1[(d_1p')^1(p''d_2)^3]^{(3)} + b_2[(d_1p')^3(p''d_2)^1]^{(3)}
\end{aligned} \tag{3.4.7}
$$

$$+ b_3[(d_1\ p')^3(p''\ d_2)^3]^{(3)} \tag{3.4.8}$$

展开系数可按下面方式确定：对于单电子自旋 $s_{p'}$ 和 s_{d_1}，$\boldsymbol{s}_{p'}\cdot\boldsymbol{s}_{d_1}$ 在$[(d_1\ p')^1(p''\cdot d_2)^1]^{(1)}$态的平均值为$-\frac{3}{4}$，在$[(d_1\ p')^3(p''\ d_2)^3]^{(1)}$态的平均值为$\frac{1}{4}$。而在基态中，$p'$电子和$d_1$电子的自旋方向是不相关的，即 $\boldsymbol{s}_{p'}\cdot\boldsymbol{s}_{d_1}$的平均值应为零。于是

$$0 = \frac{1}{4}c_1^* c_1 - \frac{3}{4}c_2^* c_2 \tag{3.4.9}$$

结合归一化条件

$$c_1^* c_1 + c_2^* c_2 = 1 \tag{3.4.10}$$

容易得出

$$\Psi_g^{(1)} = \sqrt{\frac{3}{4}}[(d_1\ p')^3(p''\ d_2)^3]^{(1)} + \frac{1}{2}[(d_1\ p')^1(p''\ d_2)^1]^{(1)} \tag{3.4.11}$$

同理可以得到

$$\begin{aligned}\Psi_g^{(3)} = &\frac{1}{2}[(d_1\ p')^1(p''\ d_2)^3] + \frac{1}{2}[(d_1\ p')^3(p''\ d_2)^1]^{(3)}\\ &+\sqrt{\frac{1}{2}}[(d_1\ p')^3(p''\ d_2)^3]^{(3)}\end{aligned} \tag{3.4.12}$$

由式(3.4.11)，式(3.4.12)和式(3.4.2)经计算得出

$$\begin{aligned}&\langle \Psi_g^{(1)} \mid V(r) \mid \Psi_a^{(1)}\rangle = \sqrt{\frac{3}{4}}b\\ &\langle \Psi_g^{(1)} \mid V(r) \mid \Psi_b^{(1)}\rangle = \frac{1}{2}b\\ &\langle \Psi_g^{(3)} \mid V(r) \mid \Psi_c^{(3)}\rangle = \langle \Psi_g^{(3)} \mid V(r) \mid \Psi_d^{(3)}\rangle = \frac{1}{2}b\\ &\langle \Psi_g^{(3)} \mid V(r) \mid \Psi_d^{(3)}\rangle = \sqrt{\frac{1}{2}}b\end{aligned} \tag{3.4.13}$$

其中，

$$b = \int \Psi_{d_1'}(r) V(r) \Psi_{p'}(r) \mathrm{d}^3 r \tag{3.4.14}$$

是电子跃迁积分。将式(3.4.3)和(3.4.13)分别代入式(3.4.5)和(3.4.6)可求出两种自旋态对应的能量

$$E_g^{(1)} = -\frac{1}{4}b^2\left[\frac{3}{E(\uparrow\uparrow) - J} + \frac{1}{E(\uparrow\uparrow) + J}\right] + c \tag{3.4.15}$$

$$E_g^{(3)} = -\frac{1}{4}b^2\left[\frac{2}{E(\uparrow\uparrow) - J} + \frac{1}{E(\uparrow\downarrow) - J} + \frac{1}{E(\uparrow\uparrow) + J}\right] + c \tag{3.4.16}$$

其中，

$$c = \langle \Psi_g^{(1)} \mid V(r) \mid \Psi_g^{(1)} \rangle = \langle \Psi_g^{(3)} \mid V(r) \mid \Psi_g^{(3)} \rangle \tag{3.4.17}$$

两种能量之差为

$$\Delta E_g = E_g^{(1)} - E_g^{(3)} = -\frac{b^2 J}{2}\left[\frac{1}{E(\uparrow\uparrow)^2 - J^2} - \frac{1}{E(\uparrow\downarrow)^2 - J^2}\right] \tag{3.4.18}$$

显然,它代表 d_1, d_2 电子自旋反平行与自旋平行的能量差,故可表示为

$$\mathscr{H}_{\mathrm{ex}} = -\frac{1}{2} A_{间接} \boldsymbol{s}_{d_1} \cdot \boldsymbol{s}_{d_2} \tag{3.4.19}$$

其中,

$$A_{间接} = \left[\frac{1}{E(\uparrow\downarrow)^2 - J^2} - \frac{1}{E(\uparrow\uparrow)^2 - J^2}\right] b^2 J \tag{3.4.20}$$

称为间接交换积分。考虑到式中的 $E(\uparrow\uparrow)$和 $E(\downarrow\uparrow)$为同一原子内 d_1, d'_1 电子间的交换作用;而 J 是不同原子间 p' 电子和 d_2 电子的交换作用,故有 $E(\uparrow\uparrow) \gg J, E(\downarrow\uparrow) \gg J$。因此上式可以近似写为

$$A_{间接} = \left[\frac{1}{E(\uparrow\downarrow)^2} - \frac{1}{E(\uparrow\uparrow)^2}\right] b^2 J \tag{3.4.21}$$

显然,p''电子会以同样的概率跃迁到右边的 M^{2+} 上,于是我们得到

$$\mathscr{H}_{\mathrm{ex}} = -A_{间接} \boldsymbol{s}_1 \cdot \boldsymbol{s}_2 \tag{3.4.22}$$

上式在形式上和海森伯直接交换作用相同,但两者却有着不同的物理图像。$A_{间接}$ 与两种物理过程有关,一种是 p'电子向近邻 M^{2+} 的跃迁以及跃迁后与 d_1 电子间的交换作用;另一种是 p''电子与 d_2 电子间的直接交换作用。因此,将 $A_{间接}$称为交换积分是一种"等效"的含义。

利用式(3.4.21)和(3.4.22)可以简单说明这类化合物的磁性:

1) 当金属磁性离子的 d 电子数不足半壳层时,$E(\uparrow\downarrow) \gg E(\uparrow\uparrow)$,于是

$$A_{间接} \approx -\frac{b^2 J}{E(\uparrow\uparrow)^2} \tag{3.4.23}$$

如假定 $J<0$,则基态为自旋三重态是稳定的,即这种化合物应表现为铁磁性;

2) 当金属磁性离子的 d 电子数达到或超过半壳层时,$E(\uparrow\downarrow) \ll E(\uparrow\uparrow)$,于是

$$A_{间接} \approx \frac{b^2 J}{E(\uparrow\downarrow)^2} \tag{3.4.24}$$

如假定 $J<0$,则基态为自旋单重态是稳定的,即这种化合物应表现为反铁磁性。我们知道,这正是前面分析安德森模型所得到的结果。

*第五节 间接交换作用理论

间接交换作用的严格理论是安德森用二次量子化方法完成的[16]。下面介绍

这一理论。

上一节曾经指出,金属磁性离子之间的间接交换作用是通过隔在中间的 p 电子跃迁产生的。因此我们在做量子力学计算时应把金属离子的 d 电子和 O^{2-} 的 p 电子作为一个系统处理,这就要求描写这一系统的电子波函数既能反映 d 电子的束缚性质又能反映 p 电子的迁移性质,这样的电子波函数可以用旺尼尔函数 $\omega_n(r)$展开

$$\Psi(r)=\sum_l\sum_n\{C_{n\uparrow}\omega_{n\uparrow}(\boldsymbol{r}-\boldsymbol{R}_l)+C_{n\downarrow}\omega_{n\downarrow}(\boldsymbol{r}-\boldsymbol{R}_l)\}\tag{3.5.1}$$

其中,$\boldsymbol{R}_l$ 为第 l 个格点的位矢;n 为轨道基态的脚标;↑和↓表示自旋方向。

在略去自旋-轨道耦合作用后,上述电子系统的哈密顿量可表示为

$$\mathscr{H}=\sum_i\left[\frac{p_i^2}{2m}+V(r_i)\right]+\sum_{i<j}\frac{e^2}{r_{ij}}\tag{3.5.2}$$

其中,$V(r_i)$为电子所受到的哈特利-福克(Hartree-Fock)周期势。如记

$$\mathscr{H}_1=\sum_i\left[\frac{p_i^2}{2m}+V(\boldsymbol{r}_i)\right]\tag{3.5.3}$$

$$\mathscr{H}_2=\sum_{i<j}\frac{e^2}{|\boldsymbol{r}_i-\boldsymbol{r}_j|}\tag{3.5.4}$$

则上述哈密顿量在二次量子化表象中的形式应为

$$\begin{aligned}\mathscr{H}_1&=\int\Psi^+(\boldsymbol{r})\mathscr{H}_1\Psi(\boldsymbol{r})\mathrm{d}\tau\\&=\sum_l\sum_n\varepsilon_n(\boldsymbol{R}_l)[C_{n\uparrow}^+(\boldsymbol{R}_l)C_{n\uparrow}(\boldsymbol{R}_l)+C_{n\downarrow}^+(\boldsymbol{R}_l)C_{n\downarrow}(\boldsymbol{R}_l)]\\&\quad+\sum_{l\neq m}\sum_n\sum_{n'}\{b_{n'n}(\boldsymbol{R}_m-\boldsymbol{R}_l)[C_{n'\uparrow}^+(\boldsymbol{R}_m)C_{n\uparrow}(\boldsymbol{R}_l)\\&\quad+C_{n'\downarrow}(\boldsymbol{R}_m)C_{n\downarrow}(\boldsymbol{R}_l)]\}\end{aligned}\tag{3.5.5}$$

$$\begin{aligned}\mathscr{H}_2&=\frac{1}{2}\iint\Psi^+(\boldsymbol{r}_1)\Psi^+(\boldsymbol{r}_2)\frac{e^2}{|\boldsymbol{r}_i-\boldsymbol{r}_j|}\Psi(\boldsymbol{r}_2)\Psi(\boldsymbol{r}_1)\mathrm{d}\tau_1\mathrm{d}\tau_2\\&=\frac{1}{2}\sum_{\substack{i,j\\l,m}}\sum_{\substack{n_1,n_2\\n_3,n_4}}\sum_{\substack{\sigma_1,\sigma_2\\\sigma_3,\sigma_4}}\iint\omega_{n_1}^*(\boldsymbol{r}_1-\boldsymbol{R}_i)\omega_{n_2}^*(\boldsymbol{r}_2-\boldsymbol{R}_j)\\&\quad\cdot\frac{e^2}{|\boldsymbol{r}_i-\boldsymbol{r}_j|}\omega_{n_3}(\boldsymbol{r}_2-\boldsymbol{R}_l)\omega_{n_4}(\boldsymbol{r}_1-\boldsymbol{R}_m)\mathrm{d}\boldsymbol{r}_1\mathrm{d}\boldsymbol{r}_2\\&\quad\cdot[C_{n_1\sigma_1}^+(\boldsymbol{R}_i)C_{n_2\sigma_2}^+(\boldsymbol{R}_j)C_{n_3\sigma_3}(\boldsymbol{R}_l)C_{n_4\sigma_4}(\boldsymbol{R}_m)]\end{aligned}\tag{3.5.6}$$

式中,$\int\mathrm{d}\tau$ 表示对空间积分和对自旋求和;$C_{n\uparrow}(\boldsymbol{R}_l)$和 $C_{n\uparrow}^+(\boldsymbol{R}_l)$分别为电子处于 $\boldsymbol{R}_l$ 格点的 n 状态、自旋向上的湮没和产生算符,它们满足费米对易关系;$\varepsilon_n(\boldsymbol{R}_l)$为电子在 $\boldsymbol{R}_l$ 格点处的基态能量;$b_{nn'}(\boldsymbol{R}_m-\boldsymbol{R}_l)$为周期势 $V(\boldsymbol{r})$所引起的电子跃迁积分。$\varepsilon_n(\boldsymbol{R}_l)$和 $b_{nn'}(\boldsymbol{R}_m-\boldsymbol{R}_l)$的表达式分别为

$$\varepsilon_n(\boldsymbol{R}_l) = \int \omega_n^*(\boldsymbol{r} - \boldsymbol{R}_l)\left[\frac{p_i^2}{2m} + V(\boldsymbol{r}_i)\right]\omega_n(\boldsymbol{r} - \boldsymbol{R}_l)\mathrm{d}\boldsymbol{r} \tag{3.5.7}$$

$$b_{nn'}(\boldsymbol{R}_m - \boldsymbol{R}_l) = \int \omega_{n'}^*(\boldsymbol{r} - \boldsymbol{R}_m)V(\boldsymbol{r})\omega_n(\boldsymbol{r} - \boldsymbol{R}_l)\mathrm{d}\boldsymbol{r} \tag{3.5.8}$$

由于 $V(\boldsymbol{r})$与自旋无关,故式(3.5.8)所表示的电子由 $\boldsymbol{R}_l$ 格点向$\boldsymbol{R}_m$ 格点的跃迁不改变自旋的取向。

一、一级微扰

假设基态中电子束缚于各离子周围,并取式(3.5.5)的第一项为无微扰系统的哈密顿量。我们把式(3.5.5)的第二项(即表示电子迁移的部分)和式(3.5.6)所表示的二体哈密顿量作为微扰处理。

一级微扰能量是上述微扰哈密顿量在基态中的期待值。显然,$V(\boldsymbol{r})$的一级微扰为零,因为它已经包含在基态能量之中。我们仅计算 $\mathscr{H}_2$ 的一级微扰能量,这一计算和在本章第三节中所做的计算完全相同,不再重复,容易得出

$$E^{(1)} = \frac{1}{2}\sum_{l,m}\sum_{n,n'}\Big\{k_{nn'}(\boldsymbol{R}_l, \boldsymbol{R}_m) - J_{nn'}(\boldsymbol{R}_l, \boldsymbol{R}_m) \cdot \left[\frac{1}{2} + 2S_n(\boldsymbol{R}_l) \cdot S_{n'}(\boldsymbol{R}_m)\right]\Big\} \tag{3.5.9}$$

其中,第一项为电子间的库仑作用能,与电子自旋取向无关;第二项为电子间的直接交换能,它代表 $\boldsymbol{R}_l$ 格点上轨道为n 的电子自旋$\boldsymbol{S}_n(\boldsymbol{R}_l)$与 $\boldsymbol{R}_m$ 格点上轨道为n'的电子自旋$\boldsymbol{S}_{n'}(\boldsymbol{R}_m)$之间的交换作用,安德森称这种交换为位势交换(potential exchange)。

二、二级微扰

我们在计算系统的基态能量 ε_n 时,没有考虑电子的迁移过程。实际上,由于周期势的影响,这种迁移是存在的。二级微扰所处理的就是这种电子的迁移并在迁移后再回到原来格点的过程。设每个磁性离子只有一个轨道态,当电子由格点 $\boldsymbol{R}_l$ 的n 轨道迁移到格点$\boldsymbol{R}_m$ 的n'轨道后,n'轨道便有两个电子。根据泡利原理,同处于 n'轨道的两个电子必然自旋反平行。由于电子在迁移过程中不改变自旋方向,所以这种迁移只允许发生在自旋反平行的两个电子之间。如果以 U 表示迁移后能量的增加。显然,它就是同一格点、同一轨道中两个自旋反平行的电子间的库仑作用能

$$U = \iint |\omega_n(\boldsymbol{r}_1 - \boldsymbol{R}_m)|^2 \frac{e^2}{|\boldsymbol{r}_1 - \boldsymbol{r}_2|} |\omega_n(\boldsymbol{r}_2 - \boldsymbol{R}_m)|^2 \mathrm{d}\boldsymbol{r}_1\mathrm{d}\boldsymbol{r}_2 \tag{3.5.10}$$

应用微扰公式,可求得 $V(\boldsymbol{r})$的二级微扰能量为

$$E^{(2)} = -\sum_{l,m}\sum_{n,n'} \frac{|\langle n | V(\boldsymbol{r}) | n' \rangle|^2}{E_{n'} - E_n} \cdot \sum_{\sigma_1\sigma_2} C^+_{n\sigma_1}(\boldsymbol{R}_l) C_{n'\sigma_1}(\boldsymbol{R}_m) C^+_{n'\sigma_2}(\boldsymbol{R}_m) C_{n\sigma_2}(\boldsymbol{R}_l) \tag{3.5.11}$$

其中,$E_{n'} - E_n = U$,为激发态的能量与基态的能量差。如式(3.5.10)所示。

利用费米算符的对易关系,可将上式中对自旋求和部分展为

$$\begin{aligned}
&\sum_{\sigma_1,\sigma_2} C^+_{n\sigma_1}(\boldsymbol{R}_l) C_{n'\sigma_1}(\boldsymbol{R}_m) C^+_{n'\sigma_2}(\boldsymbol{R}_m) C_{n\sigma_2}(\boldsymbol{R}_l) \\
&= C^+_{n\uparrow}(\boldsymbol{R}_l) C_{n\uparrow}(\boldsymbol{R}_l)[1 - C^+_{n'\uparrow}(\boldsymbol{R}_m) C_{n'\uparrow}(\boldsymbol{R}_m)] \\
&\quad + C^+_{n\downarrow}(\boldsymbol{R}_l) C_{n\downarrow}(\boldsymbol{R}_l)[1 - C_{n'\downarrow}(\boldsymbol{R}_m) C_{n'\downarrow}(\boldsymbol{R}_m)] \\
&\quad - C^+_{n\uparrow}(\boldsymbol{R}_l) C_{n\downarrow}(\boldsymbol{R}_l) C_{n'\downarrow}(\boldsymbol{R}_m) C_{n'\uparrow}(\boldsymbol{R}_m) \\
&\quad - C^+_{n\downarrow}(\boldsymbol{R}_l) C_{n\uparrow}(\boldsymbol{R}_l) C^+_{n'\uparrow}(\boldsymbol{R}_m) C_{n'\downarrow}(\boldsymbol{R}_m)
\end{aligned} \tag{3.5.12}$$

注意到费米算符和自旋算符之间的如下等效关系:

$$\left.\begin{aligned}
C^+_{n\uparrow} C_{n\uparrow} &= \frac{1}{2} + S^z_n, &\quad C^+_{n\downarrow} C_{n\downarrow} &= \frac{1}{2} - S^z_n \\
C^+_{n\uparrow} C_{n\downarrow} &= S^+_n, &\quad C^+_{n\downarrow} C_{n\uparrow} &= S^-_n
\end{aligned}\right\} \tag{3.5.13}$$

式(3.5.11)可化为

$$E^{(2)} = -\sum_{l,m}\sum_{n,n'} \frac{|b_{nn'}(\boldsymbol{R}_m - \boldsymbol{R}_l)|^2}{U}\left[\frac{1}{2} - 2\boldsymbol{S}_n(\boldsymbol{R}_l) \cdot \boldsymbol{S}_{n'}(\boldsymbol{R}_m)\right] \tag{3.5.14}$$

此即为磁性离子之间的间接交换能,安德森称之为运动交换(kinetic exchange)。不难看出,运动交换有利于形成反铁磁性。

将一级微扰能量和二级微扰能量相加,得

$$\begin{aligned}
\Delta E = \sum_{l,m}\sum_{n,n'} \Bigg\{ &\left[\frac{1}{2} K_{nn'}(\boldsymbol{R}_l, \boldsymbol{R}_m) - \frac{1}{4} J_{nn'}(\boldsymbol{R}_l, \boldsymbol{R}_m) \right. \\
&\left. - \frac{1}{2} \frac{b^2_{nn'}(\boldsymbol{R}_l, \boldsymbol{R}_m)}{U}\right] + \left[\frac{2b^2_{nn'}(\boldsymbol{R}_l, \boldsymbol{R}_m)}{U} - J_{nn'}(\boldsymbol{R}_l, \boldsymbol{R}_m)\right] \\
&\cdot \boldsymbol{S}_n(\boldsymbol{R}_l) \cdot \boldsymbol{S}_{n'}(\boldsymbol{R}_m) \Bigg\}
\end{aligned} \tag{3.5.15}$$

其中,与电子自旋有关的部分为

$$E_{\mathrm{ex}} = \sum_{l,m}\sum_{n,n'} \left\{ \left[\frac{2b^2_{nn'}(\boldsymbol{R}_l, \boldsymbol{R}_m)}{U} - J_{nn'}(\boldsymbol{R}_l, \boldsymbol{R}_m)\right] \boldsymbol{S}_n(\boldsymbol{R}_l) \cdot \boldsymbol{S}_{n'}(\boldsymbol{R}_m) \right\} \tag{3.5.16}$$

上式给出了上述电子系统的总交换能,其中包括位势交换和运动交换。运动交换作用的提出,是安德森对交换作用理论的一个重要发展。

以上所讨论的是每个格点只有一个磁性电子的情况。如果每个格点有多个磁性电子,则离子的总电子自旋可由洪德定则给出。这时上式中的 $\boldsymbol{S}_n(\boldsymbol{R}_l)$ 和

$\boldsymbol{S}_{n'}(\boldsymbol{R}_m)$应为计算结果的约化值

$$\left.\begin{aligned} \boldsymbol{S}_n(\boldsymbol{R}_l) &= \frac{1}{2S}\boldsymbol{S}(\boldsymbol{R}_l) \\ \boldsymbol{S}_{n'}(\boldsymbol{R}_m) &= \frac{1}{2S}\boldsymbol{S}(\boldsymbol{R}_m) \end{aligned}\right\} \tag{3.5.17}$$

于是,格点 $\boldsymbol{R}_l$ 和格点 $\boldsymbol{R}_m$ 之间的交换能可表示为

$$\mathscr{H}_{\text{ex}} = -J_{间接}(\boldsymbol{R}_l,\boldsymbol{R}_m)\boldsymbol{S}(\boldsymbol{R}_l)\cdot\boldsymbol{S}(\boldsymbol{R}_m) \tag{3.5.18}$$

其中,

$$J_{间接} = -\frac{1}{(2S)^2}\sum_{n,n'}\left[\frac{2|b_{nn'}(\boldsymbol{R}_l,\boldsymbol{R}_m)|^2}{U} - J_{nn'}(\boldsymbol{R}_l,\boldsymbol{R}_m)\right] \tag{3.5.19}$$

在具体的计算中,对于非闭合壳层中的电子未达到半满的情况,$\sum\limits_{n,n'}$ 应对被电子占据的轨道态求和;对于电子达到或超过半满的情况,$\sum\limits_{nn'}$ 可视为对未被占据的轨道态求和。

由上面的讨论可知,运动交换是通过电子的迁移而产生的。对于铁氧体一类的化合物来说,电子的迁移概率与两邻近离子的 p 轨道和 d 轨道的重叠程度有关。由于 p 轨道为哑铃形,所以当 M^{2+}-O^{2-}-M^{2+} 为 180°键角时,电子的迁移概率最大;而当 M^{2+}-O^{2-}-M^{2+} 为 90°键角时,电子的迁移概率最小。因此,这类材料中的间接交换作用以 180°键角为主。

第六节 RKKY 交换作用及其唯象解释

在第二章第八节中我们介绍过稀土金属的磁结构。这些金属所具有的磁有序状态表明它们内部的原子间存在着交换作用。众所周知,稀土元素的磁矩来自 $4f$ 电子。$4f$ 电子是局域性很强的电子,轨道半径约 0.3Å。在稀土元素中,$4f$ 电子以外有 $5s^2 5p^6 5d^1 6s^2$ 电子作屏蔽,因此可以说 $4f$ 电子"深居"于这类原子的内部。稀土金属的近邻原子间距约 3Å,在这样的距离范围,不同原子的 $4f$ 电子之间很难产生直接交换作用。那么,稀土金属中的交换作用是如何产生的呢?本节即讨论这一问题。

稀土金属的交换作用理论的建立缘于以下的研究结果:1954 年,茹德曼和基特尔在解释 Ag^{110}在核磁共振实验中吸收线增宽现象时,曾引入了核自旋与传导电子自旋间的交换作用[17]。他们认为,这种交换作用使传导电子的自旋极化,导致了核自旋之间的相互作用,从而增加了共振线宽。后来,糟谷在研究 Mn-Cu 合金的核磁共振超精细结构时推广了上述模型[18],认为 Mn 原子中的 d 电子与传导电子之间的交换作用使不同 Mn 原子的 d 电子之间产生了间接交换作用。芳田则导出了局域电子自旋感应的传导电子的自旋密度变化[19]。因此,上述理论通常称

为RKKY理论。这一理论提出了局域电子之间通过传导电子作媒介而产生交换作用的机制。正是运用这一机制解释了稀土金属及其合金中的交换作用。

关于局域电子和传导电子之间交换作用的研究可以追溯到更早。济纳和冯索夫斯基为了解释铁族金属的铁磁性曾对 s-d 交换作用进行过研究[20,21]。他们把 d 电子作为局域电子,把 s 电子作为传导电子,试图将 s-d 交换作用作为海森伯直接交换作用的一种补充来说明Fe,Co,Ni金属的铁磁性。由于他们没有考虑 d 电子的非局域特征,因此他们的计算未获得预期的效果。

关于RKKY理论的严格推导需要应用二次量子化方法,有关这方面的内容我们将在下一节介绍。本节主要讨论这一理论的基本概念、计算方法及其主要结果,并对这一交换作用的物理过程给予唯象解释。对于不熟悉二次量子化方法的读者,完全可以不用学习下一节的内容。

一、局域电子与传导电子间的交换作用

设有一铁磁金属晶体(如稀土金属),原子的磁矩来自内部未满壳层电子的自旋;价电子为传导电子,均匀地分布于晶体中并可以在整个晶体中传播。不同原子的局域电子无波函数重叠,不存在不同原子之间的直接交换作用。我们讨论这样一个系统中的电子交换作用。为了简单起见,设每个原子只有一个对磁矩有贡献的局域电子,其轨道波函数用原子波函数 $\phi_L(\boldsymbol{r}-\boldsymbol{R}_n)$ 来描写。传导电子形成能带结构,用表示集体电子行为的布洛赫函数 $\phi_K(\boldsymbol{r})$ 来描写。由于传导电子均匀地分布于整个晶体中因而与局域电子产生直接交换作用。用量子理论的微扰方法可以证明,这种交换作用可以表示为如下的形式:

$$\mathscr{H}_{s-f}=-2J(\boldsymbol{r}-\boldsymbol{R}_n)\boldsymbol{S}\cdot\boldsymbol{S}_n \tag{3.6.1}$$

其中,$\boldsymbol{S}$ 为传导电子自旋;$\boldsymbol{S}_n$ 为局域电子自旋;$J(\boldsymbol{r}-\boldsymbol{R}_n)$ 为两者的交换积分,它满足

$$\int\phi_K^*(\boldsymbol{r})J(\boldsymbol{r}-\boldsymbol{R}_n)\phi_{K'}(\boldsymbol{r})\mathrm{d}\boldsymbol{r}=J(K,K')e^{i(\boldsymbol{K}'-\boldsymbol{K})\cdot\boldsymbol{R}_n} \tag{3.6.2}$$

其中,

$$J(K,K')=\iint\phi_K^*(\boldsymbol{r}_1)\phi_L^*(\boldsymbol{r}_2)\frac{e^2}{|\boldsymbol{r}_1-\boldsymbol{r}_2|}\phi_L(\boldsymbol{r}_1)\phi_{K'}(\boldsymbol{r}_2)\mathrm{d}\boldsymbol{r}_1\mathrm{d}\boldsymbol{r}_2 \tag{3.6.3}$$

通常称式(3.6.1)为 s-f 交换作用或 s-d 交换作用。

由于局域电子与传导电子间的交换作用,使传导电子的自旋产生极化,即在局域电子所在处及其周围自旋向上的电子密度与自旋向下的电子密度不再相同。下面我们将详细地讨论这一问题。

二、传导电子的自旋极化

为了讨论方便,我们假设局域电子的自旋向上(↑)并假设局域电子与传导电子的交换积分 $J(\boldsymbol{r}-\boldsymbol{R}_n)>0$。其结果是,以磁性离子所在格点为中心形成了一个区域。在这个区域内自旋向上(↑)的传导电子能量降低,自旋向下↓的传导电子能量升高。为了降低系统的能量,一部分自旋向上的传导电子将被吸引到局域电子的附近,一部分自旋向下的传导电子将被排斥离开这个区域。其结果是,在局域电子周围,两种自旋的电子总密度虽然没有变化,但自旋向上的传导电子密度增加,自旋向下的传导电子密度减小,两种自旋的电子波函数都发生了畸变。对于被吸引到局域电子附近的自旋向上的电子来说,由于费米面以下的状态已被占满,所以只能占据费米面以上的状态。所有这些新增加状态的波函数有一个共同的特点,即它们在局域电子磁矩所在的位置具有相同的位相,因而互相增强。考虑到这些新增加的状态具有相近的波矢量,因而其波长有一个相应的变化范围。所以在离开中心磁性离子一段距离后,这些新增加状态的位相便不再相同(如图 3-6(a)所示),它们的合成态密度具有随距离的增加而振荡并且衰减的形式。

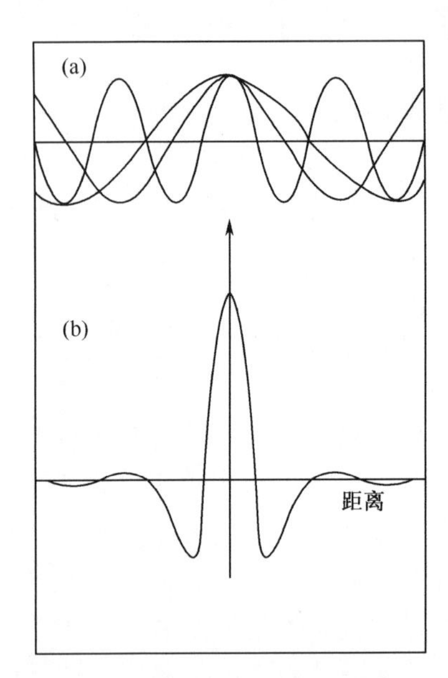

图 3-6　RKKY 交换作用示意图
(a)在中心局域电子附近新增加的传导电子的波函数;(b)两种自旋的密度差随离开中心局域电子距离的变化
(引自 The Magnetic Properties of Solids by J. Crangle,1977)

对于自旋向下的传导电子来说,有完全相似的情况。在局域电子磁矩附近,它们失去了费米面以下附近一些状态的电子。与上面的讨论一样,这些失去了电子的状态在局域电子所在处有相同的位相,因此在这一位置失去电子的态密度最大。随着离开中心磁性离子的距离增加,这一失去电子的态密度也将以振荡且衰减的形式变化。

传导电子在空间的自旋磁矩由两种自旋的电子密度差来决定,这一密度差可表示为 $\Delta\rho(\boldsymbol{r})=\rho_{\uparrow}(\boldsymbol{r})-\rho_{\downarrow}(\boldsymbol{r})$。根据上面的分析,$\Delta\rho(\boldsymbol{r})$随距离 $\boldsymbol{r}$ 的变化为一振荡且衰减的形式,如图 3-6(b)所示。振荡周期由传导电子在费米能级处的波矢量 K_F 决定。如设 $r-R_n$ 为传导电子与中心磁性离子间的距离,则每当 $r-R_n$ 变化 π/K_F 时完成一个振荡周期。还可以证明,$\Delta\rho(r-R_n)$在振荡的同时还将以$(r-R_n)^{-3}$的形式衰减。

三、局域电子间的间接交换作用

以上讨论告诉我们,局域电子与传导电子间的交换作用使传导电子发生自旋极化。其结果是,传导电子中两种自旋的态密度不再相同。如果我们以局域电子为中心,两种自旋的密度差将随距离的变化振荡式地衰减,这是一种长程振荡过程。因此,自旋极化的传导电子又会和邻近原子中的局域电子发生波函数重叠,产生直接交换作用。这种直接交换积分为一正值,所以参与直接交换作用的两个电子的自旋应平行取向。于是,第二个原子中局域电子自旋的方向便由其所在位置决定:当它的位置在$\Delta\rho(r-R_n)$为正的范围以内时,它的自旋方向向上,因而与第一个原子中的局域电子自旋的方向相同,表现为铁磁性;反之,当它的位置在$\Delta\rho(r-R_n)$为负的范围内时,它的自旋方向向下,因而与第一个原子中的局域电子自旋的方向相反,表现为反铁磁性。这就是 RKKY 交换作用的基本物理过程。

RKKY 交换作用的严格推导需要用量子理论中的微扰方法求出上述交换作用的能量。计算结果如下:

1) 一级微扰能量($K=K'$,不考虑传导电子在中间过程中的波矢量变化)

$$E^{(1)}=-N(E_F)\mid J(K,K)\mid^2\left(\sum_n \boldsymbol{S}_n\right)^2 \tag{3.6.4}$$

其中,$N(E_F)$为费米能级E_F处的电子态密度;$J(K,K)$为式(3.6.3)在$K'=K$条件下的取值;$\boldsymbol{S}_n$为第n个格点上局域电子的自旋。

2) 二级微扰能量($K\neq K'$,考虑传导电子在中间过程中的波矢量变化)

$$E^{(2)}=2\sum_m\sum_n\left\{\left[\sum_K\sum_{K'(\neq K)}\mid J(K,K')\mid^2\cdot\frac{e^{i(\boldsymbol{K}-\boldsymbol{K}')\cdot(\boldsymbol{R}_m-\boldsymbol{R}_n)}}{E_K-E_{K'}}\right]\boldsymbol{S}_m\cdot\boldsymbol{S}_n\right\} \tag{3.6.5}$$

其中,E_K和$E_{K'}$分别为波矢量为$\boldsymbol{K}$和$\boldsymbol{K}'$的传导电子的能量;$J(K,K')$由式(3.6.3)给出;$\boldsymbol{S}_m$,$\boldsymbol{S}_n$分别为第m个格点和第n个格点上的局域电子自旋;$\boldsymbol{R}_m$,$\boldsymbol{R}_n$为其相应的位矢。

对式(3.6.5)进行计算的主要困难在于对K和K'的求和,为了便于计算这一求和,我们姑且认为求和号中的函数$J(K,K')$是$\boldsymbol{K}-\boldsymbol{K}'=\boldsymbol{q}$的函数,并记为$J(\boldsymbol{q})$。引入待定函数$f(q)$,使

$$\sum_K^{K_F}\frac{1}{E_K-E_{K'}}=-\frac{3N}{16E_F}f(q) \tag{3.6.6}$$

于是可将$E^{(2)}$改写为

$$E^{(2)}=-\frac{3N}{8E_F}\sum_m\sum_n\left[\sum_{q(\neq 0)}\mid J(\boldsymbol{q})\mid^2 f(q)e^{i\boldsymbol{q}\cdot\boldsymbol{R}_{mn}}\right]\boldsymbol{S}_m\cdot\boldsymbol{S}_n \tag{3.6.7}$$

其中，$\boldsymbol{R}_{mn}=\boldsymbol{R}_m-\boldsymbol{R}_n$；$N$ 为传导电子总数。

将一级、二级微扰能量相加，注意到 $J(K,K)$ 相当于 $J(q=0)$，于是得总微扰能为

$$\Delta E = E^{(1)} + E^{(2)} = - N(E_F)|J(q=0)|^2(\sum_n \boldsymbol{S}_n)^2 - \frac{3N}{8E_F}\sum_m\sum_n\Big[\sum_{q(\neq 0)}|J(\boldsymbol{q})|^2 f(q)e^{i\boldsymbol{q}\cdot\boldsymbol{R}_{mn}}\Big]\boldsymbol{S}_m\cdot\boldsymbol{S}_n \quad (3.6.8)$$

为了便于上式的计算，进一步假定传导电子为自由电子。在这一条件下可以证明

$$N(E_F) = \frac{3N}{4E_F} \quad (3.6.9)$$

和

$$f(q) = 1 + \frac{4K_F^2 - q^2}{4K_F q}\ln\left|\frac{2K_F + q}{2K_F - q}\right| \quad (3.6.10)$$

注意到 $f(q=0)=2$。于是，式(3.6.8)中的两项可以合并写为

$$\Delta E = -\frac{3}{8}\frac{N}{E_F}\sum_m\sum_n\Big[\sum_q|J(\boldsymbol{q})|^2 f(q)e^{i\boldsymbol{q}\cdot\boldsymbol{R}_{mn}}\Big]\boldsymbol{S}_m\cdot\boldsymbol{S}_n \quad (3.6.11)$$

这就是在传导电子为自由电子情况下的 RKKY 交换作用形式。对于 K_F 较小的铁磁性金属(例如稀土金属)，可以近似地认为 $J(\boldsymbol{q})\approx J(0)$。于是式(3.6.11)中对 q 的求和部分可以被证明具有如下的结果：

$$\sum_q|J(\boldsymbol{q})|^2 f(q)e^{i\boldsymbol{q}\cdot\boldsymbol{R}_{mn}} = |J(0)|^2\sum_q f(q)e^{i\boldsymbol{q}\cdot\boldsymbol{R}_{mn}} = |J(0)|^2\cdot\frac{V}{2\pi}\cdot\frac{\cos(2K_FR_{mn}) - \sin(2K_FR_{mn})/2K_FR_{mn}}{R_{mn}^3} \quad (3.6.12)$$

其中，V 为铁磁体的体积。将式(3.6.12)代入式(3.6.11)，得

$$\Delta E = \frac{3NV}{16\pi E_F}|J(0)|^2 \cdot\sum_m\sum_n\frac{\cos(2K_FR_{mn}) - \sin(2K_FR_{mn})/2K_FR_{mn}}{R_{mn}^3}\boldsymbol{S}_m\cdot\boldsymbol{S}_n \quad (3.6.13)$$

或写为

$$\mathscr{H}_{\mathrm{RKKY}} = -\sum_m\sum_n J(R_{mn})\boldsymbol{S}_m\cdot\boldsymbol{S}_n \quad (3.6.14)$$

其中，

$$J(R_{mn}) = -\frac{3NV}{16\pi E_F}|J(0)|^2\frac{\cos(2K_FR_{mn}) - \dfrac{\sin(2K_FR_{mn})}{2K_FR_{mn}}}{R_{mn}^3} \quad (3.6.15)$$

是在对传导电子做自由电子近似并取 $J(\boldsymbol{q})\approx J(0)$时的 RKKY 交换积分。

如令 $2K_FR_{mn}=x$，则上式中的函数成分可表示为

$$F(x)=\frac{x\cos x-\sin x}{x^4}$$

图 3-7 给出了 $F(x)$随 x 的变化规律。不难看出,它表现为振荡衰减的形式。

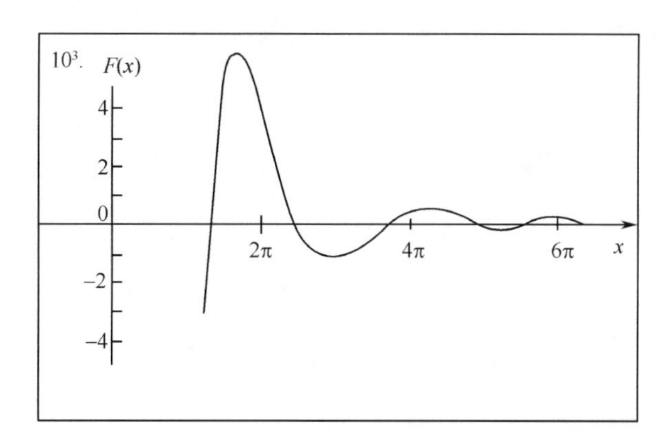

图 3-7　$F(x)$随 x 的变化曲线

(引自 Lectures on Modern Magnetism, by B. Barbara et al., p. 109)

根据式(3.6.15)可以对 RKKY 交换作用做如下的讨论:① 交换积分 $J(R_{mn})$是以$(2K_FR_{mn})$为变量的振荡衰减函数。在 K_F 一定的条件下,$J(R_{mn})$随 R_{mn}的变化其值可正可负,其强度振荡式地减小,这可以定性地说明稀土金属及合金的原子磁矩在排列上的周期性和多样性。② $J(R_{mn})$的振荡周期与 K_F 有关,而 K_F 与传导电子的密度有关。因此,在不改变铁磁体晶格常数的情况下,可以通过改变价电子的数目来改变 $J(R_{mn})$的变化周期,以达到改变磁结构的目的。

需要补充说明的是,在用 RKKY 理论解释稀土金属及合金的磁性时还应当考虑两个问题:① 4f 电子的自旋-轨道耦合效应;② 4f 电子所受的晶体场效应。由于前者,稀土金属的 4f 电子形成总磁矩 $\boldsymbol{\mu}_J=\boldsymbol{\mu}_S+\boldsymbol{\mu}_L$。RKKY 交换作用要求近邻原子的自旋磁矩保持某种相对取向;因而影响原子总磁矩的相对取向。由于后者,4f 电子的轨道角动量相对晶轴取某些特定方向。而自旋磁矩和轨道磁矩之间又存在着一定的方向耦合。所以,具体地计算稀土金属的磁结构是一个非常复杂的问题。

* 第七节　RKKY 交换作用理论

在这一节我们将对 RKKY 交换作用理论做严格的推导。

一、传导电子和局域电子的交换作用哈密顿量

考虑由局域电子和传导电子组成的系统。局域电子以原子波函数 $\phi_L(\boldsymbol{r}-$

$\boldsymbol{R}_n$)表示,传导电子以布洛赫函数 $\phi_K(\boldsymbol{r})=\mathrm{e}^{i\boldsymbol{K}\cdot\boldsymbol{r}}u(\boldsymbol{r})$表示。在下面的计算中,我们假设:① 每个原子格点上只有一个局域电子,原子无极化状态;② 只考虑局域电子与传导电子之间的相互作用,并且略去局域电子与传导电子之间的跃迁。

局域电子和传导电子的态向量可分别表示为

$$\Psi_{\text{局域}}(\boldsymbol{r},\zeta)=\sum_n\sum_\sigma C_{n\sigma}\phi_L(\boldsymbol{r}-\boldsymbol{R}_n)\chi_\sigma(\zeta) \tag{3.7.1}$$

$$\Psi_{\text{传导}}(\boldsymbol{r},\zeta)=\sum_K\sum_\sigma C_{K\sigma}\phi_K(\boldsymbol{r})\chi_\sigma(\zeta) \tag{3.7.2}$$

其中,$\chi_\sigma(\zeta)$为单电子的自旋函数,ζ为自旋坐标,且有

$$\int\chi_\sigma^+(\zeta)\chi_{\sigma'}(\zeta)\mathrm{d}\zeta=\delta_{\sigma\sigma'} \tag{3.7.3}$$

在二次量子化表象中,上述系统传导电子与局域电子间的互作用哈密顿量为

$$\begin{aligned}\mathscr{H}_i=&\int\cdots\int\Psi_{\text{传导}}^+(\boldsymbol{r}_1,\zeta_1)\Psi_{\text{局域}}^+(\boldsymbol{r}_2,\zeta_2)\frac{e^2}{r_{12}}\\&\times\Psi_{\text{局域}}(\boldsymbol{r}_2,\zeta_2)\Psi_{\text{传导}}(\boldsymbol{r}_1,\zeta_1)\mathrm{d}\boldsymbol{r}_1\mathrm{d}\boldsymbol{r}_2\mathrm{d}\zeta_1\mathrm{d}\zeta_2\\&+\int\cdots\int\Psi_{\text{传导}}^+(\boldsymbol{r}_1,\zeta_1)\Psi_{\text{局域}}^+(\boldsymbol{r}_2,\zeta_2)\frac{e^2}{r_{12}}\Psi_{\text{传导}}(\boldsymbol{r}_2,\zeta_2)\\&\times\Psi_{\text{局域}}(\boldsymbol{r}_1,\zeta_1)\mathrm{d}\boldsymbol{r}_1\mathrm{d}\boldsymbol{r}_2\mathrm{d}\zeta_1\mathrm{d}\zeta_2\end{aligned} \tag{3.7.4}$$

上式中第一项为传导电子与局域电子之间的库仑作用,第二项为传导电子与局域电子之间的交换作用,式中的 $r_{12}=|\boldsymbol{r}_1-\boldsymbol{r}_2|$。将式(3.7.1)和(3.7.2)代入式(3.7.4),并利用式(3.7.3),在原子无极化状态(即同一原子上只能有一个电子)的条件下,得到

$$\begin{aligned}\mathscr{H}_i=&\sum_n\sum_{KK'}\sum_{\sigma\sigma'}\{C_{K\sigma}^+C_{K'\sigma}C_{n\sigma'}^+C_{n\sigma'}\}\left\langle K,n\left|\frac{e^2}{r_{12}}\right|n,K'\right\rangle\\&-\sum_n\sum_{KK'}\sum_{\sigma\sigma'}\{C_{K\sigma'}^+C_{K'\sigma}C_{n\sigma}^+C_{n\sigma'}\}\left\langle K,n\left|\frac{e^2}{r_{12}}\right|K',n\right\rangle\end{aligned} \tag{3.7.5}$$

其中,

$$\begin{aligned}\left\langle K,n\left|\frac{e^2}{r_{12}}\right|n,K'\right\rangle=&\iint\phi_K^*(\boldsymbol{r}_1)\phi_L^*(\boldsymbol{r}_2-\boldsymbol{R}_n)\frac{e^2}{r_{12}}\\&\times\phi_L(\boldsymbol{r}_2-\boldsymbol{R}_n)\phi_{K'}(\boldsymbol{r}_1)\mathrm{d}\boldsymbol{r}_1\mathrm{d}\boldsymbol{r}_2\end{aligned} \tag{3.7.6}$$

为库仑势能

$$\begin{aligned}\left\langle K,n\left|\frac{e^2}{r_{12}}\right|K',n\right\rangle=&\iint\phi_K^*(\boldsymbol{r}_1)\phi_L^*(\boldsymbol{r}_2-\boldsymbol{R}_n)\frac{e^2}{r_{12}}\\&\times\phi_{K'}(\boldsymbol{r}_2)\phi_L(\boldsymbol{r}_1-\boldsymbol{R}_n)\mathrm{d}\boldsymbol{r}_1\mathrm{d}\boldsymbol{r}_2\end{aligned} \tag{3.7.7}$$

为交换积分。

将 $\mathscr{H}_i$ 表达式中σ 和σ'的自旋方向具体写出并进行归并,得到

$$\mathscr{H}_i = \sum_n \sum_{K,K'} \left\{ (C_{K\uparrow}^+ C_{K'\uparrow} + C_{K\downarrow}^+ C_{K'\downarrow})(C_{n\uparrow}^+ C_{n\uparrow} + C_{n\downarrow}^+ C_{n\downarrow}) \right.$$
$$\times \left[\left\langle K, n \left| \frac{e^2}{r_{12}} \right| n, K \right\rangle - \frac{1}{2} \left\langle K, n \left| \frac{e^2}{r_{12}} \right| K', n \right\rangle \right] \Bigg\}$$
$$- \sum_n \sum_{K,K'} \Bigg\{ [(C_{K\uparrow}^+ C_{K'\uparrow} - C_{K\downarrow}^+ C_{K'\downarrow})(C_{n\uparrow}^+ C_{n\uparrow} - C_{n\downarrow} C_{n\downarrow})$$
$$\left. + C_{K\uparrow}^+ C_{K'\downarrow} C_{n\downarrow}^+ C_{n\uparrow} + C_{K\downarrow}^+ C_{K'\uparrow} C_{n\uparrow}^+ C_{n\downarrow}] \left\langle K, n \left| \frac{e^2}{r_{12}} \right| K', n \right\rangle \right\} \tag{3.7.8}$$

应用电子的单占据条件

$$C_{n\uparrow}^+ C_{n\uparrow} + C_{n\downarrow}^+ C_{n\downarrow} = 1 \tag{3.7.9}$$

及费米算符和自旋算符间的等效关系

$$\left.\begin{aligned} \frac{1}{2}(C_{n\uparrow}^+ C_{n\uparrow} - C_{n\downarrow}^+ C_{n\downarrow}) &= S_n^z \\ C_{n\uparrow}^+ C_{n\downarrow} &= S_n^+ \\ C_{n\downarrow}^+ C_{n\uparrow} &= S_n^- \end{aligned}\right\} \tag{3.7.10}$$

可将式(3.7.8)改写为

$$\mathscr{H}_i = \sum_n \sum_{K,K'} \left\{ (C_{K\uparrow}^+ C_{K'\uparrow} - C_{K\downarrow}^+ C_{K'\downarrow}) \right.$$
$$\times \left[\left\langle K, n \left| \frac{e^2}{r_{12}} \right| n, K' \right\rangle - \frac{1}{2} \left\langle K, n \left| \frac{e^2}{r_{12}} \right| K', n \right\rangle \right] \Bigg\}$$
$$- \sum_n \sum_{K,K'} \Bigg\{ [(C_{K\uparrow}^+ C_{K'\uparrow} - C_{K\downarrow}^+ C_{K'\downarrow}) S_n^z + C_{K\uparrow}^+ C_{K'\downarrow} S_n^- + C_{K\downarrow}^+ C_{K'\uparrow} S_n^+]$$
$$\left. \times \left\langle K, n \left| \frac{e^2}{r_{12}} \right| K', n \right\rangle \right\} \tag{3.7.11}$$

下面仅限于讨论交换项。利用布洛赫定理

$$\phi_K(\boldsymbol{r}) = \mathrm{e}^{\mathrm{i}\boldsymbol{K}\cdot\boldsymbol{R}_n} \phi_K(\boldsymbol{r} - \boldsymbol{R}_n) \tag{3.7.12}$$

可将式(3.7.7)所表示的交换积分化为

$$\left\langle K, n \left| \frac{e^2}{r_{12}} \right| K', n \right\rangle = \mathrm{e}^{\mathrm{i}(\boldsymbol{K}' - \boldsymbol{K})\cdot\boldsymbol{R}_n} J(K, K') \tag{3.7.13}$$

其中,

$$J(K, K') = \iint \phi_K^*(\boldsymbol{r}_1) \phi_L^*(\boldsymbol{r}_2) \frac{e^2}{r_{12}} \phi_L(\boldsymbol{r}_1) \phi_{K'}(\boldsymbol{r}_2) \mathrm{d}\boldsymbol{r}_1 \mathrm{d}\boldsymbol{r}_2 \tag{3.7.14}$$

于是,传导电子和局域电子间的交换作用哈密顿量可表示为

$$\mathscr{H}_{\mathrm{ex}} = -\sum_n \sum_{K,K'} J(K, K') \mathrm{e}^{\mathrm{i}(\boldsymbol{K}' - \boldsymbol{K})\cdot\boldsymbol{R}_n} \{ (C_{K\uparrow}^+ C_{K'\uparrow} - C_{K\downarrow}^+ C_{K'\downarrow}) S_n^z$$

$$+ C_{K\uparrow}^{+} C_{K'\downarrow} S_n^{-} + C_{K\downarrow}^{+} C_{K'\uparrow} S_n^{+} \} \tag{3.7.15}$$

引入 $J(\boldsymbol{r}-\boldsymbol{R}_n)$,令

$$\int \phi_K^*(\boldsymbol{r}) J(\boldsymbol{r}-\boldsymbol{R}_n) \phi_{K'}(\boldsymbol{r}) \mathrm{d}\boldsymbol{r} = J(K,K') \mathrm{e}^{\mathrm{i}(\boldsymbol{K}'-\boldsymbol{K})\cdot \boldsymbol{R}_n} \tag{3.7.16}$$

注意到式(3.7.5)在状态($K\uparrow$)和($K'\uparrow$);($K\downarrow$)和($K'\downarrow$);($K\uparrow$)和($K'\downarrow$);($K\downarrow$)和($K'\uparrow$)间的矩阵元与$[J(\boldsymbol{r}-\boldsymbol{R}_n)(2S^zS_n^z+S^+S_n^-+S^-S_n^+)]$在上述状态间的矩阵元相同,因而可将式(3.7.15)表示为

$$\mathscr{H}_{\mathrm{ex}} = -\sum_n 2J(\boldsymbol{r}-\boldsymbol{R}_n)\boldsymbol{S}\cdot\boldsymbol{S}_n \tag{3.7.17}$$

其中,S 为传导电子的自旋算符。我们可将

$$\mathscr{H}_{s-f} = -2J(\boldsymbol{r}-\boldsymbol{R}_n)\boldsymbol{S}\cdot\boldsymbol{S}_n \tag{3.7.18}$$

看做是形式上的传导电子与局域电子交换作用算符,而 $J(\boldsymbol{r}-\boldsymbol{R}_n)$ 的真正含义由式(3.7.16)决定。

二、传导电子的极化及一级微扰能量

传导电子与局域电子之间的交换作用必然导致传导电子的自旋极化。为了使这一问题的讨论简单起见,我们假设在未考虑这一交换作用时传导电子是自由的,其能量为

$$E_K = \frac{\hbar^2 K^2}{2m^*} \tag{3.7.19}$$

其中,m^* 为电子的有效质量。在 0K 时两种自旋的电子数各为

$$n = \int_0^{K_F} \frac{V}{(2\pi)^3} 4\pi K^2 \mathrm{d}K = \frac{V}{6\pi^2} K_F^3 \tag{3.7.20}$$

考虑到传导电子与局域电子之间的交换作用后,传导电子的能量将发生变化。利用简并态微扰理论,我们先求出波矢量为 $\boldsymbol{K}$ 的电子的能量变化,进而求出这一系统的一级微扰能量。为此,我们首先计算出交换作用哈密顿量在传导电子不同状态间的矩阵元

$$\begin{aligned}\left\langle K\uparrow | \mathscr{H}_{s-f} | K'\uparrow \right\rangle &= \int \phi_K^*(\boldsymbol{r}) J(\boldsymbol{r}-\boldsymbol{R}_n)\phi_{K'}(\boldsymbol{r})\mathrm{d}\boldsymbol{r} \langle \uparrow | -2\boldsymbol{S}\cdot\boldsymbol{S}_n | \uparrow \rangle \\ &= -J(K,K')\mathrm{e}^{\mathrm{i}(\boldsymbol{K}'-\boldsymbol{K})\cdot\boldsymbol{R}_n} S_n^z \end{aligned} \tag{3.7.21}$$

同理可得

$$\left.\begin{aligned} \langle K\downarrow | \mathscr{H}_{s-f} | K'\downarrow \rangle &= J(K,K')\mathrm{e}^{\mathrm{i}(\boldsymbol{K}'-\boldsymbol{K})\cdot\boldsymbol{R}_n} S_n^z \\ \langle K\downarrow | \mathscr{H}_{s-f} | K'\uparrow \rangle &= -J(K,K')\mathrm{e}^{\mathrm{i}(\boldsymbol{K}'-\boldsymbol{K})\cdot\boldsymbol{R}_n} S_n^+ \\ \langle K\uparrow | \mathscr{H}_{s-f} | K'\downarrow \rangle &= -J(K,K')\mathrm{e}^{\mathrm{i}(\boldsymbol{K}'-\boldsymbol{K})\cdot\boldsymbol{R}_n} S_n^- \end{aligned}\right\} \tag{3.7.22}$$

对于一级微扰,$\boldsymbol{K}=\boldsymbol{K}'$。传导电子在一级微扰下的能量变化可用下面的久期方程求出

$$\begin{vmatrix} -J(K,K)\sum_n S_n^z-\Delta\varepsilon & -J(K,K)\sum_n S_n^- \\ -J(K,K)\sum_n S_n^+ & J(K,K)\sum_n S_n^z-\Delta\varepsilon \end{vmatrix}=0 \quad (3.7.23)$$

解之得

$$\Delta\varepsilon=\pm J(K,K)\left[\left(\sum_n \boldsymbol{S}_n\right)^2\right]^{\frac{1}{2}} \quad (3.7.24)$$

于是有

$$\begin{aligned} E^+&=\frac{\hbar^2K^2}{2m^*}-J(K,K)\left[\left(\sum_n \boldsymbol{S}_n\right)^2\right]^{\frac{1}{2}} \\ E^-&=\frac{\hbar^2K^2}{2m^*}+J(K,K)\left[\left(\sum_n \boldsymbol{S}_n\right)^2\right]^{\frac{1}{2}} \end{aligned} \quad (3.7.25)$$

上式表示传导电子在(K,↑)态的能量降低了 $\Delta\varepsilon$,在(K↓)态的能量升高了 $\Delta\varepsilon$。这样,电子将由高能量态向低能量态转移,出现了电子的“填充变化”。注意到在费米面附近电子的波矢量变化 ΔK 和动能的变化 $\Delta\varepsilon_K$ 之间存在着如下关系:

$$\Delta\varepsilon_K=2E_F\left(\frac{\Delta K}{K_F}\right) \quad (3.7.26)$$

则由 $E_F^+ +\Delta\varepsilon_K=E_F^- -\Delta\varepsilon_K$ 不难求出在0K时两种自旋的电子数分别为

$$n_\pm=\frac{V}{6\pi^2}(K_F\pm\Delta K)^3\approx n\pm 3n\frac{J(K,K)}{2E_F}\left[\left(\sum_n \boldsymbol{S}_n\right)^2\right]^{\frac{1}{2}} \quad (3.7.27)$$

可见,两种自旋的电子数不再相同,电子产生了极化。

通常,传导电子的态密度不能简单地取为费米球分布。这时,如设费米面附近的电子态密度为 $N(E_F)$,则由高能级向低能级迁移的电子数应为 $\Delta\varepsilon N(E_F)$。伴随着这样的电子迁移,系统的能量变化为

$$E^{(1)}=-\Delta\varepsilon[\Delta\varepsilon\cdot N(E_F)]=-N(E_F)|J(K,K)|^2\left(\sum_n \boldsymbol{S}_n\right)^2 \quad (3.7.28)$$

这就是一级微扰能量。

三、波函数的一级微扰

假定在未受微扰作用时传导电子是完全自由的,我们取平面波

$$\Phi_K^0(\boldsymbol{r})=\frac{1}{\sqrt{V}}e^{i\boldsymbol{K}\cdot\boldsymbol{r}} \quad (3.7.29)$$

作为其零级近似波函数。将传导电子与局域电子的交换作用作为微扰,其一级近似波函数应为

$$\Phi_{K'\sigma'} = \Phi^0_{K'\sigma'} + \sum_{K(\neq K')}\sum_{\sigma} \frac{\langle K,\sigma \mid \mathscr{H}_{ex} \mid K',\sigma' \rangle}{E_{K'} - E_K}\Phi^0_{K,\sigma} \tag{3.7.30}$$

将式(3.7.21)和式(3.7.22)代入式(3.7.30),得

$$\Phi_{K'\pm} = \Phi^0_{K'\pm} - \sum_{K(\neq K')}\sum_{n} \frac{J(K,K')}{E_{K'} - E_K} e^{i(\boldsymbol{K}'-\boldsymbol{K})\cdot\boldsymbol{R}_n} \cdot (\pm S^z_n \Phi^0_{K\pm} + S^{\pm}_n \Phi^0_{K\mp}) \tag{3.7.31}$$

于是,正、负自旋的电子密度应分别为

$$\rho_{\pm}(\boldsymbol{r}) = \sum_{K'}^{K_F} \left\{ \Phi^0_{K'\pm} - \sum_{K(\neq K')}\sum_{n} \frac{J(K,K')}{E_{K'} - E_K} e^{i(\boldsymbol{K}'-\boldsymbol{K})\cdot\boldsymbol{R}_n} \cdot \left[\pm S^z_n \Phi^0_{K\pm} + S^{\pm}_n \Phi^0_{K\mp} \right] \right\}^* \left\{ \Phi^0_{K'\pm} - \sum_{K(\neq K')}\sum_{n} \frac{J(K,K')}{E_{K'} - E_K} e^{i(\boldsymbol{K}'-\boldsymbol{K})\cdot\boldsymbol{R}_n} \cdot \left[\pm S^z_n \Phi^0_{K\pm} + S^{\pm}_n \Phi^0_{K\mp} \right] \right\} \tag{3.7.32}$$

利用自旋波函数的正交性,不难求得

$$\rho_{\pm}(\boldsymbol{r}) = \sum_{K'}^{K_F^{\pm}} \frac{1}{V} \mp \frac{1}{V} \sum_{K'}^{K_F^{\pm}} \sum_{K(\neq K')} \frac{J(K,K')}{E_{K'} - E_K} \cdot \sum_{n} \left[e^{-i(\boldsymbol{K}'-\boldsymbol{K})\cdot(\boldsymbol{r}-\boldsymbol{R}_n)} + e^{i(\boldsymbol{K}'-\boldsymbol{K})\cdot(\boldsymbol{r}-\boldsymbol{R}_n)} \right] S^z_n \tag{3.7.33}$$

上式第一项为

$$\sum_{K}^{K_F^{\pm}} \frac{1}{V} = \frac{n_{\pm}}{V} = \frac{1}{V}\left[n \pm \frac{3n}{2E_F} J(K,K) \sum_{n} S^z_n \right] \tag{3.7.34}$$

在计算式(3.7.33)第二项时,略去 K_F^+ 和 K_F^- 的区别,因而 $n^+ = n^- = n$;令 $\boldsymbol{q} = \boldsymbol{K} - \boldsymbol{K}'$,并利用下面的关系

$$\sum_{K}^{K_F} \frac{1}{E_{K'} - E_K} = \frac{3}{8}\frac{n}{E_F} f(\boldsymbol{q}) \tag{3.7.35}$$

其中,

$$f(\boldsymbol{q}) = 1 + \frac{4K_F^2 - q^2}{4K_F q} \ln\left| \frac{2K_F + q}{2K_F - q} \right| \tag{3.7.36}$$

可得

$$\mp \frac{1}{V} \sum_{K'}^{K_F^{\pm}} \sum_{K(\neq K')} \frac{J(K,K')}{E_{K'} - E_K} \sum_{n} \left[e^{-i(\boldsymbol{K}'-\boldsymbol{K})\cdot(\boldsymbol{r}-\boldsymbol{R}_n)} + e^{i(\boldsymbol{K}'-\boldsymbol{K})\cdot(\boldsymbol{r}-\boldsymbol{R}_n)} \right] S^z_n$$
$$= \pm \frac{3}{8}\frac{n}{E_F}\frac{1}{V} \sum_{q(\neq 0)} J(\boldsymbol{q}) f(\boldsymbol{q}) \sum_{n} \left[e^{i\boldsymbol{q}\cdot(\boldsymbol{r}-\boldsymbol{R}n)} + e^{-i\boldsymbol{q}\cdot(\boldsymbol{r}-\boldsymbol{R}_n)} \right] \tag{3.7.37}$$

可以认为 $J(K,K')$是 $\boldsymbol{K} - \boldsymbol{K}' = \boldsymbol{q}$ 的函数,并记为 $J(\boldsymbol{q})$。注意到 $f(q=0) = 2$,于是可将式(3.7.33)中的两项合并,写为

$$\rho_{\pm}(\boldsymbol{r})=\frac{1}{V}\left\{n\pm\frac{3}{8}\frac{n}{E_F}\sum_{q}J(\boldsymbol{q})f(\boldsymbol{q})\sum_{n}\left[\mathrm{e}^{\mathrm{i}\boldsymbol{q}\cdot(\boldsymbol{r}-\boldsymbol{R}_n)}+\mathrm{e}^{-\mathrm{i}\boldsymbol{q}\cdot(\boldsymbol{r}-\boldsymbol{R}_n)}\right]\right\} \tag{3.7.38}$$

假定 $J(\boldsymbol{q})\approx J(0)=$ 常数(对于稀土离子,这一假定是适合的),利用范弗莱克给出的如下计算结果[22]

$$\sum_{q}f(q)\mathrm{e}^{\mathrm{i}\boldsymbol{q}\cdot\boldsymbol{R}}=-24\pi nF(2K_FR) \tag{3.7.39}$$

其中,

$$F(x)=\frac{x\cos x-\sin x}{x^4}$$

称为 Ruderman-Kittel 函数(见图 3-7)。最后,我们得到

$$\rho_{\pm}(\boldsymbol{r})=\frac{n}{V}\mp\frac{1}{V}\frac{(3n)^2}{E_F}2\pi J(0)\sum_{n}\left[F(2K_F|\boldsymbol{r}-\boldsymbol{R}_n|)S_n^z\right] \tag{3.7.40}$$

可见,两种自旋的电子密度不同,并且随着与格点 R_n 距离的变化呈振荡式衰减。这就是说,如果在 R_n 处存在一局域磁矩,其周围的传导电子将发生极化,自旋向上和向下的电子密度是振荡衰减的,两种自旋的密度差为

$$\rho_{+}(\boldsymbol{r})-\rho_{-}(\boldsymbol{r})=-\frac{1}{V}\frac{(3n)^2}{E_F}4\pi J(0)\sum_{n}S_n^zF(2K_F|\boldsymbol{r}-\boldsymbol{R}_n|) \tag{3.7.41}$$

这一形式是由芳田首先导出的[19]。

四、能量的二级微扰

我们已经计算过一级微扰能量,在那里得不出局域电子磁有序的结果。因此需要计算二级微扰,也就是需要考虑局域电子和传导电子之间的运动交换过程。利用上述 s-f 交换模型对传导电子态 $|K\mu\rangle$ 做二级微扰计算($\boldsymbol{K}\neq\boldsymbol{K}'$),其中 μ 代表电子的自旋取向。当 μ 代表自旋向上时,利用二级微扰公式,可得

$$\begin{aligned}
&E^{(2)}(K\uparrow)\\
&=\sum_{K'(\neq K)}\sum_{\mu'}\frac{\langle K\uparrow|\mathscr{H}_{\mathrm{ex}}|K'\mu'\rangle\langle K'\mu'|\mathscr{H}_{\mathrm{ex}}|K\uparrow\rangle}{E_K-E_{K'}}\\
&=\sum_{K'(\neq K)}\frac{|J(K,K')|^2\left[\sum_{m}\mathrm{e}^{\mathrm{i}(\boldsymbol{K}-\boldsymbol{K}')\cdot\boldsymbol{R}_m}S_m^z\right]\left[\sum_{n}\mathrm{e}^{-\mathrm{i}(\boldsymbol{K}-\boldsymbol{K}')\cdot\boldsymbol{R}_n}S_n^z\right]}{E_K-E_{K'}}f_K(1-f_{K'})\\
&\quad+\sum_{K'(\neq K)}\frac{|J(K,K')|^2\left[\sum_{m}\mathrm{e}^{\mathrm{i}(\boldsymbol{K}-\boldsymbol{K}')\cdot\boldsymbol{R}_m}S_m^-\right]\left[\sum_{n}\mathrm{e}^{-\mathrm{i}(\boldsymbol{K}-\boldsymbol{K}')\cdot\boldsymbol{R}_n}S_n^+\right]}{E_K-E_{K'}}f_K(1-f_{K'})
\end{aligned} \tag{3.7.42}$$

当 μ 代表自旋向下时,同样可得

$$E^{(2)}(K\downarrow)=\sum_{K'(\neq K)}\sum_{\mu'}\frac{\langle K\downarrow|\mathscr{H}_{\text{ex}}|K'\mu'\rangle\langle K'\mu'|\mathscr{H}_{\text{ex}}|K\downarrow\rangle}{E_K-E_{K'}}$$

$$=\sum_{K'(\neq K)}\frac{|J(K,K')|^2\left[\sum_m e^{i(\boldsymbol{K}-\boldsymbol{K}')\cdot\boldsymbol{R}_m}S_m^z\right]\left[\sum_n e^{-i(\boldsymbol{K}-\boldsymbol{K}')\cdot\boldsymbol{R}_n}S_n^z\right]}{E_K-E_{K'}}f_K(1-f_{K'})$$

$$+\sum_{K'(\neq K)}\frac{|J(K,K')|^2\left[\sum_m e^{i(\boldsymbol{K}-\boldsymbol{K}')\cdot\boldsymbol{R}_m}S_m^+\right]\left[\sum_n e^{-i(\boldsymbol{K}-\boldsymbol{K}')\cdot\boldsymbol{R}_n}S_n^-\right]}{E_K-E_{K'}}f_K(1-f_{K'})$$

(3.7.43)

其中,f_K 为 0K 下传导电子的费米分布函数。

显然,对于两种自旋态的总的二级微扰能量应为

$$E^{(2)}=\sum_K\left[E^{(2)}(K\uparrow)+E^{(2)}(K\downarrow)\right]$$

$$=\sum_K\sum_{K'(\neq K)}\left[\frac{|J(K,K')|^2}{E_K-E_{K'}}\sum_m\sum_n e^{i(\boldsymbol{K}-\boldsymbol{K}')\cdot(\boldsymbol{R}_m-\boldsymbol{R}_n)}2\boldsymbol{S}_m\cdot\boldsymbol{S}_n\right]f_K(1-f_{K'})$$

$$=2\sum_m\sum_n\left[(\boldsymbol{S}_m\cdot\boldsymbol{S}_n)\sum_K\sum_{K'(\neq K)}|J(K,K')|^2\frac{e^{i(\boldsymbol{K}-\boldsymbol{K}')\cdot(\boldsymbol{R}_m-\boldsymbol{R}_n)}}{E_K-E_{K'}}f_K(1-f_{K'})\right]$$

(3.7.44)

上式中 $m=n$ 一项,由于 $\boldsymbol{S}\cdot\boldsymbol{S}=S(S+1)$,可写成

$$2\sum_n S_n(S_n+1)\sum_{K<K_F}\sum_{K'>K_F}|J(K,K')|^2\frac{1}{E_K-E_{K'}}$$

它代表由于局域电子与传导电子的相互作用而引起的局域电子的自能修正。而 $m\neq n$ 的各项则代表局域电子通过传导电子产生的间接交换作用。这一交换作用称为 RKKY 交换作用,可表示为

$$\mathscr{H}_{\text{RKKY}}=-2\sum_{m,n}{}'\boldsymbol{S}_m\cdot\boldsymbol{S}_n J(|\boldsymbol{R}_m-\boldsymbol{R}_n|)\tag{3.7.45}$$

其中,

$$J(|\boldsymbol{R}_m-\boldsymbol{R}_n|)=-\sum_K\sum_{K'(\neq K)}|J(K,K')|^2\frac{e^{i(\boldsymbol{K}-\boldsymbol{K}')\cdot(\boldsymbol{R}_m-\boldsymbol{R}_n)}}{E_K-E_{K'}}f_K(1-f_{K'})$$

(3.7.46)

称为 RKKY 交换积分。在一般情况下,$J(|\boldsymbol{R}_m-\boldsymbol{R}_n|)$是难计算的。假定 $J(K,K')$是 $\boldsymbol{K}-\boldsymbol{K}'=\boldsymbol{q}$ 的函数,并认为 $J(\boldsymbol{q})$近似地等于 $J(0)$。再假定传导电子是自由电子,于是可有

$$J(|\boldsymbol{R}_m-\boldsymbol{R}_n|)=-|J(0)|^2\sum_K\sum_{K'(\neq K)}\frac{e^{i(\boldsymbol{K}-\boldsymbol{K}')\cdot(\boldsymbol{R}_m-\boldsymbol{R}_n)}}{E_K-E_{K'}}f_K(1-f_{K'})$$

$$=-|J(0)|^2\sum_{K<K_F}\sum_{K'>K_F}\frac{e^{i(\boldsymbol{K}-\boldsymbol{K}')\cdot(\boldsymbol{R}_m-\boldsymbol{R}_n)}}{E_K-E_{K'}}$$

$$= -|J(0)|^2 \frac{V^2}{(2\pi)^6} \frac{2m}{\hbar^2} \int_{K<K_F} \mathrm{d}^3 K \int_{K'>K_F} \mathrm{d}^3 K' \frac{\mathrm{e}^{\mathrm{i}(\boldsymbol{K}-\boldsymbol{K}')\cdot(\boldsymbol{R}_m-\boldsymbol{R}_n)}}{K^2 - K'^2} \tag{3.7.47}$$

范弗莱克最早计算了这一积分[22]，其结果是

$$J(|\boldsymbol{R}_m - \boldsymbol{R}_n|) = -\frac{9\pi}{2} \frac{|J(0)|^2}{E_F} F(2K_F|\boldsymbol{R}_m - \boldsymbol{R}_n|) \tag{3.7.48}$$

其中，

$$F(x) = \frac{x\cos x - \sin x}{x^4}$$

这就是已经在式(3.6.15)中给出的、需要本节严格证明的 RKKY 交换积分。

第八节　自旋波理论[3]

以上介绍了几种交换作用理论模型，它们都属于局域电子模型。下面将要介绍的自旋波理论、分子场理论的改进、铁磁相变理论都是在局域电子模型的基础上建立起来的，因此放在一起讨论。在此以后，我们将接着介绍过渡金属(Fe，Co，Ni)铁磁性的成因，它属于巡游电子模型。在巡游电子模型的基础上通过考虑激发态电子同费米球内空穴之间的相互作用也可以导出自旋波模式，我们不再介绍。对此有兴趣的读者可参考文献[23]。

考虑单位体积的铁磁性样品，原子间存在着交换作用，交换积分 $A>0$。正如前面所指出的，当 $T=0\mathrm{K}$ 时，铁磁体处于基态，各原子的电子自旋平行取向，表现出最大的磁化强度(达到绝对饱和磁化)。本节将要指出的是，当温度升高时，由于热激发使一部分原子的电子自旋反向，这种反向的自旋不是固定在某个或某几个原子上而是以波的形式在整个铁磁晶体中传播，此即所谓自旋波。自旋波是以波矢量 $\boldsymbol{K}$ 来区分的。因此，在某一温度下，电子自旋反向的平衡态可以用不同波矢量的自旋波线性叠加来表示。从波粒二象性的观点出发，自旋波又具有粒子性。与自旋波相对应的粒子称为磁振子(magnon)。磁振子为玻色子，服从玻色统计分布规律。

自旋波的概念最初是布洛赫从理论上推出的[24]，又称为布洛赫自旋波理论。从这一理论出发可以计算出在低温下自发磁化强度随温度变化的 $T^{3/2}$ 定律，与实验符合得很好。后来，通过测量微波磁场在磁性薄膜中产生的铁磁共振(见第七章)，进一步证实了自旋波的存在。

下面介绍布洛赫的自旋波理论。

一、自旋波能量

布洛赫所采用的原子模型与海森伯相同，即假设原子内的元磁矩来源于未满

壳层的电子自旋;电子的轨道运动处于基态,对磁性无贡献。为了计算简单起见,假设每个原子只有一个未抵消的电子自旋。对于这样一个系统,其哈密顿量中与自旋有关的部分为(因无轨道磁矩,故不存在自旋-轨道相互作用)

$$\mathscr{H} = -g\mu_B\mu_0 H\sum_i s_{iz} - 2A\sum_{i<j}\boldsymbol{s}_i\cdot\boldsymbol{s}_j + \sum_{i<j}D_{ij}\left[\boldsymbol{s}_i\cdot\boldsymbol{s}_j - \frac{3}{r_{ij}^2}(\boldsymbol{s}_i\cdot\boldsymbol{r}_{ij})(\boldsymbol{s}_j\cdot\boldsymbol{r}_{ij})\right] \tag{3.8.1}$$

其中,$D_{ij}=\dfrac{g^2\mu_B^2}{r_{ij}^3}$;$\boldsymbol{r}_{ij}$为电子$i$与电子$j$之间的矢距离;第一项为电子在外磁场$H$中的能量(塞曼能);第二项为电子交换能(只计算近邻);第三项为经典的电子磁矩相互作用能(求和遍及于全部电子)。

为了简明地引入自旋波概念,我们仅考虑交换能部分

$$\mathscr{H}_{ex} = -2A\sum_{i<j}\boldsymbol{s}_i\cdot\boldsymbol{s}_j$$

将上式写成分量形式,则有

$$\mathscr{H}_{ex} = -2A\sum_{i<j}(s_{xi}s_{xj}+s_{yi}s_{yj}+s_{zi}s_{zj}) \tag{3.8.2}$$

为了计算方便,我们用泡利矩阵表示以上的自旋分量,即

$$s_x=\frac{1}{2}\begin{pmatrix}0&1\\1&0\end{pmatrix},\quad s_y=\frac{1}{2}\begin{pmatrix}0&-i\\i&0\end{pmatrix},\quad s_z=\frac{1}{2}\begin{pmatrix}1&0\\0&-1\end{pmatrix} \tag{3.8.3}$$

正向自旋函数和反向自旋函数的矩阵形式分别为

$$\alpha=\begin{pmatrix}1\\0\end{pmatrix},\quad \beta=\begin{pmatrix}0\\1\end{pmatrix} \tag{3.8.4}$$

引入自旋的上升算符和下降算符,它们分别是

$$s^+=s_x+is_y,\quad s^-=s_x-is_y \tag{3.8.5}$$

利用泡利矩阵,容易得出

$$s^+=\begin{pmatrix}0&1\\0&0\end{pmatrix},\quad s^-=\begin{pmatrix}0&0\\1&0\end{pmatrix} \tag{3.8.6}$$

于是式(3.8.2)可进一步表示为

$$\mathscr{H}_{ex} = -2A\sum_{i<j}\left[\frac{1}{2}(s_i^+s_j^-+s_i^-s_j^+)+s_{zi}s_{zj}\right] \tag{3.8.7}$$

其中,s^+,s^-,s_z作用于自旋函数后有以下结果:

$$\left.\begin{aligned} s^+\alpha=0,&\quad s^+\beta=\alpha\\ \alpha^-\alpha=\beta,&\quad s^-\beta=0\\ s_z\alpha=\frac{1}{2}\alpha,&\quad s_z\beta=-\frac{1}{2}\beta\end{aligned}\right\} \tag{3.8.8}$$

现在我们考虑由N个原子组成的一维原子线链。当$T=0\text{K}$时,系统处于基态,所有的自旋方向一致,对应的波函数为

$$\psi_g = \alpha_1\alpha_2\alpha_3\cdots\alpha_N \tag{3.8.9}$$

由

$$\mathscr{H}_{ex}\psi_g = -\frac{1}{2}NA\psi_g \tag{3.8.10}$$

可求出基态能量为

$$E_g = -\frac{1}{2}NA \tag{3.8.11}$$

当 $T \gtrsim 0K$ 时,有少数自旋倒向,称之为激发态。为了计算简单,先讨论 N 个自旋中有一个自旋倒向,并令为第 n 个自旋。这时激发态的波函数为

$$\psi_n = \alpha_1\alpha_2\cdots\alpha_{n-1}\beta_n\alpha_{n+1}\cdots\alpha_N \tag{3.8.12}$$

将式(3.8.7)作用于 ψ_n,得

$$\mathscr{H}_{ex}\psi_n = -\frac{A}{2}[(N-4)\psi_n + 2\psi_{n-1} + 2\psi_{n+1}] \tag{3.8.13}$$

可见,ψ_n 只代表自旋系统某一瞬间的状态,而不是系统的本征态。这是容易理解的,因为自旋倒向不是固定在某个原子上,而是等概率地分布于所有的原子。所以,需要对 ψ_n 做线性组合

$$\Psi^{(1)} = \sum_n C_n\psi_n \tag{3.8.14}$$

其中,n 可取 $1,2,3,\cdots,N$ 中的任何一个值。由式(3.8.7)及式(3.8.14),得

$$\begin{aligned}\mathscr{H}_{ex}\Psi^{(1)} &= -2A\sum_n\sum_{i<j}\left[s_{zi}s_{zj} + \frac{1}{2}(s_i^+s_j^- + s_i^-s_j^+)\right]C_n\psi_n \\ &= -\sum_n \frac{1}{2}A[(N-4)C_n\psi_n + 2C_{n-1}\psi_{n-1} + 2C_{n+1}\psi_{n+1}] \\ &= E^{(1)}\sum_n C_n\psi_n \end{aligned}\tag{3.8.15}$$

以 ψ_m^* 乘方程式(3.8.15)的两边,并应用 ψ_n 的正交归一条件 $\int\psi_m^*\psi_n = \delta_{mn}$,可得

$$-\frac{A}{2}(N-4)C_n - AC_{n-1} - AC_{n+1} = E^{(1)}C_n$$

即

$$\left[E^{(1)} + \frac{A}{2}(N-4)\right]C_n + A(C_{n-1} + C_{n+1}) = 0,\quad n = 1,2,\cdots,N \tag{3.8.16}$$

式(3.8.16)共有 N 个联立齐次方程,设它们的解为

$$C_n = \frac{1}{\sqrt{N}}e^{ikx_n} = \frac{1}{\sqrt{N}}e^{ikna} \tag{3.8.17}$$

这里 $\frac{1}{\sqrt{N}}$ 为归一化因数,$x_n = na$ 为第 n 个原子的坐标(a 为晶格常数),k 为待定常数。

设晶格的周期为 N,即第 $N+1,N+2,\cdots,2N$ 个原子的自旋态分布与第 1, 2,…,N 个原子依次相同。因此

$$e^{ika}=e^{ik(N+1)a},\cdots \tag{3.8.18}$$

即

$$e^{ikNa}=1$$

故有

$$k=\frac{2\pi}{Na}v \tag{3.8.19}$$

其中,$v=0,1,2,\cdots,N-1$;或 $v=0,\pm1,\pm2,\cdots,\pm\frac{N}{2}$。将式(3.8.17)代入式(3.8.14),得本征函数

$$\boldsymbol{\Psi}_k^{(1)}=\frac{1}{\sqrt{N}}\sum\psi_n e^{ikna} \tag{3.8.20}$$

本征函数的这一形式表明自旋反向是以平面波的形式在一维晶格中传播,波矢量为$\frac{\boldsymbol{k}}{2\pi}$。$\boldsymbol{k}$ 称为自旋波的准动量。图 3-8 为一维晶格上一个自旋波的示意图。图中以半经典理论的自旋非一致进动代替了量子理论的自旋倒向。

由式(3.8.16)可得本征能量为

$$E^{(1)}=E_k=-\frac{A}{2}N+2A(1-\cos ka) \tag{3.8.21}$$

故自旋波的能量为

$$\varepsilon_k=E_k-E_g=2A(1-\cos ka) \tag{3.8.22}$$

由式(3.8.22)可见,不同准动量的自旋波能量是不同的。当 $k^2a^2\ll1$ 时,有

$$\varepsilon_k\approx Ak^2a^2 \tag{3.8.23}$$

当反向自旋数为 2 时,则须区别两原子是相邻或不相邻两种情况。

(1) 两原子不相邻 设倒向自旋的位置为 n 和 m,且 $n\neq m\pm1$,则波函数为

$$\psi_{n,m}=\alpha_1\alpha_2\cdots\alpha_{n-1}\beta_n\alpha_{n+1}\cdots\alpha_{m-1}\beta_m\alpha_{m+1}\cdots\alpha_N \tag{3.8.24}$$

代表这个本征态的波函数应是 $\psi_{n,m}$ 的线性组合

$$\boldsymbol{\Psi}^{(2)}=\sum_n\sum_m C_{n,m}\psi_{n,m}\qquad(n,m=2,3,\cdots,N)$$

利用式(3.8.7)和(3.8.8)可以算出

$$\mathscr{H}_{ex}\psi_{n,m}=-\frac{1}{2}A[(N-8)\psi_{n,m}+2\psi_{n-1,m}+2\psi_{n+1,m}+2\psi_{n,m-1}+2\psi_{n,m+1}] \tag{3.8.25}$$

将上式代入薛定谔方程

$$\mathscr{H}_{ex}\boldsymbol{\Psi}^{(2)}=E^{(2)}\boldsymbol{\Psi}^{(2)} \tag{3.8.26}$$

由正交归一化条件同样可以证明

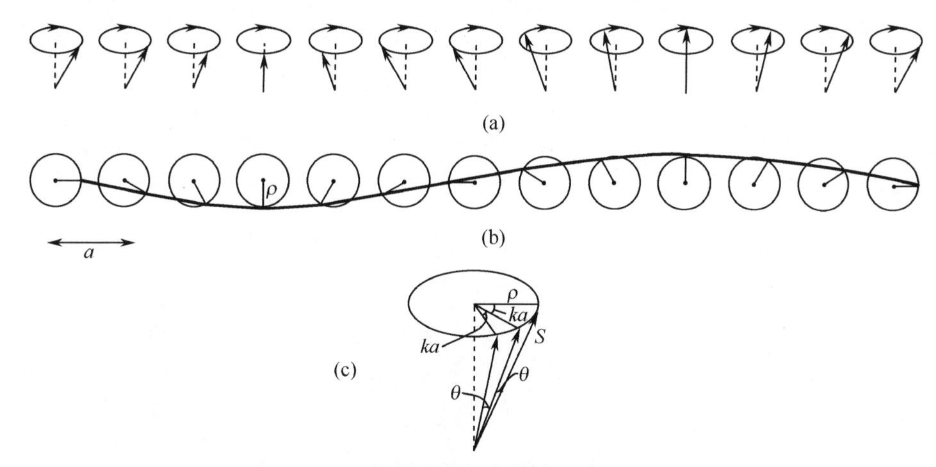

图 3-8　一维晶格中的自旋波示意图

(a) 某一时刻进动自旋的前视图;(b) 某一时刻进动自旋的顶视图;

(c) 三个相继自旋之间的角度关系

$$\left[E^{(2)}+\frac{1}{2}A(N-8)\right]C_{n,m}+A\left[C_{n-1,m}+C_{n+1,m}+C_{n,m-1}+C_{n,m+1}\right]=0 \tag{3.8.27}$$

取试解

$$C_{n,m}=\frac{1}{\sqrt{N}}\left[\exp(\mathrm{i}k_1x_n+\mathrm{i}k_2x_m)+\exp(\mathrm{i}k_2x_n+\mathrm{i}k_1x_m)\right]$$

其中,$x_n=na$;$x_m=ma$。将上式代入式(3.8.27)可得

$$\begin{aligned}E^{(2)}+\frac{1}{2}NA&=\varepsilon(k_1,k_2)\\&=2A(1-\cos k_1a)+2A(1-\cos k_2a)\end{aligned} \tag{3.8.28}$$

k_1,k_2 为两个自旋波的准动量。利用周期性边界条件,可求得

$$k_1=\frac{2\pi v_1}{Na},\quad k_2=\frac{2\pi v_2}{Na} \tag{3.8.29}$$

$$(v_1=0,1,2,\cdots,N-1;v_2=0,1,2,\cdots,N-1)$$

如果反向自旋的数目为 $r(r\ll N)$,而且都不相邻,则用上述方法可以求得

$$E^{(r)}=E_g+2A\sum_{n=1}^{r}(1-\cos k_na) \tag{3.8.30}$$

$$k_n=\frac{2\pi v_n}{Na},v_n=0,1,2,\cdots,N-1$$

各个 k_n 可以有相同的值。因此式(3.8.30)也可改写为

$$\left.\begin{aligned} E^{(r)} &= E_g + \sum_k n_k \varepsilon_k \\ \varepsilon_k &= 2A(1 - \cos ka) \\ \sum n_k &= r \end{aligned}\right\} \tag{3.8.31}$$

当 $ka \ll 1$ 时

$$E^{(r)} \approx E_g + \sum_k n_k A k^2 a^2 \tag{3.8.32}$$

(2) 两原子相邻　　这时 $n = m \pm 1$

$$\psi_{n,m} = \alpha_1 \alpha_2 \cdots \beta_{m-1} \beta_m \alpha_{m+1} \cdots \alpha_N \tag{3.8.33}$$

$$\boldsymbol{\Psi}^{(2)} = \sum C_{n,m} \psi_{n,m} \tag{3.8.34}$$

可以算出

$$\mathscr{H}_{ex} \psi_{n,n+1} = -\frac{1}{2} A[(N-4)\psi_{n,n+1} + 2\psi_{n-1,n} + 2\psi_{n,n+2}] \tag{3.8.35}$$

在薛定谔方程式中

$$\mathscr{H}_{ex} \boldsymbol{\Psi}^{(2)} = E \sum C_{n,m} \psi_{n,m}$$

代入式(3.8.35),利用正交归一化条件,可得

$$\left[E + \frac{1}{2}A(N-4)\right] C_{n,n+1} + A[C_{n-1,n} + C_{n+1,n}] = 0 \tag{3.8.36}$$

式(3.8.36)的解很复杂,这里不再介绍。

现在将一维晶格的结果推广到三维晶格:

1) 对于简立方晶格,我们有波函数

$$\psi_k = \sum e^{i(\boldsymbol{k} \cdot \boldsymbol{r}_n)} \psi_n \tag{3.8.37}$$

其中,$\boldsymbol{r}_n = n_x \boldsymbol{a}_x + n_y \boldsymbol{a}_y + n_z \boldsymbol{a}_z (a_x = a_y = a_z = a)$为原子 n 在晶格点阵上的格矢量;$\boldsymbol{k}$ 为自旋波的准动量。可以证明自旋波能量为

$$\varepsilon_k = 2A[(1 - \cos k_x a) + (1 - \cos k_y a) + (1 - \cos k_z a)] \approx A k^2 a^2 \tag{3.8.38}$$

2) 对于面心立方晶格

$$\varepsilon_k = 4A\left[\left(1 - \cos\frac{k_x a}{2}\cos\frac{k_y a}{2}\right) + \left(1 - \cos\frac{k_y a}{2}\cos\frac{k_z a}{2}\right) + \left(1 - \cos\frac{k_z a}{2}\cos\frac{k_x a}{2}\right)\right] \tag{3.8.39}$$

3) 对于体心立方晶格

$$\varepsilon_k = 8A\left(1 - \cos\frac{k_x a}{2}\cos\frac{k_y a}{2}\cos\frac{k_z a}{2}\right) \tag{3.8.40}$$

二、铁磁性的统计理论

设 N 个原子中有 r 个自旋波,其准动量为 $k_1, k_2, \cdots, \sum n_k = r$。则自旋波的

能量为

$$\varepsilon(\cdots, n_k, \cdots) = \sum_k n_k \varepsilon_k \qquad (n_k = 0,1,2,\cdots)$$

在温度 T 时,自旋波的平衡分布为(设为不连续分布)

$$\widetilde{n}_k = \frac{\sum_k n_k \mathrm{e}^{-\frac{n_k \varepsilon_k}{\kappa_B T}}}{\sum_k \mathrm{e}^{-\frac{n_k \varepsilon_k}{\kappa_B T}}} = \frac{1}{\mathrm{e}^{\frac{\varepsilon_k}{\kappa_B T}} - 1} \tag{3.8.41}$$

其中,κ_B 为玻尔兹曼常数。

由式(3.8.41)可见,自旋波的分布服从玻色统计规律。从数学形式上看,自旋波是晶格上自旋反向(偏量)的集体运动正则模,类似于晶格振动的弹性波正则模(声子)。

由式(3.8.41)可以进一步求出在温度 T 时,整个晶体中各种准动量 k 的自旋波的平衡分布。设分布是连续的,在平衡状态时,自旋波数目为 $\bar{N}$,则

$$\bar{N} = \left(\frac{1}{2\pi}\right)^3 \cdot V \int_0^\infty \frac{4\pi k^2 \mathrm{d}k}{\mathrm{e}^{\frac{Ak^2a^2}{\kappa_B T}} - 1} = \frac{V}{2\pi^2} \int_0^\infty \frac{k^2 \mathrm{d}k}{\mathrm{e}^{\frac{Ak^2a^2}{\kappa_B T}} - 1}$$

其中,V 为晶体体积。令 $x^2 = \frac{Aa^2}{\kappa_B T} k^2$,则

$$\begin{aligned}
\bar{N} &= \frac{V}{2\pi^2}\left(\frac{\kappa_B T}{Aa^2}\right)^{\frac{3}{2}} \int_0^\infty \frac{x^2 \mathrm{d}x}{\mathrm{e}^{x^2} - 1} = \frac{V}{2\pi^2}\left(\frac{\kappa_B T}{Aa^2}\right)^{\frac{3}{2}} \int_0^\infty x^2 (\mathrm{e}^{-x^2} + \mathrm{e}^{-2x^2} + \cdots) \mathrm{d}x \\
&= \frac{V}{2\pi^2}\left(\frac{\kappa_B T}{Aa^2}\right)^{\frac{3}{2}} \frac{\pi^{\frac{1}{2}}}{4} \left(1 + \frac{1}{2^{\frac{3}{2}}} + \frac{1}{3^{\frac{3}{2}}} + \cdots\right) \\
&= \left(\frac{V}{a^3}\right)\left(\frac{\kappa_B T}{4\pi A}\right)^{\frac{3}{2}} \sum_1^\infty n^{-\frac{3}{2}}
\end{aligned} \tag{3.8.42}$$

对于简立方晶格,$\frac{V}{a^3} = N$,故相对磁化强度为

$$\frac{M_s}{M_0} = \frac{N - 2\bar{N}}{N} = 1 - 2\left(\frac{\kappa_B T}{4\pi A}\right)^{\frac{3}{2}} \sum_1^\infty n^{-\frac{3}{2}}$$

算出 $\sum_1^\infty n^{-\frac{3}{2}}$ 的数值后代入上式,最后可得

$$M_s = M_0 \left[1 - 0.1173 \left(\frac{\kappa_B T}{A}\right)^{\frac{3}{2}}\right] \tag{3.8.43}$$

对于体心立方晶格,$\frac{V}{a^3} = \frac{N}{2}$;以于面心立方晶格,$\frac{V}{a^3} = \frac{N}{4}$。因此,对于体心立方晶格和面心立方晶格须将上式中的第二项分别乘以$\frac{1}{2}$和$\frac{1}{4}$因子。

式(3.8.43)称为布洛赫的 $T^{\frac{3}{2}}$定律。在低温范围内($k^2a^2 \ll 1$),这个定律和实验结果符合得很好,有法洛特(M. Fallot)和康道尔斯基(Кондорский)等人的实验证明[25,26]。

上述的自旋波理论有两个不容忽视的缺点:第一,由于同一原子上的自旋偏离不能大于或等于 $2s+1$,所以在同一格点上出现的自旋波只可能是有限数目。例如当 $s=\frac{1}{2}$时,就不容许有两个或多个自旋波同时出现在同一原子上。这个性质称为自旋波之间的运动学的排斥。在前面的计算中忽视了这一性质。第二,未考虑二个自旋波出现在相邻原子上的激发能要比出现在不相邻原子上的激发能低一些,而前面是按出现在不相邻原子上计算的。这个性质称为自旋波之间的动力学的吸引。这些自旋波相互作用的影响在温度较高(自旋波出现较多)时不能忽略。

霍耳斯坦和普利马科夫考虑了自旋间的磁矩相互作用,并应用二次量子化方法,对自旋波近似法做了重要的补充和发展[27],求出自发磁化与温度的 $T^{\frac{3}{2}}$关系和顺磁磁化过程的公式。关于各种自旋波近似理论,范弗莱克和克瑞恩当克(Kranendonk)有一总结性文章,可以参考[28]。

尔后,戴森正确地解决了自旋波之间的相互散射问题,证明在略高一点的低温范围,自发磁化的温度修正项为 $-a_1\theta^{\frac{5}{2}}-a_2\theta^{\frac{7}{2}}-a_3s^{-1}\theta^4\left(\theta=\frac{\kappa_B T}{A}\right)$[29]。

在实验方面,方纳-汤姆普逊用振动磁强计精确地测量纯镍单晶(球状样品)在4.2~290K 温度范围内,沿[111]方向的 M_s 随温度的变化,所用磁场为15 000O_e(内场),得到结果如下$\left(a,b\text{ 是}\frac{H}{T}\text{的函数}\right)$[30]:

$$\sigma_s(H,T) = \sigma_0\left[1 - a\left(\frac{H}{T}\right)T^m - b\left(\frac{H}{T}\right)T^n - \cdots\right] \tag{3.8.44}$$

1) 40~120K——符合于 $T^{\frac{3}{2}\pm 0.1}$定律,$a=6.0\times10^{-6}\pm20\%$。

2) $T>120$K——各修正项中,$T^{\frac{7}{2}}$项更与实验曲线接近($T^{\frac{5}{2}}$项差一些)。

3) $T<40$K——在 8K 左右,M_s 出现一个极小值,这个极小值与所用磁场强度有关。

方纳等的实验曲线画在图 3-9 中。

对于 Fe_3O_4 和 $Y_3Fe_5O_{12}$两种铁氧体的比热与温度的关系,最近也有实验证明其为下列形式[31]:

$$c_V = aT^{\frac{3}{2}} + bT^3 \tag{3.8.45}$$

这是自旋波近似理论的又一结果。

由磁化强度的温度系数 a 可以对交换积分 A 做比较准确的估计。例如根据法洛特对于铁的测量结果,得到

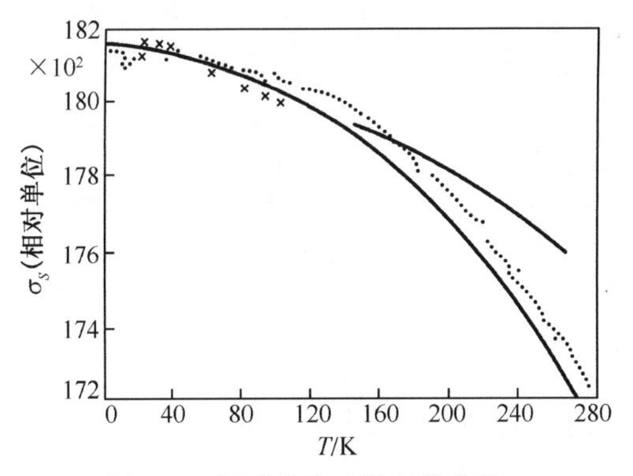

图 3-9　相对磁化对温度的曲线

• 方纳数据

× 法洛特数据(以 20K 数值为基)

上一曲线是 $T^{3/2}$曲线

下一曲线是 $\sigma(0,T)$曲线

$$a = 0.1187\left(\frac{\kappa_B}{A}\right)^{\frac{3}{2}} = 3.5 \times 10^{-6}$$

设每一原子的自旋量子数 $s=1$,可得

$$A = 205\kappa_B$$

第九节　分子场理论的改进

我们在第一章第十三节、第二章第二、七节分别介绍了铁磁性、反铁磁性和亚铁磁性的分子场理论。在那里所得的结果是,分子场理论能够较好地解释上述磁性体的基本磁现象。例如,由它可以导出自发磁化强度随温度的变化关系,居里温度和高温顺磁磁化率等。但在低温范围和居里温度附近由这一理论所得到的结果与实验事实符合较差。这反映了分子场理论的不足。后来,我们在本章第二节中又进一步指出,分子场来源于原子之间的电子交换作用,它的实质是将近邻原子的交换作用等效为一个平均的“分子场”对原子磁矩的作用。显然,这样的处理方法抹杀了原子之间多体相互作用的“个性”。这就造成了分子场方法的不足。为了克服这一缺点,小口对分子场理论做了改进[32]。他研究了两个近邻原子以及它们与其相邻原子所组成的系统。其中,将两个近邻原子(以原子 i 和 j 来表示)间的作用以交换作用处理,而将原子 i 和原子 j 同它们相邻原子间的作用以分子场来处理。为了计算简单,我们采用原论文中的 CGS 单位制。仅考虑铁磁性系统并假设每个原子只有一个对磁性有贡献的电子。对于上述由 $2z$ 个原子(z 为配位数)所组成的系统,其哈密顿量为

$$\mathscr{H}_{i,j} = -2J\boldsymbol{s}_i \cdot \boldsymbol{s}_j - g\mu_B(s_i^z + s_j^z)(H + H_m + \delta H_m) \tag{3.9.1}$$

其中,H 为沿 z 轴方向所加的外磁场;

$$H_m = \frac{2(z-1)J\langle s^z\rangle}{g\mu_B} \tag{3.9.2}$$

为原子 i 或原子 j 同 $z-1$ 个近邻原子之间的交换作用等效分子场;

$$\delta H_m = \frac{2(z-1)J\langle \delta s^z\rangle}{g\mu_B} \tag{3.9.3}$$

为外磁场所引起的分子场增量。

由于 $\boldsymbol{s}_i \cdot \boldsymbol{s}_j = \frac{1}{2}[(\boldsymbol{s}_i + \boldsymbol{s}_j)^2 - \boldsymbol{s}_i^2 - \boldsymbol{s}_j^2]$,因而算符 $\boldsymbol{s}_i \cdot \boldsymbol{s}_j$ 同 $s_i^z + s_j^z$ 可以对易,它们有着共同的本征函数,可以一起计算本征值。

设

$$\boldsymbol{s}' = \boldsymbol{s}_i + \boldsymbol{s}_j \tag{3.9.4}$$

则$(\boldsymbol{s}')^2$ 的本征值为 $s'(s'+1)$,其中,s'的可取值为 $0,1,2,\cdots,2s$。注意到 $s_i^z + s_j^z$ 是$\boldsymbol{s}_i + \boldsymbol{s}_j$ 的 z 分量,其本征值 M'应为 $-s', -s'+1, -s'+2, \cdots, s'$。于是可求得 $\mathscr{H}_{ij}$的本征值为

$$E_{ij} = J[2s(s+1) - s'(s'+1)] - g\mu_B M'(H + H_m + \delta H_m) \tag{3.9.5}$$

根据量子统计理论,$(s^z + \delta s^z)$的统计平均值应为

$$\langle s^z\rangle + \langle \delta s^z\rangle = \frac{\sum\limits_{M'=-s'}^{s'}\sum\limits_{s'=0}^{2s}\frac{1}{2}(s_i^z + \delta s_i^z + s_j^z + \delta s_j^z)\mathrm{e}^{-\mathscr{H}_{ij}/\kappa_B T}}{\sum\limits_{M'=-s'}^{s'}\sum\limits_{s'=0}^{2s}\mathrm{e}^{-\mathscr{H}_{i,j}/\kappa_B T}} \tag{3.9.6}$$

由式(3.9.5)和式(3.9.6)可计算铁磁体的一系列特性。

1. 自发磁化强度

设外磁场 $\boldsymbol{H}=0$。于是,$\delta H_m=0, \delta s_i^z=0, \delta s_j^z=0$。在 $s=\frac{1}{2}$的情况下,s'只有两个可取值:0 和 1。下面分两种情况讨论:

1) $s'=0$($\boldsymbol{s}_i$ 和 $\boldsymbol{s}_j$ 构成自旋单重态),这时 M'的取值为 0。将上述取值代入式(3.9.5)得

$$E_{i,j} = \frac{3}{2}J \tag{3.9.7}$$

2) $s'=1$($\boldsymbol{s}_i$ 和 $\boldsymbol{s}_j$ 构成自旋三重态),这时 M'的可能取值为 $1,0,-1$。将上述取值分别代入式(3.9.5)可得

$$E_{ij} = \begin{cases} -\frac{1}{2}J + 2(z-1)J\langle s^z \rangle & (s' = 1, M' = -1) \\ -\frac{1}{2}J & (s' = 1, M' = 0) \\ -\frac{1}{2}J - 2(z-1)J\langle s^z \rangle & (s' = -1, M' = 1) \end{cases} \tag{3.9.8}$$

将以上计算结果代入式(3.9.6)，得

$$\begin{aligned} \langle s^z \rangle &= \frac{\sinh[2(z-1)J\langle s^z \rangle/\kappa_B T]}{e^{-2J/\kappa_B T} + 2\cosh[2(z-1)J\langle s^z \rangle/\kappa_B T] + 1} \\ &= \frac{\sinh[2(z-1)J\langle s^z \rangle/\kappa_B T]}{2\{\cosh[2(z-1)J\langle s^z \rangle/\kappa_B T] + e^{-J/\kappa_B T}\cosh(J/\kappa_B T)\}} \end{aligned} \tag{3.9.9}$$

与分子场理论结果不同之处在于上式分母中增加了第二项，下面进一步考察这一项所带来的影响。

① $T \to 0\text{K}$ 时，$e^{-J/\kappa_B T} \to 0$，于是

$$\langle s^z \rangle = \frac{1}{2}\tanh[2(z-1)J\langle s^z \rangle/\kappa_B T] \approx \frac{1}{2} \tag{3.9.10}$$

即$\langle s^z \rangle \to s$，接近于绝对磁化饱和。这和分子场理论结果是相同的。

② $T \gtrsim 0\text{K}$ 时，可用迭代法求出$\langle s^z \rangle$，其结果是

$$\langle s^z \rangle = \frac{1}{2} - e^{-(z-1)J/\kappa_B T} = s - e^{-2(z-1)J/\kappa_B T} \tag{3.9.11}$$

这和分子场所得的结果很相似，说明小口的改进对低温区影响不大。

③ $T \sim T_c$ 时，$2(z-1)J\langle s^z \rangle/\kappa_B T = \alpha \ll 1$。取近似

$$\sinh\alpha = \alpha + \frac{\alpha^3}{3!} + \cdots$$

$$\cosh\alpha = 1 + \frac{\alpha^2}{2!} + \cdots$$

将上式代入式(3.9.9)，可得

$$\langle s^z \rangle = \frac{2(z-1)J\langle s^z \rangle/\kappa_B T + 4(z-1)^3J^3\langle s^z \rangle^3/3(\kappa_B T)^3}{3 + 4(z-1)^2J^2\langle s^z \rangle^2/(\kappa_B T)^2 + e^{-2J/\kappa_B T}} \tag{3.9.12}$$

即

$$\langle s^z \rangle^3 = \frac{(\kappa_B T)^3[3 + e^{-2J/\kappa_B T} - 2(z-1)J/\kappa_B T]}{4(z-1)^2J^2\left[\frac{1}{3}(z-1)J - \kappa_B T\right]}\langle s^z \rangle \tag{3.9.13}$$

由$\langle s^z \rangle = 0$ 的条件可知居里温度 T_c 由下式决定

$$3 + e^{-2J/\kappa_B T_c} - 2(z-1)J/\kappa_B T_c = 0 \tag{3.9.14}$$

表 3-1 列出了上式对于不同 z 值的数值解。为了便于比较，表中还列出了分子场的结果。由表 3-1 可见，配位数越大，两者的差别越小。这说明晶体的对称性越高，小口的改进越显得不重要。

表 3-1　用两种近似方法计算的 $\kappa_B T_c/J$ 值

配位数 z	分子场近似计算结果	小口改进口的计算结果
2	1	0.656
4	2	1.800
6	3	2.861
8	4	3.892
12	6	5.917

④ $T \lesssim T_c$ 时,由式(3.9.13)可得$\langle s^z \rangle \propto (T_c - T)^{\frac{1}{2}}$,与分子场结果相同。

在其他温度下,由解方程(3.9.9)所得的$\langle s^z \rangle$-T 关系也类似于分子场理论结果。

2. 高温磁化率

设外磁场 $\boldsymbol{H} \neq 0$。这时由式(3.9.6)得到

$$\langle s^z \rangle + \langle \delta s^z \rangle = \frac{\sinh\{[2(z-1)J(\langle s^z \rangle + \langle \delta s^z \rangle) + g\mu_B H]/\kappa_B T\}}{2\cosh\{[2(z-1)J(\langle s^z \rangle + \langle \delta s^z \rangle) + g\mu_B H]/\kappa_B T\} + e^{-2J/\kappa_B T} + 1} \tag{3.9.15}$$

当 T 高于 T_c 时,$\alpha \ll 1$,取

$$\sinh\alpha \approx \alpha, \quad \cosh\alpha \approx 1$$

于是上式变为

$$\langle s^z \rangle + \langle \delta s^z \rangle = \frac{[2(z-1)J(\langle s^z \rangle + \langle \delta s^z \rangle) + g\mu_B H]/\kappa_B T}{3 + e^{-2J/\kappa_B T}} \tag{3.9.16}$$

因为在 $H=0$ 时

$$\langle s^z \rangle = \frac{2(z-1)J\langle s^z \rangle/\kappa_B T}{3 + e^{-2J/\kappa_B T}} \tag{3.9.17}$$

所以有

$$\langle \delta s^z \rangle = \frac{[2(z-1)J\langle \delta s^z \rangle + g\mu_B H]/\kappa_B T}{3 + e^{-2J/\kappa_B T}} \tag{3.9.18}$$

由此可得高温磁化率为

$$\begin{aligned}\chi &= \frac{Ng\mu_B\langle \delta s^z \rangle}{H} = \frac{N(g\mu_B)^2}{\kappa_B T} \cdot \frac{1}{e^{-2J/\kappa_B T} + 3 - [2(z-1)J]/\kappa_B T} \\ &= \frac{C}{T} \cdot \frac{4}{e^{-2J/\kappa_B T} + 3 - 2[2(z-1)J]/\kappa_B T}\end{aligned} \tag{3.9.19}$$

其中,

$$C = \frac{N(g\mu_B)^2}{4\kappa_B} = \frac{N(g\mu_B)^2 s(s+1)}{3\kappa_B} \tag{3.9.20}$$

为居里常数。由上式可见,当 $T \to T_c$ 时,$\chi \to \infty$,这与分子场的结果相同。与分子场不同的是,当 $T > T_c$ 时,χ^{-1}并不与($T-T_c$)成线性关系。下面分析小口近似在两个温度范围内的渐近行为。

1) 当 $T \gg T_c$ 时,$J/\kappa_B T \ll 1$,故可取 $e^{-2J/\kappa_B T} \approx 1 - 2J/\kappa_B T$。将这一近似结果代入式(3.9.19)得

$$\chi = \frac{C}{T - \theta} \tag{3.9.21}$$

其中,

$$\theta = \frac{zJ}{2\kappa_B} = \frac{2zJs(s+1)}{3\kappa_B} = T_c \tag{3.9.22}$$

与分子场结果相同。

2) 当 $T \gtrsim T_c$ 时,可把式(3.9.19)分母中的 $e^{-2J/\kappa_B T}$按$\frac{J}{\kappa_B T} - \frac{J}{\kappa_B T_c}$展开,得

$$\chi = \frac{\rho C}{T - \theta} \tag{3.9.23}$$

其中,

$$\rho = \frac{2}{\left[\frac{2(z-1)J}{\kappa_B T_c} + (z-4)\right]\frac{J}{\kappa_B T_c}} \tag{3.9.24}$$

利用表 3-1 所给的数值,对简单立方晶体,得 $\rho = 1.04$;对体心立方晶体,得 $\rho = 1.026$。值得注意的是,按式(3.9.23)计算出的 θ 不同于按式(3.9.22)计算的 T_c,这说明顺磁居里点 θ 不同于铁磁居里点 T_c。根据这一计算结果,对简立方晶体,$\theta/T_c = 1.05$;对体心立方晶体,$\theta/T_c = 1.03$。这一理论结果符合实验所得的 θ 高于 T_c 百分之几的实验事实。

3. 与自发磁化有关的比热

为了说明小口的改进对计算结果的影响,我们讨论与自发磁化有关的比热。而在此之前,需要首先定义关联函数

$$\tau = 4\langle \boldsymbol{s}_i \cdot \boldsymbol{s}_j \rangle \tag{3.9.25}$$

其中,$\boldsymbol{s}_i$ 和 $\boldsymbol{s}_j$ 为两个近邻原子的自旋。在 $\boldsymbol{s}_i$ 和 $\boldsymbol{s}_j$ 为单电子自旋的条件下,τ 的本征值为 -3(如令 $\boldsymbol{s}' = \boldsymbol{s}_i + \boldsymbol{s}_j$,当 $\boldsymbol{s}' = 0$ 时)和 1(当 $\boldsymbol{s}' = 1$ 时)。而在一般条件下,$-3 \leqslant \tau \leqslant 1$。对于铁磁系统,由于$\langle \boldsymbol{s}_i \cdot \boldsymbol{s}_j \rangle > 0$,故 τ 的变化范围为 $0 \leqslant \tau \leqslant 1$。显然,$\tau$ 的大小代表了原子自旋的有序程度,可用它作为序参数:当 $\tau = 0$ 时,表示近邻原子自旋完全无序;当 $\tau = 1$ 时,表示近邻原子自旋完全有序(即方向相同)。

按照分子场近似,应以$\langle \boldsymbol{s}_i \rangle$代替 $\boldsymbol{s}_i$,因而有

$$\tau = 4\langle \boldsymbol{s}_i \cdot \boldsymbol{s}_j \rangle = 4\langle \boldsymbol{s}_i \rangle \langle \boldsymbol{s}_j \rangle = 4\langle s^z \rangle^2 \tag{3.9.26}$$

当 $T\approx 0\mathrm{K}$ 时，$\langle s^z\rangle=\dfrac{1}{2}$，$\tau=1$；当 $T>T_c$ 时，$\langle s^z\rangle=0$，$\tau=0$。

但是，按照小口近似，则有不同的结果。取 $H=0$，有

$$\tau=\frac{\sum\limits_{M'=-s'}^{s'}\sum\limits_{s'=0}^{2s}4\boldsymbol{s}_i\cdot\boldsymbol{s}_j\,\mathrm{e}^{-E_{ij}/\kappa_B T}}{\sum\limits_{M'=-s'}^{s'}\sum\limits_{s'=0}^{2s}\mathrm{e}^{-E_{ij}/\kappa_B T}}$$

$$=\frac{\{2\cosh[2(z-1)J\langle s^z\rangle/\kappa_B T]+1\}-3\mathrm{e}^{-2J/\kappa_B T}}{\{2\cosh[2(z-1)J\langle s^z\rangle/\kappa_B T]+1\}+\mathrm{e}^{-2J/\kappa_B T}} \tag{3.9.27}$$

当 $T\approx 0\mathrm{K}$ 时，$\tau=1$。这与分子场近似的结果相同。但随着温度升高，与分子场近似所得的 τ 值不再相同：小口近似所得的 τ 值随温度升高减小要慢一些；并且，当 $T>T_c$ 时，尽管 $\langle s^z\rangle=0$，但 τ 值并不为零，而变为

$$\tau=\frac{3(1-\mathrm{e}^{-2J/\kappa_B T})}{3+\mathrm{e}^{-2J/\kappa_B T}} \tag{3.9.28}$$

这明显的不同于分子场所得的结果。图 3-10 给出了按以上两种方法计算的 τ 值随 T 变化的曲线，其中虚线是由分子场近似所得的结果，实线是由小口近似所得的结果。由图 3-10 可见，对于小口近似来说，在 $T=T_c$ 处曲线的斜率不连续，这预示铁磁晶体的比热 c_V 在 T_c 处有一突变。下面我们具体地计算这个问题。

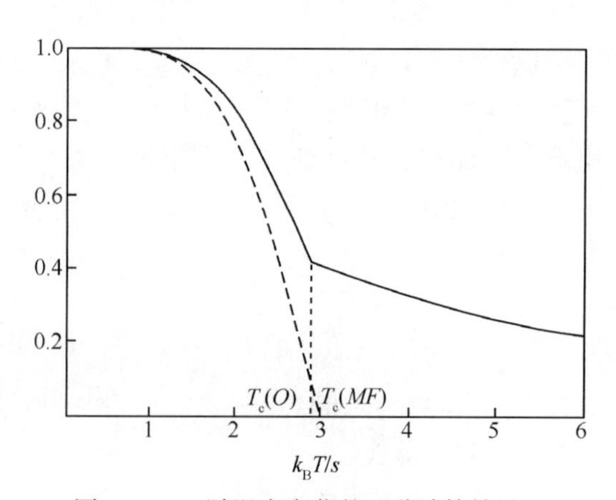

图 3-10 τ 随温度变化的两种计算结果

-------分子场理论 $\left(s=\dfrac{1}{2}\right)$

——小口理论 $\left(s=\dfrac{1}{2}, z=6\right)$

当 H 和 H_m 均为零时，一对近邻原子的内能为

$$u=-2J\langle\boldsymbol{s}_i\cdot\boldsymbol{s}_j\rangle=-\frac{1}{2}J\tau \tag{3.9.29}$$

故铁磁晶体单位体积的内能为

$$U = \frac{1}{2}Nz(-2J\langle \boldsymbol{s}_i \cdot \boldsymbol{s}_j \rangle) = -\frac{1}{4}NzJ\tau \tag{3.9.30}$$

由此得到铁磁晶体的定容比热为

$$c_V = \frac{\partial U}{\partial T} = -\frac{1}{4}NzJ\left(\frac{\partial \tau}{\partial T}\right) \tag{3.9.31}$$

将式(3.9.28)代入式(3.9.31),得 $T > T_c$ 时的定容比热为

$$c_V = \frac{6NzJ^2}{\kappa_B T^2} \cdot \frac{e^{-2J/\kappa_B T}}{(3 + e^{-2J/\kappa_B T})^2} \tag{3.9.32}$$

可见,其值并不为零。这与分子场所得结果有明显的区别。在分子场近似下,$T > T_c$ 时,$\tau = 0$。因而 $c_V = 0$。

根据图 3-10 我们不难分析 c_V 随 T 的变化规律:当 $T = 0$ 时,$\tau = 1$,$c_V = 0$;随着温度升高,c_V 逐渐增大;到 $T = T_c$ 时,c_V 达到极大值。以上是分子场近似和小口近似的共同规律。但当 $T > T_c$ 时,两者给出了不同结果:按分子场近似,$c_V = 0$;而按小口近似,$c_V \neq 0$,小口近似很好地解释了铁磁体在居里点以上磁比热有一"拖尾"的现象。

总之,小口对分子场的改进在计算温度低于居里点的磁性和温度远高于居里点的磁性方面没有取得明显进展,但是在说明温度略高于居里点的磁现象时却取得了重要成果。例如,所得的 θ 略高于 T_c,$T > T_c$ 时 $c_V \neq 0$ 等。这是容易理解的,因为温度略高于居里点时,自旋的长程序消失,但仍存在着交换作用所导致的自旋短程序。小口的近似正是以一对电子交换作用的形式考虑了这种短程序,所以使结果得到一定的改进。有关铁磁体在居里点附近的磁性变化我们将在下一节讨论。在那里将指出,这种变化属于第二类相变。

* 第十节　铁磁相变及有关理论

上一节曾简单介绍过铁磁体在居里点附近的磁性变化。热力学研究表明,这种变化是一种相变。相变有其内在的规律。本节将具体地讨论这些规律及相关的理论。

一、铁磁相变的特征

按照艾伦费斯的分类,在升温过程中物质结构的转变(如升华、熔解、蒸发)属于第一类相变,而铁磁性物质由铁磁性到顺磁性的转变则属于第二类相变[33]。在第一类相变中,热力学势函数在相变点连续地变化,但其一级微商却发生突变,因而伴随有热量和体积的突变。至于第二类相变,则有着完全不同的特点,我们采用 CGS 单位制表述这些特点:

1）热力学势函数 Φ 的一级微商

$$\frac{\partial \Phi}{\partial T} = -S, \quad \frac{\partial \Phi}{\partial P} = V, \quad \frac{\partial \Phi}{\partial H} = -M \tag{3.10.1}$$

在转变点即居里点是连续的，没有突变。

2）Φ 的二级微商

$$\frac{\partial^2 \Phi}{\partial T^2} = -\frac{\partial S}{\partial T}, \quad \frac{\partial^2 \Phi}{\partial P^2} = \frac{\partial V}{\partial P}, \quad \frac{\partial^2 \Phi}{\partial T \partial P} = \frac{\partial V}{\partial T}, \cdots \tag{3.10.2}$$

在转变点是不连续的，发生突变。

由第一特性可知，在居里点

$$\left.\begin{aligned} \Delta Q &= T\Delta S = 0 \\ \Delta V &= 0 \\ \Delta M &= 0 \end{aligned}\right\} \tag{3.10.3}$$

即不放出或吸收潜热，体积和磁化强度都不发生突变。

由第二特性可知

$$\Delta\left(\frac{\partial S}{\partial T}\right) \neq 0, \quad \Delta\left(\frac{\partial V}{\partial P}\right) \neq 0, \quad \Delta\left(\frac{\partial V}{\partial T}\right) \neq 0 \tag{3.10.4}$$

即比热 $c = T\left(\frac{\partial S}{\partial T}\right)$ 和膨胀系数 $\alpha = \frac{1}{V}\left(\frac{\partial V}{\partial T}\right)$ 等都有突变。

二、临界现象和临界指数

除了比热和膨胀系数在居里点发生突变外，某些磁学量及其他一些与短程序有关的物理量也将在居里点表现出异常。人们称这种异常为临界现象。热力学量在居里点的异常行为通常用临界指数来表示。表征铁磁相变的临界指数主要有：

1）当外磁场 $H = 0$，$T \lesssim T_c$ 时，磁化强度 M 随温度的变化可以表示为如下的指数形式

$$M \propto (T_c - T)^{\beta} \tag{3.10.5}$$

其中，β 为临界指数。实验观察值如表 3-2 所示。

2）当 $T = T_c$ 时，对于非常小的外磁场 H，磁化强度 M 与外磁场 H 有如下的关系

$$M \propto H^{1/\delta} \tag{3.10.6}$$

其中，δ 为临界指数。实验观察值见表 3-2。

3）当 $H \approx 0$，T 趋向于 T_c 时，磁化率 $\chi = (\partial M / \partial H)_T$ 随温度的变化可用下面两个指数形式来表征：

$$\chi \propto \begin{cases} (T - T_c)^{-\gamma} & (T > T_c) \qquad (3.10.7) \\ (T_c - T)^{-\gamma'} & (T < T_c) \qquad (3.10.8) \end{cases}$$

其中，γ 和 γ' 为临界指数。实验表明，对于大多数铁磁体，γ 和 γ' 大小相同。但也

有的铁磁体例外，γ 与 γ' 相差很大(见表 3-2)。需要注意的是，式(3.10.7)与式(3.10.8)中的比例系数一般并不相同。

4) 当 $H=0$，T 趋向于 T_c 时，比热 $c=-T(\partial^2\Phi/\partial T^2)$ 随温度的变化可用两个临界指数 α 和 α' 来描述

$$c \propto \begin{cases} (T-T_c)^{-\alpha} & (T>T_c) \quad (3.10.9) \\ (T_c-T)^{-\alpha'} & (T<T_c) \quad (3.10.10) \end{cases}$$

α 和 α' 的实验观察值见表 3-2。在实验误差范围内，$\alpha=\alpha'$。但式(3.10.9)和式(3.10.10)的比例系数并不相同。

5) 上一节我们介绍了相邻原子自旋的关联函数，这一节再介绍一种关联函数。设 $\sigma(x)$ 为局部自旋密度，我们定义关联函数

$$\Gamma(x) = \langle \sigma(x)\sigma(0) \rangle \tag{3.10.11}$$

如令 ξ 为关联长度，a 为晶格常数，d 为空间维数。在 $\xi \gg x \gg a$ 的范围内，在临界温度，$\Gamma(x)$ 按下列方式随 x 衰减：

$$\Gamma(x) \propto |x|^{-(d-2+\eta)} \tag{3.10.12}$$

其中，η 为临界指数。其值见表 3-2。

6) 由关联函数 $\Gamma(x)$ 可以进一步定义关联长度 ξ：

$$\Gamma(x) \propto e^{-|x|/\xi} \tag{3.10.13}$$

在临界温度，关联长度 ξ 的奇异行为可表示为

$$\xi \propto \begin{cases} \xi_0^+(T-T_c)^{-\nu} & (T>T_c) \quad (3.10.14) \\ \xi_0^-(T_c-T)^{-\nu'} & (T<T_c) \quad (3.10.15) \end{cases}$$

其中，ν 和 ν' 为临界指数。

表 3-2　临界指数的实验观察值

材料	对称性	T_c/K	α,α'	β	γ,γ'	δ	η
Fe	各向同性	1 044.0	-0.120 ± 0.01	0.34 ± 0.02	$\gamma=1.333\pm0.015$		0.07 ± 0.07
Ni	各向同性	631.58	-0.10 ± 0.03	0.33 ± 0.03	$\gamma=1.32\pm0.02$	4.2 ± 0.1	
EuO	各向同性	69.33	-0.09 ± 0.01				
$YFeO_3$	单轴	643		0.354 ± 0.005	$\gamma=1.33\pm0.04$ $\gamma'=0.7\pm0.1$		
Gd	各向同性	292.5			$\gamma=1.33$	4.0 ± 0.1	

注：此表引自 Shang-Keng Ma, Moden Theory of Critical Phenomena, W. A. Benjamin, Inc., London, 1976, p12.

三、平均场理论

在理论上如何对临界现象和临界指数做出解释一直是物理学界所研究的课

题。早期的理论是朗道提出的平均场理论[34],下面介绍这一理论的要点。

平均场理论的基本假设:

1) 孤立系统的热力学量可由自由能 F 导出。在铁磁系统中,磁化强度$M(x)$是相变过程的序参量,自由能 F 是依赖于约化温度 $t=\dfrac{T-T_c}{T_c}$的 $M(x)$的解析泛函。因此,可将 F 展为$M(x)$及其空间变量$|\nabla M(x)|$的幂级数。

2) 当 t 很小、外磁场 H 也很小时,$M(x)$是一小量。

3) $M(x)$在空间的变化很慢,因而$|\nabla M(x)|$也是一小量。

对于各向同性的铁磁体,当温度接近居里温度时,按照上面的假设,可将自由能 $F(M,t)$展为 $M(x)$的泰勒级数

$$F(M,t)=F_0(t)+\frac{1}{2!}a(t)M^2(x)+\frac{1}{4!}b(t)M^4(x)+\frac{1}{2}[\nabla M(x)]^2+\cdots \tag{3.10.16}$$

由于 $M(x)$沿正方向或负方向不应对 $F(M,t)$有影响,故上式不包含 $M(x)$的奇次幂项。

对于空间均匀的系统,当外磁场均匀时,磁化强度也是均匀的。在这种情况下,可略去$\frac{1}{2}[\nabla M(x)]^2$ 项。于是可将式(3.10.16)近似取为

$$F(M,t)=F_0(t)+\frac{1}{2!}a(t)M^2+\frac{1}{4!}b(t)M^4 \tag{3.10.17}$$

关于式中各项的系数,我们讨论如下:

1) $t>0$ 时,$M=0$ 对应于稳定状态,因而有

$$\left(\frac{\partial F}{\partial M}\right)_{M=0}=0,\quad \left(\frac{\partial^2 F}{\partial M^2}\right)_{M=0}>0 \tag{3.10.18}$$

这就要求 $a(t)>0$。

2) $t<0$ 时,$M=0$ 的状态是不稳定状态。进一步研究可以证明,这一状态对应于 $F(M,t)$的极大值,即有

$$\left(\frac{\partial F}{\partial M}\right)_{M=0}=0,\quad \left(\frac{\partial^2 F}{\partial M^2}\right)_{M=0}<0 \tag{3.10.19}$$

由此可导出 $a(t)<0$。$t<0$ 时的稳定状态应对应于 M 为某一有限值的状态,设此值为 M_1,于是有

$$\left(\frac{\partial F}{\partial M}\right)_{M=M_1}=0,\quad \left(\frac{\partial^2 F}{\partial M^2}\right)_{M=M_1}=a(t)+\frac{1}{2}b(t)M_1^2>0 \tag{3.10.20}$$

上式中的 $a(t)<0$,故 $b(t)$应大于零。

根据以上分析,F 随M 的变化应如图 3-11 所示。如设

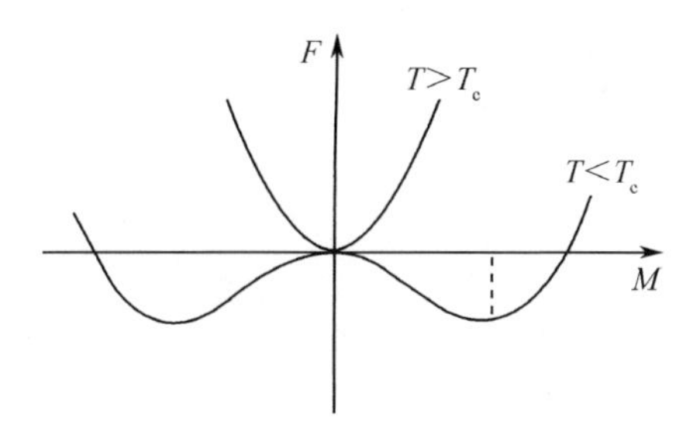

图 3-11　在不同温度下,自由能密度同磁化强度的关系

$$\left.\begin{aligned} a(t) &= a_1 t \\ b(t) &= b_0 \end{aligned}\right\} \tag{3.10.21}$$

则应有 $a_1>0, b_0>0$。

根据以上讨论结果可导出各热力学量的临界指数:

(1) 自发磁化　　由热力学关系

$$H = \frac{\partial F}{\partial M} = M\left[a(t) + \frac{1}{6}b(t)M^2\right] \tag{3.10.22}$$

当外磁场 $H=0$ 时,可解得

$$\begin{cases} M_{\mathrm{sp}} = 0 & (t > 0) \\ M_{\mathrm{sp}} = \pm\sqrt{-a_1 t / b_0} & (t < 0) \end{cases} \tag{3.10.23}$$

即有

$$M_{\mathrm{sp}} = M_0(-t)^{\frac{1}{2}} = M_0\left(\frac{T_{\mathrm{c}} - T}{T_{\mathrm{c}}}\right)^{\frac{1}{2}} \tag{3.10.24}$$

其中 $M_0=\sqrt{6a_1/b_0}$,临界指数 $\beta=\dfrac{1}{2}$。

(2) 磁化率　　当外磁场 $H\to 0$ 时,磁化率 χ 由下式定义

$$\chi = \left[\frac{\partial M}{\partial H}\right]_{H\to 0} \tag{3.10.25}$$

对应于 $t>0, M\approx 0$,由式(3.10.22)可得

$$\chi(t) = \frac{1}{a(t)} = \frac{1}{a_1}\left(\frac{T - T_{\mathrm{c}}}{T_{\mathrm{c}}}\right)^{-1} \tag{3.10.26}$$

临界指数 $\gamma=1$。

对应于 $t<0$

$$\chi^{-1}(t) = a(t) + \frac{1}{2}b(t)M^2\bigg|_{H\approx 0} = -2a(t) \tag{3.10.27}$$

因而有

$$\chi(t) = -\frac{1}{2a(t)} = \frac{1}{2a_1}\left(\frac{T_c - T}{T_c}\right)^{-1} \tag{3.10.28}$$

临界指数 $\gamma' = 1$。

(3) 状态方程　　当 $t = 0$ 时,由式(3.10.22)得到

$$H = \frac{1}{6} b_0 M^3 \tag{3.10.29}$$

由此决定的临界指数 $\delta = 3$。

(4) 比热　　无外磁场时,在 T_c 以上,$M = 0$,因而有

$$F(M, t)|_{H=0} = F_0(t) \tag{3.10.30}$$

在 T_c 以下

$$\begin{aligned} F(M, t)|_{H=0} &= F_0(t) - \frac{3}{2} a^2(t) / b(t) \\ &= F_0(t) - \frac{3}{2} a_1^2 t^2 / b_0 \end{aligned} \tag{3.10.31}$$

由 $c = -T(\partial^2 F / \partial T^2)$可求得

$$c_{H=0} = \begin{cases} c_0 & (t > 0) \\ c_0 + \dfrac{3a_1^2}{b_0} T_c & (t < 0) \end{cases} \tag{3.10.32}$$

比热跃迁为 $\Delta c = \dfrac{3a_1^2}{b_0} T_c$,但无法确定临界指数 α 和 α'。

(5) 关联函数　　当磁化强度的空间分布不均匀时,根据涨落耗散定理,可由下式来计算关联函数

$$G(x, y) = \delta M(x) / \delta H(y) \tag{3.10.33}$$

其倒数为

$$\frac{\delta H(x)}{\delta M(y)} = \frac{\delta^2 F}{\delta M(x) \delta M(y)} \tag{3.10.34}$$

由式(3.10.17)可知

$$\frac{\delta F}{\delta M(y)} = a(t) M(y) + \frac{1}{6} b(t) M^3(y) - \nabla^2 M(y) \tag{3.10.35}$$

对于 d 维空间有

$$\begin{aligned} G^{-1}(x, y) &= \frac{\delta^2 F}{\delta M(x) \delta M(y)} \\ &= \delta^{(d)}(x - y)\left[-\nabla_x^2 + a(t) + \frac{b(t)}{2} M^2(x)\right] \end{aligned} \tag{3.10.36}$$

对 $G^{-1}(x, y)$做傅里叶变换,在 $\boldsymbol{p}$ 空间中得到

$$G^{-1}(p) = p^2 + a(t) + \frac{1}{2} b(t) M^2 \tag{3.10.37}$$

可以证明,动量空间中关联函数的极点决定了关联长度的倒数,因而有

$$\xi^2(t,M)=\frac{1}{a(t)+\frac{1}{2}b(t)M^2} \tag{3.10.38}$$

当外磁场为零时

$$\xi=\begin{cases}\frac{1}{\sqrt{a_1}}t^{-\frac{1}{2}} & (t>0)\\ \frac{1}{\sqrt{2a_1}}(-t)^{-\frac{1}{2}} & (t<0)\end{cases} \tag{3.10.39}$$

由此可得临界指数 $\nu=\nu'=\frac{1}{2}$，并且有 $\xi_0^+/\xi_0^-=\sqrt{2}$。

由平均场理论计算出的临界指数称为“经典指数”或“平均场指数”。上面的结果告诉我们，“平均场指数”与实验值存在着较大的差异。这是因为平均场理论未能有效地考虑在临界温度附近因关联效应而产生的短程序。

四、标度理论

由式(3.10.39)可知，当 $t=0$ 时，关联长度 $\xi\to\infty$。这就是说，在临界温度，对于一个无限大铁磁晶体来说，任意远的两处磁矩都是相关的。这时，一切与有限大点阵有关的效应都不存在。因此，当我们改变量度晶体的尺度时，自由能函数应保持不变。利用这种标度的变换，可以求出各临界指数间的关系，人们通常称这种关系为标度律。

标度律是威多姆在对热力学势的奇异部分做标度时首次提出的[35]。后来，卡丹诺夫又将标度思想用于伊辛模型，不但给标度律以鲜明的物理图像，而且还预言了与关联函数有关的标度律[36]。下面以伊辛模型为例介绍卡丹诺夫的标度理论。

在海森伯交换作用模型中，令 $s=\frac{1}{2}$ 并且只考虑 $\boldsymbol{s}$ 的 z 分量，得到

$$\hat{\mathscr{H}}=-2J\sum_{\substack{i<j\\(\text{近邻})}}s_i^z s_j^z \tag{3.10.40}$$

此即伊辛模型，它是伊辛首先提出来的[37]。下面我们用这一模型处理格点之间的交换作用。

设有一 d 维晶格，共 N 个格点，近邻格点间存在着伊辛模型交换作用。现在，我们把上述晶格分成边长为 la 的块自旋系统(a 为晶格，l 为大于 1 的整数)，且 $la\ll\xi$。这样，该系统共有 N/l^d 个块，每个块中有 l^d 个电子自旋。当温度足够接近临界温度 T_c 时，关联长度 ξ 远大于 la，系统具有近似的标度不变性。设想每个块的自旋按一定的规则产生一个净自旋，它起着与单一格点自旋相同的作用。于是，原来的格点自旋系统便被重新标定为块自旋系统，块内所有格点的平均位矢成了新的有效格点的位置坐标，有效格点的晶格常数为 $la=a_l$。在图 3-12 中以

$d=2, l=2$ 为例绘出了重新标度后有效晶格的图像。这样的标度变换要求有效晶格与原来晶格有相同的对称性,同时要求有效晶格格点的净磁矩和原来晶格格点的自旋一样,其方向或者“向上”或者“向下”,即要求标度变换前后的哈密顿量有着完全相似的形式。

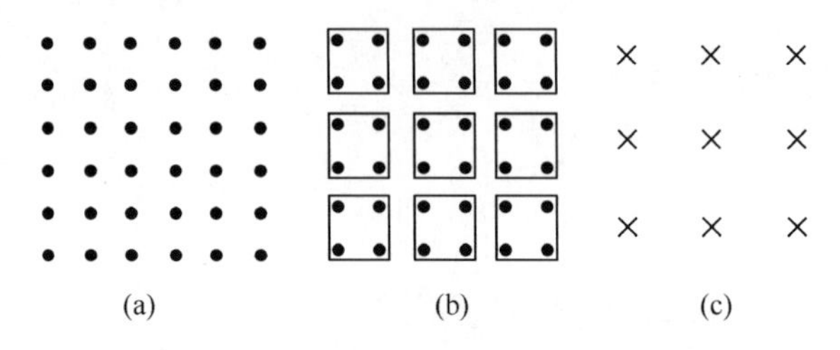

图 3-12 卡丹诺夫的块自旋结构示意图

(a) 原来的晶格;(b) $l \times l$ 个自旋组成的集团;(c) 有效晶格

我们将温度 T、外磁场 H 取作自由能 F 的参量。为了方便起见,将参量取为约化形式:$t=\dfrac{T-T_c}{T_c}, h=g\mu_B H$。令原来晶格中每个格点的平均自由能为 $F(t,h)$,重新标度后每个有效格点的平均自由能为 $F(t_l,h_l)$,根据标度前后系统的总自由能不变的准则,应有

$$F(t,h) = l^{-d}F(t_l,h_l) \tag{3.10.41}$$

假设有效晶格的自由能参量(t_l,h_l)与原来晶格的自由能参量(t,h)有如下关系:

$$t_l = tl^x, \quad h_l = hl^y \tag{3.10.42}$$

利用以上的标度变换可导出各临界指数间的关系如下:

1) 根据磁化强度的定义

$$M = -\frac{\partial F}{\partial h} = l^{y-d}M(t_l,h_l) \tag{3.10.43}$$

若取

$$h = 0, \quad t_l = 1$$

由于

$$l = t^{-1/x} \tag{3.10.44}$$

因而得到

$$M(t,0) = t^{-\frac{d-y}{x}}M(1,0) \tag{3.10.45}$$

根据临界指数的定义,应有

$$\beta = \frac{d-y}{x} \tag{3.10.46}$$

2) 由式(3.10.43)还可求出磁化率

$$\chi = \frac{\partial M}{\partial h} = l^{2y-d}\chi(t_l, h_l) \tag{3.10.47}$$

应用式(3.10.44)消去上式中的 l,得到

$$\chi = |t|^{\frac{d-2y}{x}}\chi(1,0) \tag{3.10.48}$$

因而有

$$\gamma' = \gamma = \frac{2y-d}{x} \tag{3.10.49}$$

3) 如在式(3.10.42)中取

$$t = 0, \quad h_l = 1$$

由于

$$l = h^{-1/y} \tag{3.10.50}$$

不难得到

$$M(0,h) = h^{(d-y)/y}M(0,1) \tag{3.10.51}$$

于是根据定义,有

$$\delta = \frac{y}{d-y} \tag{3.10.52}$$

4) $h=0$ 的比热可由下式确定:

$$c_{h=0} = -T\frac{\partial^2 F}{\partial T^2} \tag{3.10.53}$$

由式(3.10.41)可求出 $c(t,0)$。令 $t_l=1$ 并借助式(3.10.42)得

$$c(t,0) = l^{-d+2x}c(t_l,0) = t^{-\frac{2x-d}{x}}c(1,0) \tag{3.10.54}$$

因而有

$$\alpha' = \alpha = 2 - \frac{d}{x} \tag{3.10.55}$$

由式(3.10.46),(3.10.49),(3.10.52)和(3.10.55)消去 x,y,可导出

$$\alpha + 2\beta + \gamma = 2 \tag{3.10.56}$$

$$\alpha + \beta(\delta + 1) = 2 \tag{3.10.57}$$

此即标度律。将标度理论应用于关联函数,同样可导出与关联函数有关的标度律为

$$\alpha = 2 - d\nu \tag{3.10.58}$$

$$\gamma = (2-\eta)\nu \tag{3.10.59}$$

对于三维系统($d=3$),实验和理论结果都证明 α 和 η 的数值很小。如令 $\alpha\approx 0$, $\eta\approx 0$,则由式(3.10.56)～(3.10.59)可求得

$$\gamma = \frac{4}{3}, \nu = \frac{2}{3}, \beta = \frac{1}{3}, \delta = 5$$

这一结果与表 3-2 中的实验数据相接近。

近期,威尔逊进一步发展了卡丹诺夫的标度变换思想[37],利用量子场论中的重整化群方法,把使哈密顿量的形式保持不变的重整化标度变换作为一个群来处理(实际上是一个半群,因为没有逆元素),建立了一套计算临界指数的微观方法,对临界现象做出了明确地解释。这就是著名的连续相变的重整化群理论。有关这一理论的详细内容我们不再介绍。表 3-3 列出了利用这一理论对 S^4-模型①的计算结果。由表可见,当 $d=3$ 时,S^4-模型的计算结果、实验值以及三维伊辛模型的结果符合得相当好。

表 3-3　临界指数的理论值和实验值的比较

临界指数	实验值	二维伊辛模型	三维伊辛模型	平均场理论	S^4-模型 ($d>4$)	S^4-模型 ($d=4$)	S^4-模型 ($d<4$)	S^4-模型 ($d=3$)
α	0~0.2	0	0.12	0	$\varepsilon/2$	0	$\varepsilon/6$	0.17
β	0.3~0.4	0.125	0.31	$\frac{1}{2}$	$1/2-\varepsilon/4$	$\frac{1}{2}$	$1/2-\varepsilon/6$	0.33
δ	4~5	15	5.2	3	$3+\varepsilon$	3	$3+\varepsilon$	4
γ	1.2~1.4	1.75	1.25	1	1	1	$1+\varepsilon/6$	1.17
ν	0.6~0.7	1.0	0.64	$\frac{1}{2}$	$\frac{1}{2}$	$\frac{1}{2}$	$\frac{1}{2}+\frac{\varepsilon}{12}$	0.58
η	0.1	0.25	0.056	0	0	0	0	0

*第十一节　过渡金属铁磁性的能带模型

以上介绍的都属于局域电子理论模型,即认为每个磁性原子都具有一个固定大小的磁矩,近邻原子间通过交换作用(直接的、RKKY 类型的或者间接交换作用)使其磁矩保持一定的取向,从而产生了磁有序状态(铁磁性、反铁磁性、亚铁磁性、螺磁性等)。这被称为局域电子模型。从本节开始我们将讨论另一种电子模型——非局域电子模型,即认为对磁性有贡献的电子并非局域于各原子之中而是在整个晶体中游移。$3d$,$4d$ 过渡金属即适用于这一模型。有许多例证可以证明这一点,例如:

1) Fe,Co,Ni 金属平均每个原子的饱和磁矩分别为 $2.2\mu_B$,$1.7\mu_B$,$0.6\mu_B$,不是玻尔磁子(μ_B)的整数倍。这有悖于局域电子模型的应得结果。

2) 按局域电子模型,与磁化率有关的居里常数应为

$$C=\frac{N(g\mu_B)^2s(s+1)}{3K}$$

① 关于 S^4-模型,可参考姜寿亭编著的《铁磁性理论》(科学出版社,1993)第四章,第 240 页。

而由过渡金属的磁化率导出的居里常数 C 无法给出整数或半整数的自旋量子数 s，并且与饱和磁矩无关；在某些情况下，有些金属的磁化率甚至不遵守居里定律。

3）过渡金属的电子比热比正常金属大 5 到 10 倍，说明 $3d$ 电子参与了能带结构。

4）根据对德哈斯-范阿耳芬效应的实验观测，在过渡金属中的确存在着 $3d$ 电子的费米面；并且由这一实验所得的 Fe 的费米面与用能带理论的计算结果相符合。

以上实验事实说明，过渡金属（Fe，Co，Ni）的铁磁性是由部分填充的、具有明显 $3d$ 特征的能带中的电子产生的。但是，能带中的电子如何产生交换能至今并不完全清楚，一种普遍的观点认为这与电子的关联效应有关。下面介绍能带电子模型（又称巡游电子模型）的主要研究方法和内容。

一、斯托纳模型

过渡金属铁磁性的早期能带模型是由布洛赫、莫特、斯托纳和斯莱特等人建立并发展起来的[38~41]，称为斯托纳模型。这一模型的根本概念是：

1）过渡金属的 d 电子形成了窄能带，自旋向上和自旋向下的电子分别位于两个次能带中。两个次能带的电子之间存在着交换作用，交换作用的大小用分子场来表示。在 CGS 单位制中，其形式为

$$H_m = \frac{U}{2N\mu_B^2}M \tag{3.11.1}$$

其中，U 为同一格点（或原子）周围能带电子之间的库仑作用能；N 为晶体的格点数。

2）在外磁场 $\boldsymbol{h}$ 中，波矢量为 $\boldsymbol{k}$、自旋为 σ 的电子能量为

$$\widetilde{E}_{k\sigma} = E_{k\sigma} - \sigma\mu_B\left(h + \frac{U}{2N\mu_B^2}M\right) \tag{3.11.2}$$

具有上述能量的两种自旋的电子按费米-狄拉克统计分布在两个次能带中。由于两种自旋的电子的能量不同，造成两个次能带的能级发生相对位移，一个次能带的费米面上升，称为主能带；另一个次能带的费米面下降，称为副能带。主副能带的劈裂称为交换劈裂，如图 3-13 所示。

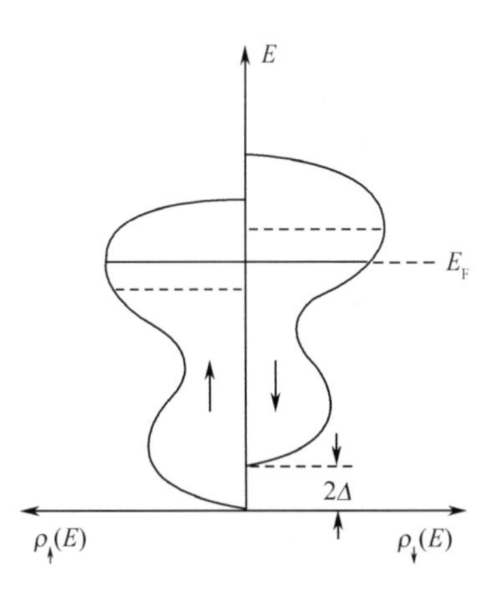

图 3-13　过渡金属的铁磁性相示意图

$\rho_\uparrow(E)$为自旋向上的能带态密度

$\rho_\downarrow(E)$为自旋向下的能带态密度

3）在外磁场或热运动的作用下，一个次能带中的电子可以改变自旋方向跳到另一个次能带

中去,这称为斯托纳激发,斯托纳激发属于单体激发。

按照以上模型可以计算出过渡金属的磁性,下面作这种计算。

(1) 斯托纳判据　设$\langle n_{i\sigma}\rangle$为过渡金属中第 i 个格点上自旋为σ的平均电子数。对于均匀系统,$\langle n_{i\sigma}\rangle$应与格点的位置无关,即应有$\langle n_\sigma\rangle=\langle n_{i\sigma}\rangle$。如设 f 是费米分布函数,则有

$$\langle n_\sigma\rangle = \langle n_{i\sigma}\rangle = \frac{1}{N}\sum_i\langle n_{i\sigma}\rangle = \frac{1}{N}\sum_k\langle n_{k\sigma}\rangle = \frac{1}{N}\sum_k f(\widetilde{E}_{k\sigma}) \quad (3.11.3)$$

由此可以计算出系统的磁化强度为

$$M(T) = N\mu_B(\langle n_\uparrow\rangle - \langle n_\downarrow\rangle) = \mu_B\sum_k\{f(\widetilde{E}_{k\uparrow}) - f(\widetilde{E}_{k\downarrow})\} \quad (3.11.4)$$

对于弱磁场 h 和弱分子场$\frac{U}{2N\mu_B^2}M$,上式中的 $f(\widetilde{E}_{k\sigma})$可按 $h+\frac{U}{2N\mu_B^2}M$ 展开,得

$$M(T) \approx \mu_B\left(2\mu_B h + \frac{U}{N\mu_B}M\right)\int_0^\infty\left[-\frac{\partial f(E)}{\partial E}\right]\rho(E)\mathrm{d}E \quad (3.11.5)$$

其中,$\rho(E)$为能带的态密度。

对于自由电子,$U=0$,由

$$M(T) = \chi_P(T)h \quad (3.11.6)$$

可得

$$\chi_P(T) = 2\mu_B^2\int_0^\infty\left[-\frac{\partial f}{\partial E}\right]\rho(E)\mathrm{d}E \quad (3.11.7)$$

称为自由电子的泡利磁化率。

对于巡游电子,$U\neq0$,容易得到

$$M(T) = \frac{\chi_P(T)}{1-2\frac{U}{N}[\chi_P(T)/4\mu_B^2]}h \equiv \chi_0(T)h \quad (3.11.8)$$

称 $\chi_0(T)$为巡游电子的顺磁静态磁化率。如将磁化率的单位取为 $4\mu_B^2$,则有

$$\chi_0^{-1}(T) = \chi_P^{-1}(T) - 2\frac{U}{N} \quad (3.11.9)$$

可见,当$2\frac{U}{N}\chi_P(T)=1$时,$\chi_0(T)$变为无穷大,表明出现了自发磁化,即顺磁性相开始失稳,铁磁性相开始形成。因此,铁磁性相稳定的条件为

$$2\left(\frac{U}{N}\right)\chi_P(T) > 1 \quad (3.11.10)$$

当 $T=0\mathrm{K}$ 时,$-\frac{\partial f}{\partial E}=\delta(E-E_F)$,因此以 $4\mu_B^2$ 为单位的泡利磁化率变为

$$\chi_P(T=0) = \frac{1}{2}\int_0^\infty\delta(E-E_F)\rho(E)\mathrm{d}E = \frac{1}{2}\rho(E_F) \quad (3.11.11)$$

将上式代入式(3.11.10),可求得在零温下形成铁磁性相的条件为

$$\frac{U}{N}\rho(E_F) > 1 \quad (3.11.12)$$

或写为

$$U\rho_a(E_F) > 1 \tag{3.11.13}$$

其中,

$$\rho_a(E_F) = \frac{\rho(E_F)}{N} \tag{3.11.14}$$

为每个原子在费米面处一种自旋的平均电子态密度。式(3.11.12)或式(3.11.13)通常称为斯托纳判据。

(2) $T > T_c$ 的磁化率　　根据式(3.11.9)可求出温度为 T 时以 $4\mu_B^2$ 为单位的磁化率为

$$\chi_0(T) = \frac{\chi_P(T)}{1 - 2\frac{U}{N}\chi_P(T)} \tag{3.11.15}$$

而泡利磁化率为

$$\chi_P(T) = \frac{1}{2}\int_0^\infty \left[-\frac{\partial f}{\partial E}\right]\rho(E)\mathrm{d}E$$

由于金属铁磁体的居里温度 T_c 为 $10^2 \sim 10^3$K,而费米温度 $T_F = E_F/\kappa_B 10^4 \sim 10^5$K。因此,即使在 $T > T_c$ 的温区仍然存在着 $T \ll T_F$ 的区间,在这一区间计算出上述费米积分后,得到

$$\chi_P(T) = \frac{1}{2}\rho(E_F)\left[1 - \frac{\pi^2}{12}\left(\frac{T}{T_F}\right)^2\right] \tag{3.11.16}$$

将式(3.11.16)代入式(3.11.15),得 $T > T_c$ 的顺磁磁化率为

$$\chi_0(T) = \frac{\frac{1}{2}\rho(E_F)\left[1 - \frac{\pi^2}{12}\left(\frac{T}{T_F}\right)^2\right]}{\left[1 - \frac{U}{N}\rho(E_F)\right] + \frac{U}{N}\rho(E_F)\frac{\pi^2}{12}\left(\frac{T}{T_F}\right)^2} \tag{3.11.17}$$

居里温度 T_c 应由下面的条件决定:

$$\chi_0^{-1}(T_c) = 0 \tag{3.11.18}$$

于是,我们有

$$T_c = \left[\frac{12}{\pi^2}\frac{\frac{U}{N}\rho(E_F) - 1}{\frac{U}{N}\rho(E_F)}\right]^{\frac{1}{2}} T_F \tag{3.11.19}$$

将此结果代入式(3.11.17),经整理后得到如下的定性关系

$$\chi_0(T) \sim \frac{T_F^2}{T^2 - T_F^2} \tag{3.11.20}$$

显然,这一结果不符合过渡金属(如 Fe,Co,Ni)在居里点以上所遵守的居里-外斯定律。斯托纳模型不能导出高温下的居里-外斯定律说明这一模型存在着严重的

缺陷。

(3) *自发磁化*　　如以 m 代表相对磁化强度,由式(3.11.4)可得

$$m = \frac{M(T)}{N\mu_{\mathrm{B}}} = \frac{1}{N}\sum_{k}\left[f(\widetilde{E}_{k\uparrow}) - f(\widetilde{E}_{k\downarrow})\right] \tag{3.11.21}$$

将式(3.11.2)中的 $\widetilde{E}_{k\sigma}$代入上式,并令 $h=0$,得到

$$\begin{aligned} m &= \frac{1}{N}\sum_{k}\left[f(\widetilde{E}_{k\uparrow}) - f(\widetilde{E}_{k\downarrow})\right] \\ &= \frac{1}{N}\sum_{k}\left[\frac{1}{e^{\beta(E_k-\mu-\Delta)}+1} - \frac{1}{e^{\beta(E_k-\mu+\Delta)}+1}\right] \end{aligned} \tag{3.11.22}$$

其中,$\beta=\frac{1}{\kappa_{\mathrm{B}}T}$;$\mu$ 为化学势;而

$$\Delta = \mu_{\mathrm{B}}H_{\mathrm{m}} = \frac{1}{2}U(\langle n\uparrow\rangle - \langle n\downarrow\rangle) \tag{3.11.23}$$

2Δ 代表自旋向上和自旋向下两个次能带的交换劈裂。当已知金属的电子态密度时,原则上可由式(3.11.22)求出磁化强度与温度的关系[42]。关于计算过渡金属电子态密度的方法,我们将在后面讨论。下面介绍式(3.11.22)在低温下的近似解。

当 $T\approx 0\mathrm{K}$,$\mu\gg\Delta$ 时,对式(3.11.22)取近似,有

$$m(0\mathrm{K}) \approx 2\Delta\int\left(-\frac{\partial f}{\partial E}\right)_{T=0}\rho(E)\mathrm{d}E = (2\Delta)\rho(E_{\mathrm{F}}) \tag{3.11.24}$$

显然,乘积$(2\Delta)\rho(E_{\mathrm{F}})$未必是个整数,这就解释了过渡金属中平均每个原子的低温磁矩不是玻尔磁子整数倍的实验事实,而这一事实用局域电子模型是无法解释的。

当 $T\gtrsim 0\mathrm{K}$ 时,将产生从自旋向上的次能带向自旋向下次能带的热激发,使磁化强度随温度的升高而降低。利用费米积分

$$\int_0^{\infty}\frac{\rho(E)}{e^{\beta(E-\mu)}+1}\mathrm{d}E = \int_0^{E_{\mathrm{F}}}\rho(E)\mathrm{d}E + \frac{\pi^2}{6}(\kappa_{\mathrm{B}}T)^2\left(\frac{\mathrm{d}\rho}{\mathrm{d}E}\right)_{E_{\mathrm{F}}} + \cdots \tag{3.11.25}$$

由式(3.11.22)可求出在低温范围内磁化强度随温度变化的关系如下:

$$\Delta M \equiv M(0) - M(T) \sim T^2 \tag{3.11.26}$$

上式不符合低温下的 $T^{3/2}$规律。这说明斯托纳模型在解释低温磁性方面也是不能令人满意的。

二、过渡金属电子结构的计算

上面已经说明,为了计算过渡金属的磁性需要计算其电子的能带结构并确定两种自旋电子的交换劈裂。下面讨论有关这方面的内容。

1. 电子结构的计算

关于过渡金属 d 电子的严格求解问题，是一个复杂的多体问题，至今没有解决，通常采用单电子近似的能带方法，进行这种计算的主要方法有：紧束缚法(TB)、元胞法、格林函数法(KKR)、正交平面波法(OPW)、缀加平面波法(APW)、赝势法(PP)以及上述方法的各种结合。近期，采用格林函数法并对交换关联势采取局域密度近似给出了较好的计算结果，目前已经用这种方法对几乎所有的过渡金属的能带结构进行过计算[43~47]。作为例子，在图 3-14 和图 3-15 中引证了用缀加平面波法并采用自洽晶体场势对 BCC Fe 和 FCC Ni 的态密度 $N(\varepsilon)$ 计算结果[48]。需要指出的是，费米面附近电子态密度的形状对过渡金属的磁性有着重要影响。

在能带计算中，对电子互作用势的处理是一个非常重要的问题。主要采用两种近似方法：一种方法是哈特利-福克近似，它是 20 世纪 60 年代采用的一种方法，另一种方法是局域密度近似，它是 60 年代以后被广泛运用的一种方法。下面简要介绍一下后一种方法。

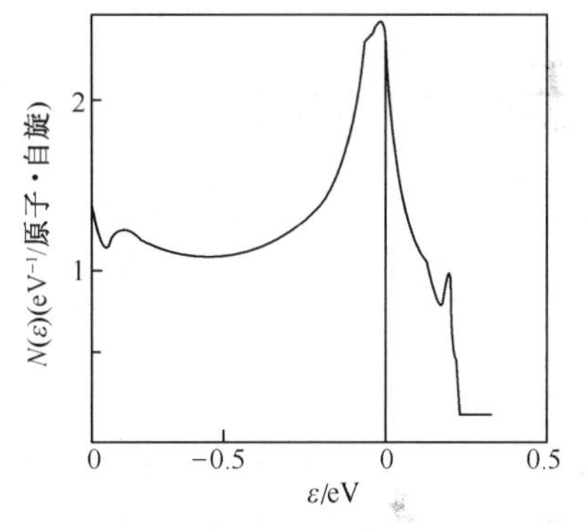

图 3-14　FCC Ni(顺磁状态)的态密度曲线
(图中的垂线表示费米能级的位置)

局域密度近似又叫密度泛函近似(DFT)，它的建立基于霍恩伯格和科恩于 1964 年对多电子体系的基态所证明的两条基本定理[49]：

1) 系统的基态性质是密度的独立泛函；

2) 在给定了势场 V 后，真正的电子密度是使总能量(它是密度 ρ 的独立泛函)

$$\langle EDF \rangle = \int V(\boldsymbol{r})\rho(\boldsymbol{r})\mathrm{d}\boldsymbol{r} + \int \psi^*(\boldsymbol{r})(T + U)\psi(\boldsymbol{r})\mathrm{d}\boldsymbol{r} \qquad (3.11.27)$$

取最小值的分布。其中，T 为电子的动能；U 为电子间的相互作用能。由 U 减去库仑能后的剩余部分便是交换关联能 $E_{\mathrm{ex}}[\rho]$。$\rho(\boldsymbol{r})$ 是电子密度，它可表示为

$$\rho(\boldsymbol{r}) = \sum_{i=1}^{N} |\psi_i(\boldsymbol{r})|^2 \qquad (3.11.28)$$

利用变分法可求得单电子方程

$$\left\{-\frac{\hbar^2}{2\mu}\nabla_1^2 + V(\boldsymbol{r}_1) + \int \frac{e^2\rho(\boldsymbol{r})}{|\boldsymbol{r}_1 - \boldsymbol{r}_2|}\mathrm{d}\boldsymbol{r}_2 + \frac{\delta E_{\mathrm{ec}}[\rho]}{\delta\rho}\right\}\psi_i(\boldsymbol{r}_1) = \varepsilon_i\psi_i(\boldsymbol{r}_1) \qquad (3.11.29)$$

这是一个与多电子方程准确等价的单电子自洽方程。其中多电子间的相互作用被

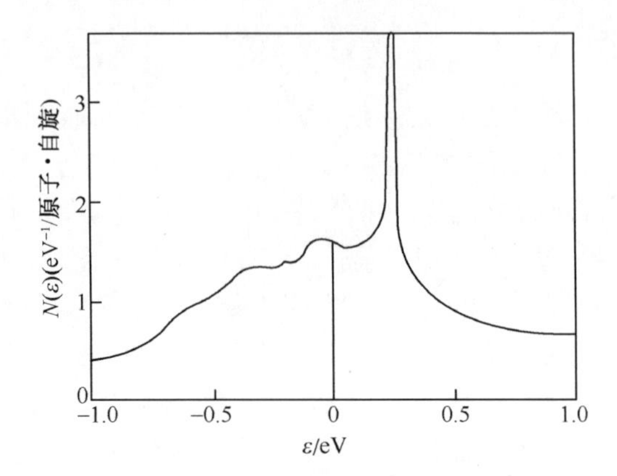

图 3-15　BCC Fe(顺磁状态)的态密度曲线
(图中的垂线表示费米面能级的位置)

等效地纳入了泛函微商 $\delta E_{\mathrm{ex}}/\delta\rho$。于是,系统的总能量可表示为

$$\langle EDF\rangle = \sum_i \int \psi_i^*(\boldsymbol{r}_1)\left[-\frac{\hbar^2}{2\mu}\nabla_1^2 + V(\boldsymbol{r}_1)\right]\psi_i(\boldsymbol{r}_i)\mathrm{d}\boldsymbol{r}_1 + \sum_{i,j}\int \psi_i^*(\boldsymbol{r}_1)\psi_j^*(\boldsymbol{r}_2)\frac{e^2}{|\boldsymbol{r}_1-\boldsymbol{r}_2|}\psi_i(\boldsymbol{r}_1)\psi_j(\boldsymbol{r}_2)\mathrm{d}\boldsymbol{r}_1\mathrm{d}\boldsymbol{r}_2 + \int E_{\mathrm{ex}}[\rho(\boldsymbol{r}_1)]\mathrm{d}\boldsymbol{r}_1 \tag{3.11.30}$$

需要指出的是,由单电子方程所得的 ψ_i 和 ε_i 并不准确地具有单电子波函数和激发能的意义,直接有准确物理意义的是总电子密度 $\rho(\boldsymbol{r})$ 和总能量 $\langle EDF\rangle$。

对于铁磁系统,还需要考虑电子的两种自旋取向。考虑到有两种自旋,上面的单电子方程变为两个自旋方向不同的联立方程。两个方程自洽求解,就是所谓的局域自旋密度近似(LSDA)。LSDA 是一种较好的单电子近似方法。不少人曾用这一方法计算过具有 BCC 结构和 FCC 结构的各种 $3d$,$4d$ 族过渡金属的态密度,并给出了较可靠的结果。图 3-14 和图 3-15 中的电子态密度曲线就是采用 V. L. Moruzzi 等人给出的自洽晶体势所得到的结果。

由于过渡金属的能带结构十分复杂,通常需要借助快速大容量的电子计算机进行计算。因之,一些简单的、半经验的能带计算方法就显得特别有用。L. Hodgse等人提出的插入法便是这样的一个方法。这一方法的要点是通过调节各种参数来拟合用其他基本方法所得到的 $\varepsilon_{\boldsymbol{k},\mu}$,以便得到较准确的能带结构。

通过对大量能带结构的计算可以得出如下规律:具有相同晶体结构的过渡金属,其 $\varepsilon_{\boldsymbol{k},\mu}$和$N(\varepsilon)$相近似。它们的区别在于,对于晶体结构相同、处于元素周期表同一行的过渡金属来说,原子序数越大,能带宽度则越略窄;对于晶体结构相同、处于元素周期表同一列的过渡金属来说,原子序数越大,能带宽度则越略宽。根据这一规律,有人提出了刚带模型:

当某一过渡金属与少量其他元素组成合金时,可以认为过渡金属的能带结构不变,仅由于添加元素中能进入能带的电子数与基质不同而使费米面发生了位移。此即所谓刚带模型。利用刚带模型可以较好地解释 Ni-Cu,Co-Cu 等合金的磁性。斯托纳模型也属于刚带模型。

2. 布洛赫电子间的交换作用

关于布洛赫电子间的交换作用,斯托纳最初认为和波数无关,提出了分子场近似模型

$$H_{ex} = -\frac{1}{2}\alpha M^2 \tag{3.11.31}$$

这实际上是把布洛赫电子间的交换作用作为局域电子处理的哈特利-福克近似。斯托纳提出这一模型时认为 α 为常数,后来认识到 α 是 M 和 T 的函数。

关于斯托纳的分子场假设,沃尔法斯曾用 Hartree-Fock 近似[50]、志水曾用 Bohm-Pines 模型[51]、赫伯德曾用多体近似[52]进行过计算。他们的计算结果都证明斯托纳的能带劈裂模型是可信的。后来,O. Gunnarsson 又证明,对于铁磁性过渡金属来说,交换劈裂只微弱地依赖波矢量,这就更证明了斯托纳模型的合理性。O. K. Andersen,J. F. Janak,A. H. MacDonald 等人还对各种过渡金属原子内的有效交换积分 I_{eff}做过精确的计算。由他们计算的 I_{eff}可导出分子场系数 $\alpha = I_{eff}/2\mu_B^2 N_0$(其中 N_0 是阿伏伽德罗常数)。现将 α 的导出值与实验值列于表 3-4。由表 3-4 可见,两者大体相符合。

表 3-4　α 的理论值同实验值之比较(单位:10^4mol.EMU^{-1})

金属	Sc	Ti	V	Cr	Mn	Fe	Co(FCC)	Ni	Y	Zr
α(理论值)	1.08	—	1.10	1.18	—	1.44	1.52	1.56	—	—
α(实验值)	—	0.82	0.36	0.27	—	1.00	1.45	0.94	—	0.63
金属	Nb	Mo	Tc	Ru	Rh	Pd	La	Hf	Ta	W
α(理论值)	0.92	0.92	—	0.92	1.00	1.05	—	—	—	—
α(实验值)	0.21	$\simeq 0$	—	—	0.79	0.72	—	0.88	$\simeq 0$	3.06
金属	Re	Os	Ir	Pt						
α(理论值)	—	—	—	0.98						
α(实验值)	1.79	—	—	0.69						

注:此表摘自 M. Shimizu,Rep. Prog. Phys. 44,338(1981)。

关于 α 随温度的变化,艾德沃兹(D. M. Edwards)曾用多体理论进行过计算[53]。他证明这种变化很小。近期,刘(K. L. Liu)等人又用 LSDA 方法计算过 Ni 的 I_{eff}随温度的变化[54]。结果表明,随着温度的升高 I_{eff}有少许的下降,这与实

验相吻合。

以上的研究说明,斯托纳关于分子场的假设是基本合理的。

三、斯托纳模型的改进

以上介绍了斯托纳模型及计算过渡金属能带结构的方法。前面已经指出,斯托纳模型在解释过渡金属的磁性方面遇到两个主要困难:一是在低温下无法导出自旋波谱因而得不到著名的 $T^{3/2}$定律;二是在高温下得不出居里-外斯定律并且由斯托纳模型推出的居里温度明显高于实验值。这两个问题是通过改进斯托纳模型而加以解决的。下面对斯托纳模型的改进做一简单说明。

1. 金属中低温自旋波的导出

斯托纳模型认为,过渡金属因能带存在交换劈裂而造成自发磁化。随着温度的升高,热运动将使一种自旋的电子改变自旋方向跑到另一个次能带中,从而使能带劈裂的宽度变小,这称之为斯托纳激发。斯托纳激发是一种单体激发模式,它完全没有考虑热激发电子与费米球内空穴之间的相互作用,而这种相互作用是实际存在的。赫林(C. Herring)和基特尔通过考虑这种相互作用证明,在铁磁金属中除了存在斯托纳单体激发以外,还存在集体模式的自旋波激发[55]。他们通过对赫伯德模型取无规相近似(RPA)导出了自旋波色散关系(参看文献[56])

$$\omega = Dq^2 \tag{3.11.32}$$

其中,$\boldsymbol{q}$ 为自旋波的波矢量;

$$D = \frac{1}{6mN}\Big[\sum_k (f_{k\uparrow} + f_{k\downarrow})\nabla^2 E_k - \frac{2}{mU}\sum_k (f_{k\uparrow} - f_{k\downarrow})(\nabla E_k)^2\Big]$$

为自旋波的劲度系数。利用式(3.11.32)容易证明,在铁磁金属中同样可存在着布洛赫的 $T^{3/2}$关系。

2. 居里-外斯定律的形成机制——自旋涨落

居里-外斯定律最初是由局域电子模型导出的。因此,人们曾长期把居里-外斯定律与局域矩联系在一起,认为居里-外斯定律是局域矩所特有的一种性质。但是,这种认识是不正确的。一个有力的证据是,B. T. Matthias 等人于 1960 年发现 $ZrZn_2$ 和 Sc_3In 具有非常弱的铁磁性,它们的居里温度分别为 25K 和 6K,而其中过渡金属单个原子的平均磁矩分别为 $0.12\mu_B$ 和 $0.04\mu_B$。显然,对于这样弱的铁磁性金属,局域电子模型是不适宜的。中子衍射实验进一步证明,两个 Zr 原子之间的电子自旋密度反而高于 Zr 原子所在位置的电子自旋密度。这说明,用斯托纳模型处理这一问题应当更为适合。但用斯托纳模型的计算结果并未取得成功。主要问题在于,这类物质在 $T_c < T < 10T_c$ 的温度范围内很好地遵守居里-外斯定

律,而这正是用斯托纳模型无法解释的。其次,如假设这类物质中存在局域磁矩并由居里常数求出其数值,其结果比低温下的实测值要大得多。这说明局域矩模型并不适合这类金属。因此,必须从深入研究斯托纳模型入手,以寻求使居里-外斯定律成立的新机制。这个问题是通过考虑因交换作用而增强的自旋涨落加以解决的。其中一个重要工作是 K. K. Murata 和 S. Doniach 所提出的自旋涨落模-模耦合唯象理论[57]。他们通过计入自旋涨落模-模耦合的作用,使所得的 T_c 大为降低,并且得出了铁磁金属在高温下所遵守的居里-外斯定律。

Murata 等人对斯托纳模型的改进是容易理解的。因为斯托纳模型所涉及的是磁化强度的宏观平均值,所考虑的仅仅是电子自旋的长程序;而自旋涨落则与磁化强度随位置的局部变化有关,它涉及电子自旋的短程序。随着温度的升高,自旋短程序变得越来越重要,因此必须通过考虑自旋涨落及自旋涨落不同模式之间的耦合作用来改进斯托纳模型。

守谷对自旋涨落理论的发展做出了重要贡献。他认为,局域矩系统属于自旋涨落在实空间中局域,弱铁磁系统(巡游电子系统)属于自旋涨落在倒格子空间(q 空间)中局域,居里-外斯定律则起源于连接局域矩和弱铁磁性这两个极限情况的作为一般概念的自旋涨落。守谷等人还试图从这样的概念出发,建立起用自旋涨落来统一局域电子模型和巡游电子模型的完整铁磁理论。关于守谷等人的工作,我们将在下面一节介绍。

*第十二节　巡游电子磁性理论

过渡金属的 d 电子形成了窄能带。对于窄能带,电子之间的关联效应则显得特别重要。这一效应主要表现为电子的运动由于库仑排斥而互相回避。这就使得电子的动能增加,库仑能降低,总能量取最小值。电子关联效应对于过渡金属铁磁性的重要性早为范弗莱克、沃尔法斯和金森所注意。而关于处理窄能带中电子关联效应的简单模型是赫伯德最先提出的[58]。在赫伯德模型的基础上,逐步建立起巡游电子磁性理论。尽管这一理论目前尚不成熟,有待进一步完善,但毕竟取得很大进展。下面先从介绍赫伯德模型入手。

一、赫伯德模型

考虑由 N 个原子组成的简单晶体,设想原子的外围电子组成了能带。为简单起见,我们只考虑一个未完全填满的单能带,如孤立的 s-带。这时在布洛赫表象中互作用哈密顿量的二次量子化形式可写成

$$\hat{H} = \sum_{k,\sigma} E_k C^+_{k\sigma} C_{k\sigma} + \frac{1}{2} \sum_{k_1,k_2,k'_1,k'_2} \sum_{\sigma,\sigma'} \left\langle k_1, k_2 \left| \frac{1}{r - r'} \right| k'_1, k'_2 \right\rangle C^+_{k_1\sigma} C^+_{k_2\sigma'} C_{k'_2\sigma'} C_{k'_1\sigma} \tag{3.12.1}$$

其中,E_k 为能带中电子的能量;$C^+_{k\sigma}$ 和 $C_{k\sigma}$ 分别代表布洛赫态($\boldsymbol{k}, \sigma$)上电子的产生算符和湮没算符;$\boldsymbol{k}$ 为波矢量;σ 为自旋;式中

$$\left\langle k_1, k_2 \left| \frac{1}{r - r'} \right| k'_1, k'_2 \right\rangle = e^2 \int \frac{\psi^*_{k_1}(\boldsymbol{r}) \psi^*_{k_2}(\boldsymbol{r}') \psi_{k'_1}(\boldsymbol{r}) \psi_{k'_2}(\boldsymbol{r}')}{|\boldsymbol{r} - \boldsymbol{r}'|} \mathrm{d}\boldsymbol{r} \mathrm{d}\boldsymbol{r}' \tag{3.12.2}$$

为了讨论窄能带中的关联问题,我们换用旺尼尔表象。其中旺尼尔函数 $\phi(\boldsymbol{r} - \boldsymbol{R}_i)$和布洛赫函数 $\psi_k(\boldsymbol{r})$之间存在着如下关系

$$\psi_k(\boldsymbol{r}) = N^{-\frac{1}{2}} \sum_i \mathrm{e}^{\mathrm{i}\boldsymbol{k} \cdot \boldsymbol{R}_i} \phi(\boldsymbol{r} - \boldsymbol{R}_i) \tag{3.12.3}$$

而

$$C^+_{k\sigma} = N^{-\frac{1}{2}} \sum_i \mathrm{e}^{\mathrm{i}\boldsymbol{k} \cdot \boldsymbol{R}_i} C^+_{i\sigma} \tag{3.12.4}$$

$$C_{k\sigma} = N^{-\frac{1}{2}} \sum_i \mathrm{e}^{-\mathrm{i}\boldsymbol{k} \cdot \boldsymbol{R}_i} C_{i\sigma} \tag{3.12.5}$$

式中对 i 的求和遍及所有的原子位置 $\boldsymbol{R}_i$;$C^+_{i\sigma}$ 和 $C_{i\sigma}$ 分别为自旋为 σ、轨道态为 $\phi(\boldsymbol{r} - \boldsymbol{R}_i)$电子的产生算符和湮没算符。利用以上三式可将式(3.12.1)中的哈密顿量变为　　当　Ni 的$^{\rho}_{\chi}$与 T 的关系

$$\hat{H} = \sum_{i,j} \sum_{\sigma} T_{ij} C^+_{i\sigma} C_{j\sigma} + \frac{1}{2} \sum_{i,j,l,m} \sum_{\sigma,\sigma'} \left\langle ij \left| \frac{1}{r - r'} \right| lm \right\rangle C^+_{i\sigma} C^+_{j\sigma'} C_{m\sigma'} C_{l\sigma} \tag{3.12.6}$$

其中,

$$\begin{aligned} T_{ij} &= \int \phi^*(\boldsymbol{r} - \boldsymbol{R}_i) \left| \frac{p^2}{2m} + V(\boldsymbol{r}) \right| \phi(\boldsymbol{r} - \boldsymbol{R}_j) \mathrm{d}\boldsymbol{r} \\ &= N^{-1} \sum_k \mathrm{e}^{\mathrm{i}\boldsymbol{k} \cdot (\boldsymbol{R}_i - \boldsymbol{R}_j)} E_k \end{aligned} \tag{3.12.7}$$

$$\left\langle ij \left| \frac{1}{r - r'} \right| lm \right\rangle = \mathrm{e}^2 \int \frac{\phi^*(\boldsymbol{r} - \boldsymbol{R}_i) \phi^*(\boldsymbol{r}' - \boldsymbol{R}_j) \phi(\boldsymbol{r} - \boldsymbol{R}_l) \phi(\boldsymbol{r}' - \boldsymbol{R}_m)}{|\boldsymbol{r} - \boldsymbol{r}'|} \mathrm{d}\boldsymbol{r} \mathrm{d}\boldsymbol{r}' \tag{3.12.8}$$

式(3.12.7)中的 $V(\boldsymbol{r})$是能带中的电子所受的周期势。

对于窄能带来讲,旺尼尔函数非常类似于孤立原子的 s 电子波函数。当带宽很小时,旺尼尔波函数倾向于形成一个半径很小的原子壳层。所以,同一原子中电子间的相互作用应远大于不同原子中电子间的相互作用。基于这种考虑,赫伯德、金森、古茨威勒(M. C. Gutzwiller)所引入的一个近似是:在计算电子的相互作用

项时,只考虑同一原子中电子的相互作用(即上式中 $i=j=l=m$ 的项),而忽略掉所有不同原子之间的电子相互作用(即上式中除 $i=j=l=m$ 以外的其他项)[58~60]。关于这一近似,赫伯德曾经做过估计。按 $3d$ 电子计算,式(3.12.18)中$i=j=l=m$项比其他各项大 1~2 个数量级。因此,上面的近似应该说是合理的。按照上面的近似,我们得到

$$\begin{aligned}\hat{H} &= \sum_{i,j}\sum_{\sigma} T_{ij} C_{i\sigma}^{\dagger} C_{j\sigma} + \frac{U}{2}\sum_{i}\sum_{\sigma,\sigma'} C_{i\sigma}^{\dagger} C_{i\sigma'}^{\dagger} C_{i\sigma'} C_{i\sigma} \\ &= \sum_{i,j}\sum_{\sigma} T_{ij} C_{i\sigma}^{\dagger} C_{j\sigma} + \frac{U}{2}\sum_{i}\sum_{\sigma} n_{i\sigma} n_{i\bar{\sigma}}\end{aligned} \tag{3.12.9}$$

这就是著名的赫伯德哈密顿量,其中

$$\bar{\sigma} \equiv -\sigma \qquad (\sigma = \uparrow, \downarrow) \tag{3.12.10}$$

而

$$\begin{aligned}U &= \left\langle i \quad i \left| \frac{1}{r-r'} \right| i \quad i \right\rangle \\ &= e^2 \int \frac{\phi^*(\boldsymbol{r}-\boldsymbol{R}_i)\phi^*(\boldsymbol{r}'-\boldsymbol{R}_i)\phi(\boldsymbol{r}-\boldsymbol{R}_i)\phi(\boldsymbol{r}'-\boldsymbol{R}_i)}{|\boldsymbol{r}-\boldsymbol{r}'|} \mathrm{d}\boldsymbol{r}\mathrm{d}\boldsymbol{r}'\end{aligned} \tag{3.12.11}$$

代表同一格点(或原子)周围能带电子之间的库仑能。考虑到传导电子的屏蔽效应后,U 约为 10eV,式中

$$n_{i\sigma} = C_{i\sigma}^{\dagger} C_{i\sigma} \tag{3.12.12}$$

代表在 i 格点上自旋为σ 的粒子数算符。在式(3.12.9)右边的导出中,我们已经引入了泡利原理,即在同一格点 i 上不可能产生两个自旋方向相同的电子,因此必须有 $\sigma' = \bar{\sigma} \equiv -\sigma$。

式(3.12.9)所表示的赫伯德模型是迄今所建立的电子局域性较强的最简单的量子理论模型,也是研究巡游电子磁性的理论基础。这个模型的缺点是忽略了库仑作用的长程部分及不同原子之间的电子关联效应,并且没有考虑 d 带同 s 带的混合问题。自从赫伯德模型建立以来,人们已经对它进行了大量的研究和讨论[59,61],取得许多有价值的研究成果,但至今尚无法严格求解。下面我们说明上一节所介绍的斯托纳模型及金属自旋波理论只不过是赫伯德模型的一些近似结果。

1. 赫伯德模型的哈特利-福克近似——斯托纳模型

斯托纳模型的提出比赫伯德模型早了 20 多年。但是,斯托纳模型实际上是对赫伯德模型所做的哈特利-福克近似。下面我们证明这一点。

对式(3.12.9)中的二体作用项取哈特利-福克近似:

$$n_{i\sigma}n_{i\bar{\sigma}} \approx \langle n_{i\sigma}\rangle n_{i\bar{\sigma}} + \langle n_{i\bar{\sigma}}\rangle n_{i\sigma} - \langle n_{i\sigma}\rangle\langle n_{i\bar{\sigma}}\rangle \tag{3.12.13}$$

略去上式中的常数项部分$\langle n_{i\sigma}\rangle\langle n_{i\bar{\sigma}}\rangle$，考虑到 σ 和 $\bar{\sigma}$ 互为自旋反向，将式(3.12.13)代入式(3.12.9)得

$$H_{\text{hf}} = \sum_{i,j}\sum_{\sigma} T_{ij}C_{i\sigma}^{\dagger}C_{j\sigma} + U\sum_{i}\sum_{\sigma} n_{i\sigma}\langle n_{i\bar{\sigma}}\rangle \tag{3.12.14}$$

在均匀系统中$\langle n_{i\bar{\sigma}}\rangle$应与格点的位置无关，即有

$$\langle n_{i\bar{\sigma}}\rangle = \langle n_{\bar{\sigma}}\rangle \tag{3.12.15}$$

于是可将(3.12.14)改写为

$$H_{\text{hf}} = \sum_{i,j}\sum_{\sigma} T_{ij}C_{i\sigma}^{\dagger}C_{j\sigma} + U\sum_{i}\sum_{\sigma}\langle n_{\bar{\sigma}}\rangle C_{i\sigma}^{\dagger}C_{i\sigma} \tag{3.12.16}$$

再利用傅里叶变换，将上式变回布洛赫表象，得

$$\begin{aligned} H_{\text{hf}} &= \sum_{k}\sum_{\sigma} E_{k\sigma}n_{k\sigma} + \sum_{k}\sum_{\sigma} U\langle n_{\bar{\sigma}}\rangle n_{k\sigma} \\ &= \sum_{k}\sum_{\sigma} E_{k\sigma}n_{k\sigma} + U\sum_{\sigma}\left[\langle n_{\bar{\sigma}}\rangle \sum_{k} n_{k\sigma}\right] \end{aligned} \tag{3.12.17}$$

可将上式进一步改写为

$$H_{\text{hf}} = \sum_{k}\sum_{\sigma}(E_{k\sigma} + U\langle n_{\bar{\sigma}}\rangle)C_{k\sigma}^{\dagger}C_{k\sigma} = \sum_{k}\sum_{\sigma}\widetilde{E}_{k\sigma}C_{k\sigma}^{\dagger}C_{k\sigma} \tag{3.12.18}$$

可见，H_{hf}相当于一非相互作用电子集合的哈密顿量，而

$$\widetilde{E}_{k\sigma} = E_{k\sigma} + U\langle n_{\bar{\sigma}}\rangle \tag{3.12.19}$$

代表巡游电子的能量。由于 $\widetilde{E}_{k\sigma}$与反向自旋的电子数有关，因而对两种自旋可能具有不同的大小，从而造成能带劈裂。下面证明式(3.12.19)所示的能量 $\widetilde{E}_{k\sigma}$相当于在能带电子中存在着一个与波矢 $\boldsymbol{k}$ 无关的分子场。为此设

$$n = \langle n_{\uparrow}\rangle + \langle n_{\downarrow}\rangle \tag{3.12.20}$$

$$m = \langle n_{\uparrow}\rangle - \langle n_{\downarrow}\rangle \tag{3.12.21}$$

其中，n 为平均每个原子中巡游电子的数目；m 为相对磁化强度。如令 N 为单位体积内的原子数，则磁化强度应为

$$M = N\mu_{\text{B}}m \tag{3.12.22}$$

由式(3.12.20)和(3.12.21)可得

$$\langle n_{\sigma}\rangle = \frac{1}{2}(n + \sigma m), \quad (\sigma = \pm 1) \tag{3.12.23}$$

将上式代入式(3.12.19)，最后得到

$$\widetilde{E}_{k\sigma} = \left(E_{k\sigma} + \frac{1}{2}nU\right) - \sigma\mu_{\text{B}}\left(\frac{U}{2N\mu_{\text{B}}^{2}}M\right) \tag{3.12.24}$$

略去常数项$\frac{1}{2}nU$ 后，上式就是式(3.11.2)在无外磁场时的表达式。

2. 赫伯德模型的无规相近似(RPA)——金属中电子自旋波的导出

上面已经证明，对赫伯德模型做哈特利-福克近似可以得到斯托纳模型。哈特

利-福克近似又叫静态平均场近似,在这一近似中对热激发到费米球以外的电子和费米球内形成的空穴采用单粒子近似,即认为它们分别独立地在平均场中运动。这就忽略了热激发电子与费米球内空穴之间的相互作用,也就是忽略了自旋的集体激发效应,因而无法导出自旋波。当我们超越哈特利-福克近似而采用无规相近似(即动态平均场近似)来处理赫伯德模型时,由于计入了电子-空穴对的相互作用,便可导出自旋波。具体的计算需要采用格林函数方法,在对高阶格林函数的求解中,我们采用了无规相近似,即认为不同 q 分量的电子自旋密度是彼此无关的,略去了它们之间的耦合。在上述近似下,不但可以导出电子自旋的单体激发——斯托纳激发,还可以导出电子自旋的集体激发——自旋波。有关这一理论的具体推导过程在此不再介绍,读者可以参考相关的文献或专著,如文献[62]。

二、自旋涨落的自洽重整化理论

巡游电子自旋波的导出是对于斯托纳模型的重要补充和发展。除此之外,将斯托纳理论应用于铁磁金属的有限温度时,还存在一个主要困难,即无法说明 $T>T_c$时的居里-外斯定律。这个问题在发现了弱铁磁性金属 $ZrZn_2$ 和 Sc_3In 后变得更加突出。有关这方面的内容前面已经介绍,不再赘述。问题是,能否用 RPA 理论得出金属中的居里-外斯定律从而使这个问题得到解决呢?答案是否定的。那么,为什么巡游电子模型在描写过渡金属的磁性方面会遇到这一困难呢?其原因在于斯托纳理论对于热激发效应估计不足,对于有限温度下热平衡态的描述是不正确的。斯托纳理论认为,0K 时因交换劈裂而产生的自发磁化强度将由于费米分布的热性模糊所导致的能带分裂减小而逐渐减小,在 T_c 以上成为没有能带分裂的顺磁相,表现出泡利顺磁性。但是,从多体理论的角度看,这样的描述过于简单化。实际上,在相互作用系统中,热激发电子与空穴之间的关联非常重要。首先,它将在铁磁金属中导致电子自旋的密度涨落,表现为各种 q 模式的自旋涨落波;其次,这些自旋涨落波将通过模-模耦合方式相互作用并对其热平衡态($q=0$ 的模)产生重要影响。RPA 理论近似计算了相对于斯托纳热平衡态的自旋涨落,得到了金属中的自旋波激发等正确结果。但是,由于 RPA 理论略去了不同模式间自旋涨落波的相互作用,因而完全没有考虑自旋涨落对于斯托纳平衡态的影响。故 RPA 理论只能在低温极限下给出满意的结果。在有限温度下,由于斯托纳理论不能给出正确的热平衡态,因此 RPA 理论仍不能得出金属中的居里-外斯定律。

进一步的研究告诉我们,铁磁金属中真正的顺磁态不是斯托纳理论所描述的泡利顺磁态,它还应包括各种可能激发的自旋涨落,并且这些自旋涨落通过模-模耦合作用又将对斯托纳平衡态产生重要修正。因此,为了计算有限温度下铁磁金属的热力学性质,必须要求同时自洽地求出自旋涨落和计入了自旋涨落后的热平衡态。这就是守谷等人所建立的自旋涨落的自洽重整化理论[63,64],下面简要介绍这一理论。

取式(3.12.9)所表示的赫伯德哈密顿量并将式中第一项换用 $\sum_k \sum_\sigma E_k C_{k\sigma}^\dagger C_{k\sigma}$ 形式，得

$$H = \sum_k \sum_\sigma E_k C_{k\sigma}^\dagger C_{k\sigma} + \frac{1}{2} U \sum_i \sum_\sigma n_{i\sigma} n_{i\bar{\sigma}}$$

$$= \sum_k \sum_\sigma E_k C_{k\sigma}^\dagger C_{k\sigma} + \frac{1}{2} U \sum_i \sum_\sigma C_{i\sigma}^\dagger C_{i\sigma} C_{i\bar{\sigma}}^\dagger C_{i\bar{\sigma}} \tag{3.12.25}$$

将 $C_{i\sigma}$ 做傅里叶变换

$$C_{i\sigma} = \frac{1}{\sqrt{N}} \sum_k \mathrm{e}^{\mathrm{i}\boldsymbol{k}\cdot\boldsymbol{R}_i} C_{k\sigma} \tag{3.12.26}$$

于是不难得到在布洛赫表象中的赫伯德哈密顿量为

$$H = H_0 + H_1 \tag{3.12.27}$$

$$H_0 = \sum_k \sum_\sigma E_k C_{k\sigma}^\dagger C_{k\sigma} \tag{3.12.28}$$

$$H_1 = \frac{U}{N} \sum_{k,k',q} C_{k+q\uparrow}^\dagger C_{k'-q\downarrow}^\dagger C_{k'\downarrow} C_{k\uparrow} \tag{3.12.29}$$

可以证明，自旋密度算符的横向分量 $S^\pm(q)$ 与产生、湮没算符间有如下的关系

$$S^-(q) = \sum_k C_{k+q\downarrow}^\dagger C_{k\uparrow} \tag{3.12.30}$$

$$S^+(-q) = \sum_k C_{k-q\uparrow}^\dagger C_{k\downarrow} \tag{3.12.31}$$

于是可将 H_1 表示为

$$H_1 = \frac{1}{2} NU - \frac{1}{2} I \sum_q [S^+(q), S^-(-q)]_+ \tag{3.12.32}$$

式中，$[\quad]_+$ 是反对易子；$I = \frac{U}{N}$；N 是单位体积晶体中的原子数。

根据如下公式可由系统的哈密顿量 H 求出系统的自由能 F_{M}：

$$\mathrm{e}^{-F_{\mathrm{M}}/\kappa_{\mathrm{B}}T} = Tr(P_{\mathrm{M}} \mathrm{e}^{-H/\kappa_{\mathrm{B}}T}) \tag{3.12.33}$$

其中，P_{M} 是对于给定 $\boldsymbol{M}$ 的空间的投影算符；T_r 表示矩阵的迹。将式(3.12.27)代入式(3.12.33)，得

$$F(M,T) = F_0(M,T) + \Delta F(M,T) \tag{3.12.34}$$

其中，$F_0(M,T)$ 是 $I=0$ 时的自由能；

$$\Delta F(M,T) = \int_0^I \mathrm{d}I \frac{\langle H_1(I)\rangle_{M,I}}{I}$$

$$= \frac{1}{2} NU - \frac{1}{2} I \sum_q \langle [S^+(q), S^-(-q)]_+ \rangle_{M,0} + \Delta_2 F(M,T) \tag{3.12.35}$$

其中，

$$\Delta_2 F(M,T) = -\frac{1}{2}\sum_q \int_0^I \mathrm{d}I\{\langle[S^+(q),S^-(-q)]_+\rangle_{M,I} - \langle[S^+(q),S^-(-q)]_+\rangle_{M,0}\} \quad (3.12.36)$$

其中,$\langle\ \ \rangle_{M,I}$表示M,I为定值时的统计平均。利用涨落耗散定理,上式可以表示为动态磁化率的函数

$$\Delta_2 F(M,T) = -(2\pi)^{-1}\int_{-\infty}^{\infty} \mathrm{d}\omega \coth(\omega/2\kappa_B T) \cdot \mathrm{Im}\int_0^I \mathrm{d}I \sum_q [\chi_{M,I}^{-+}(q,\omega+\mathrm{i}s) - \chi_{M,0}^{-+}(q,\omega+\mathrm{i}s)] \quad (3.12.37a)$$

或写为

$$\Delta_2 F(M,T) = -\kappa_B T \sum_n \sum_q \int_0^I \mathrm{d}I [\chi_{M,I}^{-+}(q,\mathrm{i}\omega_n) - \chi_{M,0}^{-+}(q,\mathrm{i}\omega_n)] \quad (3.12.37b)$$

其中,$\chi_{M,I}^{-+}(q,z)$是M,I为定值时的横向动态磁化率,由下式给出

$$\chi_{M,I}^{-+}(q,z) = \mathrm{i}\int_0^{\infty} \mathrm{d}t \mathrm{e}^{\mathrm{i}zt}\langle[S^-(q,t),S^+(-q,0)]\rangle_{M,I} \quad (3.12.38)$$

而在式(3.12.37b)中

$$\omega_n = 2n\pi\kappa_B T \quad (n\ 为整数) \quad (3.12.39)$$

由自由能可确定热力学量。其中,系统的磁化强度$\boldsymbol{M}$可由下面的平衡态方程求出

$$\partial F/\partial M = (\partial F_0/\partial M) - \frac{1}{2}IM + (\partial \Delta_2 F/\partial M) = 0 \quad (3.12.40)$$

居里温度T_c可由下面的相变方程求出

$$[\partial^2 F(M,T_c)/\partial M^2]_{M=0} = [\partial^2 F_0(M,T_c)/\partial M^2]_{M=0} - \frac{1}{2}I + [\partial^2 \Delta_2 F(M,T_c)/\partial M^2]_{M=0} = 0 \quad (3.12.41)$$

磁化率χ可由大家所熟知的如下公式求出

$$\chi = [(\partial^2 F_M/\partial M^2)^{-1}]_{M=M^*} \quad (3.12.42)$$

其中,$\boldsymbol{M}^*$是平衡态的磁化强度。当$T>T_c$时,上式变为

$$\chi_0/\chi = 1 - \frac{1}{2}I\chi_0 + \chi_0[\partial^2 \Delta_2 F(M,T)/\partial M^2]_{M=0} \quad (3.12.43)$$

其中,

$$\chi_0 = [\partial^2 F_0(M,T)/\partial M^2]_{M=0}^{-1} \quad (3.12.44)$$

是$I=0$时的静态磁化率。

上面的$F_0(M,T)$可由电子态密度$\rho(\varepsilon)$求出

$$F_0(M,T) = \Omega_0(\mu,M,T) + \mu N \quad (3.12.45)$$

而

$$\Omega_0(\mu, M, T) = -\kappa_B T \sum_\sigma \int d\varepsilon \rho(\varepsilon) \lg[1 + e^{-\frac{1}{\kappa_B T}(\varepsilon + \sigma B - \mu)}] + BM \tag{3.12.46}$$

μ 为化学势,由下式决定:

$$-\partial\Omega_0/\partial\mu = N \tag{3.12.47}$$

B 是两种自旋能带的交换劈裂,由下式决定:

$$\partial\Omega_0/\partial B = 0 \tag{3.12.48}$$

并且有

$$B(M, T) = \partial F_0(M, T)/\partial M \tag{3.12.49}$$

以自由电子气为例,$\rho(\varepsilon) = \dfrac{3N\varepsilon^{\frac{1}{2}}}{4\varepsilon_0^{3/2}}$,$\varepsilon_0$ 是 $T = 0\mathrm{K}$ 时的费米能,经计算可得

$$B/\varepsilon_0 = \frac{1}{2}[(1+\zeta)^{2/3} - (1-\zeta)^{2/3}] \cdot [1 + (\pi^2/12)(T/\varepsilon_0)^2(1-\zeta^2)^{-2/3} + \cdots] \tag{3.12.50}$$

$$\mu/\varepsilon_0 = \frac{1}{2}[(1+\zeta)^{2/3} + (1-\zeta)^{2/3}] \cdot [1 - (\pi^2/12)(T/\varepsilon_0)^2(1-\zeta^2)^{-2/3} + \cdots] \tag{3.12.51}$$

其中,

$$\zeta = \frac{M}{N} \tag{3.12.52}$$

为相对磁化强度。

对于 $\Delta_2 F(M, T)$,可将它分为两部分

$$\Delta_2 F(M, T) = \Delta_2 F(M, 0) + \delta F(M, T) \tag{3.12.53}$$

其中,

$$\Delta_2 F(M, 0) = -\frac{1}{2\pi}\int_{-\infty}^{\infty} d\omega \ \mathrm{sgn}\,\omega \cdot Im\int_0^I dI \sum_q [\chi_{M,I}^{-+}(q, \omega + is) - \chi_{M,0}^{-+}(q, \omega + is)] \tag{3.12.54a}$$

而

$$\mathrm{sgn}x = \begin{cases} 1 & (x > 0) \\ -1 & (x < 0) \end{cases}$$

式(3.12.54a)也可写为

$$\Delta_2 F(M, 0) = -\frac{1}{2\pi}\int_{-\infty}^{\infty} d\omega \int_0^I dI \sum_q [\chi_{M,I}^{-+}(q, i\omega) - \chi_{M,0}^{-+}(q, i\omega)] \tag{3.12.54b}$$

式(3.12.53)中第二部分为

$$\delta F(M,T) = -\frac{1}{2\pi}\int_{-\infty}^{\infty}\mathrm{d}\omega\ \frac{2\ \mathrm{sgn}\omega}{\mathrm{e}^{\frac{1}{\kappa_B T}|\omega|}-1} I\mathrm{m}\int_0^I \mathrm{d}I \cdot \sum_q [\chi_{M,I}^{-+}(q,\omega+\mathrm{i}s) - \chi_{M,0}^{-+}(q,\omega+\mathrm{i}s)] \quad (3.12.55)$$

这里,$\Delta_2 F(M,0)$代表对于哈特利-福克基态的总的修正;而 $\delta F(M,T)$代表与温

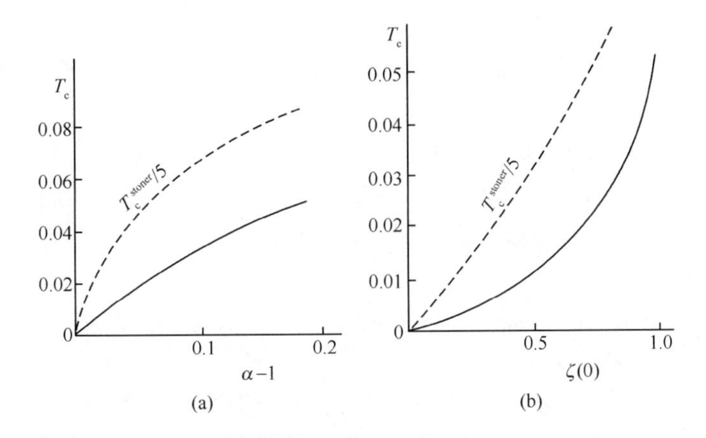

图 3-16　根据自由电子气模型计算的居里温度随 $\alpha-1$(图(a))和 $\zeta(0)$(图(b))的变化

图中的虚线是缩小 5 倍后的斯托纳理论计算值

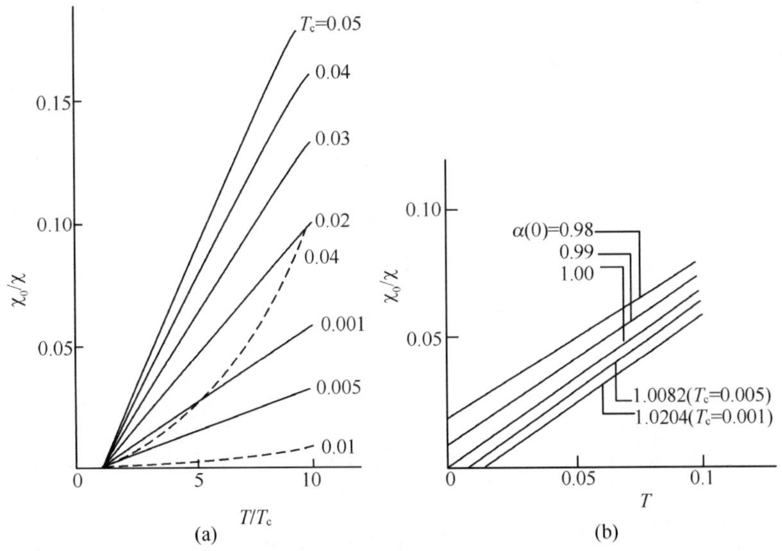

图 3-17　$T>T_c$ 时,根据自由电子气模型计算的 χ_0/χ 随 T/T_c(图(a))和 T(图(b))的变化

图中的虚线是斯托纳理论计算值

度有关的修正,当 $T=0\mathrm{K}$ 时,这一修正消失。由式(3.12.54)和式(3.12.55)不难看出,对于 $\delta F(M,T)$有贡献的自旋涨落主要来自低频成分($\omega \lesssim \kappa_{\mathrm{B}}T/\hbar$),而对于 $\Delta_2 F(M,0)$有贡献的自旋涨落来自整个频率范围。

以上关于系统的自由能和各种热力学量的计算是严格的,进一步的计算是在对自旋涨落采用无规相近似下进行的。守谷等人在计算这一问题时提出了重要的改进:不是在斯托纳平衡态上计入自旋涨落,而是对自旋涨落和热平衡态进行自洽计算。计算结果不但使居里温度明显降低,并且得出了高温下的居里-外斯定律。计算是按自由电子气模型进行的,其结果如图 3-16 和图 3-17 所示。其中图 3-16(a)和(b)分别给出了 T_{c} 随 $\alpha-1$ 和 $\zeta(0)$的变化,图中 $\alpha=I\chi_0/2$。为了比较,图中还示出了按斯托纳理论的计算结果。在图 3-17 中给出了高温磁化率的倒数随温度变化的计算结果,其中虚线是斯托纳理论结果。

三、关于建立自旋涨落统一绘景的设想

上述对自由电子气的计算结果告诉我们,由于对自旋涨落和计入了自旋涨落的热平衡态进行自洽处理,使斯托纳模型得到了实质性的改进:使居里温度有了明显的降低,并使高温磁化率具有居里-外斯定律的形式。守谷等人进一步将自旋涨落的自洽重整化理论应用于弱铁磁金属,同样成功地解释了这类物质中的居里-外斯定律。在这一基础上,守谷等人提出了在弱铁磁性金属中居里-外斯定律来源于自旋涨落的新的物理思想。即一直被认为和局域矩系统相联系的居里-外斯定律实际上起源于热力学的自旋涨落。为了说明这个问题,下面将自旋涨落在局域矩系统和弱铁磁性金属中的有关计算结果做一对比性的介绍。

1) 自旋密度的局域性振幅的均方值,其定义为

$$S_l^2 = N^{-1}\sum_q \langle | S_q |^2 \rangle$$

在局域矩系统中,S_l^2 是一不随温度变化的常数。但在弱铁磁性金属中,如图 3-18 所示,当 $T<T_{\mathrm{c}}$ 时,S_l^2 随温度的升高而减小;当 $T=T_{\mathrm{c}}$ 时,它成为 $T=0\mathrm{K}$ 时数值的$\dfrac{3}{5}$;在 $T>T_{\mathrm{c}}$ 的温区内,S_l^2 几乎随 T 线性增加。守谷等人证明,正是 S_l^2 在 $T>T_{\mathrm{c}}$ 温区内随温度的线性增加构成了居里-外斯定律存在的新机制。

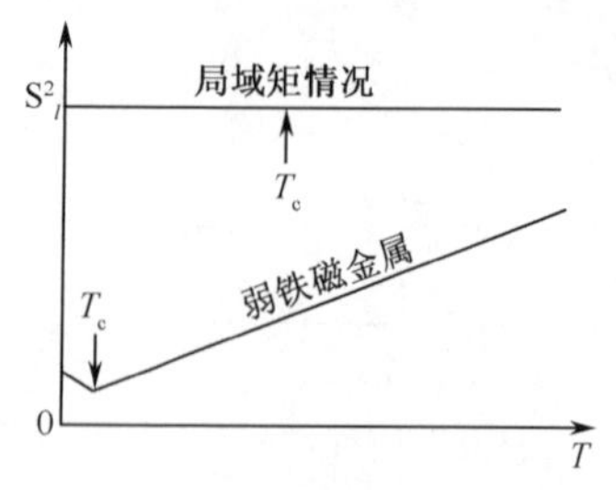

图 3-18 自旋涨落的局域性振幅均方值 S_l^2 随温度的变化

2) 在局域矩系统中,电子的自旋涨落是在实空间中局域的。所以,在 $T>T_{\mathrm{c}}$ 的温区内,$\langle|S_q|^2\rangle$基本上不随 q 值变化如图 3-19(b)所示。但在弱铁磁性金属中,由于大 q 成分的自旋涨落具有与带宽相当的能量,不易被激发。所以热激发的自旋涨落主

要由小 q 成分组成。正如图 3-19(a)所表示的那样，在 $T>T_c$ 的温区内，$\langle|S_q|^2\rangle$ 将随 q 值的增大而迅速减小。这就是说，与局域矩系统相反，可以认为弱铁磁金

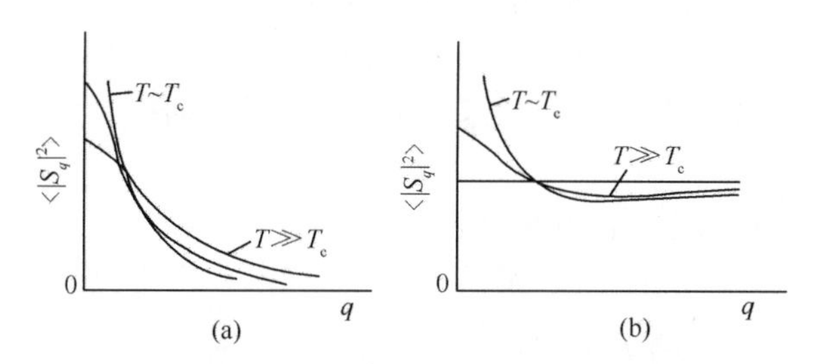

图 3-19　弱铁磁性金属(a)和局域矩系统(b)中自旋涨落的特性比较

(a) 弱铁磁金属；(b)局域矩系统

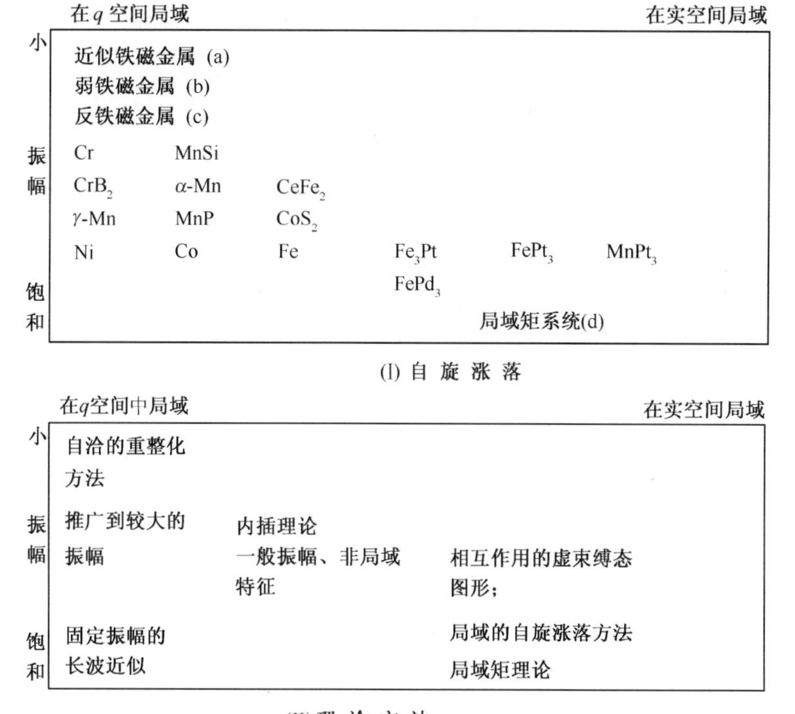

图 3-20　磁性体按自旋涨落的分类及相应的理论方法[64]

(a) Pd, $HfZn_2$, $TiBe_2$, YRh_6B_4, $CeSn_3$, Ni-Pt 合金等；(b) Sc_3In, $ZrZn_2$, Ni_3Al, Fe_5Co_5Si, $TiBe_{2-x}Cu_x$, $LaRh_6B_4$, $CeRh_3B_2$, Ni-Pt 合金等；(c) β-Mn, V_3Se_4, V_3S_4, V_5Ce_8, Cr-Mo 合金等；(d)磁性绝缘化合物，4f 金属，Heusler 合金(Pd_2MnSn 等)

属中的自旋涨落是在 q 空间中局域的。而对于这两种情况都同样地给出了居里-外斯定律。

由以上比较可见,过去一直被认为是局域矩系统所特有的一些性质,如居里-外斯定律,实际上起源于连接局域矩和弱铁磁性这两个极限的非常一般的自旋涨落。因此很自然地将各种磁性金属想像为两者之间的中间情形。从这样的概念出发,守谷等人建立了自旋涨落的统一绘景。

对于自旋涨落,通常用下面两个量表征:

① 局域性振幅的均方值 $S_l^2 = N^{-1}\sum\limits_q \langle | S_q |^2 \rangle$;② 空间关联或短程有序度。

守谷等人按这两个特征量对磁性体进行了分类。如图 3-20 所示,纵轴代表自旋涨落的振幅或 S_l^2;横轴代表空间关联,其中左端表示在 q 空间中局域,右端表示在实空间中局域,中间对应于空间关联程度的变化情形。由图 3-20 可见,在局域矩极限的范围内,自旋涨落在实空间中局域,其局域振幅大而且固定;在弱铁磁性金属极限的范围内,自旋涨落在 q 空间中局域,其振幅小而可变,而对于一般情形,则介于两者之间,自旋涨落具有某种程度的大小可变振幅以及某种程度的空间关联尺度。图中各种材料所处的位置是按照实验结果来排列的,其右下角及左上角区域的自旋涨落的动态性质已经在理论上得到处理。对于中间部分自旋涨落的动态性质也已开展了一些有意义的探讨,现将一些主要的研究方法和结果一并列于图 3-20 中。

习　　题

3.1　Fe 为体心立方晶体,原子量 = 55.85,密度 = 7.86g/cm^3,居里温度 T_c = 770℃。试计算:(1)交换积分 A;(2) 每对原子的交换能;(3) 单位体积的交换能。

3.2　当自旋为 $\frac{1}{2}$ 时,试证明泡利的自旋算符 σ 与电子的产生、湮没算符间有如下关系

$$\sigma^+ = 2C_\uparrow^+ C_\downarrow,\quad \sigma^- = 2C_\downarrow^+ C_\uparrow,\quad \sigma^z = C_\uparrow^+ C_\uparrow - C_\downarrow^+ C_\downarrow$$

3.3　试证明式(3.4.8)中各项的系数为

$$b_1 = \frac{1}{2},\quad b_2 = \frac{1}{2},\quad b_3 = \sqrt{\frac{1}{2}}$$

3.4　仿照图 3-5,画出沿 x 轴和沿 y 轴非正交组合的波函数示意图。

3.5　利用费米算符的对易关系,证明式(3.5.12)。

3.6　对于自由电子,证明式(3.7.35)和(3.7.36)中的结果,即

$$\sum_k^{k_F} \frac{1}{E_k' - E_k} = \frac{3}{8}\left(\frac{n}{E_F}\right) f(\boldsymbol{q})$$

其中,

$$f(\boldsymbol{q}) = 1 + \left(\frac{4K_{\mathrm{F}}^2 - q^2}{4,_{\mathrm{F}}q}\right)\ln\left|\frac{2K_{\mathrm{F}} + q}{2K_{\mathrm{F}} - q}\right|$$

$$\boldsymbol{q} = \boldsymbol{K} - \boldsymbol{K}'$$

3.7　对自由电子,试证明

$$\sum_q f(q)e^{i\boldsymbol{q}\cdot\boldsymbol{R}} = -\frac{V}{2\pi}\cdot\frac{\cos(2k_{\mathrm{F}}R) - \sin(2k_{\mathrm{F}}R)/2k_{\mathrm{F}}R}{R^3}$$

即式(3.7.39)所表示的范弗莱克所得到的结果。

3.8　根据布洛赫定律 $M_{\mathrm{s}} = M_0(1 - \alpha T^{3/2})$,其中 $\alpha = \frac{0.0587}{2s}\left(\frac{k}{2sA}\right)^{3/2} = 3.5\times 10^{-6}$(体心立方晶格)。设 $s=1$,试计算 A 的数值并与 3.1 题结果比较。

3.9　将自旋波看做准粒子,试证明其有效质量为

$$m = \frac{\hbar^2}{2Aa^2}$$

3.10　试由任一电子自旋 $\hat{s}_m$ 的运动方程

$$i\hbar\frac{\mathrm{d}\hat{s}_m}{\mathrm{d}t} = [\hat{s}_m, \hat{\mathscr{H}}_{交换}]$$

其中 $\hat{\mathscr{H}}_{交换} = -2A\Sigma\hat{s}_i\cdot\hat{s}_j$,证明

$$\hbar\frac{\mathrm{d}\hat{s}_m}{\mathrm{d}t} = 2A\hat{s}_m \times \sum_j \hat{s}_j$$

对于简单立方晶格,试证

$$\hbar\frac{\mathrm{d}\hat{s}}{\mathrm{d}t} = 2Aa^2[\hat{s}_\times \nabla^2\hat{s}]$$

由此可得出什么结论?

3.11　按照布洛赫自旋波理论,试证一维晶格和二维晶格不能具有铁磁性。

3.12　证明:在面心立方晶格中,自旋波能量为

$$\varepsilon_k = 2A\sum\left[3 - \cos\frac{k_x a}{2}\cos\frac{k_y a}{2} - \cos\frac{k_y a}{2}\cos\frac{k_z a}{2} - \cos\frac{k_z a}{2}\cos\frac{k_x a}{2}\right]$$

在体心立方晶格中,自旋波能量为

$$\varepsilon_k = 8A\sum\left[1 - \cos\frac{k_x a}{2}\cos\frac{k_y a}{2}\cos\frac{k_z a}{2}\right]$$

其中

$$\boldsymbol{k} = k_x\boldsymbol{i} + k_y\boldsymbol{j} + k_z\boldsymbol{k}$$

3.13　取 $s = \frac{1}{2}$,并取 $H = 0$。

(1) 由式(3.9.5)所表示的能量表达式 $E_{ij} = J[2s(s+1) - s'(s'+1)] - g\mu_{\mathrm{B}}M'H_{\mathrm{m}}$,计算出下表中的 E_{ij};

s'	M'	E_{ij}
0	0	$\frac{3}{2}J$
1	-1	$-\frac{1}{2}J+2(z-1)J\langle s^z\rangle$
	0	$-\frac{1}{2}J$
	1	$-\frac{1}{2}J-2(z-1)J\langle s^z\rangle$

其中 $\boldsymbol{s}'=\boldsymbol{s}_i+\boldsymbol{s}_j$，$M'$为$s'$的$z$分量本征值。

(2) 由上表中的E_{ij}导出式(3.9.9)中的结果。

3.14　在铁磁相变中，不同材料、不同结构的铁磁物质有着几乎相同的临界指数，你对这一现象是如何理解的？

3.15　铁磁金属(Fe,Co,Ni)合金的磁矩可用 Pauling-Slater 曲线表示。例如，当在 Ni 中添加少量 Fe 或 Co 时，则平均磁矩 $\bar{m}$ 随浓度c 作线性变化：$\mathrm{d}\bar{m}/\mathrm{d}c=-\mu_{\mathrm{B}}\Delta z$，其中 Δz 为掺杂材料与基体的原子价之差。请用刚带模型对这一现象作出解释。

参 考 文 献

[1] Я. И. Френкель, *Z. Physik*, **49**, 31(1928)

[2] W. Heisenberg, *Z. Physik*, **49**, 619(1928)

[3] 郭贻诚编著，铁磁学，人民教育出版社，1965

[4] A. Sommerfeld and H. A. Bethe. *Handbuch der Physik*, 2nd Ed., Vol XXIV/2, J. Springer, Berlin (1933), p.596

[5] L. Neel. *Ann. de Phys.*, **5**, 39(1936)

[6] H. A. Bethe. Электронная Терия Металлов, ОНТИ, 1938

[7] F. Sauter. *Ann. de Phys.*, **33**, 672(1938)

[8] R. Stuart and W. Marshall. *Phys. Rev.*, **120**, 353(1960)

[9] A. J. Freeman et al. *Phys. Rev.*, **124**, 1439(1961)

[10] P. A. M. Dirac. *Proc. Roy. Soc.* **A123**, 714(1929)

[11] P. W. Anderson. *Solid State Phys.* **14**, 99(1963)

[12] H. A. Kramers. *Physica* **1**, 182(1934)

[13] P. W. Anderson. *Phys. Rev.*, **79**, 350(1950); 705(1950)

[14] J. B. Goodenough. *Phys. Rev.* **100**, 564(1955); **117**, 1442(1960)
J. B. Goodenough and A. L. Loeb. *Phys. Rev.* **98**, 391(1955)

[15] J. Kanamori. *J. Phys. chem. Solids*, **10**, 87(1958)
J. Kanamori. *J. Proc. Theor. Phys.* (*Kyoto*), **17**, 177(1957)

[16] P. W. Anderson. *Phys. Rev.* **115**, 2(1959) *Magnetism I*, ed. Rado and Suhl (Academic Press, New York, 1963) p.25
Solid state Phys. ed. Seitz and Turnbull (Academic Press, New York, 1963) Vol. **14**, p.99

[17] M. Ruderman and C. Kittel. *Phys. Rev.*, **96**, 99(1954)
[18] *T. Kasuya. Prog. Theor. Phys.* Japan (Kyoto), **16**, 45(1956)
[19] K. Yosida. *Phys. Rev.* **106**, 893(1957)
[20] C. Zener. *Phys. Rev.* **81**, 440(1951); **82**, 403(1951); **83**, 299(1951)
C. Zener and R. R. Heiker. *Rev. Mod. Phys.*, **25**, 191(1953)
[21] С. В. Вонсовский. Ж. Э. Т. Ф. **16**, 981(1953)
С. В. Вонсовский. И Е. А. Туров, Ж. Э. Т. Ф. **24**, 419(1953)
[22] Van Vleck. *Rev. Mod. Phys.* **34**, 681(1962)
[23] 姜寿亭. 铁磁性理论. 科学出版社, 1993. 313
[24] F. Bloch. Z. Physik, **61**, 206(1930)
[25] M. Fallot, *Ann. de Phys*, **6**, 305(1938)
[26] Кондорский и Федолов, Изв. Акад. Наук СССР, **14**, 432(1952)
[27] T. Holstein and H. Primakoff. *Phys. Rey.*, **58**, 1908(1940)
[28] Van Vleck and Van Kranendonk. *Rev. Mod. Phys.*, **30**, 1(1958)
[29] F. J. Dyson. *Phys.* Rev., **102**, 1217, 1230(1956)
[30] S. Foner and E. D. Thompson. *J. App. Phys.*, vol. **30**, 2295(1959)
[31] J. S. Kouvel. *Phys. Rev.*, **102**, 1489(1956)
D. T. Edmonds and R. G. Peterson. *Phys. Rev. Letters*, **2** 499(1959)
[32] T. Oguchi. *Prog. Theor. Phys.* (Kyoto), **13**, 148(1955)
[33] P. Ehrenfest. *Proc. K. ned. Akad. Wet.*, Amsterdam, **36**, 153(1933)
[34] Л. Л. Ландау. Ж Э Т Ф, **7**, 19(1937)
Е. М. Лифшиц. Journ. of Phys. **6**, 61(1942)
[35] B. Widom. *J. Chem. Phys.*, **43**, 3898(1965)
[36] L. P. Kadanoff. *Physics*, **2**, 263(1966)
L. P. Kadonoff, et al. *Rev. Mod. Phys.* **39**, 395(1967)
[37] K. Wilson. *Phys. Rev.*, B4, 3178, 3184(1971)
K. Wilson and J. Kogut. *Phys. Rev.*, C12, 75(1974)
K. Wilson. *Rev. Mod. Phys.* **47**, 773(1975)
[38] F. Bloch. *Z. Phys.* **57**, 545(1929)
[39] N. F. Mott. *Proc. Phys. Soc.* **47**, 571(1935)
[40] E. C. Stoner. *Proc. Roy. Soc.* **A154**, 656(1936)
[41] J. C. Slater. *Phys. Rev.*, **49**, 537, 931(1936)
[42] E. P. Wohlfarth. *Rev. Mod. Phys.* **25**, 211(1953)
[43] J. Callaway and C. S. Wang. *Physica*, **91B**, 337(1977)
[44] C. S. Wang and J. Callaway. *Phys. Rev.*, **B15**, 298(1977)
[45] A. H. MacDonald, K. L. Liu and S. H. Vosko. *Phys. Rev.*, **B16**, 777(1977)
[46] V. L. Moruzzi, J. F. Janak and A. R. Williams. *Calculated Electronic properties of Metals* (Oxford Pergamon) 1978
[47] K. L. Liu, A. H. MacDonald, J. M. Daams et al. *J. M. M. M.* **12**, 43(1979)
[48] M. Shimizu. *Rep. Prog. Phys.* **44**, 329(1981)
[49] J. C. Slater. *Quantum Theory of Molecules and Solids*, Vol. **4**
[50] E. P. Wohlfarth. *Rev. Mod. Phys.*, **25**, 211(1953)
[51] M. Shimizu. *J. Phys. Soc. Japan*, **15**, 376(1960)

[52] J. Hubbard. *Proc. R. Soc.* **A276**, 238(1963)

[53] D. M. Edwards. *Phys. Lett.*, **20**, 362(1966)

[54] K. L. Liu and S. H. Vosko. *J. Phys. F: Metal Phys.*, **8**, 1539(1978)

K. L. Liu, A. H. MacDonald and S. H. Vosko. *Proc. Int. Conf. on Transition Metal*, *Toronto* 1977. *Inst. Phys. Conf. Ser.* No. 39, p. 557

[55] C. Herring and C. Kittel. *Phys. Rev.* **81**, 869(1951)

[56] 李正中. 固体理论. 高等教育出版社, 1985, p. 442

[57] K. K. Murata and S. Doniach. *Phys. Rev. Lett.*, **29**, 285(1972)

[58] J. Hubbard. *Proc. Roy. Soc.* (London), **A276**, 238(1963); **A277**, 237(1964); **A281**, 401(1964); **A285**, 542(1965); **A296**, 82(1966); **A296**, 100(1966)

[59] J. Kanamori. *Prog. Theor. Phys.* **30**, 275(1963)

[60] M. C. Gutzwiller. *Phys. Rev. Lett.* **10**, 159(1963)

[61] P. W. Anderson. *Solid State Phys.*, **14**, 99(1963)

[62] 姜寿亭. 铁磁性理论. 科学出版社, 1993

[63] T. Moriya and A. Kawabata. *J. Phys. Soc.*, Japan, **34**, 639(1973); **35**, 669(1974)

[64] T. Moriya. *J. Magn. Magn. Mat.*, **14**, 1(1979); T. Moriya. *Electron Correlation and Mognetism in Narrow-Band Systems*, *Solid-State Science* 29, Ed. T. Moriya Speringer-Verlag, 1981, 2～27

第四章　铁磁晶体内的相互作用能及磁畴结构

第一节　引　　言

上一章介绍了磁有序的各种理论。在那里我们指出，当磁性体内不同原子间的电子自旋存在交换作用并且交换积分 $A>0$ 时，近邻原子的磁矩取向相同，从而产生自发磁化。自发磁化强度的大小与温度有关：当温度低于居里温度时，自发磁化强度随温度升高而减小；当温度达到或超过居里温度时，自发磁化消失。这时铁磁体中的原子磁矩不再具有长程序，铁磁性转变为顺磁性。

既然铁磁性物质在居里点以下存在着自发磁化，那么，在其未受外磁场作用时为什么绝大多数铁磁体不显示宏观磁性呢？前面已经指出，外斯在"磁畴假说"中回答了这一问题。按照外斯的假说，在铁磁体内部分成许许多多自发磁化的小区域，称为"磁畴"。在每个磁畴的内部自发磁化是均匀一致的。但是不同的磁畴，自发磁化的方向不同，其结果是各磁畴的磁矩互相抵消，因而在宏观上不显示磁性。

朗道和栗弗席兹最早从理论上证明了在铁磁体内部应当存在着磁畴[1]。而在此之前，贝特和阿库洛夫(H. Акулов)已经开始了观察磁畴的实验工作。后来的理论和实验研究都证实了磁畴的存在。一个典型的磁畴的宽度约为 10^{-3}cm 量级，体积约为 10^{-9}cm^3。这样，在每一个磁畴的内部大约包含着 10^{14}个磁性原子。从微观角度来看，这个数字是如此之大，以致可以允许我们用统计的方法计算其自发磁化强度；但从宏观角度来看，磁畴的尺寸又是如此之小，以致在磁性测量中只能测定许多磁畴的磁化强度平均值。

磁畴的大小、形状以及它们在铁磁体内的排布方式，通常称为磁畴结构。研究磁畴结构的形式及其在外磁场中的变化一直是磁学的重要内容之一。通过这种研究，不但可以使我们了解铁磁体内部自发磁化的分布，更重要的是可以为我们研究磁化过程提供理论基础。后面将要指出，铁磁体在外磁场中的磁化过程就是内部的磁畴结构在外磁场中变化的过程。因此，磁化过程以及由这一过程所决定的磁化曲线和磁滞回线与磁畴结构密切相关。通过研究磁畴结构可以帮助我们了解材料的磁特性。

顺便指出，近些年来，一些物理学者发展了一种由铁磁体内磁化矢量的运动和平衡方程直接求解的理论，称为微磁化理论。他们应用这一理论已经得出了不少有益的结论。但因为这一求解过程需要大量的理论计算，所以除了在特殊条件下以外，尚未被广泛采用。我们将在第五章中简单介绍这一理论。

铁磁体为什么会形成磁畴？磁畴的尺寸和结构与哪些因素有关？所有这一切

都是由系统的总自由能等于极小值所决定的。从热力学观点看,铁磁体磁畴结构的形成以及磁化过程中磁化曲线、磁滞回线上的每一点都代表铁磁体的平衡状态。在平衡状态下,系统的总自由能等于极小值。因此,研究磁畴结构和磁化过程的最基本方法是计算其总自由能并找出总自由能等于极小值的条件。根据第一章第四节的讨论,铁磁体的总自由能为

$$F = U - TS$$

其中,U 为磁性体的内能;T 为温度;S 为磁性体的熵。当温度远低于居里温度时($T \ll T_C$),TS 之值及其变化都不大,故可近似有

$$F = U$$

即,在这一条件下,自由能与内能相等。与磁化状态有关的内能应包括如下几项:

1) 电子自旋间的交换能,以 F_{ex}表示。

2) 铁磁晶体的磁晶各向异性能,以 F_k 表示。它是由晶体场与轨道电子间的作用、电子的轨道磁矩与自旋磁矩间的作用的耦合效应所产生的。

3) 磁性与弹性的相互作用能,以 F_σ 表示。它是磁性与形变的耦合作用能,包括磁弹性能与应力能。

4) 外磁场能,以 F_H 表示。它是磁性体受外磁场作用所具有的能量。

5) 退磁场能,以 F_d 表示。铁磁体被磁化后在其表面或内部不均匀处将产生磁荷,这种面磁荷或体磁荷在铁磁体内所产生的磁场称为退磁场。退磁场与铁磁体磁化强度的作用能称为退磁场能。

综上所述,铁磁晶体内的自由能 F 可表示为

$$F = F_{ex} + F_k + F_\sigma + F_H + F_d$$

本章将首先介绍以上诸能量,然后讨论磁畴的形成与结构。

第二节　交换作用能、外磁场能和退磁场能

一、交能作用能

上一章我们介绍过交换作用能。在那里曾经证明交换作用是自发磁化的起源,并且给出了交换能的公式:

$$F_{ex} = -\frac{2A}{\hbar^2}\sum_{\substack{i<j\\(\text{近邻})}} \boldsymbol{\sigma}_i \cdot \boldsymbol{\sigma}_j = -2A\sum_{\substack{i<j\\(\text{近邻})}} \boldsymbol{s}_i \cdot \boldsymbol{s}_j \tag{4.2.1}$$

其中,A 是近邻格点电子间的交换积分平均值;$\boldsymbol{\sigma}_i, \boldsymbol{\sigma}_j$ 是电子的自旋角动量;$\boldsymbol{s}_i, \boldsymbol{s}_j$ 是电子的自旋矢量算符。对上式的求和遍及铁磁晶体的所有原子,这对于大块铁磁晶体来说是无法做到的。

事实上,铁磁晶体中近邻格点间电子自旋的夹角一般都非常小,因此可以近似地认为电子自旋的取向是随格点连续变化的。这样,便可以把铁磁晶体作为自旋

方向连续变化的介质处理并进而找出在这一条件下计算交换能的方法。

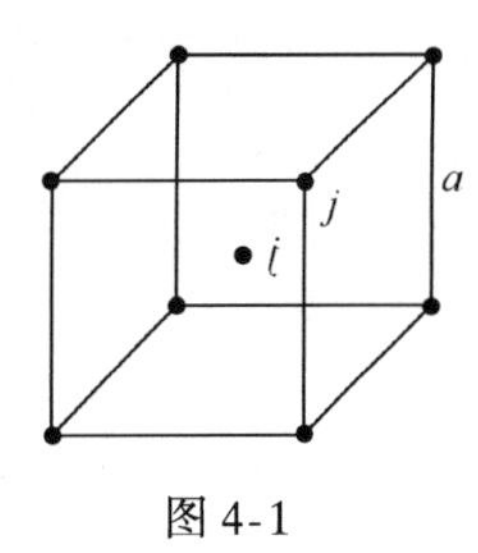

图 4-1

我们在作交换能计算时，真正感兴趣的是交换能对其平衡值的偏差 ΔF_{ex}，也就是当自旋不完全平行时交换能的变化。依照朗道和栗弗席兹的方法，通过考虑晶格的对称性，不难对这一偏差进行计算。

以体心立方晶格为例(图 4-1)。设电子 i 的矢径为 $\boldsymbol{r}_i(x_i, y_i, z_i)$，自旋矩的方向余弦为 $\boldsymbol{\alpha}_i(\alpha_{ix}, \alpha_{iy}, \alpha_{iz})$，电子 i 的近邻电子 j 共有 8 个，它的自旋矩的方向余弦 $\boldsymbol{\alpha}_j$ 可用 $\boldsymbol{\alpha}_i$ 展开如下：

$$\begin{cases} \alpha_{jx} = \alpha_{ix} + \left(x_{ij}\dfrac{\partial}{\partial x} + y_{ij}\dfrac{\partial}{\partial y} + z_{ij}\dfrac{\partial}{\partial z}\right)\alpha_{ix} \\ \qquad + \dfrac{1}{2}\left(x_{ij}^2\dfrac{\partial^2}{\partial x^2} + \cdots\right)\alpha_{ix} + \cdots \\ \alpha_{jy} = \alpha_{iy} + \left(x_{ij}\dfrac{\partial}{\partial x} + y_{ij}\dfrac{\partial}{\partial y} + z_{ij}\dfrac{\partial}{\partial z}\right)\alpha_{iy} \\ \qquad + \dfrac{1}{2}\left(x_{ij}^2\dfrac{\partial^2}{\partial x^2} + \cdots\right)\alpha_{iy} + \cdots \\ \alpha_{jz} = \cdots \end{cases} \tag{4.2.2}$$

其中，$x_{ij} = x_i - x_j$(余类推)等为电子 i 与电子 j 的坐标差距。

将 $\boldsymbol{\alpha}_i, \boldsymbol{\alpha}_j$ 的各分量代入式(4.2.1)，略去常数项，考虑到 8 个电子 j 的对称性，可得交换能的变化量为

$$\begin{aligned} \Delta E_{\text{交换}} &\approx -2As^2\sum_i \frac{1}{2}\cdot 8\cdot\left(\frac{a}{2}\right)^2\boldsymbol{\alpha}_i\cdot\nabla^2\boldsymbol{\alpha}_j \\ &= -2As^2a^2\sum_i\boldsymbol{\alpha}_i\cdot\nabla^2\boldsymbol{\alpha}_i \end{aligned} \tag{4.2.3}$$

利用恒等关系式 $\nabla^2(\boldsymbol{\alpha}\cdot\boldsymbol{\alpha}) = \nabla\cdot\nabla(\alpha_x^2 + \alpha_y^2 + \alpha_z^2) = 0$ 可得

$$\boldsymbol{\alpha}\cdot\nabla^2\boldsymbol{\alpha} = -[(\nabla\alpha_x)^2 + (\nabla\alpha_y)^2 + (\nabla\alpha_z)^2] \tag{4.2.4}$$

将式(4.2.4)代入式(4.2.3)，即可得

$$\Delta E_{\text{交换}} = 2As^2a^2\sum_i[(\nabla\alpha_{ix})^2 + (\nabla\alpha_{iy})^2 + (\nabla\alpha_{iz})^2] \tag{4.2.5}$$

单位体积内的交换能变化为(上式除以 a^3)：

$$\Delta E_{\text{交换}} = \frac{2As^2}{a}[(\nabla\alpha_x)^2 + (\nabla\alpha_y)^2 + (\nabla\alpha_z)^2] \tag{4.2.6}$$

一般的形式可写为：

$$\Delta E_{\text{交换}} = \frac{zAs^2}{a}[(\nabla\alpha_x)^2 + (\nabla\alpha_y)^2 + (\nabla\alpha_z)^2] \tag{4.2.7}$$

其中，$z=1$(简单立方)；$z=2$(体心立方)；$z=4$(面心立方)。

式(4.2.7)的形式与晶格结构的类型无关，它不但适用于立方晶系，也适用于

密集六角晶系。在六角晶系中系数 z 应做相应的变化。当计算铁磁晶体中因磁矩方向的变化而引起交换能的增加时,式(4.2.7)比式(4.2.1)更加方便和有用。

式(4.2.7)计算结果的准确性在很大程度上依赖于交换积分 A 的准确性。从理论上准确地计算出交换积分 A 尚难以实现。目前主要从实验上确定 A 的大小,其方法有二:

一是通过测量居里温度 T_c。贝特、派厄勒斯和外斯利用高温统计给出了居里温度 T_c 与交换积分 A 的如下关系[2]

$$\left.\begin{array}{ll}\text{简单立方晶格,自旋} = \dfrac{1}{2}, & A = 0.54\kappa_B T_c \\ \text{体心立方晶格,自旋} = \dfrac{1}{2}, & A = 0.34\kappa_B T_c \\ \text{体心立方晶格,自旋} = 1, & A = 0.15\kappa_B T_c\end{array}\right\} \tag{4.2.8}$$

布朗和拉第格(Brown and Luttinger)计算了更高的自旋量子数[3],卡斯特雷金和克瑞恩当克(Kasteleijn and Van Kranendonk)又提出了另一种简化的计算方法[4],也可得出很近似的结果。

因此,通过测量居里温度 T_c 可以确定交换积分 A 的大小。

二是通过测量低温下的布洛赫 $T^{3/2}$ 定律。由式(3.8.43)可直接确定交换积分 A。

二、外 磁 场 能

当磁性体的磁化强度相对于外磁场有不同取向时,其磁势能不同。我们称这一磁势能为外磁场能。

设有一单位体积的均匀磁化的磁性体,磁极化强度为 $\boldsymbol{J}$。在外磁场 $\boldsymbol{H}$ 中,该磁性体将受到力矩 $\boldsymbol{L}=\boldsymbol{J}\times\boldsymbol{H}$ 的作用。如果这时磁性体受到另一外力矩反抗 $\boldsymbol{L}$ 的作用使 $\boldsymbol{J}$ 与 $\boldsymbol{H}$ 的夹角增加 $\mathrm{d}\theta$,那么外力矩将对磁性体做功使磁性体的磁势能增加。当磁性体在外力矩作用下使 $\boldsymbol{J}$ 与 $\boldsymbol{H}$ 的夹角由 θ_0 转到 θ 时,它所增加的磁势能为

$$\Delta F_H = \int_{\theta_0}^{\theta} JH\sin\theta\mathrm{d}\theta = -JH\cos\theta + JH\cos\theta_0 \tag{4.2.9}$$

$JH\cos\theta_0$ 为磁势能的起点,而我们感兴趣的是磁性体的磁化强度 $\boldsymbol{M}$ 与外磁场 $\boldsymbol{H}$ 夹角不同时磁势能的变化,故为了方便起见通常约定 $\theta_0=\dfrac{\pi}{2}$。于是,单位体积的磁性体在外磁场 $\boldsymbol{H}$ 中的能量为

$$F_H = -JH\cos\theta = -\boldsymbol{J}\cdot\boldsymbol{H} = -\mu_0\boldsymbol{M}\cdot\boldsymbol{H} \tag{4.2.10a}$$

式中 $\boldsymbol{M}$ 为磁化强度。在 CGS 单位制中,上式改写为

$$F_{\mathrm{H}} = -\boldsymbol{M} \cdot \boldsymbol{H} \tag{4.2.10b}$$

三、退　磁　场

在第一章中我们曾经按照磁荷与分子电流两种观点讨论过磁性体在外磁场中的磁化问题。下面我们仍然用这两种观点介绍退磁场的概念。

1) 按照磁荷观点,被磁化的非闭合磁性体将在两端产生面磁荷。如果磁性体内部磁化不均匀,还将产生体磁荷。面磁荷或体磁荷都将在磁性体内部产生磁场,其方向与磁化强度的方向相反,有减弱磁化的作用。我们称这一磁场为退磁场。如果磁性体还同时受到外磁场的作用,这时磁性体内部磁矩受的真实磁场是

$$\boldsymbol{H}_i = \boldsymbol{H}_{\mathrm{e}} + \boldsymbol{H}_{\mathrm{d}} \tag{4.2.11}$$

其中,$\boldsymbol{H}_{\mathrm{e}}$ 是外磁场;H_{d} 是退磁场。

2) 按照分子电流的观点,磁场只是一个辅助矢量,没有具体的物理意义,因此"退磁场"的概念也不够明确。但是,通过深入分析我们还是可以找出退磁场的含义。设有一被磁化的磁性体,磁化强度为 $\boldsymbol{M}$,与 $\boldsymbol{M}$ 相应的分子电流将在磁性体内产生一附加的磁感应强度 $\boldsymbol{B}'$。当磁性体无限长或磁路闭合时,应有 $\boldsymbol{B}' = \mu_0\boldsymbol{M}$;当磁性体长度有限或磁路非闭合时,由于磁性体两端的散磁场效应,$|\boldsymbol{B}'| < |\mu_0\boldsymbol{M}|$。如果这时引入辅助矢量 $\boldsymbol{H}'$,则应有

$$\boldsymbol{H}' = \frac{\boldsymbol{B}'}{\mu_0} - \boldsymbol{M} \tag{4.2.12}$$

可见,$\boldsymbol{H}'$ 的方向与 $\boldsymbol{M}$ 相反,并且 $|\boldsymbol{H}'| < |\boldsymbol{M}|$。$\boldsymbol{H}'$ 便是按分子电流观点定义的"退磁场",尽管它的物理意义不如按磁荷观点那样直观。正因为如此,我们在本书中用磁荷观点讨论这一问题。

研究证明,只有当磁性体是由均匀材料制成的单相椭球样品时,它在均匀外磁场中的磁化才是均匀的。这时不存在体磁荷,而由面磁荷产生的退磁场也是均匀的(如图 4-2 所示)。在这一条件下,退磁场 $\boldsymbol{H}_{\mathrm{d}}$ 可表示为:

$$\boldsymbol{H}_{\mathrm{d}} = -N\boldsymbol{M} \tag{4.2.13}$$

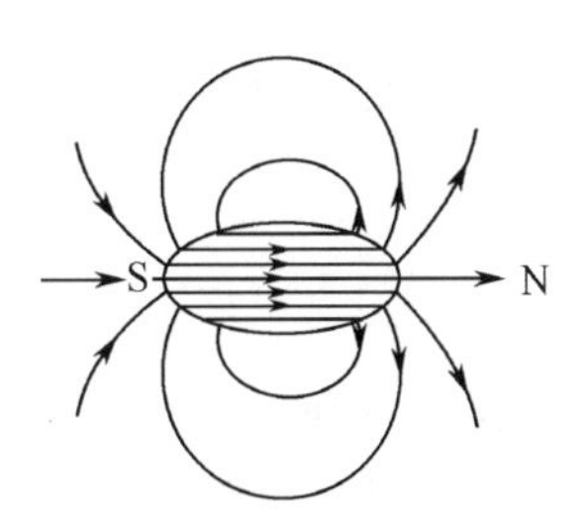

图 4-2　椭球形样品退磁场示意图

其中,N 为退磁因数(或退磁因子),它的大小与 $\boldsymbol{M}$ 无关,只依赖于样品的几何形状及所选取的坐标。在一般情况下,N 是一个二阶张量。当选取的坐标轴与样品的椭球主轴重合时,N 被对角化。如设磁化强度沿椭球三个主轴的分量为 M_x, M_y, M_z,则退磁场的三个相应分量为

$$(H_{\mathrm{d}})_x = -N_xM_x,\quad (H_{\mathrm{d}})_y = -N_yM_y,\quad (H_{\mathrm{d}})_z = -N_zM_z \tag{4.2.14}$$

并且有

$$N_x + N_y + N_z = 1 \tag{4.2.15a}$$

在CGS单位制中,上式改写为

$$N_x + N_y + N_z = 4\pi \tag{4.2.15b}$$

如果磁性体不是椭球样品,即使在均匀外磁场中,磁化也是不均匀的。这时退磁场的大小和方向随位置而变化,不能够简单地用退磁因子来表示。

关于椭球形磁介质退磁因子的计算,是一个很复杂的问题,兹不详述。下面给出斯东纳的计算结果[5]:

1. 长旋转椭球

设 a,b,c 为椭球的三个主轴长度,且 $a=b<c$,沿 c 轴方向的退磁因子为

$$N_c = \frac{1}{k^2-1}\left[\frac{k}{\sqrt{k^2-1}}\ln(k+\sqrt{k^2-1})-1\right] \tag{4.2.16}$$

式中 $k=\frac{c}{a}$。

当 $k\gg1$ 时,上式简化为

$$N_c = \frac{1}{k^2}[\ln(2k)-1] \tag{4.2.17}$$

2. 扁旋转椭球

$a<b=c$,沿 c 轴(或 b 轴)的退磁因子为

$$N_c = \frac{1}{2}\left[\frac{k^2}{(k^2-1)^{3/2}}\arcsin\frac{\sqrt{k^2-1}}{k}-\frac{1}{k^2-1}\right] \tag{4.2.18}$$

式中 $k=\frac{c}{a}$。

当 $k\gg1$ 时,上式简化为

$$N_c = \frac{\pi}{4k}\left(1-\frac{2}{\pi k}\right) \tag{4.2.19}$$

表4-1列出了按式(4.2.16)和式(4.2.18)计算的退磁因子数值,这一结果是按MKSA单位制计算的。如采用CGS单位制,表中的数值需乘以 4π。

当样品为某些特殊形状时,可将这些特殊形状看做是旋转椭球的极限情况,下面给出这些形状的退磁因子:

(1) 球形样品　　$a=b=c$

$$N_a = N_b = N_c = \frac{1}{3} \tag{4.2.20}$$

(2) 细长圆柱样品　　$a=b\ll c$

$$N_a = N_b = \frac{1}{2},\quad N_c\approx 0 \tag{4.2.21}$$

表 4-1　旋转椭球及圆柱形样品的退磁因子 N^*

k	长椭球	扁椭球	圆柱体(实验)
0	1.0	1.0	1.0
1	0.333 3	0.333 3	0.27
2	0.173 5	0.236 4	0.14
5	0.055 8	0.124 8	0.040
10	0.020 3	0.069 6	0.017 2
20	0.006 75	0.036 9	0.005 17
50	0.001 44	0.0147 2	0.001 29
100	0.000 430	0.007 76	0.000 36
200	0.000 125	0.003 90	0.000 090
500	0.000 023 6	0.001 567	0.000 014
1 000	0.000 006 6	0.000 784	0.000 003 6
2 000	0.000 001 9	0.000 392	0.000 000 9

* 换算为 CGS 单位时需乘 4π。

(3) 极薄的大圆片样品　　$a,b \gg c$

$$N_a = N_b = 0, \quad N_c = 1 \tag{4.2.22}$$

四、退磁场能

退磁场能是一种自由能。它是在磁化强度逐步增加的过程中建立起来的。因而，当磁化强度由零增加到 M 时，逐步积累起来的退磁场能应采用积分的方式计算

$$F_d = -\int_0^J H_d \mathrm{d}J = -\mu_0 \int_0^M H_d \mathrm{d}M \tag{4.2.23}$$

对于均匀材料制成的椭球样品，容易得到

$$F_d = \mu_0 \int_0^M NM \mathrm{d}M = \frac{1}{2}\mu_0 NM^2 \tag{4.2.24}$$

其中，N 为磁化方向的退磁因子。由上式可见，对于非球形样品，沿不同方向磁化时退磁场能大小不同。这种由形状造成的退磁场能随磁化方向的变化，通常称为形状各向异性，退磁场能又称作形状各向异性能。

对于具有磁畴结构的铁磁体，也可以计算退磁场能。下面举平行反向、彼此相间的条状畴结构(见图 4-3，下端延长至无限)为例来说明这一计算方法，计算沿用了 CGS 单位制。

由图 4-3 可见，在上端 xy 表面上的磁极分布可以表示如下：

当 $2md < x < (2m+1)d$ 时(m 为整数)，表面磁极密度 $\sigma = +\boldsymbol{M}_s$；当 $(2m+1)d < x < (2m+2)d$ 时，$\sigma = -\boldsymbol{M}_s$。

设静磁势为 $\phi(x,z)$。由磁化区域的分布状况可知静磁势是与 y 无关的。在

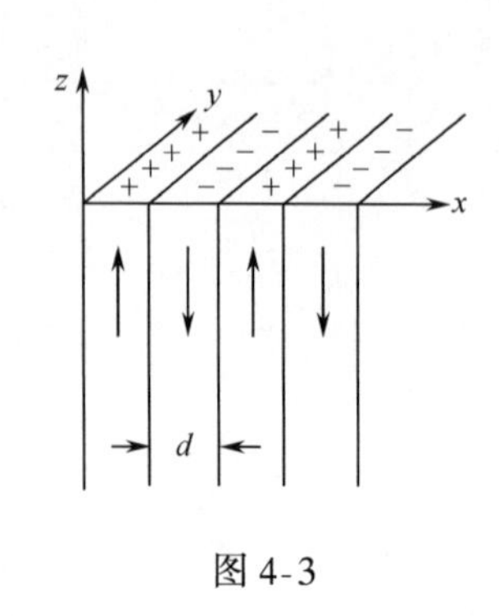

图 4-3

$z \neq 0$ 的区域，$\phi(x, y)$适合拉普拉斯方程

$$\frac{\partial^2 \phi}{\partial x^2} + \frac{\partial^2 \phi}{\partial z^2} = 0 \tag{4.2.25}$$

在 $z = 0$ 平面上，则适合以下边界条件

$$\left(\frac{\partial \phi}{\partial z}\right)_{z=+0} - \left(\frac{\partial \phi}{\partial z}\right)_{z=-0} = -4\pi\sigma \tag{4.2.26}$$

由于 $\phi(x, z)$对于 $z = 0$ 平面上下的对称性，故有

$$\left(\frac{\partial \phi}{\partial z}\right)_{z=+0} = -\left(\frac{\partial \phi}{\partial z}\right)_{z=-0} \tag{4.2.27}$$

将式(4.2.27)代入式(4.2.26)可得

$$\left(\frac{\partial \phi}{\partial z}\right)_{z=-0} = +2\pi\sigma \tag{4.2.28}$$

方程式(4.2.25)的解为

$$\phi = \sum_{n=1}^{\infty} A_n \sin n\left(\frac{\pi}{d}\right)x \cdot e^{n\left(\frac{\pi}{d}\right)z} \quad (n \text{ 为奇数}) \tag{4.2.29}$$

将此式代入式(4.2.28)可得

$$\left(\frac{\pi}{d}\right)\sum_{n=1}^{\infty} nA_n \sin n\left(\frac{\pi}{d}\right)x = \begin{cases} 2\pi M_{\mathrm{s}}, & 2md < x < (2m+1)d \\ -2\pi M_{\mathrm{s}}, & (2m+1)d < x < (2m+2)d \end{cases}$$

上式两边乘以 $\sin n\left(\frac{\pi}{d}\right)x$ 并对 x 积分可得

$$\begin{aligned} A_n &= \frac{2M_{\mathrm{s}}}{n}\left[\int_{2md}^{(2m+1)d} \sin n\left(\frac{\pi}{d}\right)x\,\mathrm{d}x - \int_{(2m+1)d}^{(2m+2)d} \sin n\left(\frac{\pi}{d}\right)x\,\mathrm{d}x\right] \\ &= \frac{8M_{\mathrm{s}}d}{n^2\pi} \quad (n \text{ 为奇数}) \end{aligned} \tag{4.2.30}$$

$$\phi(z = 0) = \frac{8M_{\mathrm{s}}^2 d}{\pi}\sum_{n=1}^{\infty} \frac{1}{n^2}\sin n\left(\frac{\pi}{d}\right)x \tag{4.2.31}$$

在 xy 平面的每单位面积下的静磁能为

$$\begin{aligned} F_{退磁} &= \frac{1}{2} \cdot \frac{8M_{\mathrm{s}}^2 d}{\pi}\sum_{n=1}^{\infty} \frac{1}{n^2 d}\int_0^d \sin n\left(\frac{\pi}{d}\right)x\,\mathrm{d}x \\ &= \frac{8M_{\mathrm{s}}^2 d}{\pi^2}\sum_{n=1}^{\infty} \frac{1}{n^3} = 0.8525 M_{\mathrm{s}}^2 d \end{aligned} \tag{4.2.32a}$$

如果将上式的计算结果换成 MKSA 单位制，则有

$$F_{退磁} = 0.8525 \times 10^{-7} M_{\mathrm{s}}^2 d \tag{4.2.32b}$$

当图 4-1 中的磁畴截面不是条形结构而是以 d 为边长的正方形结构时(棋盘式磁化区域分布)，xy 平面上每单位面积的退磁场能为

$$F_{退磁} = 0.53 M_{\mathrm{s}}^2 d \quad (\text{CGS 单位制}) \tag{4.2.33a}$$

$$F_{退磁} = 0.53 \times 10^{-7} M_{\mathrm{s}}^2 d \quad (\text{MKSA 单位制}) \tag{4.2.33b}$$

第三节　磁晶各向异性能[39]

在测量单晶铁磁性样品的磁化曲线时,发现磁化曲线的形状与测量方向相对于晶轴的取向有关。图 4-4、图 4-5 和图 4-6 分别为铁、镍、钴单晶体沿不同晶轴方向的磁化曲线。从图上可以看出每一单晶体的三条磁化曲线(钴只有两条)都不相同,其中有一个方向上的磁化曲线最高,即最容易磁化,这个方向称为易磁化轴方向。例如铁单晶的[100]晶轴,镍单晶的[111]晶轴和钴单晶的[0001]晶轴是易磁化轴。另一方面,铁单晶的[111]晶轴,镍单晶的[100]晶轴和钴单晶的[1010]晶轴则为难磁化轴。

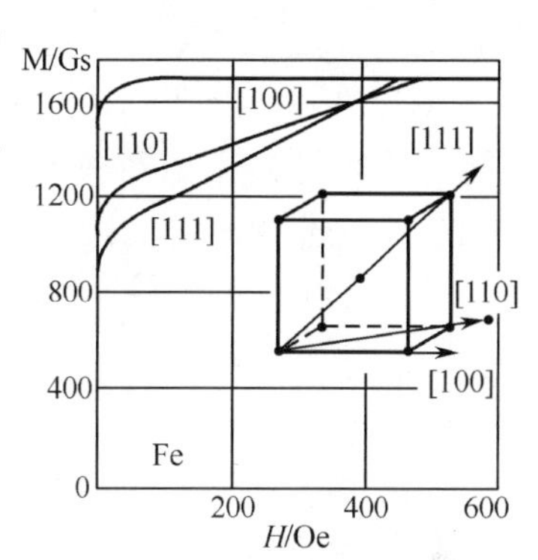

图 4-4　Fe 的磁化曲线
(Honda-Kaya,1928)

如果从能量观点来考虑,上述现象可以得到较好的解释。由第一章中的式(1.6.4)可知

$$\int_0^M \mu_0 \boldsymbol{H} \cdot \mathrm{d}\boldsymbol{M} = \int_0^F \mathrm{d}F = F(M) - F(0) \tag{4.3.1}$$

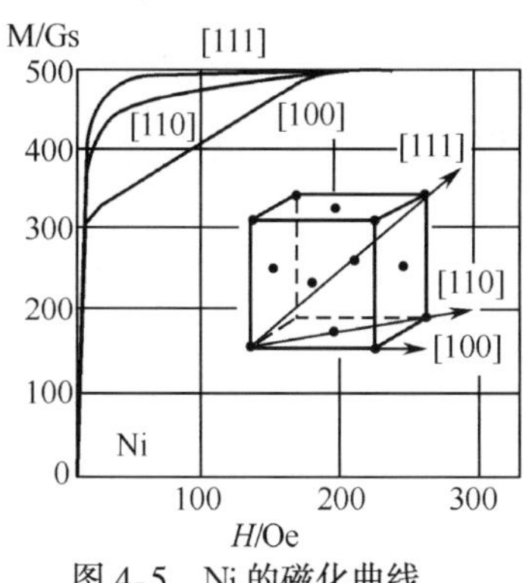

图 4-5　Ni 的磁化曲线
(同图 4-4)

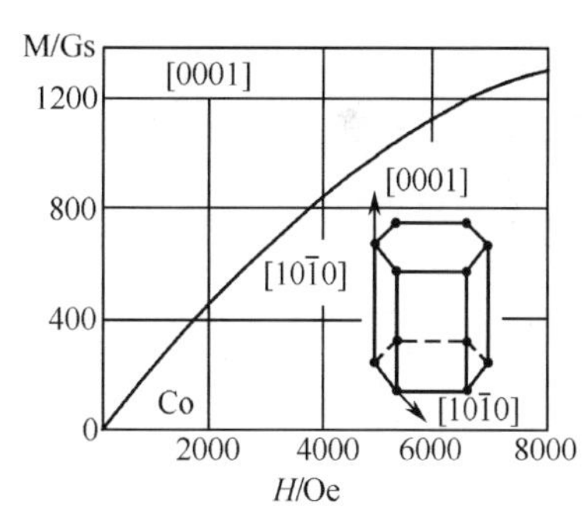

图 4-6　Co 的磁化曲线
(同图 4-4)

上式左端代表磁场所作的磁化功,它的大小由磁化曲线与 M 坐标轴间所包围的面积决定,也就是说与磁化曲线的形状有关。上式右端是铁磁晶体在磁化过程中所增加的自由能。因此,上述磁化曲线形状的不同说明沿铁磁单晶体不同晶轴方向磁化时所增加的自由能不同。我们称这部分与磁化方向有关的自由能为磁晶各向异性能。显然,铁磁晶体沿易磁化轴方向的磁晶各向异性能最小,沿难磁化轴方向的磁晶各向异性能最大,而沿不同晶轴方向的磁化功之差即代表沿不同晶轴方向的磁晶各向异性能之差。

关于磁晶各向异性产生的物理原因，是一个较复杂的问题，必须从晶体场对电子轨道运动的影响以及电子自旋-轨道耦合的联合效应加以考虑。近 10 多年来这方面的研究有很大的进步，目前对于金属、铁氧体等各种磁性材料的磁晶各向异性能的成因已经建立起了相应的理论，甚至可以对不同铁氧体的磁晶各向异性能进行定量的计算。有关这方面的问题我们以后讨论。

阿库洛夫从磁晶各向异性能的方向依赖性出发，考虑了晶体的对称性，首先将磁晶各向异性能用磁化矢量的方向余弦表示出来[6]。这种表达式虽然只是"唯象"的，但是非常简明，成为计算磁化曲线的基础，并得到实验的充分证明。

下面分别就两种晶系的铁磁晶体求出它们的磁晶各向异性能表达式。

一、磁晶各向异性能的表达式

(1) 立方晶系　取[100]，[010]，[001]为 x,y,z 三个坐标轴，并设磁化矢量 $\boldsymbol{M}_s$ 的方向余弦为$(\alpha_1,\alpha_2,\alpha_3)$，则晶体的磁晶各向异性自由能的最一般形式为

$$\begin{aligned}F_K = &B_0 + B_1(\alpha_1+\alpha_2+\alpha_3) + B_2(\alpha_1\alpha_2+\alpha_2\alpha_3+\alpha_3\alpha_1)\\&+B_3(\alpha_1^2+\alpha_2^2+\alpha_3^2) + B_4(\alpha_1\alpha_2^2+\alpha_1\alpha_3^2+\alpha_2\alpha_1^2+\alpha_3\alpha_1^2\\&+\alpha_2\alpha_3^2+\alpha_3\alpha_2^2) + B_5(\alpha_1^4+\alpha_2^4+\alpha_3^4)\\&+B_6(\alpha_1^2\alpha_2^2+\alpha_2^2\alpha_3^2+\alpha_3^2\alpha_1^2)+\cdots\end{aligned} \tag{4.3.2}$$

由于每一易磁化轴包括正负两个方向，又由于 x,y,z 三个坐标轴可以轮换，故式(4.3.2)只能包括 $\alpha_1,\alpha_2,\alpha_3$ 的偶次项。利用三角关系式

$$\begin{aligned}\alpha_1^2+\alpha_2^2+\alpha_3^2 = 1 &= (\alpha_1^2+\alpha_2^2+\alpha_3^2)^2\\&=\alpha_1^4+\alpha_2^4+\alpha_3^4+2(\alpha_1^2\alpha_2^2+\alpha_2^2\alpha_3^2+\alpha_3^2\alpha_1^2)\end{aligned}$$

可见 B_3 和 B_5 等项可包含在 B_0 项中。因此，F_K 的最后形式为

$$F_K = K_0 + K_1(\alpha_1^2\alpha_2^2+\alpha_2^2\alpha_3^2+\alpha_3^2\alpha_1^2) + K_2(\alpha_1^2\alpha_2^2\alpha_3^2)+\cdots \tag{4.3.3}$$

K_0 是常数，K_1、K_2 称为磁晶各向异性常数。

铁晶体的易磁化轴方向为[100]([010]，[001]也是易磁化方向)，故 $K_1>0$。

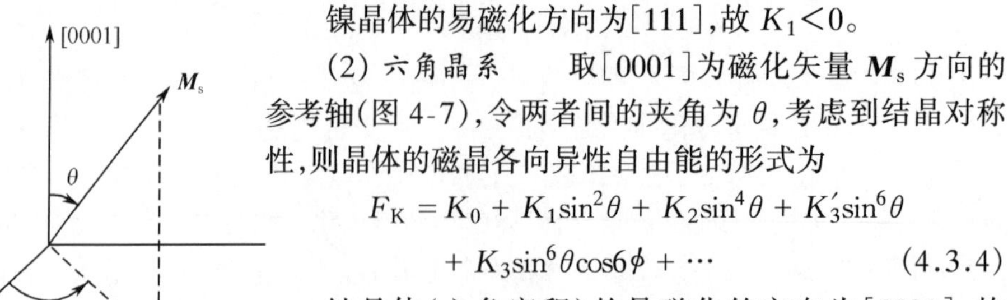

图 4-7

镍晶体的易磁化方向为[111]，故 $K_1<0$。

(2) 六角晶系　取[0001]为磁化矢量 $\boldsymbol{M}_s$ 方向的参考轴(图 4-7)，令两者间的夹角为 θ，考虑到结晶对称性，则晶体的磁晶各向异性自由能的形式为

$$\begin{aligned}F_K = &K_0 + K_1\sin^2\theta + K_2\sin^4\theta + K_3'\sin^6\theta\\&+K_3\sin^6\theta\cos6\phi+\cdots\end{aligned} \tag{4.3.4}$$

钴晶体(六角密积)的易磁化的方向为[0001]，故 $K_1,K_2>0$。

由于 K_1, K_2 的符号和大小的不同，六角晶体可以出现三种易磁化方向：六角晶轴、垂直于六角晶轴的平面、与六角晶轴成一定角度的圆锥面，见表 4-2。

表 4-2　六角晶系中的各向异性类型

K_1, K_2 的范围	易磁化方向	各向异性类型
$K_1>0$ 和 $K_1>-K_2$	$\theta_0=0$	主 轴 型
$K_1<-K_2$ 和 $K_1<-2K_2$	$\theta_0=90°$	平 面 型
$K_1<0$ 和 $K_1>-2K_2$	$\sin^2\theta_0=-K_1/2K_2$	锥 面 型

依照 J. Phys. et rad **20**, 362, (1959)

立方晶系和六角晶系的磁晶各向异性自由能在一个晶面内随方向的分布图线示于图 4-8 中，矢径 OA 的长度代表 F_K 的量值。

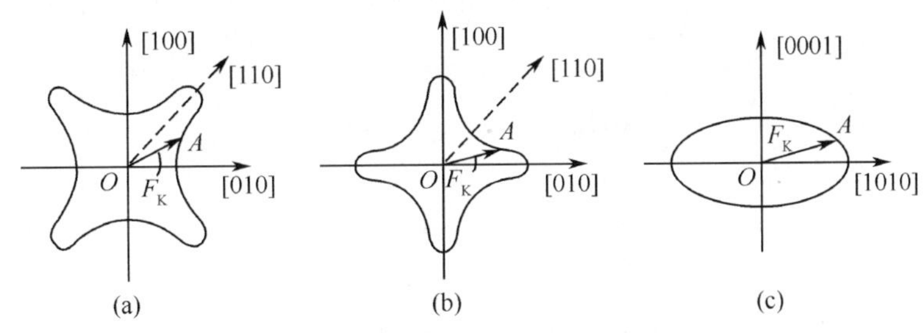

图 4-8　三种晶体中磁各向异性能的矢量图

由于磁晶各向异性的存在，铁磁晶体内磁化强度 $\boldsymbol{M}_s$ 在不受外磁场作用时总是停留在易磁化轴的方向。因此，好像在易磁化轴方向存在一个“磁场”。我们把这一等效“磁场”叫做磁晶各向异性场，以 H_K 表示。磁晶各向异性场与磁晶各向异性自由能 F_K 之间有如下关系

$$\frac{\partial F_K}{\partial \theta} = \mu_0 H_K M_s \sin\theta \tag{4.3.5}$$

θ 为 $\boldsymbol{H}_K$ 与 $\boldsymbol{M}_s$ 之间的夹角。在一些简单场合，可由上式导出 H_K

$$H_K = \left[\frac{1}{\mu_0 M_s \sin\theta}\left(\frac{\partial F_K}{\partial \theta}\right)\right]_{\theta=0} \tag{4.3.6a}$$

如采用 CGS 单位制，上式改为

$$H_K = \left[\frac{1}{M_s \sin\theta}\left(\frac{\partial F_K}{\partial \theta}\right)\right]_{\theta=0} \tag{4.3.6b}$$

表 4-3 列出了立方晶系沿不同晶轴的磁晶各向异性场 H_K。需要指出的是，磁晶各向异性场仅是一种等效场，其含义是当磁化强度偏离易磁化轴方向时好像受到沿易磁化轴方向一个磁场的作用，使它恢复到易磁化轴方向。因此，即使对于同一晶轴，当在不同的晶面内接近晶轴时，磁晶各向异性场的大小也不同，正如在

表 4-3 中所示的那样。

表 4-3 立方晶系的磁晶各向异性能及各向异性场(CGS 单位制)

立方晶系	[100]	[110]	[111]
F_K	0	$\frac{K_1}{4}$	$\frac{1}{3}K_1+\frac{1}{27}K_2$
H_K (沿不同晶面)	$\frac{2K_1}{M_s}$	$\begin{cases}(100):-2K_1/M_s\\(110):(K_1+K_2)/M_s\end{cases}$	$-\left(\frac{4}{3}K_1+\frac{4}{9}K_2\right)\Big/M_s$

二、测定磁晶各向异性能的方法

1）测量单晶体沿主要晶轴方向磁化到饱和时的磁化功 W 以测定K_1,K_2。由表 4-3 容易证明,对立方晶体

$$\left.\begin{aligned}W_{[110]}-W_{[100]}&=\frac{K_1}{4}\\W_{[111]}-W_{[100]}&=\frac{K_1}{3}+\frac{K_2}{27}\end{aligned}\right\}\tag{4.3.7}$$

2）比较单晶体的实验和理论磁化曲线以确定 K_1,K_2。

3）测量多晶体在强磁场范围内的趋近饱和磁化曲线以确定 K_1,K_2 等(见第五章第七节)。

4）测量单晶体在强磁场内所受的力矩以确定 K_1,K_2 等(测量仪器通常称为转矩仪)。这是实验室常用的方法。

5）测量沿不同晶向的铁磁共振峰以计算 K_1,K_2(见第七章)。

下面介绍用转矩仪测定 K_1,K_2 的原理:

设单晶体为旋转椭球体,其赤道平面为一主晶面[例如(100)面],磁场 H 和磁化强度 M_s 均在主晶面内(图 4-9),则磁晶各向异性能为

$$F_K=K_0+K_1\cos^2(\phi-\delta)\sin^2(\phi-\delta)\tag{4.3.8}$$

当磁场很强时,$\boldsymbol{M}_s$ 与 $\boldsymbol{H}$ 的方向相合,$\delta\to0$,则

$$F_K=K_0+K_1\cos^2\phi\sin^2\phi\tag{4.3.9}$$

故磁场对于(100)晶面的力矩为

$$T_{(100)}=-\frac{\partial F_K}{\partial\phi}=-\frac{K_1\sin4\phi}{2}\tag{4.3.10}$$

图 4-9 示出了在(100)晶面内力矩 T 随磁场方向 ϕ 的变化曲线。

如果赤道平面为(110)晶面,则当磁场很强时

$$F_K=K_0+K_1\left(\frac{1}{4}\sin^4\phi+\frac{1}{4}\sin^22\phi\right)+\frac{1}{4}K_2\sin^4\phi\cos^2\phi\tag{4.3.11}$$

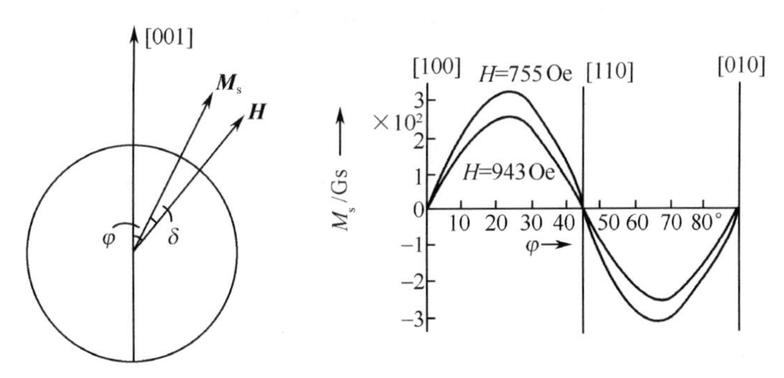

图 4-9　在(100)晶面内的力矩曲线

因此磁场对于(110)晶面的力矩为

$$T_{(110)}=-\frac{K_1(2\sin 2\phi+3\sin 4\phi)}{8}+\frac{K_2(\sin 2\phi-4\sin 4\phi-3\sin 6\phi)}{64} \tag{4.3.12}$$

其中 ϕ 为 M_s 与[001]晶向间的夹角。

在(110)晶面内力矩 T 随角度 ϕ 的变化曲线见图 4-10。

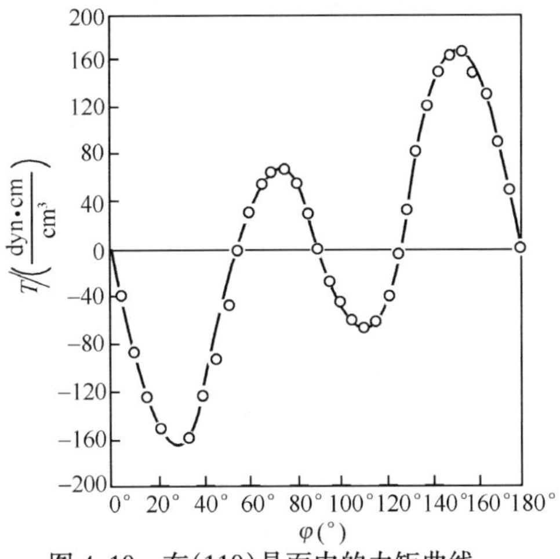

图 4-10　在(110)晶面内的力矩曲线

(样品为 3.85% 硅钢单晶)

由以上曲线可以求出 K_1, K_2 的大小。

表 4-4 列出了室温下三种铁磁金属的磁晶各向异性常数,它们的 K_1, K_2 随温度的变化见图 4-11 至图 4-13。

表 4-4 三种铁磁金属的磁晶各向异性常数

	Fe	Co	Ni
$K_1/(\text{erg/cm}^3)$	4.2×10^5	4.1×10^6	-3×10^4
$K_2/(\text{erg/cm}^3)$	1.5×10^5	1.0×10^6	5×10^4

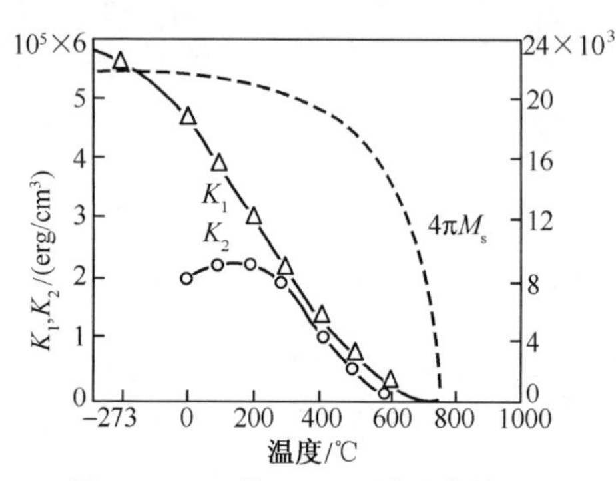

图 4-11 Fe 的 K_1,K_2 随温度的变化(Bozorth,1937)

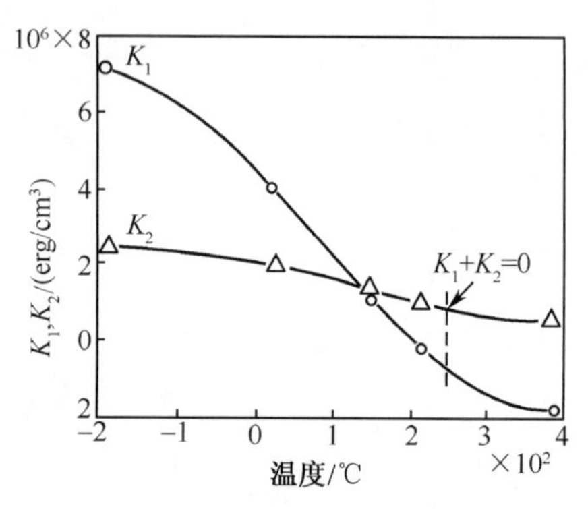

图 4-12 Co 的 K_1,K_2 随温度的变化(Bozorth,1937)

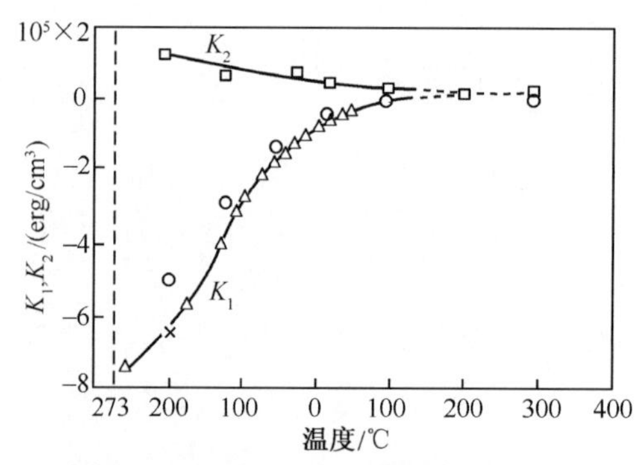

图 4-13 Ni 的 K_1,K_2 随温度的变化

某些常见磁性材料的磁晶各向异性常数(室温下)列于表 4-5,其中两种铁氧体的 K_1,K_2 随温度的变化示于图 4-14 和图 4-15。

表 4-5 某些常见磁性材料的磁晶各向异性常数(室温)

材料名称	晶体结构	$K_1/$ $(\times10^3\text{J/m}^3)$ $(\times10^4\text{erg/cm}^3)$	$K_2/$ $(\times10^3\text{J/m}^3)$ $(\times10^4\text{erg/cm}^3)$	H_K/Oe $2K_1/M_s(K_1>0)$ $4K_1/3M_s(K_1<0)$
40%Ni-Fe	立 方	0.50		
80%Ni-Fe	立 方	−0.35	0.8	
3%Si-Fe	立 方	350		

续表

材料名称	晶体结构	K_1/($\times 10^3$J/m^3)($\times 10^4$erg/cm^3)	K_2/($\times 10^3$J/m^3)($\times 10^4$erg/cm^3)	H_K/Oe $2K_1/M_s(K_1>0)$ $4K_1/3M_s(K_1<0)$
7%Si-Fe	立　方	18		
Fe_3O_4	立　方	−11.8	−28	323
$NiFe_2O_4$	立　方	−6.2		306
$MnFe_2O_4$	立　方	−2.8		93
$MgFe_2O_4$	立　方	−2.5		278
$CuFe_2O_4$	立　方	−6		591
$Mn_{0.45}Zn_{0.55}Fe_2O_4$	立　方	−0.38		
$Y_3Fe_5O_{12}$	立　方	−0.61		63
$BaFe_{12}O_{19}$	六　角	330		17000
$Co_2BaFe_{16}O_{27}$	六　角	−186	75	
MnBi	六　角	910	260	
YCo_5	六　角	5700	~0	
$SmCo_5$	六　角	15500		
Y_2Co_{17}	六　角	−290	3	
Sm_2Co_{17}	六　角	3300		
Gd_2Co_{17}	六　角	−300		
$Nd_2Fe_{14}B$	四　方	5000	660	

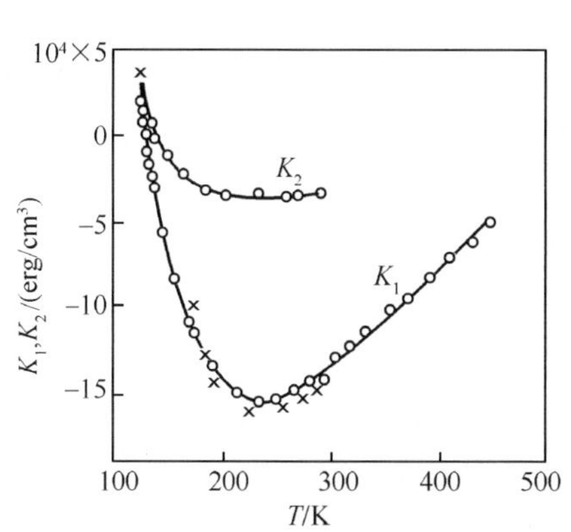

图 4-14　Fe_3O_4 的 K_1,K_2 随温度的变化(Bickford et al. 1957)

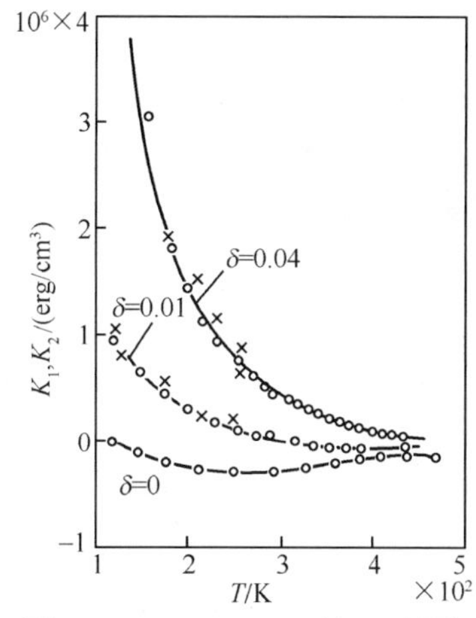

图 4-15　$Co_\delta Fe_{3-\delta}O_4$ 的 K_1 随温度的变化(Bickford et al. 1957)

第四节　磁晶各向异性的理论解释

磁晶各向异性能是随磁化矢量方向不同而变化的能量，因此不可能起源于自旋间的交换作用。这是因为交换能

$$-2A_{ij}\boldsymbol{s}_i\cdot\boldsymbol{s}_j$$

只与 $\boldsymbol{s}_i$ 和 $\boldsymbol{s}_j$ 的相对取向即方向夹角有关($\boldsymbol{s}_i$, $\boldsymbol{s}_j$ 为电子 i, j 的自旋矩,以 $\hbar$ 为单位),而与它们本身相对于晶轴的方向无关;换言之,这种能量是各向同值的。

按照阿库洛夫的观点,磁晶各向异性能是由于电子自旋磁矩间的磁相互作用能而产生的。经典的磁相互作用能的表达式为

$$E_{\text{磁}} = g^2\mu_{\mathrm{B}}^2\sum_{i<j}\left[\frac{\boldsymbol{s}_i\cdot\boldsymbol{s}_j}{r_{ij}^3} - \frac{3(\boldsymbol{s}_i\cdot\boldsymbol{r}_{ij})(\boldsymbol{s}_j\cdot\boldsymbol{r}_{ij})}{r_{ij}^5}\right] \tag{4.4.1}$$

其中,g 为电子的磁力比率,$g\approx 2$;μ_{B} 为玻尔磁子;$\boldsymbol{r}_{ij}$ 为由电子 i 到电子 j 的矢径;$\sum\limits_{i<j}$ 表示对晶体体积内所有电子配对求和。$E_{\text{磁}}$ 随电子间距离的变化很慢(长程作用),因此晶体的形状大小要影响 $E_{\text{磁}}$。

当 $\boldsymbol{s}_i$ 与 $\boldsymbol{s}_j$ 的取向平行时,取 θ_{ij} 为 $\boldsymbol{s}_i$ 与 $\boldsymbol{r}_{ij}$ 间的夹角,式(4.4.1)简化可为

$$E_{\text{磁}} = g^2\mu_{\mathrm{B}}^2\sum_{i<j}\left[\frac{\boldsymbol{s}_i\cdot\boldsymbol{s}_j(1-3\cos^2\theta_{ij})}{r_{ij}^3}\right] \tag{4.4.2}$$

对于一定形状的铁磁晶体而言,式(4.4.1)或式(4.4.2)所代表的能量实际是退磁场和洛伦兹场的作用。退磁场能仅与铁磁晶体的外部形状有关,洛伦兹场能则与晶体结构有关。

对于均匀磁化的立方晶系(包括简立方、体心立方和面心立方)的铁磁晶体,洛伦兹场能是一个与磁化方向无关的定值。如样品为球形,因式(4.4.2)中 $\overline{\cos\theta_{ij}^2} = \frac{1}{3}$,则应有 $E_{\text{磁}}=0$。

对于均匀磁化的六角晶系的铁磁晶体,洛伦兹场能虽与磁化方向有关,但这部分能量的数量太小,远不能解释实验得出的磁晶各向异性能。例如,MnBi 合金的磁晶各向异性能约为 $10^6\mathrm{J/m^3}$,而 $E_{\text{磁}}(\approx\mu_0 M_{\mathrm{s}}^2)$ 则只有 $10^4\mathrm{J/m^3}$。此外,对磁晶各向异性的符号随温度的变化上述作用也不能做出合理的解释。

综上所述,电子自旋磁矩间的磁相互作用不是铁磁晶体产生磁晶各向异性的根本原因。

在量子力学建立以前,对磁晶各向异性的研究受到很大的局限。自 1930 年开始应用量子力学方法处理磁晶各向异性问题。早期有布洛赫与真契(G. Gentile)、阿库洛夫、范弗莱克、冯索夫斯基和布鲁克斯等人的工作。后来有济纳、开佛尔(F·Keffer)、沃尔夫(W. P. Wolf)、芳田与立木(M. Tachiki)、延夫(M. Nobuo)等人的工作。经多年研究,局域电子的磁晶各向异性理论已经趋于成熟。在这方面建立了两种理论模型:单离子各向异性理论模型和各向异性交换作用理论模型。巡游电子的各向异性能带理论则发展迟缓,至今没有建立起较完备的理论。本节将简要介绍局域电子磁晶各向异性理论的两种模型,以便于读者了解其梗概。对这个问题有兴趣的读者可进一步阅读有关文献[7]。

一、单离子各向异性理论

沃尔夫、芳田与立木等人最先将反铁磁性化合物起因于晶体场效应的各向异性理论应用于铁氧体,建立起了单离子各向异性理论。利用这一理论解释了铁氧体、过渡族金属的离子化合物、稀土金属及其化合物的磁晶各向异性。

单离子各向异性的基本物理概念是:磁性离子在晶体中将受到周围邻近离子(称配位子)电场的作用。由于晶体结构的非球形对称,故配位子所产生的电场也是非球形对称的。人们称这种电场为晶体场。由于晶体场的作用,磁性离子中未满壳层电子的位形相对晶轴不同取向时其能量不同。仅当电子取某种特定的位形并沿某些特定的晶轴取向时能量最低。通过自旋-轨道耦合便造成了磁化强度的不同取向与晶体的自由能有关。这就是磁晶各向异性。

为了计算各向异性的自由能 $F(\theta,\varphi)$,需要采取的主要计算步骤如下:

1. 计算配分函数

按照玻尔兹曼统计理论,宏观晶体的自由能密度为

$$F = -\kappa_B T \sum_i N_i \ln Z_i \tag{4.4.3}$$

其中

$$Z_i = \sum_j e^{-E_j(\theta_i)/\kappa_B T} \tag{4.4.4}$$

为配分函数。式中 i 代表不同的磁次晶格,θ_i 代表第 i 个次晶格上磁性离子的平均自旋方向与晶体场对称轴之间的夹角,$E_j(\theta_i)$代表第 i 个次晶格上的磁性离子的第 j 个能级,N_i 代表单位体积中第 i 个次晶格上磁性离子的数目。$\sum_j$ 代表对第 i 个次晶上磁性离子的各能级求和。

由式(4.4.3)可以看出,单个磁性离子的能量各向异性可以导致宏观自由能的各向异性。因此,磁晶各向异性常数 K_n 的计算归结为单个磁性离子各向异性能 $E_j(\theta_i)$的计算,基于上述物理解释的磁晶各向异性理论通常称为单离子理论。

2. 计算磁性离子的能级

计算配分函数的关键在于计算磁性离子的能级 $E_j(\theta_i)$。计算 $E_j(\theta_i)$的惟一方法是解如下的薛定谔方程:

$$\hat{\mathscr{H}}\Psi = E\Psi \tag{4.4.5}$$

式中 $\hat{\mathscr{H}}$ 为磁性离子的总哈密顿量,按照上面的讨论,它应包括以下各项

$$\hat{\mathscr{H}} = \hat{\mathscr{H}}_0 + \hat{\mathscr{H}}_{el} + \hat{\mathscr{H}}_c + \hat{\mathscr{H}}_{so} + \hat{\mathscr{H}}_{ex} \tag{4.4.6}$$

上式中各项的意义和具体的表达形式如下:

$$\hat{\mathscr{H}}_0 = \sum_i \left(-\frac{\hbar^2}{2m}\nabla_i^2 - \frac{Ze^2}{r_i} \right)，(\text{电子动能} + \text{原子核场静电势能})$$

$$\hat{\mathscr{H}}_{el} = \sum_{i<j} \frac{e^2}{r_{ij}}，(\text{电子间的库仑排斥势能})$$

$$\hat{\mathscr{H}}_c = -\sum_i eV_i(\boldsymbol{r}_i)，(\text{晶体场势能})$$

$$\hat{\mathscr{H}}_{so} = \sum_i \xi(r_i)\boldsymbol{s}_i \cdot \boldsymbol{l}_i，(\text{自旋-轨道耦合能量})$$

$$\mathscr{H}_{ex} = -g\mu_B \boldsymbol{H}_m \cdot \boldsymbol{s}，(\text{取分子场近似的磁性离子间的交换能})$$

在以上诸项中，我们不太熟悉而又需要真正计算的是晶体场能和自旋-轨道耦合能量。下面对这两种能量做一简单介绍。

3. 晶体场能的计算

计算晶体场能的主导思想是把组成晶体的离子分为两部分，基本部分是中心磁性离子，将其不满壳层的磁性电子作为量子系统处理；非基本部分是周围的配位子，将其作为产生静电场的经典离子处理。取磁性离子的原子核为坐标原点，未满壳层中第 i 电子的位置坐标以 $(r_i, \theta_i, \varphi_i)$ 表示，第 j 个配位子的位置坐标以 (R_j, Θ_j, Φ_j) 表示。将配位子取为电量为 $q_j e$ 的点电荷。在 $R_j > r_i$ 的条件下(即假定磁性离子中的电子总是局域在原子核附近，它们与配位子中电子云的重叠效应可以忽略不计)，磁性离子的第 i 个电子与第 j 个配位子的静电势能为

$$V_j(i) = -\frac{q_j e^2}{|\boldsymbol{r}_i - \boldsymbol{R}_j|} \tag{4.4.7}$$

将 $1/|\boldsymbol{r}_i - \boldsymbol{R}_j|$ 用球谐函数展开，则有

$$V_j(i) = -q_j e^2 \sum_{\lambda=0}^{\infty}\sum_{k=-\lambda}^{\lambda} \frac{4\pi}{2\lambda+1} \cdot \frac{r_i^\lambda}{R_j^{\lambda+1}} Y_{\lambda k}^*(\Theta_j, \Phi_j) Y_{\lambda k}(\theta_i, \varphi_i) \tag{4.4.8}$$

通常只取最近邻离子为配位子。将上式对各配位子求和，便可得出第 i 个电子的晶场势能

$$V_p(i) = -e^2 \sum_j \sum_{\lambda=0}^{\infty}\sum_{k=-\lambda}^{\lambda} q_j \frac{4\pi}{2\lambda+1} \cdot \frac{r_i^\lambda}{R_j^{\lambda+1}} Y_{\lambda k}^*(\Theta_j, \Phi_j) Y_{\lambda k}(\theta_i, \varphi_i) \tag{4.4.9}$$

为了书写方便起见，将上式中 $Y_{\lambda k}(\theta_i, \varphi_i)$ 之前的部分以 $A_{\lambda,k}$ 表示，并用平均值

$$\langle r_i^\lambda \rangle \equiv \langle R(n_i, l_i) | r_i^\lambda | R(n_i, l_i) \rangle \tag{4.4.10}$$

代替上式中的 r_i^λ(其中 $R(n_i, l_i)$ 为第 i 个电子的径向波函数)，则式(4.4.9)可表示为

$$V_p(i) = \sum_{\lambda=0}^{\infty}\sum_{k=-\lambda}^{\lambda} A_{\lambda,k} \langle r_i^\lambda \rangle Y_{\lambda k}(\theta_i, \varphi_i) \tag{4.4.11}$$

其中

$$A_{\lambda,k} = -\left(\frac{4\pi}{2\lambda+1}\right)e^2\sum_j \frac{q_i}{R_j^{\lambda+1}}Y^*_{\lambda k}(\Theta_j,\Phi_j) \tag{4.4.12}$$

称为晶场参数。式(4.4.11)便是我们所要求的晶体场能的表达式。其系数可由配位子的空间坐标通过式(4.4.12)求出。

上面将配位子作为点电荷处理,称为点电荷近似。如果将配位子视为体电荷,则它所产生的静电势应为点电荷、电偶极矩、电四极矩等电势的叠加。作为更好的近似,有时需计入电偶极矩和电四极矩的贡献。

在分析过渡金属络合物的晶体场时,发现 $R_j > r_i$ 的假设有时不能满足。在这种情况下,需要将分子轨道理论、x_α 方法等引入到晶体场理论中来。

4. 自旋-轨道耦合能的计算

电子的自旋-轨道耦合来源于电子绕原子核运动的相对论效应,其形式为

$$\mathscr{H}_{so}(i) = \xi(r_i)\boldsymbol{l}_i \cdot \boldsymbol{s}_i \tag{4.4.13}$$

函数 $\xi(r_i)$ 由电子所受到的有心力场势 $V(r_i)$ 决定:

$$\xi(r_i) = \frac{1}{2m^2c^2}\frac{1}{r_i}\frac{\mathrm{d}V(r_i)}{\mathrm{d}r_i} \tag{4.4.14}$$

对于原子序数不是太大的原子,自旋-轨道耦合比电子间的库仑作用小得多,其角动量的耦合服从 L-S 耦合定则,S 和 L 近似为量子数。在这种情况下,对于包含在同一项内的量子态,自旋-轨道耦合可以等效地写为

$$\mathscr{H}_{so} = \lambda \boldsymbol{L} \cdot \boldsymbol{S} \tag{4.4.15}$$

式中 λ 称为自旋-轨道耦合系数。

5. 用微扰法求解薛定谔方程

在给出 $\mathscr{H}_c$ 和 $\mathscr{H}_{so}$ 后,下一个步骤便是求解方程式(4.4.5)。该方程不可能严格求解,只能采取逐级微扰法。对不同的磁性离子,式(4.4.6)中各项能量的大小不同,可分三种情况讨论:

(1) $3d$ 离子　　对于 $3d$ 磁性离子,$\mathscr{H}_{el} \sim 10^5\mathrm{cm}^{-1}$,$\mathscr{H}_c \sim 10^4\mathrm{cm}^{-1}$,$\mathscr{H}_{so} \sim 10^2\mathrm{cm}^{-1}$。因此计算微扰的次序依次为 $\mathscr{H}_{el} \to \mathscr{H}_c \to \mathscr{H}_{so}$。

(2) $4d$,$5d$ 离子　　与 $3d$ 离子相比较,$4d$ 和 $5d$ 离子具有以下特点:电子间的库仑作用明显减小,自旋-轨道耦合作用增大,晶体场的能量增加。各能量的能级约为:$\mathscr{H}_c$ 与 $\mathscr{H}_{el} \sim 10^4\mathrm{cm}^{-1}$,$\mathscr{H}_{so} \sim 10^3\mathrm{cm}^{-1}$。计算微扰的次序为:$\mathscr{H}_c \to \mathscr{H}_{el} \to \mathscr{H}_{so} \to \mathscr{H}_{ex}$。

(3) $4f$ 离子　　$4f$ 电子具有强烈局域化的特点,在它的外面又有 $5d$、$6s$ 电子作屏蔽,因此所受的晶体场较弱。在计算晶体场时需要引入屏蔽因数 σ_λ,式(4.4.11)中的晶体场参数由 $A_{\lambda k}^{\mathrm{eff}} = (1-\sigma_\lambda)A_{\lambda k}^{\text{点电荷}}$ 所代替。$4f$ 电子的另一个特点

是自旋-轨道耦合作用较强。各项能量约为 $\mathscr{H}_{el}\sim10^5\text{cm}^{-1}$,$\mathscr{H}_{so}\sim10^3\sim10^4\text{cm}^{-1}$,$\mathscr{H}_c\sim10^2\text{cm}^{-1}$。因此,计算微扰能量的次序为 $\mathscr{H}_{el}\rightarrow\mathscr{H}_{so}\rightarrow\mathscr{H}_c\rightarrow\mathscr{H}_{ex}$。

以上介绍了用单离子模型计算各向异性的理论。详细计算过程不再介绍。迄今为止,这一理论是计算磁晶各向异性最为成功的理论。近 20 年来,有关这方面的研究工作十分活跃。其中,立木利用这一理论方法计算了 $CoFe_2O_4$ 的磁晶各向异性及其随温度的变化[8],徐游、杨桂林等人计算了 $BaFe_{12}O_{19}$和 $BaZn_2Fe_{16}O_{27}$中各晶位 Fe^{3+} 离子对磁晶各向异性的贡献[9],格雷旦等人计算了 RCo_5 化合物(R=Tb,Dy,Pr,Nd,Ho)在各种温度下的稳定性(即沿难磁化方向与易磁化方向磁化时自由能之差)[10],姜寿亭、李华在考虑巡游电子影响后计算了 $R_2Fe_{14}B$ 化合物(R=Pr,Nd,Ho,Dy,Tb)的磁晶各向异性常数及随温度的变化[11]。以上研究结果有效地表明用单离子模型计算上述材料的磁晶各向异性是可行的。

二、各向异性交换作用

除了上面讨论的单离子各向异性之外,两离子间的磁偶极作用、各向异性交换作用也会导致磁晶各向异性。基于后两种机理的磁晶各向异性理论,称之为双离子理论。

在通常情况下,双离子各向异性不是主要的。但是,对于单轴对称晶体中的离子自旋 $s\leqslant\frac{1}{2}$、立方对称晶体中的离子自旋 $s\leqslant2$,即单离子各向异性为零时,双离子各向异性可能起着主要作用。

关于磁偶极各向异性,在本节开始时已经做过简单介绍。这里主要介绍各向异性交换作用。

在不同离子的电子之间,虽然交换作用是各向同性的,但其大小受电子云分布的影响。另一方面,处于晶格中的原子或离子,由于受晶体场的作用使其电子轨道矩失去了空间对称性,因而造成电子云在分布上的各向异性。通过自旋-轨道耦合又影响到自旋在空间的取向。因此,在同时考虑交换作用、晶体场、自旋-轨道耦合作用的联合效应后,其高级微扰项便出现了磁晶各向异性。范弗莱克在解释 $3d$ 族金属的磁晶各向异性时首先引入了这一机制,并称之为各向异性的交换作用[12]。按其作用形式,又可将其分为两种类型:

1. 赝偶极矩相互作用

这一类型相互作用的形式与式(4.4.1)相似

$$\mathscr{H}_D=\sum_{i<j}D_{ij}(r_{ij})\left[\boldsymbol{s}_i\cdot\boldsymbol{s}_j-3\frac{(\boldsymbol{s}_i\cdot\boldsymbol{r}_{ij})(\boldsymbol{s}_j\cdot\boldsymbol{r}_{ij})}{r_{ij}^2}\right]\tag{4.4.16}$$

其中

$$D_{ij}(r_{rj}) > \frac{g^2\mu_B^2}{r_{ij}^3}$$

可以证明

$$D_{ij}(r_{ij}) \approx A(g-2)^2 \tag{4.4.17}$$

这里 A 可称为有效的交换积分。g 不等于 2 说明电子的轨道角动量不等于零,即存在着轨道角动量与自旋角动量的耦合作用。式中的 $(g-2)^2$ 说明这种耦合作用是一种微扰影响。

范弗莱克进一步证明

$$(g-2) \approx \frac{\lambda}{\Delta E} \tag{4.4.18}$$

其中,ΔE 为在晶体场作用下原子或离子的能级裂矩。λ 为自旋-轨道耦合系数,其值可正可负,取决于原子或离子中的磁电子数。g 值可由铁磁共振测出。

利用式(4.4.16)可以定性的解释单轴晶体的磁晶各向异性。由式(4.4.16)可知,$K_1 \approx D_{ij}$。对于钴,$(g_{共振}-2) \approx 0.1$,$A \approx 10^{-13}$ erg/原子,故有 $K_1 \approx 10^{-15}$ erg/原子。实验测定钴的 $K_1 = 0.5 \times 10^{-16}$erg/原子,比理论数值小得多。更高的近似可以计算出 K_2,$\frac{K_1}{K_2} \approx \left(\frac{\lambda}{\Delta E}\right)^2 \approx 10^{-2}$,与实测值相近。

对于立方晶体,式(4.4.16)不随方向而变化,需要考虑更高的近似。为此,范弗莱克又引入了赝四极矩间的相互作用。

2. 赝四极矩相互作用

赝四极矩的作用形式为

$$\mathscr{H}_Q = Q_{ij}(r_{ij})[(\boldsymbol{s}_i \cdot \boldsymbol{r}_{ij})^2(\boldsymbol{s}_j \cdot \boldsymbol{r}_{ij})^2] \tag{4.4.19}$$

其中

$$Q_{ij}(r_{ij}) \approx \frac{D_{ij}^2}{A} \approx A(g-2)^4 \tag{4.4.20}$$

代入上面的数值,可得 $K_1 \approx Q_{ij} \approx 10^{-17}$ erg/原子。实验测定铁的 $K_1 = 0.54 \times 10^{-17}$erg/原子(镍的 K_1 小一个数量级),与理论值在数量级上相符。但对于镍,不但与 K_1 的数量级不符,符号也不相同。

范弗莱克还用“赝四极矩”模型研究了磁晶各向异性常数 K_1 随温度的变化。他将“赝四极矩”相互作用取分子场近似(即对于每一对原子间的相互作用做严格计算,而将原子对与原子对之间的相互作用作分子场近似处理)后证明:在低温时,K_1 的相对变化与 M_s 的 10 次方即与 $(M_s/M_0)^{10}$成比例。当温度升高接近居里点时,则与 $(M_s/M_0)^6$ 成比例。济纳和开佛尔也证明了同样的结论[13]。这一理论结果可以解释 Fe 的 K_1 随温度的变化,但不能解释 Ni 的 K_1 随温度的变化。

上述各向异性交换作用理论属于局域电子模型。$3d$ 金属的磁电子具有巡游特性。因此,范弗莱克的赝偶极矩、赝四极矩理论不可能对 $3d$ 金属的磁晶各向异性做出令人满意的解释。在发展金属磁晶各向异性理论的过程中,布鲁克斯首先将 L-S 耦合作用引入能带理论以计算铁和镍的各向异性[14]。由于铁族金属磁电子的状态复杂性,巡游电子交换作用的机理还不完全清楚,因此有关金属磁晶各向异性的理论尚未建立起来。

需要指出,由于稀土离子的 $4f$ 电子是强烈局域的,因此其磁晶各向异性除了主要来自单离子模型以外,双离子各向异性(包括磁偶极相互作用和各向异性交换作用)往往也起重要作用,特别是对轻稀土离子更是如此。

第五节 磁致伸缩——磁弹性能和应力能

上节中磁晶各向异性能的表达式是在假设晶体无任何形变的情形下,由于磁化矢量 $\boldsymbol{M}_s$ 离开易磁化轴方向而增加的自由能部分。但是,当磁化矢量离开易磁化轴方向时,晶体同时将发生微小的形变,形变的结果是使与形变相联系的形变能加上单纯的磁晶各向异性能之和达到总自由能等于极小值的稳定状态。此外,当铁磁晶体由顺磁状态变为铁磁状态时,其体积也会有微小变化。凡伴随着磁化而发生的铁磁晶体的形状和体积的微小变化,统称之为磁致伸缩。其中,线度的变化称为线性磁致伸缩,体积的变化称为体积磁致伸缩。从广义概念上讲,磁致伸缩还应包括由应力产生的磁化状态的变化。因此,磁致伸缩又称为广义的压磁性。磁致伸缩现象是 1942 年焦耳发现的[15],也称为焦耳效应。它的逆效应是 1965 年维拉里发现的[16],称为维拉里效应。

磁致伸缩是铁磁性物质的一种基本属性。这一效应本身有重要的应用价值。例如,可以利用这一效应制成超声波发生器和接受器、各种传感器、延迟线、滤波器等。同时,由于磁致伸缩将引起自由能变化,因而将对磁化过程产生重要影响。所以有必要对这一效应做深入研究。

一、磁致伸缩产生机制的唯象说明

磁致伸缩起源于晶体场、自旋-轨道耦合以及弹性形变的联合效应。对于不同的磁性材料,产生的机制也不完全相同。近些年来,人们已经分别对过渡金属(Ni 和 Fe)、稀土金属及其化合物和铁氧体中的磁致伸缩进行了微观理论计算,取得了一系列进展,有兴趣的读者可直接阅读原论文[17~21],我们不再介绍。下面仅就磁致伸缩产生的机制做一唯象说明。

设有一单畴铁磁晶体,在居里点 T_c 以上样品为球形(如图 4-16(a)的内实线所示)。当冷却至居里点以下时,由于交换作用产生了自发磁化,同时也将产生自发的磁致伸缩。这一点可由奈尔所总结的交换积分 A 随两原子间距离的变化曲线(见第三章第二节图 3-2)加以说明。如该铁磁物质的交换积分 A 位于这一曲线极大值的左侧,则当铁磁体由居里点以上冷却至居里点以下时,交换作用使两原子所受的力为 $-\frac{\partial E_{ex}}{\partial d}\sim\frac{\partial A}{\partial d}>0$。这一排斥力将使两原子的间距变大,铁磁晶体将因之发生膨胀(如图 4-16(a)虚线所示)。反之,如该铁磁物质的交换积分 A 位于上述曲线极大值的右侧,则当铁磁体由居里点以上冷却至居里点以下时,两原子将受到因交换作用而产生的吸引力的作用,铁磁晶体也因之而发生收缩。这就是在自发磁化过程中所发生的磁致伸缩现象,称之为自发磁致伸缩。自发磁致伸缩是各向同性的,表现为体积的变化。

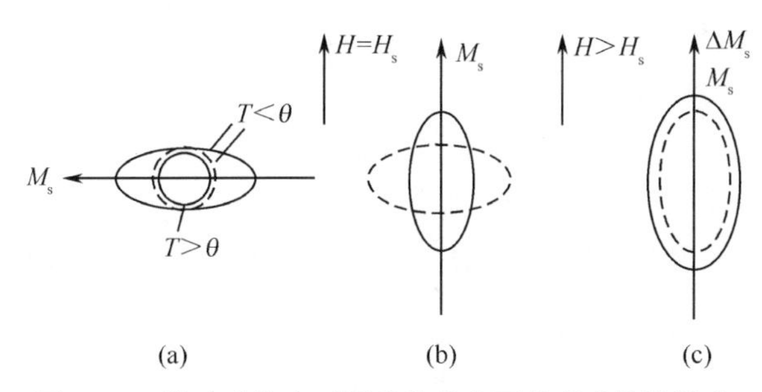

图 4-16　单畴球体在不同磁化状态下的磁致伸缩效应

在居里点以下,除了交换作用所产生的磁致伸缩外,磁矩的有序排列所表现出来的各向异性能(例如,前面所介绍的磁晶各向异性能和退磁场能)还将产生附加的磁致伸缩。这项附加的磁致伸缩虽然比交换作用产生的磁致伸缩小得多,但却是各向异性的,即相对于磁化强度的不同方向铁磁体的线度改变量不同,结果使单畴铁磁体的形状发生了变化,如图 4-16(a)中的椭球所表示的那样。对于这种类型的磁致伸缩,通常以线性磁致伸缩来表征。温度降低愈多,线性磁致伸缩也将愈大。

如果在上述情况下再加一外磁场 $\boldsymbol{H}$,自发磁化强度 $\boldsymbol{M}_s$ 将转向外磁场方向。由于线性磁致伸缩,椭球在空间的取向也将发生变化(图 4-16(b)),同时沿椭球不同方向的长度,仍将有不同的线性磁致伸缩。继续增加磁场 $\boldsymbol{H}$,直至超过了技术饱和磁场 $\boldsymbol{H}_s$,则随着顺磁磁化过程的发生(M_s 的绝对值增加),又将产生体积磁致伸缩(图 4-16(c))。

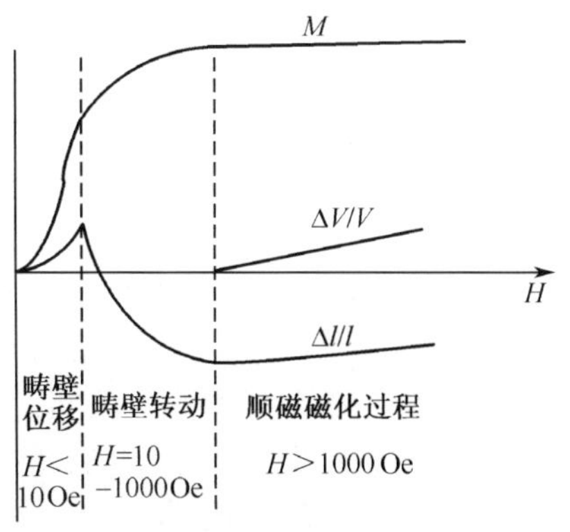

图 4-17　Fe 的磁化曲线和磁致伸缩曲线的示意图

以上示意性地介绍了磁致伸缩发生的过程。这一过程与磁化过程的联系可用图 4-17 来说明。由图 4-17 可见,在技术磁化过程中,主要表现为线性磁致伸缩。以下我们仅限于讨论线性磁致伸缩。

磁致伸缩的发生,必然满足铁磁晶体总自由能等于极小值的条件。也就是说,磁致伸缩引起的形变是使形变后的铁磁晶体达到总自由能等于极小值的结果。下面我们给出在总自由能等于极小值的稳定状态下与磁致伸缩相联系的能量。

二、磁弹性能的计算[39]

磁弹性能是指在磁致伸缩过程中磁性与弹性之间的耦合作用能。下面仅就立方晶体计算这一能量。为此,我们假设晶体的形变只由磁致伸缩产生。

在考虑到磁致伸缩引起的形变后,铁磁晶体单位体积内的自由能应包括三部分:

(1) *无形变时单纯的磁晶各向异性能* F_K^0

$$F_K^0 = K_0 + K_1(\alpha_1^2\alpha_2^2 + \alpha_2^2\alpha_3^2 + \alpha_3^2\alpha_1^2) + K_2\alpha_1^2\alpha_2^2\alpha_3^2 \tag{4.5.1}$$

其中,$(\alpha_1,\alpha_2,\alpha_3)$为磁化强度矢量$\boldsymbol{M}_s$相对于三个坐标轴的方向余弦。

(2) *由晶体形变所产生的单纯形变能*　　把铁磁晶体看做无磁性的单纯形变体,以$e_{xx},e_{yy},e_{zz},e_{xy},e_{yz},e_{zx}$表示形变张量的六个分量,其中前三个为长度应变,后三者为切应变。根据弹性力学可得出弹性形变能密度为

$$F_{弹性} = \frac{1}{2}c_{11}(e_{xx}^2 + e_{yy}^2 + e_{zz}^2) + \frac{1}{2}c_{44}(e_{xy}^2 + e_{yz}^2 + e_{zx}^2) + c_{12}(e_{xx}e_{yy} + e_{yy}e_{zz} + e_{zz}e_{xx}) \tag{4.5.2}$$

其中,c_{11},c_{44},c_{12}为弹性模量。对于铁,有

$$c_{11} = 2.41\times10^{12}\quad \text{erg/cm}^3,$$
$$c_{12} = 1.46\times10^{12}\quad \text{erg/cm}^3,$$
$$c_{44} = 1.12\times10^{12}\quad \text{erg/cm}^3。$$

对于镍,有

$$c_{11} = 2.50\times10^{12}\quad \text{erg/cm}^3,$$
$$c_{12} = 1.60\times10^{12}\quad \text{erg/cm}^3,$$
$$c_{44} = 1.185\times10^{12}\quad \text{erg/cm}^3。$$

(3) *磁性与弹性形变间的作用能——磁弹性能*　　因为晶体不但是弹性体,同时又是磁性体。故对于一定的形变$e_{ij}(i,j,=x,y,z)$而言,不但有由弹性形变而产生的弹性能,还有因形变而引起磁性变化所产生的磁弹性能。由于形变量很小($e_{ij}\ll1$),这部分能量可由磁晶各向异性能推广出来。为此,我们将形变后的磁晶各向异性能F_K用形变分量e_{ij}来展开,取其线性项有

$$F_K = F_K^0 + \sum_{i\geqslant j}\left(\frac{\partial F_K}{\partial e_{ij}}\right)e_{ij} + \cdots \tag{4.5.3}$$

上式中第二项及其以后各项即是磁弹性能。磁弹性能也是各向异性的,因此各系数$\left(\frac{\partial F_K}{\partial e_{ij}}\right)$应与磁化矢量的方向余弦$(\alpha_1,\alpha_2,\alpha_3)$有关。

从立方晶体的对称性考虑(与上节讨论 F_K^0 时的考虑相同)可得

$$\left.\begin{aligned}\frac{\partial F_K}{\partial e_{xx}} &= B_1\alpha_1^2; \quad \frac{\partial F_K}{\partial e_{xy}} = B_2\alpha_1\alpha_2 \\ \frac{\partial F_K}{\partial e_{yy}} &= B_1\alpha_2^2; \quad \frac{\partial F_K}{\partial e_{yz}} = B_2\alpha_2\alpha_3 \\ \frac{\partial F_K}{\partial e_{zz}} &= B_1\alpha_3^2; \quad \frac{\partial F_K}{\partial e_{zx}} = B_2\alpha_3\alpha_1\end{aligned}\right\} \tag{4.5.4}$$

其中 B_1,B_2 为代表磁化与形变相互作用的系数,原则上是可以计算的。

合并以上 3 部分能量,我们可得晶体的总自由能为(略去常数项及高次项)

$$\begin{aligned}F = &K_1(\alpha_1^2\alpha_2^2+\alpha_2^2\alpha_3^2+\alpha_3^2\alpha_1^2)+B_1(\alpha_1^2e_{xx}+\alpha_2^2e_{yy}^2+\alpha_3^2e_{zz}) \\ &+B_2(\alpha_1\alpha_2e_{xy}+\alpha_2\alpha_3e_{yz}+\alpha_3\alpha_1e_{zx})+\frac{1}{2}c_{11}(e_{xx}^2+e_{yy}^2+e_{zz}^2) \\ &+\frac{1}{2}c_{44}(e_{xy}^2+e_{yz}^2+e_{zx}^2)+c_{12}(e_{xx}e_{yy}+e_{yy}e_{zz}+e_{zz}e_{xx})+\cdots\end{aligned} \tag{4.5.5}$$

当晶体达到稳定状态时,我们有

$$\left.\begin{aligned}\frac{\partial F}{\partial e_{xx}} &= B_1\alpha_1^2+c_{11}e_{xx}+c_{12}(e_{yy}+e_{zz})=0 \\ \frac{\partial F}{\partial e_{yy}} &= B_1\alpha_2^2+c_{11}e_{yy}+c_{12}(e_{xx}+e_{zz})=0 \\ \frac{\partial F}{\partial e_{zz}} &= B_1\alpha_3^2+c_{11}e_{zz}+c_{12}(e_{xx}+e_{yy})=0 \\ \frac{\partial F}{\partial e_{xy}} &= B_2\alpha_1\alpha_2+c_{44}e_{xy}=0 \\ \frac{\partial F}{\partial e_{yz}} &= B_2\alpha_2\alpha_3+c_{44}e_{yz}=0 \\ \frac{\partial F}{\partial e_{zx}} &= B_2\alpha_3\alpha_1+c_{44}e_{zx}=0\end{aligned}\right\} \tag{4.5.6}$$

方程组(4.5.6)的解为

$$e_{ii} = \frac{B_1[c_{12}-\alpha_i^2(c_{11}+2c_{12})]}{(c_{11}-c_{12})(c_{11}+2c_{12})} \tag{4.5.7}$$

$$e_{ij} = -\frac{B_2\alpha_i\alpha_j}{c_{44}} \quad (i\neq j) \tag{4.5.8}$$

将式(4.5.4),(4.5.7)和(4.5.8)代入式(4.5.5),最后可得

$$F = (K + \Delta K)(\alpha_1^2\alpha_2^2 + \alpha_2^2\alpha_3^2 + \alpha_3^2\alpha_1^2) + \text{高次项} \tag{4.5.9}$$

ΔK 是包含 B_1, B_2 和 c_{11}, c_{12}, c_{44} 的附加能量，即表示磁弹性能的常数，由于 ΔK 的表达式是很繁的，我们在此不再写出来。但应指出，ΔK 比较 K 而言是很小的。根据基特耳的计算，对于铁，$\dfrac{\Delta K_1}{K_1} \sim 10^{-3}$；对于镍，$\dfrac{\Delta K_1}{K_1} \sim 10^{-1}$。

由上面的讨论可知，我们计入磁致伸缩后，在对形变张量 e_{ij} 只取线性项的近似下，磁晶各向异性能的形式并未发生变化，所变化的仅是各向异性常数。

对于六角晶体，可以得出同样的结论，在此不再讨论。

三、磁致伸缩的计算[39]

现在我们来计算在稳定状态下沿立方晶体某一方向（以方向余弦 $\beta_1, \beta_2, \beta_3$ 表示）的线性磁致伸缩。线性磁致伸缩定义为 $\left(\dfrac{\delta l}{l}\right)_{\beta_i}$，显然，$\left(\dfrac{\delta l}{l}\right)_{\beta_i}$ 可以用形变张量 e_{ij} 来表示。设晶体内任一点 (x, y, z) 经过形变后变到 (x', y', z')（如图 4-18），则由 e_{ij} 的定义可得

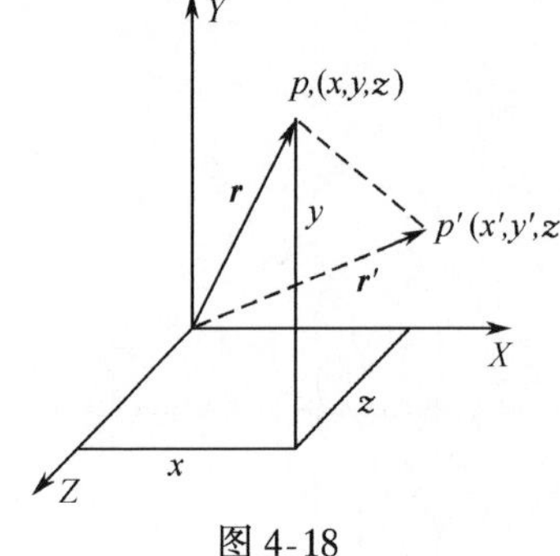

图 4-18

$$\left.\begin{aligned} x' &= (1 + e_{xx})x + \frac{1}{2}e_{xy}y + \frac{1}{2}e_{zx}z \\ y' &= \frac{1}{2}e_{xy}x + (1 + e_{yy})y + \frac{1}{2}e_{yz}z \\ z' &= \frac{1}{2}e_{zx}x + \frac{1}{2}e_{yz}y + (1 + e_{zz})z \end{aligned}\right\} \tag{4.5.10}$$

因此

$$\delta(l^2) = 2l \cdot \delta l = 2l^2 \sum e_{ij}\beta_i\beta_j$$

即有

$$\left(\frac{\delta l}{l}\right)_{\beta_i} = \sum_{i \geqslant j} e_{ij}\beta_i\beta_j \tag{4.5.11}$$

在稳定状态下，e_{ii} 和 e_{ij} 分别由式(4.5.7)和式(4.5.8)给出。将其代入上式，可得

$$\begin{aligned} \left(\frac{\delta l}{l}\right)_{\beta_i} = &-\frac{B_1}{c_{11} - c_{12}}\left(\alpha_1^2\beta_1^2 + \alpha_2^2\beta_2^2 + \alpha_3^2\beta_3^2 - \frac{1}{3}\right) \\ &- \frac{B_2}{c_{44}}(\alpha_1\alpha_2\beta_1\beta_2 + \alpha_2\alpha_3\beta_2\beta_3 + \alpha_3\alpha_1\beta_3\beta_1) - \frac{B_1}{3(c_{11} + 2c_{12})} \end{aligned} \tag{4.5.12}$$

上式右边第三项为常数项，与方向无关。前两项的系数称为磁致伸缩系数。

如果测量线性磁致伸缩的方向和磁化矢量的方向一致,则 $\alpha_i = \beta_i$,式(4.5.12)简化为

$$\left(\frac{\delta l}{l}\right)_{\alpha_i=\beta_i} = -\frac{B_1}{c_{11}-c_{12}}\left(\beta_1^4+\beta_2^4+\beta_3^4-\frac{1}{3}\right) - \frac{B_2}{c_{44}}(\beta_1^2\beta_2^2+\beta_2^2\beta_3^2+\beta_3^2\beta_1^2) + \text{常数项}$$

由两个特殊方向可以看出上式右边第一和第二项系数的意义。设将$(\beta_1,\beta_2,\beta_3)$取在[100]方向,则 $\beta_1=1,\beta_2=\beta_3=0$,因而有

$$\left(\frac{\delta l}{l}\right)_{[100]} = \lambda_{100} = -\frac{2B_1}{3(c_{11}-c_{12})} \tag{4.5.13}$$

如将$(\beta_1,\beta_2,\beta_3)$取在[111]方向,则 $\beta_1=\beta_2=\beta_3=\frac{1}{\sqrt{3}}$,因而有

$$\left(\frac{\delta l}{l}\right)_{[111]} = \lambda_{111} = -\frac{B_2}{3c_{44}} \tag{4.5.14}$$

因此,式(4.5.12)可改写为

$$\left(\frac{\delta l}{l}\right)_{\beta_i} = \frac{3}{2}\lambda_{100}\left(\alpha_1^2\beta_1^2+\alpha_2^2\beta_2^2+\alpha_3^2\beta_3^2-\frac{1}{3}\right) + 3\lambda_{111}(\alpha_1\alpha_2\beta_1\beta_2+\alpha_2\alpha_3\beta_2\beta_3+\alpha_3\alpha_1\beta_3\beta_1) + \text{常数项} \tag{4.5.15}$$

这就是在一任意$(\beta_1,\beta_2,\beta_3)$方向上的磁致伸缩公式。$\lambda_{100}$,$\lambda_{111}$称为晶体沿[100]和[111]两晶轴的磁致伸缩系数。

由式(4.5.13)和(4.5.14)可见,前面所设的代表磁化与形变相互作用的系数 B_1,B_2 可以由弹性模量 c_{11},c_{12},c_{44}以及磁致伸缩系数 $\lambda_{100},\lambda_{111}$等算出。

对于铁,$\lambda_{100}=19.5\times10^{-6}$,$\lambda_{111}=-18.8\times10^{-6}$(实验测量结果)。因此,$B_1=-2.9\times10^7\text{erg/cm}^3$,$B_2=6.4\times10^7\text{erg/cm}^3$。

对于镍,$\lambda_{100}=-46\times10^{-6}$,$\lambda_{111}=-25\times10^{-6}$(实验结果),故 $B_1=6.2\times10^7\text{erg/cm}^3$,$B_2=9.0\times10^7\text{erg/cm}^3$。

如果晶体沿不同方向的磁致伸缩系数相差不大,可令 $\lambda_{100}\approx\lambda_{111}=\lambda_s$,则式(4.5.15)即简化为

$$\left(\frac{\delta l}{l}\right)_{\beta_i} = \frac{3}{2}\lambda_s\left[(\alpha_1\beta_1+\alpha_2\beta_2+\alpha_3\beta_3)^2-\frac{1}{3}\right]$$

或

$$\left(\frac{\delta l}{l}\right)_{\beta_i} = \frac{3}{2}\lambda_s\left(\cos^2\phi-\frac{1}{3}\right) \tag{4.5.16}$$

其中,ϕ 为测量磁致伸缩方向$(\beta_1,\beta_2,\beta_3)$与磁化矢量方向$(\alpha_1,\alpha_2,\alpha_3)$之间的角度。

需要指出,铁磁晶体的磁致伸缩系数是外磁场的函数,其大小随外磁场强度而变化。只有当其磁化达到饱和时,磁致伸缩系数才具有确定的数值。因此,以上各

式中的 λ_{100},λ_{111},λ_s 等都是指磁化达到饱和时的数值,称为饱和磁致伸缩系数。

以上讨论仅适合于磁化饱和的单晶体。对于多晶体,它在某一方向的磁致伸缩可以看做是各个晶粒的磁致伸缩在这一方向的平均值。如果没有结晶织构,即各个晶粒的晶轴方向在空间是均匀分布的,可以把多晶体的磁致伸缩看做是各向同性的。借用式(4.5.16),可得多晶体在外磁场中磁化饱和后沿任一方向的磁致伸缩

$$\left(\frac{\delta l}{l}\right)_{多晶} = \frac{3}{2}\bar{\lambda}_0\left(\cos^2\phi - \frac{1}{3}\right) \tag{4.5.17}$$

其中,ϕ 为测量方向与磁化强度矢量方向间的夹角;$\bar{\lambda}_0$ 为多晶体的饱和磁致伸缩系数;当 $\phi=0$ 时,$\left(\frac{\delta l}{l}\right)_{多晶}=\bar{\lambda}_0$,可见 $\bar{\lambda}_0$ 即为多晶体沿外磁场方向的饱和磁致伸缩系数。利用统计方法可以证明,$\bar{\lambda}_0$ 与晶粒单晶体的磁致伸缩系数之间有如下的关系

$$\bar{\lambda}_0 = \frac{1}{5}(2\lambda_{100} + 3\lambda_{111}) \tag{4.5.18}$$

对于六角晶系的磁致伸缩,原则上亦可采取同样的方法加以讨论。但由于其对称性较低,数学处理比较复杂,这里只给出计算结果。

选取六角晶系的[0001],[$10\bar{1}0$],[$\bar{1}2\bar{1}0$]晶轴为直角坐标系的 x,y,z 轴,以 α_i 表示 $\boldsymbol{M}_s$ 的方向余弦,β_i 表示测量方向的方向余弦。对于易磁化轴为[0001]晶轴的六角晶体,其饱和磁致伸缩为

$$\begin{aligned}\lambda_{\alpha_i\beta_i} =& (R_2 + R_3\beta_3^2)(1-\alpha_3^2) \\ &+ [R_4\alpha_3\beta_3 + R_5(\alpha_1\beta_1+\alpha_2\beta_2)](\alpha_1\beta_1+\alpha_2\beta_2)\end{aligned} \tag{4.5.19}$$

对于易磁化轴位于(0001)晶面的六角晶体,其饱和磁致伸缩为

$$\begin{aligned}\lambda_{\alpha_i\beta_i} =& (R_2 + R_3\beta_3^2)(1-\alpha_3^2) - \frac{1}{2}R_5(1-\beta_3^2) \\ &+ [R_4\alpha_3\beta_3 + R_5(\alpha_1\beta_1+\alpha_2\beta_2)](\alpha_1\beta_1+\alpha_2\beta_2)\end{aligned} \tag{4.5.20}$$

式中 R_2,R_3,R_4,R_5 是与材料有关的常数,但它们并不代表某一方向的磁致伸缩系数。对于钴单晶体

$$R_2 = -95\times10^{-6},\quad R_3 = 205\times10^{-6}$$
$$R_4 = -465\times10^{-6},\quad R_5 = 50\times10^{-6}$$

对于 $BaFe_{12}O_{19}$ 单晶体

$$R_2 = 16\times10^{-6},\quad R_3 = -5\times10^{-6}$$
$$R_4 = -48\times10^{-6},\quad R_5 = -31\times10^{-6}$$

由于磁致伸缩的形变量很小,对它的测量须用精密的方法。早期通常用光杠杆方法、形变电阻方法和迈克耳孙干涉仪方法,近年来多使用应变计方法。目前所发现的具有最大室温磁致伸缩的材料是 $TbFe_2$,它在 25kOe 的磁场下,磁致伸缩系

数为 2.39×10^{-3}。其他一些常见磁性材料的磁致伸缩见表 4-6。

表 4-6　某些常见材料在室温下的磁致伸缩系数

单晶材料	$\lambda_{100}\times10^6$	$\lambda_{111}\times10^6$	$\bar{\lambda}_0^*\times10^6$
Fe	20.3	−21.1	−4.5
Ni	−50.8	−22.6	−33.9
$Ni_{78}Fe_{22}$(急冷)	9.9	1.7	5.0
$Ni_{85}Fe_{15}$	−3	−3	−3
$Co_{40}Fe_{60}$	146.6	8.7	64
Fe_3O_4	−19	81	41
$MgFe_2O_4$(退火)	−10.5	1.7	−3.2
$MnFe_2O_4$	−31	6.5	−8.5
$NiFe_2O_4$	−42	−14	−25.2
$Li_{0.5}Fe_{2.5}O_4$	−26	−3.8	−12.7
$CuFe_2O_4$	−57.5	4.7	−20.2
$Y_3Fe_5O_{12}$	−1.4	−5.25	−3.7
$Sm_3Fe_5O_{12}$	21	−8.5	3.3
多晶材料	$\bar{\lambda}_0$(测定值)$\times10^6$	多晶材料	$\bar{\lambda}_0$(测定值)$\times10^6$
Fe_3O_4	40	$Li_{0.5}Fe_{2.5}O_4$	−8
$MnFe_2O_4$	−5	$Ni_{0.35}Zn_{0.65}Fe_2O_4$	−5
$NiFe_2O_4$	−27	$Ni_{0.98}Zn_{0.02}Fe_2O_4$	−26
$CoFe_2O_4$	~−200	$BaFe_{12}O_{19}$	~−5

*　$\bar{\lambda}_0=\frac{1}{5}(2\lambda_{100}+3\lambda_{111})$(计算值)。

四、应　力　能

当铁磁晶体受外应力作用或其内部本来存在着内应力时(例如,在铁磁体制备过程中,由高温冷却下来,一般总有内应力存在),铁磁晶体还将产生由应力引起的形变。这时,除了考虑磁晶各向异性能和磁致伸缩能外,还须计入应力能。一般说来,应力的形式比较复杂,因此关于应力能的计算是一件很繁琐的工作。在这里我们只讨论一种简单而又重要的情形,即应力为沿一定方向的简单张力(或压力)的情形。

设晶体为立方晶体,应力的方向余弦(以三个晶轴为坐标系)为$(\gamma_1,\gamma_2,\gamma_3)$,强度为 σ。从弹性力学可知,应力张量为

$$\sigma_{ij}=\sigma\gamma_i\gamma_j \tag{4.5.21}$$

设由应力所产生的应变张量为 e_{ij}^{σ},则总的应变张量为 $e_{ij}=e_{ij}^0+e_{ij}^{\sigma}$(其中 e_{ij}^0 为由磁致伸缩引起的应变张量)。这时,式(4.5.5)所表示的铁磁晶体的自由能 F 应增加

应力能 $-\sum_{i\geqslant j}\sigma_{ij}e_{ij}$，即

$$F = F_{\mathrm{K}}^{0} + F_{弹性} + F_{磁弹性} + F_{应力} \tag{4.5.22}$$

根据稳定状态的条件，可有

$$\frac{\partial F}{\partial e_{xx}} = B_1\alpha_1^2 + c_{11}e_{xx} + c_{12}(e_{yy}+e_{zz}) - \sigma\gamma_1^2 = 0$$

$$\frac{\partial F}{\partial e_{yy}} = B_1\alpha_2^2 + c_{11}e_{yy} + c_{12}(e_{xx}+e_{zz}) - \sigma\gamma_2^2 = 0$$

$$\frac{\partial F}{\partial e_{zz}} = B_1\alpha_3^2 + c_{11}e_{zz} + c_{12}(e_{xx}+e_{yy}) - \sigma\gamma_3^2 = 0$$

$$\frac{\partial F}{\partial e_{xy}} = B_2\alpha_1\alpha_2 + c_{44}e_{xy} - \sigma\gamma_1\gamma_2 = 0$$

$$\frac{\partial F}{\partial e_{yz}} = B_2\alpha_2\alpha_3 + c_{44}e_{yz} - \sigma\gamma_2\gamma_3 = 0$$

$$\frac{\partial F}{\partial e_{zx}} = B_2\alpha_3\alpha_1 + c_{44}e_{zx} - \sigma\gamma_3\gamma_1 = 0$$

解之，得

$$e_{ii} = \frac{B_1[c_{12} - \alpha_i^2(c_{11}+2c_{12})]}{(c_{11}-c_{12})(c_{11}+2c_{12})} - \frac{\sigma[c_{12} - \gamma_i^2(c_{11}+2c_{12})]}{(c_{11}-c_{12})(c_{11}+2c_{12})} \tag{4.5.23}$$

$$e_{ij} = -\frac{B_2\alpha_i\alpha_j}{c_{44}} + \frac{\sigma\gamma_i\gamma_j}{c_{44}} \tag{4.5.24}$$

将 e_{ii}，e_{ij}代入应力能的表达式 $-\sum_{i\geqslant j}\sigma_{ij}e_{ij}$，即可求出应力能，其中与方向有关的部分为

$$\begin{aligned} F_\sigma = &\frac{B_1\sigma}{c_{11}-c_{12}}(\alpha_1^2\gamma_1^2 + \alpha_2^2\gamma_2^2 + \alpha_3^2\gamma_3^2) \\ &+ \frac{B_2\sigma}{c_{44}}(\alpha_1\alpha_2\gamma_1\gamma_2 + \alpha_2\alpha_3\gamma_2\gamma_3 + \alpha_3\alpha_1\gamma_3\gamma_1) \end{aligned} \tag{4.5.25}$$

将式(4.5.13)和(4.5.14)代入，最后可得

$$\begin{aligned} F_\sigma = &-\frac{3}{2}\lambda_{100}\sigma(\alpha_1^2\gamma_1^2 + \alpha_2^2\gamma_2^2 + \alpha_3^2\gamma_3^2) \\ &- 3\lambda_{111}\sigma(\alpha_1\alpha_2\gamma_1\gamma_2 + \alpha_2\alpha_3\gamma_2\gamma_3 + \alpha_3\alpha_1\gamma_3\gamma_1) \end{aligned} \tag{4.5.26}$$

当 $\lambda_{100}=\lambda_{111}=\lambda_{\mathrm{s}}$(磁致伸缩是各向等值的)时，则式(4.5.26)可简化为

$$F_\sigma = -\frac{3}{2}\lambda_{\mathrm{s}}\sigma\cos^2\theta \tag{4.5.27}$$

其中 θ 为应力方向$(\gamma_1,\gamma_2,\gamma_3)$与磁化矢量方向$(\alpha_1,\alpha_2,\alpha_3)$之间的角度。

应力能比弹性能大得多，以后在计算磁化过程时，经常要用到式(4.5.27)。需要注意的是，对于张力(拉力)，σ 应取正值；对于压力，σ 应取负值。

磁致伸缩的典型例证是早年所发现的威德曼(G. Wiedemann)效应[22]。这一效应是指当沿着管状铁磁体的轴向通以电流,再沿这个轴向加一磁场时,在这个轴的四周会发生扭转的现象。这一扭转是由于电流所产生的环状磁场与沿轴向所加磁场共同所生的磁致伸缩造成的。威德曼效应的逆效应可以作为应力影响磁化的佐证。这一逆效应是指把管状铁磁体绕轴扭转,再沿着轴向加一交变磁场时,沿着管的圆周方向将产生交变磁化。这一圆周方向的交变磁化正是由于扭转应力与沿轴向的交变磁场共同产生的。以上两个效应很好地说明了磁致伸缩及应力影响磁化的现象。

第六节　磁畴结构的形成

在了解了铁磁晶体内各种类型的相互作用后,我们讨论磁畴结构的形成。理论和实验都证明在居里温度以下大块铁磁晶体中会形成磁畴结构,不同磁畴内磁化强度的方向不同。人们自然会问:铁磁晶体内为什么会形成磁畴?磁畴的大小、形状和分布与哪些因素有关?下面我们从能量角度分析这一问题。交换作用使近邻原子的自旋磁矩取向相同,造成自发磁化;磁晶各向异性能使自发磁化的方向保持在易磁化轴方向。因此,当整个晶体自发磁化到饱和并且磁化矢量沿晶体的某易磁化轴方向时,以上两种能量都达到极小值。也就是说,交换能和磁晶各向异性能不会导致磁畴的产生。但是,所有铁磁晶体都有一定的大小和形状,整个晶体均匀磁化的结果必然在其两端产生磁极,磁极产生的退磁场将增加退磁场能 $\frac{1}{2}\mu_0 NM_s^2$。为了减少退磁场能,晶体分为若干磁畴。这是磁畴形成的主要原因。其次,晶体中应力分布不均匀也是磁畴形成的一个原因。在应力急剧变化的地方,磁化矢量的方向也将随之变化,产生磁畴。下面以减少退磁场能为例说明磁畴的形成。

图 4-19 是单轴晶体(如 Co)的磁畴示意图。(a)图是整个晶体均匀磁化,退磁场能最大(如果设 $M_s \approx 10^3$Gs,则退磁场能约为 10^6erg/cm^3)。从能量的观点出发,分为两个或四个平行反向的自发磁化区域((b),(c))可以大大减少退磁场能。如果分为 n 个区域(即 n 个磁畴),能量约可减为 $\frac{1}{n}$,但是两个相邻的磁畴间界壁的存在又需要增加一定的能量(称为畴壁能,计算过程见后)。因此自发磁化区域的形成并不是无限的,而是以畴壁能及退磁场能相加等于极小值为条件。图 4-19 中(d),(e)为在晶体边缘表面附近的封闭磁畴。这些边缘表面畴具有封闭磁通的作用,使退磁场能进一步减小。但在单轴晶体中封闭磁畴的磁化方向平行于难磁化方向,又增加了各向异性能。

对于图 4-19 所示的单轴晶体的理想磁畴分布,可以简单计算如下:设磁畴的宽度为 D,晶体的长度为 L,单位面积的畴壁能为 γ。对于上下两个端面单位面积

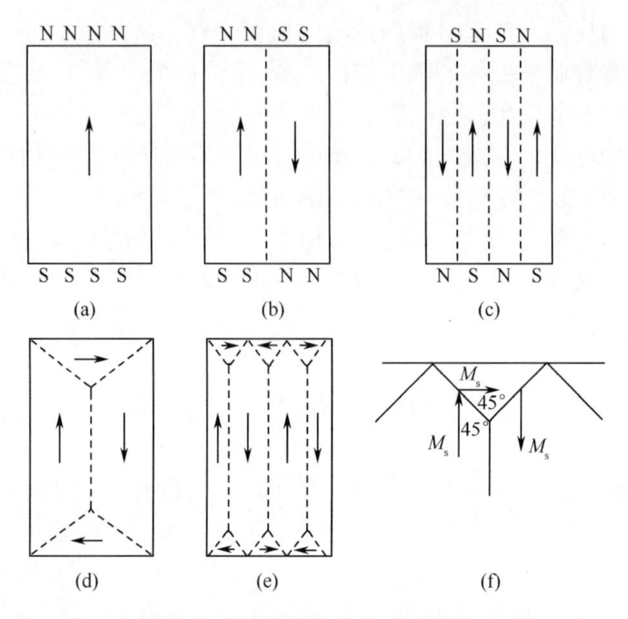

图 4-19　单轴晶体内磁畴的形成

而言,晶体内部的畴壁面积共为$\frac{L}{D}$,故其畴壁能为$\frac{\gamma L}{D}$。

在图 4-19(c)的情况下,上下两个端面的磁极所产生的退磁场能为 $1.71M_s^2D$(见本章第二节)。磁畴的宽度 D 决定于上述能量为极小值的条件,即

$$\frac{\partial}{\partial D}\left(1.71M_s^2D+\frac{\gamma L}{D}\right)=0$$

故

$$D=\sqrt{\frac{\gamma L}{1.71M_s^2}} \tag{4.6.1}$$

以钴为例,$\gamma\approx16\text{erg/cm}^2$,$M_s=1430\text{Gs}$,当 $L=1\text{cm}$ 时,$D\approx2.1\times10^{-3}\text{cm}$。这完全是宏观尺寸了。

在图 4-19(e)的情况下,为方便计算设封闭磁畴为等腰直角形三角柱(如图 4-19(f)所示),单位体积封闭畴的磁晶各向异性能增量为 K_1。上下两端面每单位面积内的封闭磁畴体积为$\frac{D}{2}$,故各向异性能增量为 $K_1\frac{D}{2}$。畴壁能仍近似取为$\frac{\gamma L}{D}$。由

$$\frac{\partial}{\partial D}\left(K_1\frac{D}{2}+\gamma\frac{L}{D}\right)=0$$

可得

$$D=\sqrt{\frac{2\gamma L}{K_1}} \tag{4.6.2}$$

设 $L=1\text{cm}$,以钴的数值代入:$\gamma\approx16\text{erg/cm}^2$,$K_1=4.1\times10^6\text{erg/cm}^3$,可得 $D\approx2.8\times10^{-3}\text{cm}$。

如果晶体为立方晶系,且 $K_1>0$,则封闭磁畴内的磁化方向也是易磁化轴,该区域内的磁晶各向异性能没有增加。在这种情况下,我们须考虑由于自发磁化引起的形变所增加的磁弹性应变能。由本章第五节可知

$$F_{弹性应变}=\frac{1}{2}c_{11}e_{xx}^2(\text{长应变})$$

其中,$e_{xx}^2=\lambda_{100}$。在单位表面积下的应变能为$\frac{D}{2}\cdot\frac{1}{2}c_{11}\lambda_{100}^2$,畴壁能仍为$\frac{\gamma L}{D}$,因此总的自由能为$\frac{1}{4}Dc_{11}\lambda_{100}^2+\frac{\gamma L}{D}$,由平衡条件可得

$$D=\left(\frac{4\gamma L}{c_{11}\lambda_{100}^2}\right)^{1/2}\tag{4.6.3}$$

以铁为例,$c_{11}\lambda_{100}^2\approx1000$,故得 $D\approx0.1\text{cm}$。

对于单轴晶体,封闭磁畴是否形成要看图 4-19(c)和(d)的能量相比如何。(c)中的退磁场能约为 M_s^2,(d)中的磁晶各向异性能约为 K_1,如$\frac{K_1}{M_s^2}\gg1$,则(c)的结构反而有利。栗弗席兹的更详细计算证明当 K_1 增大时,各封闭磁畴可能出现匕首形畴而分裂,同时在边缘表面上畴与畴相接触处又出现表面磁极线(如图 4-20)[23]。封闭磁畴的结构已有威廉姆斯(H. J. Williams)在硅铁单晶(100)晶面上的粉纹图实验证明(见图 4-21)。

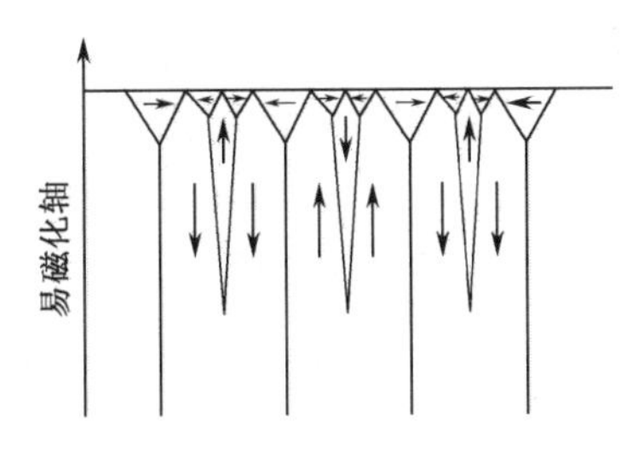

图 4-20　栗弗席兹的匕首形畴结构

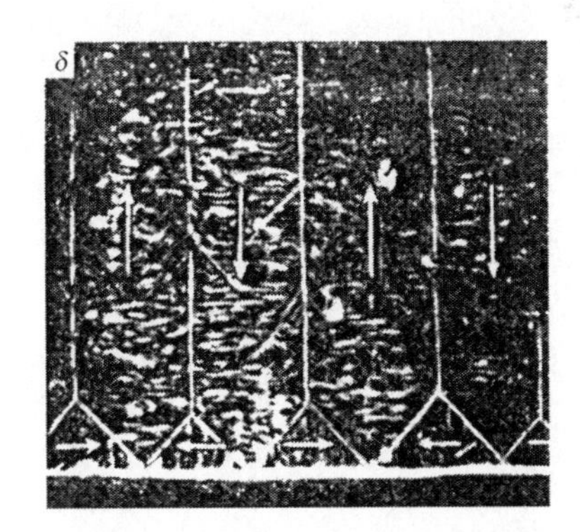

图 4-21　Si-Fe 单晶上的封闭磁畴

作为磁畴结构的例子,我们再引证奈尔对于铁型长方晶体在磁场(磁场平行于[110])中的磁畴结构的计算[24]。晶体的表面垂直于[100],长度方向平行于[110],如图 4-22 所示。晶体内的基本磁畴为平行的 90°畴壁所分开。两边的封闭磁畴可有两种形式,如图 4-22(b)或(c)。

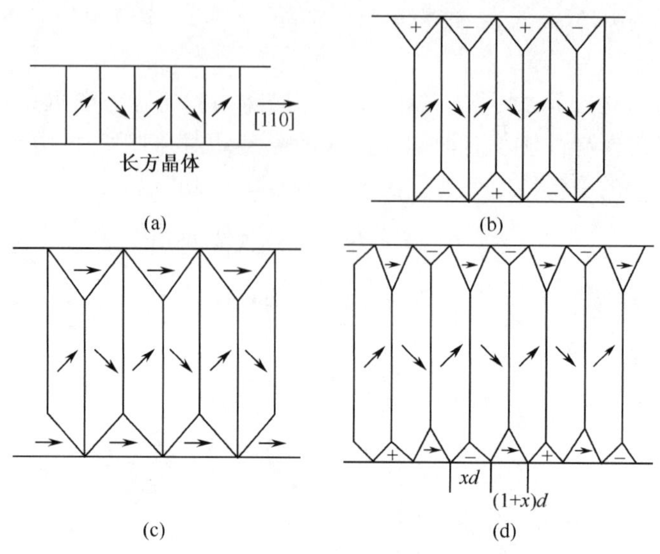

图 4-22　[110]长方晶体内的磁畴结构

比较图 4-22(b),(c)两种情形中封闭磁畴的能量,可以证明实际的磁畴结构是图 4-22(b),(c)两种情形的合并,如图 4-22(d)。磁畴的宽度 d 为

$$d = f(F_a, F_b)\sqrt{\gamma L} \tag{4.6.4}$$

其中,F_a,F_b 表示在图 4-22(b)和(c)两种情形中的磁畴的能量(封闭磁畴与基本磁畴的能量差数)。

奈尔的计算已得到贝茨(Bates)和尼耳(Neale)的实验证明。

在一般情形下,晶体内的磁畴可分为两类:一类是晶体内部的基本畴结构,这类畴比较简单。另一类是晶体外表面的各种畴结构,如前面所讲的封闭畴等,这种外表面畴结构往往是十分复杂的。它们决定于表面上的各种能量如磁晶各向异性能、磁弹性能等的相对数值。作为近似计算,可以把晶体的能量分为两部分:一部分是畴壁能 $w_{壁}$;另一部分是表面能 $w_{表面}$,即与晶体的各外表面磁畴联系的能量,如封闭磁畴内的磁晶各向异性能及磁弹性能等。如果晶体体积内的基本畴结构是平行磁畴,则

$$w_{壁} \approx \frac{\gamma L}{D} \tag{4.6.5}$$

其中,L 为晶体的畴的平均长度,而

$$w_{表面} = g(D) \tag{4.6.6}$$

D 为晶体内基本畴的平均宽度。由能量极小值条件

$$-\frac{\gamma L}{D_0^2} + g'(D_0) = 0$$

可得出畴的适宜的宽度 D_0。

第七节　畴壁结构(Ⅰ):布洛赫壁

如前所述,对于单轴磁晶各向异性的晶体来说,相邻畴的磁化矢量往往平行反向;对于三易磁化轴晶体(如 Fe)来说,相邻畴的磁化矢量通常平行反向或互相垂直;而在 Ni 晶体的情况下,由于〈111〉轴为易磁化轴,相邻畴的磁化矢量之间则形成 109.47°和 70.53°的夹角。理论和实验研究都证明,在两个相邻畴之间存在着一个磁化矢量逐渐改变方向的过渡层,人们称之为畴壁(如图 4-23 所示)。畴壁的形成是铁磁晶体自由能取最小值的必然结果。

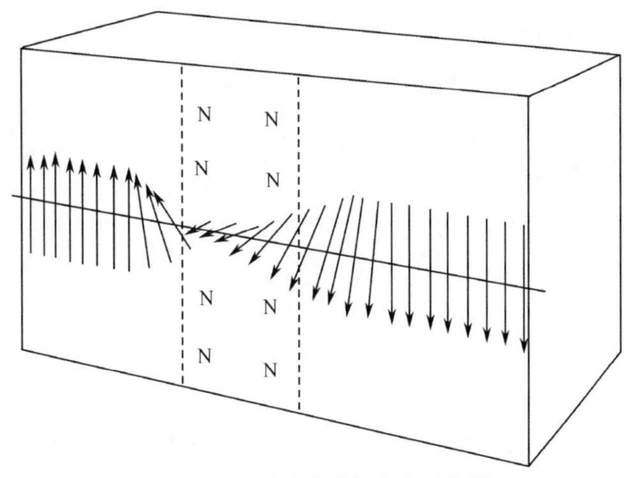

图 4-23　180°畴壁中磁矩变化示意图

布洛赫最早提出了畴壁的概念。奈尔进一步丰富了这一概念的内容[24]。奈尔指出:在大块铁磁晶体内,当磁化矢量从一个畴内的方向过渡到相邻畴内的方向时,转动的仅仅是它平行于畴壁的分量,垂直于畴壁的分量保持不变。这样可以避免在畴壁的两侧产生磁极,以减少退磁场能。后来称这种结构的畴壁为布洛赫壁。下面对这一结构的畴壁做一基本估算。

一、180°布洛赫壁参量的估算

设在简立方晶体中存在着 180°布洛赫壁,畴壁平行于(001)晶面,畴内磁化矢量平行于畴壁。为了估算畴壁的厚度及畴壁能密度,我们假定畴壁中的能量变化主要包括交换能和磁晶各向异性能两部分,并在计算中作了两个重要近似:① 畴壁内相邻原子层间的自旋转角相同;② 畴壁内单位体积的磁晶各向异性能增量近似取为 K_1。

设畴壁厚度跨越 N 个原子层,由于相邻层间的电子自旋夹角较小,交换能可近似取为

$$E_{\text{ex}} = -2As^2 \sum_{(\text{近邻})} \cos\phi_{ij} = As^2 \sum_{\text{近邻}} \phi_{ij}^2 + \text{常数} \tag{4.7.1}$$

其中,ϕ_{ij}为原子 i 和相邻原子 j 的自旋方向间的夹角。采用上面的近似,并考虑到单位畴壁面积包含 $1/a^2$ 个原子,故单位畴壁面积内的交换能增量为

$$\gamma_{\text{交换}} = As^2 \left(\frac{\phi_0}{N}\right)^2 (N+1) \frac{1}{a^2} = As^2 \frac{\phi_0^2}{Na^2} \tag{4.7.2}$$

式中,a 为晶格常数;ϕ_0 为相邻两个畴内自旋磁矩间的夹角。同样畴壁面积下的磁晶各向异性能增量近似为

$$\gamma_{\text{各向异性}} = K_1 Na \tag{4.7.3}$$

故畴壁能密度为

$$\gamma = As^2 \frac{\phi_0^2}{Na^2} + K_1 Na \tag{4.7.4}$$

由能量极小值的条件

$$\frac{\partial \gamma}{\partial N} = -\frac{As^2 \phi_0^2}{a^2 N^2} + K_1 a = 0$$

得

$$N = \left(\frac{As^2 \phi_0^2}{K_1 a^3}\right)^{\frac{1}{2}} \tag{4.7.5}$$

在本例中 $\phi_0 = \pi$。以铁的数据代入:$A = 2.2 \times 10^{-21}$J,$s = 1$,$a = 2.9 \times 10^{-10}$m,取 $K_1 = 4.2 \times 10^4 \text{J/m}^3$,则应有

$$\delta = \left(\frac{\pi^2 As^2}{K_1 a}\right)^{\frac{1}{2}} \approx 4.2 \times 10^{-8} (\text{m}) \tag{4.7.6}$$

$$\gamma = 2\pi \left(AK_1 \frac{s^2}{a}\right)^{\frac{1}{2}} \approx 3.5 \times 10^{-3} (\text{J/m}^2) \tag{4.7.7}$$

以上结果仅是对畴壁参量的一个估算。

二、180°布洛赫壁的变分计算

在上例中,我们设定畴壁为布洛赫壁,即通过畴壁时,$\boldsymbol{M}_{\text{s}}$ 的方向仅在平行于畴壁的平面内转动。如果不是这样,$\boldsymbol{M}_{\text{s}}$ 在垂直于畴壁的方向上有变化,它在畴壁上所产生的退磁场能密度为$\frac{1}{2}\mu_0 N M_{\text{s}}^2$,对于铁约为 $30 \times 10^{-3} \text{J/m}^2$,远大于畴壁能密度。可见,我们上面的设定是正确的。现在对 180°布洛赫壁做严格的计算。

如图 4-24 所示,z 轴垂直于畴壁,取壁厚的中点为坐标原点,令畴壁内自旋的

转角 θ 以 $z=0$ 处的自旋方向为基准。在 $z=\pm\infty$ 处，$\theta=\pm\frac{\pi}{2}$。由于 θ 只沿 z 轴方向变化，故单位体积内的交换能增量为

$$E_{\text{ex}}=\frac{zAs^2}{a}[(\nabla\alpha_x)^2+(\nabla\alpha_y)^2+(\nabla\alpha_z)^2]$$
$$=A_1\left(\frac{\partial\theta}{\partial z}\right)^2$$

式中 $\alpha_x=\cos\theta$，$\alpha_y=\sin\theta$，$A_1=zAs^2/a$。对于简立方、体心立方和面心立方晶体，z 分别为1,2和4。

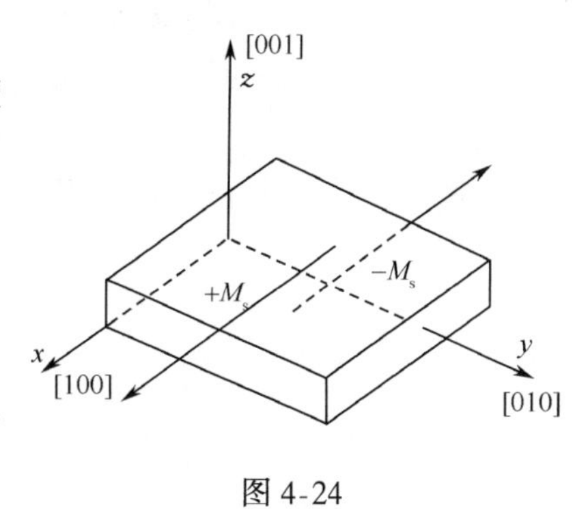

图 4-24

由于不同晶系的磁晶各向异性能的形式不同，我们将其表示为

$$E_{\text{K}}=g(\theta)$$

于是，单位畴壁面积的总畴壁能为

$$\gamma=\int_{-\infty}^{\infty}\left[g(\theta)+A_1\left(\frac{\partial\theta}{\partial z}\right)^2\right]\mathrm{d}z \tag{4.7.8}$$

为求出 $\gamma=$ 极小值时的自旋分布形式 $\theta(z)$，需要采用变分方法。这一方法要求对于任意的小变量 $\delta\theta$，$\delta\gamma=0$。因而有

$$\delta\gamma=\int_{-\infty}^{\infty}\left[\frac{\partial g(\theta)}{\partial\theta}\delta\theta+2A_1\left(\frac{\partial\theta}{\partial z}\right)\left(\frac{\partial}{\partial z}\delta\theta\right)\right]\mathrm{d}z=0 \tag{4.7.9}$$

对上式第二项进行分部积分

$$\int_{-\infty}^{\infty}2A_1\left(\frac{\partial\theta}{\partial z}\right)\left(\frac{\partial\delta\theta}{\partial z}\right)\mathrm{d}z=\left|2A_1\left(\frac{\partial\theta}{\partial z}\right)\delta\theta\right|_{-\infty}^{\infty}-\int_{-\infty}^{\infty}2A_1\left(\frac{\partial^2\theta}{\partial z^2}\right)\delta\theta\mathrm{d}z$$
$$=-\int_{-\infty}^{\infty}2A_1\left(\frac{\partial^2\theta}{\partial z^2}\right)\delta\theta\mathrm{d}z$$

于是得到

$$\delta\gamma=\int_{-\infty}^{\infty}\left[\frac{\partial g(\theta)}{\partial\theta}-2A_1\left(\frac{\partial^2\theta}{\partial z^2}\right)\right]\delta\theta\mathrm{d}z=0 \tag{4.7.10}$$

对于任意选择的 $\delta\theta$，上式成立的条件是

$$\frac{\partial g(\theta)}{\partial\theta}=2A_1\left(\frac{\partial^2\theta}{\partial z^2}\right) \tag{4.7.11}$$

式(4.7.11)就是著名的欧拉公式。将该式两边乘以 $\frac{\partial\theta}{\partial z}$，然后由 $-\infty$ 至 z 作积分，容易得到

$$g(\theta)-g(\theta_0)=A_1\left(\frac{\partial\theta}{\partial z}\right)^2 \tag{4.7.12}$$

其中 θ_0 是对应于 $z=-\infty$ 时的 θ 值。当畴内的 $\boldsymbol{M}_{\text{s}}$ 取向平行于立方晶系[001]轴或六角晶系[0001]轴时，$g(\theta_0)=0$；在其他情况下，$g(\theta_0)$ 不等于零。

由式(4.7.12)可以得出如下结论：畴壁能等于极小值的条件是畴壁各处的交换能密度等于磁晶各向异性能密度。换言之，磁晶各向异性能小的区域，相邻层电子自旋的转角小；磁晶各向异性能大的区域，相邻层电子自旋的转角大。

为简单起见，取式(4.7.12)中的 $g(\theta_0)=0$，得到

$$dz = \sqrt{A_1}\frac{d\theta}{\sqrt{g(\theta)}} \tag{4.7.13}$$

对上式进行积分，得

$$z = \sqrt{A_1}\int_0^{\theta}\frac{d\theta}{\sqrt{g(\theta)}} \tag{4.7.14}$$

将式(4.7.12)中的关系代入式(4.7.8)，由于取 $g(\theta_0)=0$，得

$$\gamma = 2\sqrt{A_1}\int_{-\frac{\pi}{2}}^{\frac{\pi}{2}}\sqrt{g(\theta)}d\theta \tag{4.7.15}$$

式(4.7.14)和式(4.7.15)是计算 180°布洛赫壁的主要公式。下面说明它们的应用。

1) 材料为六角晶系，$K_1>0$。按上面所规定的坐标，$g(\theta)=K_1\sin^2\left(\theta+\frac{\pi}{2}\right)=K_1\cos^2\theta$，于是

$$z = \sqrt{\frac{A_1}{K_1}}\int_0^{\theta}\frac{d\theta}{\cos\theta} = \sqrt{\frac{A_1}{K_1}}\ln\left[\tan\left(\frac{\theta}{2}+\frac{\pi}{4}\right)\right] \tag{4.7.16}$$

图 4-25 给出了这一计算结果。由图 4-25 可见，在畴壁中心($z=0$)附近一个较宽的范围内$\partial\theta/\partial z$ 变化不大。若将曲线在中心的斜率$(A_1/K_1)^{\frac{1}{2}}$延长至 $\theta=\pm\frac{\pi}{2}$，则得畴壁厚度为

$$\delta = \pi\sqrt{\frac{A_1}{K_1}} \tag{4.7.17}$$

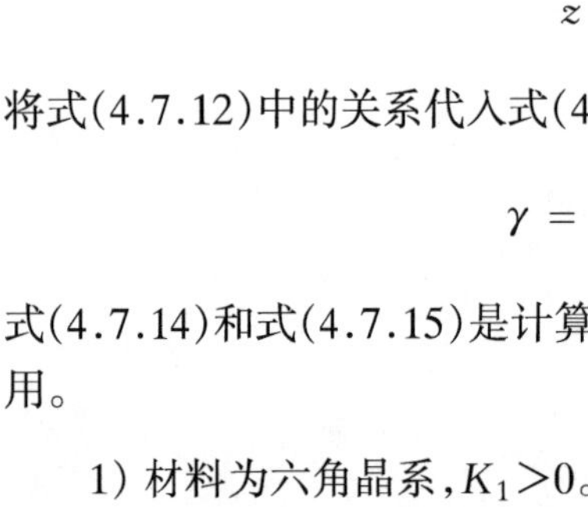

图 4-25　单轴各向异性材料中布洛赫壁的转角曲线

这与估算公式(4.7.6)相一致。但是我们也看到，如果以此作为畴壁厚度，自旋的旋转实则延伸到两侧磁畴的内部。将 $g(\theta)$之值代入式(4.7.15)，有

$$\begin{aligned}\gamma &= 2\sqrt{A_1K_1}\int_{-\frac{\pi}{2}}^{\frac{\pi}{2}}\cos\theta d\theta \\ &= 4\sqrt{A_1K_1}\end{aligned} \tag{4.7.18}$$

这一结果与估算结果(4.7.7)相近似。

2) 材料为立方晶系，$K_1>0$。当畴壁与(100)晶面平行时，

$$g(\theta) = K_1\sin^2\theta\cos^2\theta \tag{4.7.19}$$

故畴壁能密度为

$$\gamma = \int_{-\infty}^{+\infty} 2g(\theta)\mathrm{d}z = 2\sqrt{A_1}\int_{\theta_1}^{\theta_2}\sqrt{g(\theta)}\mathrm{d}\theta$$

$$= 2\sqrt{A_1K_1}\int_0^{\pi}|\sin\theta\cos\theta|\,\mathrm{d}\theta \tag{4.7.20}$$

故

$$\gamma = 2\sqrt{A_1K_1} \tag{4.7.21}$$

对铁晶体,$A_1=2\times10^{-6}$erg/cm,$K_1=4.2\times10^5$erg/cm³,得

$$\gamma_{\mathrm{Fe}} = 1.8\quad \mathrm{erg/cm^2}$$

对3.85%硅铁,$A_1=1.7\times10^{-6}$erg/cm,$K_1=2.8\times10^5$erg/cm³,则

$$\gamma_{(\mathrm{SiFe})} = 1.4\quad \mathrm{erg/cm^2}$$

这一计算结果与威廉姆斯及波佐尔特(Bozorth)等由分析粉纹图所得的数据大致相合。

畴壁的厚度可由下式求出

$$\int_{z_0}^{z}\mathrm{d}z = z - z_0 = \sqrt{\frac{A_1}{K_1}}\int_{\theta_0}^{\theta}\frac{\mathrm{d}\theta}{\sin\theta\cos\theta} = \sqrt{\frac{A_1}{K_1}}\ln\left(\frac{\tan\theta}{\tan\theta_0}\right) \tag{4.7.22}$$

取 $\theta_0=45°$为 z 的原点($z_0=0$),则可得

$$z = \sqrt{\frac{A_1}{K_1}}\ln(\tan\theta) \tag{4.7.23}$$

$z_0=\sqrt{\frac{A_1}{K_1}}$是畴壁厚度的基本单位。对于铁晶体说,$\left(\frac{A_1}{K_1}\right)^{\frac{1}{2}}=2.3\times10^{-6}=230\text{Å}$。

式(4.7.23)不是一个收敛性的解,当 $\theta\to90°$或0°时,$z\to\pm\infty$(见图4-26)。这就是说,按照上述理论计算,180°畴壁实际上不能存在,而要分为相隔无限远的两个90°畴壁。但理论上的这个困难并不是真实的,因为一个大的磁畴介于两个90°畴壁之间将会引起相当大的磁致伸缩能。因此从能量极小值的条件考虑,两个分离的90°畴壁必然连成一片而成为一个180°畴壁。因此,在式(4.7.19)中,$g(\theta)$须加上磁致伸缩能 $\Delta F_{磁致伸缩}$,即

$$g(\theta) = K_1\sin^2\theta\cos^2\theta + \frac{9}{2}c_2\lambda_{100}^2\sin^2\theta \tag{4.7.24}$$

其中,$c_2=\frac{c_{11}-c_{12}}{2}$。畴壁的微分方程式(4.7.13)变为

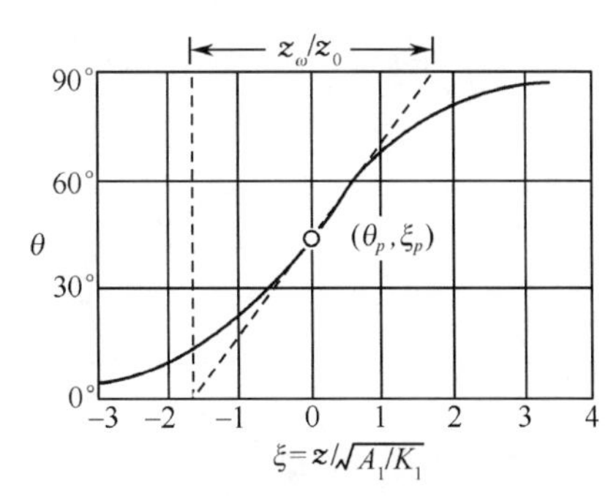

图4-26　90°畴壁中磁化方向的变化

$$\frac{\mathrm{d}z}{\sqrt{\dfrac{A_1}{K_1}}}=\frac{\mathrm{d}\theta}{(\sin^2\theta\cos^2\theta+P\sin^2\theta)^{\frac{1}{2}}};\quad P=\frac{9}{2}\frac{c_2\lambda_{100}^2}{K_1}\tag{4.7.25}$$

即

$$\frac{\mathrm{d}z}{\sqrt{\dfrac{A_1}{K_1}}}=\frac{\mathrm{d}\theta}{\sin^2\theta[\cot^2\theta+P(1+\cot^2\theta)]^{\frac{1}{2}}}$$

$$=\frac{\mathrm{d}\theta}{\sin^2\theta\left[P\left(1+\dfrac{1+P}{P}\cot^2\theta\right)\right]^{\frac{1}{2}}}$$

故有

$$\frac{(1+P)^{\frac{1}{2}}\mathrm{d}z}{\sqrt{\dfrac{A_1}{K_1}}}=\frac{\left(\dfrac{1+P}{P}\right)^{\frac{1}{2}}\csc^2\theta\mathrm{d}\theta}{\left[1+\left(\dfrac{1+P}{P}\right)\cot^2\theta\right]^{\frac{1}{2}}}$$

$$=-\frac{\left(\dfrac{1+P}{P}\right)^{\frac{1}{2}}\mathrm{d}(\cot\theta)}{\left[1+\left(\dfrac{1+P}{P}\right)\cot^2\theta\right]^{\frac{1}{2}}}\tag{4.7.26}$$

设取 $\theta=\frac{\pi}{2}$处为原点($z=0$),则上式的积分为

$$-\sinh\left\{\left[\frac{K_1(1+P)}{A_1}\right]^{\frac{1}{2}}z\right\}=\left(\frac{1+P}{P}\right)^{\frac{1}{2}}\cot\theta\tag{4.7.27}$$

如果将式(4.7.24)的 $g(\theta)$代入式(4.7.20)中,则可得畴壁能密度的积分式为

$$\gamma=\int_{-\infty}^{+\infty}\left[K_1\sin^2\theta\cos^2\theta+P\sin^2\theta+A_1\left(\frac{\mathrm{d}\theta}{\mathrm{d}z}\right)^2\right]\mathrm{d}z$$

经过与前相似的运算可得

$$\gamma=2\sqrt{A_1K_1}\int_0^{\pi}(\sin^2\theta\cos^2\theta+P\sin^2\theta)^{\frac{1}{2}}\mathrm{d}\theta\tag{4.7.28}$$

计算积分后可得

$$\gamma=2\sqrt{A_1K_1}\left[(P+1)^{\frac{1}{2}}+P\operatorname{arcsinh}\left(\frac{1}{P^{\frac{1}{2}}}\right)\right]\tag{4.7.29}$$

对于铁

$$P\approx1.7\times10^{-3}\ll1$$

再将 A_1 和 K_1 的数值(见前)代入,可得

$$\gamma\approx2.02\sqrt{A_1K_1}=1.8\quad\mathrm{erg/cm^2}$$

由式(4.7.27)可得畴壁厚度 δ 的表达式

$$\frac{z}{\sqrt{\frac{A_1}{K_1}}} = -\frac{1}{\sqrt{1+P}}\operatorname{arcsinh}\left(\sqrt{\frac{1+P}{P}}\cot\theta\right) \tag{4.7.30}$$

式(4.7.30)的曲线见图 4-27。由图可见,由于 $P>0$,不能再认为 180°畴壁是由两个相隔的 90°畴壁所组成。相反地,由 θ 角随厚度的变化可见,当 $\theta=90°$时

$$\frac{\mathrm{d}\theta}{\mathrm{d}\left(\frac{z}{\sqrt{\frac{A_1}{K_1}}}\right)} = \sqrt{P} \tag{4.7.31}$$

是有限的值。但也应指出,θ 到达 0°或 180°时,z 的数值仍然是无限的。

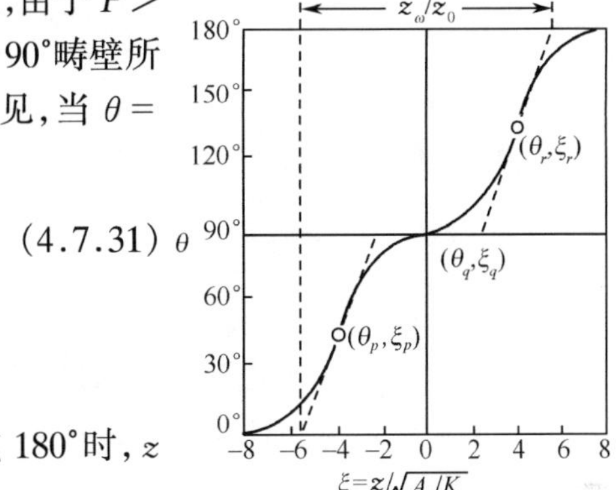

图 4-27　180°畴壁中磁化方向的变化

为此,需要定义畴壁的厚度如下:

令
$$\xi = \frac{z}{\sqrt{\frac{A_1}{K_1}}} \tag{4.7.32}$$

为畴壁的相对厚度,则由式(4.7.23)及图 4-26 可见,曲线 $\theta(\xi)$在(θ_p,ξ_p)处有一反屈点,$\theta_p=\frac{\theta_1+\theta_2}{2}$,其中 θ_1,θ_2 为在畴壁两面 θ 的数值。对于这种畴壁,我们可以定义有效厚度 z_ω 为

$$\frac{z_\omega}{z_0} = (\theta_2-\theta_1)\left(\frac{\mathrm{d}\xi}{\mathrm{d}\theta}\right)_p \tag{4.7.33}$$

对于图 4-27 的 $\theta(\xi)$曲线,则有三个反屈点(θ_p,ξ_p),(θ_q,ξ_q),(θ_r,ξ_r),因此有效厚度为

$$\frac{z_\omega}{z_0} = \xi_r-\xi_p+\theta_p\left(\frac{\mathrm{d}\xi}{\mathrm{d}\theta}\right)_p+(\pi-\theta_r)\left(\frac{\mathrm{d}\xi}{\mathrm{d}\theta}\right)_r \tag{4.7.34}$$

由式(4.7.23)可知

$$\left(\frac{\mathrm{d}\xi}{\mathrm{d}\theta}\right)_p = 2,\quad \theta_2-\theta_1=\frac{\pi}{2}$$

故对于图 4-26 的 90°畴壁

$$\frac{z_\omega}{z_0} = \pi = 3.1416$$

对于图 4-27 的 180°畴壁

$$\xi_r-\xi_p = 7.76$$

$$\theta_p = \pi-\theta_r = \frac{\pi}{4}$$

$$\left(\frac{\mathrm{d}\xi}{\mathrm{d}\theta}\right)_p = \left(\frac{\mathrm{d}\xi}{\mathrm{d}\theta}\right)_r \approx 2$$

因此

$$\frac{z_\omega}{z_0} = 10.9$$

如果畴壁不是平行于(100)晶面而是平行于(110)晶面,则有 $\gamma_{(110)} > \gamma_{(100)}$。因此,180°畴壁在立方晶系 $K_1 > 0$ 的晶体中有平行于(100)晶面的倾向。

三、90°布洛赫壁的计算

90°布洛赫壁主要出现在立方晶系 $K_1 > 0$ 的晶体中。如畴壁平行于(100)面,由于自旋在畴壁内仅旋转 90°,故其能量是畴壁平行于(100)面的 180°畴壁的一半,即

$$\gamma_{90(100)} = \sqrt{A_1 K_1} \tag{4.7.35}$$

然而当 90°畴壁平行于$(1\bar{1}0)$晶面且自旋从$[0\bar{1}0]$转向[100]时(如图 4-28 所示),自旋在畴壁面内的投影分量实际上在面内旋转 180°,这时有

$$\gamma_{90(110)} = 1.73\sqrt{A_1 K_1} \tag{4.7.36}$$

[25]

因此 90°畴壁也有平行于(100)面的倾向。需要注意的是,当自旋在畴壁平面内转动时,其法线分量仍然保持连续的关系。

有趣的是,90°畴壁经常出现在样品表面的封闭磁畴中,如在 4% Si-Fe 单晶的(001)晶面上所观察到的磁畴花样(见图 4-29)。

70.53°畴壁和 109.47°畴壁的计算方法基本上与前面相同,不再介绍。有兴趣的读者可作为习题演算。

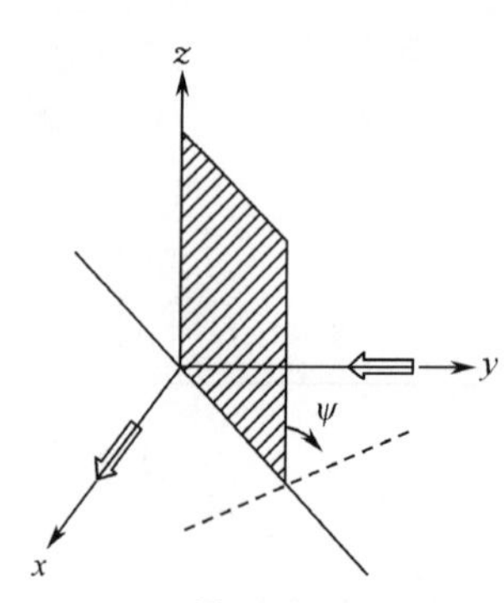

图 4-28　x-$\bar{y}$ 磁畴间的 90°壁

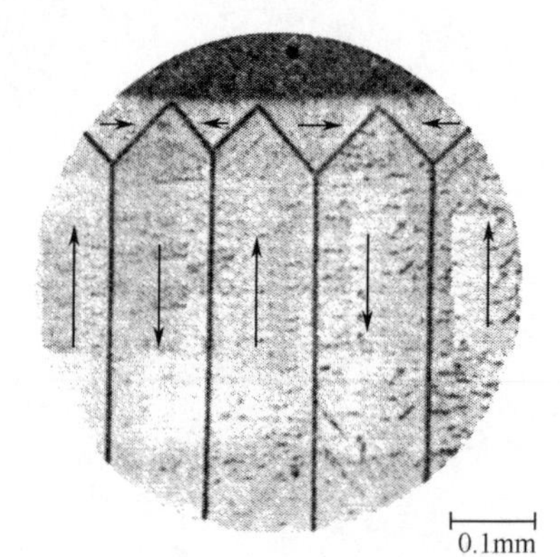

图 4-29　在 4% Si-Fe(001)面观察到的闭合磁畴

李利对立方晶系和六角晶系中各种类型的布洛赫壁进行了计算[26]。表 4-7 摘录了他对畴壁能及有效畴壁厚度的部分计算结果,详细计算过程可参考他的论文。

表 4-7　立方晶体和六角晶体中的畴壁能及有效畴壁厚度

晶系	易磁化方向	畴壁类型	畴壁法线	A_1/(erg/cm)	K_1/(erg/cm^3)	$\frac{\gamma_\omega}{\sqrt{A_1K_1}}$	$\frac{z_\omega}{\sqrt{\frac{A_1}{K_1}}}$
立方	[100]	90°	[001]	8.3×10^{-7}	5.3×10^5	1.0000	3.1416
	Fe	180°	[001]	8.3×10^{-7}	5.3×10^5	2.02	10.9
	[111]	70.53°	[001]	3.4×10^{-7}	5×10^4	0.5443	3.8476
	Ni	109.47°	[001]	3.4×10^{-7}	5×10^4	1.0887	∞
		180°	[001]	3.4×10^{-7}	5×10^4	—	—
六角	[0001] Co	180°	[110]	10.3×10^{-7}	4.3×10^6	40.000	3.1416

四、布洛赫畴壁的一般计算

上面计算的 180°畴壁是一个特殊例子,畴壁内磁化矢量 M_s 平行于畴壁平面,并在壁内随厚度而旋转。在一般情况下,M_s 的方向应以两个角坐标 θ,ϕ 来确定(见图 4-30)。通过畴壁厚度时,M_s 的旋转应保持 ϕ 不变。这样就使法向磁化矢量 $M_s\cos\phi$ 不变,而在畴壁内不产生面磁荷。这个假设是奈尔首先提出的[24]。

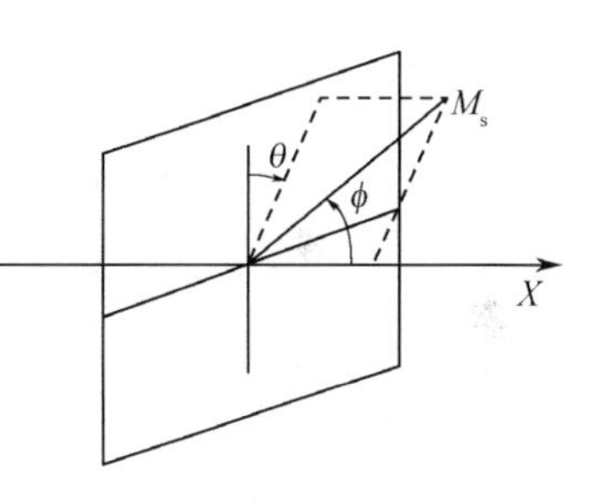

图 4-30　任意方向的畴壁

与上节相同,畴壁的能量主要包括两部分:交换能和磁晶各向异性能,在磁晶各向异性能中还应包括由于应力、磁致伸缩而产生的应力能和磁致伸缩能。如果畴壁的位置可用相对于晶轴的方向表示,则交换能及磁晶各向异性能的表达式即可具体地写出。例如在立方晶体中,畴壁平面垂直于[100]轴时,则 $\boldsymbol{M}_s$ 的方向余弦为

$$\alpha_1 = \cos\phi, \alpha_2 = \sin\phi\cos\theta, \alpha_3 = \sin\phi\sin\theta$$

因此,磁晶各向异性能为

$$F_K = K_1\left(\sin^2\phi - \frac{7}{8}\sin^4\phi - \frac{1}{8}\sin^4\phi\cos 4\theta\right) \tag{4.7.37}$$

而交换能则为

$$F_{ex} = A_1[(\nabla\alpha_1)^2 + (\nabla\alpha_2)^2 + (\nabla\alpha_3)^2] = A_1\sin^2\phi\left(\frac{d\theta}{dx}\right)^2 \tag{4.7.38}$$

故畴壁能密度为(略去应力能)

$$\gamma = \int_{-\infty}^{+\infty} \sin^2\phi \left[K_1\left(1 - \frac{7}{8}\sin^2\phi - \frac{1}{8}\sin^2\phi\cos4\theta\right) + A_1\left(\frac{\mathrm{d}\theta}{\mathrm{d}x}\right)^2 \right]\mathrm{d}x$$

即

$$\gamma = \int_{-\infty}^{+\infty} \left[g(\theta,\phi) + A_1\left(\frac{\mathrm{d}\theta}{\mathrm{d}x}\right)^2 \right]\sin^2\phi\mathrm{d}x \tag{4.7.39}$$

如假设 ϕ 不变,则以后的计算与前面完全相似,代入 ϕ 的某一给定值后,原则上即可计算畴壁的能量及厚度。

在一般情况下,F_K 和 F_{ex}的表达式是复杂的,不容易计算。但在 ϕ 不变的假设前提下,畴壁的形成总是使它们所引起的晶体自由能(磁晶各向异性能+交换能)的增加量为极小值。考虑应力能在内等于把磁晶各向异性常数 K_1 增加一项,即在 γ 的积分式中,把 K_1 代换为

$$K_{有效} \approx \alpha K_1 + \beta\lambda_s\sigma \tag{4.7.40}$$

其中,λ_s 为饱和磁致伸缩系数;σ 为均匀应力;α,β 为包含 θ,ϕ 的系数。180°畴壁的位置总是位于内应力 σ 极小的地点;90°畴壁则位于内应力变符号的地点。由于内应力变符号,才能使畴壁两边的磁畴内磁化矢量方向互相垂直。

由式(4.7.39)还可看出,畴壁两边磁畴内 $\boldsymbol{M}_s$ 方向的夹角为 2ϕ 时的畴壁能密度 $\gamma(2\phi)$与 180°畴壁能密度 $\gamma(180°)$的关系为

$$\gamma(2\phi) = \sin^2\phi \cdot \gamma(180°) \tag{4.7.41}$$

第八节　畴壁结构(Ⅱ):奈尔壁

布洛赫壁的主要特点是通过畴壁时,$\boldsymbol{M}_s$ 的转动分量始终保持与畴壁平行,因而在畴壁两侧的平面上无自由磁极出现,从而避免了退磁场能的产生。大块铁磁晶体中的畴壁都属于这一类型。

但是,当晶体在某一方向上的长度特别小而变为二维铁磁薄膜时,布洛赫畴壁的形式对于降低能量未必是有利的。为了降低畴壁中的自由能,畴壁会形成其他形式。奈尔首先注意到这一问题[27]。下面介绍奈尔的理论。

如图 4-31(a)所示,在厚度为 D 的薄膜中有一布洛赫壁,磁化强度 $\boldsymbol{M}_s$ 由右边磁畴垂直向外的方向旋转到左边磁畴垂直向里的方向。畴壁中的 $\boldsymbol{M}_s$ 绕畴壁的法线方向旋转。于是,在薄膜的上下两个表面与畴壁的交界处有自由磁极出现。磁极的密度在畴壁的中央处最大,等于 $\boldsymbol{M}_s$;在畴壁的两边处为零。因此可将其近似地看做为椭圆截面的柱体。椭圆的长轴等于薄膜厚度 D,短轴等于畴壁厚度 δ。根据有关计算,沿厚度 D 方向的退磁因子为

$$N = \frac{\delta}{D + \delta} \tag{4.8.1}$$

为了计算椭圆柱体内磁化强度的平均值 M_e,姑且令 $\delta \gg D$,于是 $N \approx 1$,退磁场能

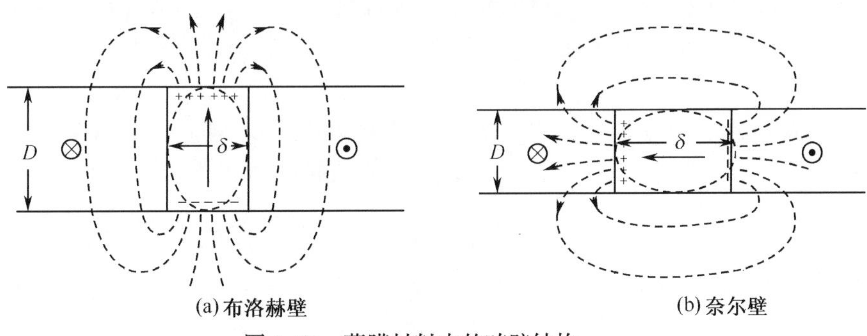

(a) 布洛赫壁 (b) 奈尔壁

图 4-31 薄膜材料中的畴壁结构

密度为

$$F_{\mathrm{d}} = \frac{\mu_0}{2} N M_{\mathrm{e}}^2 = \frac{\mu_0}{2\delta}\int_{-\delta/2}^{\delta/2}\left[M_{\mathrm{s}}\cos\left(\frac{\pi x}{\delta}\right)\right]^2 \mathrm{d}x = \frac{\mu_0}{4} M_{\mathrm{s}}^2 \tag{4.8.2}$$

故 $M_{\mathrm{e}} = \frac{1}{\sqrt{2}} M_{\mathrm{s}}$。因为 D 方向上的退磁因子并不等于1,所以 M_{e} 是一个近似值。

借助上面所得的 M_{e},薄膜的退磁场能近似等于(单位畴壁面积)

$$\gamma_{\mathrm{d}} \approx \frac{1}{2}\frac{\delta}{(D+\delta)}\mu_0 M_{\mathrm{e}}^2 \delta = \frac{\mu_0}{4}\frac{\delta^2}{D+\delta} M_{\mathrm{s}}^2 \tag{4.8.3}$$

假设薄膜为单轴各向异性,磁晶各向异性能为 $F_{\mathrm{K}} = K_1\cos^2\theta$,单位畴壁面积的磁晶各向异性能为

$$\gamma_{\mathrm{K}} = \int_{-\delta/2}^{\delta/2} K_1 \cos^2\left(\frac{\pi x}{\delta}\right)\mathrm{d}x = \frac{K_1}{2}\delta \tag{4.8.4}$$

同样可得,单位畴壁面积中的交换能为

$$\gamma_{\mathrm{ex}} = A_1\left(\frac{\pi}{\delta}\right)^2 \delta = A_1 \frac{\pi^2}{\delta} \tag{4.8.5}$$

式中 $A_1 = \frac{zAs^2}{a}$。

由以上三式可得,单位畴壁面积的总能量为

$$\gamma = A_1\frac{\pi^2}{\delta} + \frac{K_1}{2}\delta + \frac{M_{\mathrm{s}}^2}{4}\frac{\mu_0 \delta^2}{D+\delta} \tag{4.8.6}$$

根据能量平衡条件 $\partial\gamma/\partial\delta = 0$,可求得 δ,然后再代入上式即可得 γ 在稳定状态下的表达式。这样求得的畴壁能密度 γ 随膜厚 D 的减少而增加。例如,以铁薄膜的数据($M_{\mathrm{s}} = 1.7\times10^6 \mathrm{A/m}$)代入,当取膜厚 $D = 5\times10^{-7}\mathrm{m}$ 时,计算得到 $\delta/\delta_{块} = 0.21$,$\gamma/\gamma_{块} = 3.6$。其中 $\delta_{块}$ 和 $\gamma_{块}$ 分别为大块晶体中的畴壁厚度和畴壁能密度,可由式(4.7.6)和式(4.7.7)给出。以上计算表明,薄膜中的布洛赫壁的厚度仅为大块样品中的1/5;畴壁能密度则大了将近4倍。

为了减少畴壁能的增加,奈尔提出了另一种形式的畴壁:在畴壁内,$\boldsymbol{M}_{\mathrm{s}}$ 的方

向平行于膜面旋转，从一个畴内的磁化矢量过渡到另一个畴内的磁化矢量；而不是像布洛赫壁那样，$\boldsymbol{M}_s$ 的方向在畴壁平面中旋转。这种畴壁称为奈尔壁，如图 4-31(b)所示。

在奈尔壁内，磁矩的分布也可以近似地看做椭圆截面的柱体，长轴为壁厚 δ，短轴为膜厚 D。这样产生的退磁场能(单位畴壁面积)近似地等于

$$\gamma_d' \approx \frac{1}{2} N\mu_0 M_e^2 \cdot \delta \approx \frac{\mu_0 D\delta M_s^2}{4(\delta + D)} \tag{4.8.7}$$

利用前面计算的交换能和磁晶各向异性能，可得单位畴壁面积的奈尔壁总能量为

$$\gamma' = A_1 \frac{\pi^2}{\delta} + \frac{K_1}{2}\delta + \frac{\mu_0 M_s^2 D\delta}{4(D + \delta)} \tag{4.8.8}$$

由$\partial\gamma'/\partial\delta = 0$ 可求得能量为极小值条件下的 δ，然后将所得的 δ 代入式(4.8.8)，可求出在稳定状态下奈尔壁的能量密度 γ 与膜厚D 的关系。这一关系表明，奈尔壁的畴壁能密度 γ 随膜厚的减小而降低。结合对布洛赫壁的计算结果，我们可以得到如下的规律：当膜厚 D 大时，布洛赫壁在能量上是有利的；当膜厚 D 小时，奈尔壁在能量上是有利的。因此，对薄膜来说存在着一个临界厚度，在这一厚度下发生畴壁的转型。

奈尔给出了布洛赫壁与奈尔壁两条 $\gamma_\omega(D)$曲线。由曲线的交点得到的薄膜临界厚度为

$$D_m \approx 17.5\sqrt{A_1}/M_s (\text{CGS 单位制}) \tag{4.8.9}$$

狄切和托马斯(H. D. Dietze and H. Thomas)对于这两种畴壁做了更准确的计算[28]，计算采用的是 CGS 单位制。他们的结果表示在图 4-32 中。图中的畴壁能 γ_ω 以 $\gamma_0 = 4.04 \times D\sqrt{2\pi M_s^2 A_1}$ 为单位；薄膜厚度 D 以$\delta_0 = 1.287\sqrt{\dfrac{A_1}{2\pi M_s^2}}$为单位。三条 $\gamma_\omega(D)$曲线用不同的参数 $q = \dfrac{2\pi M_s^2}{K_1}$的数值计算。图中的断线曲线(—·—·—)是奈尔的粗略计算的结果($q = 10^3$)。图上两短线所标出的范围是畴壁不稳定的厚度范围。

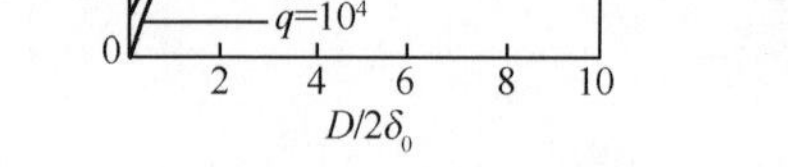

图 4-32　两种畴壁的畴壁能随膜厚的变化

由布洛赫壁与奈尔壁的 $\gamma_\omega(D)$曲线的交点，可以定出临界厚度为

$$D_m = 3.9\frac{\sqrt{A_1}}{M_s} \tag{4.8.10}$$

畴壁能为

$$\gamma_m = 7.0 D M_s \sqrt{A_1} \tag{4.8.11}$$

以铁为例，$A_1 \approx 2\times10^{-6}$erg/cm，$M_s = 1700$Gs，则有 $D_m \approx 325$Å。

磁性薄膜中的奈尔畴壁已经得到实验证实。对于 Ni-Fe 合金薄膜的许多实验观测表明，只有当薄膜厚度 $D \lesssim 200$Å 时，才会出现纯奈尔壁；而当 $D \gtrsim 1000$Å 时，则会出现纯布洛赫壁。薄膜厚度介于上述两者之间（200Å $\lesssim D \lesssim$ 1000Å）时，磁畴结构十分复杂，这时会出现横结壁（cross-tie wall）——主畴壁是极性相间的奈尔壁，在两个不同极性的奈尔壁之间形成极窄的布洛赫壁（称布洛赫线），布洛赫线在薄膜表面上产生极点，极点的极性彼此相间。在主畴壁的两侧生成一些横向的奈尔壁。整体结构像是枕木（如图 4-33 所示），因此又称作枕木畴壁或交叉畴壁。胡柏等人首先观察到了这种畴壁并给予合理的解释[29]。他们认为这种畴壁的形成是奈尔壁的体磁荷产生的散磁场所致。

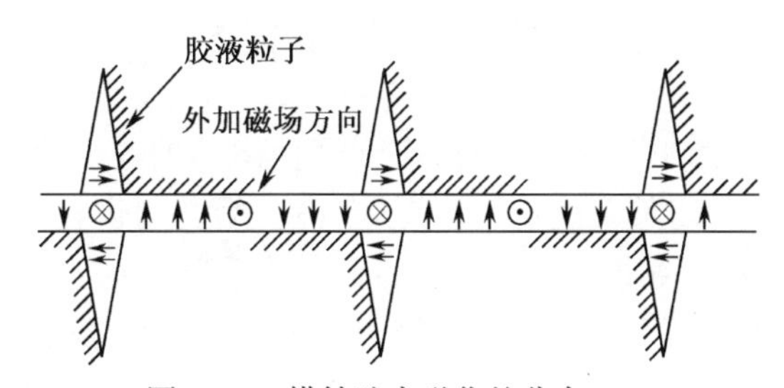

图 4-33　横结壁内磁化的分布

由于布洛赫线在膜面上能够产生两种不同的磁极，而且其体积甚小，因此有可能利用布洛赫线研制出高密度的磁存储器件。这方面的研究工作正在进行中。

第九节　磁　　泡

在磁性薄膜中，当薄膜厚度、材料的磁性、外加磁场满足一定条件时，会形成磁化矢量垂直膜面的柱状磁畴。在法拉第效应偏光显微镜下，这些柱状磁畴好像是浮在膜面上的气泡，故称为磁泡（magnetic bubble），也称为磁泡畴。形成磁泡的首要条件是磁性薄膜为具有磁单轴各向异性的单晶体，易磁化轴垂直于膜面，且等效磁晶各向异性场大于垂直膜面的退磁场。这样，在退磁状态下，样品才会形成自发磁化强度垂直于膜面的条状畴（又称带状畴），如图 4-34(a)所示。当沿膜面的法线方向加一外磁场时，自发磁化与外磁场同向的条状畴（称正向畴）的体积增大，自发磁化与外磁场反向的条状畴（称反向畴）的体积缩小。继续增加这一外磁场（称偏磁场），直至其强度相当于饱和磁化强度的 20% ～60% 时，正向畴占据了大部分体积，反向畴收缩为孤立的柱状畴，如图 4-34(b)所示，此即所谓磁泡。磁泡的直径随外磁场的增加而减小，其变化范围为 100～1μm。进一步增加磁场，磁泡将破灭。

磁泡畴是库伊和恩兹（C. Kooy and U. Enz）在钡铁氧体单晶片[30]、舍伍德

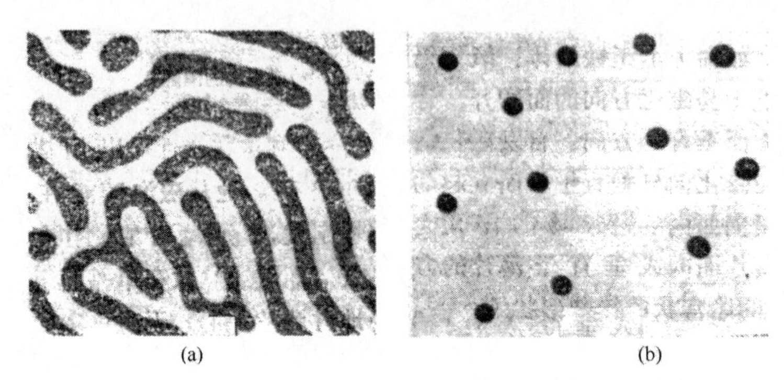

图 4-34　正铁氧体中的(a)条状畴和(b)泡状畴

(R. C. Sherwood)等在钙钛石型铁氧体(称正铁氧体)$YFeO_3$ 单晶片中最早发现的[31],当时并未引起注意。后来,博贝克(A. H. Bobeck)在一系列钙钛石型稀土铁氧体 $RFeO_3$(R 为稀土元素)中也观察到这种磁结构[32]。他从磁泡畴能在单晶体中稳定存在并且易于移动的特性出发,考虑了用它制作存储元件的可能性。他指出,把传输磁泡的线路做在单晶面上使磁泡畴适当排列起来,如令有磁泡畴的地方为"1",无磁泡畴的地方为"0",则可作为数字存储。由于磁泡的直径非常小(在正铁氧体中约为 100μm,在石榴石型铁氧体中通常在 10μm 以下),因此可以用来作高密度、大容量的存储元件。此外,还可以利用磁泡畴间的斥力将其作为逻辑运算和传输元件。正因为磁泡畴有如此重要的应用,它在 20 世纪 70 年代和 80 年代成为磁学研究的一个热门课题。在这期间从实验和理论两个方面对磁泡畴产生的条件、磁泡畴的传输方法和迁移速度、磁泡畴的破灭方式以及磁泡畴的直径与材料性能的关系做了大量的研究工作。这些研究加深了人们对磁畴的结构及运动方式的了解。

磁泡畴的早期理论未考虑畴壁的厚度。计及畴壁结构并考虑到畴壁厚度后,有人对磁泡畴的稳定性作了许多计算[33,34]。另外,也有人对单晶片的有限尺寸对磁泡畴的影响做了许多计算[35,36]。关于磁泡畴的较完整而且较简单的理论是希来(A. Thiele)提出的[37],下面介绍这一理论。

设单晶薄膜上有一磁泡畴,考虑到正向畴和反向畴的磁化矢量都平行于单轴磁晶各向异性的易轴,所以与磁泡形成有关的能量主要包括三种形式的能量:畴壁能、外磁场能和退磁场能。下面分别讨论之。

(1) *畴壁能*　　正常磁泡畴的畴壁为布洛赫壁,设其畴壁能密度为 γ。为计算方便起见,将磁泡畴设为圆形柱状体(实际磁泡畴的横截面不一定是圆的)。如以 r 表示圆柱畴的半径,以 h 表示圆柱畴的高度(即膜厚),则可将畴壁能表示为

$$F_W = 2\pi rh\gamma \tag{4.9.1}$$

(2) *外磁场能*　　与正向畴相比,由于磁泡内磁化矢量与外磁场反向而增加

的外磁场能密度为 $2\mu_0 M_s H$，所以圆柱状畴所引起的外磁场能增量为

$$F_H = 2\pi r^2 h\mu_0 M_s H \tag{4.9.2}$$

(3) 退磁场能　　由于退磁场能的大小不仅与圆柱状畴两端的磁极有关，而且还与圆柱状畴周围表面上的磁极有关，况且即使对孤立的短圆柱体也无法简单地确定退磁因子。所以，准确地计算退磁场能是件困难的事情。暂且以 F_d 表示。

于是，圆形柱状畴引起的总能量变化为

$$F = 2\pi rh\gamma + 2\pi r^2 h\mu_0 M_s H + F_d \tag{4.9.3}$$

根据能量最小值原理，当圆柱状畴处于稳定状态时，应满足

$$\frac{\partial F}{\partial r} = 2\pi h\gamma + 4\pi rh\mu_0 M_s H + \frac{\partial F_d}{\partial r} = 0 \tag{4.9.4}$$

根据希来的推导，在 MKSA 单位制中，$\partial F_d/\partial r$ 具有如下形式

$$\frac{\partial F_d}{\partial r} = -(2\pi h^2)(\mu_0 M_s^2) F\left(\frac{2r}{h}\right) \tag{4.9.5}$$

其中，$F\left(\frac{2r}{h}\right)$是以$\left(\frac{2r}{h}\right)$为变量的函数，$\frac{\partial F_d}{\partial r}$式中的负号表示作用在畴壁面上的力为扩张力。以畴壁面积($2\pi rh$)除式(4.9.4)，得

$$\frac{1}{2\pi rh}\frac{\partial F}{\partial r} = \frac{1}{r}\gamma + 2\mu_0 M_s H - \frac{h}{r}\mu_0 M_s^2 F\left(\frac{2r}{h}\right) = 0 \tag{4.9.6}$$

上式右边第一项和第二项代表作用在畴壁上的压缩压强，第三项代表作用在畴壁上的扩张压强。上式表明，当磁泡稳定时，畴壁两边所受的压强相等。

为了便于数学处理，我们将上式除以($h\mu_0 M_s/r$)，得

$$\frac{\gamma}{h\mu_0 M_s^2} + \frac{2rH}{hM_s} - F\left(\frac{2r}{h}\right) = 0 \tag{4.9.7}$$

在上式第二项中，r 与 h 有相同的量纲，H 与 M_s 在 MKSA 单位制中也有相同的量纲，因此该项无量纲。在第三项中，变量($2r/h$)无量纲，因此 $F\left(\frac{2r}{h}\right)$也无量纲。由此可见，上式第一项也应无量纲。这就意味着 $\gamma/\mu_0 M_s^2$ 具有长度的量纲。它代表与材料性能有关的特征长度，我们以 l 来表示。再将式(4.9.7)中的半径 r 改用直径 d 来表示。于是，上式可简单地表示为

$$\frac{l}{h} + \frac{d}{h}\frac{H}{M_s} - F\left(\frac{d}{h}\right) = 0 \tag{4.9.8}$$

根据希来的推导，函数 $F(d/h)$的形式如下

$$F\left(\frac{d}{h}\right) = \frac{2}{\pi}\left(\frac{d}{h}\right)^2\left\{\left(1 + \frac{h^2}{d^2}\right)^{\frac{1}{2}} E\left[\left(1 + \frac{h^2}{d^2}\right)^{-1}\right] - 1\right\} \tag{4.9.9}$$

E 是第二类完全椭圆积分。当 $d/h<1$ 时，上式可展为

$$F\left(\frac{d}{h}\right)=\frac{d}{h}-\frac{2}{\pi}\left(\frac{d}{h}\right)^2+\frac{1}{4}\left(\frac{d}{h}\right)^3-\frac{3}{64}\left(\frac{d}{h}\right)^5+\frac{5}{256}\left(\frac{d}{h}\right)^7+\cdots \tag{4.9.10}$$

当 $\frac{d}{h}>1$ 时，式(4.9.9)则应展为

$$F\left(\frac{d}{h}\right)=\frac{1}{\pi}\left\{\left[\frac{1}{2}+\frac{3}{32}\left(\frac{h}{d}\right)^2-\frac{3}{64}\left(\frac{h}{d}\right)^4+\frac{665}{24576}\left(\frac{h}{d}\right)^6+\cdots\right]\right.$$
$$\left.+\left[1-\frac{1}{8}\left(\frac{h}{d}\right)^2+\frac{3}{64}\left(\frac{h}{d}\right)^4-\frac{25}{1024}\left(\frac{h}{d}\right)^6+\cdots\right]\ln\left|4\frac{d}{h}\right|\right\} \tag{4.9.11}$$

当磁膜的 M_s, l, h 及外磁场 H 确定后可由式(4.9.8)，式(4.9.10)或式(4.9.11)求出相应的 $\frac{d}{h}$，从而得到稳定状态下的 d 值。考虑到 $F\left(\frac{d}{h}\right)$ 的形式比较复杂，可采用图解方法。为此，设

$$y_1=\frac{l}{h}+\frac{H}{M_s}\frac{d}{h} \tag{4.9.12}$$

$$y_2=F\left(\frac{d}{h}\right) \tag{4.9.13}$$

取 $\frac{d}{h}$ 为横坐标，y_1 代表截距为 $\frac{l}{h}$、斜率为 $\frac{H}{M_s}$ 的一条直线；y_2 代表由式(4.9.13)所给出的曲线。两条线的交点即为满足方程式(4.9.8)的解。其结果如图 4-35 所示。

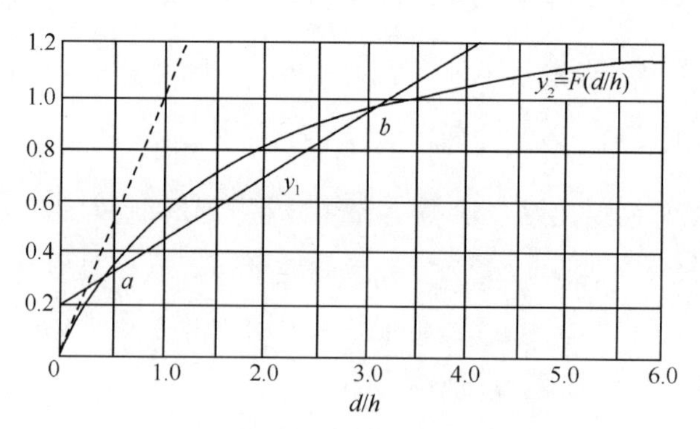

图 4-35　y_1 与 y_2 的图解法示意图

下面我们对图中所给出的解进行讨论。

1) 由于直线 y_1 以 H/M_s 作为斜率，故当 H 大于零而小于某一个值时，y_1 与 y_2 有两个交点，在图 4-35 中以 a, b 表示。显然，这两个点都代表柱状畴的畴壁处于平衡状态。但是，有的点是稳定平衡(能量为极小值)，有的点是不稳定平衡(能

量为极大值),需要进一步分析。在 a 点,当$\frac{d}{h}$偏离 a 点而有所增加时,代表畴壁扩张力的 y_2 将变得大于代表畴壁压缩力的 y_1,畴壁向外扩张,这将导致$\frac{d}{h}$进一步增加。反之,当$\frac{d}{h}$偏离 a 点而有所减小时,y_1 将变得大于 y_2,压缩力大于扩张力,畴壁向里收缩,这将导致$\frac{d}{h}$进一步减小。因此,在 a 点的平衡是不稳定平衡,该点所对应的状态是磁泡的不稳定状态。对 b 点可以做类似的分析。不难证明,在 b 点的平衡是稳定平衡,它所对应的状态是磁泡惟一的稳定状态。磁泡的直径可由 b 点对应的$\frac{d}{h}$值求得。

2) 当$\frac{l}{h}$不变时,随着外磁场增加,直线 y_1 的斜率变大,a,b 两点向中间靠近,b 点所对应的$\frac{d}{h}$将随之变小。由此可以得出结论:当磁性薄膜确定以后,磁泡的直径将随外磁场增加而减小。

3) 当外磁场进一步增加时,直线 y_1 与曲线 y_2 由相交变为相切,设切点为 c。由于在切点两边都保持 $y_1 > y_2$(对磁泡畴壁的压缩力大于扩张力),因此磁泡在该点是不稳定的。这就是说,对于一定的材料而言,磁泡有一最小的临界直径 $d_{\min}$,这一临界直径与某一最大临界外磁场 H_{∞}相对应。

4) 当外磁场继续增加时,直线 y_1 离开曲线 y_2,表明磁泡不复存在。对于每一个截距$\frac{l}{h}$,都对应一个临界外磁场 H_{∞}。只有当 $H < H_{\infty}$时才能形成磁泡。因此,又称 H_{∞}为磁泡的破灭场。

对于一定的材料,其特征长度 $l = \frac{\gamma}{\mu_0 M_s^2}$是一定的。磁膜的厚度越大,截距$\frac{l}{h}$越小,直线 y_1 与曲线 y_2 相切时对应的斜率越大,H 的上限也就越高。但是,不论上述参数如何变化,H/M_s 都不会超过一个极限值,那就是曲线 y_2 的最大斜率(曲线 y_2 的最大斜率是在原点处的斜率,等于 1)。因此,形成磁泡的一个重要条件是 $H/M_s < 1$。

另一方面,由图 4-35 还可以看出,当 $H/M_s \leqslant 0$ 时,y_1 与 y_2 仅有点 a 一个交点。在这种情况下无法形成稳定的磁泡。所以,能够产生磁泡的外磁场范围为

$$0 < H < M_s$$

以上介绍了磁泡的静态特性。为了使磁泡能够快速地进行信息传输,还需要研究它的动态特性。有关这方面的内容不再介绍。在此我们仅指出,磁泡的畴壁迁移率(单位磁场强度产生的畴壁的运动速度)是标志磁泡动态特性的一个重要参量。对于圆柱形磁泡,在略去畴壁的惯性效应(即略去畴壁的有效质量项)和假定畴壁运动不变形的情况下,由畴壁运动的能量方程和运动方程可求得畴壁的迁移

率为

$$\mu_{\mathrm{w}} = \frac{2\gamma}{\alpha}\sqrt{\frac{A}{K_1}} \tag{4.9.14}$$

$\gamma = \frac{\mu_0 g|e|}{2m}$,为旋磁比。$\alpha$ 为旋磁阻尼系数(γ 和 α 的物理意义见本书第七章),A 为交换能常数,K_1 为磁晶各向异性常数。由上式可见,欲使磁泡运动具有较高的迁移率,K_1 不能太大。

按照上面的介绍,可将产生磁泡的条件归纳如下:① 磁性薄膜具有垂直膜面的单轴各向异性,等效各向异性场 H_{K} 大于退磁场 H_{d},即 $K_1 > \frac{1}{2}\mu_0 M_{\mathrm{s}}^2$;② 外磁场 H 垂直于膜面,大小满足于 $0 < H < M_{\mathrm{s}}$;③ 为了保证磁泡具有较高的迁移率,K_1 不能太大。此外,还要求磁泡材料应当具有较小的畴壁矫顽力、良好的温度稳定性以及尽可能小的磁致伸缩系数。

经多年研究,可用于获得磁泡畴的材料主要有以下几类:

(1) *钙钛石型铁氧体($RFeO_3$,R 为稀土离子)*　这是最早研究的一类磁泡材料,其结构属正交晶系,在磁性上为成角的反铁磁性(弱铁磁性)。这类材料的优点是易于满足磁泡材料的低饱和磁化强度的要求,并且可以通过离子代换对单轴磁晶各向异性的大小和方向进行控制,缺点是磁泡直径较大,畴壁迁移率普遍较低($YFeO_3$ 除外)。

(2) *石榴石型铁氧体*　这类材料属立方晶系,但在一定条件下可获得单轴或非立方的磁各向异性。这类材料的优点是可以通过对三种阳离子晶位进行多种离子代换来调节和控制磁性能,还可以利用抵消点现象改善温度稳定性。和其他材料相比,这类材料具有较小的磁泡直径和较大的畴壁迁移率。因此,对这类材料的研究虽然较晚,但这类材料最有希望能够获得实际应用。

(3) *磁铅石型铁氧体*　这类材料属于六角晶系,具有较高的单轴磁晶各向异性。一般虽能满足磁泡材料的 $H_{\mathrm{K}} > M_{\mathrm{s}}$ 的要求,但因饱和磁化强度太高,磁泡直径太小(小于 $0.3\mu\mathrm{m}$);而高的磁晶各向异性又使畴壁矫顽力和驱动磁场增大。因此,作为磁泡材料,它远不及石榴石型等铁氧体。

以上简单介绍了磁泡及对磁泡的研究结果,详细情况可参阅文献[38]。近 20 年来,尽管在理论、材料、工艺和应用方面对磁泡进行了详尽的研究,但由于磁泡的迁移率不高及一些其他原因,目前尚不能用它来制作快速的内存储器件。

第十节　磁畴结构的观测(Ⅰ):粉纹图示法[39]

观测磁畴结构的实验方法主要有以下几种:

1) 阿库洛夫-贝特的粉纹图示法;

2) 克尔(Kerr)磁光效应法;

3) 电子显微镜法;

4) X射线衍射法。

粉纹图示法是古老而简便的一种观察磁畴的方法。这种方法的原理类似于工业上的磁性粉末探伤法。设晶体表面为某一磁畴结构的正截面。如磁畴内的磁化方向与晶体表面平行,畴壁中的磁化矢量在与晶体表面相交处将出现垂直表面的分量,因而在畴壁处产生散磁场。如磁畴内的磁化方向与晶体表面不平行,除在畴壁处产生较强的散磁场外,磁畴内的磁荷也将产生散磁场。如果将足够细的铁磁粉末的胶状悬浮液涂于晶体表面,铁磁粉末将受局部散磁场的作用而分布成一定的图案。这样的图案直接反映了在晶体表面的磁畴结构,可以在显微镜下对其进行观察,也可以同时加磁场以观测磁畴的变化。

被观察的晶体表面必须高度光洁且无内应力,以使晶体表面的散磁场确为样品的磁畴所产生。因此,对晶体表面的处理极为重要,通常的准备步骤如下:① 切出单晶体的表面,用稀酸腐蚀以除去污物;② 用逐步加细的磨粉磨光,然后用电解法进一步磨光。对于铁氧体单晶(不含锌的)也可用类似的步骤但不用电解磨光,仅用磨粉磨光到近于光学平面,然后在50%硫酸溶液中煮数小时以消去表面应力。

金属样品的电解液的配方如下:重量比为1份CrO_3和9份85%磷酸配成混合液置于玻璃器皿中。以样品为正极,取一铜片作负极,电解液加热到80℃,在两极间加18V左右的直流电压。表面积为1～2cm^2的样品,电解约1分钟。

磁性微粉胶液的制备取2g$FeCl_2·4H_2O$和5.4g$FeCl_3·6H_2O$加到300ml热水中,再加5gNaOH的水溶液50ml,不断搅拌过滤后得到Fe_3O_4细粉沉淀物,冲洗干净备用。

悬浮液的制备:过去是用肥皂液加入Fe_3O_4细粉沉淀物。也可用以下配方:2g椰油胺(coconut oil amine)加入约10$cm^3$1NHCl溶液,使pH为7。用蒸馏水冲淡到50cm^3时,加入20$cm^3$$Fe_3O_4$沉淀物,保持pH为7,再用蒸馏水冲淡到150$cm^3$,长时间搅拌后,最后冲淡到约600$cm^3$即可应用。

观察粉纹图时,可置一滴胶液于晶体表面上,上面覆盖一玻片,在放大一百五十到几百倍的金相显微镜下即可看出清晰的粉纹图案。

如在晶体表面上划极细的线纹,则可进一步定出各磁畴内磁化矢量的方向。当细线刻痕与磁化矢量垂直时,磁通量由刻痕露出表面外,可使磁性微粉聚集于刻

痕上;当刻痕与磁化矢量平行时,则无磁通量露出,而微粉也就不聚集。故由刻痕可定磁化矢量方向。

关于粉纹图形成的原理,最初认为是铁磁微粉由于受局部散磁场的作用而移向强磁场处的结果。但是这样的解释不能说明为什么当晶体表面处于垂直的均匀外磁场中时,有的粉纹增强,有的减弱,甚至消失。基特尔(1949)经过研究后认为,铁磁微粉(直径约为 $10^{-3}\sim10^{-6}$cm)在胶液中实际上是在不停地做布朗运动。因此,它们的聚集密度应服从玻尔兹曼分布定律。也就是说,微粉的分布密度应由它们所具有的磁场能来决定(在此,我们略去了微粉间的相互作用)。设在磁场 $\boldsymbol{H}$ 处的粒子密度为 $p(H,\theta)$,每一微粉粒子的磁矩为 $\boldsymbol{\mu}_0$,$\boldsymbol{\mu}_0$ 与 $\boldsymbol{H}$ 方向间的夹角为 θ,采用 CGS 单位制,则应有

$$p(H,\theta) = p(0)e^{-E_H/\kappa_B T} = p(0)e^{\frac{\mu_0 H\cos\theta}{\kappa_B T}} \tag{4.10.1}$$

其中,$p(0)$ 为 $H=0$ 处的微粉密度。将 $p(H,\theta)$ 对空间各方向平均,则可得

$$p(H) = \frac{1}{4\pi}\int_0^\pi e^{\frac{\mu_0 H\cos\theta}{\kappa_B T}} 2\pi\sin\theta d\theta = \frac{\sinh\left(\frac{\mu_0 H}{\kappa_B T}\right)}{\frac{\mu_0 H}{\kappa_B T}} \tag{4.10.2}$$

式(4.10.2)的图线见图 4-36。由图 4-36 可见,当 $x=\frac{\mu_0 H}{\kappa_B T}\geqslant 3$ 时,粒子密度 $p(H)$ 上升甚快。据粗略估计,设微粉粒子的 M_s 为 400Gs,体积为 10^{-12}cm^3,则在室温下(≈27℃),如果粒子密度有显著的增加,必须

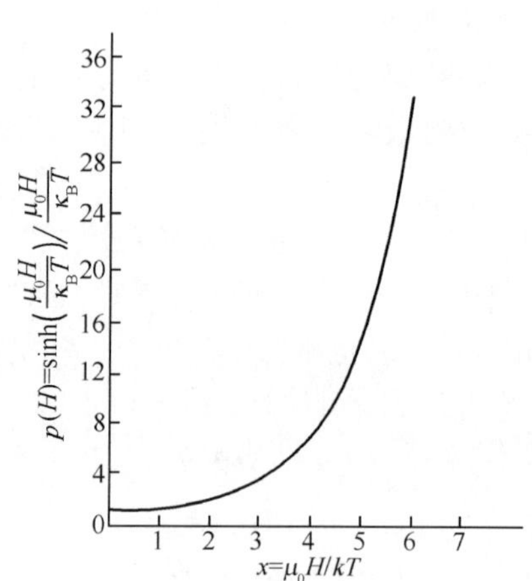

图 4-36　粒子密度的变化

$$H > \frac{3\kappa_B T}{\mu_0}$$

即

$$H > \frac{3\times1.4\times10^{-16}\times300}{4\times10^2\times10^{-12}} = 3\times10^{-4}\text{Oe}$$

实际在晶体表面的磁畴分界线上的磁场强度(≈20Oe)远远超过了上面估计的下限,故粒子的聚集是完全可能的。

实验中所用的微粉粒子往往不是具有磁矩的永磁体(如上面所假设),而是磁导率较大的软磁性粉粒。基特耳对这种情况也曾经进行了计算,这里不再介绍。

下面我们引证一些应用粉纹图示法研究磁畴结构的工作。

一、单晶体表面上的磁畴结构

如果样品是完整的晶体,表面为准确的某一晶面,则可观察到清晰的磁畴结构图案。图 4-37(a)为威廉姆斯等在 Si-Fe 单晶的(100)面得到的平行条状磁畴结构,隔以 90°畴壁[40]。图 4-37(b)为 Si-Fe 单晶表面稍倾斜于立方晶面时的树枝形磁畴结构。树枝形分叉小磁畴的形成是为了减少表面磁极的退磁场能。

图 4-38(a),(b)是钴单晶在平行及垂直于六角晶轴的两晶面上的磁畴结构图。在(a)图中可看出平行的磁畴结构,畴壁平行于六角晶轴。(b)图中的花边式磁畴结构尚未有完全解释。

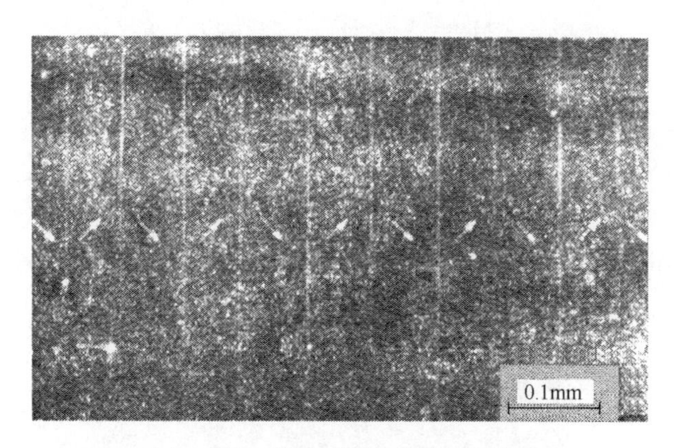

(a)　Si-Fe 单晶表面上的磁畴结构

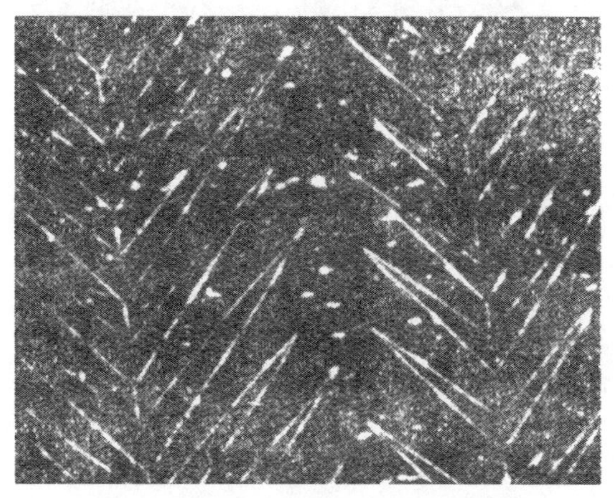

(b)　Si-Fe 单晶表面上的树枝形磁畴

图 4-37

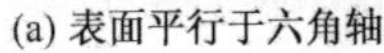

(a) 表面平行于六角轴

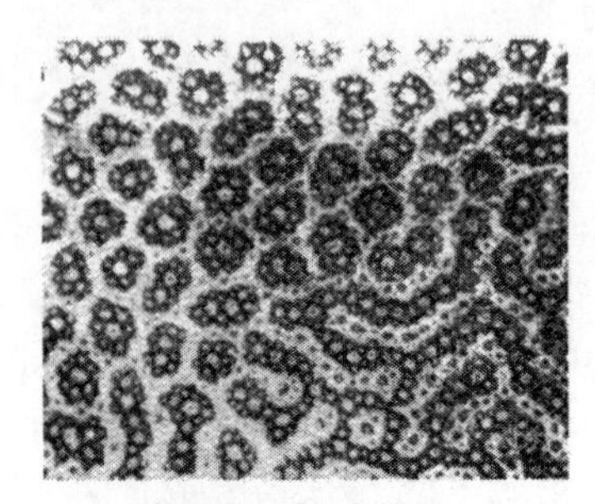

(b) 表面垂直于六角轴

图 4-38　钴单晶表面上的磁畴

二、在磁场作用下的磁畴变化

图 4-39 是贝茨和尼耳在硅铁单晶(100)晶面上所观测的磁畴在磁场作用下的变化,磁场方向平行于[110][41]。由(a)图到(e)图,磁场逐步加强,而畴壁数亦随之加多。这种结构的计算原理在本章第六节已介绍过。根据奈尔计算的结果,当磁场增加时,畴的宽度减少而数目增多。到高磁场时,畴的宽度趋于稳定。实验观测的结果与理论相当符合。

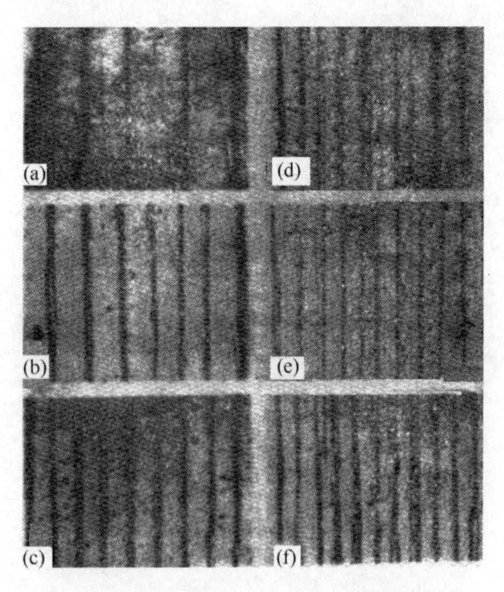

图 4-39　硅铁单晶(100)面的磁畴在磁场下的变化

三、在空洞或杂质附近的复杂结构

奈尔在 1944 年曾指出在晶体中存在的空洞(或杂质)会引起很大的静磁场能。为了减少静磁场能,在空洞附近应产生局部的磁畴结构(称为奈尔次畴)。奈尔次畴的作用是把空洞上的磁极分布延长到畴壁的曲面上,这样可以减少静磁场能增加畴壁能。当二者之和等于极小值时,即得到稳定的畴结构。威廉姆斯最早用 Si-Fe 单晶的粉纹图证实了奈尔次畴的存在(见图 4-40)。自他以后,许多粉纹图实验都证实了这种局部次畴。

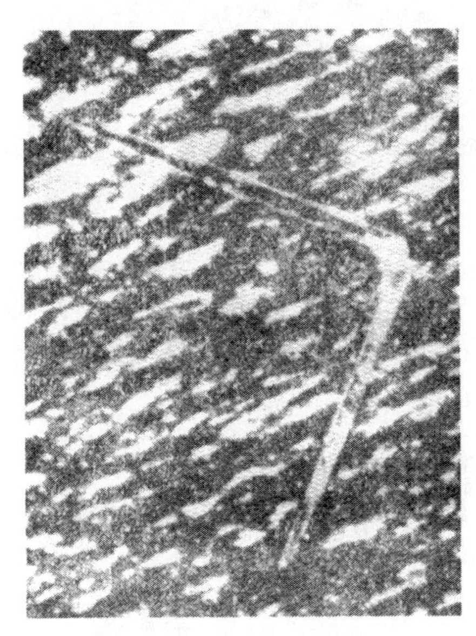

(a) Si-Fe 单晶表面的奈尔次畴

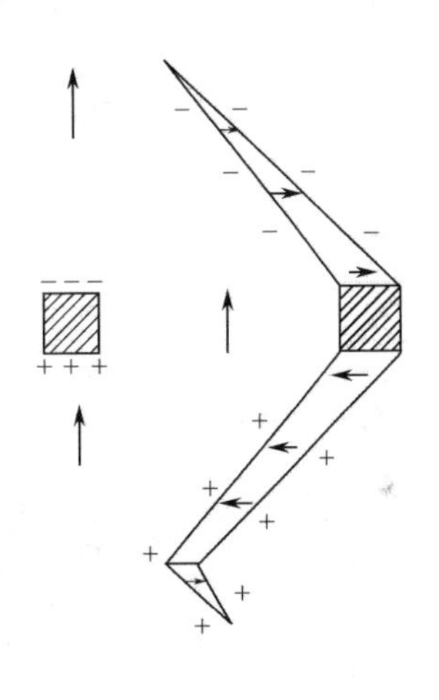

(b) 对奈尔次畴的分析

图 4-40　Si-Fe 单晶上的奈尔次畴

四、在晶粒边界上的磁畴结构

多晶样品中包含许多取向紊乱的单晶粒,由于各晶粒的大小不同,取向紊乱,内部存在着应力等原因,磁畴结构非常复杂,由粉纹图案很难看出一定的规律。在通常情况下,某些相邻晶粒内的易磁化方向可能夹角很大,这样,每个晶粒的磁畴结构近似于一个独立的单晶。从原则上讲,一个磁畴的大小可以大于或小于一个晶粒的大小。但由于晶粒混乱,一个磁畴横跨几个晶粒的机会很少,因此,每一小晶粒基本上可看做是一个畴。

某些经过冷加工处理的样品(例如晶粒取向硅钢片),各晶粒有沿一个晶轴方向排列的趋向。如果定向排列的程度很高，整个样品内的磁畴结构就接近于单晶。图 4-41 为威廉姆斯在晶粒取向硅钢片上所得的粉纹图，由图上可以看出不同晶粒上畴壁方向不同，但是连续的。在晶粒分界处还有三角形的小磁畴存在。

图 4-41　晶粒取向硅钢片上的磁畴结构

图 4-42 引证了贝茨在钴多晶上的观测结果。在两晶粒边界上有一双重界壁，在界壁上有若干匕首形的小畴，以减少畴壁能。实验时加上一垂直于纸面的磁场，在左半图磁场方向向上，在右半图方向向下。

图 4-42　钴多晶的两晶粒边界上的磁畴

五、薄膜表面的磁畴结构

在制备铁、镍、钴及 Ni-Fe 合金的薄膜时（常用的制备方法是真空蒸发或溅射），往往加一平行于膜面的磁场，使其产生沿磁场方向的单轴各向异性（感生各向异性）；亦可在真空淀积成膜后，再经过磁场热处理以产生单轴各向异性。由于在垂直于膜面方向的退磁场很大,故膜内磁化矢量的方向常平行于膜面,而在膜面上可形成平行反向的磁畴结构。下面我们引证一些在多晶样品上的实验结果。

图 4-43 为威廉姆斯等在铁膜上(膜厚度为 2000Å,易磁化方向为垂直方向)所观测到的平行磁畴粉纹图[42]。

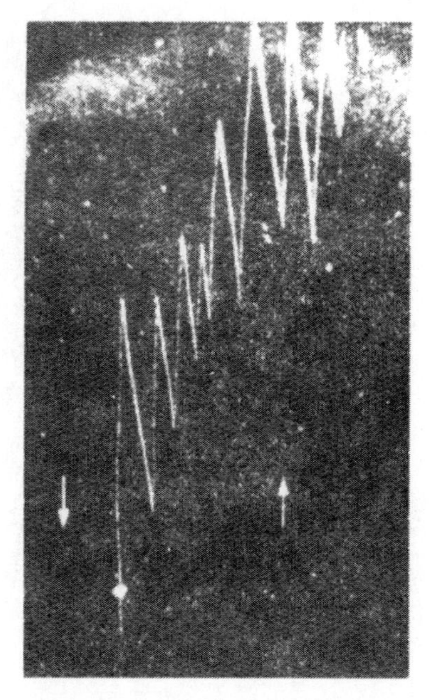

图 4-43 在 2000Å 铁膜上的磁畴

如果先将薄膜磁化到饱和,再加一逐渐增加的反向磁场,则可看到,反磁化核由薄膜的边缘向内逐渐长大的过程。图 4-44 引证威廉姆斯对 2000Å 的钴膜观测的粉纹图。

当薄膜厚度减小时,磁畴结构表现出更多的不规则性。这是因为膜内的杂质或应力使畴壁发生弯曲之故。

威廉姆斯等曾在饱和磁化的 500Å 以下的铁钴膜内加一反向磁场,磁场方向与易磁化方向成 30°,观测到细长的磁畴。图 4-45 引证威廉姆斯对铁膜观测的粉纹图和他的图示说明。

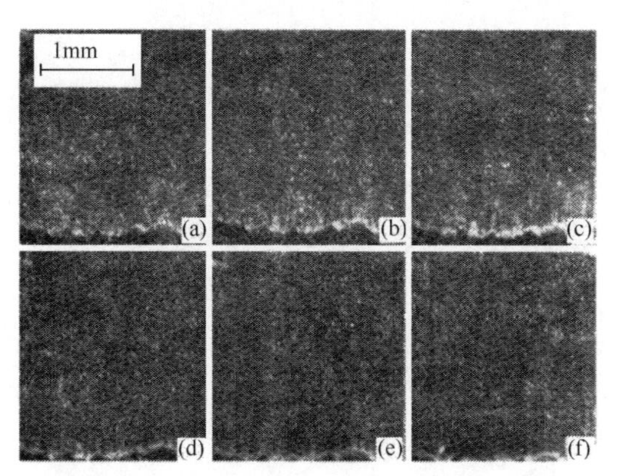

图 4-44 在 2000Å 钴膜上反磁化核逐渐长大的过程

在坡莫合金薄膜(Ni-Fe-Mo 合金,厚度为 50～150Å)中,如果沿垂直于易磁化方向用交流磁场退磁后,则可发现膜面上出现畴壁密集的区域,同时可能有双畴壁出现。这些双畴壁是两个接近的 180°畴壁,壁中磁化矢量旋转的方向相同,因此在 接近时,不能互相抵消,仍保持为双重畴壁。图4-46引证了威廉姆斯在147Å

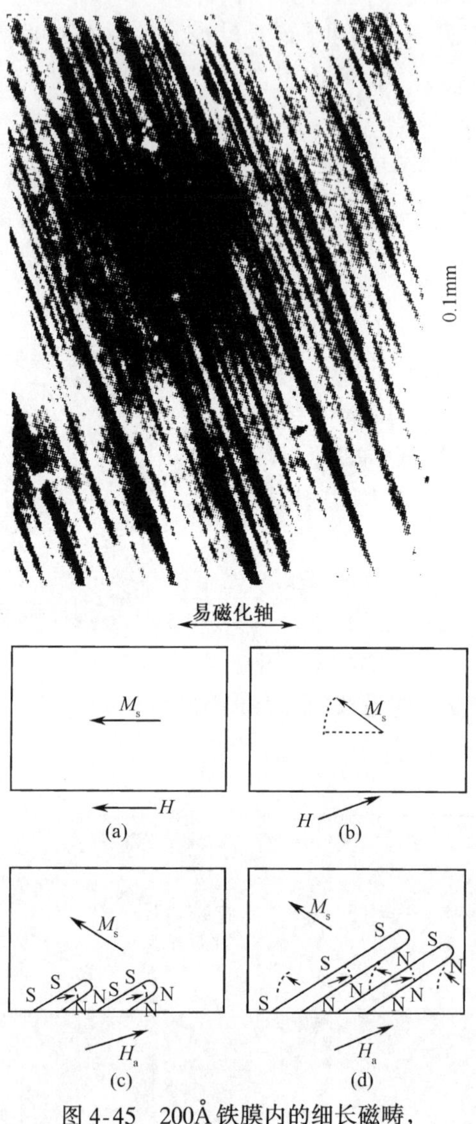

图 4-45　200Å 铁膜内的细长磁畴，
方向与易磁化轴约成 30°角

的坡莫合金薄膜上观测的结果。卡柯泽尔(Kaczér)曾对此做了理论计算。

利用粉纹技术在膜厚为 300～1000Å 的坡莫合金中还发现了两种类型的稀有畴壁——链式壁和横结壁。在图 4-47 中我们引证了胡柏等人的实验结果[43]。说明这两种畴壁结构的磁化矢量分布模型分别示于图 4-48 的(a)和(b)。能够证明横结壁磁化矢量分布模型的是如下的实验:沿垂直膜面的方向加一磁场,使胶液中的粒子沿磁场方向磁化,被磁化的悬浮粒子将被吸引到对它提供吸力的那些磁极。

将磁场反向,被磁化粒子的磁矩方向发生了变化,它将被另外的磁极所吸引,因而粒子发生了移动。在牟恩所做的实验中已经清楚地观察到了这种移动[44]。我们在图4-49中引证了胡柏在坡莫合金膜中所观测的结果。

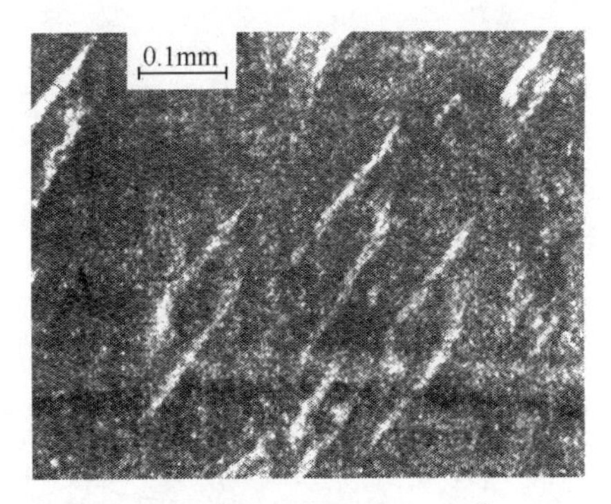

图4-46　坡莫合金膜(膜厚为147Å)上的双畴壁及密集畴壁

粉纹图示法是最早用来观察磁畴的一种方法。虽然这种方法在早期观察磁畴中曾得到广泛应用,但这一方法本身存在着严重的不足。首先,用这种方法只能观察样品的表面磁畴,样品内部的畴结构只能由表面磁畴来推测。其次,这一方法的分辨率受微粉颗粒度的制约。通常微粉的直径约为10^{-4}cm,而铁的畴壁厚度却只有10^{-5}cm,许多精细结构难以被观察到。第三,这种方法受水介质悬浮液操作温度的影响,不能在较高(>100℃)和较低(<90℃)的温度下使用。第四,用这种方法很难观察磁畴随外磁场的快速变化。尽管粉纹图示法有着上述缺点,但由于其简单易行,因而至今还在被采用。

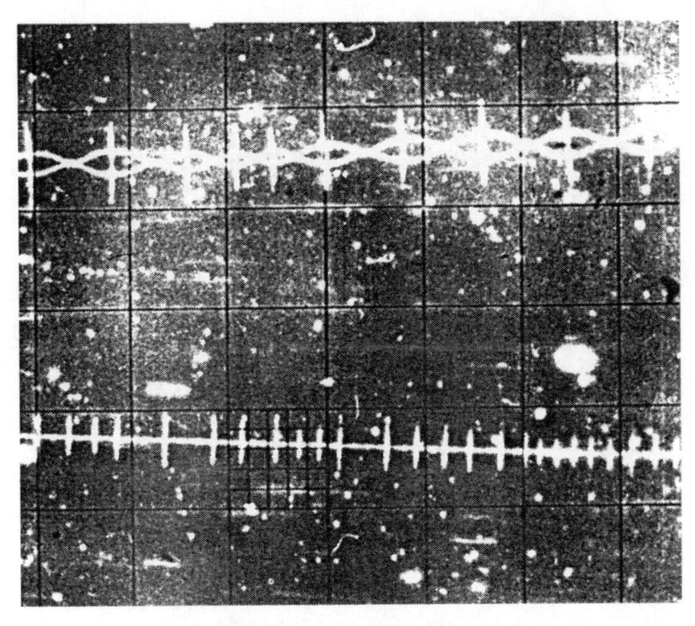
图4-47　坡莫合金膜中的链式壁(上半部分)和横结壁(下半部分)粉纹图

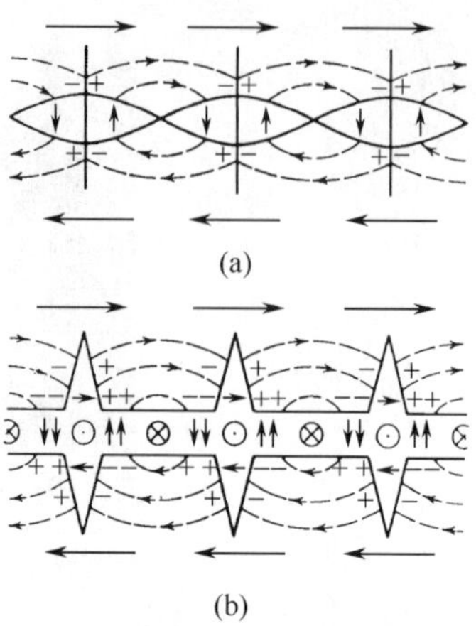

图 4-48　链式壁(a)和横结壁(b)
磁结构模型图
图中的箭头表示磁化矢量的方向

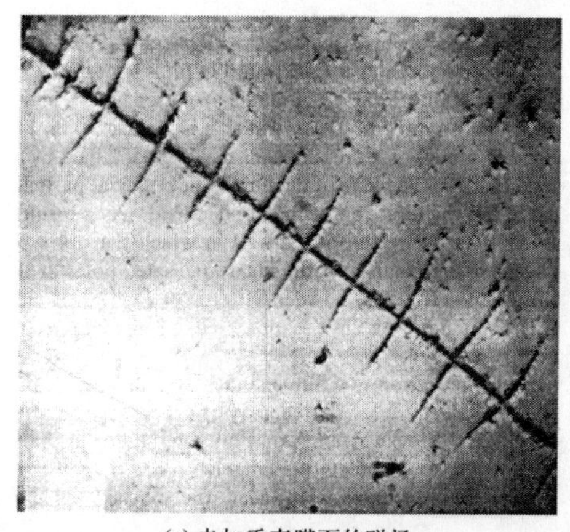

(a) 未加垂直膜面的磁场

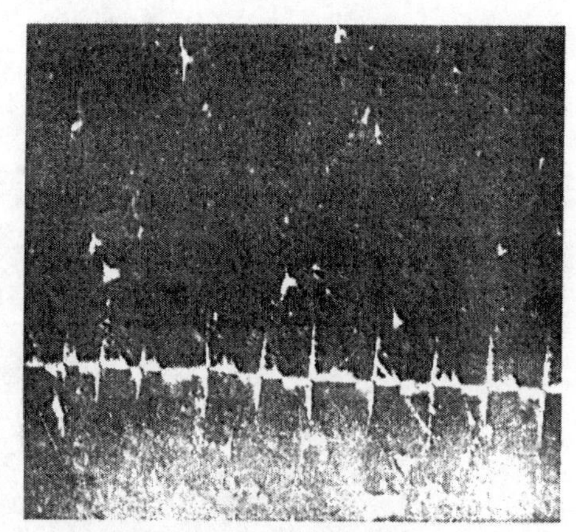

(b) 加垂直膜面的磁场

图 4-49　坡莫合金膜中的横结壁粉纹图
注意加磁场后微粉移向与外场反向的磁极

第十一节　磁畴结构的观测(Ⅱ):磁光效应法和其他方法

一、磁光效应法

利用磁光效应来观察磁畴的方法可分为两种:克尔效应法和法拉第效应法。克尔效应是指平面偏振光照射到磁性物质表面上而产生反射时,偏振面发生旋转的现象。由于旋转方向取决于磁畴中磁化矢量的方向,旋转角与磁化矢量的大小成比例,因此可以利用这一效应观察不透明磁性体的表面磁畴结构。法拉第效应是指平面偏振光透过磁性物质时,偏振面发生旋转的现象。同样由于旋转的方向和大小与磁畴中磁化矢量的方向和强度有关,因此可用它观察半透明磁性物质内部的磁畴结构。

克尔效应法和法拉第效应法所用的设施相似。所不同的是,前者检测的是反射光,后者检测的是透射光。下面以克尔效应为例说明这类方法的实验装置。

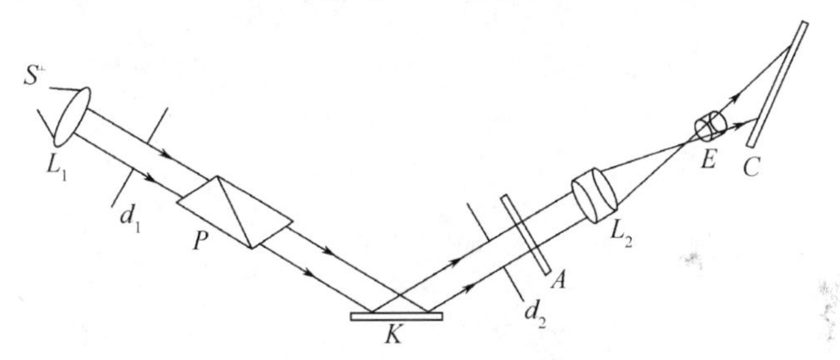

图 4-50　克尔效应的一种实验装置图

如图 4-50 所示,由光源 S 发出的单色光经过透镜 L_1 及光阑 d_1 后,变为平行光束,通过尼科耳(Nicol)棱镜 P 后成为平面偏振光,再由样品 K 反射后,经过光阑 d_2 而射入另一尼科尔棱镜或检偏器 A 来观察或照相。E 为照相镜头,C 为底片。如 P 和 A 的偏振面原来是平行的,则视阈内有亮暗不同的区域,相当于由不同磁畴上反射的偏振光。调节 P 和 A 的相对角度,可以得到最明显的磁畴分布图案。在实验时,常使入射和反射平面相合,并且平行于磁化强度的方向(纵向克尔效应)。

法拉第效应法的装置与上面相类似,不再赘述。

克尔及法拉第磁光效应法有以下优点:① 它不受温度的限制,可以在各种温度下观察磁畴结构。② 有些材料的 K 及 $\lambda_s\sigma$ 甚小(如坡莫合金),畴壁较厚,畴与畴壁间的界限不明显,表面散磁场很小,粉纹不易集中。对于这种情况,磁光效应法是一种有效的方法。③ 磁光效应法可用于观察磁畴的动态变化。如配以高速摄影装置，可以显示出数量级为 1 微秒的磁化及反磁化过程。这种方法的主要困难在于相邻磁畴上反射的光，偏振面相差很小（一般为 5′，最大为 20′左右），亮暗区差别不明显，这就要求采用高质量的起偏器和检偏器。磁光法与粉纹法还有一个明显的区别：粉纹法观察到的是样品表面的畴壁，磁光法观察到的是样品的磁畴。所以两种方法配合使用会取得更好的效果。

威廉姆斯最早用克尔效应法研究了钴的磁畴结构[45]。尔后，佛勒和弗来尔进一步发展了这一实验技术[46]。现在已经有磁光效应法的专用仪器供研究者使用。

在图 4-51 中我们引证了罗伯茨用克尔磁光效应法在 MnBiC 表面上观察到的磁畴结构，晶体的厚度按（a），（b），（c）的顺序依次减薄[47]。

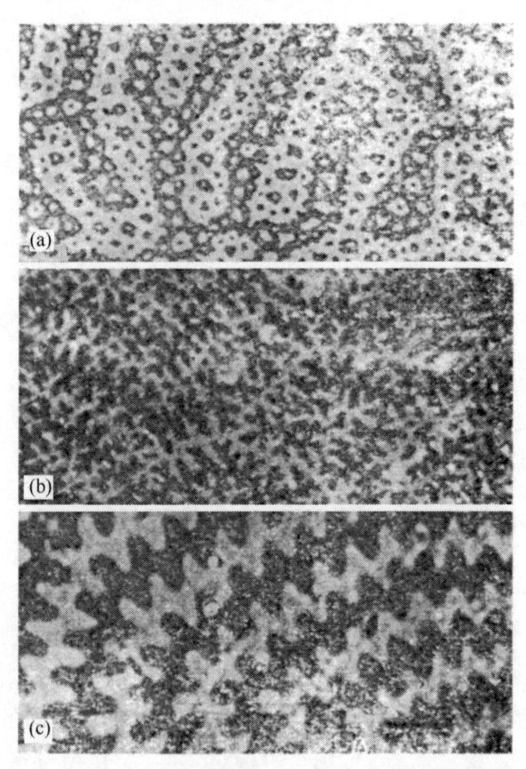

图 4-51 在 MnBiC 表面上用克尔效应法观察的磁畴结构，晶体的厚度按（a），（b），（c）的顺序递减

图 4-52 是用法拉第效应法在钇铁石榴石铁氧体（YIG）单晶薄片（约 0.1mm 厚）中观察到的磁畴结构[48]。（a），（b），（c）三图对应于分析器的不同旋转角度。

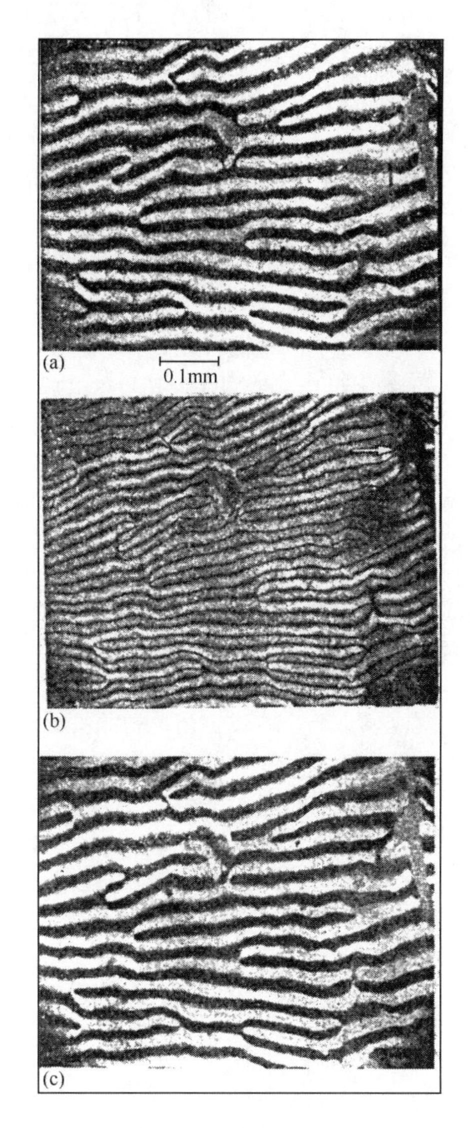

图 4-52　利用法拉第旋转效应在
YIG 单晶薄片上观察到的磁畴
图中(a),(b),(c)对应于分析器的不同旋角

二、电子显微镜法

电子显微镜法是后来发展起来的一种方法,特别适合于观测薄膜的磁畴结构。当电子束穿透磁性薄膜或从铁磁样品表面上反射时,电子将受到洛伦兹力($\boldsymbol{F} = ev$

$\times \boldsymbol{B}$)的作用,运动路线发生小的偏转,因此形成的图像与磁畴结构有关。具体的方法也有反射、透射、扫描等多种方式。这种方法的优点是分辨率高,可以研究磁畴的精细结构,同时也可以在不同温度和外场下进行观测。

图 4-53 是用洛伦兹显微镜在坡莫合金薄膜中观察到的磁畴结构[49]。其中(a)为在 800Å 厚的薄膜上施加一磁场后的图像;(b)是把上述磁场反向后的图像。从图 4-53 中可看到交替产生的波纹状磁畴。

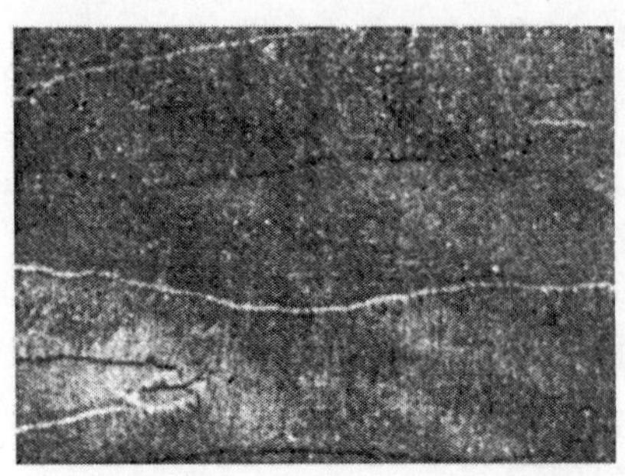

(a) $H\rightarrow$

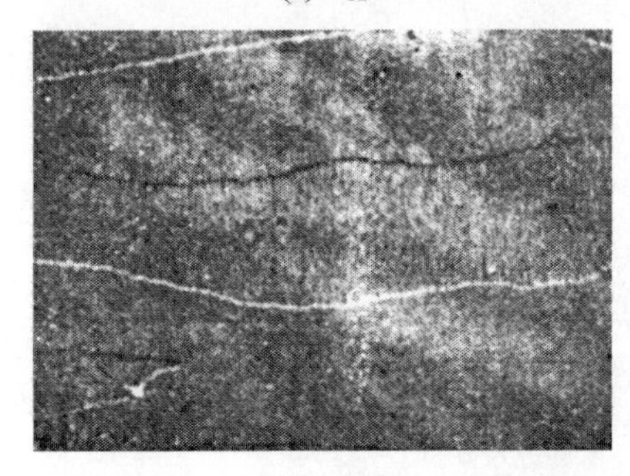

(b) $H\leftarrow$

图 4-53 用洛伦兹显微镜法在坡莫合金膜(800Å 厚)上观察到的磁畴
图中(a)为施加磁场 $\boldsymbol{H}$ 后的图像;(b)为磁场 $\boldsymbol{H}$ 反向后的图像

三、X 射线衍射法

X 射线衍射法是兰最早使用的[50]。这种方法应用了相邻磁畴磁致伸缩应变不同的原理,通过测定因晶格间距变化造成的布拉格反射角变化来确定磁畴结构。这种方法的优点是分辨率高,在观察磁畴的同时能够观察位错和其他缺陷,以及晶体缺陷和畴结构的关系。特别是,可以利用这种方法研究反铁磁体的磁畴结构。

图 4-54 用 X 射线衍射法在 Si-Fe 合金(001)晶面上观察到的磁畴

在图 4-54 中引证了波卡罗娃用 X 射线衍射法在 Si-Fe 合金(001)晶面上拍摄的磁畴图[51]。从图 4-54 中可以看到条状畴结构。

第十二节　单 畴 粒 子

前面已经介绍过,大块铁磁晶体一般具有多畴结构。多畴结构的形成减少了退磁场能,增加了畴壁能。由于退磁场能与磁畴的体积成比例,畴壁能与畴壁的面积成比例,因此当铁磁晶体的体积减小时,退磁场能比畴壁能下降得更快。当铁磁晶体的体积减小到这样的大小,即整个晶体粒子成为一个磁畴在能量上更加有利时,我们称这样的粒子尺寸为单畴粒子的临界尺寸。如果铁磁晶体的尺寸等于或小于单畴粒子的临界尺寸,它将不再分畴。

由于单畴粒子不存在畴壁,它的磁化和反磁化过程都是磁化矢量的转动过程。这样的过程产生较高的矫顽力并使磁导率降低。因此,准确地计算单畴粒子的临界尺寸可以为我们制备单畴微粒高矫顽力永磁材料提供借鉴,同时还可以为我们在软磁材料的生产中避免单畴粒子的出现给予理论指导。所以,计算单畴粒子的临界尺寸有着重要的应用价值。

单畴粒子的概念是弗仑克尔和多尔弗曼最早提出的。较准确的理论计算是基特尔、奈尔以及斯东纳和沃尔法斯进行的[52~54]。而对这个问题的严格求解是康多尔斯基做出的[55]。

在实验上首次证明单畴粒子的存在是安契克和库比什基卡(И. Антик и Г. Кубышкика)在研究铁磁性汞合金中给出的。豪尔和什翁(R. Haul and T. Schvon)、拜舍尔和文凯耳(D. Beischer and A. Winkel)、文凯耳和豪尔先后在平均大小为 100～200Å 间的 δ-Fe_2O_3 和镍的气溶胶液中发现了均匀磁化(即单畴)现象。埃耳摩尔(W. C. Elmore)也在铁磁性悬胶液中发现了类似的现象。奈尔研究了热涨落对铁磁微粒的磁化影响问题后证明:如果要磁化稳定,微粒的大小就不应小于约 150Å。

同样,铁磁薄膜达到一定厚度时,亦可成为单畴状态。实验的证据是德瑞戈(Driggo)和皮佐(Pizzo)曾证明铁、镍、钴薄膜厚度小到 10^{-5}cm 时,无巴克豪生效应,因此可以认为是单畴的。

一、临界尺寸的计算举例

下面计算单畴粒子的临界尺寸。铁磁体的磁晶各向异性大小不同,畴结构的形式也不同,计算单畴粒子临界尺寸的方法也有所不同。所以,对于磁晶各向异性强和弱的材料需要分别考虑。

1. 磁晶各向异性较强的材料

设铁磁晶体为立方晶系，$K_1>0$，样品为球形粒子。如为多畴结构，应如图 4-55(a)所示，各畴的磁化矢量闭合，只存在畴壁能，其大小为

$$E_w = 2\pi R^2 \gamma_{90^\circ} \tag{4.12.1}$$

其中 γ_{90°为 90°畴壁的畴壁能密度。当样品为单畴时，其退磁场能为

$$E_d = \frac{1}{2}\mu_0 N M_s^2 \frac{4}{3}\pi R^3 = \frac{2}{9}\pi\mu_0 M_s^2 R^3 \tag{4.12.2}$$

$N=\frac{1}{3}$为退磁因子。当样品的尺度为临界尺寸时

$$2\pi\gamma_{90^\circ} R_c^2 = \frac{2}{9}\pi\mu_0 M_s^2 R_c^3 \tag{4.12.3}$$

由此得单畴粒子的临界半径为

$$R_c = \frac{9\gamma_{90^\circ}}{\mu_0 M_s^2} \tag{4.12.4}$$

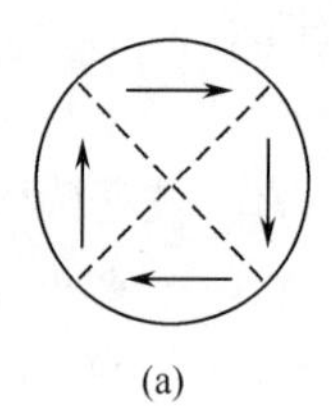
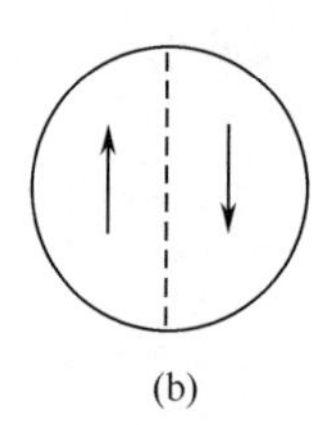
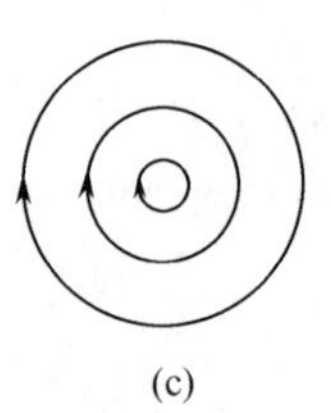

(a)　(b)　(c)

图 4-55　球形粒子的磁畴结构

以铁为例，$M_s=1.7\times10^6$A/m，$A=2.16\times10^{-21}$J，$K_1=4.2\times10^4$J/m^3，$a=2.86\times10^{-10}$m，$s=1$。则有 $A_1=\frac{2As^2}{a}=1.5\times10^{-11}$J/m，$\gamma_{90^\circ}\approx\frac{\pi}{2}\sqrt{A_1K_1}=1.3\times10^{-3}$ J/m^2。最后得 $R_c\approx32\times10^{-10}$m。

下面讨论六角晶系的情况。若铁磁体具有单轴磁晶各向异性，$K_1>0$，样品为球形。最简单的磁畴结构应如图 4-55(b)所示。这时的磁化矢量未能完全闭合，退磁场能约为单畴时退磁场能的一半，因而有

$$\pi R_c^2\gamma + \frac{1}{2}\cdot\frac{2}{9}\pi\mu_0 M_s^2 R_c^3 = \frac{2}{9}\pi\mu_0 M_s^2 R_c^3 \tag{4.12.5}$$

由此确定的单畴临界尺寸与式(4.12.4)相同，只是将 γ_{90°用 γ_{180°代替。以 MnBi 合金为例，$\gamma_{180^\circ}\approx1.2\times10^{-3}$J/m^2，$M_s=0.6\times10^6$A/m。由此得到 $R_c\approx24\times10^{-8}$ m，远大于铁粒子的临界尺寸。

2. 磁晶各向异性较弱的材料

对于磁晶各向异性常数小的粒子，以上的计算不能成立。基特尔用球内圆环

形磁通(如图 4-55(c)所示)作为非均匀磁化的一种形式来估算单畴的临界半径,步骤如下:

首先考虑球形粒子内一个半径为 r 的圆环,沿这样一个圆环一周可以排列 $\frac{2\pi r}{a}$ 个原子(a 为原子间距)。绕圆环一周原子自旋的方向共改变了 2π 弧度。如设原子自旋 $s=\frac{1}{2}$,则上述圆环的交换能为

$$E_{环} = A\frac{1}{4}\left(\frac{a}{r}\right)^2\frac{2\pi r}{a} = A\frac{\pi a}{2r} \tag{4.12.6}$$

可以把球形粒子看做是由许多空心圆柱组成,如图 4-56 所示。每个空心圆柱的厚度为 a,高度为 $2\sqrt{R^2-r^2}$。也就是说,一个空心圆柱由 $\frac{2}{a}\sqrt{R^2-r^2}$ 层圆环组成。故一个空心圆柱的交换能为

$$E_{柱} = A\frac{\pi}{r}\sqrt{R^2-r^2}$$

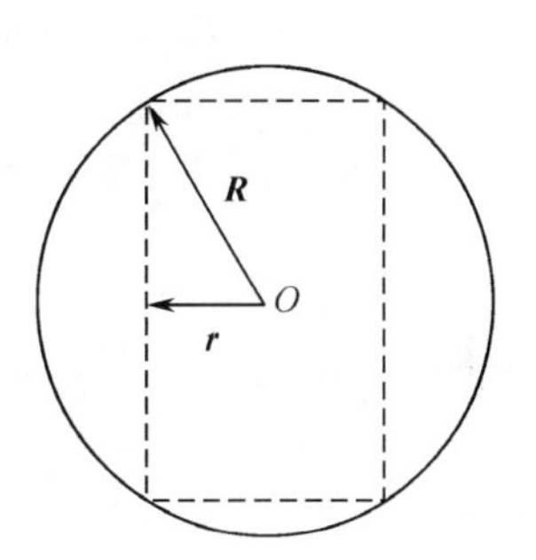

图 4-56 球形颗粒中的空心圆柱

由此可求得球形粒子的总交换能为

$$E_{球} = A\frac{\pi}{a}\int_a^R\frac{\sqrt{R^2-r^2}}{r}\mathrm{d}r = A\frac{\pi R}{a}\left[\ln\left(\frac{2R}{a}\right)-1\right] \tag{4.12.7}$$

前已证明,球形单畴粒子的退磁场能为 $\frac{2}{9}\pi\mu_0 M_s^2 R_c^3$,故当粒子具有临界半径时

$$\frac{2}{9}\pi\mu_0 M_s^2 R_c^3 = \frac{\pi A R_c}{a}\left[\ln\left(\frac{2R_c}{a}\right)-1\right] \tag{4.12.8}$$

由上式可求出 R_c。以铁为例,$R_c \approx 10^{-6}$cm。

表 4-8 列出了几个作者计算的结果。

表 4-8 球形铁磁微粒的临界半径

计算者	Fe	Ni	Co	MnBi
基特耳	10^{-6}cm	—	—	4×10^{-5}cm
奈耳	160Å	—	—	—
斯东纳	240Å	520Å	320Å	—
康多尔斯基	180Å	410Å	—	—

二、临界尺寸的严格理论计算[39]

以上简单计算了球形粒子的单畴临界半径。计算中,我们把大块铁磁晶体中关于磁畴和畴壁的概念直接推广到了铁磁微粒。然而,这种推广并不完全合理。

例如，我们在本章第七节中计算过铁的畴壁厚度，大约为 4.2×10^{-8}m；而上面计算的铁的单畴临界半径为 0.32×10^{-8}m。一个单畴粒子的临界半径竟然不及一个畴壁的厚度，这显然是不合理的。正确地计算单畴粒子的临界尺寸需要应用微磁体理论。这一理论要求从自由能等于极小值出发来确定磁性微粒中磁化矢量的分布及均匀磁化时临界尺寸的大小。这一严格的理论计算是康多尔斯基完成的，下面介绍康多尔斯基的工作。依据原文，我们在介绍中使用了 CGS 单位制。

设粒子为旋转椭球体，长半轴为 a，短半轴即旋转半径为 R，并设粒子的易磁化轴为长轴的方向。粒子内的磁化矢量 $\boldsymbol{M}_s$ 的分量为 $M_x(x,y,z)$，$M_y(x,y,z)$，$M_z(x,y,z)$。现在要确定相当于最小自由能 E 的 M_x,M_y,M_z，并进而确定在均匀磁化（即单畴）时的临界半径 R_c。

设外磁场 H 平行于粒子的长轴，并以长轴作为坐标 z 轴，则自由能为

其中

$$\left.\begin{aligned}
E &= E_{\text{交换}} + E_{\text{各向异性}} + E_{\mathrm{H}} + E_{\mathrm{m}} \\
E_{\text{交换}} &= \frac{zAs^2}{a_0}\left[(\nabla\alpha_x)^2 + (\nabla\alpha_y)^2 + (\nabla\alpha_z)^2\right] \\
E_{\text{各向异性}} &= \frac{K_1}{M_z^2}\int_v (M_x^2 + M_y^2)\mathrm{d}\tau \\
E_{\mathrm{H}} &= -H\int_v M_z \mathrm{d}\tau \\
E_{\mathrm{m}} &= \frac{1}{2}\int_s \sigma V_e \mathrm{d}s + \frac{1}{2}\int_v \rho V_i \mathrm{d}\tau
\end{aligned}\right\} \tag{4.12.9}$$

上式中 E_{H} 是外磁场能，E_{m} 是粒子有磁极分布时的退磁场能，$\sigma=M_s\cos(\boldsymbol{n},\boldsymbol{M}_s)$，是磁极的表面密度，$\rho=-\mathrm{div}\boldsymbol{M}_s$ 是磁极的体积密度，V_e 及 V_i 是磁极所生的外部及内部静磁势。显然

$$\nabla^2 V_e = 0,\quad \nabla^2 V_i = -4\pi\rho \tag{4.12.10}$$

$$\frac{\partial V_e}{\partial n} - \frac{\partial V_i}{\partial n} = -4\pi\sigma \tag{4.12.11}$$

v 及 s 为晶体粒子的体积及表面积。式(4.12.9)中 $E_{\text{交换}}$ 公式的意义见本章第二节。当 R 小时，M_x 及 M_y 对于 M_z 来讲是很微小的量，也就是说 $M_z\approx M_s$。换用柱坐标系(z,r,ϕ)来表示 $\boldsymbol{M}_s$ 的三个分量，可以看到，当 $M_r=0$ 时，自由能等于最小值。这是因为在分量 M_z 的值不变时，减少分量 M_ϕ 以增加分量 M_r 将会使 M_{m} 增加而不影响其他各项。因此我们可以认为 $M_r=0$，而只有 M_z 及 M_ϕ 且 $\boldsymbol{M}_s$ 与 z 轴之间的角度 ε 很小，

$$M_z = M_s\cos\varepsilon,\quad M_\phi = M_s\sin\varepsilon$$

按照里兹(Ritz)近似法，ε 可用 $\left(\frac{r}{R}\right)$ 为参数展开

$$\varepsilon = \varepsilon_1\left(\frac{r}{R}\right) + \varepsilon_3\left(\frac{r}{R}\right)^3 + \varepsilon_{12}\frac{r}{R}\left(\frac{z}{a}\right)^2 + \cdots \tag{4.12.12}$$

从 E=极小值的条件,可以确定 $\varepsilon_1,\varepsilon_3$ 等系数。在计算时,只保留式(4.12.12)的前两项,设 $\nabla\cdot\boldsymbol{M}_s=0$,式(4.12.10)变为两个拉普拉斯方程。要解这两个方程,需要再换用椭球坐标。我们略去具体的运算过程,而只写出其结果如下:

$$\left.\begin{aligned}
E_{交换} &= 2\frac{zAs^2}{a_0R^2}\varepsilon_1^2\left[1-\frac{8}{5}x+\frac{8}{7}x^2-\frac{1}{15}x^2-\frac{1}{15}\varepsilon_1^2\left(1-\frac{16}{7}x\right)\right]V\\
E_{各向异性} &= \frac{2K_1}{5}\varepsilon_1^2\left[1-\frac{8}{7}x+\frac{8}{21}x^2-\frac{8}{105}\varepsilon_1^2\left(1-\frac{8}{3}x\right)\right]V\\
E_{\mathrm{H}} &= -HM_s\left[1-\frac{1}{5}\varepsilon_1^2\left(1-\frac{8}{7}x+\frac{8}{21}x^2\right)-\frac{1}{105}\varepsilon_1^4\left(1-\frac{8}{3}x\right)\right]V\\
E_{\mathrm{m}} &= \frac{1}{2}N_aM_s^2\left[1-\frac{2}{5}\varepsilon_1^2\left(1-\frac{8}{7}x+\frac{8}{21}x^2\right)+\frac{244}{3675}\varepsilon_1^4\left(1-\frac{464}{183}x\right)\right]V
\end{aligned}\right\}\tag{4.12.13}$$

其中,$x=-\dfrac{\varepsilon_3}{\varepsilon_1}$,$N_a$ 是沿 a 轴的退磁因数,$V=\dfrac{4\pi aR^2}{3}$是粒子的体积。

从自由能等于极小值的条件

$$\frac{\partial E}{\partial\varepsilon_1}=0,\quad \frac{\partial E}{\partial x}=0\tag{4.12.14}$$

可求得 E 极小时的 ε_1 及 x 值,由此可以求得 M_z 及 M_ϕ

$$\left.\begin{aligned}
M_z &= M_s\cos\left[\varepsilon_1\frac{r}{R}\left(1-K\frac{r^2}{R^2}\right)\right]\\
M_\phi &= M_s\sin\left[\varepsilon_1\frac{r}{R}\left(1-K\frac{r^2}{R^2}\right)\right]
\end{aligned}\right\}\tag{4.12.15}$$

由式(4.12.15)可见,当 $\varepsilon_1=0$ 时,$M_\phi=0$,$M_z=M_s$,整个粒子呈现均匀磁化状态(单畴)。粒子的旋转半径 R 适合以下条件:

$$R\leqslant R_c=\frac{m}{M_s}\sqrt{\frac{10zs^2A}{a_0\left(N_a-\dfrac{H}{M_s}-\dfrac{2K_1}{M_s^2}\right)}}\tag{4.12.16}$$

式中 $m\approx0.95$。由式(4.12.16)可见,粒子为单畴时的临界半径(上式右端)与外磁场 H 有关。如果

$$H\leqslant M_{c最大}=M_s(N_R-N_a)+\frac{2K_1}{M_s}\tag{4.12.17}$$

则临界半径与磁场无关,即

$$R_c=\frac{m}{M_s}\sqrt{\frac{10zs^2A}{a_0N_a}}\approx\frac{0.95}{M_s}\sqrt{\frac{10zs^2A}{a_0N_a}}\tag{4.12.18}$$

康多尔斯基计算的结果见表 4-9。

表 4-9　铁磁微粒的临界半径 R_c

材　料	球	椭　球	圆　柱
Fe	180Å	146Å	114Å
Ni	410Å	335Å	260Å

最近计算得到，$Nd_2Fe_{14}B$，$SmCo_5$ 和 Sm_2Co_{17}的单畴粒子的临界半径分别为 0.13μm，0.80μm 和 0.33μm。

第十三节　超 顺 磁 性

当我们继续减小铁磁微粒的大小，直到比上节计算的临界半径更小时，微粒的磁性与大块铁磁体相比将发生明显变化。这时，由于微粒的体积减小，微料中使磁化矢量固定在某些易磁化方向的各向异性能将随之减小，热运动的作用相对变大。当微粒的体积减少到这样的程度，微粒的各向异性能远小于热运动的能量时，微粒中的磁化矢量不再有确定的方向，粒子的行为类似于顺磁性。人们称这种现象为超顺磁性。

前面曾经指出，单畴颗粒的磁化及反磁化过程只能是磁化矢量的转动过程。阻碍磁化矢量转动并使之保持在某些固定方向上的能量是各种形式的磁各向异性能，如磁晶各向异性能、形状各向异性能等。热运动的作用是使磁化矢量的方向趋于紊乱。因此，当磁各向异性能远小于热运动能时，各粒子的磁化矢量将不停地在空间改变方向。如不加外磁场，任何方向的磁化强度均为零。

不要把超顺磁性误解为磁性微粒的布朗运动。在超顺磁性中所发生的是微粒中磁化矢量方向的不停转动，而布朗运动是微小物体受空气分子或水分子的撞击所发生的粒子本身的运动，两者毫无共同之处。

超顺磁性与普通顺磁性有着重要差别。普通顺磁性的磁性体是具有固有磁矩 μ 的原子或原子集团，而超顺磁性的磁性体是均匀磁化的单畴粒子，每个单畴粒子包含较大数目的原子(可大于 10^5 个原子)，并且有大得多的磁矩。

在外磁场中，超顺磁性的磁化强度同样可以用朗之万的顺磁性理论求出

$$M = M_s\left(\coth\alpha - \frac{1}{\alpha}\right) \tag{4.13.1}$$

其中

$$\alpha = \frac{vM_sH}{\kappa_B T}$$

按照这一理论结果，超顺磁性离子的磁化曲线应该有以下特征：① 无磁滞现象；② 当超顺磁性粒子集合体确定后(v 和 M_s 一定)，如果以 H/T 为横坐标，不同温度下的磁化曲线应相重合；③ 由于 vM_s 比原子磁矩大得多，使超顺磁性粒子达到

饱和的磁场比普通顺磁性要小得多,在技术磁化范围内往往便可达到饱和。以上特征得到了实验证明。图 4-57 和图 4-58 引证了宾恩和杰考伯斯的实验结果[56]。他们的样品是在汞内悬浮的细铁粉,粉粒的半径为 22Å,温度为 4.2~200K。

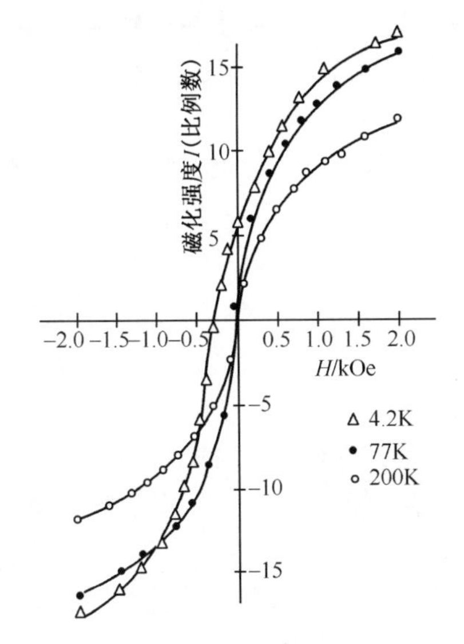

图 4-57 悬浮在汞中的半径为 22Å 的 Fe 粒子磁化曲线

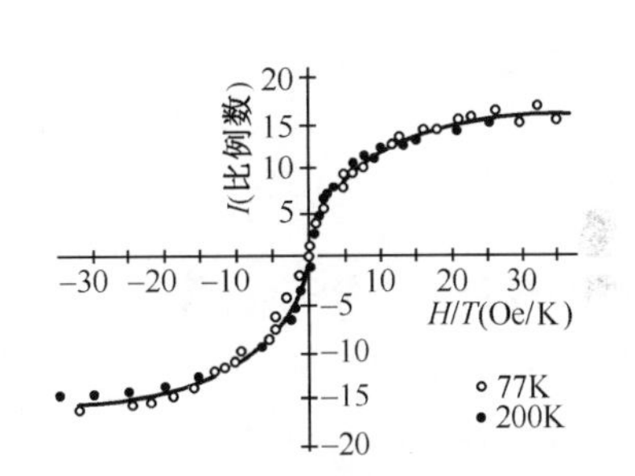

图 4-58 悬浮在汞中的半径为 22Å 的 Fe 粒子的 I 对 H/T 的曲线

除此以外,完全超顺磁状态也在 Cu-Co 合金(Co 为 2%)中的脱溶 Co 粒子和在 β 黄铜中脱溶的 Fe 粒子上观测到了。它们的磁化曲线表现了以上的超顺磁特点。

当超顺磁性粒子的尺寸在其平均值附近存在着明显偏离时,由于式(4.13.1)所表示的磁化曲线形状随 v 的大小而变化,因此测出的磁化曲线与朗之万函数稍有差异。为了消除这一差异,可将式(4.13.1)中的 α 设定在 $\alpha_1' = \alpha(1-b)$ 与 $\alpha_2' = \alpha(1+b)$ 之间,磁化曲线则为下面的积分所代替

$$M = \frac{M_s}{2b\alpha}\int_{\alpha(1-b)}^{\alpha(1+b)} L(\alpha')\mathrm{d}\alpha' = \frac{M_s}{2b\alpha}\ln\left\{\frac{(1-b)\sinh[\alpha(1+b)]}{(1+b)\sinh[\alpha(1-b)]}\right\} \tag{4.13.2}$$

令 $b=0.65$ 所得的 M/M_s 曲线以 $L^*(\alpha)$ 形式示于图 4-59 中,并与正常朗之万函数 $L(\alpha)$ 做了对比。图中的圆圈是 29.3 原子% Mn-Ni 合金在 480℃ 热处理 20 小时后实际测试的磁化曲线,与 $L^*(\alpha)$ 符合得很好[57]。

如果为了简单起见不考虑粒子尺度的分布,将 $L(\alpha)$ 在坐标原点附近的近似值取为 $\alpha/3$,则有

$$\frac{M/M_s}{H} = \frac{v}{3\kappa_B T} \tag{4.13.3}$$

利用这一关系可以确定微粒体积的平均值。这种方法称为磁测粒度法。当然,要

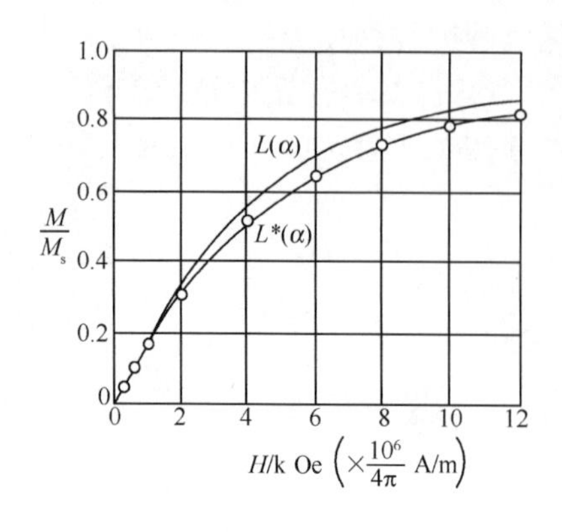

图 4-59　超顺磁性磁化曲线
圆圈为 29.3 原子% Mn-Ni 合金在 480℃ 热处理 20 小时后的测量点

想准确地测定粒子的平均尺寸,还需对粒子大小的分布做出必要的假设,如高斯分布、矩形分布等。

我们强调指出,以上关于超顺磁性的理论结果是在满足下面两个条件下得到的:① 热运动能比磁各向异性能大得多。如果不满足这一条件,弱磁场中的 M/M_s 将随磁各向异性能与热运动能的比值大小而不同。② 微粒之间的磁相互作用可以忽略。如果不能忽略这种作用,式(4.13.3)中与 $1/T$ 成正比的结果将改成与 $1/(T-T_c)$ 成正比。后者类似于居里-外斯定律。

此外,还有一个有待说明的问题。当不断减小单畴粒子的半径时,粒子中的自发磁化强度 M_s 能否保持大小不变?答案是肯定的。迄今为止,已确定 Ni_3Mn 的铁磁性相直到 23Å,从铜中析出的钴粒子直到 7Å,从汞中析出的铁粒子直到 22Å,与大块物质相比其 M_s 值均未发生变化。

下面讨论粒子尺寸比显示超顺磁性的尺寸稍微大一些的情形。这时热运动能 $\kappa_B T$ 刚刚大于磁各向异性能 $K_1 V$。因此,当粒子的磁化矢量指向某一易磁化方向时,因 $\kappa_B T$ 的作用可能将其反转,结果使磁化矢量重新指向反向的易磁化方向。由于这一原因,当一簇单畴粒子沿易磁化轴方向饱和磁化后,取消磁场,其剩余磁化强度将随时间 t 而减弱。这一过程称为弛豫过程,在这一过程中剩余磁化强度的变化可用下面的指数函数来表示

$$M_r = M_s e^{-\frac{t}{\tau}} \tag{4.13.4}$$

其中 τ 称为弛豫时间。

根据热力学统计理论,反磁化过程的概率与 $e^{-\frac{K_1 V}{\kappa_B T}}$ 成比例。故式(4.13.4)中的 τ 应由下式确定

$$\frac{1}{\tau} = f_0 e^{-\frac{K_1 V}{\kappa_B T}} \tag{4.13.5}$$

其中 f_0 为一频率因数。按奈尔的计算,$f_0 \approx 10^9 s^{-1}$。

对于立方晶体的单畴粒子,各易磁化轴间的能量势垒可由其磁晶各向异性能的形式来决定。如果 $K_1>0$,则能量势垒为 $\frac{K_1 V}{4}$;如 $K_1<0$,则为 $\frac{K_1 V}{12}$。

由于 τ 和粒子的体积有关,可以有一比较明确的粒子体积,成为能够在短时间内达到热平衡状态的体积下限。例如以 10^{-1}s 作为迅速达到热平衡的时间即 $\tau = 10^{-1}$s,则粒子的半径约为 115Å。一般情形下,粒子的这个超顺磁性半径(即能

够在很快的实验时间内达到热平衡)范围是很小的;例如半径大到 150Å 时,弛豫时间就大到 10^9s,因此就不是超顺磁性而是一种非常稳定的剩磁状态。

作为初步估计,我们取弛豫时间 $\tau = 10^2$s 的粒子半径作为超顺磁性半径,其能量势垒大约等于 $25\kappa_B T$,温度 T 称为"截止"温度("blocking" temperature)。如果把"截止"温度取在室温,则可定出各种材料的超顺磁半径。例如铁为 125Å,钴(六角密积)为 40Å,钴(面心立方)为 140Å。对于延伸的铁粒子,则其超顺磁体积相当于一个半径为 30Å 的球体积。

最后我们指出,超顺磁性粒子已经完全失去了铁磁性的特点,故它的出现对于各类铁磁性材料都有非常不利的影响。所以在磁性材料的生产过程中应尽量避免超顺磁性粒子的产生。一旦发现了超顺磁性粒子,一定要把它们清除干净。

习　题

4.1　证明在以下两种立方晶格中单位体积交换能增量的公式:

简立方: $$\Delta E_{交换} = \frac{As^2}{a}[(\nabla\alpha_x)^2 + (\nabla\alpha_y)^2 + (\nabla\alpha_z)^2]$$

面心立方: $$\Delta E_{交换} = \frac{4As^2}{a}[(\nabla\alpha_x)^2 + (\nabla\alpha_y)^2 + (\nabla\alpha_z)^2]$$

4.2　试证在球形晶体内磁化矢量形成若干平行的同心圆环磁路时,交换能为

$$E_{交换} \approx \frac{\pi AR}{a}\left[\ln\left(\frac{2R}{a}\right) - 1\right]$$

4.3　设有一列电子自旋沿 z 轴排列,如果各自旋的方向角 ϕ 沿 z 轴连续地改变,而另一方向角 θ 保持不变,则

$$E_{交换} = A_1\sin^2\theta\left(\frac{d\phi}{dz}\right)^2$$

习题　4.3

4.4　在立方晶体中,设 M_s 对于三个晶轴的极坐标为(θ,ϕ),试证磁晶各向异性能为

$$E_K = K_1\left(\sin^2\theta - \frac{7}{8}\sin^4\theta - \frac{1}{8}\sin^4\theta\cos4\phi\right)$$

4.5　磁晶各向异性能可以看做由于一各向异性场 H_K 所产生

$$H_K = \left[\frac{1}{\mu_0 M_s\cos\theta} \cdot \frac{\partial^2 E_K}{\partial\theta^2}\right]_{\theta\to0}$$

试证在立方晶体中沿不同晶向的 H_K:

(1) [100]方向,　$H_K = \dfrac{2K_1}{\mu_0 M_s}$

(2) [111]方向，　$H_K = -\dfrac{\frac{4}{3}K_1 + \frac{4}{9}K_2}{\mu_0 M_s}$

(3) [110]方向，$\begin{cases} \boldsymbol{M}_s 在(100)面内, H_K = -\dfrac{2K_1}{\mu_0 M_s} \\ \boldsymbol{M}_s 在(110)面内, H_K = \dfrac{K_1 + \frac{K_2}{2}}{\mu_0 M_s} \end{cases}$

4.6　圆盘状铁磁晶体的平面为(110)面，放在强磁场中，磁场平行于盘面。试证圆盘(单位体积)所受的力矩为

$$T_{(110)} = -\frac{K_1}{8}(2\sin2\theta + 3\sin4\theta) + \frac{K_2}{64}(\sin2\theta - 4\sin4\theta - 3\sin6\theta)$$

其中 θ 为 $\boldsymbol{M}_s$ 与[001]方向间的夹角。

4.7　试证：沿不同晶轴方向将一铁磁立方晶体磁化到饱和时的磁化功为

$$W_{[110]} - W_{[100]} = \frac{K_1}{4}$$

$$W_{[111]} - W_{[100]} = \frac{K_1}{3} + \frac{K_2}{27}$$

4.8　一铁磁晶体圆盘在平行于盘面的恒定磁场中缓缓地转动一周所做的功称为转动磁滞 W_r。试证：如果铁磁体的自由能只有磁晶各向异性能，则 $W_r = 0$。试结合铁磁晶体的转矩曲线加以讨论。

4.9　试求在单轴晶体内一个180°畴壁的厚度及能量的表达式。

4.10　体心立方铁磁晶体的晶格常数为3Å，自旋 $s = \frac{1}{2}$，居里点为527℃，磁晶各向异性常数 $K_1 = 6\times10^5 \mathrm{erg/cm^3}$。求平行于(100)晶面的180°畴壁能密度。

4.11　在立方晶体内的一个90°畴壁，壁平面平行于一个(110)面。试求其畴壁能密度。

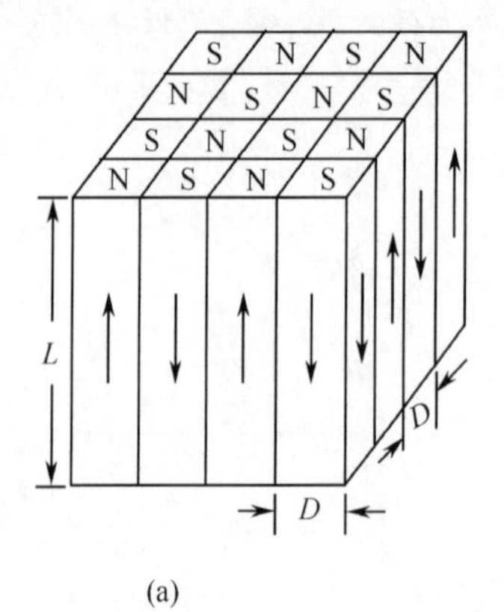

(a)

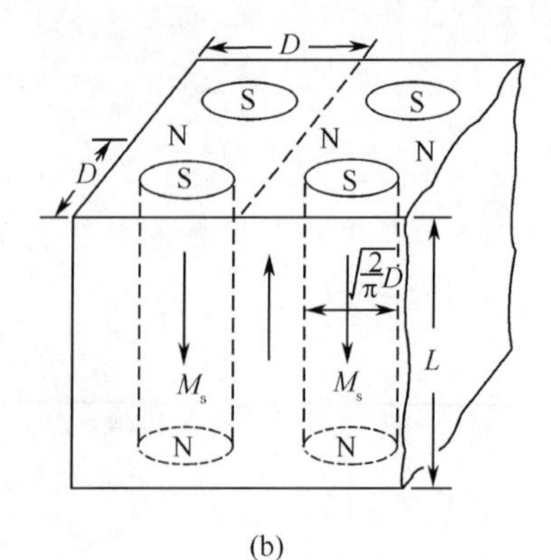

(b)

习题　4.13

4.12 按照第七节的式(4.7.39),分别求出平行于(100),(110),(111)等晶面的畴壁能密度 $\gamma_{(100)}$,$\gamma_{(110)}$,$\gamma_{(111)}$。

4.13 图(a),(b)为两种可能的磁畴结构。图(a)结构的退磁场能(每单位面积下)为 $E_a=0.53M_s^2D$。图(b)结构的退磁场能为 $E_b=0.374M_s^2D$。设各圆柱体的直径为$\sqrt{\frac{2}{\pi}}\cdot D$,求各磁畴的宽度 D 及畴壁能γ。其中 M_s 为在CGS单位制中的饱和磁化强度。

4.14 设有一方形参杂物(边长为 D)如附图(a),畴壁通过其中心。图(b)为参杂物两端产生小奈尔畴的情形。设奈尔畴为直角三角形,比较这两种情形中的能量。由此求出参杂物的临界尺寸,在临界尺寸以上,将产生奈尔畴。

4.15 试求立方形状铁粒子成为单畴时的临界尺寸。

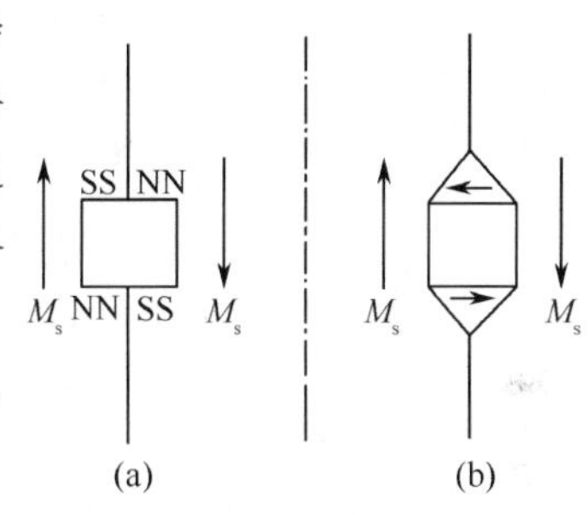

习题 4.14

参 考 文 献

[1] Л. Д. Ландау и Э. М. Лифшиц, Physik. Z. Sowjet Union, 8, 153(1935)

[2] P. R. Weiss. *Phys. Rev.*, **74**, 493(1948)

[3] A. Brown and T. M. Luttinger. *Phys. Rev.*, **100**, 685(1955)

[4] P. W. Kasteleijn and Van Kranendonk. *J. Phys. Rad.* (1958)

[5] E. C. Stoner. *Phil. Mag.*, **36**, 803(1945)

[6] H. C. Акулов, Ферромагнетизм, ОНТИ(1939)

[7] 翟宏如,杨桂林,徐游.物理学进展,**3**,269(1983)

[8] M. Tachiki. *Prog. Theor. Phys.*, **23**, 1055(1960)

[9] Y. Xu, G. L. Yang, D. P. Chu, H. R. Zhai. *J. Magn. Magn. Mater.*, **31~34**, 815(1983); Y. Xu, G. L. Yang, H. Cai, H. R. Zhai. *IEEE Trans. on Mag.* **MAG-20**, 1227(1984)

[10] J. E. Greedan and V. U. S. Rao. *J. Solid State Chemistry*, **6**, 387(1973)

[11] S. T. Jiang, H. Li et al. *J. Magn. Mater.*, **136**, 294(1994)

[12] J. H. Van Vleck. *Phys. Rev.*, **52**, 1178(1937)

[13] F. Keffer. *Phys. Rev.* **100**, 1692(1955)

[14] H. Brooks. *Phys. Rev.*, **58**, 909, (1940); G. C. Fietcher. *Proc. Phys. Soc.*, **A67**, 505(1954)

[15] J. P. Joule. *Ann. Electr. Magn. Chem.*, **8**, 219(1842)

[16] E. Villari. *Ann Phys. Chem.*, **126**, 87(1865)

[17] T. Katayama. *Sci. Rep. RITU*, **A3**, 341(1951)

[18] G. C. Fletcher. *Proc. Roy. Soc.*, **A66**, 1066(1955)

[19] K. I. Arai and N. Tsuya. *J. Phys. Soc. Japan*, **33**(1972); *J. Phys. Chem. Solids*, **33**(1972)

[20] J. C. Slonezevski. *J. Appl. Phys.*, **30**, 310s(1959); *J. Phys. Chem. Solids*, **15**, 335(1960)

[21] N. Tsuya. *J. Appl. Phys.*, **29**, 449(1958); *Sci. Rept. RITU*, **B8**, 161, (1957)

[22] G. Wiedemann. *Pogg. Ann.*, **117**, 193(1862)

[23] Э. М. Лифшиц. жэтф, **15**, 97(1945)
[24] L. Néel. *J. Phys. Radium*, **5**, 241(1944)
[25] S. Chikazumi and K. Suzuki. *J. Phys. Soc. Japan*, **10**, 523(1955); S. Chikazumi. *Phys. of Magnetism* (John wiley & sons, N. Y., 1964)
[26] B. A. Lilley. *Phil. Mag.*, **41**, 792(1950)
[27] L. Néel. *Compte Rendus*, **241**, 533(1955)
[28] H. D. Dietze and H. Thomas. *Z. Physik*, **163**, 523(1961)
[29] E. E. Huber Jr., D. O. Smith and J. B. Goodenough. *J. Appl. Phys.*, **29**, 294(1958)
[30] C. Kooy and V. Enz. *Philips Res. Repts.*, **15**, 7(1960)
[31] R. C. Sherwood, J. P. Remeika and H. J. Williams. *J. Appl. Phys.* **30**, 217(1959)
[32] A. H. Bobeck. *Bell sys. Tech. J.*, **46**, 1901(1967); A. H. Bobeck, R. F. Fischer, A. J. Perneski and L. G. Van Uitert. *IEEE Trans. Mag. MAG*-5, 544(1969)
[33] Y. S. Lin and Y. O. Tu. *Appl. Phys. Letters*, **18**, 247(1971)
[34] W. J. DeBonte. *AIP Conf. Proc. No*. 5, *MMM*(1971)P. 140
[35] W. F. Druyvesteyn, R. A. Szymczak and R. Wadas. *Phys. Stat. Sol.* a **9**, 343(1972)
[36] D. J. Craik and P. V. Cooper. *Phys. Letters* **33** A, 411(1970)
[37] A. J. Thiele. *Bell Sys. Tech. J.*, **48**, 3287(1969); A. J. Thiele. *J. Appl. Phys.*, **41**, 1139(1970)
[38] J. W. Nielsen. *Metal. Trans.* **2**, 625(1971)
[39] 郭贻诚. 铁磁学. 人民教育出版社, 1965. 204
[40] H. J. Williams, R. M. Bozorth and W. Shockley. *Phys. Rev.*, **75**, 155(1949)
[41] L. F. Bates and F. E. Neal. *Proc. Phys. Soc.* (*London*)A-**63**, 374(1950)
[42] H. J. Williams and R. C. Sherwood. *J. Appl. Phys.*, **28**, 548(1957)
[43] E. E. Huber Jr., D. O. Smith and J. B. Goodenough. *J. Appl. Phys.*, **29**, 294(1958)
[44] R. M. Moon. *J. Appl. Phys.*, **30**, 83S(1959)
[45] H. J. Williams, F. G. Foster and E. A. Wood. *Phys. Rev.*, **82**, 119(1951)
[46] C. Fowler and E. Fryer. Phys. Rev., **94**, 152(1954); *Phys. Rev.*, **100**, 746(1955)
[47] B. W. Roberts and C. P. Bean. *Phys. Rev.* **36**, 1494(1964)
[48] 李荫远, 李国栋. 铁氧体物理学(修订本). 北京: 科学出版社, 1978. 137
[49] T. Ichinokawa. *Mem. Sci. Eng. Waseda Univ.* No. **25**, 80(1961)
[50] A. R. Lang. *Acta Crys.* **12**, 249(1959)
[51] M. Polcarova and A. R. Lang. *Appl. Phys. Letters*, **1**, 13(1962)
[52] C. Kittel. *Phys. Rev.*, **70**, 965(1946)
[53] L. Néel. *Compters Rendus*, **224**, 1488(1947)
[54] E. C. Stoner and E. P. Wohlfarth. *Plil. Trans. Roy. Soc. London*, *Ser.* A, **240**, 599(1948)
[55] E. И. Кондорский. ДАН СССР, **70**, 215(1950); **74**, 213(1950); **80**, 197(1951); **82**, 365(1952)
[56] C. P. Bean and I. S. Jacobs. *J. Appl. Phys.*, **27**, 1448(1956)
[57] W. Henning and E. Vogt. *J. Phys. Rad.* **20**, 277(1959)

第五章　磁化和反磁化过程

第一节　磁化过程概述

铁磁体和亚铁磁体具有较高的饱和磁化强度,因此又统称为强磁性体。因为强磁性体在工业生产和科学技术领域有着重要的应用,因此我们将它们称为磁性材料。本章即讨论磁性材料的磁化和反磁化过程。

磁化过程是指处于磁中性状态的强磁性体在外磁场的作用下,其磁化状态随外磁场发生变化的过程。反磁化过程是指强磁性体沿一个方向磁化饱和后当外磁场逐渐减小乃至沿相反方向逐渐增加时,其磁化状态随外磁场发生变化的过程。对磁化过程的宏观描述是磁化曲线,对反磁化过程的宏观描述是磁滞回线。磁化曲线和磁滞回线代表了磁性材料在外磁场中的基本特性。根据对磁性材料的不同用途,通常对磁性材料的性能提出不同要求,因而对磁化曲线和磁滞回线的形状提出不同要求。

例如,对于在弱磁场下作为增加磁通密度使用的软磁材料(像纯铁、Fe-Ni 合金、Fe-Si 合金、Mn-Zn 铁氧体等),要求其起始磁导率和最大磁导率都很大并且能量损耗小,对应的磁滞回线应当高而窄(如图 5-1(a))。对于在磁记录技术中作为存储信息的磁记录介质材料(像 γ-Fe_2O_3,CrO_2 磁粉),要求具有高的剩磁比和短的开关时间,对应的磁滞回线应接近于矩形并且有适当大小的矫顽力(如图 5-1(d))。在某些应用中,要求材料的磁导率对于磁场的变化具有高度的稳定性(即磁导率不随外磁场而变化),我们称这类材料为恒导磁材料,像 Perminvar 合金(45%

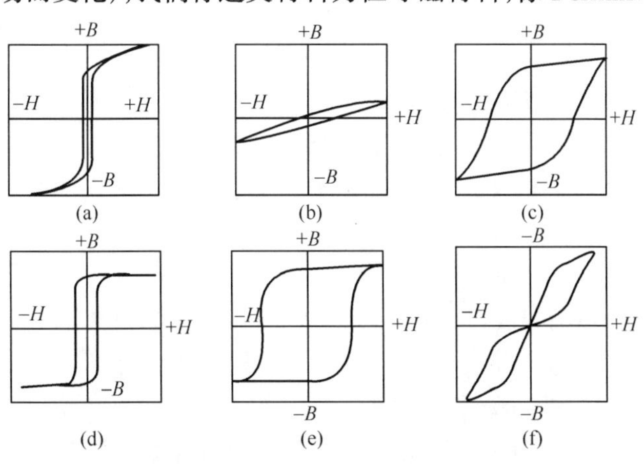

图 5-1　磁滞回线的各种不同形式

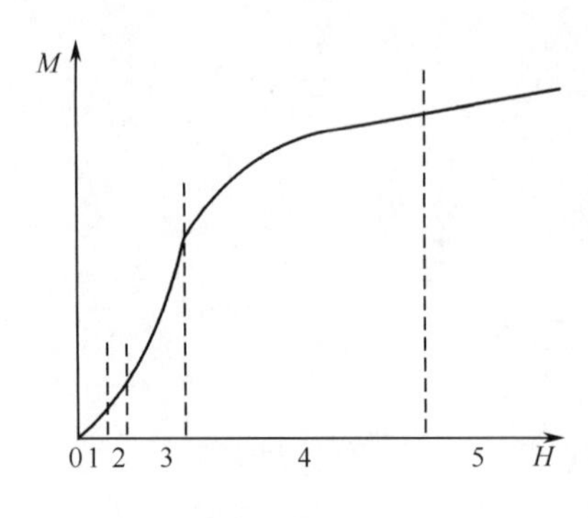

图 5-2　磁化曲线的五个区域

Ni,30% Fe,25% Co)、Isoperm 合金(18% Ni,71% Fe,11% Cu)、加 Co 的 Mg-铁氧体等即属于这类材料。它们的磁滞回线具有斜而狭长的形状或蜂腰形状(如图 5-1(b),(f))。作为在外部空间产生磁场的永磁材料(如 Al-Ni-Co 合金,Ba-铁氧体,$SmCo_5$,Sm_2Co_{17}和 $Nd_2Fe_{14}B$ 等),要求其具有高的剩磁、高的矫顽力和高的磁能积,对应的磁滞回线应当高而宽并且接近矩形(如图 5-1(e)和(c))。上述磁滞回线的形式是由材料的磁化和反磁化机理决定的,而磁化和反磁化的机理又可通过改变材料的成分和工艺条件加以控制。

尽管不同材料的磁滞回线不同,磁化曲线也不同,但是大多数磁化曲线具有共同的规律。一条典型的技术磁化曲线大致可分为以下几个阶段(如图 5-2 所示):

1) 起始或可逆区域(磁场很弱;图中的 1 区)。

磁化强度(或磁感应强度)与外磁场保持线性关系,磁化过程是可逆的。因而有

$$\left.\begin{aligned} M &= \chi_i H \\ B &= \mu_i \mu_0 H \end{aligned}\right\} \tag{5.1.1}$$

其中 χ_i 和 μ_i(有时写作 χ_a、μ_a)是铁磁体的特征常数,分别称为起始磁化率和起始磁导率。

2) 瑞利(Rayleigh)区域(磁场略强;图中的 2 区)。

M(或 B)与 H 不再保持线性关系,磁化开始出现不可逆过程,M(或 B)与 H 之间有如下规律[1]

$$\left.\begin{aligned} M &= \chi_i H + bH^2 \\ B &= \mu_0(\mu_i H + bH^2) = \mu_0 \mu H \end{aligned}\right\} \tag{5.1.2}$$

式中 $\mu = \mu_i + bH$,b 称为瑞利常数。

3) 最大磁导率区域(中等磁场;图中的 3 区)。

磁化强度 M 和磁感应强度 B 急遽地增加,磁化率或磁导率经过其最大值 χ_m 和 μ_m,在这区域里可能出现剧烈的不可逆畴壁位移过程。

4) 趋近饱和区域(强磁场;图中的 4 区)。

磁化曲线缓慢地升高,最后趋近于一水平线(技术饱和)。这一段过程具有比较普遍的规律性,称为趋近饱和定律(对于多晶铁磁体而言)。

5) 顺磁区域(更强磁场;图中的 5 区)。

技术磁化饱和后,进一步增加磁场,铁磁体的自发磁化强度 M_s 本身变大。由于外磁场远小于分子场,因此 M_s 随外磁场的增加是极其有限的,与之对应的顺磁

磁化率一般都很小。

顺磁区域之前的4个磁化阶段统称为技术磁化过程，是本章前半段所要讨论的主要内容。

在我们对磁滞回线、磁化曲线有了一定了解后，现在讨论磁化过程。经热退磁或交流退磁后，铁磁体各磁畴的总磁化强度应为

$$\sum_i M_s v_i \cos\theta_i = 0 \tag{5.1.3}$$

其中，v_i 是第 i 个磁畴的体积；θ_i 是第 i 个磁畴的磁化强度矢量 $\boldsymbol{M}_s$ 与任一特定方向间的夹角。

当加上外磁场 $\boldsymbol{H}$ 时，铁磁体被磁化，沿 $\boldsymbol{H}$ 方向产生的磁化强度 $\delta\boldsymbol{M}_H$ 原则上可表示为[2]

$$\delta M_H = \sum_i (M_s \cos\theta_i \delta v_i - M_s v_i \sin\theta_i \delta\theta_i + v_i \cos\theta_i \delta M_s) \tag{5.1.4}$$

上式中第一项代表接近于外磁场方向的磁畴长大（不接近于外磁场方向的磁畴缩小）对于总磁化的贡献。这个过程是通过磁畴间界壁的位移来进行的，称为畴壁位移过程。第二项代表磁化矢量 $\boldsymbol{M}_s$ 的方向改变对于总磁化的贡献。称为磁化矢量转动过程。第三项代表 M_s 本身数值的增加，即在单位体积内正自旋（沿磁场方向）磁矩的增加，称为顺磁过程。只有在很强的磁场下，才能有顺磁过程。而技术磁化实际上是通过畴壁位移和磁化矢量转动进行的。下面我们对这两种磁化过程做一简单介绍。

1. 畴壁位移过程

在畴壁位移过程中，铁磁体内的自由能和外磁场能都将不断发生变化。铁磁体内自由能的变化主要是当畴壁在不同位置时畴壁能的变化、磁畴内应力能的变化以及内部散磁场能的变化等。畴壁的平衡位置决定于各部分自由能及外磁场能量的总和达到极小值的条件。

图5-3是畴壁位移过程与自由能变化的关系示意图。图(a)表示两个磁畴间的180°畴壁位移，位移方向作为 x 轴，图(b)表示假定的铁磁晶体内自由能 $F(x)$ 随位移方向 x 的变化及 $\frac{\partial F}{\partial x}$ 随 x 的变化。当未加磁场时，180°畴壁的平衡位置在 $F(x)=$ 极小值处，如图(b)中的 a 点，这里 $\left(\frac{\partial F}{\partial x}\right)_a=0$，$\left(\frac{\partial^2 F}{\partial x^2}\right)_a>0$。

当加上磁场 H 时，磁畴1将长大而磁畴2将缩小，结果是畴壁向右移动。设畴壁位移为 $\mathrm{d}x$，外磁场所做的功等于自由能 $F(x)$ 的增加量，故

$$2\mu_0 H M_s \mathrm{d}x = \frac{\partial F}{\partial x}\mathrm{d}x \tag{5.1.5}$$

式(5.1.5)决定了畴壁的新平衡位置。由式(5.1.5)可见，磁场 H 把畴壁推进单位距离时，对畴壁每单位面积所做的功为 $2\mu_0 H M_s$。换言之，磁场的作用相当于畴壁

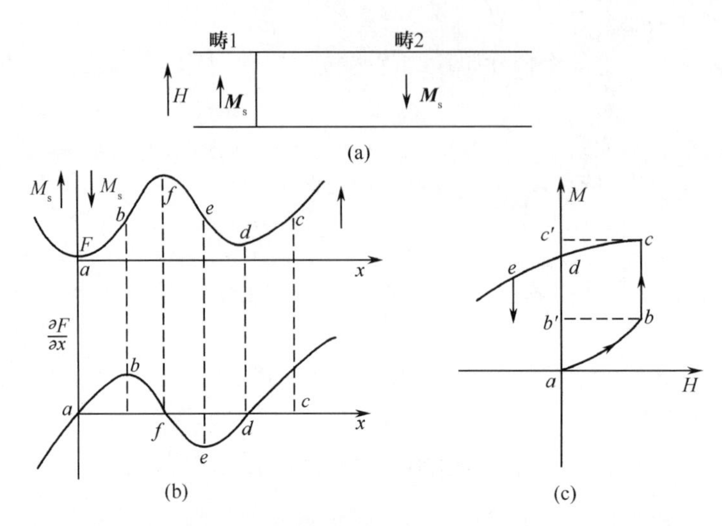

图 5-3　180°畴壁的位移与自由能变化的关系

对右方的磁畴有一静压强 $2\mu_0 HM_s$。

当磁场再增加时,畴壁将继续向右移动,各个新平衡位置都将满足式(5.1.5)。由图(b)可见,由 a 到 b 的过程中,$\frac{\partial^2 F}{\partial x^2}>0$,故各个新平衡位置都是稳定的。过了 b 点以后,则$\frac{\partial^2 F}{\partial x^2}<0$,而使各平衡位置变为不稳定的。这时不再增加磁场,位移也将继续下去,直到 e 点以后的某一稳定点 c,形成一个跳跃。在 b 点处,$\left(\frac{\partial^2 F}{\partial x^2}\right)_b=0$,$\left(\frac{\partial F}{\partial x}\right)_b$ 为一极大值。这种跳跃式的位移过程称为巴克豪生跳跃。

由 $a\to b$ 的过程是可逆位移过程,此时如减少磁场,畴壁可退回原位置;即磁化曲线可沿原路线下降而无磁滞现象。这是因为原过程中各位置都是稳定的平衡位置之故。

由 $b\to c$ 的过程是不可逆位移过程,此时如减少磁场,畴壁不能退回原位置,而只能移到 d,e 等位置,因之磁化曲线也不能沿原路线下降,而形成磁滞回线。

由上述可见,可逆与不可逆位移过程的判据是在增加磁场时,畴壁位置是否达到$\left(\frac{\partial F}{\partial x}\right)$的极大值$\left(\frac{\partial F}{\partial x}\right)_{\max}$。这时的磁场强度为

$$H_0=\frac{1}{2\mu_0 M_s}\left(\frac{\partial F}{\partial x}\right)_{\max} \tag{5.1.6}$$

H_0 称为临界场。

与 $abcde$ 过程相应的磁化曲线及部分磁滞回线示意图表示于图 5-3(c)中。由该曲线可以分出可逆磁化 ab,不可逆磁化 bc,剩余磁化 ad 以及矫顽力 bb' 等。

对于 90°畴壁位移过程，也可按以上步骤讨论。在可逆位移过程中

$$\mu_0 H M_s \mathrm{d}x = \frac{\partial F}{\partial x}\mathrm{d}x \tag{5.1.7}$$

当

$$H_0 = \frac{1}{\mu_0 M_s}\left(\frac{\partial F}{\partial x}\right)_{\max} \tag{5.1.8}$$

时，位移过程变为不可逆的。

2．磁化矢量转动过程

未加磁场时，铁磁体各磁畴内的磁化矢量均停留在易磁化轴方向。加磁场后，磁化矢量发生转动。在转动过程中，磁各向异性能（包括磁晶各向异性、应力各向异性能、形状各向异性能等）增加，磁场能降低。转角的大小由磁各向异性能与外磁场能之和等于极小值来确定。例如，有一单轴各向异性的球形单畴粒子，略去应力各向异性。未加磁场时，M_s 沿[0001]方向。在与[0001]轴夹角为 θ_0 的方向加外磁场 $\boldsymbol{H}$（如图 5-4 所示），设 M_s 的转角为 θ，于是有

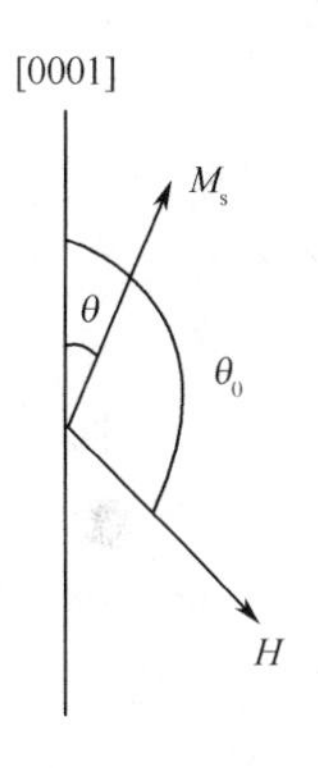

图 5-4　在外磁场作用下的磁化矢量转动过程

$$F_K = K_0 + K_1 \sin^2\theta \tag{5.1.9}$$

$$F_H = -\mu_0 M_s H \cos(\theta_0 - \theta) \tag{5.1.10}$$

$$F = F_K + F_H = K_0 + K_1 \sin^2\theta - \mu_0 M_s H \cos(\theta_0 - \theta) \tag{5.1.11}$$

根据畴转过程的平衡条件，转角 θ 由下式决定

$$\frac{\partial F}{\partial \theta} = 2K_1 \sin\theta\cos\theta - \mu_0 M_s H \sin(\theta_0 - \theta) = 0 \tag{5.1.12}$$

$$\frac{\partial^2 F}{\partial \theta^2} = 2K_1 \cos 2\theta + \mu_0 M_s H \cos(\theta_0 - \theta) > 0 \tag{5.1.13}$$

随着 H 增加，转角 θ 逐渐变大。当外磁场 $\boldsymbol{H}$ 足够大使转角 θ 满足以下关系时

$$\left.\begin{aligned}\frac{\partial F}{\partial \theta} &= 0\\ \frac{\partial^2 F}{\partial \theta^2} &= 0\end{aligned}\right\} \tag{5.1.14}$$

磁化矢量转动变为不可逆磁化过程。

第二节　可逆畴壁位移过程

我们首先讨论弱磁场中的起始磁化过程。这一过程决定了一些重要的磁学量，如起始磁化率和可逆磁化率。

大多数金属软磁性材料和高 μ 铁氧体材料由于其内部晶粒粗大而致密、结构

均匀、应力小、杂质和空洞都很少，其起始磁化过程主要是畴壁位移过程。当这类材料受到外磁场作用时，只要内部有效磁场（外磁场及内部退磁场之和）不等于零，畴壁就发生移动，直到磁畴结构变化到有效磁场等于零，畴壁位移才停止。由此所决定的起始磁化率一般都很大。

但在一些 μ 较低的铁氧体软磁材料中，杂质和空洞较多，应力变化较大，畴壁位移易被钉扎。相反，磁晶各向异性常数却比较小，在其起始磁化阶段就可能发生磁化矢量的可逆转动过程。这样所决定的起始磁化率一般都不会太大。

本节只讨论可逆畴壁位移过程。畴壁位移的阻力主要来自材料内部结构的不均匀，例如内应力的不均匀和杂质、空洞分布的不均匀。由于对以上各种不均匀性很难有准确的了解，加之各种不同材料的结构状态彼此相差悬殊，因此建立一个普遍的弱磁场中的磁化曲线定量理论是相当困难的。迄今为止，我们只能建立一些简单模型以便于对影响材料起始磁化率的因素进行半定量的分析，再从这些分析中得出提高材料起始磁化率的指导性意见。

下面讨论在畴壁位移过程中发生的自由能变化：

(1) 畴壁能密度随畴壁位置的变化　　设相邻两磁畴的磁化矢量相差 180°，畴壁为平面。这样，在畴壁位移过程中，畴内的应力能基本无变化。由第四章第七节可知，畴壁能密度 γ 通过下面的关系与应力能 $\beta\lambda_s\sigma$ 有关

$$\gamma \approx \sqrt{\frac{K_{有效}A}{a}} \approx \sqrt{(\alpha K_1 + \beta\lambda_s\sigma)A_1} \approx \delta(\alpha K_1 + \beta\lambda_s\sigma) \qquad (5.2.1)$$

其中 δ 为畴壁厚度，β 为与应力方向有关的系数。在一般情况下，σ 的分布是不均匀的，从而造成 γ 随畴壁位置的不同而不同。

无磁场时，180°畴壁的平衡位置 x_0 应在畴壁能 γ 等于极小值的位置，故有 $\left(\frac{\partial\gamma}{\partial x}\right)_{x=x_0}=0, \left(\frac{\partial^2\gamma}{\partial x^2}\right)_{x=x_0}>0$。加磁场后，畴壁发生位移。由于起始磁化阶段的位移量很小，可将 $\gamma(x)$ 在 x_0 附近展为泰勒级数，

$$\gamma(x) = \gamma(x_0) + \frac{1}{2}(x - x_0)^2\left(\frac{\partial^2\gamma}{\partial x^2}\right)_{x_0} + \cdots \qquad (5.2.2)$$

由式(5.1.5)可得

$$2\mu_0 HM_s = (x - x_0)\left(\frac{\partial^2\gamma}{\partial x^2}\right)_{x_0} \qquad (5.2.3)$$

(2) 畴内的应力能随畴壁位置的变化　　对于 90°畴壁位移，情况则完全不同。由于相邻两磁畴内的 $\boldsymbol{M}_s$ 相差 90°，因此当应力为沿某一方向的简单张力时，两个相邻畴的应力能相差较大。例如，一个畴内的应力能为 $-\frac{3}{2}\lambda_s\sigma\cos^2\theta$ 时，相邻畴内应力能则为 $-\frac{3}{2}\lambda_s\sigma\cos^2\left(\theta-\frac{\pi}{2}\right)$，两者显然不同。与相邻畴应力能的变化相

比,由于畴壁厚度 δ 较小,因应力变化而引起的畴壁能密度 γ 的变化(见式(5.2.1))以及总的畴壁能的变化要小得多,故可略去不计。在这种情况下,我们仅计算相邻畴间的应力能变化。由式(5.1.7)可得

$$\mu_0 HM_s = \frac{3}{2}\lambda_s\sigma \tag{5.2.4}$$

(3) 畴壁面积随畴壁位置的变化　当材料内部包含较多的非磁性或弱磁性杂质以及空洞时,畴壁位移过程中畴壁能的变化主要来自畴壁面积的变化。在不考虑应力能变化的条件下,对于180°畴壁而言,我们有

$$2\mu_0 HM_s = \frac{1}{S}\frac{\partial(\gamma S)}{\partial x} = \frac{\gamma}{S}\frac{\partial S}{\partial x} = \gamma\frac{\partial \ln S}{\partial x} \tag{5.2.5}$$

上式中假定 γ 基本上不随位移而变化,S 为单位体积铁磁晶体内发生位移的畴壁总面积。

根据以上对畴壁位移过程中能量变化的分析,可以建立两种理论模型:内应力理论和参杂理论。克斯顿曾先后按这两种理论计算了铁磁晶体的起始磁化率和矫顽力,并与当时对 Fe, Ni-Fe 合金丝和碳钢的实验结果做了比较,大致是符合的[3,4]。下面分别介绍这两种理论。

一、内应力理论

1. 90°畴壁位移过程

设材料内部的应力为沿一定方向的简单张力,张力的大小随位置变化而有所起伏。为了计算方便起见,假定这一张力在小区域内沿畴壁位移方向的变化规律为

$$\sigma = \sigma_0 + \frac{\Delta\sigma}{2}\sin\frac{2\pi x}{l} \tag{5.2.6}$$

从磁畴内的应力能等于最小值出发,在无外磁场时,90°畴壁应位于上式第二项改变符号的地点,如图 5-5 所示。

设沿 x 方向加一外磁场,于是磁化矢量平行于 x 轴的畴开始长大,相邻的畴相应地减小(见图 5-5)。由式(5.2.4)可得

$$\mu_0 M_s \mathrm{d}H = \frac{3}{2}\lambda_s\left(\frac{\partial\sigma}{\partial x}\right)_{x=0}\mathrm{d}x \tag{5.2.7}$$

根据式(5.2.6),我们有

$$\left(\frac{\partial\sigma}{\partial x}\right)_{x=0} = \frac{\pi\Delta\sigma}{l}\left(\cos\frac{2\pi x}{l}\right)_{x=0} = \frac{\pi\Delta\sigma}{l}$$

于是

$$\mu_0 M_s \mathrm{d}H = \frac{3\pi}{2}\lambda_s\Delta\sigma\mathrm{d}x$$

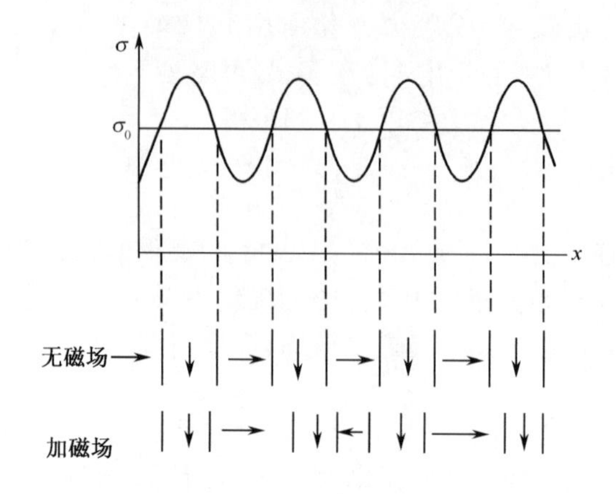

图 5-5　90°畴壁与内应力分布

由磁场 dH 所产生的磁化强度为

$$dM_{90^\circ} = M_s S_{90^\circ} dx$$

其中 S_{90°为单位体积内 90°畴壁的总面积,由畴壁在铁磁晶体内的分布情况决定。由此可得起始磁化率为

$$\chi_i(90^\circ) = \frac{dM_{90^\circ}}{dH} = \frac{2\mu_0 M_s^2}{3\pi\lambda_s\Delta\sigma} S_{90^\circ} l \tag{5.2.8}$$

为了计算由 90°畴壁位移所贡献的起始磁化率 $\chi_a(90^\circ)$,假设晶体被 90°畴壁分为大小相等的若干立方形磁畴,而式(5.2.6)代表沿一个易磁化轴方向的内应力变化,每一磁畴的边长为 l,表面积为 $6l^2$,体积为 l^3,故单位体积内 90°畴壁的总面积为$\frac{6l^2}{l^3}=\frac{6}{l}$。以上是按立方晶体中可能存在的 90°畴壁总数计算的。在任意的磁畴分布时,可能只有$\frac{2}{3}$的位置有 90°畴壁存在,因此 $S_{90^\circ}=\frac{2}{3}\cdot\frac{6}{l}=\frac{4}{l}$。代入式(5.2.8),我们可得

$$\chi_i(90^\circ) = \frac{8}{3\pi}\frac{\mu_0 M_s^2}{\lambda_s\Delta\sigma} \tag{5.2.9}$$

在上式中,$\Delta\sigma$ 是不能直接测量的量,但可作一数量级的估计。当晶体的内应力很小时(例如由居里点以上缓慢降温到居里点以下,晶体内主要由于磁致伸缩产生的内应力),可令$\frac{1}{2}\Delta\sigma=E\lambda_s$,其中 E 为杨氏弹性模量,故可得

$$\chi_i(90^\circ) = \frac{4}{3\pi}\frac{\mu_0 M_s^2}{\lambda_s^2 E} \tag{5.2.10a}$$

在 CGS 单位制中,上式为

$$\chi_i(90^\circ) = \frac{4}{3\pi}\frac{M_s^2}{\lambda_s^2 E} \tag{5.2.10b}$$

对于铁,$M_s = 1700\text{Gs}$,$\lambda_s = 19.5 \times 10^{-6}$,$E \approx 10^{12}\text{dyn/cm}^2$,故

$$\chi_i(90°) \approx 10^4$$

这个估计数值和对于铁的实验数值(契奥菲(Cioffi)用最好的纯铁测得起始磁导率 μ_i 为 300 00)在数量级上是符合的。

2. 180°畴壁位移过程

对于180°畴壁而言,当应力为沿某一方向的简单张力时,相邻两磁畴内的应力能无任何不同。如仍然假设内应力沿畴壁位移方向的变化为

$$\sigma = \sigma_0 + \frac{\Delta\sigma}{2}\sin\frac{2\pi x}{l} \tag{5.2.11}$$

从畴壁能等于最小值考虑,在无外磁场时180°畴壁应位于内应力等于极小值的地方(如图5-6所示)。

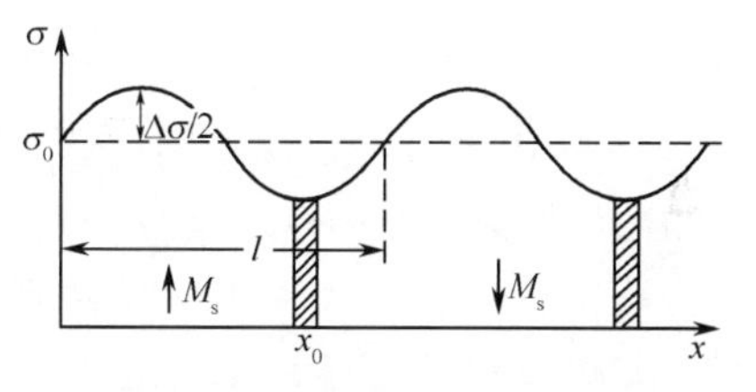

图 5-6 180°畴壁与内应力分布

加外磁场后,畴壁将发生位移。位移的阻力来自畴壁能密度 γ 的变化。根据式(5.2.3),我们有

$$2\mu_0 M_s \Delta H = \left(\frac{\partial^2\gamma}{\partial x^2}\right)_{x_0}\Delta x \tag{5.2.12}$$

在单位体积内,畴壁位移 Δx 所产生的磁化强度变化为

$$\Delta M(180°) = 2M_s S_{180°}\Delta x$$

所以

$$\chi_i(180°) = \frac{\Delta M(180°)}{\Delta H} = \frac{4\mu_0 M_s^2 S_{180°}}{\left(\frac{\partial^2\gamma}{\partial x^2}\right)_{x_0}} \tag{5.2.13}$$

由式(4.7.21)可知

$$\gamma = 2\delta(\alpha K_1 + \beta\lambda_s\sigma)$$

因而有

$$\frac{\partial\gamma}{\partial x} = 2\delta\beta\lambda_s\frac{\partial\sigma}{\partial x} = 2\delta\beta\lambda_s\Delta\sigma\,\frac{\pi}{l}\cos\frac{2\pi x}{l}$$

$$\frac{\partial^2\gamma}{\partial x^2} = 2\delta\beta\lambda_s\frac{\partial^2\sigma}{\partial x^2} = -2\delta\beta\lambda_s\Delta\sigma\,\frac{2\pi^2}{l^2}\sin\frac{2\pi x}{l}$$

由 $\left(\frac{\partial\gamma}{\partial x}\right)_{x=x_0} = 0$ 和 $\left(\frac{\partial^2\gamma}{\partial x^2}\right)_{x=x_0} > 0$ 可求出 $x_0 = \left(n + \frac{3}{4}\right)l$,其中 n 为整数。于是可得

$$\chi_i(180°) = \frac{\mu_0 M_s^2 l^2 S_{180°}}{\pi^2\delta\beta\lambda_s\Delta\sigma} \tag{5.2.14}$$

在上式中,取 $\beta=\frac{3}{2}$;在估算 S_{180°时,采用和 90°畴壁相似的长方体磁畴结构模型,即 $S_{180^\circ}=\frac{\alpha}{l}$,其中 α 称为充实系数,表示晶体中实际存在的 180°畴壁数目并未充满所有内应力为最小值的各位置。$0<\alpha<1$;再令 $\frac{\delta}{l}=P$。将以上取值代入式(5.2.14),则可得

$$\chi_i(180^\circ)=\frac{2}{3\pi^2}\frac{\mu_0 M_s^2\alpha}{\lambda_s\Delta\sigma P} \tag{5.2.15a}$$

在 CGS 单位制中,上式为

$$\chi_i(180^\circ)=\frac{2}{3\pi^2}\frac{M_s^2\alpha}{\lambda_s\Delta\sigma P} \tag{5.2.15b}$$

P 的数值依赖于内应力的分布,实际上约为 0.1～0.8。根据克斯顿对于 Ni-Fe 合金丝($\lambda_s>0$,加以沿长度的简单张力)的实验[3],这种样品内只能有 180°畴壁存在,α 的数值约为 0.01～0.02。

由上述实验和许多其他实验证明(例如舒耳兹的实验),除了在特殊情况下,由 180°畴壁位移所贡献的起始磁化率是很少见的。因此在一般情况下,我们用式(5.2.9)来估计起始磁化率的理论数值。

二、参 杂 理 论

如果铁磁晶体内包含很多非磁性或弱磁性的杂质而内应力的变化不很大,则在畴壁位移时,畴壁能的变化主要是由于畴壁面积的变化。对于 180°畴壁而言(不考虑应力能的变化)我们有

$$2\mu_0 HM_s=\frac{\gamma}{S}\frac{\partial S}{\partial x}=\gamma\frac{\partial \ln S}{\partial x} \tag{5.2.16}$$

这里我们假设了畴壁能密度 γ 基本上无变化。S 为晶体单位体积内发生位移的畴壁总面积。

为了计算畴壁位移产生的磁化率,必须对于参杂物质的分布假设一个简单的模型。克斯顿曾就碳钢(含碳量 2%,由 721℃缓慢冷却,则在钢结构内析出球状的渗碳体[Fe_3C],这些球粒成为在铁内的参杂物质)的情况做了计算。假设杂质的直径为 d,均匀分布在母体铁内,成为简单立方点阵。点阵常数为 a,设畴壁为 180°畴壁,厚度为 δ(图 5-7)。

如果假定畴壁能密度 γ 不变,则畴壁的平衡位置应在通过杂质点阵平面的位置。当畴壁离开这一位置时,畴壁面积被杂质"穿孔"的部分减小而畴壁能增加。设畴壁位移后的位置为 x,则在一个杂质点阵的单胞内,畴壁面积 S 应为

$$S=a^2-\pi\left(\frac{d^2}{4}-x^2\right) \tag{5.2.17}$$

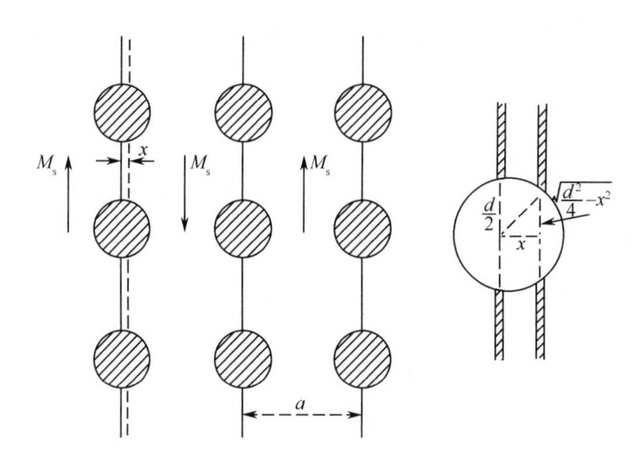

图 5-7　参杂立方点阵

当磁场增加 dH 时,由式(5.2.5)可得

$$2\mu_0 M_s \mathrm{d}H = \gamma\left(\frac{\partial^2 \ln S}{\partial x^2}\right)\mathrm{d}x$$

由此而生的磁化强度为 $\mathrm{d}M_{180°}=2M_s S_{180°}\mathrm{d}x$,结合上式得

$$\chi_i(180°) = \frac{\mathrm{d}M_{180°}}{\mathrm{d}H} = \frac{4\mu_0 M_s^2}{\gamma}\frac{S_{180°}}{\dfrac{\partial^2 \ln S}{\partial x^2}} \tag{5.2.18}$$

由式(5.2.17)可得

$$\frac{\partial^2 \ln S}{\partial x^2} = \frac{\partial}{\partial x}\left(\frac{1}{S}\frac{\partial S}{\partial x}\right) \approx \frac{1}{S}\frac{\partial^2 S}{\partial x^2} \approx \frac{2\pi}{a^2}$$

在上式中,我们取分母中的 $S\approx a^2$ 作为近似值代入。将以上结果代入式(5.2.18)得

$$\chi_i(180°) = \frac{2\mu_0 M_s^2 a^2}{\pi\gamma}S_{180°}$$

一般地说,在 $x=0, \pm a, \pm 2a, \cdots$ 处并不都有 180°畴壁存在。与前相同,我们仍要引入一充实系数 α。设磁畴的平均宽度为 l,则 $\alpha=\frac{a}{l}$(一般情形下,$l \gg a$,故 $\alpha \ll 1$)。单位体积内的 180°畴壁面积 $S_{180°}=\frac{1}{l}=\frac{\alpha}{a}$。最后可得

$$\chi_i(180°) = \frac{2\mu_0 M_s^2 a\alpha}{\pi\gamma} \tag{5.2.19}$$

如果畴壁是 90°畴壁,则用以上同样方法可求得

$$\chi_i(90°) = \frac{\mu_0 M_s^2}{2\pi}\frac{a\alpha}{\gamma} \tag{5.2.20}$$

杂质的点阵常数 a 可用杂质的体积浓度或重量浓度表示。设渗碳体的体积

浓度为 β(杂质粒子总体积与铁磁物质总体积的比率),则

$$\beta = \frac{\left(\frac{\pi d^3}{6}\right)}{a^3} = \frac{\pi}{6}\left(\frac{d}{a}\right)^3 \tag{5.2.21}$$

将体积浓度 β 变换为重量浓度 z(杂质重量与铁磁物质重量的比率),$\beta = \frac{D_{\mathrm{m}}}{D_{\mathrm{z}}}z$,其中 D_{m} = 铁磁物质的平均密度,D_{z} = 杂质物质的密度。在渗碳钢的情形,$\beta = 0.16z$,将此代入式(5.2.19)和式(5.2.20)可得

$$\chi_{\mathrm{i}}(180^\circ) = \frac{2\mu_0 M_{\mathrm{s}}^2 \alpha}{\pi\gamma}\left(\frac{\pi}{6\beta}\right)^{\frac{1}{3}} d \tag{5.2.22a}$$

$$\chi_{\mathrm{i}}(90^\circ) = \frac{\mu_0 M_{\mathrm{s}}^2 \alpha}{2\pi\gamma}\left(\frac{\pi}{6\beta}\right)^{\frac{1}{3}} d \tag{5.2.23a}$$

在 CGS 单位制中,以上两式分别变为

$$\chi_{\mathrm{i}}(180^\circ) = \frac{2M_{\mathrm{s}}^2 \alpha}{\pi\gamma}\left(\frac{\pi}{6\beta}\right)^{\frac{1}{3}} d \tag{5.2.22b}$$

$$\chi_{\mathrm{i}}(90^\circ) = \frac{M_{\mathrm{s}}^2 \alpha}{2\pi\gamma}\left(\frac{\pi}{6\beta}\right)^{\frac{1}{3}} d \tag{5.2.23b}$$

取 $\gamma \approx K_1\delta$(略去磁弹性能部分),不计上两式中所有的数字系数,得出 CGS 单位制中的磁导率为

$$\mu_{\mathrm{i}}(180^\circ) \approx 4\pi\chi_{\mathrm{i}}(180^\circ) \approx \frac{\alpha M_{\mathrm{s}}^2}{K_1 \frac{\delta(180^\circ)}{d}\sqrt[3]{\beta}} \tag{5.2.24}$$

$$\mu_{\mathrm{i}}(90^\circ) \approx 4\pi\chi_{\mathrm{i}}(90^\circ) \approx \frac{\alpha M_{\mathrm{s}}^2}{K_1 \frac{\delta(90^\circ)}{d}\sqrt[3]{\beta}} \tag{5.2.25}$$

应当指出,必须 $\delta \ll d$,即畴壁厚度远小于杂质粒子的直径时,以上公式才能成立。例如用铁的数值($M_{\mathrm{s}} = 1700$,$K_1 = 4 \times 10^5$)代入,并将 β 改用重量浓度 z,在计入式(5.2.24)原来应有的系数后,得

$$\mu_{\mathrm{i}} \approx 86 \cdot \frac{\alpha \cdot d}{\delta(180^\circ)\sqrt[3]{z}} \tag{5.2.26}$$

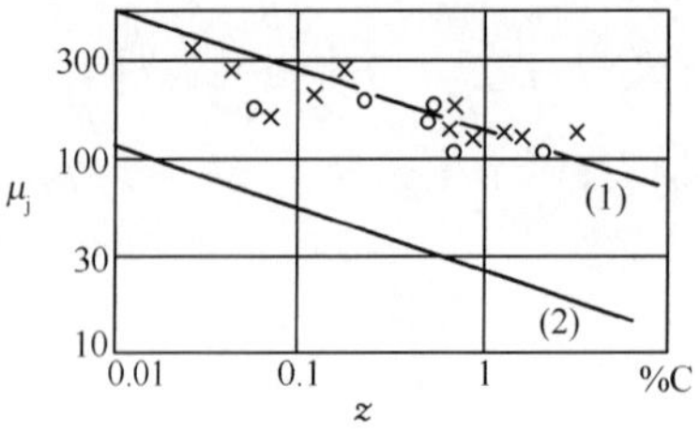

这个公式与对渗碳钢的实验结果的比较见图 5-8[4]。由图 5-8 可见,当设 $d = 20\delta$,$\alpha = 0.1$ 时,理论图线与实验结果可以认为相符合。

图 5-8　碳钢的 μ_{i} 与参杂浓度的关系

(1) $\frac{\alpha d}{\delta} \sim 2(\alpha = 0.1, d = 20\delta)$;

(2) $\frac{\alpha d}{\delta} \sim 0.4(\alpha = 0.1, d \approx \delta)$

由式(5.2.24)或(5.2.25)可知,如要提高 μ_{i},必须减小铁磁物质的磁各向异性常数 K_1 及参杂浓度 z。

第三节　可逆磁化矢量转动过程

前面已经介绍,大多数金属软磁性材料(如 Fe-Si 合金)和超优铁氧体软磁性材料的起始磁化过程为可逆畴壁位移过程。它们的起始磁化率一般都很高。在可逆畴壁位移完成后是不可逆畴壁位移过程。不可逆畴壁位移对应于最大磁导率阶段。不可逆畴壁位移结束后开始进行可逆和不可逆磁化矢量转动过程,不可逆磁化矢量转动过程对应于磁化曲线的趋近饱和阶段。这是大多数软磁材料的典型磁化过程。

但是,也有一些软磁材料,如坡莫合金中的恒导磁材料、磁导率不太高的高频铁氧体材料以及强外应力作用下的坡莫合金丝等,它们或因为经磁场热处理后磁化矢量的方向特殊不可能通过畴壁位移产生磁化,或因为材料中的气隙和杂质较多、应力起伏较大畴壁难以位移,其起始磁化阶段即为可逆磁化矢量转动过程。我们知道,对磁化矢量转动的阻尼来源于各种形式的磁各向异性能。以上不同材料的磁各向异性能亦不同。下面我们分别介绍。

一、由感生各向异性决定的可逆磁化矢量转动过程

恒导磁材料是指在一定磁场范围内磁导率不随外磁场大小而变化的材料。此外,还经常要求这类材料的磁导率对于交变磁场的频率以及温度有很好的稳定性。某些成分的坡莫合金(如 60% ~65% Ni 的坡莫合金)经适当磁场热处理后便可获得良好的恒导磁特点。经磁场热处理过程后,这类合金的磁晶各向异性常数 $K_1 \approx 0$,同时又感生出单轴各向异性。由于感生各向异性的易磁化轴方向垂直于坡莫合金带的轧制方向,因此无外磁场时各磁畴的磁化矢量垂直于带的轧制方向排列(如图 5-9 所示)[5]。如沿轧制方向加一外磁场,畴内的磁化矢量将发生转动。下面计算由这一过程所决定的起始磁化率。

设感生各向异性能为

$$F_{\mathrm{K}} = K_u \sin^2\theta \tag{5.3.1}$$

沿带的轧制方向加外磁场 $\boldsymbol{H}$,畴内的 $\boldsymbol{M}_{\mathrm{s}}$ 将发生转动,设转角为 θ。于是,单位体积内的总自由能为

$$F = F_{\mathrm{K}} + F_{\mathrm{H}} = K_u \sin^2\theta - \mu_0 H M_{\mathrm{s}} \cos\left(\frac{\pi}{2} - \theta\right) \tag{5.3.2}$$

由总能量为最小值的条件可知稳定状态的 θ 值由下式确定

$$\frac{\partial F}{\partial \theta} = 2K_u \sin\theta\cos\theta - \mu_0 H M_{\mathrm{s}} \cos\theta = 0 \tag{5.3.3}$$

由于磁化处于起始阶段,H 很小,θ 也很小。取 $\sin\theta \approx \theta$,$\cos\theta \approx 1$。上式可近似为

$$2K_u\theta - \mu_0 HM_s = 0$$

即

$$\theta = \frac{\mu_0 HM_s}{2K_u} \tag{5.3.4}$$

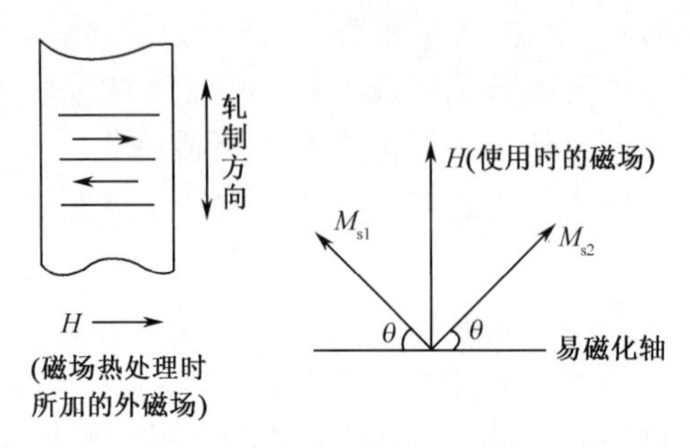

图 5-9　恒导磁材料的畴结构及使用时的磁化过程

当 $\boldsymbol{M}_s$ 旋转 θ 角时，在外磁场方向所产生的磁化强度为

$$M_H = M_s \cos\left(\frac{\pi}{2} - \theta\right)$$

于是可得

$$\chi_i = \frac{M_H}{H} = \frac{\mu_0 M_s^2}{2K_u} \tag{5.3.5a}$$

换用 CGS 单位制，则有

$$\chi_i = \frac{M_s^2}{2K_u} \tag{5.3.5b}$$

如取恒导磁合金的 $B_s = 1.35\text{T}, K_u = 3.71 \times 10^4 \text{J/m}^3$，由此计算的起始磁导率 $\mu_i \approx 3000$。

二、由磁晶各向异性决定的可逆磁化矢量转动过程

在一些质地不够致密的铁氧体软磁材料中，畴壁位移的阻尼较大，而这类材料的磁晶各向异性常数又比较小，在起始磁化阶段即以可逆磁化矢量转动为主。下面介绍由这一过程所决定的起始磁化率。

软磁铁氧体材料(如 Mn-Zn 铁氧体、Ni-Zn 铁氧体)在结构上为尖晶石型，属于面心立方晶系，因此下面的计算以立方晶系为例。

如图 5-10，设磁化矢量原来在[100]方向，加外磁场 $\boldsymbol{H}$ 后，$\boldsymbol{M}_s$ 转到 ϕ 的方向，这时磁晶各向异性能为

$$F_K = K_1 \sin^2\phi \cos^2\phi \qquad (5.3.6)$$

外磁场能为

$$F_H = -\mu_0 H M_s \cos(\theta - \phi) \qquad (5.3.7)$$

由能量极小值条件可得

$$\frac{\partial}{\partial\phi}(F_K + F_H) = \frac{1}{2}K_1 \sin 4\phi - \mu_0 H M_s \sin(\theta - \phi) = 0 \qquad (5.3.8)$$

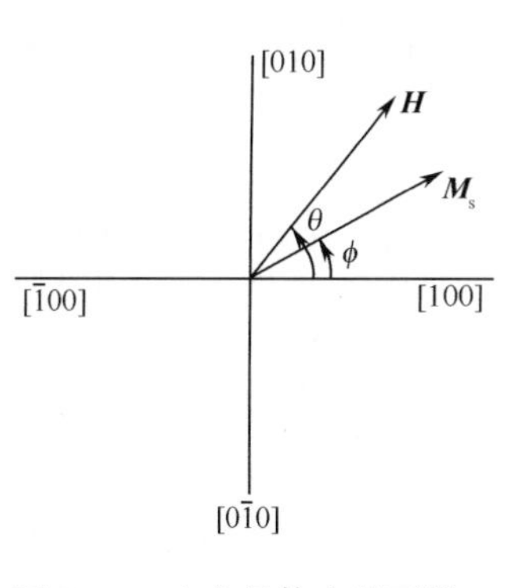

图 5-10　立方晶体中的可逆转动过程

对于起始磁化过程，H 很小，ϕ 也很小，故上式可近似为

$$2K_1\phi - \mu_0 H M_s \sin\theta = 0$$

即

$$\delta\phi = \frac{\mu_0 M_s}{2K_1}\sin\theta \cdot \delta H \qquad (5.3.9)$$

沿 H 方向的磁化强度增量为

$$\delta M_H = \delta[M_s \cos(\theta - \phi)] = M_s \sin(\theta - \phi)\delta\phi$$

将式(5.3.9)代入，可得

$$\delta M_H = \frac{\mu_0 M_s^2}{2K_1}\sin\theta\sin(\theta - \phi)\delta H \approx \frac{\mu_0 M_s^2}{2K_1}\sin^2\theta\delta H \qquad (5.3.10)$$

故

$$\chi_a = \frac{\delta M_H}{\delta H} = \frac{\mu_0 M_s^2}{2K_1}\sin^2\theta \qquad (5.3.11)$$

因此，在单晶体中，χ_a 随磁场的不同方向而变化。在多晶中，各晶粒的方向杂乱分布，可取 $\sin^2\theta$ 的平均值为$\overline{\sin^2\theta} = \frac{2}{3}$，于是

$$\chi_a = \frac{\mu_0 M_s^2}{3K_1} = \frac{2M_s}{3H_K} \qquad (5.3.12a)$$

在 CGS 单位制中，上式应改写为

$$\chi_a = \frac{M_s^2}{3K_1} \qquad (5.3.12b)$$

利用式(5.3.12)不仅可以估算多晶铁氧体的磁化率大小，还可以考察起始磁化率随温度的变化。在图 5-11(a)中引证了各种单铁氧体的 $\mu_a = 1 + \chi_a$ 的温度曲线。因 $K_1(T)$与 $M_s(T)$的高次方成比例，故 μ_a 一般是随温度升高而增加，直到居里点达到高峰，而后急遽下降。由于制备过程中，样品内不可避免地要有许多空隙，同时晶粒的大小也会直接对 μ_a 产生影响，故图中注明样品的密度。图 5-11(b)引证了 Mn-Zn 铁氧体的 μ_a 的温度曲线。由图 5-11 可见，随着 Zn 的成分的增加，居里点逐渐降低，而 μ_a 的峰值则逐渐升高。

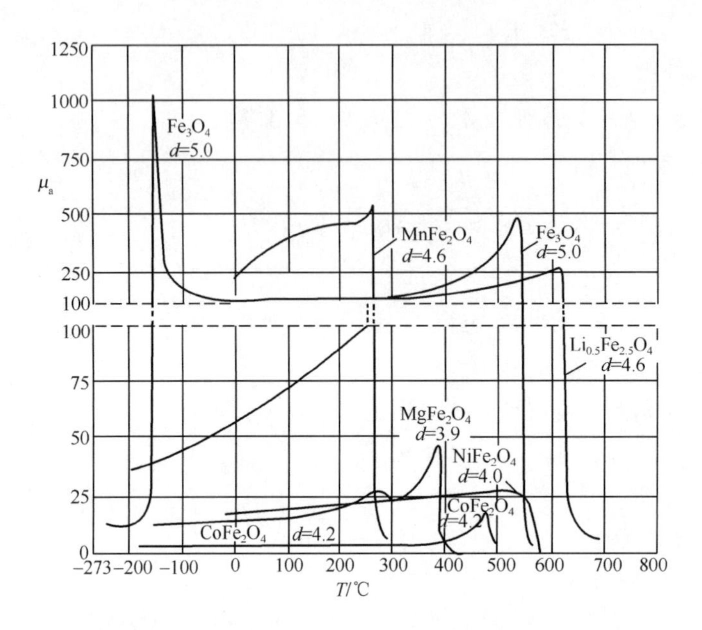

(a)　尖晶石型单铁氧体多晶样品的 μ_a 随温度的变化

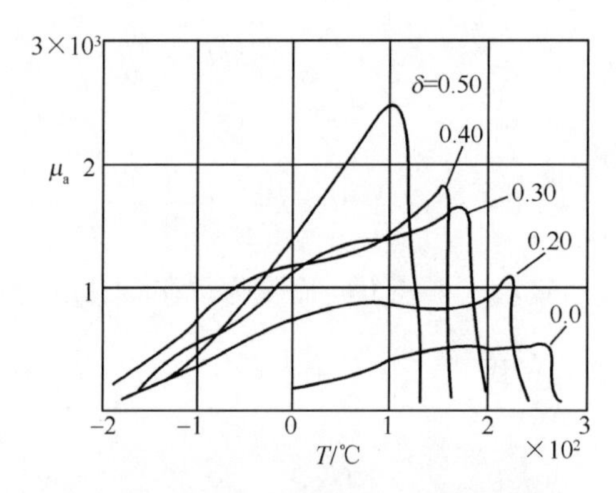

(b)　$Mn_{1-\delta}Zn_\delta Fe_2O_4$ 铁氧体的 μ_a 随温度的变化

图 5-11　起始磁化率随温度的变化

(Smit-Wijn)(本图采用 CGS 单位制)

三、由应力各向异性决定的可逆转动过程

在起始磁化为可逆转动的材料中，有一类材料对转动的阻尼来自应力各向异性能。这类材料的主要特点是磁致伸缩系数较大，内部存在着较强的内应力或受外应力作用，磁晶各向异性常数很小。在磁各向异性能中，应力能起主导作用。下面举两个例子说明：

(1) 受强张力作用的镍丝　　沿镍丝的轴向方向加一较强拉力，由于镍的 $\lambda_s<0$，因此垂直于轴向的方向为应力能的易磁化方向。当沿镍丝的轴向加外磁场 $\boldsymbol{H}$ 时，磁化矢量将发生转动。

(2) 某些硬磁性合金(如淬火马氏体钢)　　内部含有较多的杂质，经淬火后形成很强且不规则的内应力，应力高峰成为畴壁位移难以越过的势垒。在势垒之间应力比较均匀。如果这些应力比较均匀的区域与磁畴大小有相同的量级，则畴壁将被应力势垒所钉扎，在起始磁化阶段就开始转动过程。下面计算由上述过程决定的起始磁化率，计算分两种情况：

1) 内应力 $\sigma_i=0$。设 $\lambda_s<0$，外应力 $\boldsymbol{\sigma}$ 与外磁场 $\boldsymbol{H}$ 平行。

加磁场 $\boldsymbol{H}$ 后，$\boldsymbol{M}_s$ 发生转动。若 $\boldsymbol{M}_s$ 与 $\boldsymbol{H}$ 间的夹角为 θ，则自由能为

$$F=-\frac{3}{2}\lambda_s\sigma\cos^2\theta-\mu_0 HM_s\cos\theta \tag{5.3.13}$$

由 $\dfrac{\partial F}{\partial\theta}=0$ 可得

$$M=M_s\cos\theta=-\frac{\mu_0 M_s^2}{3\lambda_s\sigma}H \tag{5.3.14}$$

因此

$$\chi=-\frac{\mu_0 M_s^2}{3\lambda_s\sigma} \tag{5.3.15a}$$

在 CGS 单位制中，上式为

$$\chi=-\frac{M_s^2}{3\lambda_s\sigma} \tag{5.3.15b}$$

由式(5.3.15a,b)可见，对于 $\lambda_s<0$ 的材料，在强张力 σ 下，磁化曲线成为直线。图 5-12 引证了柏克及克斯顿的结果[6]。

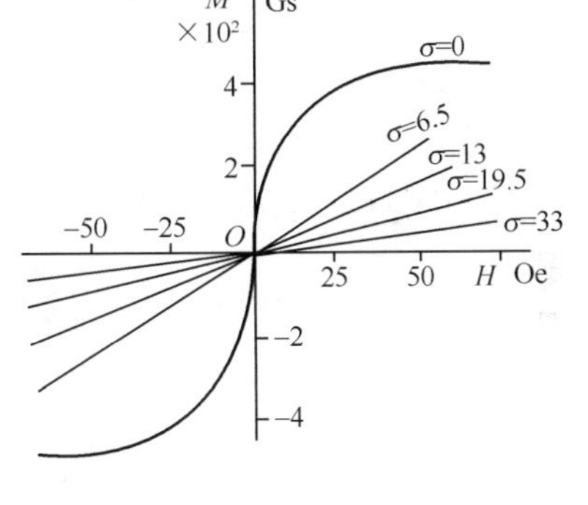

图 5-12　镍在不同张力下的磁化曲线
(σ 的单位为 kg/mm²)

2) $\sigma_i\neq0$。设 $\lambda_s>0$，则磁畴中 M_s 的方向应与内应力 σ_i 平行(内应力方向成为易磁化方向)。在与 $\boldsymbol{\sigma}_i$ 夹角为 α 的方向加上磁场 H 及外应力 σ。$\boldsymbol{M}_s$ 偏离 σ_i 方向而转动一小角度 β。

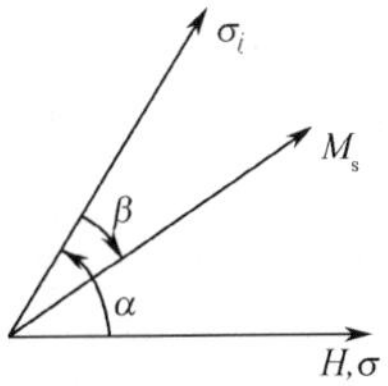

设 $\lambda_{100}=\lambda_{111}=\lambda_s$。由图 5-13 可得总自由能为

$$F=-\frac{3}{2}\lambda_s[\sigma_i\cos^2\beta+\sigma\cos^2(\alpha-\beta)]-\mu_0 HM_s\cos(\alpha-\beta) \tag{5.3.16}$$

图 5-13

其中，λ_s 代表绝对值。令 $\dfrac{\sigma}{\sigma_i}=s$，$\dfrac{\mu_0 HM_s}{3\lambda_s\sigma_i}=h$。由 $\dfrac{\partial F}{\partial\beta}=0$ 可得

$$\sin2\beta-s\cdot\sin2(\alpha-\beta)=2h\sin(\alpha-\beta) \tag{5.3.17}$$

在式(5.3.17)中把 β 表示为 H 和 σ(即 s 和 h)的函数。

如果考虑起始磁化阶段,并设 $\sigma_i \gg \sigma$,则 β 是很小的角度。因此可将式(5.3.17)展开,并只取到 β 的一次项,即得

$$\beta(1 - s\cos 2\alpha + h\cos\alpha) = h\sin\alpha - \frac{1}{2}s\sin 2\alpha \tag{5.3.18}$$

将 β 用 h 和 s 展开

$$\beta = a_1 h + a_2 s + a_3 hs + \cdots$$

与式(5.3.18)比较,可得

$$a_1 = +\sin\alpha, \quad a_2 = -\frac{1}{2}\sin 2\alpha$$

$$a_3 = +\left(\sin\alpha\cos 2\alpha + \frac{1}{2}\sin 2\alpha\cos\alpha\right)$$

因此,$\beta = +h\sin\alpha - \frac{s}{2}\sin 2\alpha + \left(\sin\alpha\cos 2\alpha + \frac{1}{2}\sin 2\alpha\cos\alpha\right)sh + \cdots$。

在这样的近似程度下

$$\begin{aligned}\cos(\alpha - \beta) &\approx \cos\alpha + \beta\sin\alpha \\ &= \cos\alpha + \frac{\mu_0 HM_s}{3\lambda_s\sigma_i}\sin^2\alpha - \left(\frac{\sigma}{2\sigma_i}\right)\sin 2\alpha\sin\alpha \\ &\quad + \left(\frac{\sigma}{\sigma_i}\right)\frac{\mu_0 HM_s}{3\lambda_s\sigma_i}\left(\frac{1}{2}\sin^2 2\alpha - \sin^4\alpha\right) + \cdots\end{aligned}$$

由 $M_H = M_s\cos(\alpha - \beta)$ 可得

$$\chi_a = \left(\frac{\partial M_H}{\partial H}\right)_{H\to 0} = \frac{\mu_0 M_s^2}{3\lambda_s\sigma_i}\left[\sin^2\alpha + \left(\frac{\sigma}{\sigma_i}\right)\left(\frac{\sin 2\alpha}{2} - \sin^4\alpha\right) + \cdots\right] \tag{5.3.19}$$

当外应力 $\sigma = 0$ 时,则

$$\chi_a = \frac{\mu_0 M_s^2}{3\lambda_s\sigma_i}\sin^2\alpha \tag{5.3.20}$$

对于多晶体而言,可将式(5.3.20)中的 $\sin^2\alpha$ 就所有可能的 α 取平均值,$\overline{\sin^2\alpha} = \frac{2}{3}$。同时 $\frac{1}{\sigma_i}$ 也就各晶粒取平均值。于是

$$\chi_a = \frac{2}{9}\frac{\mu_0 M_s^2}{\lambda_s}\overline{\left(\frac{1}{\sigma_i}\right)} \tag{5.3.21}$$

式(5.3.21)为多晶样品抵抗内应力的转动过程的起始磁化率公式,亦可作为利用磁学方法测定内应力 σ_i 的基础。在这方面,阿库洛夫、克斯顿、契先(Thissen)、佛尔斯特及什塔姆克(Förster and Stambke)等做了不少工作,证明了式(5.3.21)。但在以上计算中,略去了磁畴间的磁相互作用以及杂质和磁织构的影响,不是十分准确的结果。

第四节　提高材料起始磁化率的若干途径

前面两节介绍的起始磁化理论都是不完善的。首先,实际样品中的磁晶各向异性、内应力、非磁性参杂物和气隙往往同时存在,难以将它们分开处理。其次,具体材料的内部结构一般都很复杂,内应力及杂质的分布形式决不会像我们假设的模型那样简单。因此,具体地计算某种材料起始磁化率的确切数值还存在某些困难。但是可以给出提高材料起始磁化率的一些结论,这些结论包括:

1) 提高材料的饱和磁化强度 M_s;

2) 尽量减小材料的磁晶各向异性常数 K_1 和饱和磁致伸缩系数 λ_s,使之接近于零;

3) 保持材料的晶格完整、晶粒均匀,避免应力产生;

4) 尽量减少杂质、气孔和另相,特别不让它们以弥散状态存在。

关于起始磁化理论在金属及铁氧体软磁材料中的应用,下面分别讨论。因为一般地说,两者具有不同的起始磁化机理。

一、起始磁化理论在金属软磁材料中的应用

金属软磁性材料坡莫合金(78% Ni,22% Fe)的高磁导率即是依照上述条件获得的。图 5-14,5-15 分别示出了 Ni-Fe 合金的 K_1 及 λ_{100},λ_{111}随 Ni 的成分的变化[7]。由图可见,当 Ni 的成分为 78% 并经过淬火处理后,K_1 接近于零。这一成分下的 λ_{100}和 λ_{111}也都接近于零。因此经淬火处理的 78% Ni 的坡莫合金可获得非常高的起始磁化率①。

图 5-14 显示,淬火与缓慢冷却两种不同的热处理对 K_1 的影响很大。研究表明,后一种热处理产生了有序结构 $FeNi_3$。这种有序结构造成了 K_1 的显著变化。图 5-15 显示,λ_{100}和 λ_{111}也受有序结构 $FeNi_3$ 的影响,但是这种影响不大。

图 5-16 示出了 Ni-Fe 合金的起始磁导率 μ_a 对于热处理的关系[8]。在 45% ~ 85% 的 Ni 成分范围内,双重热处理可使 μ_a 增高到 10 000(含 Ni 量为 78.5%)。这种双重处理已成为目前制备坡莫合金的标准过程。这个过程要点如下:

1) 加热到 900~950℃,保温一小时,以 100℃/h 的速度冷却到 600℃。

2) 然后放入空气中迅速冷却(空气淬火),最大冷却速度可达到 1500℃/min。

在 Ni-Fe 合金中添加 Mo,Cu 等元素可以抑制在这类合金中 $FeNi_3$ 型有序点阵的形成。这时,即使不进行急冷处理,只要通过适当速度冷却,也可以得到比二

① 需要指出,按抵抗内应力的可逆转动磁化过程计算的起始磁化率公式与式(5.2.9)形式上相同(见本章第三节)。故一般认为 78% Ni-Fe 合金的起始磁化过程是由于磁致伸缩效应所控制。

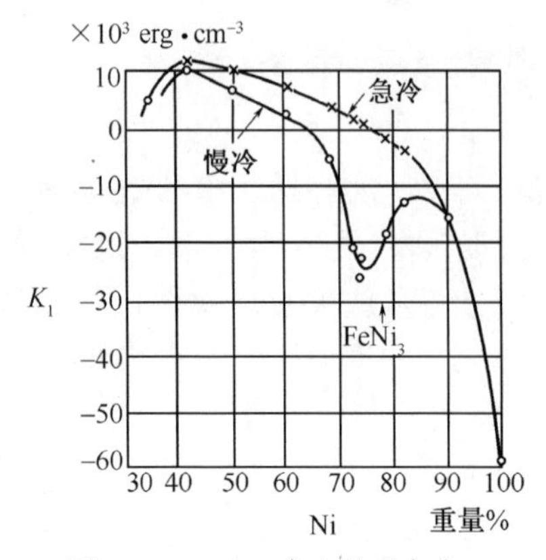

图 5-14　Ni-Fe 合金的磁各向异性常数 K_1

600～300℃间的冷速,在急冷时为 10^5℃/h,慢冷时为 2.5℃/h[7]

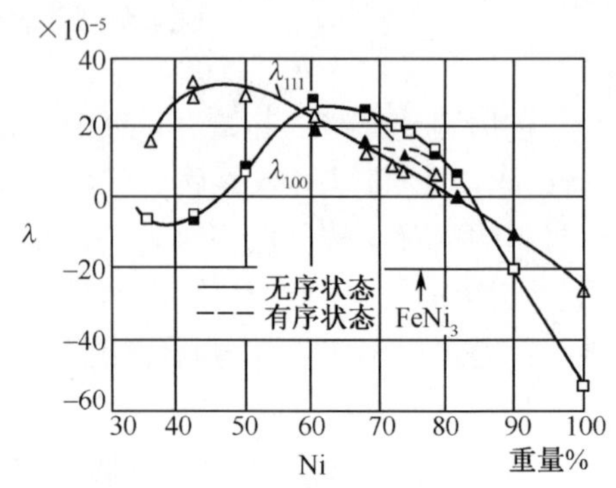

图 5-15　Ni-Fe 合金的磁致伸缩常数 λ_{100},λ_{111}[7]

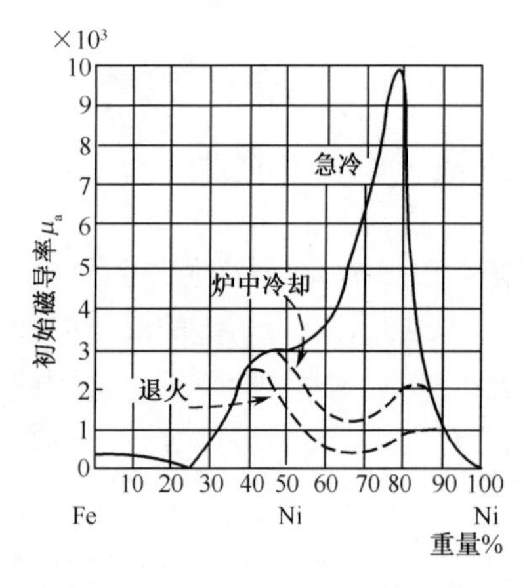

图 5-16　Ni-Fe 合金的初始磁导率[8]

元系坡莫合金更高的起始磁化率。图 5-17 是成分为 5.15% Mo, 78.7% Ni, 16.15% Fe 的 Mo-坡莫合金在 300～500℃间进行热处理时磁晶各向异性常数 K_1 随处理时间的变化[9]。图 5-18 是上述三元合金通过不同时间热处理时饱和磁致伸缩系数 λ_s 随热处理温度的变化[9]。由图 5-18 可见,在较宽的热处理温度范围内 $K_1 \approx 0$、λ_s 仅约为 1×10^{-6}。在这样一个温度范围内都应该具有很高的起始磁导率。

图 5-19 示出了 Mo-坡莫合金经与上述同样条件对 K_1、λ 热处理后的起始磁导率[9]。由图 5-19 可见,只有经较高温度(T～500℃)的热处理才能得到高的磁导率(μ_a～12×10^4)。这是因为这种材料的居里温度约为 400℃,若处理温度低于这一温度,将感生 K_u～30J/m³ 的单轴磁各向异性。单轴磁各向异性的产生影响了 μ_a 的提高。所以,热处理温度应在 400℃以上。

铁硅铝合金(9.6% Si,5.4% Al,余 Fe)是另一类具有高磁导率的软磁材料。由于这类材料不含镍,因而引起了人们的注意。图 5-20 示出了 Fe-Si-Al 三元合金的起始磁导率随成分的变化[10]。由图 5-20 可见,在 9.62% Si,5.38% Al,85% Fe 的组分处 μ_a 出现尖锐的极大值,其值达 $\mu_a = 35100$。几乎在同一成分,即在 9.66% Si,6.21% Al,84.13% Fe 处最大磁导率 μ_m 出现极大值,其值达 $\mu_m = 162000$。图 5-21 给出了该合金的磁晶各向异性常数 K 和饱和磁致伸缩系数 λ_s 随成分的变

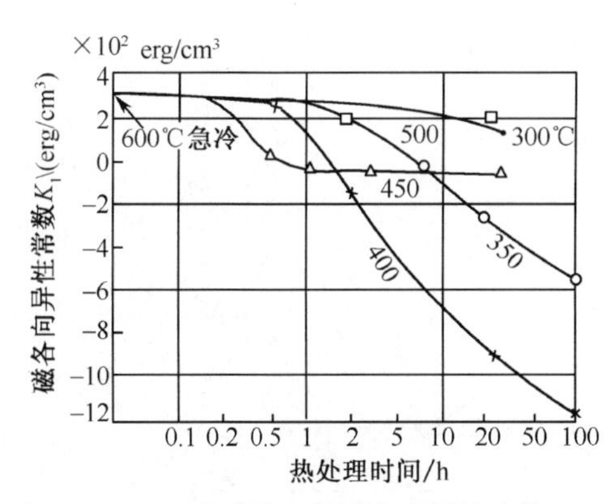

图 5-17　5Mo-坡莫合金的磁各向异性常数 K_1 随热处理的变化(5.15% Mo,78.7% Ni,余 Fe)

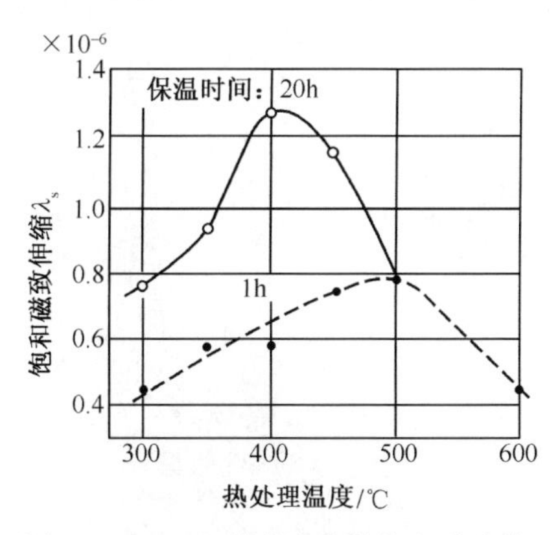

图 5-18　5Mo-坡莫合金的饱和磁致伸缩 λ_s 随热处理而变化

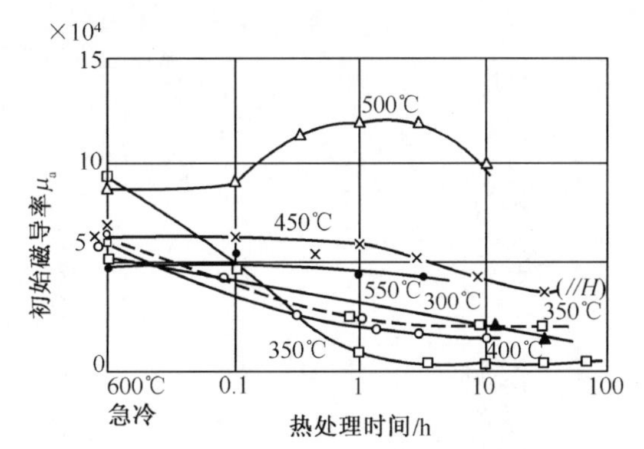

图 5-19　5Mo-坡莫合金的初始磁导率 μ_a 随热处理的变化,μ_a 为 0.001Oe(0.8A/m)的磁导率

化[10]。可以看出,在 μ_a 和 μ_m 出现极大值的组分处 K 和 λ_s 同时为零。铁硅铝合金的主要缺点是质地太脆,不易加工成片状材料,因而限制了其使用范围。

综合以上事实可以看出,各种磁各向异性常数等于零、$\lambda_s=0$ 是获得高磁导率的首要条件。这与畴壁位移的理论结果是一致的。

当用畴壁位移理论对材料的起始磁化率进行估算时,我们不能不指出,上述两种畴壁位移理论有一重要缺点,即都未计算杂质附近散磁场的影响。这种散磁场是杂质表面的磁极引起的,很难计算。但有时其影响很大,例如一个平面 180°畴壁通过一球状杂质时(图 5-22),其畴壁能变化为

$$\Delta E_1 \approx \frac{\pi}{4} d^2 \gamma$$

散磁场能变化

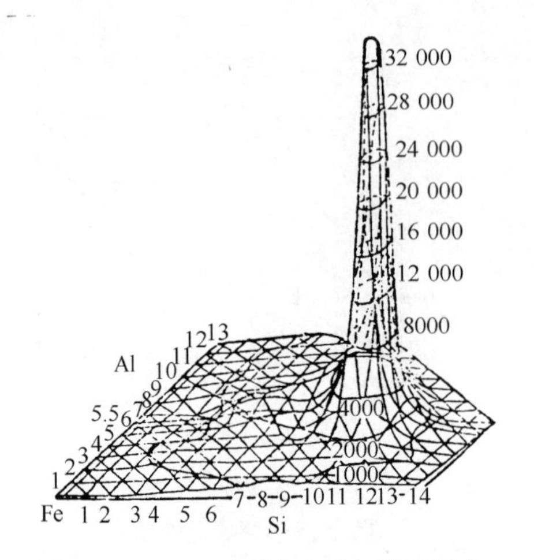

图 5-20　Fe-Si-Al 系合金的初始磁导率

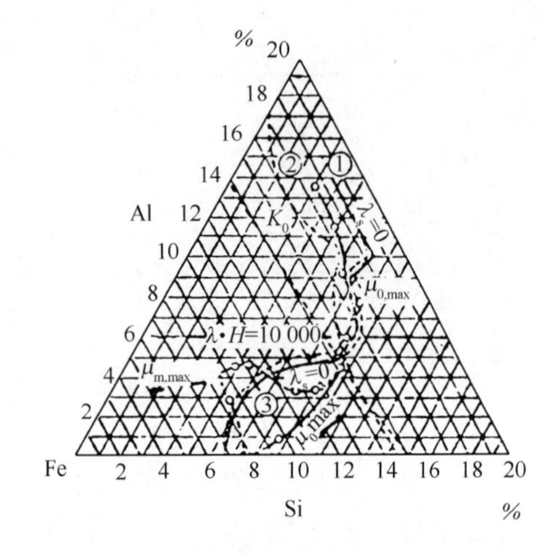

图 5-21　Fe-Si-Al 系合金的磁晶各向异性常数和饱和磁致伸缩为零的区域

K_0 线:磁晶各向异性常数等于零的线;$\mu_{0,\max}$:起始磁导率最大的线;$\mu_{m,\max}$:最大磁导率最大的线;$\lambda H = 1000$:$H = 1000$ 时的 λ

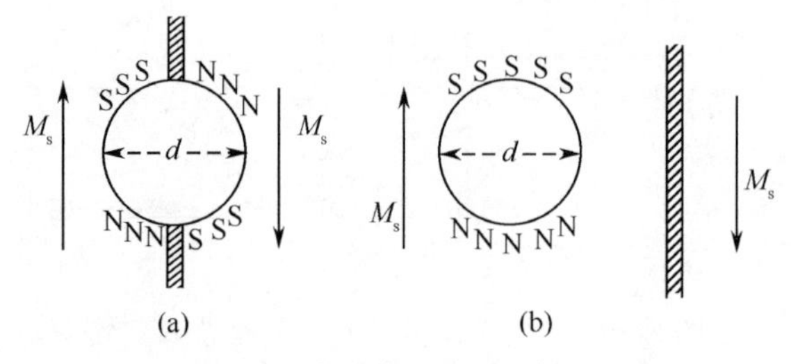

图 5-22　参杂物上的退磁场

$$\Delta E_2 \approx C \frac{NM_s^2}{2} \frac{\pi d^3}{6} (C \sim 1)$$

$$C = 0.46$$

故

$$\frac{\Delta E_1}{\Delta E_2} \approx \frac{\gamma}{NM_s^2 d} \sim \frac{K_1 \delta}{NM_s^2 d} \tag{5.4.1}$$

所以当 $\delta \ll d$ 时,散磁场能的变化比畴壁能的变化重要得多。奈尔认为,为了减少散磁场能,在参杂物的附近,将产生次级磁畴而使磁路闭合,这就是所谓奈尔次畴。前面讲磁畴的实验研究时,曾引证了用粉纹图示法直接看出的奈尔次畴。奈尔次畴的存在将不利于正常畴壁的位移。因此,为了提高材料的起始磁化率,应尽量避免杂质和气孔的存在。

下面顺便考察一下起始磁化率与温度的关系。根据可逆畴壁位移的参杂理

论,有

$$\chi_a \approx \frac{M_s^2}{\sqrt{K_1}} \tag{5.4.2}$$

由式(5.4.2)可知,χ_a 通过 M_s^2 和$\sqrt{K_1}$而表现出随温度的变化。图 5-23 引证了卡汉(Kahan),法伦巴赫(Fahlenbach)和克柯汉姆(Kirkham)等对钴、铁和镍(再结晶)的起始磁化率的实验结果。图中的曲线是克斯顿按畴壁因位移而发生弯曲计算的结果[11]

$$\left.\begin{aligned} &\text{对 Fe,Ni:} \qquad \chi_a \approx \frac{M_s}{\sqrt{K_1}} \\ &\text{对 Co:} \qquad \chi_a \approx \frac{M_s}{\sqrt{K_1 + K_2}} \end{aligned}\right\} \tag{5.4.3}$$

在以上的温度范围,三种样品中,都是 $K_1 \gg \lambda_s \sigma_i$,也就是说内应力很小,起始磁化主要是可逆的畴壁位移过程。但克斯顿所用的公式比式(5.4.2)差一因数 M_s。尽管在较低的温度范围内(对于 Co 和 Ni 实验的温度范围在 200℃左右,对于 Fe 不足 800℃),M_s 随温度变化较小,这一因数的影响并不大。但也足以使我们反思:畴壁位移理论究竟准确到什么程度?

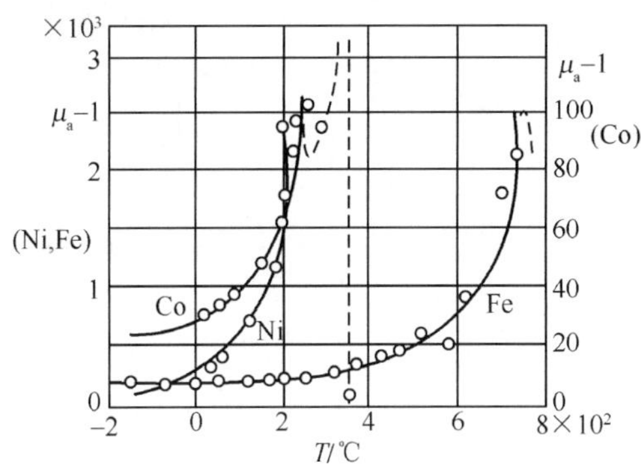

图 5-23　Fe,Ni,Co 等的 $\mu_a - 1$ 对温度的变化

二、起始磁化理论在铁氧体软磁材料中的应用

以锰锌铁氧体为例说明。为了提高这种材料的起始磁化率,一个通用的方法是增加配方中 ZnO 的比例。Zn^{2+} 为非磁性离子,在尖晶石型结构中占据 A 位。由第二章图 2-20 可知,在一定范围内增加 ZnO 的比例,可使 M_s 变大。这对于提高材料的起始磁化率是有利的。另外,随着 ZnO 的增加,Mn-Zn 铁氧体的 K_1 和 λ_s 也将随之减小,这也有助于起始磁化率的提高。表 5-1 列出了 Mn-Zn 铁氧体的

成分同起始磁化率的关系。可以看出,起始磁化率越高,对应的 ZnO 含量也越高。

表 5-1　Mn-Zn 铁氧体的 μ_a 与成分的关系

μ_a	Fe_2O_3	MnO	ZnO	加杂
2000	53.0	28.0	19.0	CoO(重量)0.14%
4000	52.0	27.0	21.0	或
6000	52.0	25.0	22.0	$CaCo_3$(mol)
10000	51.0	24.0	25.0	0.1%~0.2%

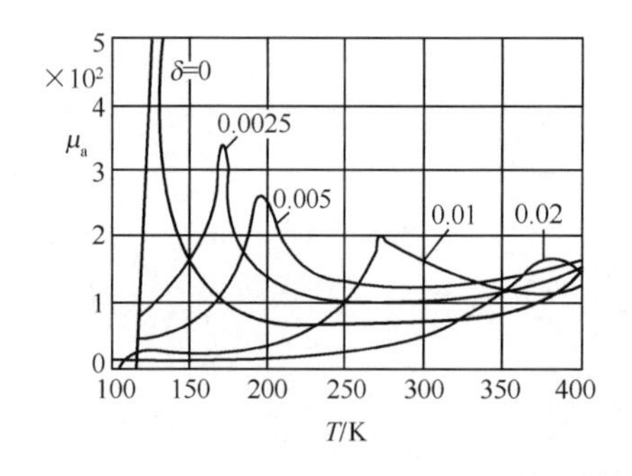

图 5-24　$Co_\delta Fe_{3-\delta}O_4$ 的 μ_a 随温度的变化

降低材料的 K_1 是提高起始磁化率的重要方法。在尖晶石型铁氧体中,除 Co-铁氧体以外,其他铁氧体在室温下均有 $K_1<0$;只有 $CoFe_2O_4$ 在室温下 $K_1>0$,而且数值很大。因此,在 Mn-Zn 铁氧体中加入少量 CoO 可以降低 K_1,使室温下的 μ_a 提高。图 5-24 引证了 $Co_\delta Fe_{3-\delta}O_4$(Co 代换的 Fe_3O_4)铁氧体的 μ_a 的温度曲线,由图 5-24 可见,这种多晶体的 μ_a 峰值随着含 Co 量的增加而渐向高温移动,同时峰值也渐降低。总的 $K_1=0$ 的温度与 μ_a 峰值的温度相同。峰值降低的原因是由于两种 K_1 的绝对值均随温度升高而增加。

在 Mn-Zn 铁氧体中将 Fe_2O_3 的克分子百分比提高到 50% 以上(一般取为 51%~53%,见表 5-1)是提高起始磁化率的另一个重要方法。这是因为,这样可以在 Mn-Zn 铁氧体中生成少量 Fe_3O_4。在所有的尖晶石型多晶铁氧体中,只有 Fe_3O_4 的 $\bar{\lambda}_0$ 为正值。因此,少量 Fe_3O_4 的存在可以有效地降低 Mn-Zn 铁氧体的 $\bar{\lambda}_0$,从而起到提高 μ_0 的效果。

大田惠三(Keizo Ohta)深入研究了 Mn-Zn 铁氧体的 K_1 和 λ_s 同成分的关系(如图 5-25 所示)[12]。结果表明,当 Fe_2O_3 从 50% 增加到 60% 以上时,K_1 从负值变到正值。图中 a,b 两条线是 $K_1=0$ 的成分比例线,c 线是 $\lambda_s=0$ 的成分比例线。在点“1”附近,K_1 和 λ_s 都接近于零,因此按这一成分制备的铁氧体应该具有高的 μ_a 值。

最后,Mn-Zn 铁氧体的起始磁化率还与晶粒的完整性和应力的大小有关,而这又取决于原料的纯度和工艺过程。一般地说,原材料的纯度越高、活性越好,烧成的铁氧体晶粒越完整,气孔和杂质越小,材料的 μ_a 值越高。烧结温度对材料的结构也有很大影响。烧结温度太低,烧成的材料则较松散,密度低,空隙多,μ_a 值

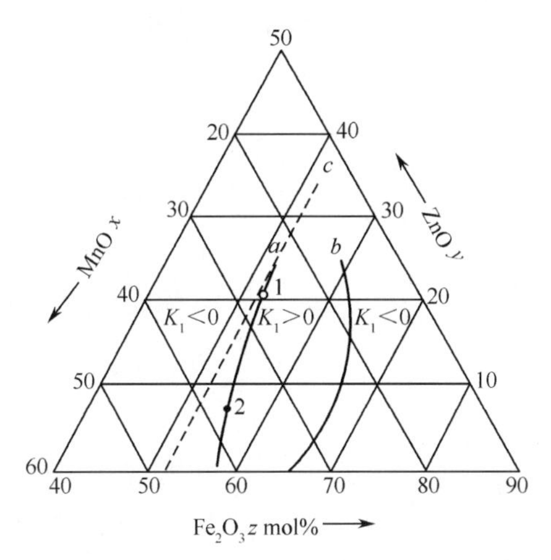

图 5-25　锰锌铁氧体在 $K_1=0$ 和 $\lambda_s=0$ 时三个组成部分的含量：曲线 a 和 b，$K_1=0$；曲线 c，$\lambda_s=0$

不高。提高烧结温度可使晶粒增大，密度提高，但容易产生较大的空隙和应力。所以控制适当的烧结温度是十分重要的。

第五节　不可逆畴壁位移过程——巴克豪生跳跃

以上几节介绍了可逆磁化过程以及由这一过程决定的起始磁化率。但是有些软磁性材料不是用于可逆磁化阶段，而是用于不可逆磁化阶段。例如，3% Si-Fe 的取向硅钢片主要用于电力变压器和大型交流发电机，其工作磁场就远大于可逆磁化所对应的磁场。其他一些软磁材料（如纯铁、坡莫合金）也常工作于不可逆磁化阶段。这些材料的不可逆磁化过程主要为位移过程。因此，研究不可逆畴壁位移过程及由这一过程所决定的最大磁化率 χ_m 和与 χ_m 对应的临界场 H_0 便有着重要的现实意义。

有关不可逆畴壁位移过程的基本概念曾在本章第一节中做过详细介绍。本节仅就那里所提出的概念进行具体计算。

一、不可逆畴壁位移过程的两种理论模型

可逆和不可逆畴壁位移过程有着同样的阻力来源，因此可以采用相同的理论模型。下面介绍不可逆畴壁位移过程的两种理论。

1. 内应力理论

以 180°畴壁为例。设外磁场 $\boldsymbol{H}$ 与畴内磁化矢量 $\boldsymbol{M}_s$ 间的夹角为 θ，沿畴壁位

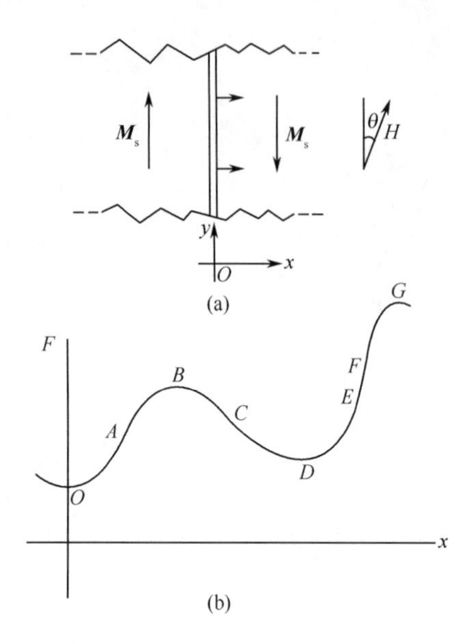

图 5-26 畴壁位移过程中的自由能变化示意图

移方向的自由能为 $F(x)$(如图 5-26 所示)。根据本章第一节中的分析,畴壁的平衡位置应由下式决定

$$2\mu_0 HM_s\cos\theta = \frac{\partial F}{\partial x} \qquad (5.5.1)$$

在这里,自由能 $F(x)$随位移 x 的变化主要表现为畴壁能密度 γ 随位移的变化。由式(5.2.1)知

$$\gamma \approx \delta(\alpha K_1 + \beta\lambda_s\sigma) \qquad (5.5.2)$$

其中 α,β 为包含角度的系数,取 $\beta=\frac{3}{2}$。σ 为内应力,对于 180°畴壁,可设

$$\sigma = \sigma_0 + \frac{\Delta\sigma}{2}\sin\frac{2\pi x}{l} \qquad (5.5.3)$$

由此可求出不可逆畴壁位移的临界场为

$$H_0 = \frac{1}{2\mu_0 M_s\cos\theta}\left(\frac{\partial\gamma}{\partial x}\right)_{\max} = \frac{3\pi\lambda_s\Delta\sigma}{4\mu_0 M_s\cos\theta}\cdot\frac{\delta}{l} \qquad (5.5.4)$$

对于多晶体,θ 可在 $0\sim\frac{\pi}{2}$之间变化。我们取其平均值$\overline{\cos\theta}=\frac{1}{2}$。于是有

$$H_0 = \frac{3\pi\lambda_s\Delta\sigma}{2\mu_0 M_s}\cdot\frac{\delta}{l} \qquad (5.5.5)$$

它相当于最大磁化率所对应的磁场。

现在我们估计不可逆畴壁位移的磁化率。当外磁场 H 增加到 H_0 的范围,位移距离大约为内应力周期 l 的数量级。因此,磁化强度的变化为

$$M = 2M_s\cos\theta\cdot l\cdot S_{180^\circ} \qquad (5.5.6)$$

取 $S_{180^\circ}\approx 1/l$,于是可得出单晶体的不可逆壁移磁化率

$$\chi_{ir} = \frac{M}{H_0} = \frac{8\mu_0 M_s\cos^2\theta}{3\pi\lambda_s\Delta\sigma}\cdot\frac{l}{\delta} \qquad (5.5.7)$$

对于多晶体,以$\overline{\cos^2\theta}=\frac{1}{3}$代入,得到

$$(\chi_{ir})_{多晶} = \frac{8\mu_0 M_s^2}{9\pi\lambda_s\Delta\sigma}\cdot\frac{l}{\delta} \qquad (5.5.8)$$

$(\chi_{ir})_{多晶}$对应于材料的最大磁化率 χ_m。

与式(5.2.15a)相比较,χ_{ir}比 χ_i 约大了 4 倍。但是这个数字没有任何实际意义(在一些金属软磁材料中,χ_{ir}比 χ_i 大十几倍乃至几十倍)。重要的是,通过对式

(5.5.8)的分析,可以找出提高材料 χ_m 的途径。

2. 参杂理论

仍以图 5-7 所示的杂质立方点阵模型为例计算 180°畴壁位移。假定在位移过程中畴壁能密度 γ 不变,并且暂不考虑杂质所引起的散磁场的影响,将自由能随位移的变化仅视为由畴壁面积的变化所致。于是可有

$$\frac{\partial F}{\partial x} = \frac{\gamma}{a^2}\frac{\partial S}{\partial x} \tag{5.5.9}$$

其中 a 为杂质点阵常数,S 为畴壁面积。如畴壁位移距离为 x,则应有

$$S = a^2 - \pi(r^2 - x^2) \tag{5.5.10}$$

设外磁场 $\boldsymbol{H}$ 与畴内磁化矢量 $\boldsymbol{M}_s$ 间的夹角为 θ,由此可求出不可逆畴壁位移的临界场为

$$H_0 = \frac{1}{2\mu_0 M_s \cos\theta}\left(\frac{\partial F}{\partial x}\right)_{\max} = \frac{\pi\gamma}{\mu_0 M_s \cos\theta}\cdot\frac{r}{a^2} \tag{5.5.11}$$

其中将 x 的最大值取为 r。再将 $\cos\theta$ 以平均值$\frac{1}{2}$代入,于是应有

$$H_0 = \frac{2\pi\gamma}{\mu_0 M_s}\cdot\frac{r}{a^2} \tag{5.5.12}$$

以杂质的体积浓度 $\beta = \frac{4\pi}{3}\frac{r^3}{a^3}$代入,并近似地将 γ 取为 $K_1\delta$,(略去磁弹性能部分),最后得到

$$H_0 = \left(\frac{3}{4\pi}\right)^{\frac{2}{3}}\frac{2\pi K_1}{\mu_0 M_s}\beta^{\frac{2}{3}}\frac{\delta}{r} \tag{5.5.13}$$

对于参杂模型同样可以求出不可逆位移的磁化率。我们可以作如下的估算:当外磁场 H 增加到 H_0 时,畴壁大约位移了一个杂质晶格常数 a 的距离。因此,在这一过程中磁化强度的变化为

$$M = 2M_s\cos\theta\cdot a\cdot S_{180^\circ} \tag{5.5.14}$$

由此可导出单晶体不可逆畴壁位移的磁化率为

$$\chi_{ir} = \frac{M}{H_0} = \frac{2\mu_0 M_s^2\cos^2\theta\cdot a^3\cdot S_{180^\circ}}{\pi\gamma r} \tag{5.5.15}$$

取 $S_{180^\circ} = 1/l$,l 为磁畴宽度。将$\overline{\cos^2\theta} = \frac{1}{3}$代入,得多晶体的不可逆畴壁位移磁化率

$$(\chi_{ir})_{多晶} = \frac{2\mu_0 M_s^2 a^3}{3\pi\gamma r l} \tag{5.5.16}$$

令 $l = a/\alpha$,α 为一比例系数。于是

$$(\chi_{ir})_{多晶} = \frac{2\mu_0 M_s^2 \alpha a^2}{3\pi\gamma r} \tag{5.5.17}$$

$(\chi_{ir})_{多晶}$对应于材料的最大磁导率 χ_m。将式(5.5.17)与式(5.2.19)相比较,由于 a 大于 r,故 χ_{ir}大于 χ_i。并且我们看到 a 与 r 之比越大,χ_m 越大。

二、不可逆畴壁位移的实验研究——巴克豪生跳跃[13]

以上介绍了不可逆畴壁位移过程的两种简单理论模型,下面讨论对这一现象所进行的实验观测。如前所述,不可逆畴壁位移发生在磁化曲线最陡的区域(即最大磁化率区)。在这一区域,磁化过程可以用图 5-27(a)来说明。图中大圆内的曲线是 P 点的磁化曲线放大 10^9 的示意结果。由图 5-27 可见,每一有限的磁化强度变量 ΔM 包括两部分

$$\Delta M_{总} = \Delta M_r + \Delta M_B = \chi_r \Delta H + \Delta M_B \tag{5.5.18}$$

其中 χ_r 为可逆磁化率;ΔM_B 为不可逆磁化部分,称为巴克豪生跳跃。由上式知

$$\chi_{总} = \chi_r + \chi_B \tag{5.5.19}$$

$\chi_{总}$为磁化曲线的平均磁化率,χ_B 为不可逆磁化率。

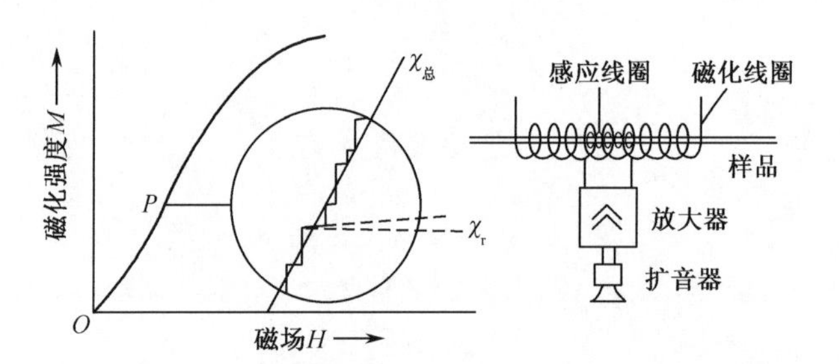

(a) 磁化曲线上不可逆位移过程部分　(b) 巴克毫生跳跃的实验证明

图 5-27

不可逆磁化部分可以通过实验来观测。图 5-27(b)是进行这种实验的装置图。当磁化线圈内的磁场逐渐增强时,样品中产生的不可逆磁化将在感应线圈内感生出脉冲电流。如果我们在感应线圈末端接一放大器和扬声器,我们便可听到“劈啪”的声音。如果在放大器后接一示波器,我们便可看到脉冲波形。

铁磁性金属中磁化强度的不连续跳跃磁化过程是巴克豪生首先发现的。后来,泰因道尔(Tyndall)、波佐尔特和狄凌格尔(Bozorth and Dillinger)、佛尔斯特、泰布尔等人进一步研究了这种跳跃的平均大小及数目等。下面介绍他们的工作。依照原论文,介绍采用 CGS 单位制。

1) 波佐尔特和狄凌格尔用示波器记录下感应线圈内的脉冲电流,求得了巴克豪生跳跃的平均大小。图 5-28 给出了波佐尔特和狄凌格尔的一个结果[14]。图中的每一脉冲峰即相当于一个巴克豪生跳跃。实验中采用两组串联反接的测量线

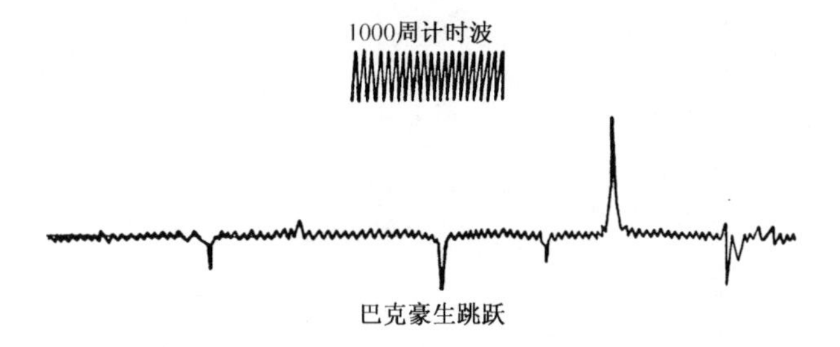

图 5-28　在 81% Ni,19% Fe 合金丝(直径 1 毫米)内的巴克豪生跳跃
上图为每秒 1000 周的计时波

圈,故脉冲峰有上下两种方向,每一脉冲峰下的面积代表一个巴克豪生跳跃的大小。当反复磁化的磁场变化快时,两组线圈内的脉冲互相重叠,使磁化强度的变化太小,量不出来,只有当磁场变化慢时,才可以看出不连续变化出现在磁滞回线的上下两个陡峭部分,总的变化接近于用冲击法测量的数值。

设样品在感应线圈内的总体积为 V,通过一个巴克豪生跳跃而反磁化的体积为 v,相应的磁通量变化为 $\Delta\Phi$,则

$$\frac{\Delta\Phi}{8\pi M_{\mathrm{s}}q}=\frac{v}{V} \tag{5.5.20}$$

其中,q 为样品的截面积。由此可得每一个跳跃的感应电荷为

$$\int i\mathrm{d}t=A\cdot\frac{8\pi M_{\mathrm{s}}q}{V}\cdot v \tag{5.5.21}$$

其中,A 是线路的常数。感应电荷 $\int i\mathrm{d}t$ 可经过放大线路而测量。

由于样品内的涡流阻尼了磁通量的变化,故在一个跳跃中 Φ 和$\frac{\mathrm{d}\Phi}{\mathrm{d}t}$对时间的变化曲线如图 5-29 所示。假设各个跳跃中 Φ 和$\frac{\mathrm{d}\Phi}{\mathrm{d}t}$的变化规律都相同(只差一相乘因数),则由式(5.5.21)可得

$$\left.\begin{aligned}&i=A\cdot\frac{8\pi M_{\mathrm{s}}q}{V}\cdot v\cdot f(t)\\&\int_{-\infty}^{+\infty}f(t)\mathrm{d}t=1\end{aligned}\right\} \tag{5.5.22}$$

设单位时间内的巴克豪生跳跃数为 n,则平均电流为

$$\bar{i}=A\cdot\overline{\frac{\mathrm{d}\Phi}{\mathrm{d}t}}=A\cdot\frac{8\pi M_{\mathrm{s}}q}{V}\bar{v}n \tag{5.5.23}$$

平均平方电流为

$$\overline{i^2} = n\int_{-\infty}^{+\infty} i^2 \mathrm{d}t = \left(A \cdot \frac{8\pi M_s q}{V}\right)^2 \overline{v^2} \cdot n\int_{-\infty}^{+\infty} f^2(t)\mathrm{d}t \tag{5.5.24}$$

由式(5.5.23)和(5.5.24)可将 n 消去,而得出

$$\frac{\overline{v^2}}{\bar{v}} = \frac{V\,\overline{i^2}}{A^2 \cdot 8\pi M_s q \dfrac{\mathrm{d}\Phi}{\mathrm{d}t}\displaystyle\int_{-\infty}^{+\infty} f^2(t)\mathrm{d}t} \tag{5.5.25}$$

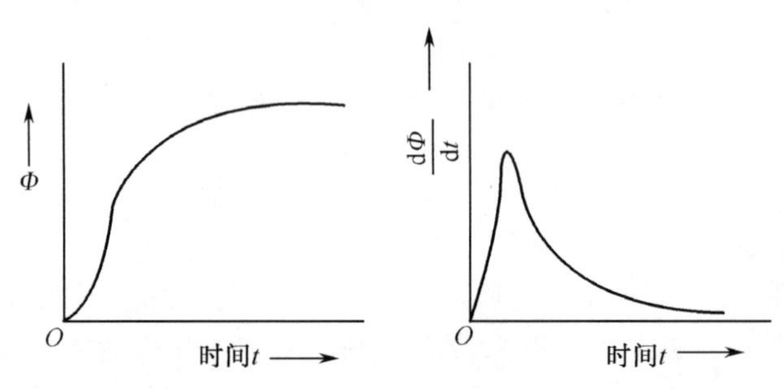

图 5-29　在一个巴克豪生跳跃中 Φ 和$\dfrac{\mathrm{d}\Phi}{\mathrm{d}t}$随时间的变化

由样品(按圆柱体计算)内的涡流变化,可以证明

$$\int_{-\infty}^{+\infty} f^2(t)\mathrm{d}t = \frac{2\rho}{q\mu_r} \tag{5.5.26}$$

其中 ρ 为样品的电阻率,μ_r 为可逆磁导率。据波佐尔特的估计,$\bar{v}^2=0.7\,\overline{v^2}$, $V=ql$,则

$$\bar{v} = \frac{0.2 l\mu_r \overline{i^2}}{A^2 \rho B_s \dfrac{\mathrm{d}B}{\mathrm{d}t}} \tag{5.5.27}$$

这里已将 $B_s=4\pi M_s$, $\dfrac{\mathrm{d}B}{\mathrm{d}t}=\dfrac{1}{q}\dfrac{\mathrm{d}\Phi}{\mathrm{d}t}$代入了。$l$ 为由样品内的巴克豪生跳跃而受影响的感应线圈的长度。l 并不等于线圈长度而是依赖于 μ_r 而定,可以由实验测出。

波佐尔特等应用式(5.5.27)计算了铁、镍和一些 Fe-Ni 合金在其磁滞回线一支上的 $\bar{v}(H)$。图 5-30 引证了他们对于铁样品的实验结果。$\bar{v}$ 的最大值出现在矫顽力 H_c 附近的磁场。

在上述结果中,50Fe-50Ni 合金中的 $\bar{v}$ 最大,约为 $4\times10^{-8}\mathrm{cm}^3$。而铁中的 $\bar{v}$ 则只有 $10^{-9}\mathrm{cm}^3$ 左右。其他各人的测量结果也都与此相符。

2) 泰布耳等指出以上所计算的 $\bar{v}$ 只能代表在放大线路的灵敏度以上的平均跳跃体积。他们提出了另一个平均体积 v_m 的定义为相当于不可逆磁通量变化的一半,即相当于$\dfrac{1}{2}(\Delta M_{总}-\Delta M_r)$的体积。凡是体积 $v>v_m$ 的巴克豪生跳跃均可从实验上测量。

巴克豪生跳跃数目的分布是由泰布耳等测量的[15]。这些研究工作利用了放

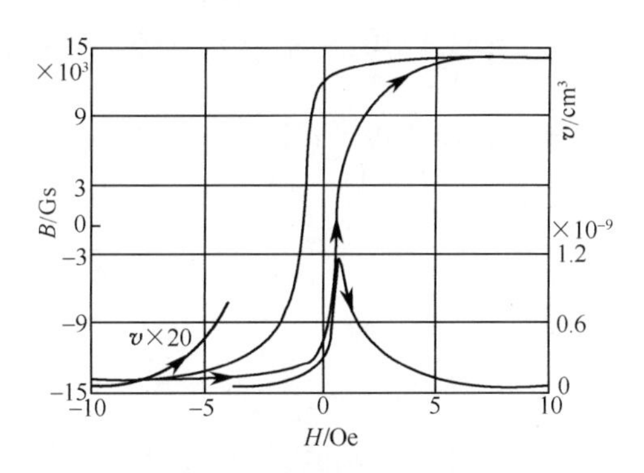

图 5-30　铁的磁滞回线一支上的
巴克豪生跳跃平均体积

大线路和脉冲分析线路(impulse discriminator),在磁滞回线某一分支上的巴克豪生跳跃中,选取磁通变量 ΔM 大于一定数值以上所产生的脉冲数目 N 并把它记录下来,然后做出 N 对 ΔM 的关系曲线。他们试验了三种磁滞形状不同的样品:①硬拉伸的铁样品 Fe1;②特殊热处理使晶粒长大的铁样品 Fe2;③充分退火软化的镍样品。图 5-31 画出了他们的结果(磁场变化速度为 $0.2\sim20\times10^{-4}$Oe/s)。

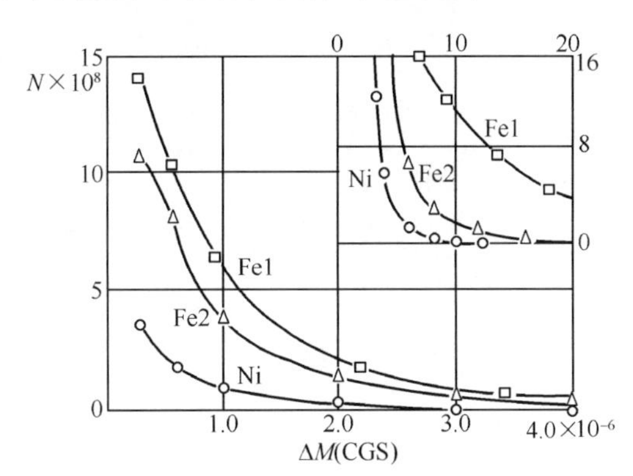

图 5-31　三种样品的 $N(\Delta M)$ 曲线(每单位体积内)

泰布耳等由此求出$\dfrac{\mathrm{d}N}{\mathrm{d}(\Delta M)}$对 ΔM 的关系曲线,即跳跃数目的分布曲线,见图 5-32。

由图 5-32 可见,在三种样品中,巴克豪生跳跃数目的分布都不是对称的。除样品 Fe2 外,其他两种样品的情形相似,即 ΔM 愈小,相应的跳跃数目愈大。

由图 5-32 还可求出 $\Delta M\cdot\dfrac{\mathrm{d}N}{\mathrm{d}(\Delta M)}$,即在 $\mathrm{d}(\Delta M)$范围内磁通总变量中的不可逆变量的部分。因此,在巴克豪生跳跃中总的不可逆磁通变量为

$$\Delta M_B=\int_{\Delta M_1}^{\Delta M_2}\Delta M\frac{\mathrm{d}N}{\mathrm{d}(\Delta M)}\cdot\mathrm{d}(\Delta M)=\int_{\Delta M_1}^{\Delta M_2}\Delta M\cdot\mathrm{d}N \qquad (5.5.28)$$

即等于图 5-31 中曲线与纵坐标轴之间的面积(ΔM_1,ΔM_2 为磁通变量的最小与最大值)。

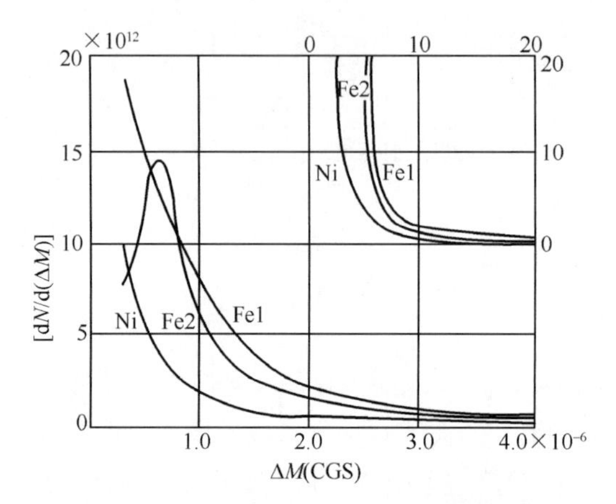

图 5-32 三种样品中的跳跃数目分布曲线

表 5-2 汇集了泰布耳等的结果。

表 5-2 三种样品中的巴克豪生跳跃

样品	磁场范围 (Oe)	ΔM (10^{-6}CGS)	ΔM_m (10^{-6}CGS)	$\Delta M_{总}$ (CGS)	ΔM_B (CGS)	ΔM_r (CGS)	$\Delta M_B+\Delta M_r$ (CGS)	v_m (10^{-10}cm³)
Fe1	18.6	0.3~35	1.6	2150	1844 (86%)	180 (8.4%)	2024 (94%)	4.6
Fe2	3.0	0.3~20	0.7	2180	1250 (57%)	110 (4.9%)	1400 (62%)	2.0
Ni	14.9	0.3~12	0.4	700	326 (46%)	115 (16.4%)	441 (63%)	4.1

表 5-2 中 $\Delta M_B+\Delta M_r\neq\Delta M_{总}$。如果将 ΔM 的下限外推到 $\Delta M=0$,则 Fe1 的 $\Delta M_B+\Delta M_r$ 可达到 $\Delta M_{总}$ 的 98%。其他两种样品的 $\Delta M_B+\Delta M_r$ 只能达到 $\Delta M_{总}$ 的 62%~63%,这个差异可能是由于许多巴克豪生跳跃连续发生,形成“阵雨”(shower)而不易分开记录之故。

泰布耳的实验证明,$\chi_{总}=\dfrac{\mathrm{d}M_{总}}{\mathrm{d}H}$,$\chi_r=\dfrac{\mathrm{d}M_r}{\mathrm{d}H}$和 $\chi_B=\dfrac{\mathrm{d}M_B}{\mathrm{d}H}$都随磁场强度而变化。三种磁化率都在同一磁场强度附近有一极大值。但这个磁场强度并不等于矫顽力,而比矫顽力略小一点。

以上是关于不可逆畴壁位移研究的部分实验结果。我们注意到,目前有关不可逆畴壁位移的研究,无论在理论方面还是在实验方面还都不够深入。特别是在理论方面,现有的理论结果还不能对金属软磁性材料的最大磁化率 χ_m 以及与 χ_m 对应的临界场 H_0 做出定量或半定量的计算,只能够对提高这类材料的 χ_m 提供某些指导。然而,在提高金属软磁性材料性能的研究方面却有长足进步。表 5-3 给出了一些典型金属软磁性材料的磁性参数,供参考。

表 5-3　某些典型金属软磁材料的磁性参数

材料	特征	成分/wt%	起始磁导率	最大磁导率	矫顽力/Oe	饱和磁感应强度/Gs, $T=300$K
Fe	商业用铁	99Fe	200	6 000	0.9	21 600
Fe	纯铁	99.9Fe	25 000	350 000	0.01	21 600
Si-Fe		96Fe,4Si	1 200	6 500	0.5	19 500
Si-Fe	晶粒取向(Hypersil)	97Fe,3Si	9 000	40 000	0.15	20 100
50 Permalloy	(Hypernik)	50Fe,50Ni		100 000	0.05	16 000
78Permalloy		78Ni,22Fe	4 000	100 000	0.05	10 500
Mumetal		18Fe,75Ni,5Cu,2Cr	20 000	100 000	0.05	7 500
Supermalloy		15Fe,79Ni,5Mo,0.5Mn	90 000	10^6	0.004	8 000
Permendur		50Fe,50Co	500	6 000	0.2	24 600
Fe-Co-V		49Fe,49Co,2V		100 000	0.2	23 000
Perminvar	磁场退火	34Fe,43Ni,23Co		400 000	0.03	15 000
Fe-Si-Al	(Sendust in powder)	85Fe,9.5Si,5.5Al	35 000	120 000	0.02	12 000

第六节　单晶体磁化过程的理论计算[13]

对于完整的单晶体来说,内部基本上无缺陷、无杂质,内应力接近于零。因此,畴壁位移几乎不受阻尼作用,在弱磁场范围内就可以完成畴壁位移过程。位移结束时,所有磁畴的磁化矢量 $\boldsymbol{M}_s$ 都将停留在与外磁场相接近的几个易磁化轴方向。按照奈尔在处理这一问题时所用的方法,把 $\boldsymbol{M}_s$ 具有相同方向的一类畴称为一种“磁相”。因此,当进一步增加磁场时,只能是各种不同磁相的磁化矢量的转动过程。于是可按转动过程计算磁化曲线。

设所研究的单晶体属于立方晶系,$K_1>0$(Fe 单晶体和 Si-Fe 单晶体就属于此类)。下面计算磁场沿这类晶体不同晶轴方向时的磁化曲线。至于对其他类型的单晶体(如 Ni 单晶体属于立方晶系,$K_1<0$;钴单晶体属于六角晶系,$K_1>0$),读者可以仿照本节的内容自行计算。

1. 磁场平行于[100]方向

如图 5-33a 所示,因 F_K 和 F_H 沿[100]方向都是极小值,故在很小的磁场中,经过畴壁位移后立即达到技术饱和。

2. 磁场平行于[110]方向

晶体在磁畴位移过程完成后,只存在两种"磁相",即 $\boldsymbol{M}_s /\!/ [100]$ 和 $\boldsymbol{M}_s /\!/ [010]$ 的两类磁畴(如图 5-33b)。但因 $\boldsymbol{H}$ 的方向和这两种相的 $\boldsymbol{M}_s$ 方向对称,故可以用一个磁相的转动过程来计算。$\boldsymbol{M}_s$ 的方向余弦为

$$\alpha_1 = \cos(45° - \theta) = \frac{1}{\sqrt{2}}(\cos\theta + \sin\theta)$$

$$\alpha_2 = \sin(45° - \theta) = \frac{1}{\sqrt{2}}(\cos\theta - \sin\theta)$$

$$\alpha_3 = 0$$

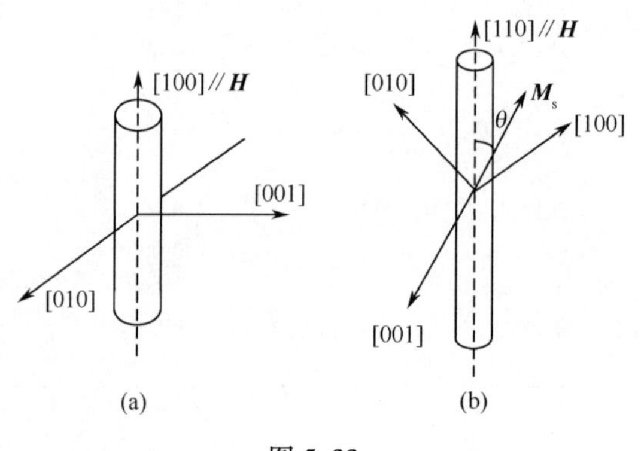

图 5-33

晶体的总自由能为(略去退磁场能)

$$F = F_K + F_H = K_0 + K_1\left(\frac{1}{2} - \cos^2\theta\right)^2 - \mu_0 H M_s \cos\theta \qquad (5.6.1)$$

令 $j = \cos\theta = \dfrac{M}{M_s}$,并略去 K_0 常数项,则式(5.6.1)可写为

$$F(j) = \frac{1}{4}K_1(2j^2 - 1)^2 - \mu_0 H M_s j$$

由 $\dfrac{\partial F}{\partial j} = 0$,得出

$$H = \frac{2K_1}{\mu_0 M_s}(2j^2 - 1)j \qquad (5.6.2)$$

式(5.6.2)是磁化曲线的方程式,该曲线及对 Fe 的实验结果见图 5-34。

当 $H=0$ 时，$j=0$ 或 $\frac{1}{\sqrt{2}}$。$j=0$ 代表完全退磁状态；$j=\frac{1}{\sqrt{2}}$ 即 $M_r=\frac{M_s}{\sqrt{2}}$ 代表剩磁状态，也就是畴壁位移结束时的 M 值，由此开始进入转动过程。

当 $j=1$ 时

$$H_s[110]=\frac{2K_1}{\mu_0 M_s} \qquad (5.6.3)$$

这是达到饱和磁化时所需要的磁场。以 Fe 的数据代入，$H_s[110]\approx 3.9\times 10^4$A/m（或 490Oe）。

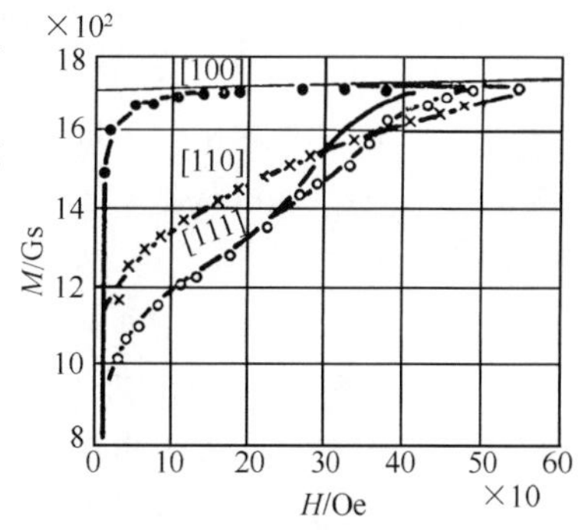

图 5-34 铁在 5℃下的磁化曲线

3. 磁场平行于[111]方向

在低磁场中的畴壁位移过程结束后，磁畴均匀分布为三种磁相，它们的 M_s 方向分别平行[100]，[010]，[001]三个方向，因此，磁相浓度为 $n_1=n_2=n_3=\frac{1}{3}$，$\bar{n}_1=\bar{n}_2=\bar{n}_3=0$，由于对称关系，$M_s$ 的平衡位置在(110)对称面内（如图 5-35 所示）。因[111]方向与三个主晶轴的夹角为 $\cos^{-1}\frac{1}{\sqrt{3}}$，故 M_s 的方向余弦为

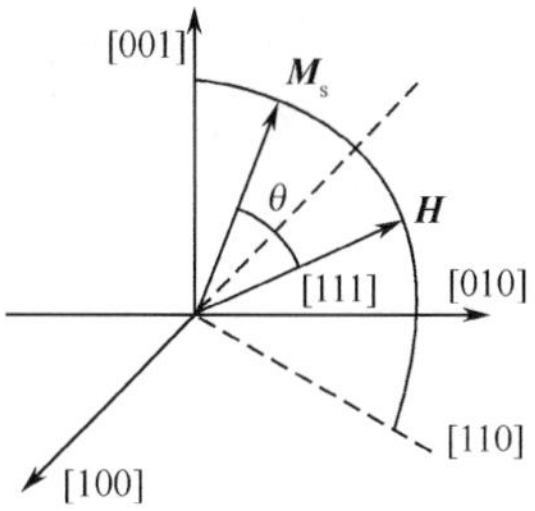

图 5-35

$$\alpha_1=\sqrt{\frac{1}{3}}\cos\theta+\sqrt{\frac{2}{3}}\sin\theta$$

$$\alpha_2^2=\alpha_3^2=\frac{1}{2}(1-\alpha_1^2)$$

将 F_K 表示为 $j=\cos\theta$ 的函数，再应用自由能等于极小值的条件，可得磁化曲线方程为

$$\mu_0 HM_s=\frac{K_1}{3}\left[j(7j^2-3)+\sqrt{2}(4j^2-1)^{\frac{1}{2}}(1-j^2)^{\frac{1}{2}}\right]$$
$$+\frac{K_2}{18}\left[j(1-16j^2+23j^4)-\sqrt{2}(1-j^2)^{\frac{1}{2}}(1-9j^2+10j^4)^{\frac{1}{2}}\right]$$
$$(5.6.4)$$

由式(5.6.4)可知，当 $H=0$ 时，$j=\frac{1}{\sqrt{3}}$，即 $M_r=M_s/\sqrt{3}$ 为剩余磁化，也就是 M_s 开始转动时所具有的磁化强度。

当 $j=1$ 时

$$H_s[111]=\frac{4K_1}{3\mu_0 M_s}+\frac{4K_2}{9\mu_0 M_s} \tag{5.6.5}$$

为沿[111]方向饱和磁化时所需要的磁场。对于 Fe,$H_s[111]\approx 2.9\times 10^4$A/m(或367Oe)。理论及对 Fe 的实验结果见图 5-34。

以 Fe 为例,将以上三种情况的计算结果与实验进行了比较,两者基本上是符合的。特别在高场范围,符合程度较高。在低场范围(40Oe 以下),计算结果略高于实验值。出现这一偏差的原因与样品尺寸效应有关。所有的实验样品在尺寸上都是有限的,为了减少退磁场能,在样品的表面部分将产生封闭畴。封闭畴中磁化矢量的分布与主畴不同,其磁化过程也与主畴不同。在充分考虑到封闭畴对磁化过程的影响后,计算结果可以在更大的磁场范围内与实验相符合。对于大的单晶样品,封闭畴的影响明显地削弱,理论与实验的符合情况也明显地变好。

4. 一般情况的计算

当外磁场沿单晶体的任意方向时,以上计算的简化假设不能应用,但如考虑晶体内的退磁场影响,则在某些情况下仍然可以应用。奈尔正是在这一分析的基础上提出了计算单晶体磁化曲线的理论[16],劳顿和斯蒂瓦特(Lawton-Stewart)在这一理论的引导下对 Fe 单晶体的磁化过程进行了分析和计算[17]。下面我们以劳顿和斯蒂瓦特的计算为例介绍这种方法。

首先,我们认为在畴壁位移过程中,晶体内各类磁畴并未完全合并为一种磁相。因此在转动磁化过程中,仍有位移过程发生。在这过程中,各磁畴的 $\boldsymbol{M}_s$ 所产生的退磁场与外磁场的矢量和成为晶体内的有效磁场。奈尔指出,如果假设晶体内的有效场是均匀的(即忽略磁畴间的散磁场影响及样品的边界效应),有效场($\boldsymbol{H}=\boldsymbol{H}_e+\boldsymbol{H}_d$)对晶体内每一种“磁相”的作用就是等同的。也就是说,畴壁两边的 $\boldsymbol{M}_s$ 方向相对于有效磁场的方向是对称的。这样畴壁两边的压力相等而畴壁平衡。可以证明,上述这一原则与“自由能取极小值”原理是一致的。

作为以上讨论的例子,我们介绍圆盘形或旋转椭球形铁单晶体的磁化曲线的计算。设圆盘面(或旋转椭球的赤道面)为(100)面,磁场 $\boldsymbol{H}_e$ 在该面内任意方向。

在退磁状态下,晶体内共有 6 类磁畴,$\boldsymbol{M}_s$ 分别为[100],[$\bar{1}$00],[010],[0$\bar{1}$0],[001]及[00$\bar{1}$]方向,各磁畴浓度为 $n_1,\bar{n}_1,n_2,\bar{n}_2,n_3,\bar{n}_3$。为简单起见,我们假设 $n_3=\bar{n}_3=0,n_1+\bar{n}_1+n_2+\bar{n}_2=1$。

磁化过程可分为三个阶段:

(1) *四相阶段*　假设畴壁位移时无阻力。当磁场由零起而增加时(磁场方向与[100]的夹角为 ϕ),磁畴的分布使晶体的合磁矩平行于外磁场 $\boldsymbol{H}_e$。退磁场与外磁场相加的有效磁场为零。即

$$M_{/\!/}=\frac{H_e}{N},\quad M_{\perp}=0 \tag{5.6.6}$$

式中 N 是退磁因数。在这一过程中

$$\left.\begin{aligned}(n_1-\bar{n}_1)M_s &= M_{/\!/}\cos\phi \\ (n_2-\bar{n}_2)M_s &= M_{/\!/}\sin\phi\end{aligned}\right\} \tag{5.6.7}$$

因而

$$\frac{n_1-\bar{n}_1}{n_2-\bar{n}_2}=\frac{\cos\phi}{\sin\phi} \tag{5.6.8}$$

由式(5.6.6),(5.6.7)和式(5.6.8)可以计算在不同的 H_e 数值下,各磁相的浓度及 $M_{/\!/}$。

当 H_e 逐渐增加时,$\bar{n}_1$ 及 $\bar{n}_2$ 逐渐减小,$M_{/\!/}$逐渐增加(通过畴壁位移过程)到 $\bar{n}_1=\bar{n}_2=0$ 即 $n_1+n_2=1$ 时,四相阶段结束。此时

$$\left.\begin{aligned}M_{/\!/} &= \frac{M_s}{\cos\phi+\sin\phi} \\ n_1 &= \frac{\cos\phi}{\cos\phi+\sin\phi},\ n_2=\frac{\sin\phi}{\cos\phi+\sin\phi}\end{aligned}\right\} \tag{5.6.9}$$

转动磁化过程开始。

(2) 两相阶段　　在这一阶段内,我们假定外磁场 $\boldsymbol{H}_e$ 与退磁场 $N\boldsymbol{M}_s$ 的合磁场 $\boldsymbol{H}$ 取对称于两个易磁化轴的[110]方向。n_1M_s 及 n_2M_s 均转向外磁场方向,同时通过畴壁位移 n_1 将随 n_2 的减少而增加。

由图 5-36 可知,沿[110]方向

$$\begin{aligned}M_{[110]} &= n_1M_s\cos(45^\circ-\beta)+n_2M_s\cos(45^\circ-\beta) \\ &= M_s\cos(45^\circ-\beta)\end{aligned} \tag{5.6.10}$$

对于 $M_{[110]}$的计算,可以应用磁场平行[110]方向时的公式(5.6.2),即

$$2K_1(2j^2-1)j=\mu_0HM_s \tag{5.6.11}$$

$$j=\frac{M_{[110]}}{M_s}$$

其中,

$$H=H_e\cos(45^\circ-\phi)-NM_{[110]} \tag{5.6.12}$$

为晶体内的有效磁场。

由图 5-36 可知

$$H\cos(45^\circ-\phi)=H_e-NM_{/\!/}$$

$$H\sin(45^\circ-\phi)=NM_{\perp}$$

因此

$$\left.\begin{aligned}M_{/\!/} &= \frac{H_e-H\cos(45^\circ-\phi)}{N} \\ M_{\perp} &= \frac{H}{N}\sin(45^\circ-\phi)\end{aligned}\right\} \tag{5.6.13}$$

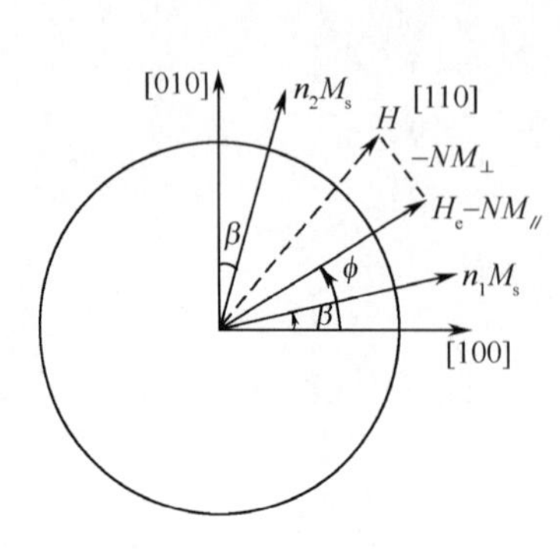

图 5-36　两相阶段

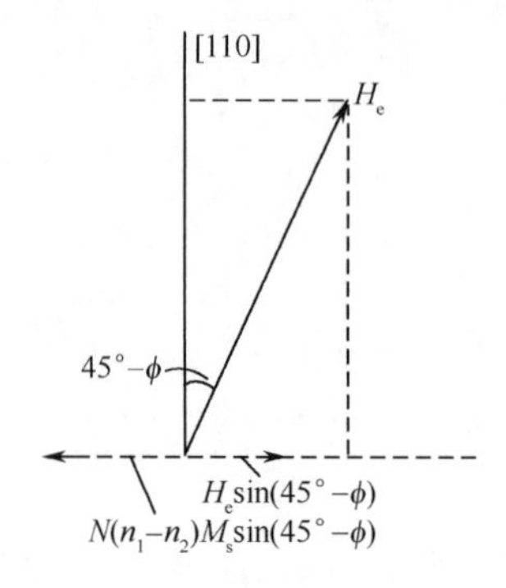

图 5-37　垂直于[110]的合磁场为零

两种磁相 n_1M_s 及 n_2M_s 的转角 β 由自由能 F 等于极小值的条件决定：

$$F = K_1\sin^2\beta\cos^2\beta - \mu_0 HM_s\cos(45° - \beta) \tag{5.6.14}$$

由 $\frac{\partial F}{\partial \beta}=0$ 可得

$$\mu_0 HM_s\sin(45° - \beta) = \frac{K_1}{2}\sin4\beta \tag{5.6.15}$$

浓度 n_1 及 n_2 可以利用 $H/\!/[110]$的假设求得(因为这时垂直于[110]的合磁场等于零,见图 5-37),考察垂直于[110]方向的磁场,可知

$$N(n_1 - n_2)M_s\sin(45° - \beta) = H_e\sin(45° - \phi)$$

即

$$N(2n_1 - 1)M_s\sin(45° - \beta) = H_e\sin(45° - \phi)$$

故

$$\left.\begin{aligned} n_1 &= \frac{1}{2} + \frac{1}{2}\frac{H_e}{NM_s}\frac{\sin(45° - \phi)}{\sin(45° - \beta)} \\ n_2 &= 1 - n_1 \end{aligned}\right\} \tag{5.6.16}$$

由式(5.6.11)及式(5.6.12)可以计算 H_e 及 H。由式(5.6.15)可以计算不同 H 下的 β 角。然后由式(5.6.16)可以计算两相阶段中的磁相浓度。

(3) 单相阶段　　当 H_e 再增加时, $n_2\to0$, $n_1\to1$,直至单相阶段开始,这时

$$NM_s\sin(45° - \beta) = H_e\sin(45° - \phi) \tag{5.6.17}$$

当 H_e 继续增长时,这个关系就不能再成立。在这阶段内的自由能为

$$F = K_1\sin^2\beta\cos^2\beta - \mu_0 H_e M_s\cos(\phi - \beta) + \frac{\mu_0}{2}NM_s^2$$

由 $\frac{\partial F}{\partial \beta}=0$ 可得

$$H_e = \frac{K_1}{2\mu_0 M_s}\frac{\sin4\beta}{\sin(\phi - \beta)} \tag{5.6.18}$$

并有

$$\left.\begin{aligned} M_{/\!/} &= M_s\cos(\phi - \beta) \\ M_{\perp} &= M_s\sin(\phi - \beta) \end{aligned}\right\} \tag{5.6.19}$$

由式(5.6.17)和式(5.6.18)可以计算这一阶段的磁化曲线。

将式(5.6.18)代入式(5.6.19)的第二方程,可得

$$M_{\perp} = \frac{K_1}{2\mu_0 H_e}\sin 4\beta$$

因此,晶体受到的转矩作用为

$$T_H = M_{\perp}\mu_0 H_e = \frac{K_1}{2}\sin 4\beta \tag{5.6.20}$$

这就是第四章第三节中的式(4.3.10)。由此可知,只有当 H_e 很大,使晶体中只有一种磁相时,才能由转矩曲线(5.6.20)来测定 K_1。

由式(5.6.20)可知,测量 T_H 及 H_e 就可以确定 $M_{\perp}$ 曲线。

图 5-38 表示出理论计算的磁化曲线与实验结果的比较(沿用原论文的 CGS 单位制)。实验结果是本多等(Honda-Kaya)的数据。OA 为四相阶段,AB,$A'B'$ 为两相阶段,BC,$B'C'$ 为单相阶段,计算时取 $M_s = 1700\text{Gs}$,$K_1 = 4\times10^6\text{erg/cm}^3$,磁场方向为 $\phi = 20°$。

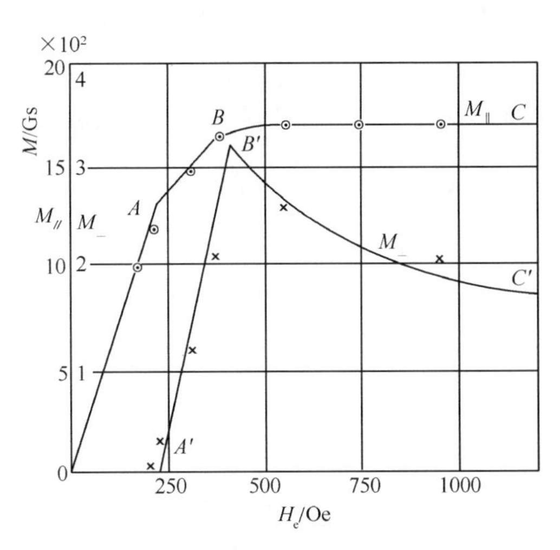

图 5-38　铁单晶的磁化曲线

第七节　多晶体在强磁场中的磁化曲线——趋近饱和定律[13]

上一节计算了单晶体的磁化曲线。对于多晶体,由于各晶粒的晶轴取向混乱以及晶粒之间的相互作用,磁畴结构变得复杂,使畴壁位移过程与磁化矢量转动过程两个阶段不易分开。因此,至今尚不能对多晶体在中等磁场范围内的磁化曲线

做严格的计算。但是,到了强磁场范围,位移过程将完全停止,磁化矢量转动成为磁化的惟一方式。在这种情况下,由于各种多晶体的磁化均来自转动过程,因此具有共同的规律性,即它们普遍遵守趋近饱和定律。研究多晶体在趋近饱和阶段的磁化规律,一方面可以帮助我们了解材料的内部结构,另一方面可以用于测定材料的饱和磁化强度 M_s 和磁晶各向异性常数 K_1。顺便说明,利用趋近饱和定律测定 K_1 是用静态手段确定多晶材料 K_1 的惟一方法。对于难以制备单晶体的材料而言,这一方法有着特殊的意义。

强磁场中的趋近饱和定律可以归纳为如下的形式

$$M = M_s\left(1 - \frac{a_1}{H} - \frac{a_2}{H^2} - \frac{a_3}{H^3} - \cdots\right) \tag{5.7.1}$$

在更高的磁场下,上式还增加一项顺磁磁化强度 $\chi_p H$,即

$$M = M_s\left(1 - \frac{a_1}{H} - \frac{a_2}{H^2} - \frac{a_3}{H^3} - \cdots\right) + \chi_p H \tag{5.7.2}$$

趋近饱和定律的现代理论基础是由阿库洛夫、干斯等奠定的。阿库洛夫的理论得出 a_2 及 a_3 等项。霍尔斯坦的理论得出 $\chi_p H$ 的一项。在此以前,外斯及其他作者的实验研究又得出 a_1 的一项。下面说明各项的来源。为了便于与实验结果比较,本节采用 CGS 单位制。

(1) 阿库洛夫假设在强磁场中的磁化过程只有 M_s 的转动过程(整个晶体只有一种磁相)[18]。先就单晶计算,然后就各晶粒平均,得出了 a_2。

设某一晶粒中 M_s 与磁场 H 间的角度为 θ,当 θ 很小时

$$M = M_s\cos\theta = M_s\left(1 - \frac{\theta^2}{2}\right) \tag{5.7.3}$$

晶体的自由能为

$$F = F_{各向异性} + F_{应力} - HM_s\cos\theta$$

由 $\frac{\partial F}{\partial \theta} = 0$ 可得

$$\frac{\partial}{\partial \theta}(F_{各向异性} + F_{应力}) = -HM_s\sin\theta \approx -HM_s\theta$$

我们注意到上式中的右端是晶体在磁场中所受的力矩。因此

$$\left[-\frac{\partial}{\partial \theta}(F_{各向异性} + F_{应力})\right]_{\theta \to 0}$$

代表这一力矩的量值。由于晶粒的方向是任意的,故

$$\left[-\frac{\partial}{\partial \theta}(F_{各向异性} + F_{应力})\right]_{\theta \to 0}$$

须以梯度 $[-\nabla(F_{各向异性} + F_{应力})]_{\theta \to 0}$ 代替。因而有

$$\theta = \frac{-1}{HM_s}[\nabla(F_{各向异性} + F_{应力})]_{\theta \to 0} \tag{5.7.4}$$

$\theta \to 0$ 是指整个计算是在强磁场中进行的。

用极坐标表示磁场 $\boldsymbol{H}(\rho,\phi)$、磁化强度 $\boldsymbol{M}_s(\rho',\phi')$及均匀应力 $\boldsymbol{\sigma}(\rho'',\phi'')$的方向,取晶体的一个易磁化轴为极轴。

将式(5.7.4)代入式(5.7.3)可得

$$M = M_s\left\{1 - \frac{[\nabla(F_{各向异性} + F_{应力}]^2_{\theta\to 0}}{2H^2M_s^2}\right\} \tag{5.7.5}$$

故

$$a_2 = \frac{1}{2M_s^2}[\nabla(F_{各向异性} + F_{应力})]^2_{\theta\to 0} \tag{5.7.6}$$

因

$$[\nabla(F_{各向异性} + F_{应力})]^2 = \left(\frac{\partial F_{各向异性}}{\partial\rho'} + \frac{\partial F_{应力}}{\partial\rho'}\right)^2_{\theta\to 0} + \frac{1}{\sin^2\rho'}\left(\frac{\partial(F_{各向异性} + F_{应力})}{\partial\phi'}\right)^2_{\theta\to 0}$$

故可就立方晶体计算如下(略去 $F_{各向异性}$中的K_2 项)

$$F_{各向异性} = \frac{K_1}{4}(\sin^2 2\rho' + \sin^4\rho'\sin^2 2\phi') + \cdots$$

$$\begin{aligned}F_{应力} = -\frac{3}{2}\sigma\Big\{&\lambda_{100}[\sin^2\rho'\sin^2\rho''(\cos^2\phi'\cos^2\phi'' \\ &+ \sin^2\phi'\sin^2\phi'') + \cos^2\rho'\cos^2\rho''] \\ &+ 2\lambda_{111}\Big[\frac{1}{4}\sin^2\rho'\sin^2\rho''\sin 2\phi'\sin 2\phi'' \\ &+ \sin\rho'\cos\rho'\sin\rho''\cos\rho''\cos(\phi' - \phi'')\Big]\Big\}\end{aligned}$$

且有

$$\theta \approx \rho - \rho'$$

$$\left.\begin{aligned}\left(\frac{\partial F_{各向异性}}{\partial\rho'}\right)_{\theta\to 0} &= \frac{K_1}{2}(\sin 4\rho + \sin^2\rho\sin 2\rho\sin^2 2\phi') \\ \frac{1}{\sin\rho}\left(\frac{\partial F_{各向异性}}{\partial\phi'}\right)_{\theta\to 0} &= \frac{K_1}{2}\sin^3\rho\sin 4\phi' \\ \left(\frac{\partial F_{应力}}{\partial\rho'}\right)_{\theta\to 0} &= -3\sigma\lambda_{100}[\sin^2\rho''(\cos^2\phi'\cos^2\phi'' \\ &\quad + \sin^2\phi'\sin^2\phi'') - \cos^2\rho'']\sin\rho\cos\rho \\ &\quad - 3\sigma\lambda_{111}[(\cos^2\rho - \sin^2\rho)\cos(\phi' - \phi'')\sin\rho''\cos\rho'' \\ &\quad + \frac{1}{2}\sin\rho\cos\rho\sin^2\rho''\sin 2\phi'\sin 2\phi''] \\ \frac{1}{\sin\rho}\left(\frac{\partial F_{应力}}{\partial\phi'}\right)_{\theta\to 0} &= -3\sigma\Big\{-\lambda_{100}\frac{1}{2}\sin\rho\sin^2\rho''\sin 2\phi'\cos 2\phi''\end{aligned}\right\}$$

$$+ \lambda_{111}\left[\cos\rho \frac{1}{2}\sin 2\rho''\sin(\phi'' - \phi') + \sin\rho\sin^2\rho'' \frac{1}{2}\sin 2\phi''\cos 2\phi'\right]\Big\} \tag{5.7.7}$$

将式(5.7.7)代入式(5.7.6)即可算出 a_2,然后再就多晶体平均。这时可分开两种情形计算:

1) 应力是沿各方向分布的(弥散应力),但量值相同。将式(5.7.7)中各种可能的 ρ,ϕ 及ρ'',ϕ''代入式(5.7.6)而平均,可得

$$\bar{a}_2 = \frac{1}{16\pi^2}\int a_2\sin\rho\sin\rho''\mathrm{d}\rho\mathrm{d}\phi\mathrm{d}\rho''\mathrm{d}\phi'' = \frac{1}{M_s^2}\left[\frac{8}{105}K_1^2 + \frac{3}{25}(2\lambda_{100}^2 + 3\lambda_{111}^2)\sigma^2\right] \tag{5.7.8}$$

如果不略去 K_2,则上式为

$$a_2 = \frac{1}{M_s^2}\left[\left(\frac{8}{105}K_1^2 + \frac{16}{1155}K_1K_2 + \frac{8}{5005}K_2^2\right) + \frac{3}{25}(2\lambda_{100}^2 + 3\lambda_{111}^2)\sigma^2\right] \tag{5.7.9}$$

2) 应力平行于磁场方向,$\boldsymbol{\sigma} /\!/ \boldsymbol{H}(\rho=\rho'',\phi=\phi'')$,得

$$\bar{a}_2 = \frac{1}{M_s^2}\left[\frac{8}{105}K_1^2 + \frac{8}{35}K_1\sigma(\lambda_{100} - \lambda_{111}) + \frac{16}{35}\sigma^2(\lambda_{100} - \lambda_{111})^2\right] \tag{5.7.10}$$

a_3 的项以及更高次项可用同样方法计算。

关于趋近饱和定律中 a_2 项的实验研究,早期有泽林斯基、泡莱对铁、镍及坡莫合金的实验[19,20],近来则有奈尔、潘孝硕、巴尔费诺夫等人的工作[21~23]。下面引证了他们一部分结果(见图 5-39 及图 5-40)。

泽林斯基测量的是样品的磁化率,与此相对应的趋近饱和定律为

$$\chi = \frac{\mathrm{d}M}{\mathrm{d}H} = \frac{a}{H^3} + \frac{b}{H^2} + \frac{c}{H^4} + \chi_p(H,T) \tag{5.7.11}$$

其中

$$a = 2M_s a_2, \quad b = a_1 M_s, \quad c = 3a_3 M_s$$

做 χ 对 H^{-3}的图线。如式(5.7.1)及式(5.7.11)是正确的,则该图线应为直线。实验得到,对于铁,在从 800~2500Oe 的磁场范围内,图线确是一直线。对于镍也是一样,只是磁场的下限更低一些。

如果 $\sigma=0$,则由图线的斜率可求出

$$a = 2M_s a_2 = \frac{16}{105}\cdot\frac{K_1^2}{M_s} \tag{5.7.12}$$

由式(5.7.12)可以求出铁和镍的各向异性常数 K_1。对于镍,这方法只能求出 K_1 的绝对值,不能定其符号。因此这一实验可作为测定 K_1 的方法之一,目前已被一

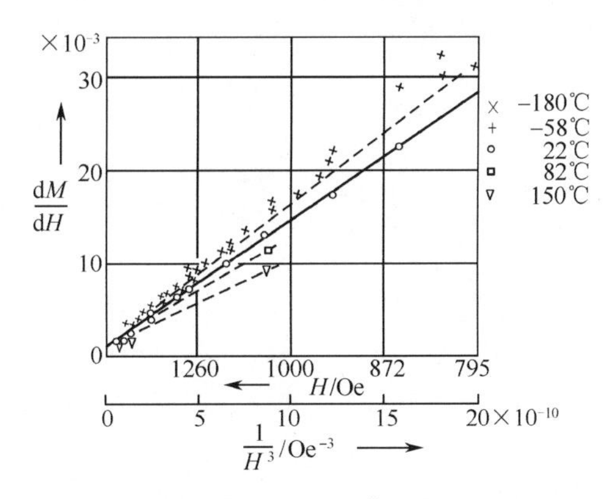

图 5-39(a)　Fe 的磁化率对 H^{-3}的关系(Czerlinsky)

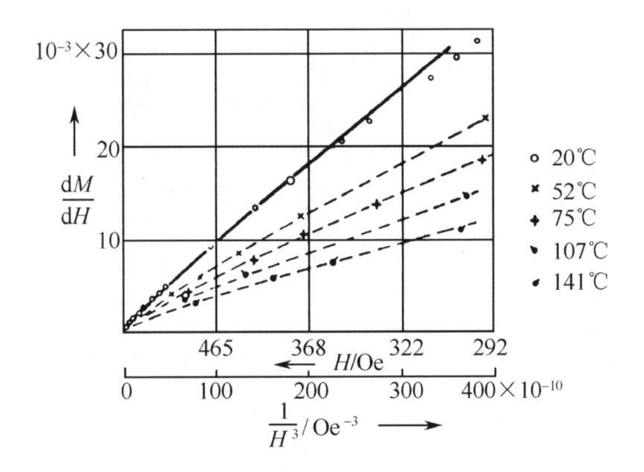

图 5-39(b)　Ni 的磁化率对 H^{-3}的关系(Czerlinsky)

些人用来测定多晶样品的 K_1。泽林斯基及其他作者(如泡莱、巴尔费诺夫等)用这一方法测定的结果与用单晶的转矩曲线测得的结果十分符合。

泡莱对镍在不同温度下(由 +135℃ 到 −253℃)的磁化率进行了测量。他的结果(见图 5-40)可以用下式表示

$$\chi = \frac{dM}{dH} = \frac{a}{H^3} + \frac{b}{H^2} + \chi_p$$

或

$$(\chi - \chi_p)H^3 = a + bH \tag{5.7.13}$$

由图 5-40 可见,$(\chi - \chi_p)H^3$ 对 H 的图线确为一直线。直线在纵坐标上的截距等于 a。由不同温度下的 a 可以计算镍在不同温度下的 K_1。这样所得 K_1 随温度的变化也与单晶实验的结果相合。

(2) 外斯和其他作者(如斯泰因浩斯等)的实验研究证实了趋近饱和定律中的

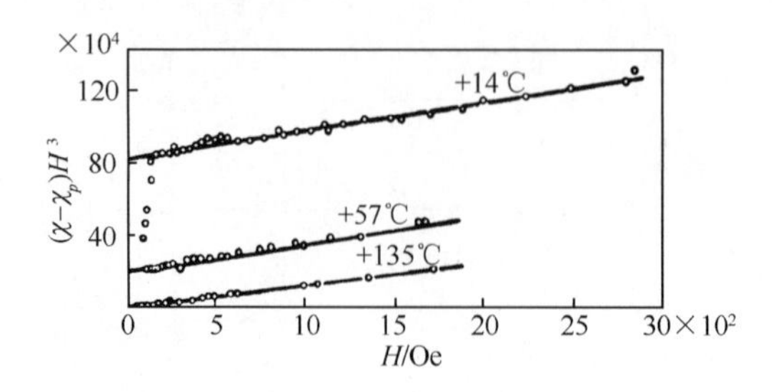

图 5-40(a) Ni 的$(\chi-\chi_p)H^3$与 H 的关系(Polley)

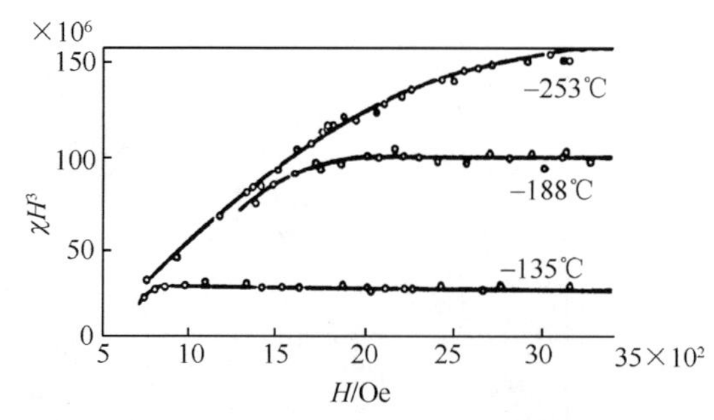

图 5-40(b) Ni 的 χH^3 与 H 的关系(Polley)

$-\dfrac{a_1}{H}$一项。这一项的来源不同于$-\dfrac{a_2}{H^2}$项。它的物理意义有两种解释:

1) 布朗认为在晶体内部有剧烈的不均匀的局部形变(位错)可以影响很大体积范围内的电子自旋分布,使其发生微扰,因而推迟了趋近饱和的过程。布朗证明,在趋近饱和律中,与此相关的项不只一项,而应为以下的形式

$$M=M_s\left(1-\frac{a_1'}{H^{\frac{1}{2}}}-\frac{a_1''}{H}-\frac{a_1'''}{H^{\frac{3}{2}}}-\frac{a_2}{H^2}-\frac{a_3}{H^3}-\cdots\right) \tag{5.7.14}$$

其中 a_1',a_1'',a_1''' 三项是相当于点分布、面分布和体分布的局部应力。

巴尔费诺夫研究了铁、镍及坡莫合金在范性形变下的趋近饱和律,证实了布朗的公式[23]。不过布朗的理论还带有初步的性质,需要进一步准确化。

2) 奈尔的解释不同[21]。他认为在铁磁体中的空隙,弱磁性或非磁性参杂物产生了散磁场,使晶体内磁化不均匀,因而阻止其达到饱和。根据复杂的计算,奈尔指出,散磁场可以导致$\dfrac{a_1}{H}$项,其中 a_1 与空隙或参杂物的体积浓度有关。奈尔采用细铁粉烧结的样品,改变其密度,证明在达到 10 000Oe 的磁场中 $M=M_s\left(1-\dfrac{a_1}{H}\right)$。

(3) 在更高磁场中,顺磁磁化过程起着主要作用。霍尔斯坦和普利马科夫应

用自旋波理论证明[24]，在低温及高磁场范围

$$\chi_p = \frac{M_0 - M_T}{M_0} \cdot \frac{1}{297}\left(\frac{4\pi\mu_B M_0}{\kappa_B T}\right)^{\frac{1}{2}}\left[\left(\frac{4\pi M_0}{H}\right)^{\frac{1}{2}} + \arcsin\left(\frac{4\pi M_0}{H + 4\pi M_0}\right)^{\frac{1}{2}}\right] \tag{5.7.15}$$

其中，M_T 是在 T 温度下的磁化强度；M_0 是绝对饱和磁化强度。

由式(3.8.43)可知，当温度较低而磁场较强($H \approx 4\pi M_s$)时，由 $\frac{M_0 - M_T}{M_0} \approx cT^{\frac{3}{2}}$(布洛赫 $T^{\frac{3}{2}}$定律)可得 χ_p 的近似式为

$$\chi_p \propto \frac{T}{\sqrt{H}} \tag{5.7.16}$$

上式表明内禀磁化率 χ_p 与温度成正比。这就是说，在高磁场作用下，热运动会使平行于磁场方向的自旋数目增大。

测量顺磁磁化曲线有很大的困难。主要问题是实验必须在温度足够低及磁场足够高的条件下进行，以保证其他磁化过程(由磁晶各向异性产生的相当于$\frac{a_2}{H^2}$的转动过程及相当于$\frac{a_1}{H}$的过程)皆可略去，而只存在顺磁磁化过程。表 5-4 引证了有关这方面的实验结果。

表 5-4　Fe 和 Ni 的内禀磁化率 χ_p

实　验　者	Fe	Ni	所　用　磁　场
理论计算值	1.7×10^{-4}	1.2×10^{-4}	$H = 4000$Oe, $T = 287$K
考　夫　曼	$3.8\sim4.8\times10^{-4}$	—	3000～3500Oe
泡　　莱	—	1.3×10^{-4}	3000～3500Oe
巴尔费诺夫	5.0×10^{-4}	2.0×10^{-4}	4000Oe

由表 5-4 可见，对于铁，χ_p 的理论值与实验数值相差几乎三倍，这主要是由于实验条件(磁场只到 3000～3500Oe)不能保证把顺磁过程与其他磁化过程分开。在以上实验中也还不能完全证明式(5.7.16)。巴尔费诺夫对于镍、坡莫合金及吕夕费合金(Alsifer)进行测量，磁场达到 12 000Oe[23]。所得的 $\chi_p \propto \frac{1}{\sqrt{H}}$。

以上所引证的只是对铁和镍的实验结果，对于钴尚无可靠的数据。

第八节 反磁化过程——由畴壁不可逆位移引起的磁滞

从本节开始我们研究反磁化过程。反磁化过程是指铁磁体沿一个方向达到技术饱和磁化状态后逐渐减小磁场到零然后再沿相反方向达到技术饱和磁化状态的过程。和磁化过程一样,反磁化过程也是通过两种方式来进行的:畴壁位移和磁化矢量转动。反磁化过程的主要特征是存在着磁滞现象,即磁化强度的变化落后磁场变化的现象。如前所述,磁滞现象来自不可逆磁化过程,它的表现形式是磁滞回线。因此,研究不可逆磁化的各种形式以及它与磁滞回线的关系便成为研究反磁化过程的主要内容。

磁滞现象的存在说明有能量损耗。可以证明,铁磁体在磁化一周的过程中所损耗的外磁场能等于磁滞回线所包围的面积,这些能量以热的形式放出。

由磁滞回线可以定义三个主要磁学量:剩余磁化强度 M_r、矫顽力 H_c 和最大磁能积 $(BH)_{max}$。最后一项表示铁磁体在开路状况下存储磁能的最大值。对于永磁材料而言,$(BH)_{max}$是一个重要参数。在以上三个磁性参数中,矫顽力 H_c 是表征磁滞的主要磁学量。它代表大量反磁化所对应的磁场,或者说代表反磁化过程中的“平均”磁场。从某种意义上说,研究反磁化问题的核心就是计算矫顽力。

在介绍磁化过程时我们曾经指出,对畴壁位移的阻尼主要来自于应力和参杂,对磁化矢量转动的阻尼主要来自于各种形式的磁各向异性能。在反磁化过程中,同样存在着上述阻尼。康多尔斯基在做了上述分析后提出了产生磁滞的两种机理:

1) 在畴壁不可逆位移过程中,由应力和参杂所引起的磁滞;

2) 在磁化矢量不可逆转动过程中,由磁各向异性能所引起的磁滞。

与磁化过程不同,反磁化过程是从技术饱和磁化状态开始的。在技术饱和状态下,铁磁体内部一般不存在磁畴结构。因此反磁化过程似乎无法通过畴壁位移进行。但是深入的研究表明,在铁磁体的晶粒边界或参杂物附近总会存在着一些磁化方向与主体磁矩不一致的小区域(称为“反磁化核”)。在足够强的反磁化场作用下,这些反磁化核将成长为“反磁化畴”,为反磁化过程中的畴壁位移提供了条件。因此,反磁化核的成长过程就成为产生磁滞的另一种机理。

除以上三种机理外,近些年还研究证明,晶格的点缺陷、面缺陷对畴壁的钉扎也是引起磁滞的一种重要机制。这种晶格缺陷既可能来自空穴、异类原子,也可能来自晶粒间界、堆垛层错和反相边界。对于铁磁晶体来说,带有一定的普遍性。畴壁钉扎理论的提出是对矫顽力理论的一个补充。

在后面的几节中,我们将对上述各种磁滞机理做较详细讨论。本节首先讨论畴壁不可逆位移所引起的磁滞。

在一级近似下,我们取畴壁不可逆位移的临界场 H_0 作为矫顽力。对于 180°

畴壁位移而言,由式(5.1.6)可知,当外磁场平行于 $\boldsymbol{M}_s$ 时这一临界场为

$$H_{0,0}=\frac{1}{2\mu_0 M_s}\left(\frac{\partial F}{\partial x}\right)_{\max} \tag{5.8.1}$$

在更一般的情况下,如果外磁场与 $\boldsymbol{M}_s$ 间的夹角为 θ,则临界场为

$$H_0=\frac{1}{2\mu_0 M_s\cos\theta}\left(\frac{\partial F}{\partial x}\right)_{\max} \tag{5.8.2}$$

可见,θ 不同,H_0 大小也不同。H_0 与 $H_{0,0}$ 间的关系如图 5-41 所示。

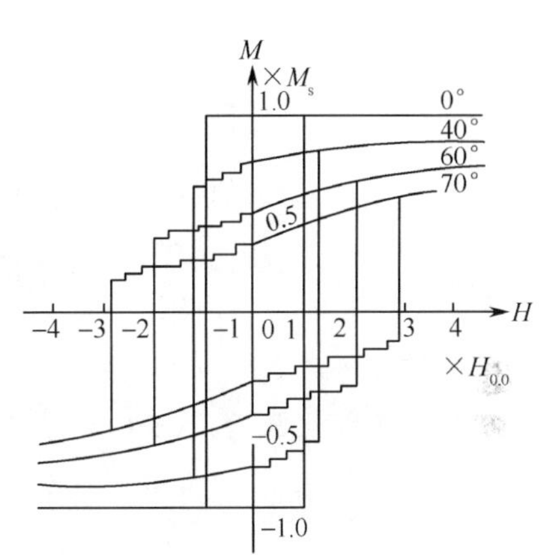

图 5-41　单轴各向异性晶粒取不同 θ 角时的饱和磁滞回线

根据前面的讨论,在畴壁位移过程中自由能 F 的变化缘于两种机制:应力的起伏和杂质的分布。由此而建立起两种矫顽力理论:

(1) *内应力理论*　当晶体内部的杂质极少、内应力不均匀成为畴壁位移的主要阻力时,自由能 F 随位置的变化表现为畴壁能密度随位置的变化。因而有

$$H_0=\frac{1}{2\mu_0 M_s\cos\theta}\left(\frac{\partial \gamma}{\partial x}\right)_{\max} \tag{5.8.3}$$

借助于 $\gamma=\delta(\alpha K_1+\beta\lambda_s\sigma)$ 并假设内应力 σ 随位置的变化形式为

$$\sigma=\sigma_0+\frac{\Delta\sigma}{2}\sin\frac{2\pi x}{l} \tag{5.8.4}$$

由此得到

$$\left(\frac{\partial \gamma}{\partial x}\right)_{\max}=\beta\lambda_s\delta\left(\frac{\partial \sigma}{\partial x}\right)_{\max}$$

故有

$$H_0=\frac{\beta\lambda_s\delta}{2\mu_0 M_s\cos\theta}\left(\frac{\partial \sigma}{\partial x}\right)_{\max} \tag{5.8.5}$$

在计算 $\left(\frac{\partial \sigma}{\partial x}\right)_{\max}$ 时,有两种不同的情况,即 $\delta\ll l$ 和 $\delta\gg l$。下面分别讨论。

1) 当 $\delta\ll l$ 时,可以认为整个畴壁厚度上的应力相同但随畴壁所在位置而变化,因此

$$\left(\frac{\partial \sigma}{\partial x}\right)_{\max}\approx\frac{\Delta\sigma}{l}$$

$$H_0=\frac{\beta\lambda_s\Delta\sigma}{2\mu_0 M_s\cos\theta}\left(\frac{\delta}{l}\right) \tag{5.8.6}$$

在多晶体中,上式中的 θ 在 0 到 $\pi/2$ 范围内变化,$\cos\theta$ 的平均值为

$$\overline{\cos\theta} = \frac{\int_0^{2\pi}\int_0^{\pi/2}\cos\theta\sin\theta\mathrm{d}\theta\mathrm{d}\varphi}{\int_0^{2\pi}\int_0^{\pi/2}\sin\theta\mathrm{d}\theta\mathrm{d}\varphi} = \frac{1}{2}$$

因此

$$H_c = \overline{H}_0 = \frac{\beta\lambda_s\overline{\Delta\sigma}}{\mu_0 M_s}\left(\frac{\delta}{l}\right) \approx p_0\frac{\lambda_s\overline{\Delta\sigma}}{\mu_0 M_s} \tag{5.8.7}$$

其中 $p_0 \approx \frac{\delta}{l} \ll 1$。

若用 CGS 单位制，$H_c = \frac{\beta\lambda_s\overline{\Delta\sigma}}{M_s}\left(\frac{\delta}{l}\right) \approx p_0\frac{\lambda_s\overline{\Delta\sigma}}{M_s}$。

2) $\delta \gg l$，即应力起伏波长比畴壁厚度小得多。当畴壁位移经过应力不均匀的地方(设为 $x = x_0$)时，由于应力不均匀的范围比畴壁厚度小得多，故应力不均匀范围内的原子磁矩方向将受应力的影响，从而使该处的畴壁能增加应力能。将应力随位置的变化取为式(5.8.4)中的形式，增加的应力能为

$$\Delta\gamma_\sigma = \beta\lambda_s\sin^2\theta\int_{x_0-\frac{l}{2}}^{x_0+\frac{l}{2}}(\sigma - \sigma_0)\mathrm{d}x \approx \frac{1}{2}\beta\lambda_s\Delta\sigma l\sin^2\theta \tag{5.8.8}$$

对于单轴铁磁晶体，如将畴壁中央取为 $x = 0, \theta = 90°$，则由变分法可以证明畴壁内磁化矢量的角度 θ 与所在位置 x 之间有如下关系

$$\cos\theta = -\tanh\left(\frac{x}{\delta_0}\right)$$

其中 $\delta_0 = \sqrt{\frac{A}{K_1}}$，近似等于 180°畴壁厚度 δ 的$\frac{1}{5}$。由上式可得

$$\sin^2\theta = \frac{1}{\cosh^2\left(\frac{x}{\delta_0}\right)} \tag{5.8.9}$$

将上式代入式(5.8.8)，得

$$\Delta\gamma_\sigma = \frac{1}{2}\beta\lambda_s\Delta\sigma l\frac{1}{\cosh^2\left(\frac{x}{\delta_0}\right)} \tag{5.8.10}$$

即有

$$\frac{\partial\Delta\gamma_\sigma}{\partial x} = -\frac{\beta\lambda_s\Delta\sigma l}{\delta}\cdot\frac{\sinh\left(\frac{x}{\delta_0}\right)}{\cosh^3\left(\frac{x}{\delta_0}\right)} \tag{5.8.11}$$

当$\frac{x}{\delta_0} = -0.66$ 时，$-\frac{\sinh\left(\frac{x}{\delta_0}\right)}{\cosh^3\left(\frac{x}{\delta_0}\right)}$有极大值 0.385。代入上式得

$$\left(\frac{\partial \gamma_{\sigma}}{\partial x}\right)_{\max} = 0.385\beta\lambda_{s}\Delta\sigma \cdot \frac{l}{\delta} \tag{5.8.12}$$

故

$$H_{c} = \overline{H}_{0} = \frac{0.385\beta\lambda_{s}\overline{\Delta\sigma}}{2\mu_{0}M_{s}\overline{\cos\theta}}\left(\frac{l}{\delta}\right) = \frac{0.385\beta\lambda_{s}\overline{\Delta\sigma}}{\mu_{0}M_{s}}\left(\frac{l}{\delta}\right) \approx p_{0}\frac{\lambda_{s}\overline{\Delta\sigma}}{\mu_{0}M_{s}} \tag{5.8.13}$$

其中 $p_{0}\approx\frac{l}{\delta}\ll 1$。

若用 CGS 单位制，$H_{c}=\frac{0.385\beta\lambda_{s}\overline{\Delta\sigma}}{M_{s}}\left(\frac{l}{\delta}\right)\approx p_{0}\frac{\lambda_{s}\overline{\Delta\sigma}}{M_{s}}$。

以上两式中的 p_0 不同，但都$\ll 1$，因此按 180°畴壁的不可逆位移计算的 H_0 是很小的，只有在 $\delta\approx l$ 即 $p_0\approx 1$ 时，H_0 才有最大值。

以上(5.8.7)和(5.8.13)两式对于矫顽力 H_c 或临界场 H_0 只是一种数量级的估计。这是因为内应力分布规律及 p_0 的大小强烈地依赖于材料的结构，很难确定。虽然如此，以上理论所得到的定性结论还是得到大量的实验证明。这些结论是：

1）H_0 或 H_c 随内应力起伏的平均值$\overline{\Delta\sigma}$的增大而成比例地增大；

2）当内应力的变化周期 l 与畴壁厚度 δ 有相同的数量级时，H_0 或 H_c 最大。

对于 90°畴壁的不可逆位移，可做类似的计算。如假定内应力的分布具有式(5.2.6)的形式，其临界场 H_0 或矫顽力 H_c 的量级为

$$\overline{H}_{0}(90^{\circ}) = p_{0}'\frac{\lambda_{s}\overline{\Delta\sigma}}{\mu_{0}M_{s}}$$

图 5-42 引证了对两种不同热处理的纯镍丝的实验结果：

(a) 软的淬火镍丝(内应力由范性形变产生)

$$H_{c} = 0.4\frac{\lambda\cdot\overline{\Delta\sigma}}{\mu_{0}M_{s}}$$

(b) 硬拉镍丝(以后经过再结晶热处理)

$$H_{c} = 0.14\frac{\lambda\cdot\overline{\Delta\sigma}}{\mu_{0}M_{s}}$$

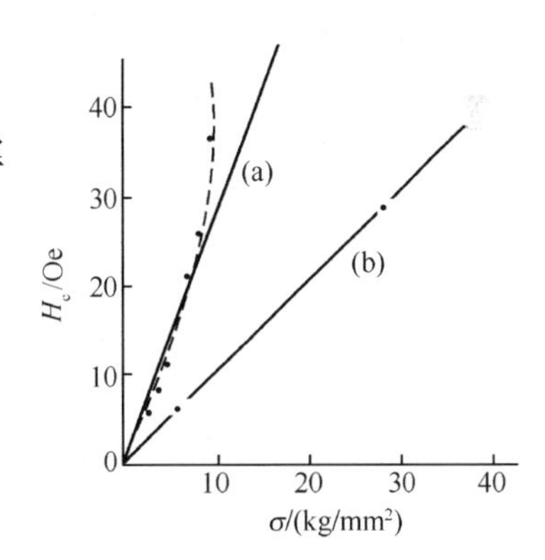

图 5-42　镍的 H_c 与内应力的关系

其中$\overline{\Delta\sigma}$可由起始磁化率推算(见式(5.2.9))：

$$\chi_{i} \approx \frac{8}{3\pi}\frac{\mu_{0}M_{s}^{2}}{\lambda_{s}\overline{\Delta\sigma}}$$

(2) 参杂理论　　当铁磁物质内部存在着从过饱和的固溶体中脱溶出来的参杂物质而内应力的变化不大时，就需要应用参杂理论。

为简便计，我们把前面的式(5.8.3)即 $H_{0}=\frac{1}{2\mu_{0}M_{s}\cos\theta}\left(\frac{\partial\gamma}{\partial x}\right)$中的 γ 代换为 γS，

并将全式除以畴壁平均面积 S。假定 γ 不随位移而变,或变化甚小,则临界场 H_0 为

$$H_0 = \frac{\gamma}{2\mu_0 M_s \cos\theta S}\left(\frac{\partial S}{\partial x}\right)_{\max} \tag{5.8.14}$$

与本章第二节相同,假设杂质分布为立方点阵,杂质的球直径为 d,点阵常数为 a,则

$$\left(\frac{\partial S}{\partial x}\right)_{\max} = \left(\frac{2\pi x}{a^2}\right)_{x=\frac{d}{2}} = \frac{\pi d}{a^2}, \quad S \approx 1$$

$$H_0 = \frac{\gamma}{2\mu_0 M_s \cos\theta}\frac{\pi d}{a^2} \tag{5.8.15}$$

以杂质的体积浓度 $\beta = \frac{\pi}{6}\left(\frac{d}{a}\right)^3$ 代入,并应用 γ 与畴壁厚度 δ 的关系 $\gamma = \delta \cdot K_1$(略去应力能),于是

$$H_c = \overline{H}_0 = \alpha \frac{K_1}{\mu_0 M_s}\beta^{\frac{2}{3}}\frac{\delta}{d} \approx p\frac{K_1}{\mu_0 M_s}\beta^{\frac{2}{3}} \tag{5.8.16}$$

其中

$$\alpha = \pi\left(\frac{6}{\pi}\right)^{\frac{2}{3}} \approx 5.0, \quad p = \alpha\frac{\delta}{d}$$

若用 CGS 单位制,$H_c = \alpha\frac{K_1}{M_s}\beta^{\frac{2}{3}}\frac{\delta}{d} \approx p\frac{K_1}{M_s}\beta^{\frac{2}{3}}$。

仍以本章第二节中的碳钢为例,将杂质的体积浓度 β 换为重量浓度 z,$\beta = 0.16z$,并代入铁的 K_1 及 M_s 数值,则可得

$$\overline{H}_0 = 362 z^{\frac{2}{3}}\frac{\delta}{d}(\text{Oe}) \tag{5.8.17}$$

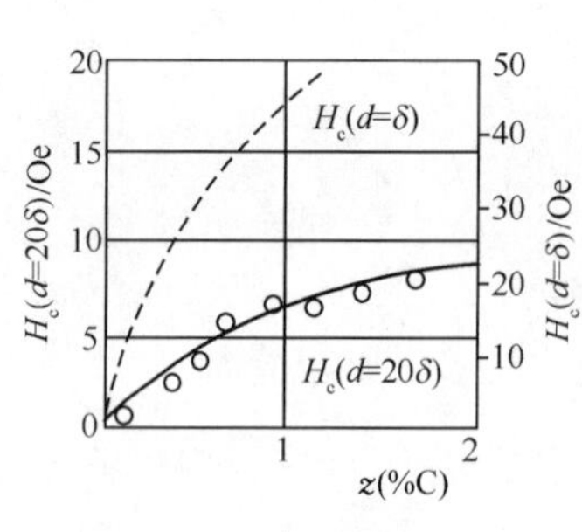

图 5-43 碳钢的 H_c 与含碳量的关系(CGS 单位制)

用不同 z 值的碳钢测量 H_c 的数值与由式(5.8.17)计算的数值在 $\delta \ll d$ 时$\left(例如\ \delta = \frac{d}{20}\right)$是符合的,见图 5-43。

在一般情形下,可将式(5.8.16)写作以下形式

$$\overline{H}_0 = p'\frac{K_{有效}}{\mu_0 M_s}\cdot\beta^n \tag{5.8.18}$$

其中 $K_{有效}$ 是包括残余应力的各向异性常数,$n \approx 1$,$\frac{2}{3}$ 或 $\frac{4}{3}$。乘数 p' 依赖于 $\frac{\delta}{d}$,当 $\delta \ll d$ 时,$p' \approx \frac{\delta}{d}$;当 $\delta \gg d$ 时,$p' \approx \frac{d}{\delta}$。

由式(5.8.18)可得以下三点基本结论:

1) H_0 或 H_c 随参杂物质的浓度 β 的增加而增加。

2）当参杂物质的弥散度使 $\delta \approx d$ 时，H_c 或 H_0 达到最大值。

3）H_0 或 H_c 对于温度的依赖性，基本上由 $K_{有效}(T)$ 和 $M_s(T)$ 对于温度的依赖性（$K_{有效}$ 的温度依赖性还通过 δ 而进入 p'）决定。因此，可由测量 $H_c(T)$ 的温度依赖性来证实该理论。

以上两种理论，特别是参杂理论，有一重要缺点：即没有考虑由杂质或内应力中心所引起的散磁场的作用。我们在本章第四节已经指出，当一平面 180°畴壁通过球状参杂物质时，如果 $\delta \ll d$，则表面磁极的散磁场能比畴壁能重要得多，因而在参杂物质附近将出现次级的奈尔畴。按照康多尔斯基和奈尔的计算[25,26]，当杂质较大（$d \gg \delta$）而且浓度很高（$\beta > 0.01$）时，H_c 基本上决定于杂质表面磁极的散磁场的强度。兹引证奈尔的计算结果如下

$$对于铁：H_c = 2.1v + 360v'(\mathrm{Oe}) \tag{5.8.19}$$

$$对于镍：H_c = 330v + 97v'(\mathrm{Oe}) \tag{5.8.20}$$

其中，v 为局部应力集中点的体积密度（应力 $\sigma = 30\mathrm{kg/mm^2}$）；$v'$ 为杂质的体积浓度，杂质的线度与畴壁厚度相近。

对于工程纯铁和镍，v, v' 均等于 10^{-3}。由上式可得，$H_c \approx 0.5\mathrm{Oe}$，与实验相符。

第九节　由反磁化核的成长引起的磁滞[13]

以上介绍了由畴壁不可逆位移过程引起的磁滞。位移过程的阻力主要来自内应力的不均匀和参杂物的存在，上一节我们已经分别建立起了内应力和参杂两种矫顽力理论。上一节还指出，位移的先决条件是要有畴壁存在，即要有反磁化畴存在。反磁化过程是从沿一个方向技术饱和磁化状态开始的，在样品已经被磁化到技术饱和的情况下，反磁化畴不可能存在。那么畴壁位移又如何进行呢？这是因为任何大块磁性材料，即使是相当完整的晶体，也不可避免地存在着局部的内应力或掺杂。在这些内应力或参杂存在的局部小区域内磁化矢量往往与整体磁化强度的方向存在着某些偏离，由于其体积甚小，故被称为“反磁化核”。一旦受到足够强的反磁化场，这些反磁化核将成长为反磁化畴，从而为反磁化过程的畴壁位移创造条件。下面介绍由反磁化核成长所引起的磁滞。

一、反磁化核成长的理论

反磁化核长大为反磁化畴，要抵抗一定的阻力。从能量的关系考虑，当核长大体积 $\mathrm{d}V$ 时，自由能的变化有以下几部分：

1）磁场能的变化 $2\mu_0 HM_s\mathrm{d}V$；

2）核的表面积增加 $\mathrm{d}S$ 而使畴壁能增加 $\gamma\mathrm{d}S$；

3) 退磁场能的变化 $dF_{退磁}$。

设发生不可逆位移的临界磁场为 H_0,则反磁化核能继续长大的条件为($dV>0$):

$$2\mu_0HM_s dV \geqslant 2\mu_0H_0M_s dV + \gamma dS + dF_{退磁} \tag{5.9.1}$$

式中的 dV,dS 及 $dF_{退磁}$等决定于反磁化核的形状和大小。

德棱详细研究了反磁化核长大的问题[27],对以上各项做了计算,其要点如下:

设反磁化核为一旋转椭球体,长半径为 l,短半径为 d,磁性体主体沿负 x 轴方向磁化到饱和(见图 5-44)。

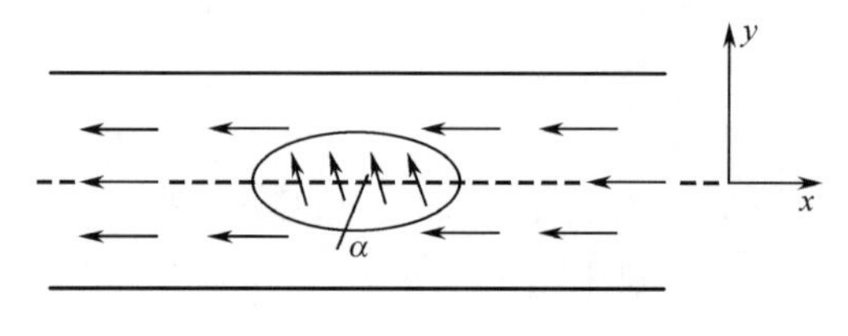

图 5-44

按上述模型计算式(5.9.1)中的退磁场能 $F_{退磁}$:

设反磁化核原来的磁化方向与材料主体一致,此时 $F_{退磁}=0$。可以设想反磁化核的形成是磁化强度由负 x 轴方向经过垂直方向而转向正 x 轴的方向的。这一转动过程所做的功就等于退磁场能。设在转动过程中的某一位置,核内磁化的方向角为 α(α 由 0 变到 π)。

反磁化核内部的退磁场有两部分:一部分是核外磁化强度在核内所产生的磁场 $-N_xM_s$;一部分是核本身的磁化强度所产生的退磁场 $N_xM_s\cos\alpha$ 和 $-N_yM_s\sin\alpha$。这里 N_x 为旋转椭球沿 x 轴的退磁因数,N_y 为沿 y 轴的退磁因数。故核内磁场为

$$\left.\begin{aligned} H_x &= -N_xM_s + N_xM_s\cos\alpha \\ H_y &= -N_yM_s\sin\alpha \end{aligned}\right\} \tag{5.9.2}$$

每单位体积的转矩 T 为

$$\begin{aligned} T &= -\mu_0H_xM_s\sin\alpha - \mu_0H_yM_s\cos\alpha \\ &= \mu_0N_xM_s^2\sin\alpha - \mu_0M_s^2(N_x - N_y)\sin\alpha\cos\alpha \end{aligned}$$

因此退磁场能为

$$F_{退磁} = V\int_{\alpha=0}^{\pi} T d\alpha = 2\mu_0N_xM_s^2V \tag{5.9.3}$$

对于细长的旋转椭球

$$N_x = \frac{1}{k^2}(\ln 2k - 1),其中\ k = \frac{l}{d}$$

式(5.9.1)两端积分的结果为

$$U = 2\mu_0 H M_s V - \gamma S - F_{退磁} \geqslant 2\mu_0 H_0 M_s V \tag{5.9.4}$$

其中，V = 旋转椭球体积 $= \frac{4}{3}\pi l d^2$，S = 细长旋转椭球的表面积 $\approx \pi l d (l \gg d)$。

反磁化核的长大有两种方式：一种是沿长轴 l 长大，开始长大时的条件由式(5.9.5)决定

$$\frac{\partial U}{\partial l} = 2\mu_0 H_0 M_s \frac{\partial V}{\partial l} \tag{5.9.5}$$

由此可得

$$d = \frac{\beta}{\mu_0(H - H_0)} \cdot \frac{1}{1 + \frac{M_s}{H - H_0} \frac{\ln 2k - 2}{k^2}} \tag{5.9.6a}$$

其中

$$\beta = \frac{3\pi\gamma}{8M_s}$$

另一种是沿短轴 d 长大，开始长大时的条件由下式决定

$$\frac{\partial U}{\partial d} = 2\mu_0 H_0 M_s \frac{\partial V}{\partial d} \tag{5.9.7}$$

由此可得

$$d = \frac{1}{2} \frac{\beta}{\mu_0(H - H_0)} \cdot \frac{1}{1 - \frac{2M_s}{H - H_0} \cdot \frac{\ln 2k - 1.25}{k^2}} \tag{5.9.8a}$$

若采用 CGS 单位制，式(5.9.6)和式(5.9.8)应分别改写为

$$d = \frac{\beta}{H - H_0} \cdot \frac{1}{1 + \frac{4\pi M_s}{H - H_0} \frac{\ln 2k - 2}{k^2}} \tag{5.9.6b}$$

$$d = \frac{1}{2} \frac{\beta}{H - H_0} \cdot \frac{1}{1 - \frac{8\pi M_s}{H - H_0} \cdot \frac{\ln 2k - 1.25}{k^2}} \tag{5.9.8b}$$

以上计算结果给出了反磁化核沿 l 轴和 d 轴开始长大时 l 和 d 的关系。图 5-45 以 $H - H_0$ 为参数画出了由式(5.9.6b)和式(5.9.8b)计算的曲线。计算采用的是 CGS 单位制，所以我们以下关于此图的说明也采用 CGS 单位制。由前面的分析可知，图 5-45 中的两条曲线是临界曲线，当 d 或 l 大于曲线所对应的数值时，反磁化核就可以继续长大。按照这一标准，图中的 l-d 平面可以分为四个区域：

区域Ⅰ，核沿长轴和短轴两方向均可长大。

区域Ⅱ，核只能沿长轴方向长大。

区域Ⅲ，核只能沿短轴方向长大。

区域Ⅳ，核不能长大，也不能缩小，即冻结的区域。

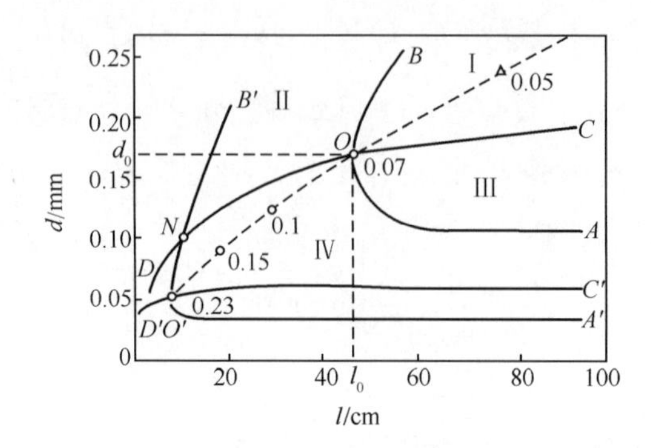

图 5-45　反磁化核长大时(和缩小时)的 d-l 临界曲线

(按 $H=0.15\mathrm{Oe}$, $H_0=0.08\mathrm{Oe}$, $\gamma=0.69\mathrm{erg/cm^2}$ 计算)AOB 为沿 d 轴长大的临界曲线,COD 为沿 l 轴长大的曲线,$A'O'B'$ 为沿 d 轴缩小的曲线,$C'O'D'$ 为沿 l 轴缩小的曲线

在两曲线的交点 O,核可以开始沿长轴和短轴两方向同时长大。当 $H-H_0$ 的数值改变时,O 点沿虚线的轨迹移动。

O 点的坐标(l_0,d_0)可由(5.9.6b)和(5.9.8b)两式相等求得

$$\frac{k_0^2}{\ln 2k_0-1.4}=\frac{20\pi M_s}{H-H_0} \tag{5.9.9}$$

$$k_0=\frac{l_0}{d_0}$$

$$d_0=\frac{5}{6}\frac{\beta}{H-H_0}\cdot\frac{\ln 2k_0-1.4}{\ln 2k_0-1.5} \tag{5.9.10}$$

因 k_0 永远是很大的,故式(5.9.10)可写为

$$d_0\approx\frac{5}{6}\frac{\beta}{H-H_0}=\frac{5\pi\gamma}{16M_s(H-H_0)} \tag{5.9.11}$$

在金属材料中核长大时,畴壁位移的速度由材料内的涡流影响来决定(见本章第五节)。在铁氧体中则由自旋弛豫决定。

由式(5.9.11)可见,反磁化核的长大必须外加磁场 H 超过临界场 H_0 时才能开始。核开始长大时的外场称为启动磁场 H_s,由式(5.9.11)得

$$H_s=H_0+\frac{5}{16}\frac{\pi\gamma}{M_s d_0} \tag{5.9.12}$$

式(5.9.12)是在 CGS 单位制中的形式。为了便于与实验结果比较,本节余下部分将全部采用这种单位制。

容易看出,如果 $H_0\lesssim H_s$,由这种磁化过程所决定的磁滞回线必然成为矩形。

当反磁化场达到大约为 H_s 时,磁化强度将以一个大的跳跃由 $+M_s$ 变为 $-M_s$,因此称为大巴克豪生跳跃。

观测大巴克豪生跳跃的反磁化过程,须选用具有矩形磁滞回线的样品,例如 68% Ni-Fe 合金丝样品在适当的均匀张力 σ 作用下,因其 $\lambda_s\sigma \gg K_1$, $\lambda_s > 0$,所以易磁化轴即为张力方向。这种样品的磁滞回线基本是矩形的(见图 5-46)。

由图 5-46 可见,当样品磁化饱和后,反磁化过程只有在外磁场达到负的临界场 H_0 以上时,才能以一个大跳跃实现。

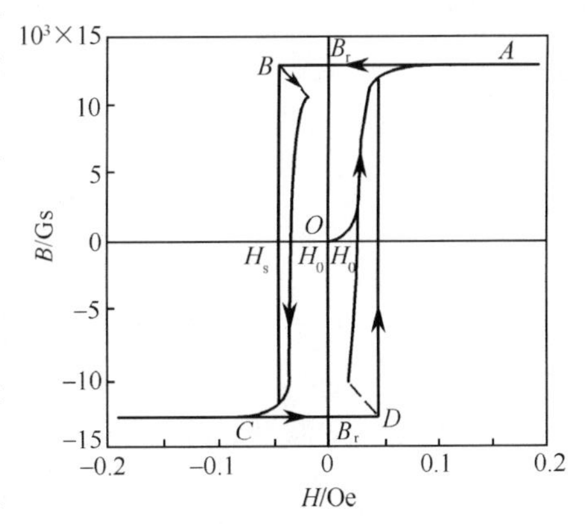

图 5-46　68% Ni-Fe 合金的磁滞回线（张力 = 11kg/mm²）

二、反磁化核成长的实验研究

对反磁化核成长进行实验研究的有普莱萨赫、西克塔斯及唐克斯[28]、狄克斯特拉和斯诺克等人。米罗什尼岑科改进了测量方法。这种研究工作的重要性有两点:①直接证实反磁化核成长所引起的磁滞;②有助于对于反磁化过程的动力学进行研究,并可测定畴壁的能量。

西克塔斯及唐克斯的实验原理如图 5-47 所示。样品为一均匀的坡莫合金丝(68% Ni,32% Fe)并施加适当张力 σ。M_1 为磁化线圈,绕于样品外围,产生主磁场。S 为启动磁化线圈,绕在样品的一端,产生局部的反磁化磁场。反磁化核长大时畴壁在样品内传播,经过测量线圈 C_1,C_2,在其中产生感应的脉冲电流。连接于 C_1,C_2 的计时装置可以直接测量脉冲通过 C_1,C_2 的时间间隔,从而算出畴壁位移速度。

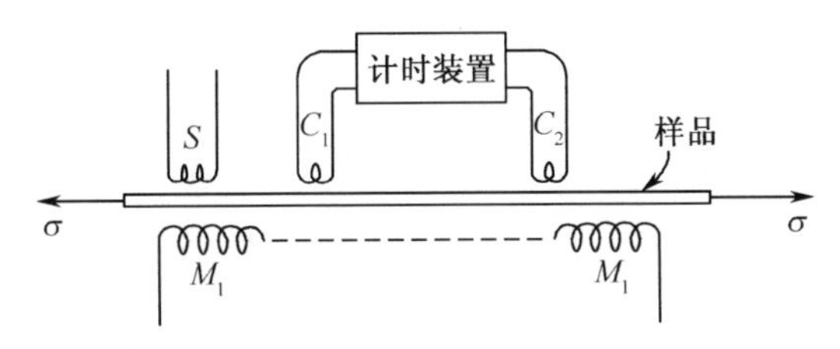

图 5-47　西克塔斯及唐克斯实验示意图

实验结果,证实了反磁化动力学的两个特征磁场值:

1) 启动场——如样品原来用主磁场 H 磁化到饱和(设其磁化方向向左),将主磁场反向(方向向右)而取小于 H_s 的数值时,因无足够大的反磁化核存在,样品不能反磁化,必须用启动线圈产生一局部磁场 H'。当 $H' \geqslant H_s$ 时,反磁化核才能迅速长大,然后成畴,其畴壁将以很大速度向右推进。反磁化过程开始时的磁场 $H' \geqslant H_s$ 称为启动场,由前所述

$$H_s \approx H_0 + \frac{5}{16}\frac{\pi\gamma}{M_s} \cdot \frac{1}{d_0} \tag{5.9.13}$$

2) 临界场——当反磁化核的畴壁位移开始后,只要主磁场 $H \gtrsim H_0$,即可使位移继续进行。H_0 称为临界场。这个场是为支持反磁化畴壁克服阻力势垒而进行不可逆位移所需的磁场。

3) 反磁化的畴壁位移速度 v 随主磁场而增加。

当 $H - H_0$ 刚好可以推动 180°畴壁位移时,我们可以认为推动力 $2M_s(H - H_0)$等于位移过程中的阻力。这个阻力近似地正比于位移速度 v,因此

$$\beta v = 2M_s(H - H_0) \tag{5.9.14}$$

亦即

$$v = \frac{2M_s}{\beta}(H - H_0) = A(H - H_0)$$

其中,β 为阻尼系数。在第六章将证明 β 是由材料内部的涡流损耗和弛豫损耗来决定。

图 5-48 引证了狄克斯特拉和斯诺克对于 60Ni-40Fe 合金(退火样品)的实验结果[29]。狄克斯特拉等证明式(5.9.14)中的比例常数 A 基本上与张力 σ 无关,但随合金丝半径、温度、合金成分等而变化。图 5-49 引证了普莱萨赫对于 78.5% Ni-Fe 合金丝的实验结果[30]。由图 5-49 可见,张力愈大时,H_s 与 H_0 的差别也愈大。

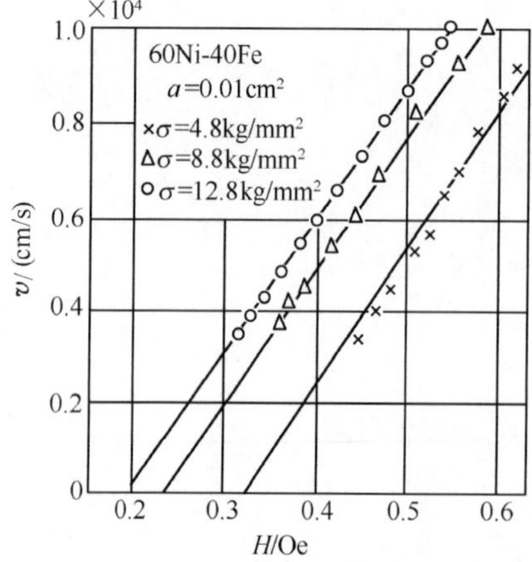

图 5-48 60Ni-40Fe 退火合金丝中的反磁化传播速度

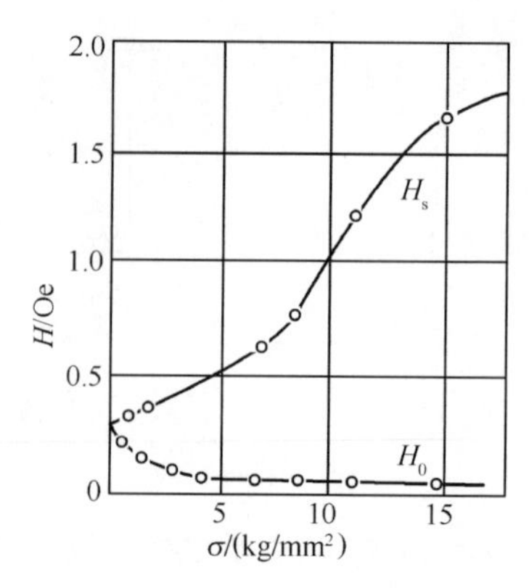

图 5-49 78.5% Ni-Fe 合金丝中的启动场与临界场

哈克曾设法“冻结”住在长大过程中的反磁化核(即使启动场 H' 只作用一个短时间而后取消),测量核沿长轴上各点的横截面(可以用冲击法把测量线圈从该截面迅速移至远处而测量)[31]。由横截面积的半径 d 沿长轴的变化可以证明反磁化核形状极近似于细长椭球体。应用式(5.9.11)还可以计算 γ。图 5-50 及 5-51 引证了哈克测量五个反磁化核的结果。图 5-51 中的曲线是按畴壁能的理论公式

$$\gamma \approx \sqrt{\frac{\beta\lambda_s\sigma \cdot A}{a}} = 0.195 \times 10^{-4}\sqrt{\sigma} \tag{5.9.15}$$

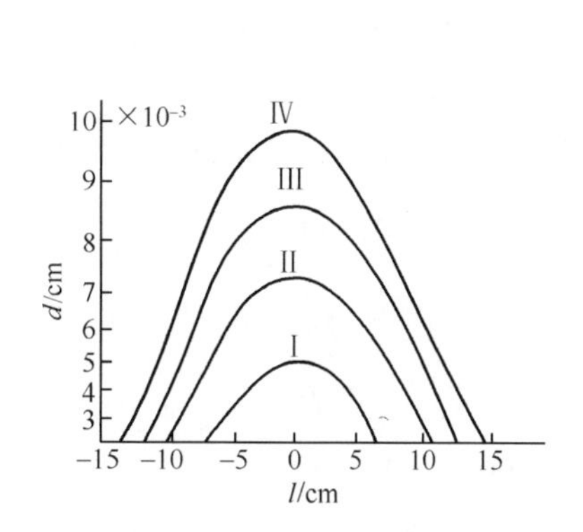

图 5-50　60% Ni-Fe 退火合金丝(直径 0.3mm)内反磁化核的测量

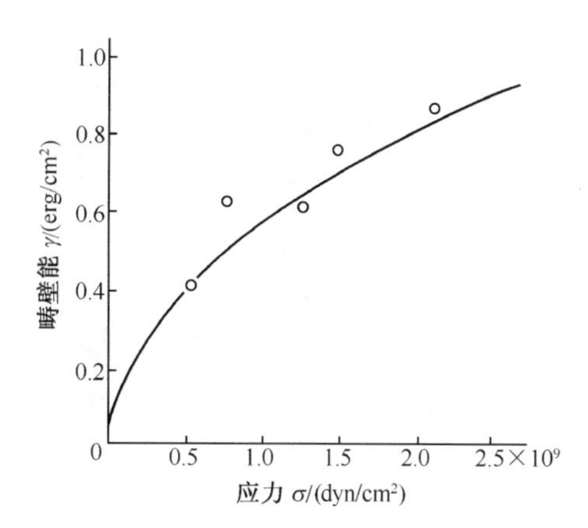

图 5-51　60% Ni-Fe 退火合金丝(直径 0.3mm)的畴壁能与应力的关系

算出的,图中圆点是实验结果(σ 以 dyn/cm^2 为单位)。更准确的实验结果由格莱纳尔给出[32],由该结果可以计算出交换积分 A 的较准确的数值。

三、反磁化核的起源

启动场理论的一个重要问题是反磁化核的起源与形成问题。上节中,我们已指出材料内部的局部的不均匀性如局部内应力或参杂物是形成反磁化核的来源。古德诺夫研究了在饱和磁化的多晶样品内反磁化核的存在和长大的条件[33]。他认为反磁化核的存在有三种可能:①参杂物粒子;②材料内的片状脱溶体或晶粒间的界面;③晶体表面。他的结论是只有大参杂物粒子才能产生反磁化核,在立方晶体内,这种核只有在强磁场作用下才能长大。在晶体表面的反磁化核也是如此。因此,最可能的反磁化核的起源是在晶粒间的界面或片状脱溶物的界面上。贝茨的实验证明了晶粒界面上这种小畴的存在,见第四章图 4-42。

格莱讷尔的粉纹磁畴实验也证实了这个结论。

下面介绍古德诺夫关于在晶粒界面上产生反磁化核的计算要点[33],计算采用 CGS 制。

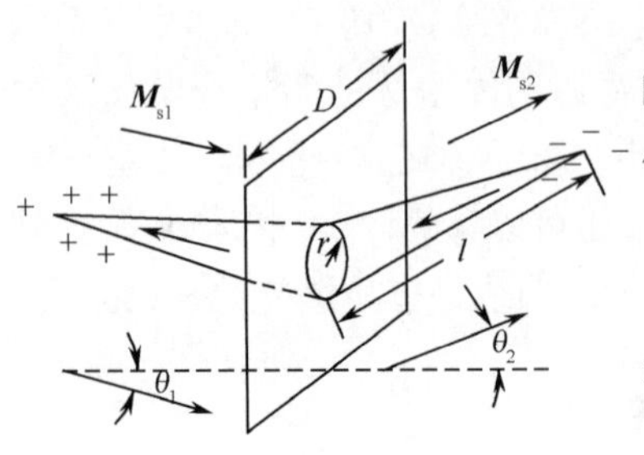

图 5-52　晶粒界面上的反磁化畴

如图 5-52,设晶粒界面为平面,界面两边磁畴的磁化矢量 $\boldsymbol{M}_{s1}$ 和 $\boldsymbol{M}_{s2}$ 的取向在不同的易磁化方向。因此,在界面上有磁极产生,其密度为

$$\sigma_{m} = -\nabla\cdot\boldsymbol{M} = M_{s}(\cos\theta_1 - \cos\theta_2) \tag{5.9.16}$$

在界面上的能量密度则为

$$\gamma_I \approx \frac{\pi}{3}\sigma_m^2 L \tag{5.9.17}$$

其中,L 为晶粒的平均长度。界面上的次级畴(如图 4-41 和图 4-42 所示)即为反磁化核的起源。假设这些次级畴在界面上按一定周期分布,每 D^2 面积中有一个次级畴,并把这些小畴看做为旋转椭球体,长轴为 $2l$,短轴为 $2r$。设 $b=\frac{D}{r}>1,\frac{1}{h}=\frac{r}{l}\ll 1$,椭球体的体积 $V=\frac{4\pi r^2 l}{3}$,表面积 $A_w=\pi r^2 l$,退磁因数 $N=\frac{4\pi}{k^2}(\ln 2k-1)$。设外加磁场 H_a 很小,M_s 均在易磁化方向。由于界面上产生反磁化核而引起单位体积内的能量变化 ΔF 为

$$\begin{aligned}\Delta F =& (\gamma_I - \gamma_n)A_s + nH_aM_s(\cos\alpha_1 + \cos\alpha_2)V \\ & - n[\gamma_w A_w + 2NM_s^2 V + F_p + F_{np}]\end{aligned} \tag{5.9.18}$$

其中,γ_I,γ_n 为产生反磁化核前后的晶界表面能密度;A_s 为晶粒界面的面积;n 为单位体积内反磁化核的数目;γ_w 为 180°畴壁能密度;α_1,α_2 为外磁场 H_a 与 $\boldsymbol{M}_{s1}$ 和 $\boldsymbol{M}_{s2}$ 之间的夹角;F_p 为畴壁和晶粒界面间的相互作用能;F_{np} 为相邻畴壁之间的磁相互作用能。

如果 l 为常数,则由 $\frac{\partial(\Delta F)}{\partial r}=0$ 可求出反磁化核的数目 n。产生反磁化核的临界条件为 $\Delta F=0$。由此可求得 H_s

$$H_s \approx \frac{3\left(\frac{3\pi l}{2r}\gamma_w - \frac{\gamma_I D^2}{\pi r^2}\right)}{4M_s l(\cos\alpha_1 + \cos\alpha_2)} \tag{5.9.19}$$

由式(5.9.19)可见,$H_s \gtrless 0$ 的条件决定于 $\frac{3\pi l\gamma_w}{2r} \gtrless \frac{\gamma_I D^2}{\pi r^2}$。

换言之,即决定于

$$\frac{3\pi l\gamma_w}{2r} \gtrless \frac{D^2}{3r^2}\cdot M_s^2 L(\cos\theta_1 - \cos\theta_2)^2 \tag{5.9.20}$$

D,l,r 等的典型数值为 $\frac{l}{r}=10$ 至 $30,\frac{D}{r}=3$。代入式(5.9.20)可得

$$M_s^2 L(\cos\theta_1 - \cos\theta_2)^2 \lessgtr 50\gamma_w \tag{5.9.21}$$

上式中的＜号相当于 $H_s>0$,即获得矩形磁滞的条件。具体地说,要提高矩形比

$\frac{B_r}{B_s}$,必须晶粒小(L 小),M_s 低,晶粒取向接近(即 θ_1 接近 θ_2)以及畴壁能 γ_w 大。例如某些 Mn-Mg 铁氧体具有矩形磁滞就可能是由于 Mg 铁氧体的 M_s 低,加入 Mg 后增加了内应力,因而使应力各向异性和畴壁能增加之故。

当反磁化核长大时,晶粒界面上的磁极密度 σ_w 将发生变化,从而引起退磁能的变化。因此能量平衡条件为

$$D^2\Delta\gamma_I = 2H_w \cdot M_s\Delta V \tag{5.9.22}$$

其中,$\Delta\gamma_I$ 是由 σ_w 变化而引起的界面能量的变化;ΔV 为反磁化核体积的增长。由此可以算出矫顽力

$$H_c \approx H_w \approx \frac{1}{6}\pi M_s[(\cos\theta_1 - \cos\theta_2)^2]_{平均} \tag{5.9.23}$$

古德诺夫对于片状脱溶体上反磁化核长大的计算得到

$$H_c \propto [(\cos\theta_1 - \cos\theta_2)^2]_{平均} M_s P \tag{5.9.24}$$

其中,P 为脱溶体的体积浓度。

第十节　由磁畴不可逆转动引起的磁滞

有些磁性材料是由单畴粒子组成的。这样的材料有:

1) 由单畴颗粒制备的铁氧体材料和微粉合金材料,如 Ba-铁氧体材料、铁微粉、铁-钴微粉等;

2) 具有单畴结构的磁性薄膜;

3) 由单畴脱溶粒子组成的高矫顽力合金(脱溶弥散型铁磁合金),如铝镍钴合金等。

在以上材料中,单畴粒子被非磁性或弱磁性材料所隔开,因而不存在畴壁,磁化及反磁化过程只能通过磁化矢量 $\boldsymbol{M}_s$ 的转动来完成。$\boldsymbol{M}_s$ 转动的阻力来自各种形式的磁各向异性,主要包括:①磁晶各向异性;②应力各向异性;③形状各向异性。下面介绍有关理论。

一、单粒子模型的理论计算[13]

我们把材料中的单畴粒子作为孤立粒子,计算其反磁化过程。

1. 由磁晶各向异性能决定的磁滞

以立方晶体($K_1>0$)沿[110]轴加磁场的情形为例[34]。由前面本章第六节可知,晶体的自由能为

$$F(j) = \frac{1}{4}K_1(2j^2 - 1)^2 - \mu_0 HM_s j \tag{5.10.1}$$

其一阶及二阶导数为

$$\frac{\partial F}{\partial j} = 2K_1(2j^2 - 1)j - \mu_0 HM_s$$

$$\frac{\partial^2 F}{\partial j^2} = 2K_1(6j^2 - 1)$$

$$\left(j = \cos\theta = \frac{M}{M_s}\right)$$

磁化曲线的方程式由$\frac{\partial F}{\partial j}=0$决定,即

$$H = \frac{2K_1}{\mu_0 M_s}(2j^2 - 1)j \tag{5.10.2}$$

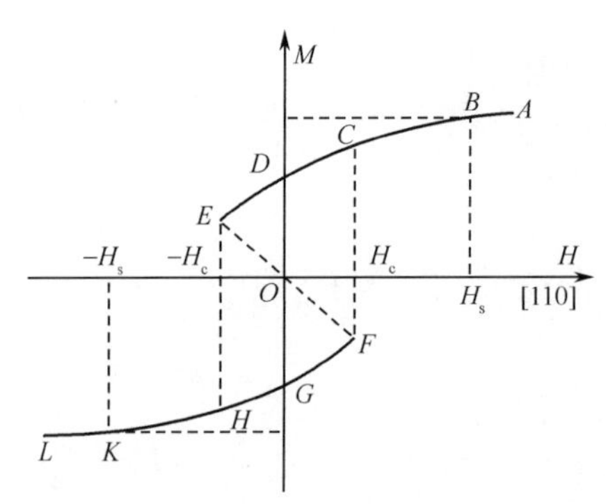

图 5-53　由结晶各向异性所控制的磁滞回线

技术饱和时的磁场为 $H_s=\frac{2K_1}{\mu_0 M_s}$,剩余磁化为 $M_r=\frac{M_s}{\sqrt{2}}$,相当于 $j=\pm\frac{1}{\sqrt{2}}$。磁化曲线及磁滞回线如图 5-53 所示。

沿磁化曲线 *DCBA* 一支

$$0 \leqslant H \to \frac{2K_1}{\mu_0 M_s} \to \infty$$

$$\frac{1}{\sqrt{2}} \leqslant j \to 1$$

$$\frac{\partial^2 F}{\partial j^2} > 0$$

故自由能 $F(j)$为极小值。由 D 至 E 的一段,$H<0$,但只要 $j\geqslant\frac{1}{\sqrt{6}}$,$\frac{\partial^2 F}{\partial j^2}$仍大于零,因此在 DE 段自由能$F(j)$仍为极小值。在点 E,相当于 $j=+\frac{1}{\sqrt{6}}$,$\frac{\partial^2 F}{\partial j^2}=0$,即自由能开始由极小值变为极大值。故有

$$H = H_c = -\frac{4K_1}{3\sqrt{6}\mu_0 M_s}$$

因此 *EDCBA* 一支是稳定的磁化曲线,相当于自由能的极小值,点 E 为转折点。

同样可以证明 *LKHGF* 一支也是稳定的磁化曲线,以 F 为转折点。曲线 *EOF* 则是不稳定的过程,相当于自由能的极大值(在 *EOF* 曲线上,$0\leqslant|j|\leqslant\frac{1}{\sqrt{6}}$,故$\frac{\partial^2 F}{\partial j^2}<0$)。

因此,*EDCBA* 和 *LKHGF* 两条相应于自由能为极小值的稳定过程的曲线被

一个自由能为极大值的势垒分开。当 $H = H_c = \pm \frac{4K_1}{3\sqrt{6}\mu_0 M_s}$ 时,磁化的转动过程开始成为不可逆过程。由此可以确定

$$H_c \approx \frac{K_1}{\mu_0 M_s} \tag{5.10.3}$$

在微粉铁磁合金中,各粒子的晶轴取向是杂乱的。奈尔证明对于立方晶体的微粉合金[35],其平均磁滞回线的矫顽力为

$$\overline{H}_c = 0.64\frac{K_1}{\mu_0 M_s}(K_1 > 0) \tag{5.10.4a}$$

在 CGS 单位制中,上式为

$$\overline{H}_c = 0.64\frac{K_1}{M_s}(K_1 > 0) \tag{5.10.4b}$$

对于铁,$\overline{H}_c \approx 160$Oe。对于钴,$\overline{H}_c \approx 2500$Oe。但钴的实际测量值比这小很多,奈尔指出这可能是由于钴的微粒是平行于六角面的薄片,因而形状各向异性抵消了大部分的结晶各向异性;并指出粒子的表面能可能对于结晶各向异性能有重要的影响。

突出的由结晶各向异性所引起的高矫顽力合金是 MnBi 微粉合金(粒子大小约为 1μ),$\overline{H}_c \approx 12\ 000$Oe。

2. 由应力各向异性能决定的磁滞

如果晶体的结晶各向异性甚小,而内部存在均匀的内应力 σ。设 $\sigma > 0, \lambda_s > 0$,且 $|\lambda_s\sigma| \gg |K_1|$,则在外磁场作用下,其自由能为

$$F(\theta) = F_\sigma + F_H = -\frac{3}{2}\lambda_s\sigma\cos^2\theta - \mu_0 HM_s\cos\theta \tag{5.10.5}$$

并且

$$\frac{\partial F}{\partial \theta} = 3\lambda_s\sigma\sin\theta\cos\theta + \mu_0 HM_s\sin\theta$$

$$\frac{\partial^2 F}{\partial \theta^2} = 3\lambda_s\sigma\cos 2\theta + \mu_0 HM_s\cos\theta$$

式中 $\boldsymbol{H} /\!/ \boldsymbol{\sigma}$,$\theta$ 是 $\boldsymbol{M}_s$ 和 $\boldsymbol{\sigma}$ 间的夹角。

磁化曲线的方程式由 $\frac{\partial F}{\partial \theta} = 0$ 决定,即有

$$\sin\theta(3\lambda_s\sigma\cos\theta + \mu_0 HM_s) = 0 \tag{5.10.6}$$

式(5.10.6)有两个解:

第一解:$\sin\theta = 0, \theta = 0$ 或 π。

当 $H > 0$ 时,$\left(\frac{\partial^2 F}{\partial \theta^2}\right)_{\theta=0} > 0$,故 $F(\theta) =$ 极小值。

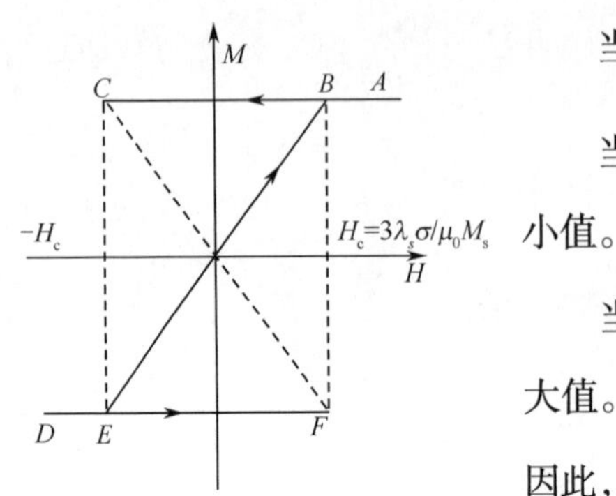

图 5-54　由应力各向异性所控制的磁滞回线

当 $H<0$ 时，$\left(\frac{\partial^2 F}{\partial\theta^2}\right)_{\theta=0}=3\lambda_s\sigma-|H|\mu_0M_s$。

当 $|H|<\frac{3\lambda_s\sigma}{\mu_0M_s}$，则 $\left(\frac{\partial^2 F}{\partial\theta^2}\right)_{\theta=0}>0$，$F(\theta)=$ 极小值。

当 $|H|>\frac{3\lambda_s\sigma}{\mu_0M_s}$，则 $\left(\frac{\partial^2 F}{\partial\theta^2}\right)_{\theta=0}<0$，$F(\theta)=$ 极大值。

因此，$H=-\frac{3\lambda_s\sigma}{\mu_0M_s}$ 是 $F(\theta)$ 的转折点。如果 M_s 原来在 $\theta=0$ 的方向，即 $M=M_s$，则在磁场由正值通过零而减到 $-\frac{3\lambda_s\sigma}{\mu_0M_s}$ 以前，磁化曲线都是稳定的，M 保持为 M_s 的数值，相应于图 5-54 中的 ABC 段曲线。

同样，如果 M 原来等于 $-M_s(\theta=\pi)$，则在磁场由负值通过零而增到 $+\frac{3\lambda_s\sigma}{\mu_0M_s}$ 以前，磁化曲线也是稳定的，此时 $M=-M_s$，相应于图 5-54 中 DEF 段。

第二解：
$$\cos\theta=-\frac{\mu_0HM_s}{3\lambda_s\sigma},\quad M=-\frac{\mu_0HM_s^2}{3\lambda_s\sigma}$$

因此

$$\frac{\partial^2 F}{\partial\theta^2}=-3\lambda_s\sigma\sin^2\theta=3\lambda_s\sigma(\cos^2\theta-1)$$

当 $\cos^2\theta=1$ 时，$H=\pm\frac{3\lambda_s\sigma}{\mu_0M_s}$，与第一解相同。

因 $\cos^2\theta\leqslant1$，即 $|H|\leqslant\frac{3\lambda_s\sigma}{\mu_0M_s}$。已设 $\lambda_s>0$ 和 $\sigma>0$，故 $\frac{\partial^2 F}{\partial\theta^2}<0$，$F(\theta)=$ 极大值。对应的磁化曲线是不稳定的，由 $M=-\frac{\mu_0HM_s^2}{3\lambda_s\sigma}$ 可见，这段磁化曲线相应于图中的 CF 部分(参阅本章第三节)。

由以上的讨论可见，$H_c=\pm\frac{3\lambda_s\sigma}{\mu_0M_s}$ 是使 M 经过不可逆转动由 C 点到 E 点(由 $M=+M_s$ 到 $M=-M_s$)或由 F 点到 B 点(由 $M=-M_s$ 到 $M=+M_s$)的磁场数值，故 H_c 代表矫顽力，即有

$$H_c=\pm\frac{3\lambda_s\sigma}{\mu_0M_s}\tag{5.10.7a}$$

在 CGS 单位制中

$$H_c=\pm\frac{3\lambda_s\sigma}{M_s}\tag{5.10.7b}$$

由式(5.10.7b)可知,如果 $H_c \geqslant 500\text{Oe}$(高矫顽力合金),则必须假设 $\sigma \geqslant 200\text{kg/mm}^2$。这是不大合理的数值。说明该模型有待改进。

3. 由形状各向异性能决定的磁滞

形状各向异性能是由于磁化矢量沿晶粒不同方向的退磁场能不同而产生的,其作用等效于单轴各向异性。设晶粒为一旋转椭球体,沿长轴和短轴两方向的退磁因数分别为 N_1 和 N_2,则应有 $N_2 > N_1$。为简单起见,假设磁场 H 沿长轴方向(如图 5-55 所示),则自由能为

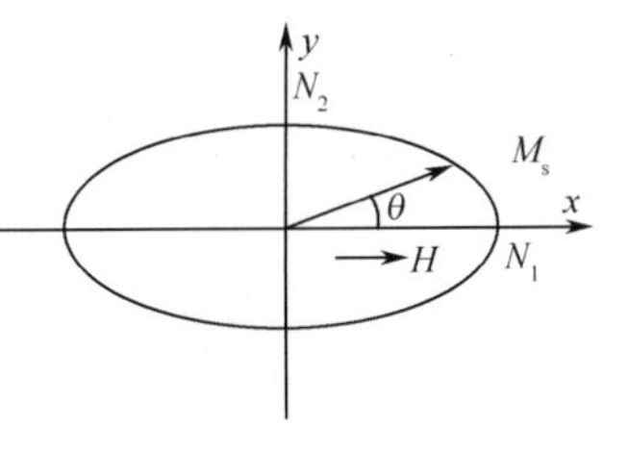

图 5-55

$$F(\theta) = -\mu_0 H M_s \cos\theta + \frac{1}{2} N_1 \mu_0 M_s^2 \cos^2\theta + \frac{1}{2} N_2 \mu_0 M_s^2 (1 - \cos^2\theta) \tag{5.10.8}$$

并有

$$\frac{\partial F}{\partial \theta} = \mu_0 M_s \sin\theta [H - (N_1 - N_2) M_s \cos\theta]$$

$$\frac{\partial^2 F}{\partial \theta^2} = \mu_0 H M_s \cos\theta + \mu_0 M_s^2 (N_2 - N_1) \cos 2\theta$$

磁化曲线的方程式由 $\frac{\partial F}{\partial \theta} = 0$ 决定,即

$$\mu_0 M_s \sin\theta [H - (N_1 - N_2) M_s \cos\theta] = 0 \tag{5.10.9}$$

式(5.10.9)有两个解:

第一解:

$$\sin\theta = 0, \theta = 0 \text{ 或 } \pi$$

$$\frac{\partial^2 F}{\partial \theta^2} = \pm \mu_0 H M_s + \mu_0 M_s^2 (N_2 - N_1)$$

第二解:

$$\cos\theta = \frac{H}{M_s(N_1 - N_2)}$$

$$\frac{\partial^2 F}{\partial \theta^2} = \mu_0 M_s^2 (N_1 - N_2) \sin^2\theta < 0$$

与前面相似,由第一解可以看出,$H = (N_2 - N_1) M_s$ 是 $F(\theta)$ 的转折点。在磁场由 $+\infty$ 通过零而减小到 $H = -(N_2 - N_1) M_s$,或由 $-\infty$ 而增加到 $H = (N_2 - N_1) M_s$ 以前,θ 保持为 0 或 π,即 M 保持为 $+M_s$ 或 $-M_s$。这相应于图 5-56 中的 ABC 及 DEF 两段曲线。

由第二解得,$M = M_s \cos\theta = -\frac{1}{N_2 - N_1} H$,此为直线 CF。当 $0 < \theta < \pi$ 时,$\frac{\partial^2 F}{\partial \theta^2} < 0$,因而是不稳定的。当 $\theta = 0$(对应点 C)或 $\theta = \pi$(对应点 F)时,$\frac{\partial^2 F}{\partial \theta^2} = 0$,说明点 C 和点 F 是两个转折点,并且在这两个点第二解与第一解相合。根据以上分析,

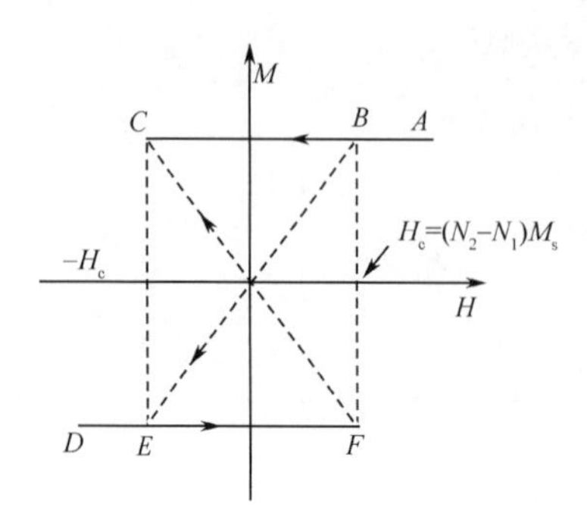

图 5-56 由形状各向异性所控制的磁滞回线

点 C 和点 F 对应的磁场应为矫顽力,即有

$$H_c = \pm (N_2 - N_1) M_s \tag{5.10.10}$$

如单畴粒子为长圆柱体(如铁须),则 $N_2 = \frac{1}{2}$,$N_1 \approx 0$,因此 $H_c = \pm \frac{1}{2} M_s$。在 CGS 单位制中,$H_c = \pm 2\pi M_s$。

斯东纳和沃耳法斯计算了由椭球单畴粒子集团(多晶)一致转动的磁滞回线[36],粒子混乱取向,各向异性能由形状各向异性所产生。设外磁场 $\boldsymbol{H}$ 与椭球长轴方向的夹角为 θ,磁化强度 $\boldsymbol{M}_s$ 与外磁场 $\boldsymbol{H}$ 之间的夹角为 ψ,采用 CGS 单位制,其自由能为

$$\begin{aligned} F(\psi) &= -HM_s\cos\psi + \frac{1}{2}N_1 M_s^2 \cos^2(\theta - \psi) + \frac{1}{2}N_2 M_s^2 \sin^2(\theta - \psi) \\ &= \frac{1}{2}(N_2 - N_1) M_s^2 [\sin^2(\theta - \psi) - 2h\cos\psi] + \frac{1}{2}N_1 M_s^2 \end{aligned} \tag{5.10.11}$$

式中 $h = \frac{H}{M_s(N_2 - N_1)}$。而由假设可知

$$M = M_s \cos\psi$$

取 θ 为不同的值(例如取 $\theta = 0°, 10°, 45°, 80°, 90°$),由 $\frac{\partial F}{\partial \psi} = 0, \frac{\partial^2 F}{\partial \psi^2} > 0$ 可求出 θ 为不同值时的磁滞回线。图 5-57 和图 5-58 引证了其计算结果。前者是粒子不同取

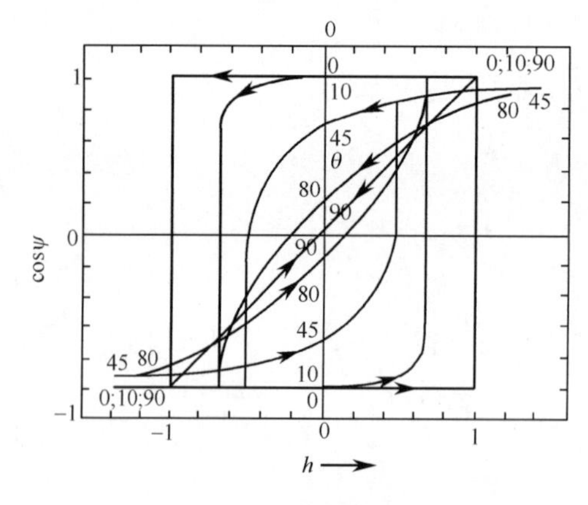

图 5-57 旋转椭球单畴粒子一致转动的磁滞回线

各图线所标的数字为相应于椭球长轴与磁场方向成不同角度 θ。$h = \frac{H}{M_s(N_2 - N_1)}$

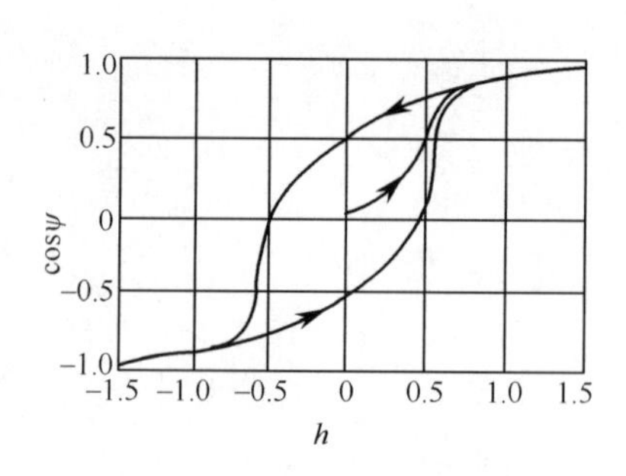

图 5-58 混乱排列的单畴椭球粒子集团的磁滞回线

向(即椭球长轴与磁场方向成不同角度 θ)时的磁滞回线;后者是把这些回线平均的结果。由后图可见,平均矫顽力为

$$\overline{H}_c = 0.479(N_2 - N_1)M_s \tag{5.10.12}$$

在 MKSA 单位制中,上式具有相同的形式,仅退磁因子的数值不同。

以上是就三种各向异性所引起的磁滞,计算了矫顽力的最大值,表 5-5 列出对于 Fe,Ni,Co 等计算的数值。

表 5-5 由三种各向异性所产生的最大矫顽力(在室温下,Oe)

	结晶各向异性 $2K_1/M_s$	形状各向异性 $2\pi M_s$	应力各向异性 $3\lambda_s\sigma/M_s$	实验数值
Fe	500	10 700	600	1 000
Co	6 000	8 800	600	1 500
Ni	135	3 150	4 000	200
$BaO\cdot 6Fe_2O_3$	17 000	2 300	—	4 500
MnBi	37 000	3 900	—	12 000

表中数值是在理想的情况下所能得到的最大矫顽力。这些理想条件是:

1) 各粒子均为单畴,不受磁场影响,而且各粒子的晶轴取向完全一致。M_s 的转动亦完全一致(一致转动过程)。

2) 粒子堆集成样品时,浓度极小(或弥散度极大),近似于孤立状态。

3) 在应力各向异性的情形,粒子承受最大的内应力 $\sigma \cong 200\text{kg/mm}^2$。

实验数值是由外耳、麦克尔求恩、拉森诺及吉奥等的数据综合起来的[37]。

在实际应用中,必须把大量粒子堆集并加上适当的粘合介质而压缩为“均匀”坚实的物体。在堆集浓度较小时,粒子间的相互作用可以略去,但仍须考虑粒子的晶轴或几何轴排列的影响。上述的平均矫顽力 $\overline{H}_c$ 即是考虑了粒子的杂乱取向而平均的结果。

二、粒子堆集密度对矫顽力的影响

当单轴粒子集合体中的粒子密度增加时,粒子之间的磁相互作用必须考虑,而这种相互作用的存在使集合体的矫顽力降低。奈尔首先考虑了这一问题[35]。他假设由于粒子间的相互作用使粒子堆集后的有效退磁因数变为

$$N = N_0(1 - v) \tag{5.10.13}$$

其中 v 为粒子的堆集密度,即磁性粒子在集合体中所占的体积密度。考虑到上述因素后,式(5.10.10)或式(5.10.12)所表示的矫顽力应相应地变为

$$H_c = H_c(0)(1 - v) \tag{5.10.14}$$

上式中的 $H_c(0)$ 是式(5.10.10)或式(5.10.12)所表示的矫顽力，主要来源于形状各向异性。

沃耳法斯做了更详细的计算[38]，他的结果是

$$H_c = H_c(0) - M_s(Av + Bv^{\frac{5}{2}} + \cdots) \tag{5.10.15}$$

其中，系数 A，B 与粒子的取向及分布有复杂的关系。

在理论上严格地计算粒子的互作用与矫顽力的关系是困难的。因为计算粒子之间的互作用属于多体问题，至今无法严格求解。对上述问题的处理通常采用如下的处理方法[39]：

(1) *有效场近似法*　　这种方法的要点是把介质中某一粒子的退磁场看做是该粒子以外的粒子在此处所产生的有效场与该粒子本身的退磁场之和，即

$$H_d = -NM_s + NvM_s = N(1-v)M_s \tag{5.10.16}$$

由此所决定的矫顽力为

$$H_c = H_c(0)(1-v) \tag{5.10.17}$$

这正是奈尔所给出的结果。

(2) *偶极子磁场近似法*　　这种方法的要点是把介质中每一个磁性粒子都作为磁偶极子处理，粒子之间的互作用看做是磁偶极子之间的互作用。由电磁学可知，一个距原点为 r 的磁偶极子 m 在原点所产生的磁场大小为

$$h = \frac{m}{r^3}(1 + 3\cos^2\theta)^{\frac{1}{2}} \tag{5.10.18}$$

设介质中的粒子在空间位置上和磁矩取向上都是无规则的，设在以指定粒子为中心、半径为 R、厚度为 $\mathrm{d}R$ 的球壳层中的粒子数为 $\mathrm{d}n$，则 $\mathrm{d}n$ 个粒子在中心粒子处所产生的磁场方均值为

$$\overline{H_R^2} = \mathrm{d}n \cdot \frac{m^2}{R^6}\int_0^{\pi/2}(1 + 3\cos^2\theta)\sin\theta\mathrm{d}\theta = 2\frac{m^2}{R^6}\mathrm{d}n$$

若介质中单位体积所含的粒子数为 n_0，则应有 $\mathrm{d}n = n_0 4\pi R^2 \mathrm{d}R$，于是介质内除中心粒子以外的所有粒子在中心粒子处所产生磁场的均方值为

$$\overline{H_m^2} = 8\pi n_0 m^2 \int_{r_0}^{\infty}\frac{\mathrm{d}R}{R^4} = \frac{8\pi n_0 m^2}{3r_0^3} \tag{5.10.19}$$

式中，r_0 为中心粒子在空间的占有尺度。由于一个粒子占有的空间为 r_0^3，故 $n_0 r_0^3 = 1$，于是

$$(\overline{H_m^2})^{\frac{1}{2}} = \left(\frac{8\pi}{3}\right)^{\frac{1}{2}} n_0 m \tag{5.10.20}$$

设一个粒子自身的体积为 V，则粒子的堆集密度 $v = V/r_0^3$，饱和磁化强度 $M_s = m/V$。将以上关系代入式(5.10.20)，并注意到

$$(\overline{H_m^2})^{\frac{1}{2}} = (\overline{H_{m,x}^2} + \overline{H_{m,y}^2} + \overline{H_{m,z}^2})^{\frac{1}{2}}, \overline{H_{m,x}^2} = \overline{H_{m,y}^2} = \overline{H_{m,z}^2}$$

最后得出

$$\overline{H}_z = \frac{(8\pi)^{\frac{1}{2}}}{3} vM_s \approx 1.7vM_s \qquad (5.10.21)$$

从能量角度分析，当磁性体为有限体积时，偶极子磁场的作用是促使磁性体处于退磁状态。因而，在考虑到单畴粒子间磁偶极相互作用后，介质的矫顽力为

$$H_c = H_c(0) - 1.7vM_s \qquad (5.10.22)$$

这一形式与沃耳法的结果相接近。

图 5-59 引证了外尔对于 Co 粉和 Fe-Ni 微粉合金的实验结果[40]。由图 5-59 可见，在 $v<0.5$ 的范围内，与式(5.10.14)是符合的。

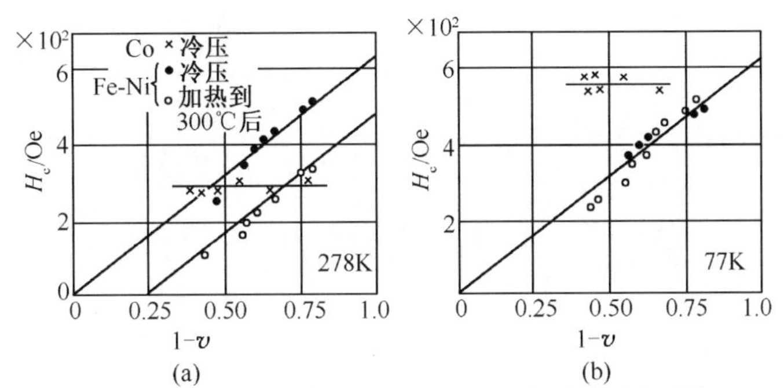

图 5-59　Co 粉和 Fe-Ni 粉(48.8Fe-51.2Ni)在两种温度下的矫顽力与堆集浓度的关系(Weil)

三、非一致转动的反磁化过程

以上介绍的是一致转动的反磁化过程。即在反磁化过程中单畴粒子内部的磁化矢量始终保持同步转动。按照这一转动方式计算的矫顽力通常比实验值大很多，特别是由形状各向异性计算的结果更是如此。例如，1955 年培恩等用电解入汞方法得到细长针形的铁微粉和铁-钴微粉永磁材料[41]。粒子直径 d 约 150Å，长度 l/直径 $d\approx1.3\sim4.6$。矫顽力 $H_c(/\!/ H)\approx1700\sim1800$Oe，$H_c(\perp H)\approx1200\sim1400$Oe。这种单畴粒子形状细长(简称为 *ESD* 粒子)，具有很大的形状各向异性。如按式(5.10.10)或(5.10.12)计算，所得的 H_c 应比实验值几乎大一个数量级(见表 5-5)。

宾恩和耶考柏提出一种非一致的转动模型——扇对称式转动[42]，如图 5-60(e)所示。按这一模型，将细长粒子看成是排成一条长链的若干球形单畴粒子，相邻两球只在一点接触，各球粒内的 $\boldsymbol{M}_s$ 转动形成对称的扇面展开形式。图

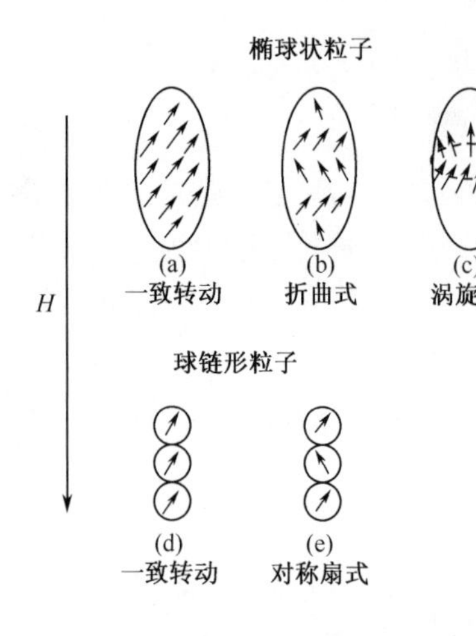

图 5-60　由形状各向异性控制的几种反磁化转动过程

5-60 还画出其他两种可能的非一致转动模型[(b)*,(c)],它们是根据微磁化理论计算的。

设有 n 个相同的球组成一链。两相邻的球只在一点接触,故无交换作用。球链的能量除磁场能外,只有各球间的磁矩相互作用,任两个球间的磁矩相互作用能(在 CGS 单位制中)为

$$E_{ij}=\frac{\mu_i\mu_j}{r_{ij}^3}[\cos(\theta_i-\theta_j)-3\cos\theta_i\cos\theta_j] \tag{5.10.23}$$

其中,$\mu_i=\mu_j=\mu$ 为每一球的磁矩;r_{ij} 为两球的距离;θ_i,θ_j 为 $\boldsymbol{\mu}_i,\boldsymbol{\mu}_j$ 与 $\boldsymbol{r}_{ij}$ 间的夹角,$\theta_i=-\theta_{i\pm1}$。

n 个球的总能量为

$$E_n=\sum_{i\neq j}E_{ij}=\frac{\mu^2}{a^3}mL_n(\cos2\theta-3\cos^2\theta)+\frac{\mu^2}{a^3}nM_n(1-3\cos^2\theta) \tag{5.10.24}$$

其中,a 为球的直径。

$$\left.\begin{aligned}L_n&=\sum_{j=1}^{\frac{n-1}{2}<j\leqslant\frac{n+1}{2}}\frac{n-(2j-1)}{n(2j-1)^3}\\M_n&=\sum_{j=1}^{\frac{n-2}{2}<j\leqslant\frac{n}{2}}\frac{n-2j}{n(2j)^3}\\L_n+M_n&=\sum_{j=1}^{n}\frac{n-j}{nj^3}=K_n\end{aligned}\right\} \tag{5.10.25}$$

其中,L_n 是按相隔为 0,2,4,…,n 个球的磁矩求和;M_n 是按相隔为 1,3,5,…,n 个球的磁矩求和。

总能量(在 CGS 单位制中)为

$$E=E_n+n\mu H\cos\theta \tag{5.10.26}$$

由 $\frac{\partial E}{\partial\theta}=0$,并令 $\theta=0$ 可得矫顽力

$$H_c=\frac{\mu}{a^3}(6K_n-4L_n)=\frac{\pi M_s}{6}(6K_n-4L_n) \tag{5.10.27}$$

当 n 增加到 10 以上时,K_n,L_n 两级数收敛很快,因而可以算出稳定的 H_c 值。

* 蒲富恪、李伯臧研究了非一致转动后,认为曲折式非一致转动过程不会出现[43]。

在多晶样品中,各球链的轴线对于外磁场的取向杂乱,对于不同取向角和不同 n 数的晶粒,H_c 都不相同。宾恩和耶考柏的计算过程是先求各种不同取向的球链的退磁曲线,然后合成为一个退磁曲线,由此求出平均矫顽力。

$$\left.\begin{aligned} n = 2 \text{ 时}, \overline{H}_c &= (1.13 \pm 0.02)\left(\frac{2K_2\mu}{a^3}\right) = 1.13H_c \\ n = \infty \text{ 时}, \overline{H}_c &= (1.35 \pm 0.03)\left(\frac{2K_\infty\mu}{a^3}\right) = 1.08H_c \end{aligned}\right\} \quad (5.10.28)$$

其中,H_c 为各晶粒都平行于 H 时的矫顽力。

宾恩等所用样品为伸长铁粒子(直径 $a=150\text{Å}$,伸长比由电子显微镜测定为 1.3~3),在磁场中压结,测量其在 −196℃ 下的矫顽力为 H_c(平行于取向磁场) = H_c(垂直于取向磁场) = 1100 ~ 1500Oe,与用式(5.10.28)计算的结果 H_c = 900 ~ 1600Oe 比较符合。伸长比愈大的粒子愈符合于以上球链模型的计算。宾恩的结果见图 5-61,曲线 1,2,3 与图 5-60 的模型(a),(d),(e)对应。

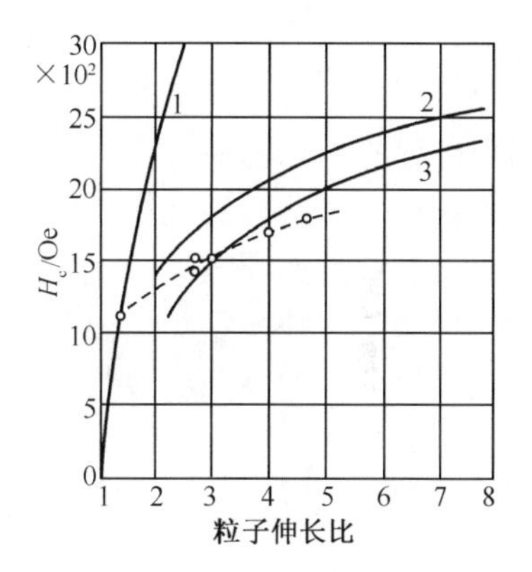

图 5-61　伸长粒子的矫顽力
○　铁微粉的数据

第十一节　由畴壁钉扎引起的磁滞[44]

在本章第八节中我们曾经介绍,铁磁晶体中的缺陷在反磁化过程中起两种作用:一种作用是形成反磁化核。在反磁化场的作用下,反磁化核长大为反磁化畴,然后通过畴壁位移实现反磁化。从这一方面看,缺陷数目越多,反磁化核越容易形成,矫顽力越低。另一方面,缺陷对畴壁具有钉扎作用,阻碍畴壁位移的进行。这种作用是由两种机制产生的:①缺陷产生局部的应力能和散磁场能,这些能量对畴壁的结构和畴壁能密度将产生影响;②缺陷部位的交换能常数、磁晶各向异性常数将发生变化,直接造成交换能和磁晶各向异性能的变化。由于无外磁场时畴壁总位于畴壁能最小的地方,因此上述能量的变化对畴壁具有钉扎效应。从这一观点出发,缺陷数目越多,对畴壁钉扎的效应越强,矫顽力越高。

某种材料的反磁化机理究竟以成核为主,还是以钉扎为主?这可由热退磁后的磁化曲线或磁滞回线的形状来判断。以成核为主的材料,磁化曲线上升得快,起始磁化率高,在不大的外磁场下即可达到磁化饱和,矫顽力通常随外磁场的增加而增加。以钉扎为主的材料,当外磁场小于钉扎场时,畴壁基本固定不动;当外磁场超过钉扎场时,畴壁突然脱离钉扎位置而发生跳跃式的不可逆位移。因而其磁化曲线在开始阶段上升得很慢,磁化率很低。当达到矫顽力时,磁化曲线突然升高。且矫顽力一般不随外磁场而变化。

晶格的缺陷分为点缺陷和面缺陷。它们对畴壁钉扎的形式完全不同,下面分别予以介绍。

一、点缺陷对畴壁钉扎的理论[45,46]

晶格点阵上的原子被杂质原子、空穴所代替,间隙原子,原子错位,都属于点缺陷。点缺陷造成的应力场通过磁弹性能将会对畴壁起钉扎作用;点缺陷处磁性常数(包括交换积分 A、磁晶各向异性常数 K、磁化强度 M_s 等)的变化也将会对畴壁起钉扎作用。这两种钉扎作用可以看做是点缺陷与畴壁的相互作用。

由于畴壁的面积较大,一般说来与之相互作用的点缺陷的数目也相当大。如果畴壁两边的点缺陷是均匀分布的话,它们对畴壁的作用力将相互抵消。因此,只有点缺陷的浓度在空间有涨落时,才会对畴壁产生钉扎。

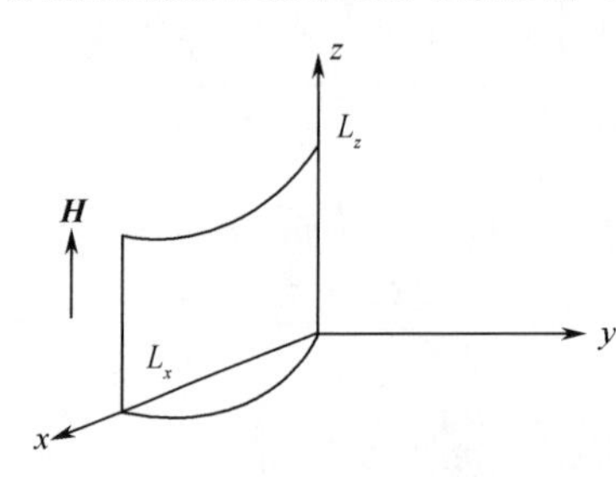

图 5-62　180°畴壁受点缺陷的钉扎

现在考虑一块 180°畴壁受点缺陷钉扎的情况。如图 5-62 所示,设畴壁法线与 y 轴平行,畴壁沿 y 轴移动。在移动过程中,设畴壁尺寸沿 z 轴方向不变,但在 y 轴方向发生了变形。为简单计,设这种变形为一维弯曲,并以 $y(x)$来表示(如沿 z 轴方向也有弯曲,内部的退磁场将阻止这种弯曲,因此一维弯曲的假设是合理的)。按照上述模型,与畴壁位移有关的能量应为

$$F = \sum_{\nu} E[y_\nu - y(x_\nu)] + \frac{1}{2}\gamma L_z \int_0^{L_x} \left(\frac{\mathrm{d}y}{\mathrm{d}x}\right)^2 \mathrm{d}x - 2M_s H L_z \mu_0 \int_0^{L_x} y(x)\mathrm{d}x \tag{5.11.1}$$

式中第一项为点缺陷与畴壁的互作用能,点缺陷的坐标为(x_ν, y_ν),求和包括全部有关的点缺陷。第二项为由于畴壁面积的增加而增加的畴壁能。第三项为畴壁位移过程中的外磁场能变化。前两项阻碍畴壁位移,第三项推动畴壁位移。式中的 L_x, L_z 分别为畴壁在 x 和 z 方向的线度。

为了求出畴壁位移的平衡方程,需给出式(5.11.1)中的第一项以具体的形式。考虑到点缺陷与畴壁的互作用能可视为由磁弹性能引起的畴壁能密度的变化所致,故可取式(5.8.10)的形式

$$E(y) = E_0/\cosh^2\left(\frac{y}{\delta_0}\right) \tag{5.11.2}$$

其中,E_0 为一常数,也即 $y=0$ 时的 $E(y)$值。δ_0 为畴壁的基本厚度。

若点缺陷与畴壁的相互作用较弱,致使畴壁在移动时不发生弯曲。这时,$y(x)$为一常数,式(5.11.1)可简化为

$$F = \sum_{\nu} E(y_\nu - y) - 2M_s H L_z L_x y \mu_0 \tag{5.11.3}$$

由$\dfrac{\partial F}{\partial y}=0$可求出畴壁位移的平衡方程为

$$\sum_{\nu} \frac{\partial}{\partial y} E(y_\nu - y) - 2M_s H L_z L_x \mu_0 = 0 \tag{5.11.4}$$

如令$f(y)$为所有点缺陷与畴壁的互作用力,则应有

$$f(y) = \sum_{\nu} P(y_\nu - y) = \sum_{\nu} \frac{\partial}{\partial y} E(y_\nu - y) \tag{5.11.5}$$

由于点缺陷的数目很大,根据概率论的中心极限定理,可设$f(y)$为高斯分布,其统计结果包含在下式所表示的关联函数中

$$B(\zeta) = L_x L_z \rho \int_{-\infty}^{\infty} P(y + \zeta) P(y) \mathrm{d}y \tag{5.11.6}$$

其中,ρ为点缺陷密度。当ζ为零时,由上式可给出$f(y)$的极大值为

$$f(y)_{\max} = \left[\sum_{\nu} \frac{\partial}{\partial y} E(y_\nu - y) \right]_{\max} = \left[2\ln\left(\frac{L_y}{\zeta_0}\right) B(0) \right]^{\frac{1}{2}} \tag{5.11.7}$$

其中,L_y为畴壁移动的距离;ζ_0为关联长度,即相互作用力的平均波长,其数量级与畴壁厚度相同。

在畴壁平衡方程中,对应于阻力最大的外磁场应为矫顽力。由(5.11.4)式可知矫顽力为

$$H_c = \frac{1}{2M_s L_z L_x \mu_0} \left(\sum_{\nu} \frac{\partial}{\partial y} E(y_\nu - y) \right)_{\max} \tag{5.11.8}$$

将式(5.11.7)代入上式得

$$H_c = \frac{1}{2M_s L_z L_x \mu_0} \left[2\ln\left(\frac{L_y}{\zeta_0}\right) B(0) \right]^{\frac{1}{2}} \tag{5.11.9}$$

利用式(5.11.2),式(5.11.5)及式(5.11.6)可得

$$B(0) = L_x L_z \rho \int_{-\infty}^{\infty} P^2(y) \mathrm{d}y = \frac{16}{15} L_x L_z \rho \frac{E_0^2}{\delta_0} \tag{5.11.10}$$

将上式代入式(5.11.9),最后得到

$$H_c = \frac{E_0}{\mu_0 M_s} \left[\frac{8}{15} \frac{\rho}{L_x L_z \delta_0} \ln\left(\frac{L_y}{\zeta_0}\right) \right]^{\frac{1}{2}} \tag{5.11.11}$$

若点缺陷与畴壁的互作用较强,畴壁在位移过程中会发生弯曲。这时,式(5.11.1)中的第二项不能忽略,第三项中的$y(x)$也不再是常数,计算变得比较复杂。通过计算机模拟计算给出结果如下

$$H_c = (0.40 \pm 0.05)\frac{\rho^{2/3}E_0^{4/3}}{\gamma^{1/3}L_z^{2/3}}\frac{1}{\mu_0 M_s \delta_0} \tag{5.11.12}$$

利用上述矫顽力理论可以解释 $SmCo_5$ 单晶薄片的矫顽力(其 H_c 的测量值为 265Oe)。设想在单晶 $SmCo_5$ 的生长过程中有 Sm_2Co_7 和 Sm_2Co_{17} 析出,造成了 $SmCo_5$ 晶格上的原子无序。已知 $SmCo_5$ 中最近邻的原子间距约 3Å,假定原子无序度为 0.5%,则得点缺陷的密度 $\rho = 3.5\times10^{20}/\text{cm}^3$。再把测得的畴宽 42μm 当作畴壁位移的距离 L_y,并取有关数值为 $\zeta_0=\pi^2\delta_0$, $E_0=1\times10^{-14}$erg, $A=1.2\times10^{-6}$ erg/cm, $K_1=1.71\times10^8$erg/cm^3, $M_s=855$Gs, $L_x=L_z=600$Å,代入式(5.11.11),算得矫顽力为 269Oe,与实验值十分接近。

二、面缺陷对畴壁钉扎的理论[47~49]

晶体的周期性在一个晶面两侧的原子尺寸范围内遭到破坏,称为面缺陷,如层错、晶粒间界、两相边界、晶体表面等。面缺陷对于畴壁的钉扎是由于它们的磁性参数与基体不同而造成的。

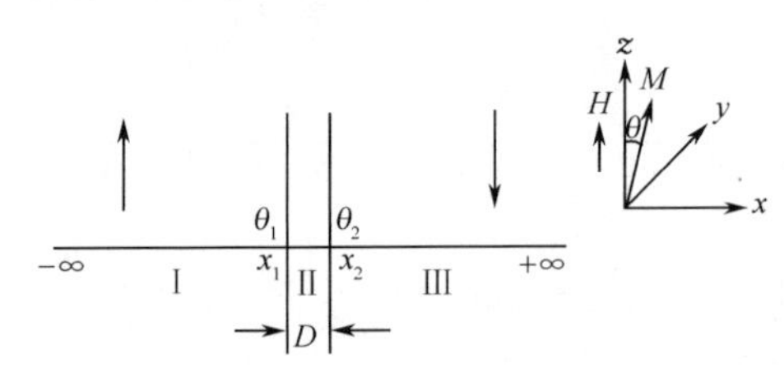

图 5-63 厚度为 D 的面缺陷把晶体分成三个区的示意图

考虑在无限大单轴晶体内的一个 180°畴壁在外磁场 $\boldsymbol{H}$ 的作用下通过面缺陷,如图 5-63 所示。晶体被分成三个区域。其中Ⅰ,Ⅲ为正常磁性区,交换能常数为 A,磁各向异性常数为 K,Ⅱ是面缺陷所在的区域,厚度为 D,交换能常数为 A',磁晶各向异性常数为 K'。设外磁场 $\boldsymbol{H}$ 平行易轴(取该轴为坐标系的 z 轴),位移方向为 x 轴。畴壁中磁矩的方向与 z 轴的夹角为 θ,且 θ 的大小只与 x 有关。

在上述系统中与畴壁位移有关的能量为

$$F = \int\left[A_i\left(\frac{d\theta}{dx}\right)^2 + K_i\sin^2\theta - \mu_0 HM_i\cos\theta\right]dx \tag{5.11.13}$$

式中第一项为交换能,$A_i = J_i s^2/a$,J_i 为交换积分,s 为自旋量子数,a 为晶格常数;第二项为磁晶各向异性能;第三项为外磁场能。$i=1,2,3$ 分别表示Ⅰ,Ⅱ,Ⅲ区。

根据总能量等于极小值的条件,由上式可求得欧勒方程如下

$$-2A_i\frac{d^2\theta}{dx^2} + 2K_i\sin\theta\cos\theta + \mu_0 HM_i\sin\theta = 0 \tag{5.11.14}$$

积分后得

$$-A_i\left(\frac{d\theta}{dx}\right)^2 + K_i\sin^2\theta - \mu_0 HM_i\cos\theta = C_i \tag{5.11.15}$$

式中,C_i 为积分常数,在Ⅰ,Ⅱ,Ⅲ区有不同的值。

由已知边界条件对上式求解,可求得函数 $\theta(x)$,即磁矩沿 x 方向的角度变化。在此,我们不讨论这一问题。我们将着重求出满足欧勒方程的最大外磁场,也就是矫顽力。

根据前面所做的假设,在Ⅰ,Ⅲ均匀区的边界条件为

$$\left.\begin{array}{ll}\theta(x=-\infty)=0, & \theta(x=+\infty)=\pi \\ \left(\dfrac{\mathrm{d}\theta}{\mathrm{d}x}\right)_{x=-\infty}=0, & \left(\dfrac{\mathrm{d}\theta}{\mathrm{d}x}\right)_{x=+\infty}=0\end{array}\right\} \tag{5.11.16}$$

将上式所表示的边界条件代入式(5.11.15),可得Ⅰ,Ⅲ区的积分常数

$$C_1=-\mu_0 HM_{\mathrm{s}}, \quad C_3=\mu_0 HM_{\mathrm{s}}$$

因此,适用于Ⅰ,Ⅲ区的欧勒方程分别为

$$-A\left(\frac{\mathrm{d}\theta}{\mathrm{d}x}\right)^2+K\sin^2\theta-\mu_0 HM_{\mathrm{s}}\cos\theta+\mu_0 HM_{\mathrm{s}}=0 \tag{5.11.17}$$

$$-A\left(\frac{\mathrm{d}\theta}{\mathrm{d}x}\right)^2+K\sin^2\theta-\mu_0 HM_{\mathrm{s}}\cos\theta-\mu_0 HM_{\mathrm{s}}=0 \tag{5.11.18}$$

适用于Ⅱ区的欧勒方程则为

$$-A'\left(\frac{\mathrm{d}\theta}{\mathrm{d}x}\right)^2+K'\sin^2\theta-\mu_0 HM_2\cos\theta=C_2 \tag{5.11.19}$$

显然,式(5.11.17)和式(5.11.19)同时满足在 x_1 处的边界条件:$\theta=\theta_1$;式(5.11.18)和式(5.11.19)同时满足在 x_2 处的边界条件:$\theta=\theta_2$。假定在 x_1 和 x_2 两个交界处磁矩变化的连续条件为

$$\left.\begin{array}{l}A\left.\dfrac{\mathrm{d}\theta}{\mathrm{d}x}\right|_{x=x_1}=A'\left.\dfrac{\mathrm{d}\theta}{\mathrm{d}x}\right|_{x=x_1} \\ A\left.\dfrac{\mathrm{d}\theta}{\mathrm{d}x}\right|_{x=x_2}=A'\left.\dfrac{\mathrm{d}\theta}{\mathrm{d}x}\right|_{x=x_2}\end{array}\right\} \tag{5.11.20}$$

则可消去式(5.11.19)中的积分常数 C_2,得到

$$\left[\cos\theta_1+\frac{\mu_0 H(M_{\mathrm{s}}A-M_2A')}{2(KA-K'A')}\right]^2-\left[\cos\theta_2+\frac{\mu_0 H(M_{\mathrm{s}}A-M_2A')}{2(KA-K'A')}\right]^2=\frac{2HM_{\mathrm{s}}A\mu_0}{KA-K'A'} \tag{5.11.21}$$

为了计算方便,令

$$h=\frac{\mu_0 HM_{\mathrm{s}}}{K}, \quad a=1-\frac{M_2A'}{M_{\mathrm{s}}A}, \quad b=1-\frac{A'K'}{AK} \tag{5.11.22}$$

于是式(5.11.21)可改写为

$$\left(\cos\theta_1+\frac{ha}{2b}\right)^2-\left(\cos\theta_2+\frac{ha}{2b}\right)^2=\frac{2h}{b} \tag{5.11.23}$$

另外,将式(5.11.17),式(5.11.19)和式(5.11.20)应用于Ⅰ,Ⅱ区交界处($x=x_1$,$\theta=\theta_1$),可解得

$$C_2A' = -(KA - K'A')\sin^2\theta_1 + \mu_0 H(M_sA - M_2A')\cos\theta_1 - \mu_0 HM_sA \tag{5.11.24}$$

将上式代入式(5.11.19),得满足边界条件的Ⅱ区欧勒方程

$$\left(A'\frac{d\theta}{dx}\right)^2 = A'K'\sin^2\theta - \mu_0 HM_2A'\cos\theta + (KA - K'A')\sin^2\theta_1 - \mu_0 H(M_sA - M_2A')\cos\theta_1 + \mu_0 HM_sA \tag{5.11.25}$$

利用式(5.11.22)可将上式表示为

$$D = \int_{x_1}^{x_2} dx = \frac{A'}{(AK)^{\frac{1}{2}}}\int_{\theta_1}^{\theta_2}[(1-b)\sin^2\theta - h(1-a)\cos\theta + b\sin^2\theta_1 - ha\cos\theta_1 + h]^{-\frac{1}{2}}d\theta \tag{5.11.26}$$

式中,D 为面缺陷的厚度。

原则上讲,当 a,b,D 确定后(即已知晶体和缺陷的特性参数),由式(5.11.23)和式(5.11.26)联立可解出一系列的 h,θ_1,θ_2 值。其中 h 最大者即为矫顽力($H_c=\frac{K}{\mu_0 M_s}h_{max}$)。但遗憾的是,式(5.11.23)和式(5.11.26)是一组非线性方程,在一般情况下无法给出解析解。下面我们仅讨论在一些特殊情况下的计算结果:

(1) 外磁场较小,$h<1$　在这种情况下,我们对式(5.11.23)和式(5.11.26)中的 h 做不同的处理。在计算式(5.11.26)时,取 $h\approx 0$,于是得到

$$D = \frac{A'}{(AK)^{\frac{1}{2}}}\int_{\theta_1}^{\theta_2}\frac{d\theta}{[(1-b)\sin^2\theta + b\sin^2\theta_1]^{\frac{1}{2}}} = \frac{A'}{(AK)^{\frac{1}{2}}}\int_{\cos^2\theta_1}^{\cos^2\theta_2}\frac{d(-\cos^2\theta)}{\sin 2\theta[(1-b)\sin^2\theta + b\sin^2\theta_1]^{\frac{1}{2}}} \tag{5.11.27}$$

为了估算出上式的积分值,我们将上式积分中分母部分的 θ 用 θ_1 代替,于是得到

$$D \approx \frac{A'}{(AK)^{\frac{1}{2}}}\cdot\frac{\cos^2\theta_1 - \cos^2\theta_2}{\sin 2\theta_1\sin\theta_1} \tag{5.11.28}$$

对式(5.11.23),我们取如下的近似

$$\cos^2\theta_1 - \cos^2\theta_2 = \frac{2h}{b} \tag{5.11.29}$$

由以上两式得

$$H = \frac{K}{\mu_0 M_s}\cdot\frac{D}{\delta_0}\left(\frac{A}{A'} - \frac{K'}{K}\right)\sin^2\theta_1\cos\theta_1 \tag{5.11.30}$$

其中,$\delta_0=(A/K)^{\frac{1}{2}}$,为畴壁厚度的基本单位。

根据前面的讨论，可将矫顽力取为上式中 H 的最大值，即有

$$H_{c}=\frac{K}{\mu_0 M_s}\frac{D}{\delta_0}\left(\frac{A}{A'}-\frac{K'}{K}\right)(\sin^2\theta_1\cos\theta_1)_{\max}$$

$$=\frac{2}{3\sqrt{3}}\frac{K}{\mu_0 M_s}\frac{D}{\delta_0}\left(\frac{A}{A'}-\frac{K'}{K}\right) \tag{5.11.31}$$

由式(5.11.31)可见，欲计算矫顽力必须知道材料的磁性参数(M_s，A，K)及缺陷区的有关参数(D，A'，K')。由于缺陷区很小，其参数难以确定。这就给计算矫顽力带来了困难。为了说明上述理论的适用性，我们试着选择了一组参数：$\frac{A}{A'}=1.10$，$\frac{K'}{K}=0.96$，$D=12\times10^{-8}$cm。用这组参数对某些永磁材料和软磁材料进行了计算，结果如表 5-6 所示。可见理论值与实验值是基本相符的。

(2) 畴壁厚度比面缺陷厚度小得多，即 $\delta_0\ll D$　　这时，磁矩方向的改变在Ⅰ，Ⅱ区便可完成。因此，式(5.11.19)中的积分常数可由Ⅱ区的边界条件给出，即有 $C_2=\mu_0 HM_2$。于是，适用于Ⅰ，Ⅱ区的欧勒方程可分别写为

$$-A\left(\frac{d\theta}{dx}\right)^2+K\sin^2\theta-\mu_0 HM_s\cos\theta+\mu_0 HM_s=0 \tag{5.11.32}$$

$$-A'\left(\frac{d\theta}{dx}\right)^2+K'\sin^2\theta-\mu_0 HM_2\cos\theta-\mu_0 HM_2=0 \tag{5.11.33}$$

利用式(5.11.20)所表示的边界连续条件，由以上两式可得

$$(AK-A'K')\sin^2\theta_1-\mu_0(HAM_s-HA'M_2)\cos\theta_1$$

$$+\mu_0(HM_sA+HM_2A')=0 \tag{5.11.34}$$

利用式(5.11.22)，可将上式改写为

$$h=-\frac{b\sin^2\theta_1}{(2-a)-a\cos\theta_1} \tag{5.11.35}$$

为了求出 h 的最大值，取$\frac{\partial h}{\partial\theta_1}=0$，解得

$$\cos\theta_1=\frac{(2-a)-2\sqrt{1-a}}{a} \tag{5.11.36}$$

将这一结果代入式(5.11.35)，得矫顽力

$$H_c=\frac{2K}{\mu_0 M_s}(1-pq)\frac{(1-\sqrt{mp})^2}{(1-mp)^2} \tag{5.11.37}$$

其中，

$$p=\frac{A'}{A},\quad q=\frac{K'}{K},\quad m=\frac{M_2}{M_s}$$

由上式可以看出，当畴壁厚度比面缺陷厚度薄得多时，矫顽力与面缺陷的厚度无关。为了能将上式的计算结果与实验值进行比较，取 $p=q=0.9$，$m=1$。将由此 所得的计算结果及与之相关的实验值列于表5-7。由表5-7可见，理论值明显

的高于实验值。

表 5-6 按畴壁钉扎计算的矫顽力($h<1$)同实验结果的比较

材料	M_s/ Gs	K/ (10^5erg/cm^3)	A/ (10^{-6}erg/cm)	δ_0/ (10^{-6}cm)	H_c/Oe	
					理论值	实验值
坡莫合金	860	0.02	2.0	32	0.000 4	0.05
超坡莫合金	630	0.015	1.5	32	0.000 4	0.002
Ni	485	−0.42	0.5	3.45	0.2	0.7
Co	1 400.	45	4.7	1.0	20.7	10
Fe	1 707.	4.8	2.4	2.2	0.83	1
Fe-4%Si	1 570.	3.2	2.1	2.6	0.51	0.5
铝镍钴	915	260	2.0	0.28	656	620
$SmCo_5$	855	1 500.	2.0	0.12	12 610.	10 000.
$CeCo_5$	794	520	1.3	0.20	2824	2800
$PrCo_5$	1 150.	1 000.	1.1	0.11	6 819.	5 750.

表 5-7 按畴壁钉扎计算的矫顽力($\delta_0 \ll D$)同实验结果的比较

材料	M_s/ Gs	K/ (10^5erg/cm^3)	A/ (10^{-6}erg/cm)	δ_0/ (10^{-6}cm)	H_c/Oe	
					理论值	实验值
$SmCo_5$	855	1 500	2.0	0.12	16 840	10 000
$CeCo_5$	794	520	1.3	0.20	6 287	2 800
$PrCo_5$	1 150	1 000	1.1	0.11	8 346	5 750
YCo_5	845	550	1.5	0.17	6 226	4 600
$LaCo_5$	725	630			8 340	3 600
MnAl	581	130			2 418	5 000
MnBi	700	89			1 220	4 000
Pt-Co	756	200			2 540	4 200

希尔尊格从微磁学的连续介质理论和点阵的不连续理论出发,严格计算了面缺陷对矫顽力的影响[48],所得结果与式(5.11.31)和式(5.11.37)完全一致。他还从式(5.11.23)和式(5.11.26)的数值解中得出如下的结论:尽管式(5.11.31)和式(5.11.37)是在特殊条件下推出的,但联合起来却能代表式(5.11.23)和式(5.11.26)的普遍解。也就是说,两式各适用于不同的范围:当 $\delta_0>D$ 时,式(5.11.31)适用;当 $\delta_0<D$ 时,式(5.11.37)适用。

根据以上的讨论和对表 5-6,表 5-7 中理论结果与实验结果的比较,我们可以得到这样几点结论:

1) 平面缺陷对于畴壁位移的阻碍是产生矫顽力的一种普遍机制。除了坡莫合金外(坡莫合金的矫顽力似乎用应力理论更适合),它适用于各种金属软磁和永磁材料。

2）畴壁越薄，面缺陷的影响越显著，产生的矫顽力越大。

3）面缺陷内的磁性参数（A，K 和 M_s）越小，矫顽力越大。在极端情况下，p，q，m 接近于零，由式（5.11.37）可导出 $H_c = 2K/\mu_0 M_s$，即相当于磁化矢量转动所决定的矫顽力。

4）对于铝镍钴永磁合金，曾一直认为其矫顽力由形状各向异性控制的磁化矢量转动所决定。但由表 5-6 可以看出，在铝镍钴永磁合金中可能存在着面缺陷阻碍畴壁位移的矫顽力机制。近年来，在 Fe-Cr-Co 永磁合金中已经发现了存在这种机制的证据[50,51]。

最后指出，自 70 年代以来，发现某些稀土—过渡族金属间化合物在低温下具有特别高的矫顽力（高达 330×10^3Oe），被认为是由于窄畴壁所致。因为这类材料具有很高的磁晶各向异性常数和较低的交换积分，故应具有较窄的畴壁（约 5～50Å，比传统材料小一个数量级），按面缺陷钉扎理论，应具有很高的矫顽力。按照这一概念，为开发新型永磁材料提供了思路，有关这方面的研究可参考文献[52]，[53]。窄畴壁材料的主要缺点是居里温度低（因交换积分小），故只能用于低温。

第十二节　铁磁多晶体剩余磁化强度的计算

如前所述，剩余磁化强度是铁磁性物质在反磁化过程中表征磁滞的另一重要参量。它是指磁路闭合（无退磁场影响）的磁介质磁化至饱和后再将外磁场减小到零时所具有的磁化强度。实验证明，如果外磁场未能使磁介质达到饱和磁化，磁场减小到零时所对应的磁化强度将低于剩余磁化强度。类似的有，如果样品的磁路不闭合（退磁因子不等于零），则样品的剩余磁化强度（或剩余磁感应强度）也将低于磁路闭合状态下的磁化强度（或剩余磁感应强度），我们称磁路不闭合样品的剩余磁感应强度为表观剩余磁感应强度。

从磁化过程来看，剩余磁化强度可视为材料磁化至饱和后当磁场降为零时所保留的不可逆磁化部分，因此其大小与未磁化时的磁畴结构有关。关于铁磁单晶体的剩余磁化强度可由求解磁化方程得出，我们在本章第六节中曾详加介绍，不再重复。关于铁磁多晶体的剩余磁化强度，在多晶体包含的晶粒足够多时，可用统计方法求出。下面介绍有关这方面的内容。

1．单轴晶系的多晶体

设多晶体内的单轴晶粒在空间均匀分布。当沿任一方向磁化饱和时，各晶粒的磁化矢量都将集中在外磁场方向。这时如将外磁场下降为零，各晶粒的磁化矢量将随之回到与外磁场接近的易磁化轴方向。也就是说，在剩磁状态下各晶粒的磁化矢量将均匀分布在围绕原来饱和方向的半球面内，因此有

$$\frac{M_r}{M_s} = \int_0^{\frac{\pi}{2}} \cos\theta \sin\theta \mathrm{d}\theta = \frac{1}{2} \tag{5.12.1}$$

除了单轴晶系的多晶样品(如钴,Mn_2Sb 等)外,由应力产生的单轴各向异性的多晶样品(如冷加工的镍)亦属于这一类型。

2. 三易磁化轴($K>0$ 的立方晶系)的多晶体

为了计算三易磁化轴的多晶体的剩余磁化强度,我们以[100],[010],[001]轴为直角坐标画出了1/8球面的图形(如图5-64所示),其中3条球面中垂弧$\overset{\frown}{AF}$,$\overset{\frown}{BE}$,$\overset{\frown}{DG}$相交于C点,OC即[111]方向。这样,球面DEF便被等分为3个部分:$ACBD$,$ACGE$和$BCGF$,每一部分都只包含着一个易磁化轴。为了计算方便,我们假定磁场的方向随晶粒而异以代替实际上磁场不变而晶粒取向随晶粒不同的真实情况,两者的结果是一样的。显然,如果磁场加于$ACBD$范围内,其剩磁必在[001]晶轴方向;如果磁场加于$ACGE$范围内,其剩磁必在[100]方向;余类推。所以我们只要计算上述一个范围(例如$ACBD$球面)即可。在$ACBD$球面范围内,取磁场方向为(θ,ϕ),则剩余磁化应为[001]方向的磁化强度在外磁场方向的投影,因而有

$$M_r = M_s \frac{\int_{ACBD} \cos\theta \mathrm{d}\Omega}{\int_{ACBD} \mathrm{d}\Omega} \tag{5.12.2}$$

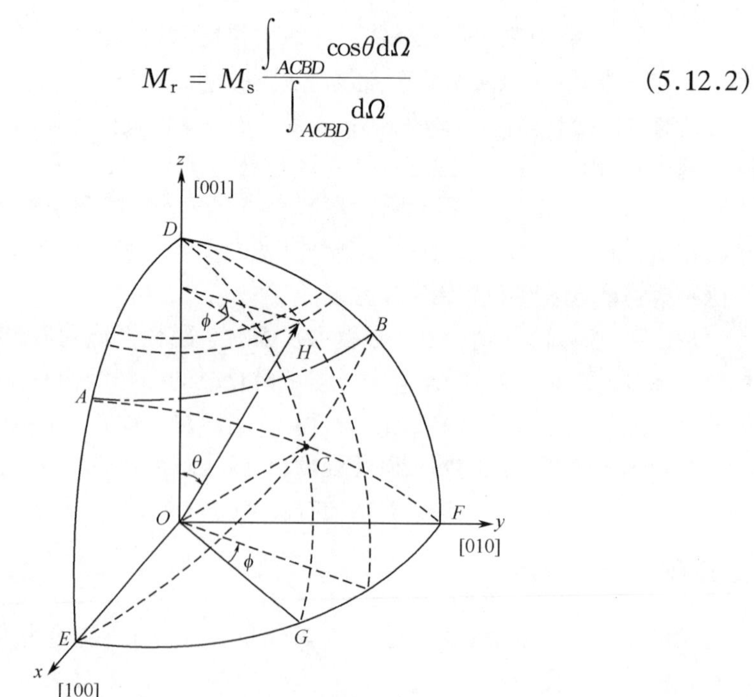

图5-64　立方晶系($K>0$)多晶体剩余磁化强度M_r的计算

我们将上面的积分范围分为两个区域:ABD 和 ACB。

取 OD 为 θ 角的基线,OG 为 ϕ 角的基线。在 ABD 球面内,θ 角的变化范围为 $0\sim\frac{\pi}{4}$,ϕ 角的变化范围为 $-\frac{\pi}{4}\sim\frac{\pi}{4}$。因此这一区域内的积分容易得出。

在 ACB 球面内,θ 角的变化范围为 $\frac{\pi}{4}\sim\arccos\frac{1}{\sqrt{3}}$,$\phi$ 角的变化则为 θ 的函数。应用球面三角知识可求出,ϕ 角的变化范围为 $-\left[\frac{\pi}{4}-\arccos(\cot\theta)\right]\sim\left[\frac{\pi}{4}-\arccos(\cot\theta)\right]$。

根据以上分析可求得

$$
\begin{aligned}
M_{\mathrm{r}} &= M_{\mathrm{s}}\frac{\int_{ACBD}\cos\theta\mathrm{d}\Omega}{\int_{ACBD}\mathrm{d}\Omega} \\
&= \frac{M_{\mathrm{s}}}{\frac{4\pi}{8}\cdot\frac{1}{3}}\left(\int_{ABD}\cos\theta\mathrm{d}\Omega+\int_{ACB}\cos\theta\mathrm{d}\Omega\right) \\
&= \left(\frac{6}{\pi}\right)M_{\mathrm{s}}\left(\int_{-\frac{\pi}{4}}^{\frac{\pi}{4}}\mathrm{d}\phi\int_{0}^{\frac{\pi}{4}}\cos\theta\sin\theta\mathrm{d}\theta+\int_{\frac{\pi}{4}}^{\arccos\frac{1}{\sqrt{3}}}\cos\theta\sin\theta\mathrm{d}\theta\int_{-\frac{\pi}{4}+\arccos(\cot\theta)}^{\frac{\pi}{4}-\arccos(\cot\theta)}\mathrm{d}\phi\right) \\
&= \frac{6M_{\mathrm{s}}}{\pi}\cdot\left[\frac{\pi}{8}+\left(\frac{\pi}{24}-\int_{\frac{\pi}{4}}^{\arccos\frac{1}{\sqrt{3}}}\arccos(\cot\theta)\sin2\theta\mathrm{d}\theta\right)\right] \\
&\approx 0.832M_{\mathrm{s}}
\end{aligned}
\tag{5.12.3}
$$

3. 四易磁化轴($K<0$ 的立方晶系)的多晶体

计算这类多晶体剩余磁化的方法与前者相似,所不同的是易磁化轴为[111]轴。如图 5-65 所示,当外磁场 H 加于 DEF 球面内使之磁化饱和后,其剩磁状态下的磁化矢量必然回到[111]轴方向。所以,计算剩余磁化强度实际上是计算[111]轴方向的磁化强度在外磁场方向的投影。考虑到 DEF 球面内几何形状的对称性,计算可在 $ACBD$ 球面范围内进行。选取 OC 轴(即[111]轴)为球坐标的旋转轴,COD 平面为计算 ϕ 角的基平面。如设外磁场 $\boldsymbol{H}$ 的方向为(θ,ϕ),则应有

$$
M_{\mathrm{r}} = M_{\mathrm{s}}\frac{\int_{ACBD}\cos\theta\mathrm{d}\Omega}{\int_{ACBD}\mathrm{d}\Omega}
\tag{5.12.4}
$$

积分在球面 ABC 和 ABD 两个区域内进行。

在 ABC 区域内,θ 的变化范围从 OC 到 OG,即 $\overset{\frown}{CG}$ 所对应的球内角。这一球心角也就是 $\overset{\frown}{AC}$ 所对应的球心角。从对称性考虑,$\overset{\frown}{AC}$ 所对应的球心角应等于 $\overset{\frown}{CI}$ 所

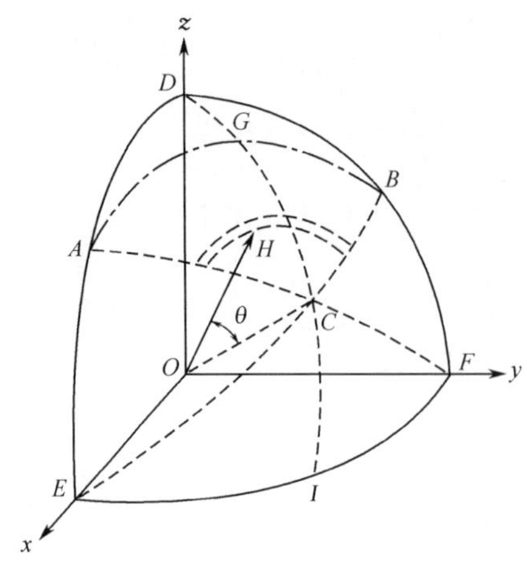

图 5-65　立方晶系($K<0$)多晶体剩余磁化强度 M_r 计算参照图

引自钟文定〈铁磁学〉(中册)

对应的球心角。不难看出,$\overset{\frown}{CI}$ 所对应的球心角等于 $\arccos\sqrt{\frac{2}{3}}$。故 θ 的变化范围从 0 至 $\arccos\sqrt{\frac{2}{3}}$。$\phi$ 的变化范围从 OA 到 OB。为了计算这一角度,我们将点 C 投影于△DEF 所在的平面,设投影点为 C'。从对称性考虑,点 C' 应为正△DEF 的中心,AF,BE,DI 为该三角形的三条中线。不难求得,$\angle AC'D=\angle DC'B=\frac{\pi}{3}$。由此可知,$\phi$ 的变化范围为从 $\left(-\frac{\pi}{3}\right)$ 到 $\frac{\pi}{3}$。于是,这一区域的积分可求出。

在 ABD 区域内,θ 的变化范围从 $\arccos\sqrt{\frac{2}{3}}$ 到 $\arccos\sqrt{\frac{1}{3}}$,$\phi$ 的变化范围则为 θ 的函数。利用球面三角定理能够证明,AD 线对应于 $\phi=-\left[\frac{\pi}{3}-\arccos\left(\sqrt{\frac{1}{2}}\cot\theta\right)\right]$,$BD$ 线对于 $\phi=\left[\frac{\pi}{3}-\arccos\left(\sqrt{\frac{1}{2}}\cot\theta\right)\right]$。因而有

$$
\begin{aligned}
M_r &= M_s\frac{6}{\pi}\left[\int_{-\pi/3}^{\pi/3}\mathrm{d}\phi\int_0^{\arccos\sqrt{\frac{2}{3}}}\cos\theta\sin\theta\mathrm{d}\theta\right.\\
&\quad\left.+\int_{\arccos\sqrt{\frac{2}{3}}}^{\arccos\sqrt{\frac{1}{3}}}\cos\theta\sin\theta\mathrm{d}\theta\cdot\int_{-\left[\frac{\pi}{3}-\operatorname{arccot}\left(\sqrt{\frac{1}{2}}\cos\theta\right)\right]}^{\frac{\pi}{3}-\arccos\left(\sqrt{\frac{1}{2}}\cot\theta\right)}\mathrm{d}\phi\right]\\
&\approx 0.866M_s
\end{aligned}
\tag{5.12.5}
$$

实际上,退火的铁和 Fe-Si 合金的 $\frac{M_r}{M_s}$ 都比由式(5.12.3)计算的数值小。退火的镍的 $\frac{M_r}{M_s}$ 也比由式(5.12.5)计算的数值要小。这是由于材料内部(例如晶粒边界,气孔和杂质处)的退磁场影响了自发磁化强度的分布,使 M_r 值变低。只有钴铁氧体$(1-x)CoO\cdot xFe_2O_3$(无晶粒取向)经过磁场热处理后,在 200～290K 的温度下,沿原磁场方向的 $\frac{M_r}{M_s}=0.84$(根据吉奥 1953 年的计算)。

对于永磁材料来说,B_r 是一个极为重要的参数,希望它越大越好。但对于软磁材料来说,希望 B_r 小。另外,作为开关元件或记忆元件应用的矩磁材料,常常定义两种矩形比:一种是 $\frac{B_r}{B_s}$,称为开关矩形比;另一种是 $\frac{B\left(-\frac{H_m}{2}\right)}{B_s}$,称为记忆矩形

比。工作中通常要求$\frac{B_r}{B_s}$接近于1，$\frac{B\left(-\frac{H_m}{2}\right)}{B_s}$也接近于1。既然不同的材料对$\frac{B_r}{B_s}$有不同的要求，下面我们介绍改变$\frac{B_r}{B_s}$值的一些方法。

(1) 高剩余磁化(高矩形比)　如果原来磁化方向平行于一个易磁化方向或一个择优的取向，则可得到高的剩余磁化。最大的剩余磁化 $M_r = M_s$，即矩形比等于1。得到这种高剩磁的方法如下：

1) 对于 $\lambda_s > 0$ 的材料(例如含 Ni 量少于 81% 的坡莫合金)，沿磁化方向加外张力。对于 $\lambda_s < 0$ 的材料(例如含 Ni 量大于 81% 的坡莫合金)沿磁化方向加外压力。

2) 经过磁场热处理使合金内产生磁织构，磁化平行于热处理时的磁场方向(例如坡莫合金，坡明伐合金 Fe-Ni-Co，6% Si-Fe 合金等)。

3) 铁氧体(例如 Mn-Mg 铁氧体)经过淬火处理或在特定气氛中烧结。

4) 晶粒取向的合金，平行于择优的取向磁化。

(2) 低剩余磁化　除了退磁场影响外，如果整个样品的磁化方向垂直于易磁化方向或择优的取向，则剩余磁化将降低。获得低剩磁的常规方法如下：

1) 对于 $\lambda_s > 0$ 的材料，沿磁化方向加外压力。对于 $\lambda_s < 0$ 的材料，沿磁化方向加外张力。

2) 经过磁场热处理使合金内产生磁织构，磁化垂直于热处理时的磁场。

3) 晶粒取向的合金，垂直于晶粒的取向磁化。

4) 恒导磁合金(Isoperm，含 Ni 量 40% ～50% 的坡莫合金，经过冷轧、退火再冷轧而产生磁织构，用作载流线圈的磁芯)。

5) 铁粉磁芯(羰基铁粉，球粒直径 1～10 μm，用黏合剂压结而后退火)。

6) 具有磁织构的合金(如坡莫合金、坡明伐合金)，在无磁场下，长时间加热退火。例如玻佐尔特用 65 坡莫合金在 450℃下无磁场长时间加热退火后，矩形比可低到 0.07(见表 5-8)。

7) 10% ～16% Al-Fe 合金经过不同热处理后，M_r/M_s 可低到 0.05～0.1 (Pavlovic-Foster)。

低剩磁材料(第 6)种情况除外)的磁滞回线多数表现为斜而狭长的形状，如图 5-1(b)，并且在一定的磁场范围内，磁化率或磁导率一般不随磁场变化。在第 6)种情况，磁滞回线成为蜂腰形状，如图 5-1(f)。

表 5-8 列举了各种金属材料的剩余磁感。

表 5-8　各种金属材料的剩余磁感(CGS 制)

材　　料	处理经过	B_r/GS	B_s/GS	B_r/B_s (测量值)	B_r/B_s (理论计算值)
铁	冷　拉	8 000～11 000	21 600	0.4～0.5	0.5
	退　火	6 000～14 000	21 600	0.3～0.7	0.5
镍	冷　拉	2 900～3 900	6 100	0.5～0.65	—
	退　火	2 000～4 000	6 100	0.3～0.65	0.5
4Si-Fe	退　火	6 000～8 000	19 800	0.3～0.4	0.5
	冷轧退火	14 000	20 200	0.7	—
45 坡莫合金	退　火	7 500～9 500	16 000	0.45～0.6	0.5
	冷轧(95%)退火	7 000	16 000	0.45	0.5
4-79 钼坡莫合金	速冷却	3 800～5 100	8 700	0.45～0.65	0.5
65-坡莫合金	硬　化	6 500	14 400	0.4～0.5	0.5
	淬　火	5 900	14 400	0.41	0.5
	速冷却	4 500	14 400	0.31	—
	慢冷却	1 600	14 400	0.11	—
	长时间加热	1 000	14 400	0.07	0
	加张力	14 100	14 400	0.98	1.0
	纵向磁场退火	13 000	14 400	0.90	1.0
	横向磁场退火	600	14 400	0.04	0

*第十三节　微磁化理论简介[13]

前面介绍的铁磁体的磁化状态、磁化及反磁化过程都以磁畴结构为基础。朗道和栗弗席兹首先用各种磁相互作用能之和等于极小值的方法计算出了磁畴的分布、畴壁的厚度与畴壁能密度。在这之前，阿库洛夫和贝特用粉纹法在铁磁晶体中观察到了磁畴结构。自那时以来，磁畴结构已经被确认并成为研究磁化过程的基础。但是在某些情况下，畴壁和磁畴的概念并不十分明确。首先，畴壁和磁畴交接的地方实际上是一个较宽的过渡层。在这里畴壁和磁畴的差别并不明显。其次，在磁晶各向异性较小的铁磁体中，畴壁厚度较大，磁化矢量随距离的转动一直深入到磁畴的内部。在这种情况下，很难分清畴壁和磁畴，有必要对铁磁体内磁化矢量的分布作更一般的讨论。

布朗在假设磁化矢量连续分布的条件下从计算各种磁相互作用能之和等于极小值出发，运用经典场论的一般关系，求出了磁化矢量的运动及平衡方程式[54]。在他的计算中，对磁畴及畴壁无须预先假设，仅作为理论的自然结果，而不是作为理论的基础。布朗的方法给出了求解磁化状态的一种完全不同方式。

布朗的计算在数学方面遇到了困难。因为磁化矢量的平衡方程是非线性微分方程，没有解析解。他在采取了一些线性化近似后，计算了椭球体的均匀磁化问题以及晶格位错对趋近饱和的影响。1957 年，他又做了进一步的计算。同时，弗瑞、史特里克曼和阿哈罗尼等应用类似方法，计算了圆柱体内的磁化问题[55]。近年来,李伯臧、蒲富恪推广应用分歧理论方法,对这一问题做了更加深入的研究,进一步发展了这一理论。

由于整个计算是以磁化矢量为基础进行的。为了区别于磁畴理论的以磁畴为基础,布朗称这种理论为微磁化理论。

下面首先介绍布朗的基本方程式及其近似处理方法,然后介绍对于圆柱体这一典型问题的计算。如果希望对微磁化理论有进一步的了解,可直接阅读李伯臧、蒲富恪的论文[56]。

一、布 朗 方 程

设铁磁体某点(x,y,z)的磁化矢量 $\boldsymbol{I}$ 方向余弦为(α,β,γ),现加一均匀外磁场 H_0,磁场方向作为 z 轴方向,即 $\boldsymbol{H}=\boldsymbol{k}H_0$。计算采用 CGS 单位制。首先考虑铁磁晶体内的四种作用能:

1) 外场能

$$F_{\mathrm{H}} = -\int_v \boldsymbol{H}\cdot\boldsymbol{I}\mathrm{d}\tau \tag{5.13.1}$$

v 为铁磁体的体积。

2) 有磁极分布时的退磁场能

$$F_{\mathrm{m}} = -\int_v (-\nabla V)\cdot\boldsymbol{I}\mathrm{d}\tau \tag{5.13.2}$$

其中,V 为静磁势。在铁磁体内

$$\nabla^2 V = 4\pi\nabla\cdot\boldsymbol{I} \tag{5.13.3}$$

在铁磁体外

$$\nabla^2 V = 0 \tag{5.13.4}$$

在铁磁体表面 S 上

$$\left.\begin{aligned} V_{内} &= V_{外} \\ \frac{\partial V_{外}}{\partial n} - \frac{\partial V_{内}}{\partial n} &= -4\pi I_n \end{aligned}\right\} \tag{5.13.5}$$

其中,n 为向外法线;$I_n=\boldsymbol{n}\cdot\boldsymbol{I}_s$。

3) 各向异性能

$$F_{\mathrm{K}} = \int_v w(x,y,z,\alpha,\beta)\mathrm{d}\tau \tag{5.13.6}$$

4) 交换能

$$F_{\mathrm{c}} = \frac{1}{2}C\int[(\nabla\alpha)^2+(\nabla\beta)^2+(\nabla\gamma)^2]\mathrm{d}\tau \tag{5.13.7}$$

其中 $C\approx\dfrac{A}{a_0}$,A 为交换积分,a_0 为晶格常数。

对于任一磁化分布的平衡态,以上四种能量总和应等于极小值,即

$$\delta(F_{\mathrm{H}}+F_{\mathrm{m}}+F_{\mathrm{K}}+F_{\mathrm{c}})=0 \tag{5.13.8}$$

能量的微小变化是由于 $\boldsymbol{I}$ 离开平衡方向(α,β,γ)的微小偏转量 $\delta\alpha,\delta\beta$ 及 $\delta\gamma=-\dfrac{\alpha\delta\alpha+\beta\,\delta\beta}{\gamma}$引起的。故有

$$\delta F_{\mathrm{H}}=-\int_v I_{\mathrm{s}}H_0\delta\gamma\mathrm{d}\tau=I_{\mathrm{s}}H_0\int_v\frac{\alpha\delta\alpha+\beta\delta\beta}{\gamma}\mathrm{d}\tau \tag{5.13.9}$$

$$\begin{aligned}\delta F_{\mathrm{m}}&=\int_v\nabla V\cdot\delta\boldsymbol{I}\mathrm{d}\tau\\&=I_{\mathrm{s}}\int_v\left[\left(\frac{\partial V}{\partial x}-\frac{\alpha}{\gamma}\frac{\partial V}{\partial z}\right)\delta\alpha+\left(\frac{\partial V}{\partial y}-\frac{\beta}{\gamma}\frac{\partial V}{\partial z}\right)\delta\beta\right]\mathrm{d}\tau\end{aligned} \tag{5.13.10}$$

$$\delta F_{\mathrm{K}}=\int_v\left(\frac{\partial w}{\partial\alpha}\delta\alpha+\frac{\partial w}{\partial\beta}\delta\beta\right)\mathrm{d}\tau \tag{5.13.11}$$

$$\delta F_{\mathrm{c}}=\frac{1}{2}C\int_v\delta[(\nabla\alpha)^2+(\nabla\beta)^2+(\nabla\gamma)^2]\mathrm{d}\tau \tag{5.13.12a}$$

应用部分积分法可得

$$\begin{aligned}\delta F_{\mathrm{c}}&=C\int_s(\nabla\alpha\delta\alpha+\nabla\beta\,\delta\beta+\nabla\gamma\delta\gamma)\cdot\mathrm{d}s-C\int_v(\nabla^2\alpha\delta\alpha+\nabla^2\beta\,\delta\beta+\nabla^2\gamma\delta\gamma)\mathrm{d}\tau\\&=C\int_s\left[\left(\nabla\alpha-\frac{\alpha}{\gamma}\nabla\gamma\right)\delta\alpha+\left(\nabla\beta-\frac{\beta}{\gamma}\nabla\gamma\right)\delta\beta\right]\mathrm{d}s\\&\quad-C\int_v\left[\left(\nabla^2\alpha-\frac{\alpha}{\gamma}\nabla^2\gamma\right)\delta\alpha+\left(\nabla^2\beta-\frac{\beta}{\gamma}\nabla^2\gamma\right)\delta\beta\right]\mathrm{d}\tau\end{aligned} \tag{5.13.12b}$$

将以上四种能量的变分代入式(5.13.8),令其中 $\delta\alpha$ 和 $\delta\beta$ 的系数等于零,则可得在铁磁体内的两个偏微分方程式

$$\left.\begin{aligned}-C\left(\nabla^2\alpha-\frac{\alpha}{\gamma}\nabla^2\gamma\right)+I_{\mathrm{s}}\left(\frac{\partial V}{\partial x}-\frac{\alpha}{\gamma}\frac{\partial V}{\partial z}\right)+\frac{I_{\mathrm{s}}H_0\alpha}{\gamma}+\frac{\partial w}{\partial\alpha}=0\\-C\left(\nabla^2\beta-\frac{\beta}{\gamma}\nabla^2\gamma\right)+I_{\mathrm{s}}\left(\frac{\partial V}{\partial y}-\frac{\beta}{\gamma}\frac{\partial V}{\partial z}\right)+\frac{I_{\mathrm{s}}H_0\beta}{\gamma}+\frac{\partial w}{\partial\beta}=0\end{aligned}\right\} \tag{5.13.13}$$

在铁磁体表面上

$$\frac{\partial\alpha}{\partial n}-\frac{\alpha}{\gamma}\frac{\partial\gamma}{\partial n}=\frac{\partial\beta}{\partial n}-\frac{\beta}{\gamma}\frac{\partial\gamma}{\partial n}=0 \tag{5.13.14}$$

式(5.13.13)是布朗的基本方程式。式(5.13.14)是磁化矢量的边界条件。

式(5.13.13)可改写如下

$$\left.\begin{aligned}C(\gamma\nabla^2\alpha-\alpha\nabla^2\gamma)-I_s\left(\gamma\frac{\partial V}{\partial x}-\alpha\frac{\partial V}{\partial z}\right)-I_sH_0\alpha-\gamma\frac{\partial w}{\partial\alpha}=0\\C(\gamma\nabla^2\beta-\beta\nabla^2\gamma)-I_s\left(\gamma\frac{\partial V}{\partial y}-\beta\frac{\partial V}{\partial z}\right)-I_sH_0\beta-\gamma\frac{\partial w}{\partial\beta}=0\end{aligned}\right\}\tag{5.13.15}$$

改用矢量形式,令 $\boldsymbol{I}_s$ 的单位矢量为

$$\boldsymbol{v}=\frac{\boldsymbol{I}_s}{I_s}=\boldsymbol{i}\alpha+\boldsymbol{j}\beta+\boldsymbol{k}\gamma\tag{5.13.16}$$

则式(5.13.15)是以下矢量方程式的分量式

$$\boldsymbol{v}\times\left(C\nabla^2\boldsymbol{v}-\frac{\partial w}{\partial\boldsymbol{v}}-I_s\nabla V+I_s\boldsymbol{H}\right)=0\tag{5.13.17}$$

式(5.13.17)说明磁化矢量在平衡位置时,所受的总力矩等于零。

同样,式(5.13.14)也可改写为矢量形式

$$\boldsymbol{v}\times\frac{\partial\boldsymbol{v}}{\partial n}=0\tag{5.13.18}$$

式(5.13.18)说明在铁磁体表面处的自旋与表面内侧的近邻平行。

设磁场 H_0 甚强,以至磁化矢量接近于磁场,即 z 轴方向,则 $\gamma\approx1$,而 α,β 甚小,近于零。如果只考虑到一级无限小量时,(5.13.13)和(5.13.14)两个方程式可简化如下

$$\left.\begin{aligned}-C\nabla^2\alpha+I_s\left(\frac{\partial V}{\partial x}-\alpha\frac{\partial V}{\partial z}\right)+I_sH_0\alpha+\frac{\partial w}{\partial\alpha}=0\\-C\nabla^2\beta+I_s\left(\frac{\partial V}{\partial y}-\beta\frac{\partial V}{\partial z}\right)+I_sH_0\beta+\frac{\partial w}{\partial\beta}=0\end{aligned}\right\}\tag{5.13.19}$$

及

$$\frac{\partial\alpha}{\partial n}=\frac{\partial\beta}{\partial n}=0\tag{5.13.20}$$

式(5.13.19)为线性的微分方程式,可以求解。

二、圆柱体反磁化的计算

设有一无限长圆柱体,原来沿其长轴方向均匀磁化到饱和。当减弱磁场时,求其开始离开均匀磁化状态时的磁场值。这问题实际是圆柱体的反磁化问题,可以应用布朗方程式来求解。在开始离开均匀磁化状态很少时(所谓微小磁化偏转量),磁化矢量的偏转符合于上节的近似处理情形,即方向余弦 $\gamma\approx1$;而 α,β 很小,近于零(假设原始磁化方向平行于 z 轴)。在圆柱体内布朗方程式为:

$$\left.\begin{aligned}-C\nabla^2\alpha+I_s\frac{\partial V}{\partial x}+I_s\left(H_0-\frac{\partial V}{\partial z}\right)\alpha+\frac{\partial w}{\partial\alpha}=0\\-C\nabla^2\beta+I_s\frac{\partial V}{\partial y}+I_s\left(H_0-\frac{\partial V}{\partial z}\right)\beta+\frac{\partial w}{\partial\beta}=0\end{aligned}\right\}$$

在圆柱表面上,布朗方程式为

$$\frac{\partial \alpha}{\partial n} = \frac{\partial \beta}{\partial n} = 0$$

略去各向异性能(即暂不考虑结晶各向异性),并令 $H = H_0 - \frac{\partial V}{\partial z}$为沿 z 轴的有效场,R 为圆柱体的半径,则布朗方程式可改写如下:在圆柱体内($x^2 + y^2 \leqslant R^2$)

$$\left.\begin{aligned} -\left(\frac{C}{I_s}\right)\nabla^2\alpha + \frac{\partial V}{\partial x} + H\alpha = 0 \\ -\left(\frac{C}{I_s}\right)\nabla^2\beta + \frac{\partial V}{\partial y} + H\beta = 0 \end{aligned}\right\} \tag{5.13.21}$$

在圆柱表面上 $x^2 + y^2 = R^2$

$$\frac{\partial \alpha}{\partial n} = \frac{\partial \beta}{\partial n} = 0 \tag{5.13.22}$$

此外,静磁势 V 还满足以下方程式:

当 $x^2 + y^2 \leqslant R^2$ 时

$$\nabla^2 V = 4\pi I_s\left(\frac{\partial \alpha}{\partial x} + \frac{\partial \beta}{\partial y}\right) \tag{5.13.23}$$

当 $x^2 + y^2 \geqslant R^2$ 时

$$\nabla^2 V = 0 \tag{5.13.24}$$

当 $x^2 + y^2 = R^2$ 时

$$\left.\begin{aligned} V_{内} = V_{外} \\ \frac{\partial V_{外}}{\partial n} - \frac{\partial V_{内}}{\partial n} = -4\pi I_n \end{aligned}\right\} \tag{5.13.25}$$

式(5.13.21)~(5.13.25)便是我们要求解的方程式。方程式(5.13.21)包含一个特征值 H,只有当 H 等于一定特征值时方程式才有合理解。H 的最低特征值即开始反磁化时的磁场值。

换用柱坐标(r, ϕ, z),并令 x 轴为量ϕ 和z 的起点,即在 x 轴所在位置$\phi = z = 0$,则方程式(5.13.21)和(5.13.23)可以改写如下:当 $r \leqslant R$ 时

$$-C\left(\cos\phi\,\nabla^2\alpha_r - \frac{2\sin\phi}{r^2}\frac{\partial \alpha_r}{\partial \phi} - \frac{\cos\phi}{r^2}\alpha_r - \sin\phi\,\nabla^2\alpha_\phi - \frac{2\cos\phi}{r^2}\frac{\partial \alpha_\phi}{\partial \phi} + \frac{\sin\phi}{r^2}\alpha_\phi\right)$$

$$+ I_s\cos\phi\frac{\partial V}{\partial r} - \frac{I_s}{r}\sin\phi\frac{\partial V}{\partial \phi} + HI_s(\alpha_r\cos\phi - \alpha_\phi\sin\phi) = 0 \tag{5.13.26a}$$

$$-C\left(\sin\phi\,\nabla^2\alpha_r + \frac{2\cos\phi}{r^2}\frac{\partial \alpha_r}{\partial \phi} - \frac{\sin\phi}{r^2}\alpha_r + \cos\phi\,\nabla^2\alpha_\phi - \frac{2\sin\phi}{r^2}\frac{\partial \alpha_\phi}{\partial \phi} - \frac{\cos\phi}{r^2}\alpha_\phi\right)$$

$$+ I_s\sin\phi\frac{\partial V}{\partial r} + \frac{I_s}{r}\cos\phi\frac{\partial V}{\partial \phi} + HI_s(\alpha_r\sin\phi + \alpha_\phi\cos\phi) = 0 \tag{5.13.26b}$$

$$\nabla^2 V = 4\pi I_s\left[\frac{\partial \alpha_r}{\partial r} + \frac{1}{r}\left(\alpha_r + \frac{\partial \alpha_\phi}{\partial \phi}\right)\right] \tag{5.13.26c}$$

当 $r=R$ 时

$$\frac{\partial \alpha_r}{\partial r} = \frac{\partial \alpha_\phi}{\partial r} = 0 \tag{5.13.27a}$$

$$V_{内} = V_{外} \tag{5.13.27b}$$

$$4\pi I_s \alpha_r = \frac{\partial V_{内}}{\partial r} - \frac{\partial V_{外}}{\partial r} \tag{5.13.27c}$$

式(5.13.26)和式(5.13.27)两组方程式中的 $\alpha_r, \alpha_\phi, \alpha_z$ 为磁化矢量 $\boldsymbol{I}_s$ 用柱坐标所表示的方向余弦。

为简便起见,我们做以下的代换

$$\left.\begin{aligned} t &= \frac{r}{R}, p = \frac{z}{R}, h = \frac{H}{2\pi I_s} \\ v &= \frac{V}{2\pi I_s R_0}, R_0 = \sqrt{\frac{C}{2}} I_s, s = \frac{R}{R_0} \end{aligned}\right\} \tag{5.13.28}$$

并令

$$\nabla'^2 \equiv \frac{\partial^2}{\partial t^2} + \frac{1}{t}\frac{\partial}{\partial t} + \frac{1}{t^2}\frac{\partial^2}{\partial \phi^2} + \frac{\partial^2}{\partial p^2} \tag{5.13.29}$$

将式(5.13.28)和(5.13.29)代入式(5.13.26),并以 $\cos\phi$ 乘式(5.13.26a),$\sin\phi$ 乘式(5.13.26b)然后相加,则可得

$$\nabla'^2 \alpha_r - \frac{\alpha_r}{t^2} - \frac{2}{t^2}\frac{\partial \alpha_\phi}{\partial \phi} - \pi s \frac{\partial v}{\partial t} - \pi s^2 h \alpha_r = 0 \tag{5.13.30a}$$

以 $-\sin\phi$ 乘式(5.13.26a),以 $\cos\phi$ 乘式(5.13.26b)然后相加,则可得

$$\nabla'^2 \alpha_\phi - \frac{\alpha_\phi}{t^2} + \frac{2}{t^2}\frac{\partial \alpha_r}{\partial \phi} - \frac{\pi s}{t}\frac{\partial v}{\partial \phi} - \pi s^2 h \alpha_\phi = 0 \tag{5.13.30b}$$

式(5.13.26c)经代换后变为

$$\nabla'^2 v - 2s\left[\frac{\partial \alpha_r}{\partial t} + \frac{1}{t}\left(\alpha_r + \frac{\partial \alpha_\phi}{\partial \phi}\right)\right] = 0 \tag{5.13.30c}$$

式(5.13.30)适用于 $t \leqslant 1$。

当 $t \geqslant 1$ 时

$$\nabla'^2 v = 0 \tag{5.13.31}$$

当 $t=1$ 时

$$\frac{\partial \alpha_r}{\partial t} = \frac{\partial \alpha_\phi}{\partial t} = 0 \tag{5.13.32a}$$

$$v_{内} = v_{外} \tag{5.13.32b}$$

$$2s\alpha_r = \frac{\partial v_{内}}{\partial t} - \frac{\partial v_{外}}{\partial t} \tag{5.13.32c}$$

方程式(5.13.30)就是我们要求解的微分方程式。方程式(5.13.32)是边界条件。

采用以下的试解

$$\alpha_r = A_r(t)\cos(kp - p_0)\cos(m\phi - \phi_0) \tag{5.13.33a}$$

$$\alpha_\varphi = A_\varphi(t)\cos(kp - p_0)\sin(m\phi - \phi_0) \tag{5.13.33b}$$

$$v = V_t(t)\cos(kp - p_0)\cos(m\phi - \phi_0) \tag{5.13.33c}$$

其中,$A_r(t)$,$A_\phi(t)$,$V_t(t)$仅为 t 的函数,与 ϕ 及 z 无关。k,p_0 和 ϕ_0 为实数常数,m 为整数。

将式(5.13.33)代入方程式(5.13.30),经过适当合并后,可得

$$\left[-k^2 + \frac{d^2}{dt^2} + \frac{1}{t}\frac{d}{dt} - \frac{(m+1)^2}{t^2} - \pi s^2 h\right](A_r + A_\varphi) + \pi s\left(m\frac{V_t}{t} - \frac{dV_t}{dt}\right) = 0 \tag{5.13.34a}$$

$$\left[-k^2 + \frac{d^2}{dt^2} + \frac{1}{t}\frac{d}{dt} - \frac{(m-1)^2}{t^2} - \pi s^2 h\right](A_r - A_\phi) - \pi s\left(m\frac{V_t}{t} + \frac{dV_t}{dt}\right) = 0 \tag{5.13.34b}$$

$$\left(-k^2 + \frac{d^2}{dt^2} + \frac{1}{t}\frac{d}{dt} - \frac{m^2}{t^2}\right)V_t - s\left[(m+1)\frac{A_r + A_\phi}{t} - (m-1)\frac{A_r - A_\varphi}{t} + \frac{d(A_r + A_\varphi)}{dt} + \frac{d(A_r - A_\varphi)}{dt}\right] = 0 \tag{5.13.34c}$$

方程式(5.13.34)可按贝塞耳函数解出。它们的解为

$$A_r - A_\varphi = aJ_{m-1}(\mathrm{i}\mu t) \tag{5.13.35a}$$

$$V_t = bJ_m(\mathrm{i}\mu t) \tag{5.13.35b}$$

$$A_r + A_\varphi = cJ_{m+1}(\mathrm{i}\mu t) \tag{5.13.35c}$$

其中,μ 适合以下方程式(可直接代入证明)

$$\left.\begin{aligned} \mathrm{i}\mu\pi sb + (\mu^2 - k^2 - \pi s^2 h)c &= 0 \\ (\mu^2 - k^2 - \pi s^2 h)a - \mathrm{i}\mu\pi sb &= 0 \\ \mathrm{i}\mu sa + (\mu^2 - k^2)b - \mathrm{i}\mu sc &= 0 \end{aligned}\right\} \tag{5.13.36}$$

三个常数 a,b,c 由联立方程式(5.13.36)决定,条件是其系数行列式等于零。由此可得出 μ 的三个根。相当于 μ 的三个根,有三组 a,b,c 常数。将三组 a,b,c 常数代入式(5.13.35),所得到的即为方程式(5.13.34)的一般解。

下面我们只讨论式(5.13.33)中 $m=0$ 的简单情形。这时 A_r 和 A_φ 可以分开。

将 $m=0$ 代入方程式(5.13.34),经过合并后,则可得

$$\left(-k^2 + \frac{d^2}{dt^2} - \frac{1}{t}\frac{d}{dt} - \frac{1}{t^2} - \pi s^2 h\right)A_\varphi = 0 \tag{5.13.37}$$

$$\left(-k^2 + \frac{d^2}{dt^2} + \frac{1}{t}\frac{d}{dt} - \frac{1}{t^2} - \pi s^2 h\right)A_r - \pi s\frac{dV_t}{dt} = 0 \tag{5.13.38a}$$

$$\left(-k^2 + \frac{d^2}{dt^2} + \frac{1}{t}\frac{d}{dt}\right)V_t - 2s\left(\frac{dA_r}{dt} - \frac{A_r}{t}\right) = 0 \tag{5.13.38b}$$

由方程式(5.13.37)可解出

$$A_{\phi} = CJ_1(\mathrm{i}\mu_1 t) \tag{5.13.39}$$

其中,

$$\mu_1 = (k^2 + \pi s^2 h)^{\frac{1}{2}} \tag{5.13.40}$$

特征值 h 由边界条件(5.13.32a)决定,其中的 α_{ϕ} 由式(5.13.33)表示,故有

$$\frac{\mathrm{d}}{\mathrm{d}(\mathrm{i}\mu_1)} J_1(\mathrm{i}\mu_1) = 0 \tag{5.13.41}$$

方程(5.13.41)的最小的根为

$$\mathrm{i}\mu_1 = 1.841$$

即

$$h(k,s) = -\frac{1}{s^2}\left(1.08 + \frac{k^2}{\pi}\right)$$

当 $k=0$ 时,可得 h 的第一个负值

$$h_n(s) = -\frac{1.08}{s^2} \tag{5.13.42}$$

h_n 即是开始反磁化时的磁场。

有必要分析一下 $m=0$ 的物理意义。由式(5.13.33)可见,当 $m=0$ 时,α_r 和 α_{ϕ} 都只是 t 和 p 的函数;而当 $k=0$ 时,则只是 t 的函数$\left(t=\frac{r}{R}\right)$,因而 α_z 也只是 t 的函数。换言之,在离开原始的均匀磁化状态时,圆柱体内的磁化矢量不是各处一致地转动,而是分为若干不同半径 r 的圆柱面,磁化矢量在每一圆柱面上的转角相同,如图 5-66 所示。

由于在同一半径 r 的圆柱面上磁化矢量的转角相同,故在水平的任何方向上均无磁极存在。又因圆柱为无限长,故在垂直轴方向上,也无磁极存在$\left(-\frac{\partial V}{\partial z}=0\right)$。总起来,即退磁场能等于零。因此,可设 $V_t(t)=0$,而式(5.13.38a)与式(5.13.37)两方程式相同,式(5.13.38b)可以省去,这样所得的解就是式(5.13.42)的 h_n。这种非一致转动称为涡旋式转动。

对于 $m \geqslant 1$ 的情形,我们不再介绍,只说明阿哈罗尼所得的两点计算结果:

1) 当 $m>1$ 时,无论 s 等于何值,反磁化过程总比 $m=0$ 时更难些,即磁场 h_n 必须为更大负值。

2) 当 $m=1$ 时,计算证明,反磁化过程不是涡旋式转动,而是一种折曲式转动,如

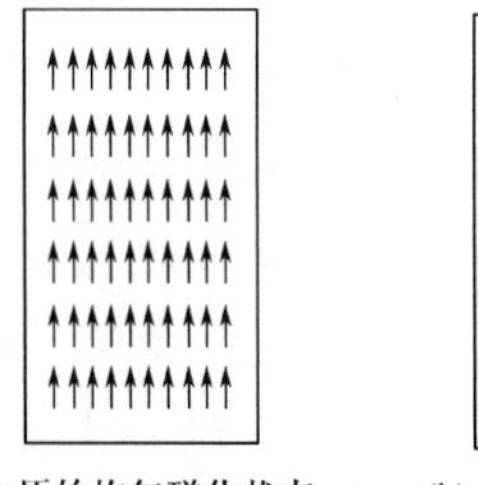

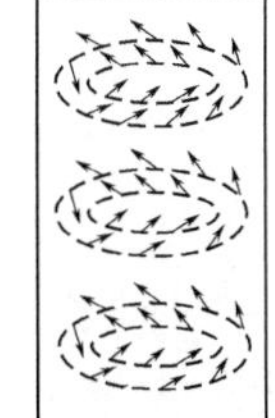

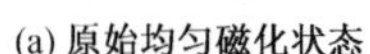

(a) 原始均匀磁化状态　(b) 涡旋式非均匀转动

图 5-66　$m=0$ 时的磁化状态

图 5-67 所示。

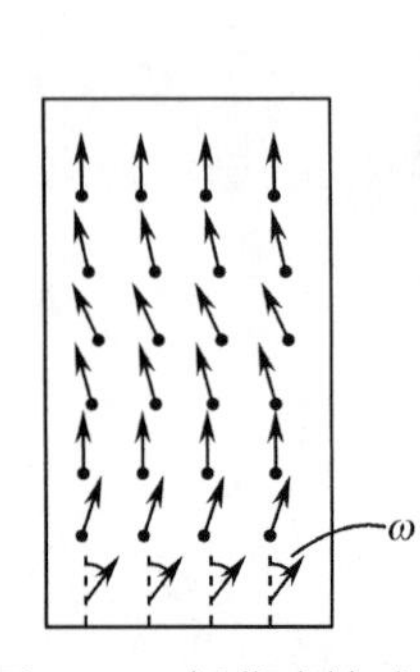

图 5-67 折曲式转动

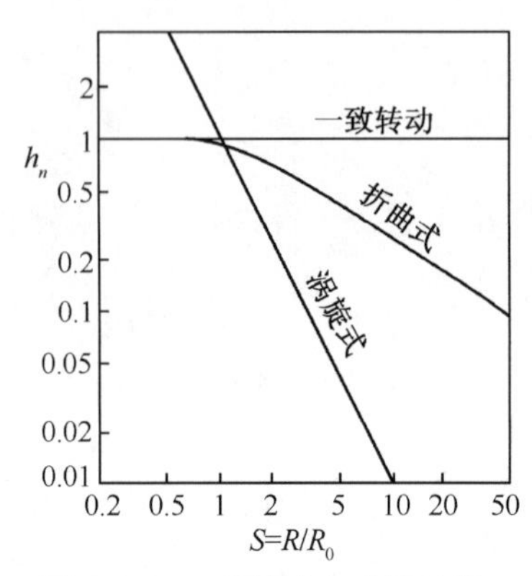

图 5-68 三种转动方式的比较

磁化矢量的转动周期地随 z 坐标而变。设其与 z 轴的夹角为 ω,则 ω 为 z 的周期函数,因此可展为傅里叶级数

$$\omega = \sum_{n=1}^{\infty} \omega_{2n-1} \cos\left[(2n-1)\frac{\pi z}{T}\right]$$

其中,T 为周期。

在 $s<1.2$ 时,折曲式转动比涡旋式转动更容易些,即反磁化磁场需要较小的负值。

这两种转动与 s 的关系如图 5-68 所示。

由微磁化理论所计算的矫顽力常常大于实际观测的数值。这是由于晶体的各种不均匀性所致。用铁的晶须实验,可以得到符合理论的结果。

以上的计算未计入各向异性能。如果计入,例如单轴各向异性,易磁化轴平行于 z 轴,则只需在磁场 h 中加入结晶场 $\frac{2K_1}{I_s}\Big/2\pi I_s$,即以 $h+\frac{K_1}{\pi I_s^2}$(K_1 为各向异性常数,$K_1>0$)代替以前的 h 即可。

如果进一步计算磁滞回线,则基本方程式不能再用近似的线性化方程式,而须用计算机来具体计算方程式的解。布朗曾做了这种计算。

20 世纪 80 年代,微磁化理论又有新的发展。李伯臧、蒲富恪超越布朗和阿哈罗尼等人的线性化近似,推广应用分歧理论方法,在对反磁化核和初始成畴等过程研究的基础上,建立了铁磁体磁化状态连续——不连续转变的统一理论,内容包括临界点的计算和分类、连续与不连续转变的判据,以及连续转变行为的得出等。他们还证明,上述折曲式转动不会出现。目前,微磁化理论已经用于计算磁记录过程中磁化矢量的空间分布。

习　题

5.1 从能量的观点说明 180°畴壁通常位于内应力 σ 最小的地方,90°畴壁通常位于 σ 改变符号的地方。

5.2 有一球形单畴粒子,具有单轴磁晶各向异性。沿垂直易磁化轴方向加磁场。试证明在弱磁场中的磁化率为

$$\chi_i = \frac{M_s^2}{2K_1}$$

K_1 为磁晶各向异性常数,M_s 为饱和磁化强度。

5.3 有一球形单晶体,晶体结构为立方晶系且 $K_1>0$。若单晶体内只存在 180°的畴壁,试证明沿[100],[110],[111]三个晶轴的起始磁化率之比为

$$\chi_a[100] : \chi_a[110] : \chi_a[111] = 6 : 3 : 2$$

5.4 同时考虑内应力和杂质对畴壁位移的阻尼作用,试计算由 180°畴壁位移所产生的起始磁化率。

5.5 设立方晶体的磁晶各向异性常数 $K_1<0$,求外磁场分别平行于[111],[110],[100]晶轴方向时 $\boldsymbol{M}_s$ 转动的磁化曲线(不计形状各向异性)。

5.6 在趋近饱和磁化过程中,如果不考虑顺磁磁化部分,试求磁化到饱和值 M_s 时外磁场所做的功。

5.7 由趋近饱和曲线可确定多晶体的磁晶各向异性常数 K_1。假定测出了这样一条曲线,试拟出确定 K_1 的方法和步骤。

5.8 试就多晶样品各晶粒不同取向(即各晶粒的易磁化轴与外磁场方向成不同角度),求临界场 H_0 的平均值,并由此确定整个样品的矫顽力 H_c。

5.9 有一球形 $NiFe_2O_4$ 单晶体,$K_1=-6.5\times10^4 erg/cm^3$,$M_s=270Gs$。如沿易磁化轴方向加一外磁场,求此单晶体的内禀矫顽力(略去 K_2)。

5.10 设 $BaFe_{12}O_{19}$ 晶粒为薄片状,片的法线与易磁化轴平行,并设沿法线方向的退磁因子为 1,求沿法线方向的矫顽力,并计算出其数值。

5.11 γ-Fe_2O_3 磁粉是主要的磁记录介质材料,室温下的饱和磁矩 $\sigma_s=73\ A\cdot m^2/kg$,密度为 $4.98g/cm^3$,$K_1=-4.7\times10^{-3}J/cm^2$,易磁化轴为[111]轴。粒子为针状,设长轴为 $0.6\mu m$,短轴为 $0.3\mu m$,[111]轴平行长轴。若反磁化过程为磁化矢量的转动过程,试计算其矫顽力。

5.12 有一旋转椭球形单晶体,设该单晶体具有单轴磁晶各向异性,易磁化轴平行于样品的旋转轴。如沿该旋转轴加一外应力,并设样品的磁致伸缩为各向同性。试计算由磁晶各向异性、形状各向异性和应力各向异性共同产生的矫顽力。

5.13 试分析铁磁晶体中的杂质和缺陷(包括它们的尺寸、形状、浓度和分布的均匀性)对永磁材料矫顽力的影响。

5.14 证明:最大磁能积$(BH)_{max}$的上限为$\left(\frac{B_r}{2}\right)^2$。由此估算 $BaFe_{12}O_{19}$和 $Nd_2Fe_{14}B$ 多晶材料的最大磁能积的上限。

参 考 文 献

[1] Lord Rayleigh. *Phil. Mag.* **23**,225(1887)

[2] S. V. Vonsovskii. *Magnetism*, **2**, ley & sons,(1974), **2**, 998

[3] M. Kersten. *Probleme dre Technischen Magnetisierungskurve*. J. Springer, Berlin,(1938),42

[4] M. Kersten. *Grundlagen einer Theorie der ferromagnetischen Hysterese und Koercitivkraft*. Hirzel, Leipzig (1943)

[5] 近角聪信等.磁性体手册.韩俊德等译.北京:冶金工业出版社,1985.(中册)422

[6] R. Becker and M. Kersten. *Z. Physik*. **64**,660(1930)

[7] R. M. Bozorth and J. G. Walker. *Phys. Rev.* **83**,871(1951)

[8] R. M. Bozorth. *Ferromagnetism*.(1951) P114

[9] 近角聪信等.磁性体手册.韩俊德等译.北京:冶金工业出版社,1985.(中册).415~417

[10] 近角聪信等.磁性体手册.韩俊德等译.北京:冶金工业出版社,1985.(中册). 406

[11] M. Kersten. *Z. Angew. Phys.*,**7**,397(1955);**8**,496(1956)

[12] K. Ohta and N. Kobayashi. Japan: *J. Appl. Phys.* **3**,576(1964)

[13] 郭贻诚.铁磁学.北京:人民教育出版社,1965

[14] R. M. Bozorth and J. F. Dillinger. *Phys. Rev.*, **35**,738(1930);**41**,345(1932)

[15] R. S. Tebble,I. C. Skidmore and W. D. Corner. *Proc. Phys. Soc.*, London. A **63**,739(1950)

[16] L. Néel. *J. Phys. Radium*,**5**,241(1944)

[17] H. Lawton. *Proc. Camb. Phil. Soc.*,**45**,145 (1949);H. Lawton and H. Stewart. *Proc. Roy. Soc.* (*London*) A **193**,72(1948);A **63**,848(1950)

[18] Н. С. Акулов. Ферромагнетизм ОНТИ(1939)

[19] E. Czerlinsky. *Ann. d. Physik*, **13**,80(1932)

[20] H. Polley. *Ann. Physik*, *Lpz.*,**36**,625(1939)

[21] L. Néel. *J. Phys. et Radium*, **9**,184(1948)

[22] 潘孝硕.中国物理学报.八卷三期,第 223 页(1951)

[23] В. В. Парфенов. ИЗВ. АН СССР, сер. физ. т. 16,601(1952);т. 21, 1055(1957)

[24] T. Holstein and H. Primakoff. *Phys. Rev.*,**58**,1908(1940)

[25] Е. Кондорский. ДАН СССР,**68**,37(1949)

[26] L. Néel. *Cashiers Phys.* **25**,21(1944);*Ann. Univ. Grenoble*, **22**,299(1946)

[27] W. Döring. *Probleme der Technischen Magnetisierungskurve*, s. 26(1938)

[28] K. J. Sixtus and L. Tonks. *Phys. Rev.*,**37**,930(1931);K. J. Sixtus. *Phys. Rev.*,**48**,425(1935)

[29] L. J. Dijkstra and J. L. Snoek. *Philips Res. Repts.*,**4**,334(1949)

[30] F. Preisach. *Phys. Z.*,**33**,913(1932)

[31] H. Haake. *Z. f. Physik.*,**113**,218(1939)

[32] Ch. Greiner. *Ann. Phys. Lpz.*, **12**, 89(1953)
[33] J. B. Goodnough. *Phys. Rev.*, **95**, 917(1954)
[34] N. S. Akulov. *Z. Phys.* **67**, 794(1931)
[35] L. Néel. *Comptes Rendus*, **224**, 1488(1947)
[36] E. C. Stoner and E. P. Wohlfarth. *Phil. Trans. Roy. Soc.* London, Ser. A **240**, 599(1948)
[37] C. Guillaud. *Thesis*. Strasbourg, (1943)
[38] E. P. Wohlfarth. *Proc. Roy. Soc.* A 232, 208(1955)
[39] 钟文定. 铁磁学(中册). 北京:科学出版社, 1987. 340～343
[40] L. Weil. *J. Phys. Radium*, **12**, 520(1951)
[41] Paine, Mendelsohn and Luborsky. *Phys. Rev.* **100**, 1055(1955)
[42] C. P. Bean and J. S. Jocobs. *Phys. Rev.*, **100**, 1060(1955)
[43] 蒲富恪,李伯臧. 科学通报(英文版)No **3**, 207(1981)
[44] 钟文定. 铁磁学(中册). 北京:科学出版社, 1987. 356～369
[45] H. Kronmüller. *AIP Conf. Proc.*, 10 Part 2, 1006(1973)
[46] H. R. Hilzinger. *Phys. Stat. Sol.* (*a*)38, 487(1976)
[47] R. Friedberg, D. I. Paul. *Phys. Rev. Letters*, 34(19), 1234(1975)
[48] H. R. Hilzinger. *Appl. Phys.*, 12(3), 253(1977)
[49] D. I. Paul. *JAP*, 53(3), 1649; 2362(1982)
[50] S. Mahajan et al. *Appl. Phys. Letter*, **32**(10), 688(1978)
[51] W. R. Jones. *Magn. Letter*, **1**, 157(1980)
[52] A. C. Ермоленко. И Др, Письма В ЖЭТФ, **21**, 34(1975)
[53] H. Oesterreicher. *Appl. Phys.*, **15**, 341(1978)
[54] W. F. Brown Jr. *Phys. Rev.*, **58**, 736(1940); **105**, 1479(1957)
[55] Frei, Shtrikman and Treves. *Phys. Rev.*, **106**, 446(1957)
A. Aharoni and S. Shtrikman. *Phys. Rev.*, **109**, 1522(1958)
[56] 李伯臧,蒲富恪. 物理学报, **30**, 1637(1981); 蒲富恪,李伯臧. 中国科学(A), **2**, 151(1982)

第六章　铁磁性物质在交变磁场中的磁化过程

第一节　动态磁化过程的特点及复磁导率

前面两章我们讨论过铁磁物质在恒定磁场中的磁化和反磁化过程。那里所研究的是在一定磁场下磁化的稳定状态。即使在不可逆磁化及反磁化过程中存在着磁化强度的变化落后于磁场变化的所谓磁滞现象,但所经过的各个磁化状态仍然是亚稳定的。在恒定磁场下,它们的状态一般不再随时间而变化。这样的磁化过程通常称为静态磁化过程。在静态磁化过程中完全没有考虑磁化状态趋于稳定过程中的时间问题。本章将介绍铁磁物质在交变磁场中的磁化问题,即所谓动态磁化过程。这不仅因为许多磁性材料(如硅钢片、坡莫合金、Mn-Zn 铁氧体、Ni-Zn 铁氧体、γ-Fe_2O_3 等)应用于动态磁化过程,需要研究其性能;更重要的是,通过这种研究可以了解磁化的动力学过程。

和静态磁化过程相比,动态磁化过程至少有三个显著的特点:① 由于磁场在不停地变化,因此磁化强度的变化落后于磁场变化的现象(磁滞)表现为前者在相位上的落后;② 磁化率不仅是磁场大小的函数,还是磁场频率的函数,我们称这种现象为磁频散;③ 在动态磁化过程中,不仅存在着磁滞损耗,还存在着涡流损耗以及由磁后效、畴壁共振、自然共振所产生的能量损耗,故能量损耗明显增大。降低材料的能量损耗也是我们研究动态磁化过程的一个重要目的。

以上介绍的动态磁化过程的特点可由动态磁滞回线看出。图 6-1 是在铁磁示波器上观察到的钼-坡莫合金片(厚度 = 50 μm)在三种不同频率下的动态磁滞回线。由图 6-1 可见,随着频率的增加,回线逐渐变为椭圆形状,面积增加,并且当磁场 H 为最大值时,磁感应强度 B 并不对应于最大值。由于 B 和 H 的非线性关系,当 H 为正弦式磁场时,磁感应强度 B 随时间的变化及由此所产生的感生电压 V 都将包含除基波以外的高次谐波,因而使感应电压讯号发生畸变(失真)。

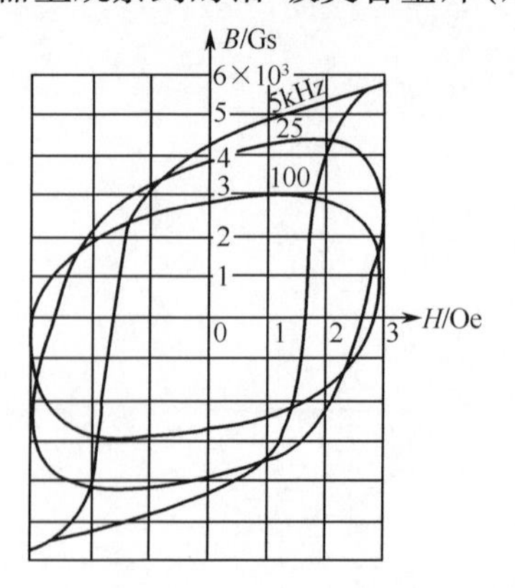

图 6-1　钼-坡莫合金的动态磁滞回线

为了表征动态磁化过程中 $\boldsymbol{B}$ 和 $\boldsymbol{H}$ 之间的关系,特别是它们之间的相位关系,需要引入复数磁导率的概念。为此,将交变磁场表示为

复数形式

$$H = H_0 e^{i\omega t} \tag{6.1.1}$$

由于存在着磁滞等各种阻尼,磁感应强度 B 将落后于 H 一个相位角,我们以 δ 表示。于是可将 B 表示为

$$B = B_0 e^{i(\omega t - \delta)} \tag{6.1.2}$$

相应的磁导率为

$$\tilde{\mu} = \frac{B}{H} = \frac{B_0}{H_0}\cos\delta - i\frac{B_0}{H_0}\sin\delta = \mu' - i\mu'' \tag{6.1.3}$$

可见 $\tilde{\mu}$ 为一复量,其实部和虚部分别为

$$\mu' = \frac{B_0}{H_0}\cos\delta \tag{6.1.4}$$

$$\mu'' = \frac{B_0}{H_0}\sin\delta \tag{6.1.5}$$

我们知道,以复数形式表示的交变磁场实际上是以余弦形式或正弦形式随时间变化的磁场。故可设为

$$H = H_0\cos\omega t \tag{6.1.6}$$

而磁感应强度则可表示为

$$B = B_0\cos(\omega t - \delta) = B_0\cos\delta\cos\omega t + B_0\sin\delta\cos\left(\omega t - \frac{\pi}{2}\right) \tag{6.1.7}$$

这就是说,在交变磁场中,由于阻尼作用磁感应强度被分为两部分:一部分与 H 同相位,其值为 $B_0\cos\delta$;另一部分比 H 落后 $\pi/2$ 相位角,其值为 $B_0\sin\delta$。$\mu' = \frac{B_0}{H}\cos\delta$ 代表与 H 同相位 B 值对 H 的比值;$\mu'' = \frac{B_0}{H}\sin\delta$ 代表比 H 落后 $\pi/2$ 相位角的 B 值对 H 的比值。μ'与 μ''之间的相位关系以 i 表示。这就是复磁导率的物理含义。

复磁导率的概念是阿尔卡捷夫(B. K. Аркадьев)首先提出的[1]。他在研究电磁场在铁磁介质中传播的电动力学理论时指出,由于铁磁介质对于在其中传播的电磁场有一定的黏滞性,应将铁磁介质中的电磁感应定律改写为

$$-\nabla \times \boldsymbol{E} = \mu'\frac{\partial \boldsymbol{H}}{\partial t} + \rho\boldsymbol{H} \tag{6.1.8}$$

其中,ρ 是所谓的磁传导率,它表征磁黏滞性对铁磁介质中感应电动势的影响。如将电场 $\boldsymbol{E}$ 和磁场 $\boldsymbol{H}$ 用复数形式表示

$$\left.\begin{aligned} \boldsymbol{E} &= \boldsymbol{E}_0 e^{i(\omega t + \delta_1)} \\ \boldsymbol{H} &= \boldsymbol{H}_0 e^{i(\omega t + \delta_2)} \end{aligned}\right\} \tag{6.1.9}$$

则可得

$$\boldsymbol{H} = -\frac{i}{\omega}\frac{\partial \boldsymbol{H}}{\partial t}$$

不难得到

$$-\nabla\times\boldsymbol{E}=\left(\mu'-\mathrm{i}\frac{\rho}{\omega}\right)\frac{\partial\boldsymbol{H}}{\partial t}\tag{6.1.10}$$

令

$$\frac{\rho}{\omega}=\mu''$$

$$\tilde{\mu}=\mu'-\mathrm{i}\mu''$$

式(6.1.10)则可写为一般麦克斯韦方程式的形式

$$-\nabla\times\boldsymbol{E}=\tilde{\mu}\frac{\partial\boldsymbol{H}}{\partial t}\tag{6.1.11}$$

亦即

$$\boldsymbol{B}=\tilde{\mu}\boldsymbol{H}=\boldsymbol{B}_0\mathrm{e}^{\mathrm{i}(\omega t+\delta_2-\delta)}\tag{6.1.12}$$

其中,

$$\tan\delta=\frac{\mu''}{\mu'}\tag{6.1.13}$$

阿尔卡捷夫称 μ' 为弹性磁导率;μ'' 为黏滞性磁导率。应该说,阿尔卡捷夫由电磁场理论导出了复磁导率,有着更为广泛的意义。

将复磁导率换成相对复磁导率,则有

$$\tilde{\mu}_{\mathrm{r}}=\mu'_{\mathrm{r}}-\mathrm{i}\mu''_{\mathrm{r}}=\frac{1}{\mu_0}(\mu'-\mathrm{i}\mu'')\tag{6.1.14}$$

即

$$\mu'_{\mathrm{r}}=\frac{1}{\mu_0}\mu',\quad \mu''_{\mathrm{r}}=\frac{1}{\mu_0}\mu''$$

由相对复磁导率 $\tilde{\mu}_{\mathrm{r}}$ 还可求出相应的复磁化率 $\tilde{\chi}=\chi'-\mathrm{i}\chi''$

$$\chi'=\mu'_{\mathrm{r}}-1,\quad \chi''=\mu''_{\mathrm{r}}\tag{6.1.15}$$

为了简单起见,在以下的叙述中我们将相对磁导率 μ_{r} 改用 μ 表示,以便和本书其他章节相一致。在此特别提醒读者注意。

下面从能量的观点进一步说明复磁导率的物理意义。众所周知,铁磁物质在磁场 H 中的储能密度为

$$\omega=\frac{1}{2}\boldsymbol{H}\cdot\boldsymbol{B}$$

在交变磁的情况下,将式(6.1.6)和式(6.1.7)代入上式并对时间取平均得

$$\omega_{\mathrm{m}}=\frac{1}{T}\int_0^T\frac{1}{2}HB\mathrm{d}t=\frac{1}{2}\mu_0\mu'H_0^2\tag{6.1.16}$$

这说明,μ' 相当于恒定磁场中的磁导率,由它决定材料的磁能储存量。

另一方面,对于单位体积铁磁体来说,在交变磁场中每磁化一周所损耗的能量为

$$W_{损耗}=\int_0^T H\mathrm{d}B=\pi\mu_0\mu''H_0^2\tag{6.1.17}$$

故磁损耗功率密度为

$$P_{损耗} = \frac{1}{T}\int_0^T H\mathrm{d}B = \pi f\mu_0\mu'' H_0^2$$

可见，μ''是表征铁磁物质在交变磁场中磁能损耗的参数。

在工程技术中，常以幅磁导率(或称总导率)$\bar{\mu}$ 和品质因数 Q 表征软磁材料的性能，它们分别被定义为

$$\bar{\mu} = \frac{B_0}{H_0} = \sqrt{\mu'^2 + \mu''^2} \tag{6.1.18}$$

$$Q = 2\pi \frac{储存磁能的最大值}{每个周期(2\pi/\omega)\ 损耗的能量} = \frac{\mu'}{\mu''} \tag{6.1.19}$$

Q 的倒数称为磁能损耗因数或损耗角正切，以 $\tan\delta$ 来表示：

$$\tan\delta = \frac{\mu''}{\mu'} \tag{6.1.20}$$

为了说明 μ 和 Q 的物理意义，我们设想有一个理想的无能量损耗的线圈，其电感量为 L_0，插入磁导率为 $\bar{\mu}$ 的磁芯后，电感量变为 $\bar{\mu}L_0$，从等效电路分析，线圈的复阻抗 Z 可表示成

$$Z = R + \mathrm{i}X = \mathrm{i}\omega L_0(\mu' - \mathrm{i}\mu'')$$

其中电阻部分为 $R = \omega L_0\mu''$，电抗部分为 $X = \omega L_0\mu'$。可见 Q 值代表了两者之比。

对于软磁材料，总是希望它的 $\bar{\mu}$ 值高，Q 值也高。因此，人们常以 $\bar{\mu}Q$ 乘积来表征软磁材料的性能指标，有时也用 $\tan\delta/\bar{\mu}$ 来表示，$\tan\delta/\bar{\mu}$ 被称为软磁材料的比损耗系数，它反映材料的相对损耗大小。由于 $\mu' \gg \mu''$，在实际工作中也常以 μ'代表 $\bar{\mu}$。

第二节　磁导率的频散及磁谱[2]

如前所述，在静态磁化过程中我们完全没有考虑磁化强度达到稳定状态的时间效应。实际上，由于畴壁位移和磁化矢量转动都是以有限速度进行的，因此当磁场发生一突变时，相应的磁化强度的变化在磁场稳定后还需要一段时间才能稳定下来。在低温下，这段时间可长达 10min 以上。我们把磁化强度逐渐达到稳定状态的时间称为磁化弛豫时间，而把这一过程称为磁化弛豫过程。本节将要证明，静态磁化中的磁化弛豫过程在动态磁化的情况将导致磁频散——磁导率的实部和虚部都随频率而变化。磁性材料在交变磁场中的涡流效应也是产生磁频散的原因之一，但涡流效应属于电动力学问题，在讨论磁频散或磁后效的问题时往往将其除外。研究磁频散的规律及产生这一现象的机理是研究动态磁化过程的重要内容。在涉及这一现象的微观机理之前，我们首先证明磁化弛豫过程在动态磁化中将表现为磁频散。

以单一弛豫过程为例。设铁磁体受一恒定磁场 $\boldsymbol{H}$ 的作用，磁化强度 $\boldsymbol{M}$ 随之发生变化。相关的实验结果表明，瞬时磁化强度 M 随时间的变化率 $\mathrm{d}M/\mathrm{d}t$ 正比

于瞬时磁化强度 M 与平衡状态磁化强度 M_∞ 之差，即

$$\frac{\mathrm{d}M}{\mathrm{d}t}=\frac{1}{\tau}(M_\infty-M) \tag{6.2.1}$$

其中，$M_\infty=\chi_0H$，为稳定状态的磁化强度；τ 为比例系数，称弛豫时间。解方程(6.2.1)得

$$M=M_\infty(1-\mathrm{e}^{-\frac{t}{\tau}})=\chi_0H(1-\mathrm{e}^{-\frac{t}{\tau}}) \tag{6.2.2}$$

上式给出了 M 在弛豫过程中随时间变化的规律(见图 6-2)。

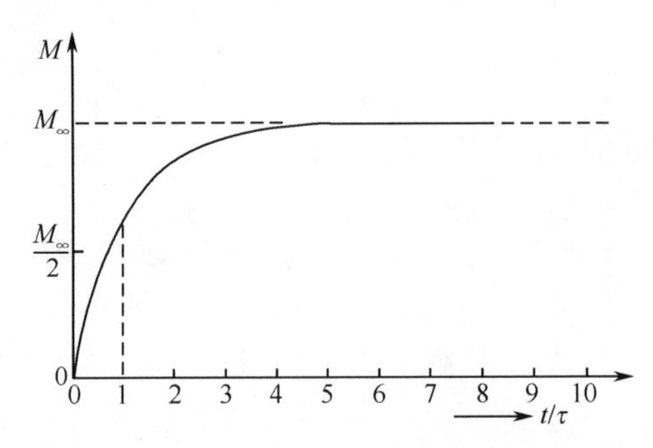

图 6-2 由弛豫机制决定的磁化强度 M 随时间 t 的变化

现在说明弛豫过程所导致的磁频散。设外磁场 H 为一交变磁场 $H=H_\mathrm{m}\mathrm{e}^{\mathrm{i}\omega t}$，代入(6.2.1)式可得

$$\frac{\mathrm{d}M}{\mathrm{d}t}+\frac{M}{\tau}=\frac{\chi_0}{\tau}H_\mathrm{m}\mathrm{e}^{\mathrm{i}\omega t} \tag{6.2.3}$$

解上式，得

$$M=\frac{\chi_0H_\mathrm{m}}{1+\mathrm{i}\omega\tau}\mathrm{e}^{\mathrm{i}\omega t}=M_\mathrm{m}\mathrm{e}^{\mathrm{i}(\omega t-\delta)} \tag{6.2.4}$$

其中，

$$M_\mathrm{m}=\frac{\chi_0H_\mathrm{m}}{\sqrt{1+\omega^2\tau^2}},\quad \tan\delta=\omega\tau=\frac{\omega}{\omega_\mathrm{c}} \tag{6.2.5}$$

由式(6.2.4)可见，M 的位相滞后于 H，滞后角 $\delta=\arctan\frac{\omega}{\omega_\mathrm{c}}$，$\omega_\mathrm{c}=\frac{1}{\tau}$ 称为弛豫频率。

按照复磁化率的定义，可得

$$\tilde{\chi}=\chi'-\mathrm{i}\chi''=\frac{\chi_0}{1+\mathrm{i}\left(\frac{\omega}{\omega_\mathrm{c}}\right)} \tag{6.2.6}$$

其中，

$$\chi'=\frac{\chi_0}{1+\left(\frac{\omega}{\omega_\mathrm{c}}\right)^2},\quad \chi''=\frac{\chi_0\left(\frac{\omega}{\omega_\mathrm{c}}\right)}{1+\left(\frac{\omega}{\omega_\mathrm{c}}\right)^2} \tag{6.2.7}$$

可见 χ' 和 χ'' 都随频率 ω 而变化，即所谓磁频散现象，χ' 和 χ'' 随 ω 的变化曲线如图 6-3 所示。由上面简例可见，在直流磁场下的磁化弛豫过程表现为磁后效，而在交变磁场下则表现为磁频散现象。因此，研究弛豫过程可用直流测量和交流测量两种方法。直流方法是测量磁场突变后磁化强度的变化与时间的关系。过去常用磁强计法或冲击法，近来多用脉冲方法。交流方法因频率而不同：在较低频率下测量交变磁场与磁化强度的“相差”（即落后时间）或材料的额外能量损耗；在较高频率下则测量磁导率随频率的变化关系或铁磁共振现象。

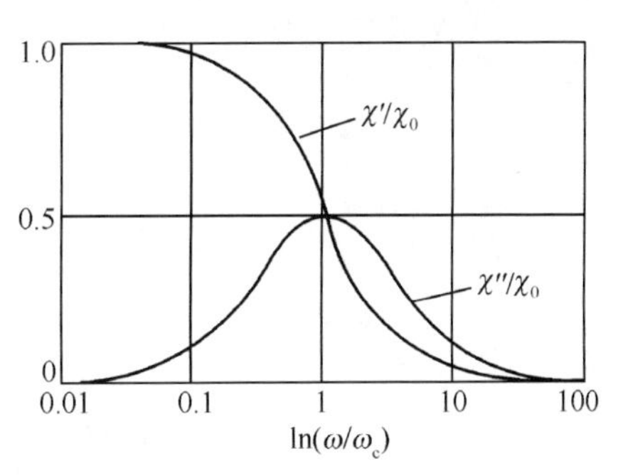

图 6-3　χ' 和 χ'' 随 ω 的变化

弛豫过程常常不是单一的过程，即弛豫常数 τ 不只一个数值，而是分布在一定范围内的弛豫常数谱。于是

$$M = M_\infty\left(1 - \sum_i g_i e^{-\frac{t}{\tau_i}}\right) \tag{6.2.8}$$

或

$$M = M_\infty\left[1 - \int_{\tau_1}^{\tau_2} \frac{g(\tau)e^{-\frac{t}{\tau}}}{\tau}d\tau\right] \tag{6.2.9}$$

其中，g_i 或 $\frac{g(\tau)}{\tau}d\tau$ 为 τ 的统计权重或分布函数，即有

$$\int_{\tau_1}^{\tau_2} \frac{g(\tau)}{\tau}d\tau = 1 \tag{6.2.10}$$

因此

$$M = M_\infty[1 - \psi(t)] \tag{6.2.11}$$

$\psi(t)$ 为一个描述弛豫过程的时间函数：当 $t=0$ 时，$\psi(t)=1$，当 $t=\infty$ 时，$\psi(t)=0$。

与前相同，当 $H=H_m e^{i\omega t}$ 时，相应于弛豫时间为 τ 的磁化强度 M_τ 按下式变化

$$\frac{dM_\tau}{dt} = \frac{1}{\tau}[M_\tau(\infty) - M_\tau] = \frac{1}{\tau}[\chi_0 H - M_\tau]$$

因此

$$M_\tau = \frac{\chi_0 H}{1 + i\omega\tau}$$

得

$$M = \int \frac{M_\tau g(\tau)}{\tau}d\tau = H\int \frac{\chi_0 g(\tau)d\tau}{\tau(1 + i\omega\tau)}$$

由此可得

$$\tilde{\chi} = \chi_0 \int \frac{g(\tau)\mathrm{d}\tau}{\tau(1 + \mathrm{i}\omega\tau)} = \chi' - \mathrm{i}\chi''$$

即

$$\chi' = \chi_0 \int \frac{g(\tau)\mathrm{d}\tau}{\tau(1 + \omega^2\tau^2)}, \quad \chi'' = \chi_0 \int \frac{\omega\tau g(\tau)\mathrm{d}\tau}{\tau(1 + \omega^2\tau^2)} \tag{6.2.12}$$

χ'和 χ''不是相互独立的。可以证明

$$\left.\begin{aligned} \chi'(\omega) &= \frac{2}{\pi}\int_0^\infty \frac{\omega\chi''(\omega_1)}{\omega_1^2 - \omega^2}\mathrm{d}\omega_1 \\ \chi''(\omega) &= \frac{-2}{\pi}\int_0^\infty \frac{\omega\chi'(\omega_1)}{\omega_1^2 - \omega^2}\mathrm{d}\omega_1 \end{aligned}\right\} \tag{6.2.13}$$

式(6.2.13)通常被称为克拉默斯-克朗尼希关系。这一关系的存在使我们能够从 χ'对 ω 的曲线推算 $\chi''(\omega)$,或从 $\chi''(\omega)$推算 $\chi'(\omega)$(这一定理的证明,可参阅 Dekker 著 Solid State Physics 第 522 页)。

上面只是唯象地说明了磁化弛豫过程与磁频散是同一物理过程的两种表现,并未涉及这个物理过程的微观机理。产生磁频散和吸收的微观机理有许多种。在不同的频率波段内,不同的机理起着主要作用,磁导率 μ'和 μ''随频率的变化关系也因而有所不同。我们称磁导率随频率变化的关系为磁谱。

磁谱的广义的定义是指物质的磁性与磁场频率的关系,包括顺磁物质的弛豫和共振现象以及铁磁共振现象。磁谱的狭义的定义则仅指强磁性物质在弱交变磁场中的起始磁导率 μ 随频率的变化。本章所讲的是指后者。

最早研究铁磁物质的高频磁性的是哈根与鲁本斯[3],他们证明在可见光和红外区域(波长 λ 约 30μm 或频率约 $10^{13}\mathrm{s}^{-1}$),铁磁物质失去其磁特征而近于寻常金属,即 $\mu \approx 1$,在低频区域(频率约 $10^8\mathrm{s}^{-1}$以下),铁磁物质的磁导率 μ 的变化也很小。故磁谱的变化分布大致在 $10^8 \sim 10^{13}\mathrm{s}^{-1}$的频率范围内。阿尔卡捷夫及其学派对于金属磁性材料的磁谱进行了广泛而深入的研究,建立了黏滞性铁磁介质内的电磁波的电动力学理论。关于铁氧体磁谱的研究则开始较晚,大约在 1946 年(早期的一些研究结果可参阅腊多的总结性文章[4])。由于铁氧体的电阻率高,涡流及趋肤效应都很小,故为研究强磁性物质高频磁性的最好对象。较近期的研究结果可参阅弗缅科和迈勒斯的总结性文章[5,6]。

下面引证了几种常见铁氧体的磁谱。这些铁氧体的电阻率很高,以致在最高测量频率下都可以略去涡流损耗。图 6-4 是三种商用铁氧体在室温下的磁谱,其成分分别为 $Ni_{0.36}Zn_{0.64}Fe_2O_4$,$Ni_{0.64}Zn_{0.36}Fe_2O_4$ 和 $NiFe_2O_4$。图 6-5 是石榴石铁氧体 $Y_3Fe_5O_{12}$ 在室温下的磁谱。图 6-6 是平面型六角铁氧体 $Ba_3Co_2Fe_{24}O_{41}$(Co_2Z)在室温下的磁谱。

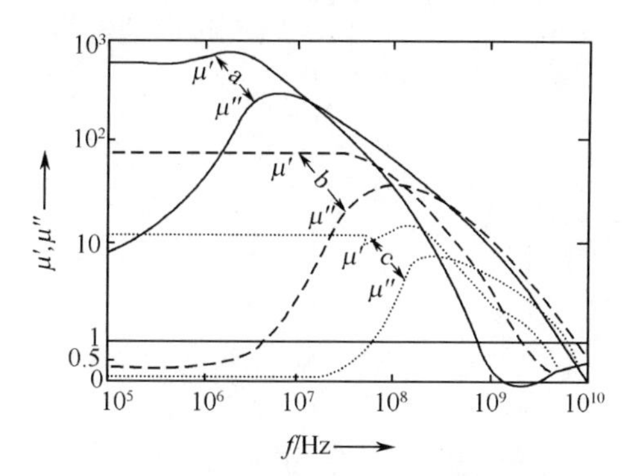

图 6-4　三种商品铁氧体的室温磁导率谱

a—— $Ni_{0.36}Zn_{0.64}Fe_2O_4$；b——$Ni_{0.64}Zn_{0.36}Fe_2O_4$；

c——$NiFe_2O_4$（μ 坐标对 $\mu>1$ 是对数的，对 $\mu<1$ 是线性的）

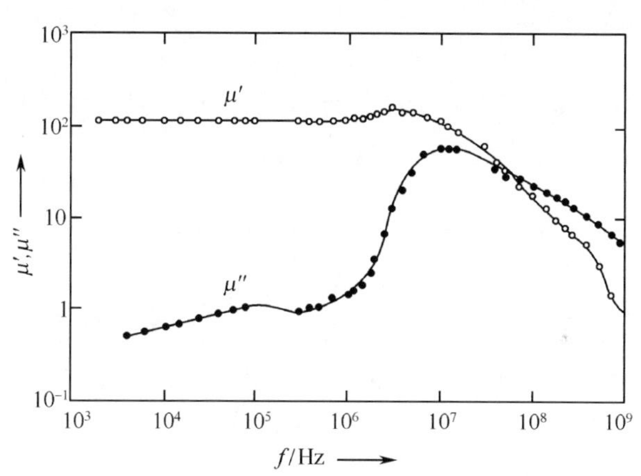

图 6-5　$Y_3Fe_5O_{12}$的室温磁导率谱

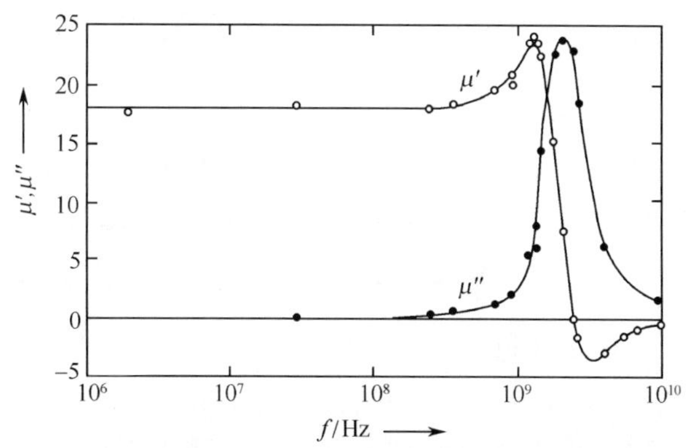

图 6-6　$Ba_3Co_2Fe_{24}O_{41}$(Co_2Z)的室温磁导率谱

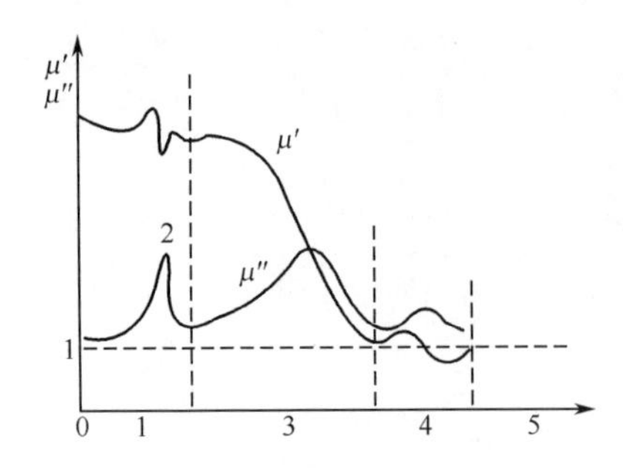

图 6-7　铁氧体磁谱示意图

由以上磁谱曲线可见，随着交变磁场频率的增加，μ'逐渐减少，μ''出现峰值，有时 μ''还会出现几个峰值。典型的铁氧体磁谱如图 6-7 所示，它大体可分为以下 5 个波段：

1) 低频波段(频率$<10^4 s^{-1}$)——μ'和μ''的变化很小。

2) 中频波段(频率$\approx 10^4 \sim 10^6 s^{-1}$)——$\mu'$和$\mu''$的变化也很小，有时 μ''出现峰值，称为磁内耗，也有时出现尺寸共振和磁力共振现象。

3) 高频波段(频率$\approx 10^6 \sim 10^8 s^{-1}$)——$\mu'$急遽下降而$\mu''$迅速增加，主要是由于畴壁的共振或弛豫造成的。

4) 超高频波段(频率$\approx 10^8 \sim 10^{10} s^{-1}$)——主要属于自然共振，可能 $\mu'-1<0$。

5) 极高频波段(微波——红外，频率$>10^{10} s^{-1}$)——属于自然交换共振区域，实验观测尚不多。

下面介绍不同波段产生磁谱的各种微观机理，重点介绍不同波段能量损耗的机理。

第三节　低频弱场中的磁损耗分析及磁滞损耗[2]

磁性材料在交变磁场中，一方面被磁化，另一方面也要以各种方式消耗能量。一个磁性元件的总损耗应包括磁化线圈的欧姆损耗及材料本身的磁损耗与介电损耗。磁损耗是指和磁化或反磁化过程相联系的涡流、磁滞以及磁化弛豫或磁后效所引起的损耗(后者又称为剩余损耗)。我们只讨论磁损耗及其机理。

由于磁化弛豫或磁后效有各种不同的机理，因此，剩余损耗也有各种不同的类型。在弱磁感应强度($B<100$Gs)及低频($f<1$MHz)交变磁场中，磁损耗可用列格公式表示[7,8]

$$\frac{R_m}{\mu f L} = \frac{2\pi\tan\delta}{\mu} = ef + aB_m + c \tag{6.3.1}$$

其中，R_m 为相应于磁损耗的电阻(以欧姆为单位)；f 为磁场频率；L 为磁性元件的自感(以亨利为单位)；B_m 为磁芯的最大磁感应强度(以 Gs 为单位)；δ 为损耗角，$\tan\delta = \dfrac{R_m}{2\pi f L}$$\left(\text{有时也用 } Q = \dfrac{1}{\tan\delta}\text{表示}\right)$。式(6.3.1)中第一项代表涡流损耗，$e$ 为涡流损耗系数；第二项代表磁滞损耗，a 为损耗系数，c 为剩余损耗，代表由磁后效或频散引起的损耗。在低频磁场下，c 为不依赖于频率的常数，亦称为约旦损耗。

测量在不同频率和不同磁感应强度下的 R_m 和 L，可得图 6-8(a)中的损耗曲线族，各线外推到 $f=0$ 时的纵截距便是

$$aB_{\mathrm{m}} + c = \left(\frac{R_{\mathrm{m}}}{\mu f L}\right)_{f=0}$$

再由 $aB_{\mathrm{m}}+c$ 对 B_{m} 的直线的斜率和纵截距可求出 a 和 c。这种分离损耗的方法，称为约旦分离法。

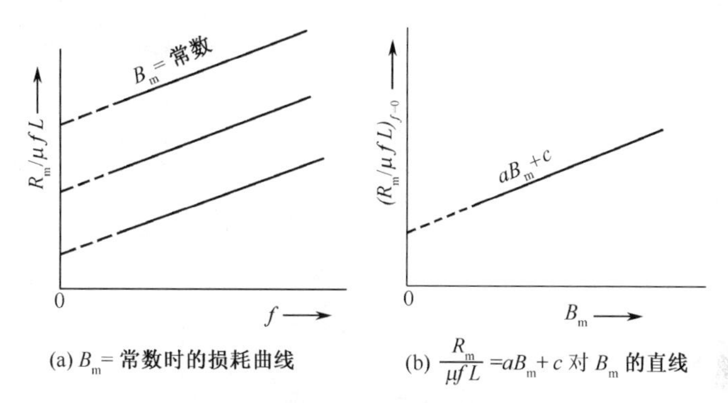

(a) B_{m}= 常数时的损耗曲线　(b) $\frac{R_{\mathrm{m}}}{\mu f L}=aB_{\mathrm{m}}+c$ 对 B_{m} 的直线

图 6-8　分离三种损耗的约旦方法

对于铁氧体而言，由于其电阻率高，故涡流损耗很小，可以不计。如果交变磁场强度很小时，磁滞损耗也可略去，因此，磁损耗主要是剩余损耗部分。在许多情形下，铁氧体复磁导率 μ'' 就相当于剩余损耗。这种损耗主要是和畴壁位移过程的阻尼系数 β 或畴转动过程的阻尼系数 λ 相联系，与下面将要谈到的各种弛豫机理有关。当铁氧体使用频率较高时，μ'' 一般不再是常数。

表 6-1 为几种常用材料的低频损耗。

表 6-1　常用材料的低频损耗*(CGS 单位)

材　料	大　小	μ_i	$a\times10^6$	$c\times10^6$	$e\times10^9$
羰基铁粉芯	5μ	13	5	60	1
钼坡莫合金片	0.001 吋	13 000.	2	0	10
钼坡莫合金粉芯	120 孔筛	125	1.6	30	19
钼坡莫合金粉芯	400 孔筛	14	11	140	7
锰锌铁氧体	—	1 500.	1.6	4.8	0.3
镍锌铁氧体	—	200	7	—	0.2

* 引自 American Institute of Physics Handbook, 5～220(1957)。

在高频及高磁导率的情况下，列格公式不能适用。

下面介绍弱磁场中的磁滞损耗。

在第五章中，我们已经说明磁滞损耗来自不可逆的磁化过程(不可逆的畴壁位移过程或不可逆的磁化矢量转动过程)。并且指出，在直流磁化过程中的磁滞回线

面积代表了这一损耗的大小,即磁化一周的磁滞损耗能量为

$$P_{\mathrm{h}} = \oint H \mathrm{d}B \tag{6.3.2}$$

在交变磁化过程中,当磁场不是很低时,仍然存在着由磁滞所引起的能量损耗。一般情况下,由于 B 和 H 之间的复杂的非线性关系,使对磁滞损耗的计算变得非常困难。只有当外磁场的幅值不是很大时,即在弱磁场范围内,上述计算才能够得以进行。

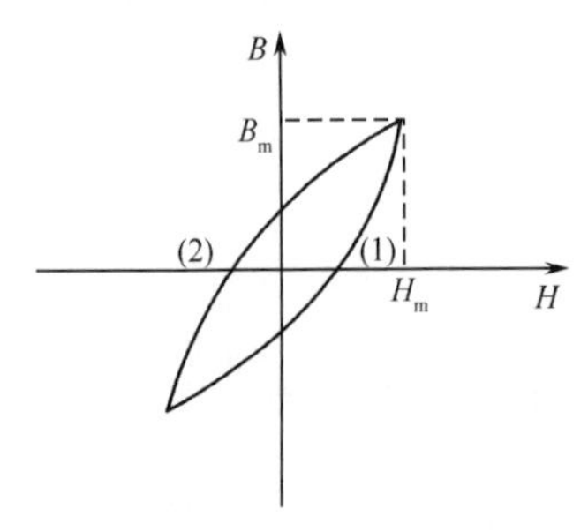

图 6-9 瑞利区域的磁滞回线

瑞利最早对弱磁场区域内的磁化曲线和磁滞回线进行了研究[9],并提出了这一区域内关于 B 和 H 的基本方程。后来人们称满足瑞利方程的弱磁场区域为瑞利区域。

在瑞利区域,磁化曲线的基本方程是

$$B = \mu_0(\mu_{\mathrm{i}} H + bH^2) \tag{6.3.3}$$

磁滞回线(见图 6-9)以下面的公式表示

$$B = \mu_0(\mu_{\mathrm{i}} + bH_{\mathrm{m}})H \pm \frac{b}{2}\mu_0(H_{\mathrm{m}}^2 - H^2) \tag{6.3.4}$$

式中的“+”号表示回线的上支(图线(2)),“-”号表示回线的下支(图线(1))。式中的 μ_{i} 为起始磁导率,b 为瑞利常数。表 6-2 列出了几种常见铁磁性物质的 μ_{i} 值和 b 值,以供参考。

表 6-2 一些铁磁性物质的起始磁导率和瑞利常数

材 料	起始磁导率 μ_{i}	瑞利常数 $b/(\mathrm{A/m})^{-1}$
铁	200	25
钴	70	0.13
镍	220	3.1
Mo-坡莫合金	2 000	4 300
超坡莫合金	10 000	150 000
坡明伐合金	400	0.001 3

由式(6.3.2)和式(6.3.4)可以计算出磁化一周的能量损耗为

$$P_{\mathrm{h}} = \frac{4\mu_0}{3} bH_{\mathrm{m}}^3 \tag{6.3.5}$$

磁滞损耗的功率为

$$W_{\mathrm{h}} = fp_{\mathrm{h}} = \frac{4\mu_0}{3} bH_{\mathrm{m}}^3 f \tag{6.3.6}$$

下面讨论磁化场为交变磁场时的磁滞损耗,设

$$H = H_{\mathrm{m}}\cos\omega t$$

由式(6.3.4)可得

$$B(t) = \mu_0(\mu_{\mathrm{i}} + bH_{\mathrm{m}})H_{\mathrm{m}}\cos\omega t \pm \frac{b}{2}\mu_0 H_{\mathrm{m}}^2\sin^2\omega t \tag{6.3.7}$$

将 $B(t)$展为傅里叶级数,得

$$B(t) = \mu_0(\mu_{\mathrm{i}} + bH_{\mathrm{m}})H_{\mathrm{m}}\cos\omega t \pm \frac{\mu_0 bH_{\mathrm{m}}^2}{2}\left(\frac{8}{3\pi}\sin\omega t - \frac{8}{15\pi}\sin 3\omega t - \cdots\right) \tag{6.3.8}$$

这说明,考虑到磁滞效应后,磁感应强度 B 不但包含磁场的基波,还包含高次谐波。高次谐波的出现将使原来的讯号发生畸变,这在某些应用中(如音响等)应当注意加以避免。

略去高次谐波,只取式(6.3.8)的上支,得

$$B(t) = \mu_0(\mu_{\mathrm{i}} + bH_{\mathrm{m}})H_{\mathrm{m}}\cos\omega t + \frac{4\mu_0 bH_{\mathrm{m}}^2}{3\pi}\sin\omega t \tag{6.3.9}$$

这表示 B 的相位落后于H,落后的相位角 δ_{h} 可由下式求出

$$\tan\delta_{\mathrm{h}} = \frac{4b}{3\pi}\frac{B_{\mathrm{m}}}{\mu_0\mu^2} \tag{6.3.10}$$

式中 $\mu = \mu_{\mathrm{i}} + bH_{\mathrm{m}} = \dfrac{B_{\mathrm{m}}}{\mu_0 H_{\mathrm{m}}}$, δ_{h} 为磁滞损耗角。

比较式(6.3.1)和式(6.3.10),可得在低频弱磁场区域的磁滞损耗为

$$aB_{\mathrm{m}} = \frac{2\pi\tan\delta_{\mathrm{h}}}{\mu} = \frac{8b}{3\mu_0\mu^3}B_{\mathrm{m}} \tag{6.3.11}$$

即,磁滞损耗系数 $a = \dfrac{8b}{3\mu_0\mu^3}$。

在中磁场和强磁场区域(例如变压器的硅钢片芯,磁感应强度约在 $B = 2000 \sim 15\,000\mathrm{Gs}$ 范围),μ 随频率的变化很剧烈,以上的简单计算不再适用。经验证明,这时磁滞损耗适合于斯坦因麦茨(Steinmetz)的经验公式(铁样品)$p_{\mathrm{h}} = \eta B_{\mathrm{m}}^{1.6}$。

第四节　涡 流 损 耗

铁磁性在交变磁场中,由于磁通量随时间的变化,体内将产生环绕磁通量变化方向的涡流(佛科电流)。其结果是,磁感应强度 B 的变化滞后于磁场的变化,B 的振幅由导体表面向内而逐渐减弱,这种效应称为趋肤效应。如果假设磁导率 μ 为常数,则可应用麦克斯韦方程对这个问题进行求解。麦克斯韦方程如下

$$\left.\begin{aligned} \nabla\times\boldsymbol{H} &= \sigma\boldsymbol{E} \\ \nabla\times\boldsymbol{E} &= -\mu_0\mu\frac{\partial\boldsymbol{H}}{\partial t} \end{aligned}\right\} \tag{6.4.1}$$

其中 E 为电场,σ 为电导率。

由式(6.4.1)可得出 $\boldsymbol{H}$ 的传播方程为

$$\nabla^2 \boldsymbol{H} = \mu_0 \mu \sigma \frac{\partial \boldsymbol{H}}{\partial t} = \lambda^2 \frac{\partial \boldsymbol{H}}{\partial t} \tag{6.4.2}$$

设导体表面为无限平面,厚度延伸至无限。取 z 轴垂直于表面,磁场平行于表面,$H = H_x$,则式(6.4.2)可简化为

$$\frac{\partial^2 H_x}{\partial z^2} = \lambda^2 \frac{\partial H_x}{\partial t} \tag{6.4.3}$$

设 $H_x = H(z)\mathrm{e}^{\mathrm{i}\omega t}$,代入式(6.4.3)求解,并设在表面处 $H_{z=0} = H_0$,由 $\sqrt{\mathrm{i}} = \frac{1+\mathrm{i}}{\sqrt{2}}$可得

$$H_x = H_0 e^{-\lambda\sqrt{\frac{\omega}{2}}z} \cdot \mathrm{e}^{\mathrm{i}\left(\omega t - \lambda\sqrt{\frac{\omega}{2}}z\right)} \tag{6.4.4}$$

由式(6.4.4)可见,在导体内部,H_x 有一定分布,由表面上的 $H = H_0$ 向内传播,在距离 z 处,其振幅 $H(z)$ 为 $H_0\mathrm{e}^{-\lambda\sqrt{\frac{\omega}{2}}z} = H_0\mathrm{e}^{-bz}$,磁场变化的相位差为 $\lambda\sqrt{\frac{\omega}{2}}z$,磁场传播的相速度为 $v = \frac{\sqrt{2\omega}}{\lambda}$。当 $z = \frac{1}{b} = \frac{1}{\lambda}\sqrt{\frac{2}{\omega}}$时,$H(z) = \frac{H_0}{e}$。$\frac{1}{b} = \frac{\sqrt{2}}{\sqrt{\mu_0\mu\sigma\omega}}$称为趋肤深度,以 d_s 表示,经计算得

$$d_\mathrm{s} = 503\sqrt{\frac{\rho}{\mu f}} \tag{6.4.5a}$$

其中 $\rho = \frac{1}{\sigma}$为电阻率,单位为 $\Omega\cdot\mathrm{m}$;$f = \frac{\omega}{2\pi}$,为频率。在 CGS 单位制中,上式为

$$d_\mathrm{s} = 5030\sqrt{\frac{\rho}{\mu f}} \tag{6.4.5b}$$

作为特例,我们考虑厚度为 $2d$ 的无限大导电铁磁平板[10]。外加交变磁场 $H = H_0\mathrm{e}^{\mathrm{i}\omega t}$与板面平行。取垂直板面的方向为 z 轴方向,磁场为 x 轴方向,原点在板面厚度的中央(如图 6-10 所示)。由方程(6.4.3)可求出平板内的磁场强度为

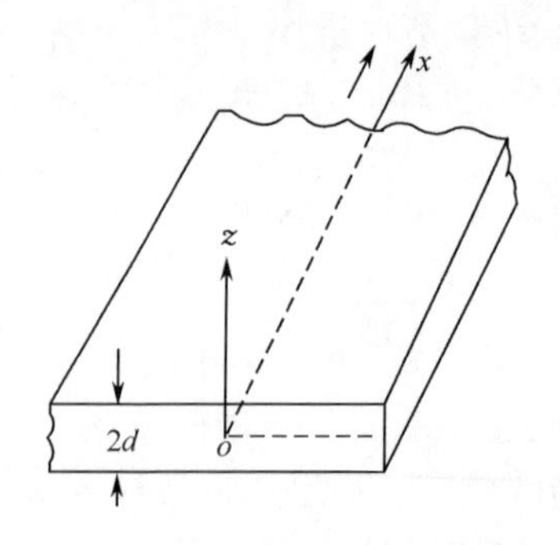

图 6-10　无限大的铁磁导电薄板

$$H_x(z,t) = \left[c_1\mathrm{e}^{b(1+\mathrm{i})z} + c_2\mathrm{e}^{-b(1+\mathrm{i})z}\right]\mathrm{e}^{\mathrm{i}\omega t} \tag{6.4.6}$$

式中 $b = \sqrt{\frac{\omega\sigma\mu_0\mu}{2}}$,$c_1$ 和 c_2 为由边界决定的常数。根据

$$\left[c_1\mathrm{e}^{b(1+\mathrm{i})d} + c_2\mathrm{e}^{-b(1+\mathrm{i})d}\right]\mathrm{e}^{\mathrm{i}\omega t} = H_0\mathrm{e}^{\mathrm{i}\omega t}$$

$$\left[c_1\mathrm{e}^{-b(1+\mathrm{i})d} + c_2\mathrm{e}^{b(1+\mathrm{i})d}\right]\mathrm{e}^{\mathrm{i}\omega t} = H_0\mathrm{e}^{\mathrm{i}\omega t}$$

可求得

$$c_1 = \frac{H_0}{2\cosh[b(1+\mathrm{i})d]}$$

$$c_2 = \frac{H_0}{2\cosh[b(1+\mathrm{i})d]}$$

于是有

$$H_x(z,t) = H_0 \frac{\cosh[b(1+\mathrm{i})z]}{\cosh[b(1+\mathrm{i})d]} \mathrm{e}^{\mathrm{i}\omega t} \tag{6.4.7}$$

或表示成

$$H_x(z,t) = H_0 \left[\frac{\cosh(2bz) + \cos(2bz)}{\cosh bd + \cos bd}\right]^{\frac{1}{2}} \cos(\omega t - \delta) \tag{6.4.8}$$

其中

$$\tan\delta = \frac{\sinh[b(d-z)]\sin[b(d+z)] + \sinh[b(d+z)]\sin[b(d-z)]}{\cosh[b(d-z)]\cos[b(d+z)] + \cosh[b(d+z)]\sin[b(d-z)]} \tag{6.4.9}$$

按式(6.4.8)计算的软铁平板内的磁场分布曲线如图 6-11 所示，图中取软铁平板的厚度为 0.2cm，$\mu = 300$，$f = 1000\mathrm{Hz}$，$\rho = 10\times10^{-6}\Omega\cdot\mathrm{cm}$，$\theta = bd$。曲线(1)为振幅 $H(z)$的相对分布，曲线(2)为在某一瞬时(表面处磁场为 H_0 时)的 H 的相对分布。

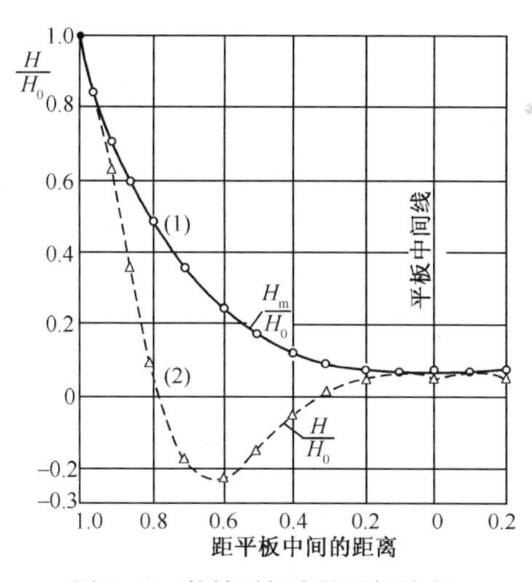

图 6-11　软铁平板内的磁场分布

由式(6.4.7)可求出薄板内平均磁感应强度的幅值为

$$\bar{B} = \frac{\mu_0\mu}{2d}\int_{-d}^{d} H_x \mathrm{d}z = \frac{\mu_0\mu H_0}{2d\cosh[b(1+\mathrm{i})d]}\int_{-d}^{d} \cosh[b(1+\mathrm{i})z]\mathrm{d}z$$

$$= \frac{\mu_0\mu H_0}{db(1+\mathrm{i})} \frac{\sinh[b(1+\mathrm{i})d]}{\cosh[b(1+\mathrm{i})d]} \tag{6.4.10}$$

利用关系式

$$\cosh^2 x\cos^2 x + \sinh^2 x\sin^2 x = \frac{1}{2}(\cosh 2x + \cos 2x)$$

上式可表示为

$$\bar{B} = \frac{\mu_0\mu H_0}{2bd}\cdot\frac{\sinh 2bd + \sin 2bd - \mathrm{i}(\sinh 2bd - \sin 2bd)}{\cosh 2bd + \cos 2bd} \tag{6.4.11}$$

由此可得出由涡流效应所引起的导电铁磁平板内的平均复磁导率的实部和虚部分别为

$$\overline{\mu'} = \frac{\mu_0\mu}{2bd}\,\frac{\sinh 2bd + \sin 2bd}{\cosh 2bd + \cos 2bd} \tag{6.4.12}$$

$$\overline{\mu''} = \frac{\mu_0\mu}{2bd}\,\frac{\sinh 2bd - \sin 2bd}{\cosh 2bd + \cos 2bd} \tag{6.4.13}$$

磁化一周的涡流损耗为

$$P_{\mathrm{e}} = \frac{\pi\mu_0\mu H_0^2}{2bd}\cdot\frac{\sinh 2bd - \sin 2bd}{\cosh 2bd + \cos 2bd} \tag{6.4.14}$$

涡流损耗角正切为

$$\tan\delta_{\mathrm{e}} = \frac{\sinh 2bd - \sin 2bd}{\sinh 2bd + \sin 2bd} \tag{6.4.15}$$

在低频高电阻的情况下，$bd = \sqrt{\frac{\mu_0\mu\omega}{2\rho}}d \ll 1$，取近似

$$\sinh x \approx x + \frac{x^3}{3!},\quad \cosh x \approx 1 + \frac{x^2}{2!}$$

$$\sin x \approx x - \frac{x^3}{3!},\quad \cos x \approx 1 - \frac{x^2}{2!}$$

这时式(6.4.14)和式(6.4.15)分别简化为

$$P_{\mathrm{e}} = \frac{2}{3}\pi^2(\mu_0\mu H_0)^2\frac{d^2}{\rho}f \tag{6.4.16}$$

$$\tan\delta_{\mathrm{e}} = \frac{2}{3}\pi\mu_0\mu\frac{d^2}{\rho}f \tag{6.4.17}$$

由此可得单位体积的涡流损耗功率为

$$W_{\mathrm{e}} = \frac{2}{3}\pi^2(\mu_0\mu H_0)^2\frac{d^2}{\rho}f^2 \tag{6.4.18}$$

涡流损耗系数 e 为

$$e = \frac{2\pi\tan\delta_{\mathrm{e}}}{\mu f} = \frac{4\pi^2\mu_0}{3}\cdot\frac{d^2}{\rho} \tag{6.4.19}$$

以上比较详细地分析了交变磁场在铁磁薄板中的分布及其所产生的涡流损耗。上述模型有些类似于在电器中使用的硅钢片。除此之外，在实际应用中还常

常需要了解一些其他形状样品的涡流损耗。当样品内磁场的趋肤深度 d_s 大于或接近于样品的尺寸时,可以认为样品内的 B 和 H 都是均匀的。这时可以不用解上述的麦克斯韦方程,而用比较简单的方法直接计算出涡流损耗。下面我们计算两种典型形状样品中的涡流损耗:

(1) *圆柱形样品中的涡流损耗功率* 设圆柱形铁磁样品的直径为 R,外磁场 $H=H_0\cos\omega t$ 平行于圆柱的轴线。以圆柱的轴心为圆心在圆柱的横截面上取一半径为 r 的圆。由麦克斯韦方程

$$\oint \boldsymbol{E} \cdot \mathrm{d}\boldsymbol{l} = -\iint \frac{\mathrm{d}\boldsymbol{B}}{\mathrm{d}t} \cdot \mathrm{d}\boldsymbol{s} \tag{6.4.20}$$

可得

$$2\pi r E(r,t) = -\pi r^2 \omega B_\mathrm{m} \sin\omega t \tag{6.4.21}$$

由此可求出单位体积的瞬时涡流损耗功率为

$$W_\mathrm{e}(t) = \frac{1}{\pi R^2}\int_0^{2\pi}\mathrm{d}\varphi\int_0^R \frac{E^2(r,t)}{\rho} r\,\mathrm{d}r = \frac{R^2}{8\rho}\omega^2 B_\mathrm{m}^2 \sin^2\omega t \tag{6.4.22}$$

将上式对时间做平均,并利用 $\frac{1}{T}\int_0^T \cos^2\omega t\,\mathrm{d}t = \frac{1}{2}$ 可得

$$W_\mathrm{e} = \frac{\pi^2 R^2 f^2 B_\mathrm{m}^2}{4\rho} \tag{6.4.23}$$

由此可见,圆柱形样品单位体积的涡流损耗功率与其半径平方成比例。因此,若将圆柱体分成许多半径较小的线状体,则可有效地降低涡流损耗。

(2) *球形样品中的涡流损耗功率* 设球形铁磁样品的直径为 R,外磁场 $H=H_0\cos\omega t$ 沿球坐标系的 z 轴。在球内取一与 z 轴垂直的平面,以该平面与 z 轴的交点为圆心在这一平面上做圆,使其圆周在球内。显然,圆周的半径为 $r\sin\theta$,r 为球心至圆弧的距离,θ 为 $\boldsymbol{r}$ 与 z 轴的夹角。由方程(6.4.20)可得

$$E(r,t) = \frac{1}{2}(r\sin\theta)\omega B_\mathrm{m}\sin\omega t \tag{6.4.24}$$

单位体积的瞬时涡流损耗功率应为

$$\begin{aligned} W_\mathrm{e}(t) &= \frac{1}{\frac{4\pi}{3}R^3}\int_0^{2\pi}\mathrm{d}\varphi\int_0^R\int_0^\pi \frac{E^2(r,t)}{\rho} r^2 \sin\theta\,\mathrm{d}r\,\mathrm{d}\theta \\ &= \frac{2\pi^2 R^2 f^2}{5\rho} B_\mathrm{m}^2 \sin^2\omega t \end{aligned} \tag{6.4.25}$$

对时间的平均损耗功率为

$$W_\mathrm{e} = \frac{\pi^2 R^2 f^2 B_\mathrm{m}^2}{5\rho} \tag{6.4.26}$$

可见,球形样品的涡流损耗功率也与球的半径平方成比例。

以上几种形状铁磁样品内的涡流损耗功率 W_e 和涡流损耗角正切 $\tan\delta_\mathrm{e}$ 归结于表 6-3。

表 6-3　几种简单形状的磁芯的涡流损耗(表中取 CGS 单位制)

磁芯形状	$W_e/(10^{-16}\text{W/cm}^3)$	$\tan\delta_e=\dfrac{R_m}{2\pi fL}$
平板(厚度$=2d$)	$\dfrac{2\pi^2d^2f^2B_m^2}{3\rho}$	$\dfrac{8\pi^2d^2f\mu}{3\rho}\times10^{-9}$
圆柱(半径$=R$)	$\dfrac{\pi^2R^2f^2B_m^2}{4\rho}$	$\dfrac{\pi^2R^2f\mu}{\rho}\times10^{-9}$
球(半径$=R$)	$\dfrac{\pi^2R^2f^2B_m^2}{5\rho}$	$\dfrac{4\pi^2R^2f\mu}{5\rho}\times10^{-9}$

上表中关于 W_e 与 $\tan\delta_e$ 的关系说明如下：

设样品的磁路长度为 l，截面积为 A，磁导率为 μ(设为近似的常数)，样品上的磁化线圈匝数为 n，采用 CGS 单位制则样品的自感 L 为

$$L=\frac{4\pi n^2A\mu}{l}$$

若 I_{rms}为电流的均方根值，则在样品表面处的最大磁场强度为

$$H_m=4\pi nI_{rms}\frac{\sqrt{2}}{l}$$

如果趋肤深度很大，可以假定样品内的 H 是均匀的，等于表面处的磁场，则单位时间内的涡流损耗为

$$W_eAl=R_mI_{rms}^2$$

R_m 为相当于涡流损耗的电阻，合并以上各式可得

$$\frac{R_m}{\mu fL}=\frac{8\pi W_e}{f(\mu H_m)^2}=\frac{8\pi W_e}{fB_m^2} \tag{6.4.27}$$

将$\dfrac{R_m}{\mu fL}=ef$ 与式(6.4.27)比较，可见涡流损耗系数 $e=\dfrac{8\pi W_e}{f^2B_m^2}$与频率 f 无关，而只是样品的几何尺寸和电阻率的函数。

在 MKSA 单位制中，$e=\dfrac{2W_e}{f^2B_m^2}$。

许多实验证明，由损耗测量得出的涡流损耗常常大于以上计算的结果。这种涡流反常现象说明，磁损耗中除了涡流损耗还有其他损耗，而且 μ 作为常数的假设也仅能适用于低频、弱磁场范围。

在以上计算中，我们假定铁磁体各处的 μ 值相同。事实上，当磁场不太强时，磁化过程主要是畴壁位移过程，$\mathrm{d}B/\mathrm{d}t$ 仅限于局部区域。故涡流电流密度 I 也应当是局域分布的。由于电功率与 I^2 成比例，因而将产生额外的能量损耗。这个事实是威廉姆斯首先在实验上和理论上证明的。在此之前，涡流损耗的实测值大于计算值的所谓反常涡流现象，曾长期得不到应有的解释。

第五节　剩 余 损 耗

剩余损耗来自磁化弛豫过程。不同的材料,在不同的频率范围,磁化弛豫过程的机理不同,因而剩余损耗的机理也不同。金属材料主要用于低频范围,剩余损耗主要来自杂质原子的扩散弛豫过程。铁氧体材料适用于各种不同的频率,不同的频率对应于不同的剩余损耗机理:在低频范围,这种损耗主要来自电子的扩散弛豫过程;在较高的频率范围,损耗机理比较复杂并且具有多种形式,式(6.3.1)不再适用,剩余损耗 c 也不再是常数。有时 c 表现为频率 f 的线性函数(因而,使剩余损耗和涡流损耗不容易分离),有时表现为 f 的复杂函数,这与磁化弛豫过程的不同机理有关。本节将分别介绍金属和铁氧体材料在低频下的剩余损耗,至于铁氧体材料在高频率范围内剩余损耗的机理,后面几节将陆续介绍。

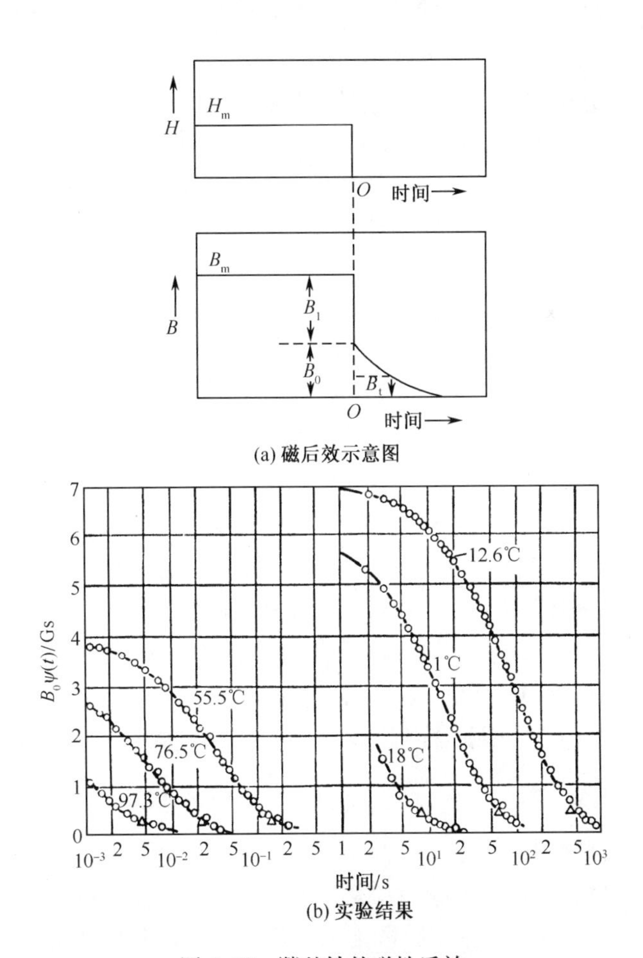

(a) 磁后效示意图

(b) 实验结果

图 6-12　羰基铁的磁性后效

一、金属材料中的剩余损耗[3]

早期研究金属材料在低频下剩余损耗的有李希特(G. Richter)[11]和约旦(H. Jordan)[12]两人。下面分别介绍两人的结果。

(1) 李希特后效损耗　李希特应用冲击法或磁强计法研究了羰基铁(Carbonyl Iron)在去掉较低的磁化场后,磁感应强度 B 的弛豫过程。他的实验结果见图 6-12。B 的变化过程符合于式(6.2.11)。当去掉磁场 H_m 后,最初 B 的降低很快,到达 B_0 后,即以 $B_t = B_0\psi(t)$的方式逐渐减弱,经过相当长时间后,才降到零。可以从实验曲线上根据瑞利的弱场磁化曲线公式算出损耗角。

李希特后效与温度有关(见图 6-12),由这种后效所引起的损耗是温度和频率的函数。

斯诺克深入研究了李希特损耗[13]。他认为这种损耗是由于羰基铁中的杂质原子(如碳原子)在晶格间隙间的扩散过程所致。为了证明这一点,斯诺克将羰基铁进行高温真空退火以除去所含的碳及氮等杂质原子以使退火后这种后效消失。关于李希特损耗的成因,可以解释如下:

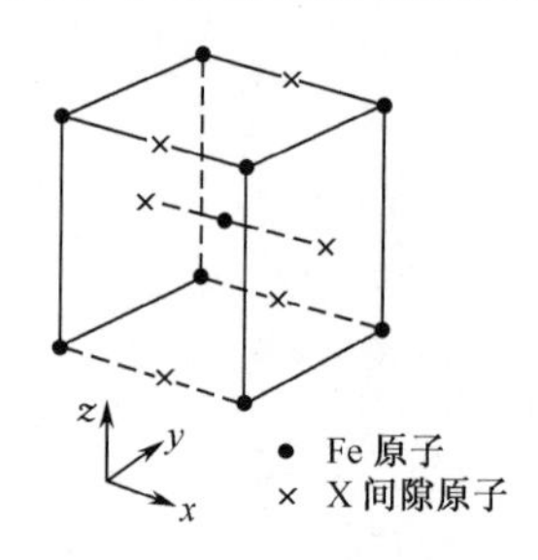

图 6-13　α 铁晶格中的三种间隙

在 α-铁的体心立方晶格中,有三种间隙,其对称性相当于八面体间隙。它们分别位于三个主晶轴[100],[010],[001]方向的中点。由于碳原子很小,在室温下仍有一定扩散能力,当晶格无畸变时,在能量上三种间隙位置对碳原子是等效的,因此所有碳原子可以均匀而无规则地分布在三种间隙位置。如果晶体沿某晶轴方向受到张应力时,这种平衡状态将被打破,而要过渡到另一种新的平衡分布状态。在受应力的晶轴方向上的间隙加大,可容纳较多的碳原子而出现碳原子分布的定向有序化。由于两种分布状态的能量不同,过渡必须要经过一定的弛豫时间。这就是所谓弹性后效。另外,在晶体沿某一方向磁化时,伴随着磁致伸缩的应变也会引起杂质原子的重新分布。这种后效就表现为磁后效。因此,以上两种后效是密切联系的。

为了定量地证明弹性后效,波耳德计算了产生弹性后效的应变与碳原子含量的关系[14]。当马氏体(铁中析出的铁碳固溶体,含碳量约为 0.01%)沿[100]方向受应力时,算出的应变与由 X 射线分析所得结果相符$\left(\text{应变}\dfrac{\Delta l}{l}\approx 0.04\right)$,而沿[111]方向受应力时则几乎毫无应变。

斯诺克理论只是定性地说明杂质扩散和磁后效的联系。奈尔在这基础上,发展为原子定向有序理论[15],指出扩散弛豫过程和感生各向异性是同一现象的两种表现。

(2) 约旦后效损耗　　这种后效损耗的特点是对温度和频率的依赖性甚小。故约旦认为这种损耗既非涡流损耗,也非由杂质原子所产生,而是一种不可逆后效。肯特勒(H. Kindler)发现弹性或范性形变对这种损耗有强烈的影响。

关于约旦后效损耗的真实来源至今尚不完全清楚。

斯特里特和伍里在观测铝镍钴(AlNiCo)合金在矫顽力附近磁场下的磁性变化时,也发现了一种不可逆磁后效[16]。当磁场改变 ΔH 时,磁化强度随时间 t 的变量 ΔM 与 $\ln t$ 成正比,这种后效的特点是它几乎与温度无关。因此亦称为约旦后效(凡不依赖于温度及频率的磁后效都归类于约旦后效)。

奈尔首先证明斯特里特和伍里所观察到的磁后效是由于热涨落影响所导致[17]。在磁场改变的初始阶段,其中某些磁畴的磁化矢量处于一种"亚稳定"状态。热涨落的能量如果足够使其越过不可逆位移的势垒时,这些磁畴的畴壁就可以发生不可逆位移而使磁化反向。奈尔用一种等效内场 $H(t)$ 来代表热涨落的作用,相应的磁化强度变化等于 $H(t)$ 与磁化率(不可逆部分)的乘积。$H(t)$ 可用下面形式表示(对于长时间 t)

$$H(t) = S(Q + \ln t) \tag{6.5.1}$$

其中,Q 为常数;S 的数值随材料不同而各异。对于铝镍钴,$S = 1.7\text{Oe}$;对于纯铁,$S = 0.0005\text{Oe}$。

从理论上可以估计 S 的数量级。设 v 为畴壁不可逆位移所扫过的体积,则

$$\frac{S^2}{8\pi} \cdot v \approx \frac{1}{2} kT$$

若令 $v \approx 10^{-15}\text{cm}^3$(铝镍钴)或 10^{-9}cm^3(纯铁),代入玻尔兹曼常数 k 的数值,可得在 T = 室温下 $S \approx 2\text{Oe}$(铝镍钴)或 0.002Oe(纯铁),与实验数值相近。

二、铁氧体中的李希特后效损耗[2]

在若干尖晶石型铁氧体中(特别是含有二价铁离子 Fe^{2+} 的铁氧体中)也观测到李希特后效损耗;但所对应的频率要高得多($f \approx 100\text{kHz}$)。图 6-14 引证了斯密特等的一部分实验结果[18]。样品为 $Ni_{0.49}Zn_{0.49}Fe^{2+}_{0.02}Fe_2O_4$,在烧结后又在 1 525℃ 的氧气氛中保温 2 小时以产生 Fe^{2+}。图中所示为 μ' 和 μ'' 随温度的变化曲线,以不同固定频率为参数。各条 $\mu''(T)$ 曲线都有一明显的峰值,相当于吸收最强的位置,亦即 $\omega = \omega_c = \frac{1}{\tau}$ 的位置(假设弛豫时间只有一个单值)。由每一峰值相应的温度 T 做 $\ln \frac{1}{\tau}$ 对 $\frac{1}{T}$ 的曲线,所得为一直线。因此可得出 τ 随温度的变化关系为

$$\tau = \tau_{\infty} e^{\frac{E_m}{\kappa_B T}} \tag{6.5.2}$$

其中，E_m 为电子的激活能；κ_B 为玻尔兹曼常数；τ_∞ 为 $T\to\infty$ 时的弛豫时间。

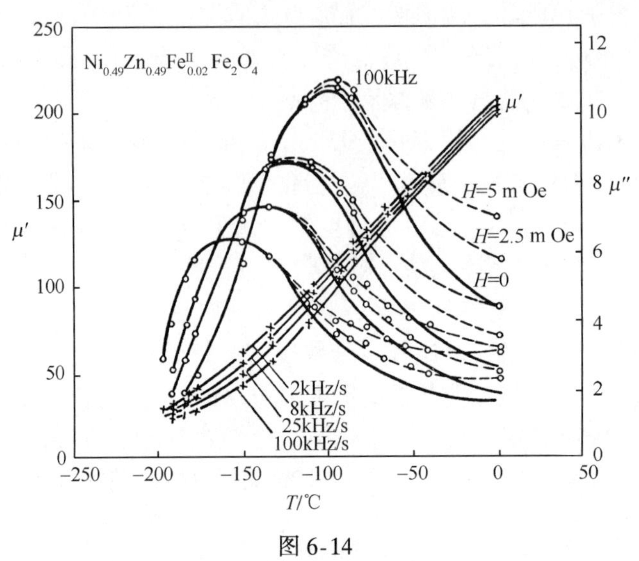

图 6-14

斯密特对于铁氧体中这种后效损耗的解释如下：

在铁氧体中存在着不同原子价的同一种离子(例如八面体中的 Fe^{2+} 和 Fe^{3+})。当铁氧体被磁化时，磁化矢量的方向将发生改变，同时价电子也将在离子之间扩散，以达到自由能最低的条件。电子扩散的结果就等于 Fe^{2+} 和 Fe^{3+} 互换位置($Fe^{3+}+e=Fe^{2+}$)，产生了离子在晶格中的重新排列。这种扩散也是一种弛豫过程，因而相应地产生了磁性后效。铁氧体在低频段的李希特损耗属于这种电子扩散弛豫过程，已在许多实验中得到证明。

表 6-4 几种铁氧体的弛豫参量

铁 氧 体	FeO /mol%	室温下的 ρ /Ω·cm	E_m/eV	E_ρ/eV	$(\tan\delta)_{max}$
$Ni_{0.50}Zn_{0.50}Fe_2O_4$	0	10^6	0.40	0.41	0.02
$Ni_{0.49}Zn_{0.49}Fe^{2+}_{0.02}Fe_2O_4$	1	10^3	0.10	0.10	0.13
$NiFe_2O_4$	0	$>10^9$	—	—	无最大值
$Ni_{0.99}Fe^{2+}_{0.01}Fe_2O_4$	0.5	30	0.10	—	0.33
$Ni_{0.95}Fe^{2+}_{0.05}Fe_2O_4$	2.5	500	0.08	—	0.10
$Ni_{0.85}Fe^{2+}_{0.15}Fe_2O_4$	7.5	5	0.07	—	0.10
$Mn_{0.66}Zn_{0.28}Fe^{2+}_{0.06}Fe_2O_4$	3.0	150	0.17	0.16	0.10
$MgFe_2O_4$	0	10^6	0.37	0.32	0.03
$Cu_{0.5}Zn_{0.5}Fe_2O_4$	0	6×10^5	0.32	0.29	0.30
$Cu_{0.5}Li_{0.25}Fe_{2.25}O_4$	0	500	0.20	—	0.40

表 6-4 列举了几种铁氧体的实验结果[18]。由表 6-4 可见，E_m 与铁氧体中所含的 Fe^{2+} 离子数（FeO 的成分）有显著的关系。电阻率 ρ 高的样品（Fe^{2+} 的含量少），其 E_m 的数值约为 0.40eV；电阻率低的样品，其 E_m 约为 0.10eV。铁氧体的导电机理也是通过 Fe^{2+} 与 Fe^{3+} 离子间的电子扩散进行的，直流电阻率 ρ 随温度的变化关系为

$$\rho = \rho_{\infty} e^{\frac{E_\rho}{\kappa_B T}} \tag{6.5.3}$$

式中，E_ρ 为电子导电的激活能。从表 6-4 看出，$E_m \approx E_\rho$。这说明铁氧体的磁后效与它的导电机理同属于电子的扩散弛豫过程。

三、减　　落

李希特损耗的另一种表现形式是起始磁导率随时间而降低的现象，斯诺克称为“减落”（disaccommodation）[19]。图 6-15 为在不同温度下羰基铁的起始磁导率 μ_i 随时间变化并最后趋于稳定值的曲线。由图 6-15 可见，减落对温度是很敏感的。顺便指出，减落对机械振动也很敏感。因此，通常对减落的测定规定了严格的条件：测定前，磁性体须经过完全退磁，使之达到磁中性状态。在测定过程中，磁性体须处于无机械振动、无热干扰的环境中。按上述条件测量起始磁导率随时间的变化并由下式定义减落系数 DF：

$$DF = \frac{\mu_{i1} - \mu_{i2}}{\mu_{i1}^2 \lg \dfrac{t_1}{t_2}} \tag{6.5.4}$$

式中，μ_{i1} 为退磁后在 t_1 时的起始磁导率；μ_{i2} 为 t_2 时的起始磁导率。一般取 $t_1 = 10\text{min}$，$t_2 = 100\text{min}$。按照这一标准，上式可简化为

$$DF = \frac{(\mu_i)_{10} - (\mu_i)_{100}}{(\mu_i)_{10}^2} \tag{6.5.5}$$

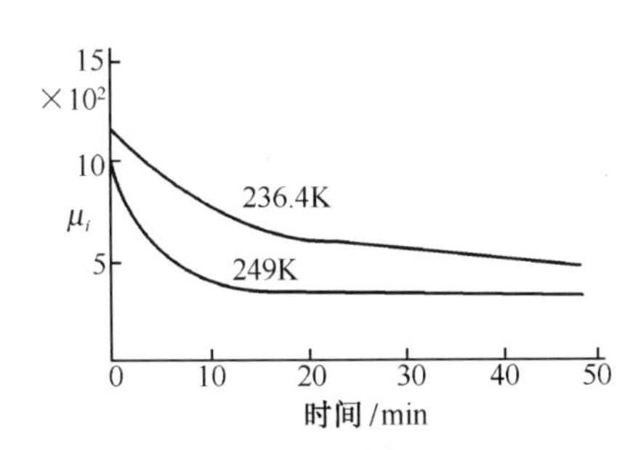

图 6-15　羰基铁的起始磁导率随时间的变化曲线

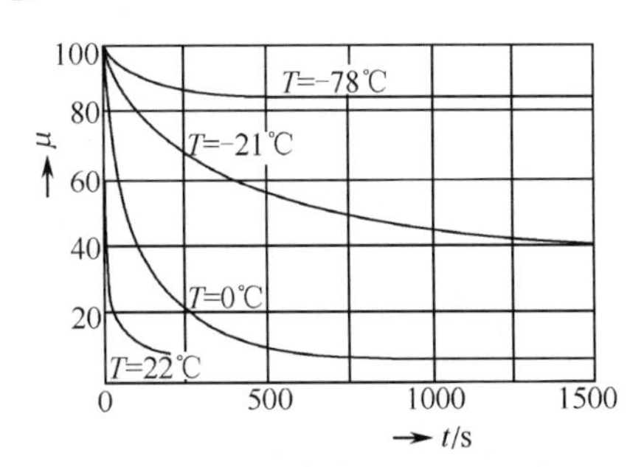

图 6-16　Mn 铁氧体单晶的 μ_i 的减落

由于在铁氧体中也存在着李希特损耗，因此同样存在着起始磁导率随时间下降的减落现象。这是斯诺克首先在 Mn-Zn 铁氧体中测量到的。后来，在若干铁氧体单晶中也观察到 μ_i 的减落现象。图 6-16 引证了斯密特对于 $Mn_{0.85}Fe_{2.15}O_4$ 的实验结果[20]。可见，铁氧体中的减落现象对于温度也很灵敏。

需要指出的是，磁性材料中的减落效应是可逆的。它不同于一般材料中的不可逆老化现象。

对于软磁材料，通常要求按式(6.5.5)测定的 $DF < 30 \times 10^{-6}$。

第六节　由尺寸共振及磁力共振所引起的频散和损耗[2]

在本章第二节中介绍磁谱的机理时我们曾经指出，在中频波段(频率 $\approx 10^4 \sim 10^6 s^{-1}$)，可能会出现由铁磁体的尺寸共振及磁力共振所引起的频散和损耗。下面分别介绍这两种机理，计算采用 CGS 单位制。

一、尺 寸 共 振

铁氧体样品具有一定的几何尺寸，当交变磁场的电磁波在其中传播时，如果电磁波的半波长与样品的横向尺寸相近，将有驻波发生，因而产生共振现象。例如，当有 1MHz 附近的电磁波在 Mn-Zn 铁氧体中传播时，$\mu_i \approx 10^3$，介电常数 ε'(介电常数的实部)$\approx 5 \times 10^4$，故样品中的电磁波长 $\lambda = \dfrac{c}{f\sqrt{\mu_i \varepsilon'}} \approx$ 4cm。如果样品的横向最小尺寸 $\dfrac{\lambda}{2} = 2$cm，则在样品内将产生驻波，使样品变成一个谐振腔。这样就出现了类似于谐振电路的频散与吸收。图 6-17 是截面为 $2.5 \times 1.25 cm^2$ 的 Mn-Zn 铁氧体磁芯的尺寸共振对于其磁谱的影响[21](μ_{10}为在 1000Hz 频率下的 μ')。

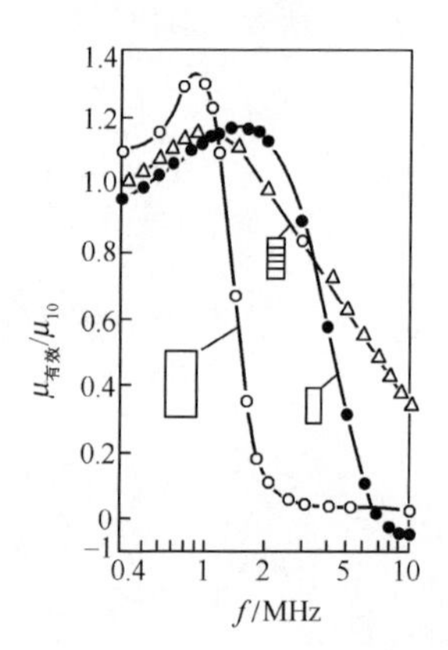

图 6-17　Mn-Zn 铁氧体的尺寸效应对磁谱的影响(图中的矩形为相对截面积)

波利万诺夫求出具有矩形截面 $a \times b$ 的磁介质的有效磁导率 $\bar{\mu}$ 与频率的关系[22]

$$\bar{\mu} = \mu\left\{1 - \frac{64}{\pi^4}\sum_{l,n}\frac{\Gamma^2}{l^2 n^2\left[\Gamma^2 + \pi^2\left(\dfrac{l^2}{a^2} + \dfrac{n^2}{b^2}\right)\right]}\right\} \tag{6.6.1}$$

其中，

$$\Gamma^2 = -\left(\frac{2\pi}{\lambda}\right)^2 \mu\varepsilon \tag{6.6.2}$$

l, n 为决定共振级数的奇数。当磁介质的吸收很小时($\mu'' \ll \mu', \varepsilon'' \ll \varepsilon'$),可得出相当于 $\mu' = 1$ 时的共振波长 λ_0 和频率 ω_0(c 为光速)为

$$\lambda_0 = \left(\frac{4\mu\varepsilon}{\frac{l^2}{a^2} + \frac{n^2}{b^2}}\right)^{\frac{1}{2}} \tag{6.6.3}$$

$$\omega_0 = \frac{2\pi c}{\lambda_0} \tag{6.6.4}$$

设 $a = b$,则尺寸共振的主波长为($l = n = 1$)

$$\lambda_{00} = a\sqrt{2\mu\varepsilon} \tag{6.6.5}$$

由式(6.6.5)可见,μ 和 ε 愈大的介质,其尺寸共振频率愈低。

为了避免铁氧体磁芯的尺寸共振,在设计样品时应使其横向尺寸偏离 $\lambda/2$ 的整数倍。

二、磁 力 共 振

磁力共振也是与样品尺寸有关的频散机理,当交变磁场的频率与样品机械振动的固有频率一致时,由于磁致伸缩引起机械振动的共振,称为磁力共振。图 6-18 为弗缅科引证的 Ni-Zn 铁氧体的磁力共振曲线[5]。样品为环状,外直径约为 4cm,横截面约为 1cm^2,平均半径为 r,其径向振动的固有频率为[23]

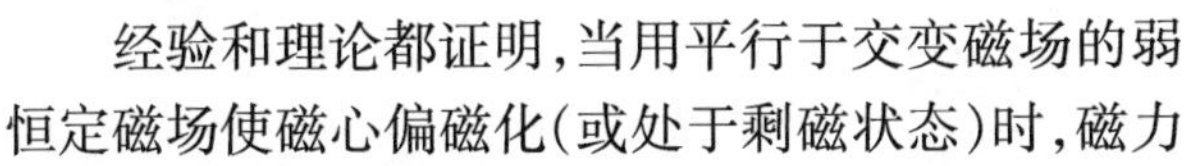

$$f_{m0} = \frac{1}{2\pi r}\sqrt{\frac{E}{\rho}} \cdot \sqrt{1 + n^2} \tag{6.6.6}$$

其中,E 为磁性介质的杨氏模量;ρ 为其密度;n 为沿环周长上的波数。

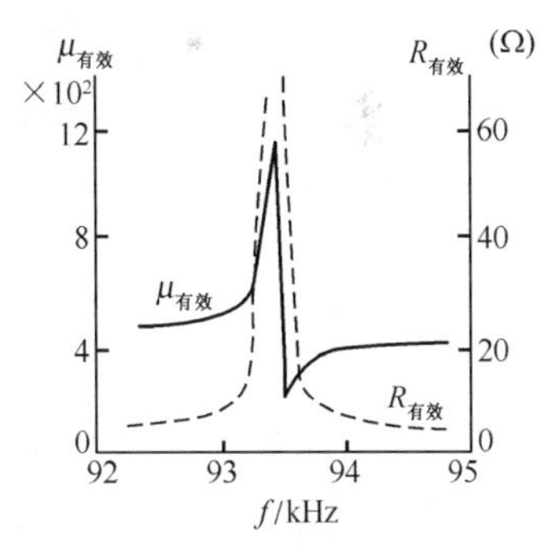

图 6-18　Ni-Zn 铁氧体的磁力共振曲线

经验和理论都证明,当用平行于交变磁场的弱恒定磁场使磁心偏磁化(或处于剩磁状态)时,磁力共振效应将明显增强;但当用平行于交变磁场的强恒定磁场使之偏磁化时,磁力共振效应将减弱。在实际应用中,人们常通过控制磁性元件的尺寸和偏磁场的大小来避免磁力共振的发生。

样品材料本身的结构特性如晶粒大小,脱溶和复相分布等都会引起频散和吸收现象,也是一种尺寸共振,这里不再介绍。

第七节　由畴壁位移引起的频散和损耗[2]

用于高频波段(频率≈$10^6 \sim 10^8 s^{-1}$)的铁磁材料一般都具有很高的电阻率,涡流损耗很小。同时,这一波段中的交变磁场的幅值一般也都很小,磁滞损耗也往往很小。正如在磁谱中所指出的那样,这一波段的频散和损耗主要来自畴壁的共振或弛豫过程。下面介绍这一机理。

一、畴壁的共振和弛豫

我们在前两章中介绍过畴壁结构和畴壁位移。畴壁位移也是一种磁化弛豫过程,因此在交变磁场中它也将导致磁频散和能量损耗。德凌和贝克尔以及其他人对这个问题曾进行过系统研究[24,25]。他们证明畴壁在运动时的能量比静止时大,并且所增加的能量与畴壁运动速度的平方成比例。基于这一点,他们提出了畴壁具有有效质量的概念。此外,畴壁在运动时还会受到各种阻尼作用。由于这种阻尼的存在使畴壁在运动时具有能量损耗。同时,由于铁磁体内部存在着缺陷和不均匀性,当畴壁离开其最低能量的平衡位置时,还将受到回复力的作用。如设畴壁的有效质量为 m_w,阻尼系数为 β,回复力系数为 α,当某个 180°畴壁受到平行于畴壁平面的交变磁场 $H_0e^{i\omega t}$ 作用时(如图 6-19 所示),对于单位畴壁面积而言,其运动方程可表示为(CGS 单位制)

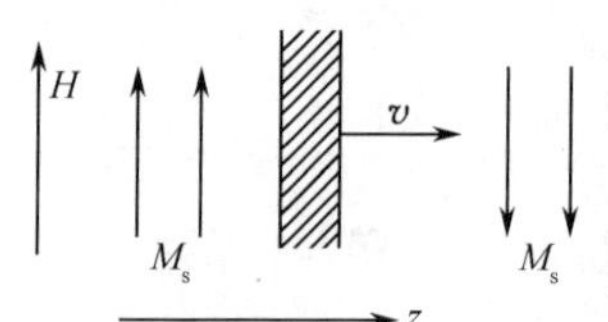

图 6-19　180°畴壁的位移

$$\left.\begin{aligned} m_w \frac{d^2 z}{dt^2} + \beta \frac{dz}{dt} + \alpha z &= 2M_s H \\ H &= H_0 e^{i\omega t} \end{aligned}\right\} \tag{6.7.1}$$

方程(6.7.1)的解为

$$\left.\begin{aligned} z &= z_0 e^{i\omega t} \\ z_0 &= \frac{2M_s H_0}{\alpha + i\omega\beta - \omega^2 m_w} \end{aligned}\right\} \tag{6.7.2}$$

由式(6.7.2)可得

$$\begin{aligned} \chi(\omega) &= \frac{\Delta M}{\Delta H} = \frac{2M_s \Delta z}{\Delta H} = \frac{4M_s^2}{\alpha + i\beta - \omega^2 m_w} \\ &= \frac{\chi_0}{1 - \frac{\omega^2}{\omega_0^2} + i\frac{\omega}{\omega_c}} = \chi'(\omega) - i\chi''(\omega) \end{aligned} \tag{6.7.3}$$

其中，$\chi_0=\dfrac{4M_s^2}{\alpha}$为畴壁位移过程的静态磁化率；$\omega_0=\sqrt{\dfrac{\alpha}{m_w}}$为畴壁的共振角频率；$\omega_c=\dfrac{\alpha}{\beta}$为畴壁的弛豫角频率。不难求得

$$
\left.\begin{aligned}
\chi'(\omega) &= \frac{\mu'-1}{4\pi} = \chi_0\frac{1-\left(\dfrac{\omega}{\omega_0}\right)^2}{\left[1-\left(\dfrac{\omega}{\omega_0}\right)^2\right]^2+\left(\dfrac{\omega}{\omega_c}\right)^2} \\
\chi''(\omega) &= \frac{\mu''}{4\pi} = \chi_0\frac{\dfrac{\omega}{\omega_c}}{\left[1-\left(\dfrac{\omega}{\omega_0}\right)^2\right]^2+\left(\dfrac{\omega}{\omega_c}\right)^2}
\end{aligned}\right\} \tag{6.7.4}
$$

式(6.7.4)表明，它既有频散 $\chi'(\omega)$，又有吸收 $\chi''(\omega)$。当 $\omega=\omega_0$ 时，$\chi''(\omega)$最大，为共振吸收。

如果 $\omega_0\gg\omega_c$，即 m_w 很小而 β 很大时，可略去上式中含$\dfrac{\omega}{\omega_0}$的项，则有

$$
\left.\begin{aligned}
\chi'(\omega) &= \chi_0\frac{1}{1+\left(\dfrac{\omega}{\omega_c}\right)^2} \\
\chi''(\omega) &= \chi_0\frac{1}{\dfrac{\omega}{\omega_c}+\dfrac{\omega_c}{\omega}}
\end{aligned}\right\} \tag{6.7.5}
$$

磁谱曲线变为弛豫型。反之，如果 $\omega_0\ll\omega_c$，磁谱曲线变为共振型。共振型磁谱和弛豫型磁谱分别由图 6-20(a)，(b)所示[6]。

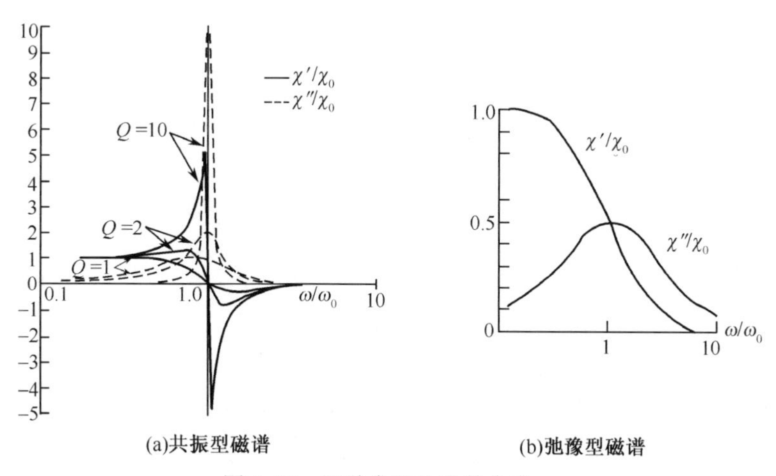

图 6-20　两种类型的磁谱曲线

如果磁场 H 足够大，以至畴壁开始做不可逆位移，则畴壁与材料内的缺陷或不均匀度之间的相互作用不再是简单的回复力。设畴壁的运动速度为恒定的或变化很慢的，则方程(6.7.1)可简化为

$$\beta \frac{dz}{dt} = 2M_s(H - H_s) \tag{6.7.6}$$

其中 H_s（≈矫顽力 H_c）为畴壁开始做不可逆位移的起动磁场。

由式(6.7.6)可知，如果 β 是常数，则畴壁的速度$\frac{dz}{dt}$与磁场H 成正比。图6-21引证了高尔特的工作[26]。图 6-21(a)，(b)分别画出了在 201K 和 77K 下镍铁氧体$(NiO)_{0.75}(FeO)_{0.25}Fe_2O_3$ 框形单晶体的畴壁速度对磁场的曲线。由图可见，在 77K 温度下，当磁场较高时，畴壁速度不再与磁场成正比。

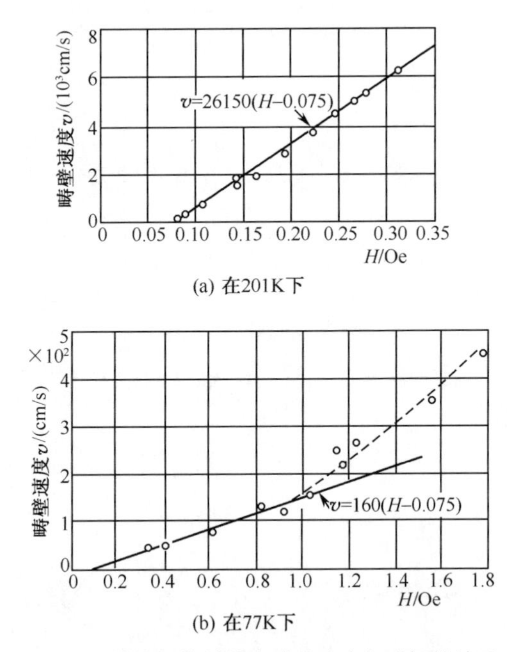

(a) 在201K下

(b) 在77K下

图 6-21　镍铁氧体单晶内畴壁速度与磁场的关系

二、畴壁的动态性质

以上给出了畴壁位移的磁谱，下面讨论畴壁位移的动态性质。在这一部分我们将介绍畴壁的有效质量、回复力系数及阻尼的有关概念和机理。

(1) 关于畴壁运动时具有有效质量的概念　这一概念是德凌首先提出的[24]，贝克尔对这一问题进行了理论分析。下面介绍贝克尔的理论[25]（采用 CGS 单位制）。

如图 6-22 所示，xy 平面为畴壁在静止时的位置。当畴壁静止时，磁化矢量

$\boldsymbol{M}_s$在 xy 平面内的某方向，与 z 轴垂直。当加上平行于 x 轴的外磁场时，位于壁内 θ 方向的 M_s（θ 为 0°与 180°间的某一值）将绕 x 轴进动，因而产生一垂直于畴壁的分量 M_z 和相应的退磁场 $H_e=-4\pi M_z$。设 P,Q 为畴壁中某一点经过 Δt 时间的先后两位置，则 M_s 的方向角 θ 须满足以下条件

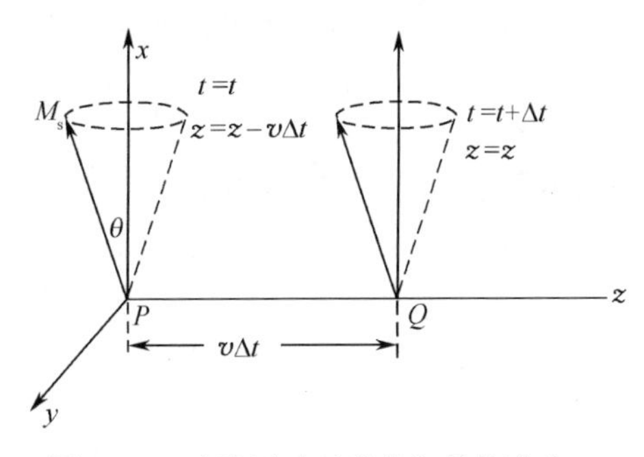

图 6-22　畴壁运动时磁化矢量的进动

$$\theta_Q(z,t+\Delta t)=\theta_P(z-v\Delta t,t)$$

换言之，θ 是 $z-vt$ 的函数。故

$$\frac{\partial\theta}{\partial t}=-v\frac{\partial\theta}{\partial z}=\omega \tag{6.7.7}$$

这就是 $\boldsymbol{M}_s$ 绕 z 轴旋转的角速度。

由拉摩尔进动关系可得

$$\omega=\gamma H_e$$

其中，$\gamma=\dfrac{ge}{2mc}$。因此

$$H_e=\frac{\omega}{\gamma}=-\frac{v}{\gamma}\frac{\partial\theta}{\partial z} \tag{6.7.8}$$

H_e 是由于畴壁运动而产生的，故 H_e 所具有的能量就是畴壁运动所增加的能量。因而有

$$\frac{1}{2}m_w v^2=\frac{1}{8\pi}\int H_e^2 dz \tag{6.7.9}$$

积分的限度是垂直于单位面积畴壁的一个无限长柱体。

由式(6.7.8)和(6.7.9)可得

$$m_w=\frac{1}{4\pi\gamma^2}\int_{-\infty}^{+\infty}\left(\frac{\partial\theta}{\partial z}\right)^2 dz=\frac{1}{4\pi\gamma^2}\int_0^{\pi}\frac{d\theta}{dz}d\theta \tag{6.7.10}$$

由第四章计算 180°畴壁的公式，可知

$$\frac{d\theta}{dz}=\left[\frac{g(\theta)}{A_1}\right]^{\frac{1}{2}} \tag{6.7.11}$$

其中，$A_1\approx\dfrac{A}{a}$；$g(\theta)\approx K_1$（A 为交换积分，a 为晶格常数，K_1 为磁晶各向异性常数）。故

$$m_w\approx\frac{1}{4\pi\gamma^2}\sqrt{\frac{K_1}{A_1}}\approx\frac{1}{4\pi\gamma^2}\cdot\frac{1}{\delta} \tag{6.7.12}$$

其中，δ 为畴壁厚度。对于一般铁氧体而言，$\gamma=1.76\times10^7$，$K_1\approx10^5$erg/cm^3，$A_1\approx10^{-6}$erg/cm。代入式(6.7.12)得 $m_w\approx8\times10^{-10}$g/cm^2。贝尔克算出 90°畴壁

的有效质量 $m_w \approx 10^{-10}\text{g/cm}^2$，腊多算出振动的畴壁（$v$ 不再是常数）的有效质量 $m_w = \dfrac{1}{8\pi\gamma^2\delta}$[27]。腊多的计算中不需要对阻尼常数 β 和回复力常数 α 做任何假设。这说明畴壁的有效质量具有独立存在的特性。

(2) 畴壁的回复力系数 α 是与材料中的各种缺陷和不均匀性（如空隙、杂质、内应力等）有关的参量　设畴壁离开平衡位置的距离为 $\mathrm{d}z$，则畴壁所受到的回复力 $\mathrm{d}F$ 为

$$\mathrm{d}F = -\alpha \mathrm{d}z \tag{6.7.13}$$

如果把畴壁运动时能量的变化归结为畴壁能 σ_w 的变化，则

$$F = -\frac{\mathrm{d}\sigma_w(z)}{\mathrm{d}z} \tag{6.7.14}$$

由式(6.7.13)和(6.7.14)可得

$$\alpha = \frac{\mathrm{d}^2\sigma_w(z)}{\mathrm{d}z^2} \tag{6.7.15}$$

由式(6.7.15)可见，α 与畴壁能随位置的变化有关。这种变化是与内应力和杂质、空隙等的分布有关的，因此，要计算 α 必须要确定内应力和杂质等的分布状态。这是十分困难的。由第五章关于磁化过程的内应力理论和参杂理论结果，可知 α 是与起始磁化率和矫顽力密切关联的。

(3) 关于 β 的形成机制　目前尚不完全清楚 β 的形成机制，已经知道的有如下三种：① 自旋弛豫——在自旋进动过程中通过自旋-自旋耦合和自旋-晶格耦合，一致进动转变为非一致进动（自旋波或静磁模）和晶格振动，最后转变为热能。有关这方面的知识我们将在第七章介绍。② 电子扩散弛豫。我们在本章第五节中已经做过介绍。③ 微观涡流弛豫——在畴壁位移过程中产生的涡流损耗。我们将在下一节中做专题介绍。

三、与实验的比较

在畴壁位移过程中由于畴壁共振所引起的磁频散在腊多等的实验中获得很好证明[28]。图 6-23(a)为镁铁氧体(Ferramic A)的烧结多晶样品的磁谱曲线。曲线上有两个吸收峰，一个在 $f \approx 40\text{MHz}$，另一个在 $f \approx 1400\text{MHz}$。腊多认为高频段的磁谱是由畴壁共振产生的，但超高频段的磁谱则为磁畴的自然共振所产生。为了证明这点，腊多等把该铁氧体磨成细粉（直径 $\approx 0.4\mu\text{m}$）后，再以石蜡胶合成为粉末样品，则其磁谱曲线变为图 6-23(b)的形式，高频（43MHz 附近）的频散和吸收都消失了，只保留了超高频段的磁谱。因为样品中的粉末很细，变为单畴粒子，畴壁不再存在，只有畴转动过程中的自然共振。

腊多同时还进行了其他一些实验来证实他的论据。后来弗缅科又进行了大量研究工作，更加发展了畴壁共振的理论和实验结果。

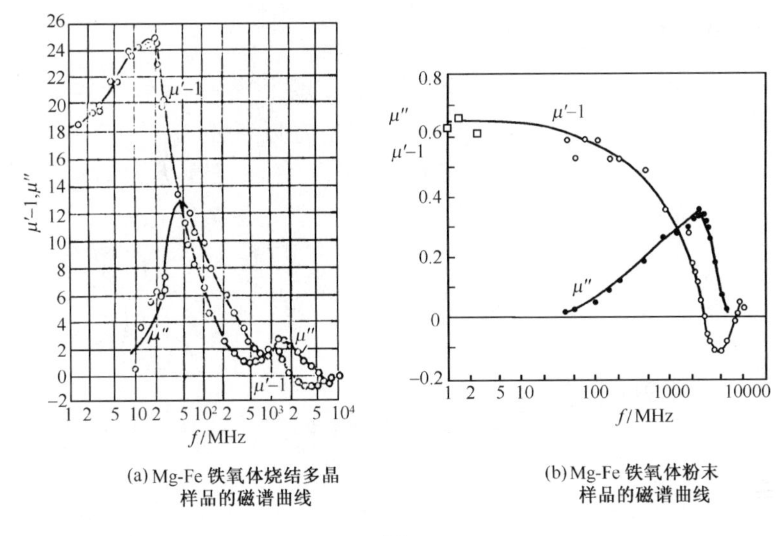

(a) Mg-Fe 铁氧体烧结多晶样品的磁谱曲线　(b) Mg-Fe 铁氧体粉末样品的磁谱曲线

图 6-23

在铁氧体单晶中,由于各种缺陷较少,χ_0 和畴壁的平均尺寸均较大,因此畴壁的有效质量 m_w 较小,而阻尼系数 β 较大,这时畴壁位移引起的磁频散变为弛豫型。图 6-24 所示的 Fe_3O_4 单晶体的磁谱曲线[29]便是属于弛豫型。

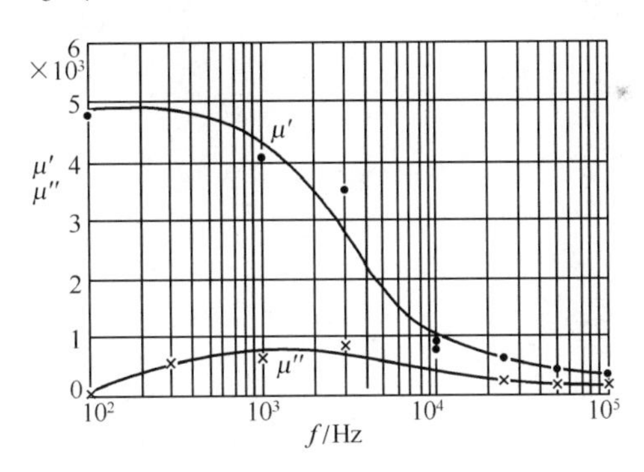

图 6-24　Fe_3O_4 单晶在室温下的磁谱曲线

第八节　由微观涡流引起的损耗[2]

上一节提到,畴壁位移的阻尼之一是由微观涡流引起的,本节讨论这一内容。

当畴壁运动时,畴壁附近的磁通量将发生变化,因而产生局部区域的涡流效应,人们称为微观涡流。微观涡流的大小与材料的电阻率有关。在电阻率较低的金属磁性材料中,这种效应特别显著。下面介绍两种微观涡流模型。

1. 贝克尔微观涡流模型[30]

设有一 180°畴壁,畴壁面积为 A,该畴壁以速度 v 沿 z 轴运动(如图 6-25 所示)。两畴的磁矩将以 $2M_sAv$ 的变化率发生变化。取 $2M_sAv=j$,并将其视为运动中的磁偶极了。显然 $\boldsymbol{j}$ 的方向就是磁矩变化的方向。如设畴壁中心为坐标原点,则在矢径 $\boldsymbol{r}$ 处所产生的磁场应为(采用 CGS 单位制)

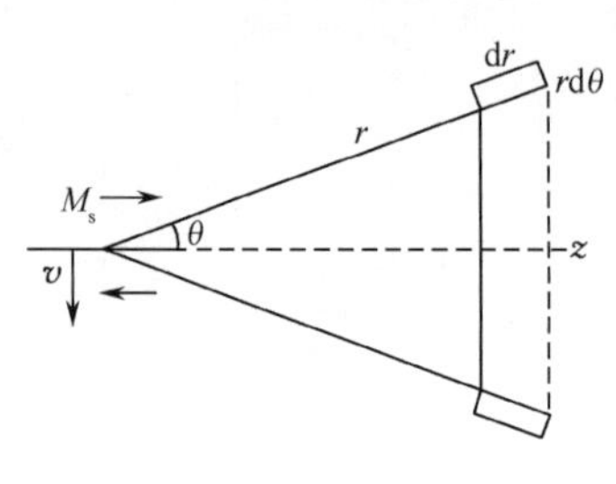

图 6-25 贝克尔微观涡流模型

$$\boldsymbol{H}=-\frac{\boldsymbol{j}}{r^3}+\frac{3(\boldsymbol{j}\cdot\boldsymbol{r})\boldsymbol{r}}{r^5} \tag{6.8.1}$$

取磁矩 $\boldsymbol{j}$ 与矢径 $\boldsymbol{r}$ 间的夹角为 θ,沿 $\boldsymbol{r}$ 方向的磁场应为

$$H=\frac{2j\cos\theta}{r^3} \tag{6.8.2}$$

由此可知,在位置(r,θ)处的一个以 $r\sin\theta$ 为半径的圆环内磁通量的变化为

$$\frac{\mathrm{d}\phi}{\mathrm{d}t}=\int_0^\theta\frac{4M_sAv}{r^3}\cos\theta\cdot2\pi(r\sin\theta)r\mathrm{d}\theta=\frac{4\pi M_sAv}{r}\sin^2\theta \tag{6.8.3}$$

圆环的横截面积为 $r\mathrm{d}\theta\mathrm{d}r$,周长为 $2\pi r\sin\theta$。如设材料的电阻率为 ρ,则沿圆环所产生的微观电流为

$$\delta i=\frac{\mathrm{d}\phi}{\mathrm{d}t}\Big/\text{圆环电阻}=\frac{4\pi M_sAv\sin^2\theta}{r}\cdot\frac{r\mathrm{d}\theta\mathrm{d}r}{2\pi r\rho\sin\theta} \tag{6.8.4}$$

该微观电流在畴壁处所产生的磁场为

$$\delta H=\frac{\delta i\cdot2\pi\sin^2\theta}{r}=\frac{4\pi M_sAv}{\rho}\cdot\frac{\sin^3\theta\mathrm{d}\theta\mathrm{d}r}{r^2} \tag{6.8.5}$$

方向与畴壁平行。将上式对 θ 和 r 做积分,θ 由 $0\sim\pi$,r 由某一下限 $r_0\sim\infty$,则可得畴壁处的总磁场为

$$H=\frac{16\pi M_sA}{3\rho r_0}v \tag{6.8.6}$$

作为粗略估计,假设磁畴在三维方向上的宽度相同,都是 l,我们取 $r_0\approx l$,$A\approx l^2$,则可得

$$H=\frac{16\pi M_s}{3\rho}\cdot vl \tag{6.8.7}$$

对于等速的畴壁位移,我们有 $\beta v=2M_sH$。因此

$$\beta=\frac{32\pi M_s^2l}{3\rho} \tag{6.8.8}$$

2. 威廉姆斯-肖克莱-基特尔模型[31]

威廉姆斯等人的实验样品是镜框形硅钢单晶,其中畴壁只有简单的 180°畴

壁。畴壁位移方向平行于镜框的四边(见图 6-26a),在镜框形单晶体中取一矩形面积进行计算(见图 6-26b)。假设外磁场不大,畴壁在运动中仍保持平面,并且速度也不很大。为了计算简单起见,我们将上述矩形代之以边长为 $2R$ 的正方形,并在计算感生电场时再将该正方形近似为半径为 R 的圆形截面(见图 6-26(c))。根据电磁感应定律(采用 CGS 单位制)

$$\oint \boldsymbol{E} \cdot \mathrm{d}\boldsymbol{l} = -\frac{1}{c}\frac{\partial}{\partial t}\iint \boldsymbol{B} \cdot \mathrm{d}\boldsymbol{S}$$

可得

$$2\pi R \cdot E = \frac{1}{c} \cdot 2B_s(2R)^2 \Big/ \left(\frac{2R}{v}\right) \tag{6.8.9}$$

其中,E 为沿截面圆周的电场。由上式得出

$$E = \frac{2B_s v}{\pi c} \tag{6.8.10}$$

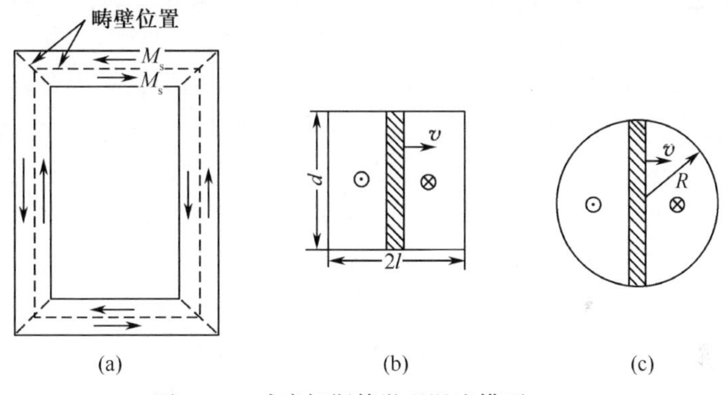

图 6-26　威廉姆斯等微观涡流模型

将$\dfrac{E^2}{\rho}$对其体积积分,可得对于每单位长度的样品中的微观涡流损耗功率 p_e 为

$$p_e = \frac{8B_s^2 v^2 L d}{\pi^2 c^2 \rho} \tag{6.8.11}$$

如果截面为正方形($d = 2L$),则

$$p_e = \frac{4B_s^2 d^2 v^2}{\pi^2 c^2 \rho} \tag{6.8.12}$$

p_e 应等于外磁场 H 所做的功 $2M_sHvd$,故得

$$2M_sH = \frac{4B_s^2 d}{\pi^2 c^2 \rho} \cdot v = \beta v \tag{6.8.13}$$

因此

$$\beta = \frac{4B_s^2 d}{\pi^2 c^2 \rho}$$

威廉姆斯等还求出了这个边界值问题的准确解(n 为奇数)

$$p_{\mathrm{e}}=\frac{16d^2B_{\mathrm{s}}^2v^2}{\pi^3\rho c^2}\sum_n n^{-3}\tanh\left(\frac{n\pi L}{d}\right) \tag{6.8.14}$$

表 6-5 列举了一些实验结果。

表 6-5 微观涡流损耗对 β 的影响

材 料	β(总和)	β_{e}(微观涡流)	β_{e}/β
$NiFe_2O_4$ 单晶	0.026	0	0
Fe_3O_4 单晶	0.484	0.078	16%
4%Si-Fe 单晶	—	—	≈80%

第九节 由磁畴的自然共振引起的频散和损耗[2]

上一节我们介绍了铁磁体在高频波段的频散和损耗。在那里我们指出,在高频波段,铁磁体的频散主要来自畴壁位移的弛豫过程,而损耗来自阻尼 β。如果外加交变磁场的频率继续增加,达到超高频波段(频率$\approx 10^8\sim10^{10}\mathrm{s}^{-1}$),铁磁体的频散和损耗则由磁畴的自然共振所产生。在介绍自然共振的理论之前,需要先介绍磁化矢量的运动方程。这个方程是由朗道和栗弗席兹首先提出的[32]。

一、磁化矢量的运动方程

在介绍磁矩受外磁场作用时曾经提到,当磁矩 $\boldsymbol{M}_{\mathrm{s}}$ 的方向与外磁场 $\boldsymbol{H}$ 的方向不同时,磁性体将受到力矩的作用。在 SI 单位制中,该力矩为

$$\boldsymbol{L}=\mu_0\boldsymbol{M}_{\mathrm{s}}\times\boldsymbol{H} \tag{6.9.1}$$

力矩 $\boldsymbol{L}$ 将使磁性体的角动量发生变化,其变化率为

$$\frac{\mathrm{d}\boldsymbol{P}}{\mathrm{d}t}=\mu_0\boldsymbol{M}_{\mathrm{s}}\times\boldsymbol{H} \tag{6.9.2}$$

考虑到 $\boldsymbol{M}_{\mathrm{s}}$ 和角动量 $\boldsymbol{P}$ 的如下关系

$$\boldsymbol{M}_{\mathrm{s}}=-\frac{g\,|\,e\,|}{2m}\boldsymbol{P} \tag{6.9.3}$$

取 $\gamma=\frac{\mu_0 g|e|}{2m}$,称为旋磁比。可得磁化矢量的运动方程

$$\frac{\mathrm{d}\boldsymbol{M}_{\mathrm{s}}}{\mathrm{d}t}=-\gamma\boldsymbol{M}_{\mathrm{s}}\times\boldsymbol{H} \tag{6.9.4}$$

式(6.9.4)表示 $\boldsymbol{M}_{\mathrm{s}}$ 将绕 $\boldsymbol{H}$ 的方向旋转。此即前面曾介绍的拉摩尔进动。如果磁性体对这一进动过程无阻尼,进动将不停地继续下去,并且 $\boldsymbol{M}_{\mathrm{s}}$ 与 $\boldsymbol{H}$ 间夹角始终

保持不变。但是实际上，由于阻尼作用的存在，能量将被逐渐消耗，夹角将越来越小。也就是说，$\boldsymbol{M}_s$ 将在旋进过程中逐渐靠近 $\boldsymbol{H}$ 的方向，最终与 $\boldsymbol{H}$ 的方向相重合（见图 6-27）。考虑到这一点以后，方程(6.9.4)的右边还应加一代表阻尼的项。

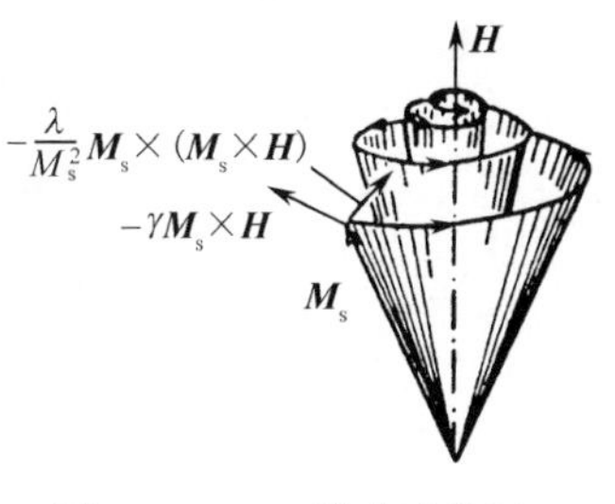

图 6-27　M_s 进动示意图

朗道和栗弗席兹在研究铁磁共振时，首先提出阻尼力矩的表达形式为

$$\boldsymbol{T}_D = -\frac{\lambda}{M_s^2}[\boldsymbol{M}_s \times (\boldsymbol{M}_s \times \boldsymbol{H})] \quad (6.9.5)$$

其中 λ 称为阻尼系数。$\boldsymbol{T}_D$ 也可以写为下式

$$\boldsymbol{T}_D = -\frac{\alpha\gamma}{M_s}[\boldsymbol{M}_s \times (\boldsymbol{M}_s \times \boldsymbol{H})] \quad (6.9.6)$$

如果阻尼不大，则 $\boldsymbol{T}_D$ 可以近似写为

$$\boldsymbol{T}_D = \frac{\alpha}{M_s}\boldsymbol{M}_s \times \frac{\mathrm{d}\boldsymbol{M}_s}{\mathrm{d}t} \quad (6.9.7)$$

这一朗道-栗弗席兹阻尼力矩的近似式是吉尔伯特首先引用的[33]。

将 $\boldsymbol{M}_s\times(\boldsymbol{M}_s\times\boldsymbol{H})\equiv(\boldsymbol{M}_s\cdot\boldsymbol{H})\boldsymbol{M}_s - M_s^2\boldsymbol{H}$ 代入式(6.9.5)并在 $\boldsymbol{M}_s$ 与 $\boldsymbol{H}$ 夹角不大时取 $\boldsymbol{M}_s\cdot\boldsymbol{H}\approx MH$，则可得

$$\boldsymbol{T}_D = \lambda\boldsymbol{H} - \frac{\lambda\boldsymbol{M}_s\cdot\boldsymbol{H}}{M_s^2}\boldsymbol{M}_s = \lambda\boldsymbol{H} - \frac{\lambda}{\chi_0}\boldsymbol{M}_s \quad (6.9.8)$$

其中 $\chi_0 = M_s/H$，为静态磁化率。

综上所述，磁矩 $\boldsymbol{M}_s$ 在外磁场 $\boldsymbol{H}$ 中的运动方程应为

$$\frac{\mathrm{d}\boldsymbol{M}_s}{\mathrm{d}t} = -\gamma\boldsymbol{M}_s \times \boldsymbol{H} + \boldsymbol{T}_D \quad (6.9.9)$$

如果不加交变磁场，$\boldsymbol{M}_s$ 绕 $\boldsymbol{H}$ 的进动为一种弛豫过程，即 $\boldsymbol{M}_s$ 在进动中逐渐接近 $\boldsymbol{H}$ 方向的过程。弛豫常数 τ 与阻尼系数 λ 之间的关系为 $\tau = \chi_0/\lambda$。

二、磁畴的自然共振及由此所引起的频散和损耗

以上介绍了磁矩绕外磁场的进动过程。如果在铁磁体内部存在着由各种相互作用（如交换作用、磁晶各向异性作用等）产生的等效场，磁矩 $\boldsymbol{M}_s$ 将绕外磁场及各种等效场的矢量和进动。下面介绍这种情形。

当铁磁晶体的磁化矢量处于平衡磁化状态时，铁磁晶体的各种相互作用能应等于极小值，即有

$$\delta\int\left\{\frac{A}{2a}[(\nabla\boldsymbol{\alpha}_1)^2 + (\nabla\boldsymbol{\alpha}_2)^2 + (\nabla\boldsymbol{\alpha}_3)^2] + K_1\alpha_3^2 - \mu_0\boldsymbol{M}_s\cdot\boldsymbol{H}\right\}\mathrm{d}\tau = 0 \quad (6.9.10)$$

其中($\boldsymbol{\alpha}_1,\boldsymbol{\alpha}_2,\boldsymbol{\alpha}_3$)为 $\boldsymbol{M}_s$ 的方向余弦,A 为交换积分,a 为晶格常数,K_1 为磁晶各向异性常数,$\boldsymbol{H}$ 为外磁场。

令 $\boldsymbol{n}$ 为 z 轴的单位矢量,则由式(6.9.10)中各项的变分可得

$$\int\left(\frac{A}{aM_s^2}\nabla^2\boldsymbol{M}_s+\frac{2K_1}{M_s^2}M_{sz}\boldsymbol{n}+\mu_0\boldsymbol{H}\right)\cdot\delta\boldsymbol{M}_s\mathrm{d}\tau=0 \tag{6.9.11}$$

由上式可以看出

$$\frac{1}{\mu_0}\left(\frac{A}{aM_s^2}\nabla^2\boldsymbol{M}_s+\frac{2K_1}{M_s^2}M_{sz}\boldsymbol{n}\right)+\boldsymbol{H}=\boldsymbol{H}_{有效} \tag{6.9.12}$$

相当于铁磁体内部的有效场(在此未考虑退磁场和内应力等效场),其中第一项为交换场,第二项为磁晶各向异性场,第三项为外磁场。由式(6.9.11)可见,当处于平衡状态时 $\boldsymbol{H}_{有效}\cdot\delta\boldsymbol{M}_s=0$,即 $\boldsymbol{M}_s$ 平行于 $\boldsymbol{H}_{有效}$。

下面讨论一种特殊情况:铁磁晶体所受的外加恒定磁场为零,恒定磁场全部由铁磁体内部相互作用等效场所产生;只考虑一个磁畴内磁化矢量的运动过程,这时交换场等于零,只有各向异性场 $\boldsymbol{H}_k$ 起着直流磁场的作用;在垂直于 $\boldsymbol{H}_k$ 的方向加交变磁场 $\boldsymbol{h}=\boldsymbol{H}_0e^{i\omega t}$,因而有 $\boldsymbol{H}_{有效}=\boldsymbol{H}_k+\boldsymbol{h}$。采用朗道-栗弗席兹阻尼力矩的形式,于是有

$$\frac{\mathrm{d}\boldsymbol{M}_s}{\mathrm{d}t}=-\gamma\boldsymbol{M}_s\times\boldsymbol{H}_{有效}-\lambda\frac{\boldsymbol{M}_s\times(\boldsymbol{M}_s\times\boldsymbol{H}_{有效})}{M_s^2} \tag{6.9.13}$$

取 $\boldsymbol{H}_k$ 为坐标系的 z 轴方向,取 $\boldsymbol{H}_0$ 为坐标系的 x 轴方向。由于 $\boldsymbol{i}m_x+\boldsymbol{j}m_y+\boldsymbol{k}(m_z+M_z)=\boldsymbol{M}_s$,$\boldsymbol{i}H_0e^{i\omega t}+\boldsymbol{k}H_k=\boldsymbol{H}_{有效}$。注意到 $H_k\gg H_0$,因而有 $M_z\gg m_x$,m_y,m_z,于是可将式(6.9.13)写成如下的分量形式

$$\left.\begin{aligned}\frac{\mathrm{d}m_x}{\mathrm{d}t}&=-\gamma m_yH_k+\lambda\left(H_0-\frac{1}{\chi_0}m_x\right)\\\frac{\mathrm{d}m_y}{\mathrm{d}t}&=-\gamma(M_zH_0-m_xH_k)-\lambda\frac{1}{\chi_0}m_y\\\frac{\mathrm{d}m_z}{\mathrm{d}t}&\approx0\end{aligned}\right\} \tag{6.9.14}$$

解方程(6.9.14)得[34]

$$\chi(\omega)=\frac{m_x}{H_0}=\chi_0\frac{\omega_0^2+\dfrac{\lambda}{\chi_0}\left(i\omega+\dfrac{\lambda}{\chi_0}\right)}{\omega_0^2+\left(i\omega+\dfrac{\lambda}{\chi_0}\right)^2} \tag{6.9.15}$$

其中,χ_0 为畴转过程的静态起始磁化率。对于立方晶体,有

$$\chi_0=\frac{2M_s}{3H_k}=\frac{\mu_0M_s^2}{3K_1} \tag{6.9.16}$$

$\omega_0=\gamma H_k$ 为磁化转动的共振频率。对于立方晶体

$$\omega_0 = \gamma\left(\frac{2K_1}{\mu_0 M_s}\right) = \frac{2\gamma M_s}{3\chi_0} \tag{6.9.17}$$

考察两种极限情况的结果:

1) 设 $\lambda \ll \gamma M_s$,即阻尼极小,则

$$\chi(\omega) \approx \frac{\chi_0}{1-\left(\frac{\omega}{\omega_0}\right)^2} \tag{6.9.18}$$

这是共振型磁谱。

2) 设 $\lambda \gg \gamma M_s$,即阻尼极大,则

$$\chi(\omega) \approx \frac{\chi_0}{1+\mathrm{i}\frac{\omega\chi_0}{\lambda}} = \frac{\chi_0}{1+\mathrm{i}\frac{\omega}{\omega_c}} \tag{6.9.19}$$

这是弛豫型磁谱,$\omega_c = \frac{\lambda}{\chi_0}$为弛豫频率。这两种磁谱的示意曲线见图 6-28(图中画出 μ'和 μ'')。

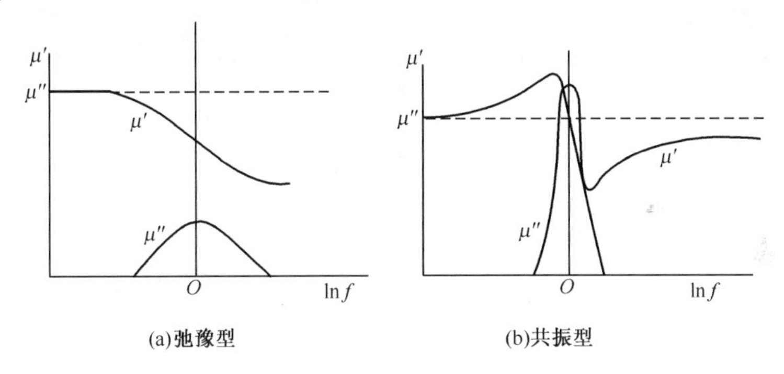

(a)弛豫型　　(b)共振型

图 6-28　自然共振磁谱示意图

由式(6.9.17)可知,当交变磁场的频率 $\omega = \omega_0 = \gamma\left(\frac{2K_1}{\mu_0 M_s}\right) = \gamma H_k$ 时,发生共振。这种共振是由磁晶各向异性场和交变磁场联合作用引起的,故称为自然共振。发生自然共振时,交变磁场的能量损耗呈现极大值。因此,自然共振频率是磁性材料使用频率的上限,又称为截止频率。

由式(6.9.17)可以得出一个重要关系式

$$(\mu_i - 1)f_0 = \frac{1}{3\pi}\gamma M_s \tag{6.9.20a}$$

式中,$\mu_i = 1 + \chi_0$ 为起始磁导率;$f_0 = \frac{\omega_0}{2\pi}$为共振频率。在 CGS 单位制中,上式变为

$$(\mu_i - 1)f_0 = \frac{4}{3}\gamma M_s \tag{6.9.20b}$$

由上两式可见,μ_i 和 f_0 的乘积决定于材料的内禀性质(γ 和 M_s)。即是说,式(6.9.20a,b)给出了材料最高使用频率和最大磁导率之积的理论上限。这一关系式是斯诺克首先发现的[35]。

对于六角晶系的超高频铁氧体(磁铅石型),由于其结晶磁各向异性能的表达式不同于立方晶体,因之截止频率 ω_0 的关系也不同。首先发现这种铁氧体的是容克尔等[37],称为平面型铁氧体(ferroxplana),晶体的易磁化轴在垂直于 c 轴的平面内或在围绕 c 轴的锥面内。根据卡西米尔等人的研究[36],磁晶各向异性能为

$$F_K = K_1\sin^2\theta + K_2\sin^4\theta + K'_3\sin^6\theta + K_3\sin^6\theta\cos6\phi + \cdots \qquad (6.9.21)$$

其中(θ,ϕ)是磁化矢量的极坐标(c 轴作为 z 轴)。按照第四章所讲述,磁晶各向异性场为 $H_K^\theta = \frac{1}{\mu_0 M_s}\left(\frac{\partial^2 F_K}{\partial\theta^2}\right)$或 $H_K^\phi = \frac{1}{\mu_0 M_s\sin\theta}\left(\frac{\partial^2 F_K}{\partial\phi^2}\right)$,其中 H_K^θ 为 $\boldsymbol{M}_s$ 在通过 c 轴的一平面内转动时的各向异性场,H_K^ϕ 为 $\boldsymbol{M}_s$ 在锥面上转动时的各向异性场。H_K^θ 和 H_K^ϕ 的表达式见表 6-6。

表 6-6 六角晶体的各向异性场[36]

晶 体	各向异性场
c 轴型($\theta_0=0$)	$H_K^\theta=\frac{2K_1}{\mu_0 M_s}$
平面型($\theta_0=90°$)	$H_K^\theta=-\frac{2(K_1+2K_2)}{\mu_0 M_s}$
锥面型$\left(\sin\theta_0=\sqrt{\frac{-K_1}{2K_2}}\right)$	$H_K^\theta=-\frac{2K_1(K_1+2K_2)}{K_2\mu_0 M_s}$
	$H_K^\phi=\frac{36\lvert K_3\rvert\sin^4\theta_0}{\mu_0 M_s}$

对于多晶体,按照上面同样的步骤,可分别算出

$$\omega_0 = \gamma\sqrt{H_K^\theta \cdot H_K^\phi} \qquad (6.9.22)$$

$$\chi_0 = \frac{1}{3}\left(\frac{M_s}{H_K^\theta} + \frac{M_s}{H_K^\phi}\right) \qquad (6.9.23)$$

以及

$$(\mu_i - 1)f_0 = \frac{1}{6\pi}\gamma M_s\left[\sqrt{\frac{H_K^\theta}{H_K^\phi}} + \frac{H_K^\phi}{H_K^\theta}\right] \qquad (6.9.24a)$$

在 CGS 单位制中,式(6.9.24a)变为

$$(\mu_i - 1)f_0 = \frac{2}{3}\gamma M_s\left[\sqrt{\frac{H_K^\theta}{H_K^\phi}} + \frac{H_K^\phi}{H_K^\theta}\right] \qquad (6.9.24b)$$

图 6-29 和表 6-7 中的数据就是采用 CGS 单位制所得的结果。

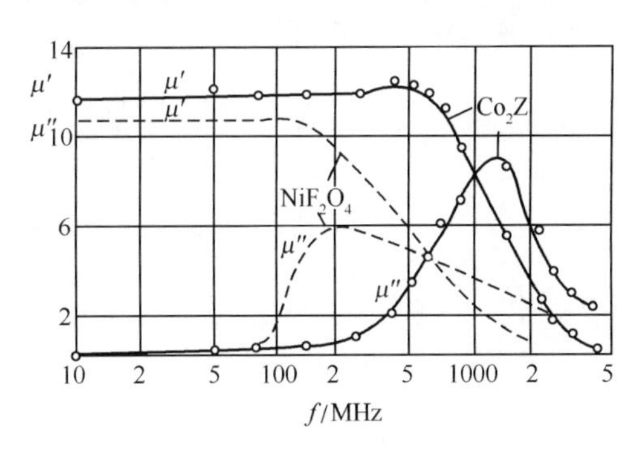

图 6-29　Co_2Z 和 $NiFe_2O_4$ 多晶的磁谱曲线

表 6-7　Co_2Z 和 Mg_2Y 的若干数据(CGS 单位制)

	$4\pi\chi_0=\mu_0-1$	$4\pi M_s$/Gs	H_K^θ/Oe	H_K^ϕ/Oe	f_0/MHz(计算值)	f_0/MHz(实验值)
$Co_2Z=Ba_3Co_2Fe_{24}O_{41}$	7	2700	1.1×10^4	10^2	3700	2500
$Mg_2Y=BaMg_2Fe_{12}O_{22}$	9	900	1.2×10^4	25	2100	1000
$NiFe_2O_4$	12	1770			400	250

由表可见,Co_2Z 和 Mg_2Y 的截止频率比 $NiFe_2O_4$ 的高一个数量级。

三、理论与实验的比较

为了证明磁畴自然共振(磁化转动过程)所引起的磁频散,斯诺克及其学派研

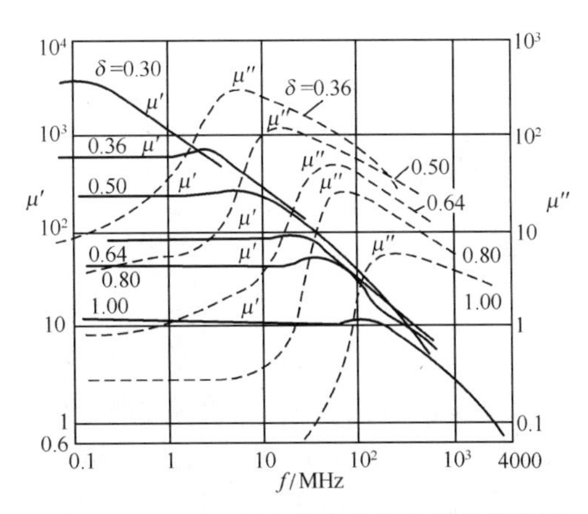

图 6-30　Ni-Zn 铁氧体多晶样品的磁谱曲线

究了 Ni-Zn 和 Mn-Zn 等系统铁氧体的磁谱曲线。图 6-30 示出了五种多晶 $Ni_{\delta}Zn_{1-\delta}Fe_2O_4$ 铁氧体的磁谱曲线[38]，从低频到超高频范围内，只有一个比较平坦的共振峰，类似于式(6.9.19)所代表的弛豫型。由式(6.9.19)可见，$\omega=\dfrac{\lambda}{\chi_0}$时，$\chi''(\omega)$有一共振峰，$\chi'(\omega)=\dfrac{\chi_0}{2}$。因此，可从图 6-30 中各曲线取 $\chi_1=\dfrac{\chi_0}{2}$处的频率 f_0 为共振频率。将 $f_0=\dfrac{\omega_0}{2\pi}$代入式(6.9.17)可以算出 χ_0。表 6-8 列出五种 Ni-Zn 铁氧体的数据。

表 6-8 Ni-Zn 铁氧体的若干数据

成　分	M_s(20℃)/Gs	$f_0\left(\frac{1}{2}\chi_0\text{处}\right)$/MHz	μ_0(计算值)	μ_0(实验值)
$Ni_{0.36}Zn_{0.64}Fe_2O_4$	292	8	777	640
$Ni_{0.50}Zn_{0.50}Fe_2O_4$	332	30	237	240
$Ni_{0.64}Zn_{0.36}Fe_2O_4$	321	75	92	85
$Ni_{0.80}Zn_{0.20}Fe_2O_4$	283	140	44	44
$NiFe_2O_4$	141	350	14	12

由表 6-8 可见，μ_0 的计算值与实验值符合得很好。因此，斯诺克等认为 Ni-Zn 铁氧体在弱交变磁场中的起始磁导率属于转动过程。但腊多却认为，在烧结的铁氧体中，一般都应有畴壁位移和磁化转动过程，有可能因含有 ZnO 成分，使居里温度和磁晶各向异性 K 都降低，因而使 μ_0 增加而 f_0 降低，这样便可能使壁移和转动两个共振峰合为一个，形成单共振峰现象。腊多曾研究了含 ZnO 和不含 ZnO 的两种 Li 铁氧体的磁谱，证实了他的理论。腊多的理论又得到迈勒斯等的实验证明。

弗缅科对多种铁氧体的磁谱进行了系统研究，证明起始磁化率的机理随材料的性能而各异。如采用 CGS 单位制，应有

$$\mu_i = 4\pi(\chi_{0\text{转动}}+\chi_{0\text{位移}})+1=\mu_{i\text{转动}}+\mu_{i\text{位移}}-1 \tag{6.9.25}$$

在 $\mu_{0\text{位移}}$中还可有 90°及 180°两种畴壁的贡献。

需要说明的是，对于上述实验所用的多晶体来说，磁频散的机理比单晶体更为复杂。在多晶体情况下，磁畴自然共振频率不是单值的，而是存在着一定的分布范围，阻尼系数 λ 亦有一定的分布，因此使共振峰变得宽而平坦。

以上较详细地介绍了各个波段磁频散和能量损耗的机理。有关自然交换引起磁频散和能量损耗的理论(属于极高频波段)，本书不再介绍。

习　题

6.1　证明：铁磁体在交变磁场中储能密度的时间平均值为$\frac{1}{2}\mu_0\mu' H_0^2$；磁损耗功率密度为$\pi f\mu_0\mu'' H_m^2$。由此说明复磁导率的物理意义。

6.2　复磁导率$\tilde{\mu}=\mu'-i\mu''$可以用复数图解来表示，矢量$\overrightarrow{OP}$代表$\tilde{\mu}$，$\angle POB$代表损耗角δ。A点相当于频率$f=0$的位置，B点相当于$f=\infty$的位置。试证APB轨迹为一半圆周。

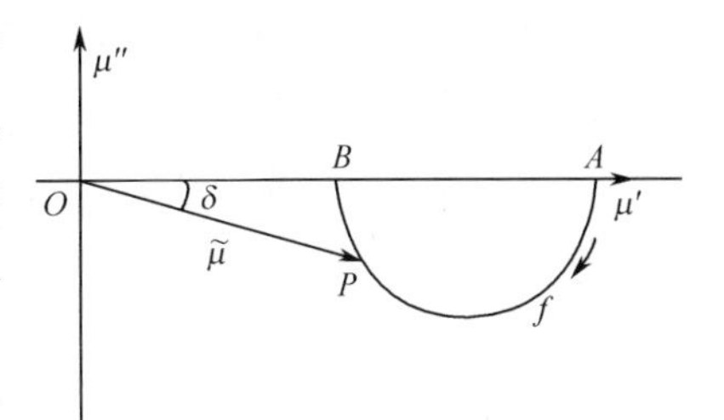

习题 6.2

6.3　试由式(6.2.9)，(6.2.10)和(6.2.11)计算出磁化弛豫函数$\psi(t)$的具体形式。

6.4　导出克拉默斯-克朗尼希关系

$$\chi'(\omega)=\frac{2}{\pi}\int_0^\infty\frac{\omega_1\chi''(\omega_1)}{\omega_1^2-\omega^2}d\omega_1$$

$$\chi''(\omega)=-\frac{2}{\pi}\int_0^\infty\frac{\omega\chi'(\omega_1)}{\omega_1^2-\omega^2}d\omega_1$$

6.5　对Mo-坡莫合金加一幅值为10A/m的交变磁场，利用表6-2计算这种材料的磁滞损耗及损耗系数a。

6.6　有一软铁平板，沿板面方向加以频率f为1000Hz、幅值为0.1Oe的交变磁场。如铁板的$\mu=300$，$\rho=10\times10^{-6}\Omega\cdot cm$，试计算铁板的趋肤深度$d_s$。如设铁板的厚度为0.2cm，试计算铁板的涡流损耗功率密度及损耗系数e。

6.7　设李希特后效的弛豫时间范围为$\tau_1=10^{-2}$s到$\tau_2=10$s，试求经过时间$t=10^{-3}$s，$t=1$s和$t=100$s时，磁化强度的变化速度。

6.8　求在立方晶体中90°畴壁位移时的畴壁有效质量。

6.9　分别应用内应力理论和参杂理论计算畴壁运动时的恢复力系数α。

6.10　180°畴壁在强交变磁场作用下做不可逆位移运动。写出畴壁运动方程式，求出位移z的解并加以讨论。

6.11　在自然共振中，已知

$$\frac{d\boldsymbol{M}_s}{dt}=-\gamma\boldsymbol{M}_s\times\boldsymbol{H}_{eff}-\lambda\frac{\boldsymbol{M}_s\times(\boldsymbol{M}_s\times\boldsymbol{H}_{eff})}{M_s^2}$$

其中，$\boldsymbol{H}_{eff}=\boldsymbol{i}H_0e^{i\omega t}+\boldsymbol{k}H_k$，$H_k=\frac{2k_1}{M_s}$，并有$H_k\gg H_0$，求证

$$\chi(\omega) = \chi_0 \frac{\omega_0^2 + \frac{\lambda}{\chi_0}\left(i\omega + \frac{\lambda}{\chi_0}\right)}{\omega_0^2 + \left(i\omega + \frac{\lambda}{\chi_0}\right)^2}$$

$\omega_0 = \gamma H_k, \chi_0 = \frac{2}{3}\frac{M_s}{H_k}$。已知 $BaFe_{12}O_{19}$ 的 $M_s = 380 \times 10^3 A/m, K_1 = 330 \times 10^3 J/m^3$。试计算这种材料的自然共振频率。

6.12　在立方晶系 $K_1 > 0$ 的晶体中，沿[110]方向加一交变磁场 $H = H_0 e^{i\omega t}$，设磁畴中的 $\boldsymbol{M}_s$ 平行于[001]轴。求静态起始磁化率 χ_0 及自然共振频率 ω_0。

参　考　文　献

[1] В. К. Аркадьев. Электромагнитные процессвы в металлах. ОНТИ, т. Ⅰ (1934), т. Ⅱ (1936); В. К. Аркадьев. ЖРФХО. серия физич., **45**, 312(1913)

[2] 郭贻诚. 铁磁学. 人民教育出版社, 1965

[3] E, Hagen und H. Rubens. *Ann. der Phys.*, **1**, 352(1900)

[4] G. T. Rado. *Advances in Electronies*, Vol. Ⅱ. 251(1950); G. T. Rado. *Rev. Mod. Phys.*, **25**, 81 (1953)

[5] Л. А. Фоменко. УФН, **64**, 669(1958)

[6] P. A. Miles, W. B. Westphal and A. Van Hippel. *Rev. Mod. Phys.*, **29**, 279(1957)

[7] V. E. Legg. *Bell Sys. Tech. J.*, **15**, 39(1936)

[8] C. D. Owens. *Proc. IRE*, **41**, 359(1953)

[9] L. Rayleigh. *Phil. Mag.* **23**, 225(1887)

[10] R. M. Bozorth: *Ferromagnetism*, New York, Van Nostrand Co. Inc., 1951

[11] G. Richter. *Ann. Phys.*, [5]**29**, 605(1937)

[12] H. Jordan. *Elek. Nachr. Tech.*, **1**, 7(1924)

[13] J. L. Snoek. *Physica*, **6**, 161; **6**, 591(1939), 参阅 J. L. Snoek. *New Developments in Ferromagnetic Materials*

[14] D. Polder. *Philips Res. Repts.*, **1**, 5(1945)

[15] L. Néel. *J. Phys. Radium*, **12**, 339(1951); L Néel. J. Appl. *Physics*, **30**, 3s(1959)

[16] R. Street and J. C. Woolley. *Proc. Phys. Soc.*, **A 62**, 562(1949)

[17] L. Néel. *J. Phys. Radium*, **11**, 49(1950)

[18] J. Smit and H. P. J. Wijn. *Ferrites*(1959), 290 页

[19] J. L. Snoek. *Physica*, **5**, 663 (1938)

[20] J. Smit and H. P. J. Wijn. *Ferrites*(1959), 256 页

[21] F. W. Brockman. P. H. Dowling and W. G. Steneck. *Phys. Rev.*, **77**, 85(1950)

[22] К. М. Поливанов. Ферромагнетики, (1957), 168 页

[23] L. Weil and L. Bochiral. *Compt. Rend*, **332**, 1807(1951)

[24] W. Z. Döring. *Naturforsch.*, **3a**, 373(1948)

[25] R. Becker. *J. Phys. Radium*, **12**, 332(1951)

[26] J. K. Galt. *Bell System Tech. J.*, **33**, 1023(1954); **34**, 439(1955)

[27] G. T. Rado. *Phys. Rev.*,**83**, 821(1951)
[28] G. T. Rado, R. W. Wright and W. H. Emerson. *Phys. Rev.*, **80**,273～280(1950)
参阅 *G. T. Rado Rev. Mod. Phys.*,**25**,81(1953)
[29] J. K. Galt. *Phys. Rev.*,**85**, 664(1952)
[30] R. Becker. Ferromagnetismus. 1939, 378
[31] H. J. Williams, W. Shockley, and C. Kittel. *Peys. Rev.*, **80**, 1090(1950)
[32] Л. Л. Ландау и Е. М., Лифшиц. Sow. Phys.,**8**, 153(1935)
[33] T. L. Gilbert. *Phys. Rev.*,**100**, 1243(A),(1955)
[34] C. Kittel. *J. Phys. Radium*,**12**, 291(1951)
[35] J. L. Snoek. *Nature*,**160**, 90(1947)
[36] H. B. G. Casimir et al. *J. Phys. Radium*,T. **20**, 360(1959)
[37] G. H. Jonker, W. P. J. Wijn and P. B. Braun. *Philips Tech. Rev.*, **18**, 145(1956/1957)
[38] Wijn. *Soft Mag. Material f. Telecomm.*,**51**(1953)

第七章　旋磁性和铁磁共振

第一节　引　　言

在前几章中我们介绍了铁磁体在不同形式磁场中的磁化及表征磁化的磁学量。在恒定磁场(或称直流磁场)中,$\boldsymbol{M}=\chi\boldsymbol{H}$,其中 χ 为一实数。在交变磁场中,$\boldsymbol{M}=\tilde{\chi}\boldsymbol{H}$,其中 $\tilde{\chi}$ 为一复数。本章将讨论铁磁体同时处于恒定磁场与高频交变磁场作用下的磁化过程。在这种情况下,将会产生一系列新的现象:① 与高频交变磁场对应的磁化率为一张量;在考虑到损耗下的情况下,各张量元均为复数。我们把磁化率为张量的这一性质称为旋磁性。② 当恒定磁场的强度与交变磁场的频率满足一定关系时,铁磁体吸收的能量有一极大值。我们称这一现象为铁磁共振。③ 当交变磁场的幅值超过一定限度时,必须考虑交变磁化强度的非线性项,我们称之为非线性效应。以上所涉及的内容不但是物质磁性的重要组成部分,而且是微波铁氧体器件的理论基础。我们将在本章讨论这一内容。

旋磁性的基本方程是我们在前一章介绍过的磁化矢量在磁场中的运动方程。这一方程是朗道与栗弗席兹 1935 首先提出的,因此又称为朗道-栗弗席兹运动方程。朗道与栗弗席兹在提出这一方程的同时还指出了发生铁磁共振现象的必然性。然而,真正观察到铁磁共振吸收现象则是在超高频技术有了相当发展以后,这一工作是由格利菲斯和扎沃伊斯基分别完成的[1,2]。1949 年,颇耳德给出了朗道-栗弗席兹方程的线性解,导出了磁化率的张量形式[3]。侯根对颇耳德的工作做了进一步探讨,发明了微波铁氧体线性器件[4]。自此以后,微波铁氧体器件得到迅速发展并获得广泛应用,对微波技术的发展产生了巨大影响。

在介绍朗道-栗弗席兹方程的线性解之前,先讨论这一方程无阻尼的情况。通过这样的讨论可以对磁共振有一个明确的概念。

由第六章第九节的讨论可知,磁矩 $\boldsymbol{M}$ 在外磁场 $\boldsymbol{H}$ 的运动方程为

$$\frac{\mathrm{d}\boldsymbol{M}}{\mathrm{d}t}=-\gamma\boldsymbol{M}\times\boldsymbol{H}_{\mathrm{eff}} \tag{7.1.1}$$

其中,$\gamma=\dfrac{\mu_0|e|g}{2m}$ 为旋磁比。对于电子自旋磁矩,$g=2$,$\gamma=2.211\times10^5$ $(\mathrm{A/m})^{-1}\mathrm{s}^{-1}$,(在 CGS 单位制中 $\gamma=1.760\times10^7\mathrm{Oe/s}$)。$\boldsymbol{H}_{\mathrm{eff}}$为有效场,一般包括外加恒定磁场、外加交变磁场、面退磁场、体退磁场、交换作用等效场和磁晶各向异性等效场等。在某些情况下,有些场可不必考虑。在此设 $\boldsymbol{H}_{\mathrm{eff}}$仅包括沿 z 轴方向的直流恒定磁场 H_z 和沿 x 轴方向的高频交变磁场 $h_x=H_x\mathrm{e}^{\mathrm{i}\omega t}$。将 H_z 和 $H_x\mathrm{e}^{\mathrm{i}\omega t}$代

入式(7.1.1),可得分量方程式如下

$$\left.\begin{aligned} \mathrm{i}\omega M_x &= -\gamma M_y H_z \\ \mathrm{i}\omega M_y &= -\gamma(M_z H_x - M_x H_z) \\ \frac{\mathrm{d}M_z}{\mathrm{d}t} &= \gamma M_y H_x \approx 0 \end{aligned}\right\} \tag{7.1.2}$$

由于 $H_x \ll H_z$,故 $M_x, M_y \ll M_z$,上式第三方程右边 $M_y H_x$ 为二级小量,因此可略去。由方程(7.1.2)可得

$$-\omega^2 M_x = \gamma^2(M_z H_z H_x - M_x H_z^2)$$

即有

$$\chi_x = \frac{M_x}{H_x} = \frac{\gamma^2 M_z H_z}{(\gamma H_z)^2 - \omega^2} = \frac{\chi_0}{1 - \left(\dfrac{\omega}{\omega_0}\right)^2} \tag{7.1.3}$$

其中,$\chi_0 = \dfrac{M_z}{H_z}$为静磁化率。由上式可见,当

$$\omega = \omega_0 = \gamma H_z \tag{7.1.4}$$

时,χ 为无限大,出现磁共振现象。$\omega_0 = \gamma H_z$ 称为共振角频率。需要说明的是,χ 变为无限大是由于没有考虑阻尼力矩的结果,而阻尼力矩是实际存在的。当考虑到阻尼力矩后,χ 为一复数。当 $\omega = \omega_0$ 时,χ 的虚部 χ''出现极大值。

以上磁共振的条件虽然是由近似解求出的,但却具有普遍的意义。因为方程式(7.1.1)对于一般的磁矩系统(顺磁性气体、核磁矩系统以及电子自旋矩系统)都是适用的。对于电子自旋矩系统

$$f_0(\mathrm{MHz}) = 3.52 \times 10^{-2} \times H(\mathrm{A/m}) = 2.80 \times H(\mathrm{Oe}) \tag{7.1.5}$$

对于质子系统

$$f_0(\mathrm{kHz}) = 5.35 \times 10^{-2} \times H(\mathrm{A/m}) = 4.26 \times H(\mathrm{Oe}) \tag{7.1.6}$$

设 $H = 5000\mathrm{Oe}$,则电子自旋矩的共振频率约为 14 000MHz,在超高频范围。而质子的共振频率约为 21MHz,在短波范围。可见,核磁共振频率比电子自旋共振频率小得多。

从量子力学的观点来看,磁共振现象发生时,交变磁场 H_x 的量子 $\hbar\omega$ 应等于磁矩系统的两个相邻塞曼能级的能量差,即

$$\hbar\omega = \Delta E = H_z \frac{\mu_0 |e| g}{2m} \hbar = \hbar\gamma H_z \tag{7.1.7}$$

由此可得

$$\omega = \frac{\mu_0 |e| g}{2m} H_z = \gamma H_z \tag{7.1.8}$$

其结果与式(7.1.4)相同。

由上述可见,测量铁磁物质电子自旋系统的共振(即铁磁共振)所用的交变磁

场的频率都在超高频范围($10^8 \sim 10^{10}$Hz)。从波长上来看,属于微波波段。产生这样波长的电磁场须用微波技术。有关微波的产生和测量方法这里不再介绍。

第二节　运动方程的线性解——张量磁导率的导出

下面我们讨论朗道-栗弗席兹方程有阻尼时的线性解[4]。在有阻尼的情况下,这一方程为

$$\frac{\mathrm{d}\boldsymbol{M}}{\mathrm{d}t} = -\gamma \boldsymbol{M} \times \boldsymbol{H} + \boldsymbol{T}_{\mathrm{D}} \tag{7.2.1}$$

上式中,略去了 H_{eff}的下标。根据第六章第九节的讨论,阻尼力矩 $\boldsymbol{T}_{\mathrm{D}}$ 可表示为

$$\boldsymbol{T}_{\mathrm{D}} = -\frac{\lambda}{M^2}[\boldsymbol{M} \times (\boldsymbol{M} \times \boldsymbol{H})] \quad (\text{朗道-栗弗席兹方式}) \tag{7.2.2}$$

其近似形式为

$$\boldsymbol{T}_{\mathrm{D}} \approx -\frac{\alpha}{M}\boldsymbol{M} \times \frac{\mathrm{d}\boldsymbol{M}}{\mathrm{d}t} \quad (\text{吉耳伯特方式}) \tag{7.2.3}$$

应当注意的是,$\boldsymbol{T}_{\mathrm{D}}$ 的方向指向中心旋转轴,$\boldsymbol{T}_{\mathrm{D}}$ 的大小与 $\boldsymbol{M}$ 同 $\boldsymbol{H}$ 的夹角$\left(\text{或}\frac{\mathrm{d}\boldsymbol{M}}{\mathrm{d}t}\right)$有关。除以上两种阻尼方式外,布洛赫在研究核磁共振时,提出了 $\boldsymbol{T}_{\mathrm{D}}$ 的另一种阻尼表达方式[5]

$$\left.\begin{aligned} (T_D)_z &= -\frac{M_z - M}{\tau_1} \\ (T_D)_{x,y} &= -\frac{M_{x,y}}{\tau_2} \end{aligned}\right\} \tag{7.2.4}$$

其中,τ_1 和 τ_2 分别称为纵向和横向弛豫常数(或弛豫时间)。它们的物理意义与第六章的弛豫常数 τ 相同。如在方程(7.2.1)中取消交变场 h,则各分量方程如下

$$\left.\begin{aligned} \frac{\mathrm{d}M_x}{\mathrm{d}t} &= -\gamma M_y H_z - \frac{M_x}{\tau_2} \\ \frac{\mathrm{d}M_y}{\mathrm{d}t} &= +\gamma M_x H_z - \frac{M_y}{\tau_2} \\ \frac{\mathrm{d}M_z}{\mathrm{d}t} &= -\frac{M_z - M}{\tau_1} \end{aligned}\right\} \tag{7.2.5}$$

由式(7.2.5)可得

$$\left.\begin{aligned} M_z - M &= (M_z - M)_{t=0}\mathrm{e}^{-\frac{t}{\tau_1}} \\ M_p &= (M_p)_{t=0}\mathrm{e}^{-\frac{t}{\tau_2}} \end{aligned}\right\} \tag{7.2.6}$$

其中,$M_p^2 = M_x^2 + M_y^2$。式(7.2.6)正是磁化矢量 $\boldsymbol{M}$ 各分量的弛豫过程的公式。如果 H_z 很小,则 τ_1 和 τ_2 可不必分别,而将 $\boldsymbol{T}_{\mathrm{D}}$ 写为

$$\boldsymbol{T}_{\mathrm{D}} = -\frac{1}{\tau}\left(\boldsymbol{M} - \frac{M}{H}\boldsymbol{H}\right) = -\frac{1}{\tau}(\boldsymbol{M} - \chi_0\boldsymbol{H}) \tag{7.2.7}$$

可以证明 $\lambda = \dfrac{\chi_0}{\tau}$。

下面采用朗道-栗弗席兹阻尼力矩的形式对方程(7.2.1)求解。设 $\boldsymbol{H} \equiv (h_x, h_y, H_z + h_z)$，其中 $\boldsymbol{H}$ 为直流磁场，$\boldsymbol{h} \equiv h(h_x, h_y, h_z) = h_0 \mathrm{e}^{\mathrm{i}\omega t}$ 为交变磁场。$\boldsymbol{M} \equiv (m_x, m_y, M + m_z)$，其中 M 为沿 z 轴方向的饱和磁化强度，$\boldsymbol{m}$ 为 $\boldsymbol{h}$ 所产生的磁化强度。与上节假设相同，$h \ll H, m \ll M$。计算中只保留 m 和 h 的一次项，并设 $M_z \approx M$(线性近似)。则方程(7.2.1)的三个分量形式为

$$\left.\begin{aligned} \dot{m}_x &= \mathrm{i}\omega m_x = -\gamma(m_y H_z - M h_y) - \frac{\lambda}{\chi_0} m_x + \lambda h_x \\ \dot{m}_y &= \mathrm{i}\omega m_y = -\gamma(M h_x - m_x H_z) - \frac{\lambda}{\chi_0} m_y + \lambda h_y \\ \dot{m}_z &= \mathrm{i}\omega m_z \approx 0 \end{aligned}\right\} \tag{7.2.8}$$

其中，$\chi_0 = \dfrac{M}{H_z}$。交变磁感应强度可表示为

$$\boldsymbol{b} = \mu_0(\boldsymbol{h} + \boldsymbol{m}) = \mu_0 \mu_{ij} \boldsymbol{h} \tag{7.2.9}$$

解方程(7.2.8)并将其结果代入式(7.2.9)，可得

$$\left.\begin{aligned} b_x &= \mu_0(\mu h_x - \mathrm{i}\kappa h_y) \\ b_y &= \mu_0(\mathrm{i}\kappa h_x + \mu h_y) \\ b_z &= \mu_0 h_z \end{aligned}\right\} \tag{7.2.10}$$

可见 μ_{ij} 为一个张量

$$\mu_{ij} = \begin{pmatrix} \mu & -\mathrm{i}\kappa & 0 \\ +\mathrm{i}\kappa & \mu & 0 \\ 0 & 0 & 1 \end{pmatrix} \tag{7.2.11}$$

其中，$\mu = \mu' - \mathrm{i}\mu''$，$\kappa = \kappa' - \mathrm{i}\kappa''$ 都是复数，其具体表达式为

$$\mu' = 1 + \frac{1}{D}\left[M\gamma^2 H_0(\gamma^2 H_0^2 - \omega^2) + 2\omega^2 \frac{\lambda^2}{\chi_0}\right] \tag{7.2.12}$$

$$\kappa' = -\frac{1}{D}\gamma M\omega(\gamma^2 H_0^2 - \omega^2) \tag{7.2.13}$$

$$\mu'' = \frac{1}{D}\lambda\omega(\gamma^2 H_0^2 + \omega^2) \tag{7.2.14}$$

$$\kappa'' = \frac{2}{D}\lambda\omega^2 \gamma H_z \tag{7.2.15}$$

其中，

$$D = (\gamma^2 H_0^2 - \omega^2)^2 + 4\omega^2 \frac{\lambda^2}{\chi_0^2} \tag{7.2.16}$$

$$H_0 = H_z\left(1 + \frac{\lambda^2}{\gamma^2 M^2}\right)^{\frac{1}{2}} \approx H_z \tag{7.2.17}$$

张量磁化率 χ_{ij} 的形式与式(7.2.11)相似,即有

$$\chi_{ij} = \begin{pmatrix} \chi & -\mathrm{i}\beta & 0 \\ +\mathrm{i}\beta & \chi & 0 \\ 0 & 0 & 0 \end{pmatrix} \tag{7.2.18}$$

二者的关系为

$$\mu = 1 + \chi, \quad \kappa = \beta \tag{7.2.19}$$

张量磁导率也称为颇耳德张量,因为这一形式是颇耳德首先得到的。关于张量磁导率的物理意义可做如下解释:在外加恒定磁场 H_z 中,磁化强度 $\boldsymbol{M}$ 将绕外磁场 H_z 做右旋进动(拉莫尔进动),进动角频率 $\omega_0 = \gamma H_z$。这是磁矩的固有运动。当同时受到交变磁场 $h(h_x, h_y, h_z) = h_0 e^{i\omega t}$ 作用时,磁化强度 $\boldsymbol{M}$ 将以角频率 ω 做受迫运动。考虑到磁化强度 $\boldsymbol{M}$ 绕 H_z 的固有进动,由 h_x 引起的沿 x 轴方向的磁化强度增量将对 y 轴方向的磁化强度变化产生影响。亦即,h_x 不仅对 m_x 产生作用,还将对 m_y 产生作用。同样,h_y 不仅对 m_y 产生作用,也将对 m_x 产生作用。因此,磁导率应具有张量形式。注意到在 $\boldsymbol{M}$ 的旋转过程中 x 方向与 y 方向的相位不同,故张量磁导率的非对角元素中有一表示相位的"i"。

上面的结果可适用于任意形式的交变磁场。现在讨论在特殊形式的交变磁场——正负圆偏振磁场中的计算结果。正(负)圆偏振磁场是指以恒定磁场 H_z 为基准(并非以电磁场的传播方向为基准)按右(左)手转动规则旋转的磁场。它们可分别表示为:

$$\left.\begin{aligned} &\text{正圆偏振场}: h_x = h_0\cos\omega t, \quad h_y = h_0\sin\omega t \\ &\text{负圆偏振场}: h_x = h_0\cos\omega t, \quad h_y = -h_0\sin\omega t \end{aligned}\right\} \tag{7.2.20}$$

或写为

$$\left.\begin{aligned} &\text{正圆偏振场}: h_y = -\mathrm{i}h_x \\ &\text{负圆偏振场}: h_y = \mathrm{i}h_x \end{aligned}\right\} \tag{7.2.21}$$

满足式(7.2.21)条件的磁场分别为

$$\boldsymbol{h}_\pm = h_x(\boldsymbol{e}_x \mp \mathrm{i}\boldsymbol{e}_y) \tag{7.2.22}$$

上式右边中的"-"号表示正圆偏振场,"+"号表示负圆偏振场。$\boldsymbol{e}_x, \boldsymbol{e}_y$ 分别表示 x, y 轴方向上的单位矢量。将式(7.2.21)中的关系代入式(7.2.10),对于正圆偏振

$$\boldsymbol{b}_+ = \mu_0(\mu - k)h_x(\boldsymbol{e}_x - \mathrm{i}\boldsymbol{e}_y) = \mu_0(\mu - k)\boldsymbol{h}_+$$

对于负圆偏振

$$\boldsymbol{b}_- = \mu_0(\mu + k)h_x(\boldsymbol{e}_x + \mathrm{i}\boldsymbol{e}_y) = \mu_0(\mu + k)\boldsymbol{h}_-$$

因而有

$$\begin{pmatrix} b_+ \\ b_- \\ b_z \end{pmatrix} = \mu_0 \begin{pmatrix} \mu-\kappa & 0 & 0 \\ 0 & \mu+\kappa & 0 \\ 0 & 0 & 1 \end{pmatrix} \begin{pmatrix} h_+ \\ h_- \\ h_z \end{pmatrix} \tag{7.2.23}$$

由此可见,当交变磁场为正负圆偏振场时,张量磁导率简化为对角化的形式。或者说,张量磁导率又变成标量。令

$$\mu \mp \kappa = \mu'_\pm - \mathrm{i}\mu''_\pm \tag{7.2.24}$$

将(7.2.12)～(7.2.15)各式代入式(7.2.24),可得

$$\mu'_\pm = 1 + \frac{1}{D}\left[\gamma M(\gamma^2 H_z^2 - \omega^2)(\gamma H_z \pm \omega) + 2\omega^2 \frac{\lambda^2}{\chi_0}\right] \tag{7.2.25}$$

$$\mu''_\pm = \frac{1}{D}\lambda\omega(\gamma H_z \pm \omega)^2 \tag{7.2.26}$$

当交变磁场为正、副圆偏振场时,张量磁导率为什么会变成标量形式呢?这是不难理解的。因为当磁化矢量同时受到恒定磁场及正(负)圆偏振磁场作用时,磁化矢量的交变部分将以与交变磁场相同的方式绕恒定磁场作正(负)圆偏振运动,仅在相位上落后于交变场一个角度。所以,磁导率变为标量形式并且需用复数来表示。

第三节　铁磁共振和共振线宽

本节我们将介绍铁磁共振和共振线宽的有关问题。与此相联系,我们还将介绍有效线宽的概念。

一、铁磁共振

由式(7.2.16)可见,当 $\omega = \gamma H_z = \omega_0$ 时,D = 最小值,μ''_+ 出现最大值,此即所

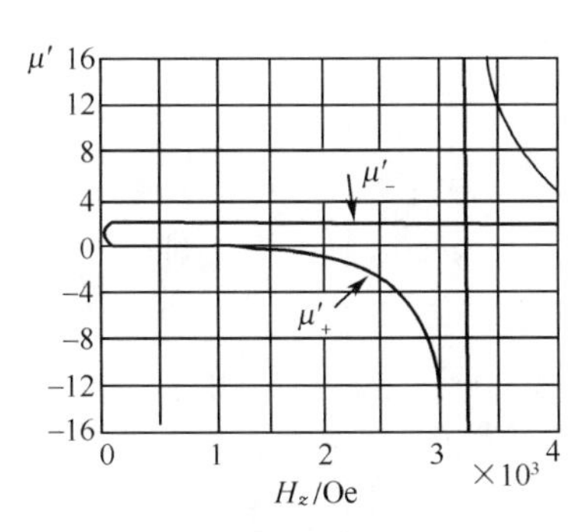

图 7-1　旋磁磁导率的 μ' 部分

$4\pi M = 3000\mathrm{Gs}, f = 9000\mathrm{MHz}, \mu_0 = 100$

(μ_0 为静态磁导率)

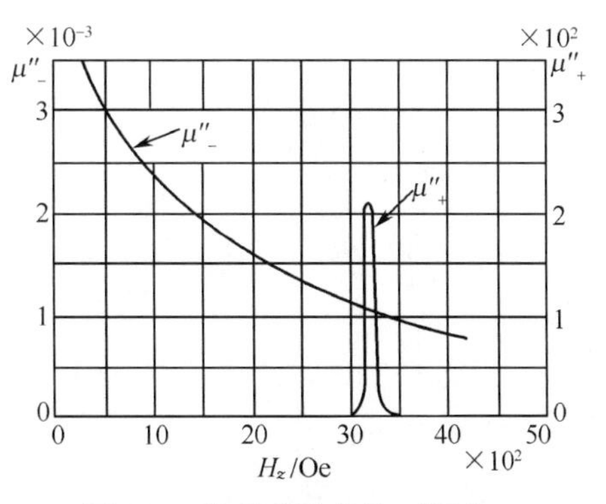

图 7-2　旋磁磁导率的 μ'' 部分

$4\pi M = 3000\mathrm{Gs}, f = 9000\mathrm{MHz}, \mu_0 = 100, \lambda_c = 1.9\times10^7$($\mu_0$ 为静态磁导率)

谓共振吸收现象。但此时 μ''_- 并无明显的突变,吸收一直是较弱的。图 7-1 和图 7-2 分别给出 μ'_+,μ''_+ 和 μ'_-,μ''_- 随 H_z 值的变化(在研究铁磁共振现象时,常常把交变磁场频率保持一定而改变直流磁场 H_z 的强度)。可以看出,$\mu'_\pm$ 和 $\mu''_\pm$ 的曲线与光学中的色散和吸收曲线属于同一类型。

上面的结果告诉我们,只有正圆偏振场才会产生铁磁共振现象,负圆偏振场不会产生铁磁共振现象。这个问题是不难理解的。简单地说,正圆偏振场与 $\boldsymbol{M}$ 绕 H_z 进动的方向一致,属于同一运动模式。当两者的频率相同时,便发生了共振现象。负圆偏振场则不然,它与 $\boldsymbol{M}$ 绕 H_z 进动的方向相反,两者属于不同的运动模式。因而不可能发生共振现象。具体地分析磁化矢量在外磁场中所受到的力矩有助于我们对这一问题的理解,考察式(7.2.1)可知,在线性近似下,磁化矢量 $\boldsymbol{M}$ 在恒定磁场 H_z 和圆偏振磁场 $\boldsymbol{h}$ 中将受到三种力矩的作用:① $-\mu_0\boldsymbol{m}\times H_z\boldsymbol{k}$(式中 $\boldsymbol{k}$ 为 z 轴的单位矢量)。该力矩使 $\boldsymbol{M}$ 绕 H_z 做右旋进动。② $\frac{\mu_0}{\gamma}\boldsymbol{T}_\mathrm{D}=-\frac{\mu_0}{\gamma M^2}\lambda[\boldsymbol{M}\times(\boldsymbol{M}\times\boldsymbol{H})]$。这一项是阻尼力矩,它的方向沿 $\boldsymbol{M}$ 进动圆周的径向指向圆心,其作用是使 $\boldsymbol{M}$ 对 z 轴的张角逐渐变小。如果没有其他力矩的作用,该力矩将使 $\boldsymbol{M}$ 最后静止在 z 轴方向。③ $-\mu_0M_z\boldsymbol{k}\times\boldsymbol{h}$。这是圆偏振场对磁化矢量的作用力矩。如设圆偏振磁矩 $\boldsymbol{m}$ 与圆偏振场 $\boldsymbol{h}$ 的夹角为 ϕ,则该力矩可分成两部分:其中 $-\mu_0M_zh\cos\phi$ 沿 $\boldsymbol{M}$ 进动圆周的切线方向,它的作用与力矩 $-\mu_0\boldsymbol{m}\times H_z\boldsymbol{k}$ 的作用相类似;而 $-\mu_0M_zh\sin\phi$ 的作用则是使 $\boldsymbol{M}$ 对 z 轴的张角变大,即与阻尼力矩的作用相反。如果 $\boldsymbol{h}$ 为正圆偏振场,其旋转方向与 $\boldsymbol{M}$ 绕 H_z 进动的方向相同。当交变磁场的频率 $\omega=\gamma H_z$ 时,两者同步进行。力矩 $-\mu_0M_zh\sin\phi$ 将抵消阻尼力矩的作用使 $\boldsymbol{M}$ 对 z 轴保持尽可能大的角度,而这时能量损耗也将出现极大值,此即所谓铁磁共振现象。如果 $\boldsymbol{h}$ 为负圆偏振动,$\boldsymbol{h}$ 的旋转方向与 $\boldsymbol{M}$ 绕 H_z 进动的方向相反,不存在能始终抵消掉阻尼力矩的外力矩,因此不会发生铁磁共振现象。

二、共振线宽的计算

由图 7-2 可见,$\mu''_+\sim H_z$ 曲线在共振点附近形成一共振吸收峰。在峰顶的两边,μ''_+ 降低到峰值一半处所对应的两个 H_z 值的差数 ΔH 被称为共振线宽,又称为共振峰宽度。

由式(7.2.26)可知,在共振峰附近,$\omega+\gamma H_z\approx 2\omega$,将这一条件代入式(7.2.26)后,可得

$$\mu''_+=\frac{\lambda\omega}{(\omega-\gamma H_z)^2+\dfrac{\lambda^2}{\chi_0^2}} \tag{7.3.1}$$

上式所表示的共振峰形状为洛伦兹型。由该式容易求出共振线宽为

$$\Delta H = \frac{2\lambda}{\gamma\chi_0} \tag{7.3.2a}$$

或

$$\tau = \frac{2}{\gamma \Delta H} \tag{7.3.2b}$$

共振峰的吸收强度(峰值)为

$$\mu''_+ (\text{最大}) = \frac{\omega\chi_0^2}{\lambda} = \frac{2M}{\Delta H} \tag{7.3.3}$$

式(7.3.2a)将共振线宽 ΔH 与阻尼系数 λ 联系起来。阻尼系数 λ 是一个不能直接测量的量,而 ΔH 是可以精确测量的。故通过测量 ΔH 以确定 λ 是一种常用的方法。正因为如此,ΔH 成为旋磁性材料的一个重要物理量。

常用的旋磁性材料是各种单晶或多晶铁氧体材料。单晶铁氧体的 ΔH 通常较小,影响 ΔH 的因素是晶体的完整性和所含的杂质离子。多晶铁氧体的 ΔH 一般较大,除了与成分的 ΔH 有关以外,还与材料的磁晶各向异性场及气孔率(包括非磁性杂质)有关。表 7-1 列出了几种常见单晶铁氧体材料的 ΔH 值。由于多晶铁氧体的 ΔH 与工艺过程密切相关,未列出。

表 7-1　几种常见铁氧体单晶材料的 ΔH

单晶材料	ΔH(20℃)		ΔH_{min}	
	A/m	Oe	A/m	Oe
$Y_3Fe_5O_{12}$	~24	~0.3	~8	~0.1
$MnFe_2O_4$	~796	~10		
$Li_{0.5}Fe_{2.5}O_4$	~80	~1	~21.5	~0.27
$NiFe_2O_4$	~几千	~几十		
$Mg_{0.53}Mn_{0.47}Fe_2O_4$	~796	~10	~668	~8.4
$Ba_4Zn_2Fe_{36}O_{60}$	~9549	~120		

产生 ΔH 的根本原因在于磁化矢量 $\boldsymbol{M}$ 绕恒定磁场 H_z 运动时存在着阻尼力矩。关于阻尼力矩的微观机理至今尚不完全清楚,已经研究得比较明确的有两种形式:① 通过自旋-自旋耦合使磁矩的一致进动转变为非一致进动(静磁模式振动或自旋波),磁矩的非一致进动再通过和晶格相耦合,将能量转化为声子(晶格的振动);② 通过自旋-晶格耦合使磁矩一致进动的能量直接转化为声子。以上两种方式最后都将能量转化为晶格的热振动,使材料的温度升高。这种能量的转化过程是极为短暂的,通常只有 10^{-6}~10^{-10}s。

三、有效线宽[6~8]

旋磁性材料主要用作微波技术中非互易器件的介质。它既可以在共振区使用(如谐振式隔离器、滤波器),也可以在非共振区使用(如场移式隔离器、结环行器)。因此,不但需要知道共振区的阻尼系数 λ,有时还需要知道非共振区的阻尼系数 λ。共振区的阻尼系数可以通过测量共振线宽 ΔH 确定;非共振区的阻尼系数则需要引入“有限线宽”ΔH_{eff}来表示。

有效线宽 ΔH_{eff}被定义为

$$\Delta H_{\text{eff}}(H_i) = 2M\, I_{\text{m}}\left(\frac{1}{\chi_+}\right) \tag{7.3.4}$$

上式左端表示 ΔH_{eff}是内场 H_i 的函数;右端中的 $I_{\text{m}}\left(\frac{1}{\chi_+}\right)$系指正圆偏振场磁化率 χ_+倒数的虚部;M 则表示磁化强度。由上式可知,$\Delta H_{\text{eff}}(H_i)$可通过测量在不同内场下张量磁化率的虚部得出。下面我们证明由式(7.3.4)定义的 ΔH_{eff}同阻尼系数 λ 的关系与式(7.3.2a)有着完全相同的形式。

对于正圆偏振,由式(7.2.8)不难得出

$$m_x + \mathrm{i}m_y = \frac{\gamma M + \mathrm{i}\lambda}{\gamma H_z - \omega + \mathrm{i}\dfrac{\lambda}{\chi_0}}(h_x + \mathrm{i}h_y) \tag{7.3.5}$$

于是有

$$\chi_+ = \frac{\gamma M + \mathrm{i}\lambda}{\gamma H_z - \omega + \mathrm{i}\dfrac{\lambda}{\chi_0}} \approx \frac{M}{\left(H_z - \dfrac{\omega}{\gamma}\right) + \mathrm{i}\dfrac{\lambda}{\chi_0\gamma}} \tag{7.3.6}$$

考虑到铁磁体的形状影响后,上式中的 H_z 应为样品的内场 H_i 所代替。注意到 λ 为内场 H_i 的函数并且 γ 随内场 H_i 有微弱的变化,故可取近似 $\gamma(H_i) = \gamma(H_{\text{res}}) - \Delta\gamma(H_i)$,并且有 $\Delta\gamma(H_i) \ll \gamma(H_{\text{res}})$。其中 $\gamma(H_{\text{res}})$为共振磁场处的表观旋磁比。于是,上式中的 ω/γ 可近似表示为

$$\frac{\omega}{\gamma(H_i)} = \frac{\omega}{\gamma(H_{\text{res}}) - \Delta\gamma(H_i)} \approx \frac{\omega}{\gamma(H_{\text{res}})}\left[1 + \frac{\Delta\gamma(H_i)}{\gamma(H_{\text{res}})}\right] \tag{7.3.7}$$

令

$$S(H_i) = \frac{\omega\Delta\gamma(H_i)}{\gamma^2(H_{\text{res}})} \tag{7.3.8}$$

为有效场移。由式(7.3.7)可得

$$\frac{\omega}{\gamma(H_i)} \approx \frac{\omega}{\gamma(H_{\text{res}})} + S(H_i) \tag{7.3.9}$$

亦即

$$S(H_i) = \frac{\omega}{\gamma(H_i)} - \frac{\omega}{\gamma(H_{\mathrm{res}})} \tag{7.3.10}$$

仿照式(7.3.2a),设

$$\frac{2\lambda(H_i)}{\chi_0\gamma(H_i)} = \Delta H_{\mathrm{eff}}(H_i) \tag{7.3.11}$$

为有效线宽。于是可将式(7.3.6)表示为

$$\chi_+ = \frac{M}{\left[H_i - \frac{\omega}{\gamma(H_{\mathrm{res}})} - S(H_i)\right] + \mathrm{i}\,\frac{1}{2}\Delta H_{\mathrm{eff}}(H_i)} \tag{7.3.12}$$

这就证明了由 $2MI_{\mathrm{m}}\left(\frac{1}{\chi_+}\right)$决定的 $\Delta H_{\mathrm{eff}}(H_i)$与共振线宽 ΔH 有着完全相同的形式。

尽管 ΔH 与 ΔH_{eff}的表达形式相同,但它们是两个不同的物理量:ΔH 是在假定λ,γ不变的情况下λ 的量度;$\Delta H_{\mathrm{eff}}(H_i)$则是在考虑到 λ 为H_i 的函数、γ 随H_i缓慢变化的条件下$\lambda(H_i)$的量度。两者的含义不同。应当指出,即使在铁磁共振点,ΔH 与 $\Delta H_{\mathrm{eff}}(H_{\mathrm{res}})$的量值也不一样。可以证明[8]

$$\Delta H = \Delta H_{\mathrm{eff}}(H_{\mathrm{res}}) + \left[S(H_{+\frac{1}{2}}) - S(H_{-\frac{1}{2}})\right] \tag{7.3.13}$$

其中, $S\left(H_{+\frac{1}{2}}\right)$和 $S\left(H_{-\frac{1}{2}}\right)$分别为共振峰两侧两个半峰处的有效场移$\left(\text{其中 } H_{+\frac{1}{2}} = H_{\mathrm{res}} + \frac{\Delta H}{2}, H_{-\frac{1}{2}} = H_{\mathrm{res}} - \frac{\Delta H}{2}\right)$。只有当 λ 和 γ 为常数,从而$S\left(H_{+\frac{1}{2}}\right) = S\left(H_{-\frac{1}{2}}\right)$时,$\Delta H$ 才和 ΔH_{eff}相等。而实际上,λ 和γ 均是内场H_i 的函数,所以即使在铁磁共振点 ΔH 与 ΔH_{eff}也不一样。

第四节　退磁场及磁晶各向异性场对铁磁共振的影响

以上的讨论是在假设铁磁介质为无限大并且忽略了磁晶各向异性场的条件下进行的。实际的样品是有限的,因而必须考虑退磁场的影响。对于单晶样品,还必须考虑磁晶各向异性场的影响。本节讨论这两个因素对于铁磁共振的影响。

一、铁磁体的形状对共振的影响

当发生共振的样品为有限大小时,上一节中的 H_z 和h 必须以有效内场来代替。基特尔首先考虑了这一问题,并对共振峰的位置提出了修正[9]。下面介绍这一理论。

以椭球形样品为例。设沿三个主轴的退磁因数分别为 N_x,N_y,N_z,并且有$N_x+N_y+N_z=1$。如仍设静磁场沿 z 轴方向,则样品的内部有效场应为

$$h_x = h_x^e - N_x m_x, \quad h_y = h_y^e - N_y m_y, \quad H_z = H_z^e - N_z M \tag{7.4.1}$$

其中 $\boldsymbol{h}^e(h_x^e, h_y^e, h_z^e)$和 H_z^e 分别为外加的交变磁场和静磁场。

将交变场产生的磁感应强度 $\boldsymbol{b}$ 作为外加交变磁场的函数,即

$$\boldsymbol{b} = \mu_0 \tilde{\mu}_{ij} \boldsymbol{h}^e \tag{7.4.2}$$

$$\tilde{\mu}_{ij} = \begin{pmatrix} \tilde{\mu} & -\mathrm{i}\tilde{\kappa} & 0 \\ +\mathrm{i}\tilde{\kappa} & \tilde{\mu} & 0 \\ 0 & 0 & 1 \end{pmatrix} \tag{7.4.3}$$

$\tilde{\mu}$ 和 $\tilde{\kappa}$ 的理论数值不难通过式(7.4.1)的代换而求得,我们不再给出它们的表达形式。值得注意的是共振峰的位置不再是 $\omega_0 = \gamma H_z^e$,新的共振频率可由无外加交变场(即 $\boldsymbol{h}^e = 0$)时的自由进动求得。由于

$$\left.\begin{aligned} \dot{m}_x &= \gamma[m_y(H_z^e - N_z M) - M(-N_y m_y)] \\ &= \gamma[H_z^e + (N_y - N_z)M]m_y \\ \dot{m}_y &= \gamma[M(-N_x m_x) - m_x(H_z^e - N_z M)] \\ &= -\gamma[H_z^e + (N_x - N_z)M]m_x \end{aligned}\right\} \tag{7.4.4}$$

故可得

$$\ddot{m}_{x,y} + \omega_0^2 m_{x,y} = 0 \tag{7.4.5}$$

其中共振频率 ω_0 由下式给出,

$$\omega_0^2 = \gamma^2[H_z^e + (N_x - N_z)M][H_z^e + (N_y - N_z)M] \tag{7.4.6}$$

下面具体地讨论几种特殊形状样品的共振频率:

1) 球形样品,$N_x = N_y = N_z = \frac{1}{3}$,于是

$$\omega_0 = \gamma H_z^e \tag{7.4.7}$$

2) 圆片状样品,H_z^e 垂直于圆片平面,$N_x = N_y \approx 0, N_z = 1$。于是

$$\omega_0 = \gamma(H_z^e - M) \tag{7.4.8}$$

3) 圆片状样品,H_z^e 平行于圆片平面。取 y 轴垂直于圆片平面,有 $N_x = N_z \approx 0, N_y = 1$,于是

$$\omega_0 = \gamma[H_z^e(H_z^e + M)]^{\frac{1}{2}} \tag{7.4.9}$$

4) 细长圆柱状样品,H_z^e 沿柱的轴线方向,$N_x = N_y \approx \frac{1}{2}, N_z \approx 0$。于是

$$\omega_0 = \gamma\left(H_z^e + \frac{1}{2}M\right) \tag{7.4.10}$$

5) 细长圆柱状样品,H_z^e 垂直于轴向。取 y 轴平行于轴向,有 $N_x = N_z \approx \frac{1}{2}$, $N_y \approx 0$,于是

$$\omega_0 = \gamma\left[H_z^e\left(H_z^e - \frac{1}{2}M\right)\right]^{\frac{1}{2}} \tag{7.4.11}$$

样品的有限大小，不但影响共振频率，还将影响交变磁场在样品中的均匀性，这是实验中需要特别注意的一个问题。影响磁场均匀性的因素有：

(1) 传播因素　交变磁场 $\boldsymbol{h}_0e^{\mathrm{i}\omega t}$ 在样品内传播时还应包含传播因数 $e^{-\mathrm{i}2\pi L/\lambda}$。其中 λ 为波长，L 为传播距离。在 $\lambda/4$ 的距离内，h_0 将由 0 变到最大值。因之，只有当样品的线度 $2R \ll$ 电磁波在介质中的波长 λ 时，样品中的 $\boldsymbol{h}$ 在每一瞬间的空间分布才能接近于均匀。考虑到介质波长 λ 与真空波长 λ_0 有如下关系：$\lambda=\lambda_0/n$。其中 n 为折射率，$n^2=\varepsilon\mu_{\mathrm{eff}}$，$\varepsilon$ 为介电常数，μ_{eff}为有效磁导率。对于在超高频波段使用的铁氧体材料来说，$\varepsilon\approx 10$，$\mu_{\mathrm{eff}}=1$，因此通常要求 $R<\frac{1}{10}(\lambda_0/\sqrt{10})$。在较早的实验工作中，一般采用足够小的样品以避免传播因素的影响，后来则发展了对传播因素本身的理论和实验研究。

(2) 趋肤效应　当样品的电阻率不够高时(如在金属磁性材料中)，涡流和趋肤效应将使 $\boldsymbol{h}$ 在样品内的分布不均匀，甚至使交变磁场的穿透深度小于或接近于样品的尺寸。

(3) 尺寸共振　当样品的线度接近于电磁波在介质中的半波长时，电磁波在介质内形成驻波，样品相当于谐振腔，能量将被大量损耗。

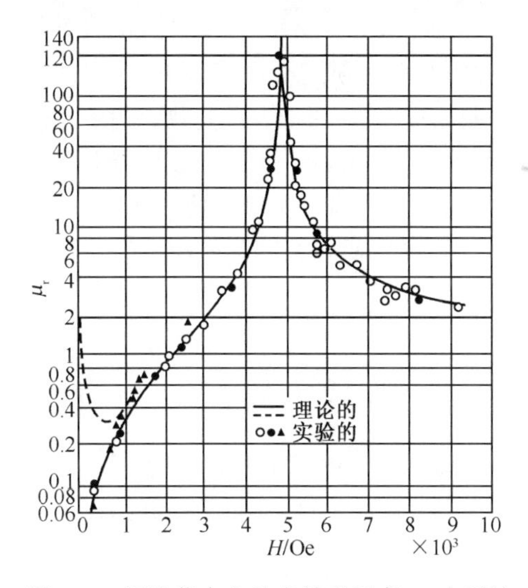

图 7-3　超坡莫合金的有效磁导率 μ_r 在微波场中的共振

图 7-3 引证了雅葛尔和波佐尔特的早期实验结果[10]。样品为超坡莫合金的圆片，微波电磁场的频率为 24×10^3MHz。直流磁场 H_z^e 由电磁铁所发生。两磁场方向互相垂直，均在圆片平面(xz 平面)内。设圆片直径≫厚度，则 $N_y=1$，$N_x=N_z=0$。由式(7.4.6)可知

$$\omega_0 = \gamma[(H_z^e + M)H_z^e]^{\frac{1}{2}}$$

图 7-3 中的曲线采用的是 CGS 单位制。在 CGS 单位制中上式应为

$$\omega_0 = \gamma[(H_z^e + 4\pi M)H_z^e]^{\frac{1}{2}} = \gamma[B_z H_z^e]^{\frac{1}{2}}$$

由图 7-3 可见,理论曲线和实验结果符合得很好。图中

$$\mu_r = (\mu'^2 + \mu''^2)^{\frac{1}{2}} + \mu''$$

选用超坡莫合金材料的理由,是因为这种材料的磁晶各向异性能很小,可以不计。

二、磁晶各向异性对单晶体共振的影响[4]

如果样品为铁磁性单晶体,则共振峰的位置将随直流磁场与易磁化轴的相对取向不同而变动。这是由于磁晶各向异性场 H_K 作用的影响。依照基特尔的定义[9],设磁化矢量 $\boldsymbol{M}$ 偏离易磁化方向的角度为 ε,则所产生的磁晶各向异性场为

$$H_K = \left| \frac{1}{\mu_0 M \sin\varepsilon} \cdot \frac{\partial F_K}{\partial \varepsilon} \right|_{\varepsilon \to 0} = - N_K M \qquad (7.4.12)$$

其中,F_K 为磁晶各向异性能;N_K 为等效退磁因数。

H_K 随着偏离角的空间取向而有不同,例如第六章第九节表 6-6 所列举的 H_K^θ 和 H_K^ϕ。假定直流磁场 H_z 足够大,则 $\boldsymbol{M}$ 实际与 H_z 方向相合。令 H_{Kx},H_{Ky} 分别代表由于 $\boldsymbol{M}$ 偏离 z 轴方向而在 x,y 两轴方向上所产生的磁晶各向异性场,也即相当于在 x,y 两方向上各增加了一部分等效退磁场的作用。

因此,在式(7.4.6)中,须在 N_x,N_y 和 N_z 处各加一修正量 N_{Kx},N_{Ky} 和 N_{Kz},这些 N_K 可根据基特尔定义的式(7.4.12)算出。于是有

$$\omega_0^2 = \gamma^2[H_z + H_{Kx} + (N_x - N_z)M][H_z + H_{Ky} + (N_y - N_z)M] \qquad (7.4.13)$$

对于立方晶体,如果 H_z 和 $\boldsymbol{H}$ 都在(010)平面内,$\boldsymbol{M}$ 与[001]方向的夹角为 θ,则

$$H_{Kx} = \frac{2K_1}{\mu_0 M}\cos 4\theta, \quad H_{Ky} = \frac{K_1}{2\mu_0 M}(3 + \cos 4\theta) \qquad (7.4.14)$$

如果 H_z 和 $\boldsymbol{M}$ 都在$(01\bar{1})$平面内,$\boldsymbol{M}$ 与[100]方向的夹角为 θ,则

$$\left.\begin{aligned} H_{Kx} &= \left(1 - 2\sin^2\theta - \frac{3}{8}\sin^2 2\theta\right)\frac{2K_1}{\mu_0 M} \\ H_{Ky} &= (2 - \sin^2\theta - 3\sin^2 2\theta)\frac{K_1}{\mu_0 M} \end{aligned}\right\} \qquad (7.4.15)$$

选取几个适当的晶轴方向作为直流磁场的方向,测定单晶样品出现共振峰时的磁场值,即可推算出 $\frac{K_1}{M}$ 和 $\frac{K_2}{M}$,然后用静磁方法测出 M,即可求出 K_1 和 K_2。同时还可以由 $\gamma = \frac{\mu_0|e|g}{2m}$ 测定样品材料的 g 值。对于立方晶体,这类实验已有许多可

靠的结果。图 7-4 引证了狄伦等对于锰铁氧体单晶 $Mn_{0.98}Fe_{1.86}O_4$ 的实验结果[11]。磁场的操作频率为 9 300MHz,测量在室温下进行。三个共振峰的位置不同,峰宽亦不同。

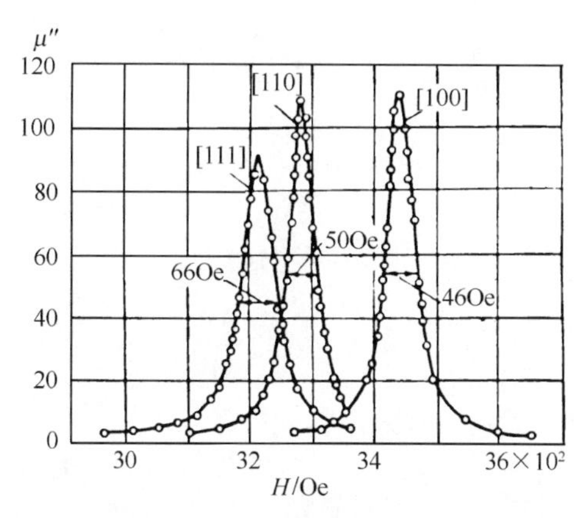

图 7-4　$Mn_{0.98}Fe_{1.86}O_4$ 单晶在不同晶轴方向上加静磁场时的共振峰

需要指出,由于各向异性场的影响,张量磁导率的形式亦有所改变,并且随所选的坐标系与晶轴方向的关系而不同。如果取晶体的主晶轴为坐标轴时,张量磁导率仍保持如下形式:

$$
|\mu_{ij}| = \begin{vmatrix} \mu_1 & -i\kappa & 0 \\ i\kappa & \mu_2 & 0 \\ 0 & 0 & \mu_3 \end{vmatrix} \tag{7.4.16}
$$

第五节　铁磁共振的一般处理方法

上一节我们用等效场的方法讨论了样品的形状及单晶样品的磁晶各向异性对铁磁共振的影响。更一般的考虑,应从铁磁体的能量关系出发来处理这一问题。斯密特和苏耳最早对这个问题进行了研究[12,13],下面介绍这一理论方法。

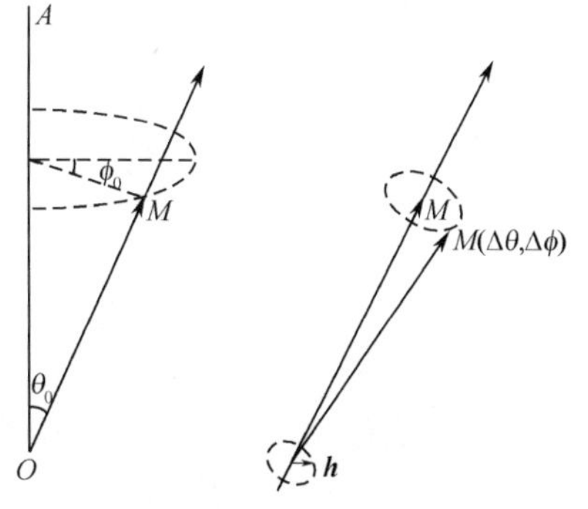

图 7-5　在空间任意方位的磁矩的运动

设铁磁晶体单位体积内的自由能为 F,F 包括磁晶各向异性能 F_K、退磁场能(或形状各向异性能)F_N、交换能 F_{ex} 以及外磁场能 F_H 等。如果我们限于讨论单畴晶体磁矩的一致进动,可以不考虑交换能。

假设铁磁晶体是单畴的,即全部磁化矢量的方向一致。我们用球坐标(θ,ϕ)来表示磁化矢量 $\boldsymbol{M}$ 在空间的方位。为了将磁化矢量的运动方程在球坐标系中表示出来,我们给出磁化强度 $\boldsymbol{M}$ 在直角坐标系中和在球坐标系中各分量间的关系

$$\left.\begin{aligned} M_x &= M\sin\theta\cos\phi \\ M_y &= M\sin\theta\sin\phi \\ M_z &= M\cos\theta \end{aligned}\right\} \tag{7.5.1}$$

亦即

$$\left.\begin{aligned} \theta &= \arccos\frac{M_z}{M} \\ \phi &= \arctan\frac{M_y}{M_x} \end{aligned}\right\} \tag{7.5.2}$$

由上式不难求出直角坐标系中有效磁场的分量形式

$$\left.\begin{aligned} (H_{\text{eff}})_x &= -\frac{1}{\mu_0}\frac{\partial F}{\partial M_x} = \frac{\sin\phi}{\mu_0 M\sin\theta}\frac{\partial F}{\partial\phi} \\ (H_{\text{eff}})_y &= -\frac{1}{\mu_0}\frac{\partial F}{\partial M_y} = -\frac{\cos\phi}{\mu_0 M\sin\theta}\frac{\partial F}{\partial\phi} \\ (H_{\text{eff}})_z &= -\frac{1}{\mu_0}\frac{\partial F}{\partial M_z} = \frac{1}{\mu_0 M\sin\theta}\frac{\partial F}{\partial\theta} \end{aligned}\right\} \tag{7.5.3}$$

在上式的推导中利用了公式$(\arctan x)' = \dfrac{1}{1+x^2}$,$(\arccos x)' = -\dfrac{1}{(1-x^2)^{1/2}}$。根据磁化强度运动方程(7.1.1)在直角坐标系中的三个分量形式,可得

$$M\cos\theta\cos\phi\frac{\partial\theta}{\partial t} - M\sin\theta\sin\phi\frac{\partial\phi}{\partial t} = -\gamma\left(M\sin\theta\frac{\sin\phi}{\mu_0 M\sin\theta}\frac{\partial F}{\partial\theta} + M\cos\theta\frac{\cos\phi}{\mu_0 M\sin\theta}\frac{\partial F}{\partial\phi}\right) \tag{7.5.4}$$

$$M\cos\theta\sin\phi\frac{\partial\theta}{\partial t} + M\sin\theta\cos\phi\frac{\partial\phi}{\partial t} = -\gamma\left(M\sin\theta\frac{\cos\phi}{\mu_0 M\sin\theta}\frac{\partial F}{\partial\theta} - M\cos\theta\frac{\sin\phi}{\mu_0 M\sin\theta}\frac{\partial F}{\partial\phi}\right) \tag{7.5.5}$$

$$-M\sin\theta\frac{\partial\theta}{\partial t} = -\gamma\left[M\sin\theta\cos\phi\left(-\frac{\cos\phi}{\mu_0 M\sin\theta}\frac{\partial F}{\partial\phi} - M\sin\theta\sin\phi\frac{\sin\phi}{\mu_0 M\sin\theta}\frac{\partial F}{\partial\phi}\right)\right] \tag{7.5.6}$$

以上三个方程中,只有两个是独立的。联立解出

$$\left.\begin{aligned} \frac{\partial\theta}{\partial t} &= -\gamma\frac{1}{\mu_0 M\sin\theta}\frac{\partial F}{\partial\phi} \\ \frac{\partial\phi}{\partial t} &= \gamma\frac{1}{\mu_0 M\sin\theta}\frac{\partial F}{\partial\theta} \end{aligned}\right\} \tag{7.5.7}$$

设在有效场的作用下 $\boldsymbol{M}_{\text{s}}$ 的平衡位置为(θ_0,ϕ_0)。显然应有

$$\left(\frac{\partial F}{\partial\theta}\right)_{\substack{\theta=\theta_0\\ \phi=\phi_0}} = 0, \qquad \left(\frac{\partial F}{\partial\phi}\right)_{\substack{\theta=\theta_0\\ \phi=\phi_0}} = 0 \tag{7.5.8}$$

假如磁化强度 $\boldsymbol{M}$ 离开平衡位置有一个小的偏离角,偏离分量为 $\Delta\theta,\Delta\phi$。则可将偏离后的自由能 F 在平衡位置(θ_0,ϕ_0)附近展开。考虑到式(7.5.8)后,展开式为

$$F = F(\theta_0,\phi_0) + \frac{1}{2}\left[\left(\frac{\partial^2 F}{\partial\theta^2}\right)_{\theta_0,\phi_0}(\Delta\theta)^2 + 2\left(\frac{\partial^2 F}{\partial\theta\partial\phi}\right)_{\theta_0,\phi_0}\Delta\theta\Delta\phi + \left(\frac{\partial^2 F}{\partial\phi^2}\right)_{\theta_0,\phi_0}(\Delta\phi)^2\right] + \cdots \tag{7.5.9}$$

设 $\Delta\theta(t)$ 和 $\Delta\phi(t)$ 随时间的变化因子为 $e^{i\omega t}$,则 $\frac{\partial\theta}{\partial t} = \frac{\partial(\theta_0+\Delta\theta)}{\partial t} = i\omega\Delta\theta$,$\frac{\partial\phi}{\partial t}=\frac{\partial(\phi_0+\Delta\phi)}{\partial t}=i\omega\Delta\phi$。于是可有

$$\left.\begin{aligned} i\omega\mu_0 M\sin\theta_0\cdot\Delta\theta &= -\gamma\left[\left(\frac{\partial^2 F}{\partial\phi^2}\right)_{\theta_0,\phi_0}\Delta\phi + \left(\frac{\partial^2 F}{\partial\theta\partial\phi}\right)_{\theta_0,\phi_0}\Delta\theta\right] \\ i\omega\mu_0 M\sin\theta_0\cdot\Delta\phi &= \gamma\left[\left(\frac{\partial^2 F}{\partial\theta\partial\phi}\right)_{\theta_0,\phi_0}\Delta\phi + \left(\frac{\partial^2 F}{\partial\theta^2}\right)_{\theta_0,\phi_0}\Delta\theta\right] \end{aligned}\right\} \tag{7.5.10}$$

式(7.5.10)是 $\Delta\theta,\Delta\phi$ 的齐次联立方程式,由它的有解条件可求出 ω 的特征值,即共振频率为

$$\omega_0^2 = \frac{\gamma^2}{\mu_0^2 M^2\sin^2\theta_0}\left[\frac{\partial^2 F}{\partial\theta^2}\cdot\frac{\partial^2 F}{\partial\phi^2} - \left(\frac{\partial^2 F}{\partial\theta\partial\phi}\right)^2\right]_{\theta_0,\phi_0} \tag{7.5.11}$$

ω_0^2 的正根即为共振频率。

如欲求张量磁导率,则必须在式(7.5.4)~(7.5.6)中加入交变场 $\boldsymbol{h}$ 和阻尼项。这样,式(7.5.10)就成为非齐次的联立方程,然后由此求出 M_θ,M_ϕ 为 $\boldsymbol{h}(h_\theta,h_\varphi)$的函数。张量磁导率的形式将如上节的式(7.4.16)所表示。

实际观测时,常将单晶样品磨制成圆球,然后定出样品的一个(011)面以及三个主晶轴方向。将样品的(011)面安置在一个水平转台上,同时静磁场 H 也在水平面即(011)面内。转动样品,依次使三个主晶轴与 H 的方向平行,分别测出共振峰的位置。下面对这种情况进行计算[14]。

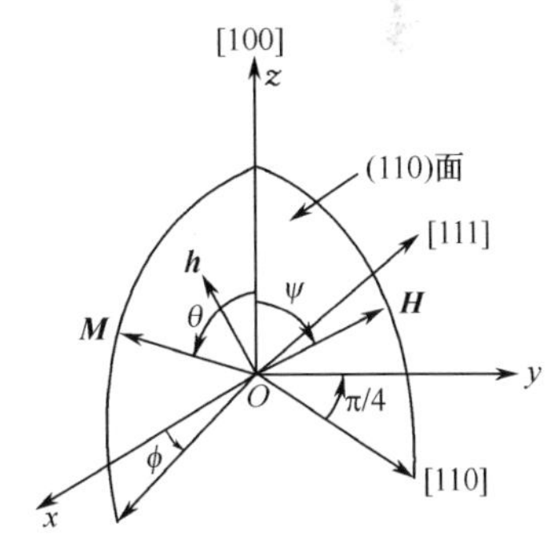

图 7-6　式(7.5.13)中的几何关系图

如图 7-6,磁场 $\boldsymbol{H}$ 在晶体的(110)面内,方向角为 ψ。$\boldsymbol{M}$ 的方位角为(θ,ϕ),则晶体的磁晶各向异性能为

$$F_K = \frac{K_1}{4}(\sin^4\theta\sin^2 2\phi + \sin^2 2\theta) + \frac{K_2}{16}(\sin^2 2\phi\sin^2 2\theta\sin^2\theta) \tag{7.5.12}$$

自由能为

$$F = F_K - \mu_0 MH\left[\cos\theta\cos\psi + \sin\theta\sin\psi\cos\left(\phi - \frac{\pi}{4}\right)\right] + \frac{1}{6}M^2 \tag{7.5.13}$$

式中第三项为球体的退磁场能。第二项磁场能中未计入交变磁场。$\boldsymbol{M}$ 的平衡位

置($\boldsymbol{\theta}_0, \phi_0$)由

$$\frac{\partial F}{\partial \theta} = \frac{\partial F}{\partial \phi} = 0 \tag{7.5.14}$$

决定,即有

$$\left.\begin{aligned} \frac{\partial F_{\mathrm{K}}}{\partial \theta} &= \mu_0 MH\left[\cos\theta\sin\psi\cos\left(\phi - \frac{\pi}{4}\right) - \sin\theta\cos\psi\right] \\ \frac{\partial F_{\mathrm{K}}}{\partial \phi} &= -\mu_0 MH\sin\theta\sin\psi\sin\left(\phi - \frac{\pi}{4}\right) \end{aligned}\right\} \tag{7.5.15}$$

共振频率 ω_0 可应用式(7.5.11)算出。

如 $\boldsymbol{H} /\!/ [100]$,则 $\psi = 0°$。由式(7.5.12)可见 $\frac{\partial F_{\mathrm{K}}}{\partial \phi} = \frac{K_1}{2}\sin^4\theta\sin4\phi = 0$,故 $\theta = 0°$,即 $\boldsymbol{M}$ 的方向平行于 $\boldsymbol{H}$。考察式(7.5.12)可以证明,只有在 $\boldsymbol{H}$ 平行于[100],[110]和[011]三个晶轴方向时,有限大的 H 才能使 $\boldsymbol{M}$ 与它完全平行。

$\boldsymbol{H}$ 在其他方向上相当强时,$\boldsymbol{M}$ 在(110)面内接近于 $\boldsymbol{H}$,它们之间的夹角 $\varepsilon \equiv \psi - \theta$ 很小。由式(7.5.15)近似地可得到$\left(\phi = \frac{\pi}{4}\right)$

$$\frac{\partial F_{\mathrm{K}}}{\partial \theta} = \mu_0 MH\sin(\psi - \theta) \approx \varepsilon\mu_0 MH \tag{7.5.16}$$

即

$$\varepsilon = K_1\sin\theta\cos\theta(3\cos^2\theta - 1)/\mu_0 MH \tag{7.5.17}$$

按式(7.5.11)可得共振频率为

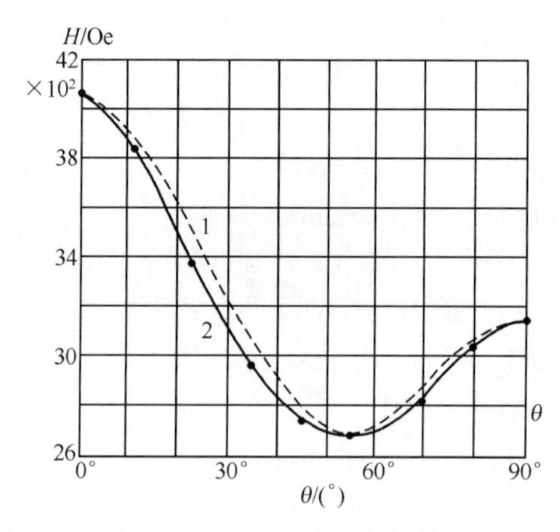

图 7-7　共振实验数据和理论曲线的比较(实验采用 CGS 单位制)

样品为 MnZn 铁氧体,$T = 77\mathrm{K}$,$f = 9.198\mathrm{GHz}$,$\frac{K_1}{M} = -399\mathrm{Oe}$,$\frac{K_2}{M} = -121\mathrm{Oe}$,$\frac{\omega}{\gamma} = 3256\mathrm{Oe}$。图线 1 为假设 $M /\!/ H$ 的计算曲线,图线 2 为按式(7.5.18)计算的理论曲线

$$\omega_0 = \gamma\left[\left(H + \frac{\cot\theta}{\mu_0 M}\cdot\frac{\partial F_K}{\partial\theta} + \frac{1}{\mu_0 M\sin^2\theta}\frac{\partial^2 F_K}{\partial\phi^2}\right)\left(H + \frac{1}{\mu_0 M}\frac{\partial^2 F_K}{\partial\theta^2}\right)\right]^{\frac{1}{2}} \tag{7.5.18}$$

如将$\frac{\partial F_K}{\partial\theta}$,$\frac{\partial^2 F_K}{\partial\phi^2}$,$\frac{\partial^2 F_K}{\partial\theta^2}$等计算结果代入式(7.5.18),并假设 $\boldsymbol{M}/\!/\boldsymbol{H}$ 则得出与式(7.4.13)和(7.4.15)相同的公式,即基特尔的公式,可见基特尔公式只准确到 ε 的一次项。图 7-7 引证了唐南瓦尔德(Tannenwald)的实验结果与理论的比较。图中的曲线采用的是 CGS 单位制。在 CGS 制中式(7.5.18)应改为

$$\omega_0 = \gamma\left[\left(H + \frac{\cot\theta}{M}\cdot\frac{\partial F_K}{\partial\theta} + \frac{1}{M\sin^2\theta}\frac{\partial^2 F_K}{\partial\phi^2}\right)\left(H + \frac{1}{M}\frac{\partial^2 F_K}{\partial\theta^2}\right)\right]^{\frac{1}{2}} \tag{7.5.19}$$

由图 7-7 可见,在考虑了 $\boldsymbol{M}$ 与 $\boldsymbol{H}$ 的方向不完全重合的影响后(图中曲线 2),理论曲线(7.5.19)与实验结果符合得非常好。

以上是在立方晶系中的计算结果,下面讨论六角晶系。将样品取为单晶小球。为简单起见,取磁晶各向异性能为

$$F_K = K_0 + K_1\sin^2\theta \tag{7.5.20}$$

其中,θ 为 $\boldsymbol{M}$ 与[0001]间的夹角。设磁场 $\boldsymbol{H}$ 与[0001]轴间的夹角为 ξ,$\boldsymbol{M}$ 和 $\boldsymbol{H}$ 的方位角分别为 φ 和 η。则系统的总自由能为

$$\begin{aligned} F = F_K - \mu_0\boldsymbol{M}\cdot\boldsymbol{H} &= K_0 + K_1\sin^2\theta - \mu_0 MH \\ &\cdot[\cos\xi\cos\theta + \sin\xi\sin\theta\cos(\eta - \varphi)] \end{aligned} \tag{7.5.21}$$

$\boldsymbol{M}$ 的平衡位置(θ_0,φ_0)由

$$\frac{\partial F}{\partial\theta} = \frac{\partial F}{\partial\varphi} = 0$$

决定。由此得到的结果是

$$\left.\begin{aligned} \sin(\xi - \theta_0) &= \frac{K_1}{\mu_0 MH}\sin2\theta_0 \\ \varphi_0 &= \eta \end{aligned}\right\} \tag{7.5.22}$$

利用式(7.5.22)中的条件,可求得

$$\left(\frac{\partial^2 F}{\partial\theta^2}\right)_{\theta_0,\varphi_0} = 2K_1\cos2\theta_0 + \mu_0 MH\cos(\xi - \theta_0) \tag{7.5.23}$$

$$\left(\frac{\partial^2 F}{\partial\varphi^2}\right)_{\theta_0,\varphi_0} = \mu_0 MH\sin\xi\sin\theta_0 \tag{7.5.24}$$

$$\left(\frac{\partial^2 F}{\partial\theta\partial\varphi}\right)_{\theta_0,\varphi_0} = 0 \tag{7.5.25}$$

将式(7.5.23)~(7.5.25)代入式(7.5.11),不难得到

$$\omega_0 = \frac{\gamma}{\mu_0 M\sin\theta_0}\{[2K_1\cos2\theta_0 + \mu_0 MH\cos(\xi - \theta_0)]\mu_0 MH\sin\xi\sin\theta_0\}^{\frac{1}{2}} \tag{7.5.26}$$

下面给出当磁场沿某些特殊方向时所得的结果:

1) **H** 垂直于[0001]轴。这时 $\xi=\frac{\pi}{2}$,由式(7.5.22)可求得

$$\sin\theta_0 = \frac{\mu_0 MH}{2K_1} \tag{7.5.27}$$

引入$\frac{2K_1}{\mu_0 M}=H_K$,于是

$$\sin\theta_0 = \frac{H}{H_K} \tag{7.5.28}$$

对此,我们可分两种情况进行讨论:

① $H\leqslant H_K$。这时,式(7.5.28)显然成立。将其代入式(7.5.26),得

$$\omega_0 = \gamma(H_K^2 - H^2)^{\frac{1}{2}} \quad (H < H_K) \tag{7.5.29}$$

② $H\gg H_K$。这时可认为 **M** 与 **H** 方向相同,即 $\theta_0=\frac{\pi}{2}$。由式(7.5.26)可得

$$\omega_0=\gamma[H(H-H_K)]^{\frac{1}{2}} \quad (H\gg H_K) \tag{7.5.30}$$

2) **H**//[0001]轴。这时 $\xi=0$,由式(7.5.22)可求得 $\theta_0=0$。这使式(7.5.26)失去了意义。为了求出共振频率,我们取极限情况:$\xi\to0,\theta_0\to0$。将这一条件代入式(7.5.22),取 $\cos\xi=1,\cos\theta_0=1$,容易得到

$$\sin\xi = \left(\frac{2K_1}{\mu_0 MH} + 1\right)\sin\theta_0 \tag{7.5.31}$$

将这一平衡条件代入式(7.5.23)~(7.5.25),可得

$$\left.\begin{aligned}\frac{\partial^2 F}{\partial\theta^2} &= 2K_1 + \mu_0 MH \\ \frac{\partial^2 F}{\partial\varphi^2} &= (2K_1 + \mu_0 MH)\sin^2\theta_0 \\ \frac{\partial^2 F}{\partial\theta\partial\varphi} &= 0\end{aligned}\right\} \tag{7.5.32}$$

将以上结果代入式(7.5.11),最后得出

$$\omega_0 = \gamma(H_K + H) \tag{7.5.33}$$

以上计算的六角晶系的 ω_0-H 关系示于图7-8中。

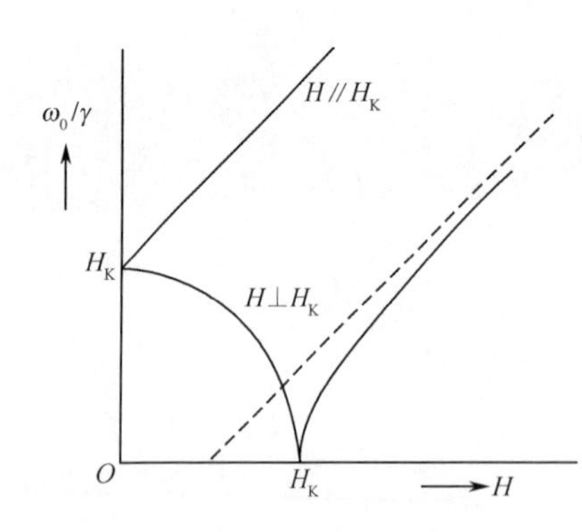

图7-8　外磁场 **H** 加于六角晶系不同晶轴方向时 ω_0-H 的关系

第六节　未饱和磁化铁磁体的共振和自然共振

上一节所讨论的是假设铁磁晶体为单畴状态,没有考虑磁畴结构对于共振峰的影响。当外加直流磁场较低未能使铁磁体达到饱和磁化时,则必须考虑磁畴结构对铁磁共振的影响。斯密特首先考虑了这一问题并用上节的方法计算了钡铁氧体($BaFe_{12}O_{19}$)单晶体在未饱和磁化状态下的共振峰[12]。本节介绍有关这方面的理论[4]。

$BaFe_{12}O_{19}$单晶体的磁畴结构比较简单,只有180°畴,畴壁平行于 c 轴。设样品为旋转椭球体,旋转对称轴沿 c 轴方向,取其为 z 轴。则应有

$$N_x = N_y = N$$

$$N_z = 1 - 2N$$

未加磁场时,晶体应包含正方向(与 z 轴同向)和反方向(与 z 轴方向相反)两类畴,各占体积的一半。沿 y 轴加外磁场 $\boldsymbol{H}$,这时两种畴内的磁化矢量 $\boldsymbol{M}_1$ 和 $\boldsymbol{M}_2$ 均将离开易磁化轴方向,设它们的方位角分别为(θ_1,ϕ_1)和(θ_2,ϕ_2),晶体的各项磁相互作用能应具有以下形式:

1) 磁晶各向异性能

$$F_K = \frac{K_1}{2}(\sin^2\theta_1 + \sin^2\theta_2) \tag{7.6.1}$$

2) 磁场能

$$F_H = -\frac{\mu_0 HM}{2}(\sin\theta_1\sin\phi_1 + \sin\theta_2\sin\phi_2) \tag{7.6.2}$$

3) 退磁场能

$$F_D = \frac{M^2}{8}\{N(\sin\theta_1\cos\phi_1 + \sin\theta_2\cos\phi_2)^2 + N(\sin\theta_1\sin\phi_1 + \sin\theta_2\cos\phi_2)^2 + (1-2N)(\cos\theta_1 + \cos\theta_2)^2\} \tag{7.6.3}$$

4) 畴壁上产生的退磁场能(设畴壁法线与 $\boldsymbol{H}$ 间的角度为 α,取畴壁法线方向的退磁因数为1)

$$F_{DW} = \frac{M^2}{8}[\sin\theta_1\cos(\phi_1 - \alpha) - \sin\theta_2\cos(\phi_2 - \alpha)]^2 \tag{7.6.4}$$

晶体的自由能为

$$F = F_K + F_H + F_D + F_{DW} \tag{7.6.5}$$

磁化矢量 $\boldsymbol{M}_1$ 和 $\boldsymbol{M}_2$ 的平衡方向由以下条件决定:

$$\frac{\partial F}{\partial\theta_1} = \frac{\partial F}{\partial\phi_1} = \frac{\partial F}{\partial\theta_2} = \frac{\partial F}{\partial\phi_2} = 0 \tag{7.6.6}$$

由式(7.6.6)所得的结果是

1) 当 $H<H_K+NM$ 时,其中 $H_K=\dfrac{2K_1}{\mu_0 M}$

$$\left.\begin{aligned}\theta_1 &= \pi - \theta_2 = \arcsin\left(\frac{H}{H_K+NM}\right)\\ \phi_1 &= \phi_2 = \frac{\pi}{2}\end{aligned}\right\} \tag{7.6.7}$$

由于 $\boldsymbol{M}_1,\boldsymbol{M}_2$ 的方向不同,所以存在着磁畴结构。

2) 当 $H>H_K+NM$ 时

$$\theta_1 = \theta_2 = \frac{\pi}{2},\quad \phi_1 = \phi_2 = \frac{\pi}{2} \tag{7.6.8}$$

即 $\boldsymbol{M}_1,\boldsymbol{M}_2$ 都与 $\boldsymbol{H}$ 同方向,磁畴结构消失。

下面计算共振频率,分两种情况:

1) 铁磁晶体不存在磁畴结构,即样品为均匀磁化的单畴,它对应于 $H>H_K+NM$范围。

这与上一节讨论的情况相同。共振频率可按上一节所介绍的方法通过进一步考虑退磁场效应求出,也可由(7.4.6)式通过增加磁晶各向异性场 H_K 的作用得到,其结果是

当 $H<H_K-(1-3N)M$ 时

$$\omega_0^2 = \gamma^2\{[H_K-(1-3N)M]^2-H^2\} \tag{7.6.9}$$

当 $H>H_K-(1-3N)M$ 时

$$\omega_0^2 = \gamma^2 H[H-H_K+(1-3N)M] \tag{7.6.10a}$$

式(7.6.9)无实际意义。式(7.6.10a)只有在 $H>H_K+NM$ 时有用。因为在 $H<H_K+NM$范围内,铁磁体实际上具有磁畴结构,不应当再用均匀磁化时的公式来计算共振频率。以上计算结果示于图 7-9 中,其中无实际意义的部分用虚线标出。

2) 铁磁晶体存在磁畴结构,它对应于 $H<H_K+NM$ 范围。

在存在磁畴的情况下,仍须用式(7.5.9)至式(7.5.11)的步骤来计算共振频率。但是原来式中 $\boldsymbol{M}$ 的小偏量现在要分开按两种磁畴来计算。令 $\Delta\theta_1=x_1,\Delta\phi_1=x_2;\Delta\theta_2=x_3,\Delta\phi_2=x_4$。利用平衡条件(7.6.7),将 F 在平衡点附近用 $\Delta\theta_1,\Delta\phi_1,\Delta\theta_2,\Delta\phi_2$ 展开。由 $\boldsymbol{M}_1,\boldsymbol{M}_2$ 的进动方程与自由能间的关系可以得出以下联立方程

$$\left.\begin{aligned}F_{11}x_1+(F_{12}+\mathrm{i}Z)x_2+F_{13}x_3+F_{14}x_4&=0\\ (F_{12}-\mathrm{i}Z)x_1+F_{22}x_2+F_{23}x_3+F_{24}x_4&=0\\ F_{13}x_1+F_{23}x_2+F_{33}x_3+(F_{34}+\mathrm{i}Z)x_4&=0\\ F_{14}x_1+F_{24}x_2+(F_{34}-\mathrm{i}Z)x_3+F_{44}x_4&=0\end{aligned}\right\} \tag{7.6.11}$$

这里 $F_{ij}=F_{ji}=\dfrac{\partial^2 F}{\partial x_i \partial x_j}$ 是取磁矩平衡时 $\left(\theta_1=\pi-\theta_2=\theta,\phi_1=\phi_2=\dfrac{\pi}{2}\right)$ 的数值，$Z=\dfrac{\omega M\sin\theta}{2\gamma}$。

由联立方程(7.6.11)有非零解的条件可得出共振频率 ω_0。

当 $\alpha=0$ 或 $\dfrac{\pi}{2}$ 时，有两个比较简单的解：

$$\left(\frac{\omega_0}{\gamma}\right)^2_{\parallel}=(H_K+NM)(H_K+M\cos^2\alpha)-\frac{H_K+M\cos^2\alpha}{H_K+NM}H^2 \tag{7.6.12a}$$

$$\left(\frac{\omega_0}{\gamma}\right)^2_{\perp}=(H_K+NM)(H_K+M\sin^2\alpha)-\frac{H_K+M\sin^2\alpha-(1-2N)M}{H_K+NM}H^2 \tag{7.6.13a}$$

如果进一步考虑交变场的作用，可以看出 $\left(\dfrac{\omega_0}{\gamma}\right)_{\parallel}$ 一支只能被平行于 $\boldsymbol{H}$ 的交变场 $\boldsymbol{h}$ 所激发；而 $\left(\dfrac{\omega_0}{\gamma}\right)_{\perp}$ 一支只能被垂直于 $\boldsymbol{H}$ 的 $\boldsymbol{h}$ 所激发。

当 $\alpha\neq 0°$ 或 $\dfrac{\pi}{2}$ 时，两个解的位置略有变动，同时磁化偏振状态有一些混合。

斯密特和贝耳哲斯最早进行了上述计算并把计算结果总结在一个图中。他们在计算中采用的是 CGS 单位制，在这一单位制中，式(7.6.10a)应改为

$$\omega_0^2=\gamma^2 H[H-H_K+(4\pi-3N)M]\quad (H>H_K+NM) \tag{7.6.10b}$$

式(7.6.12a)和(7.6.13a)应分别改为

$$\left(\frac{\omega_0}{\gamma}\right)^2_{\parallel}=(H_K+NM)(H_K+4\pi M\cos^2\alpha)-\frac{H_K+4\pi M\cos^2\alpha}{H_K+NM}H^2\quad (H<H_K+NM) \tag{7.6.12b}$$

$$\left(\frac{\omega_0}{\gamma}\right)^2_{\perp}=(H_K+NM)(H_K+4\pi M\sin^2\alpha)-\frac{H_K+4\pi M\sin^2\alpha-(4\pi-2N)M}{H_K+NM}H^2\quad (H<H_K+NM) \tag{7.6.13b}$$

我们在图 7-9 中引证了斯密特和贝耳哲斯的图解[12]。在具体的实验工作中，他们用 24 000MHz 的交变场 $\boldsymbol{h}$ 在 xy 平面内与 $\boldsymbol{H}$ 成 45°角，通过改变样品温度使 $4\pi M$ 变动，证实了图 7-7 内的各种情况。

由图 7-9 可见，在图解上半部区域，用一定的操作频率 ω_0，改变磁场 H 可得到三个共振峰（平行于 H 轴的直线与图线有三个交点）。当 $\dfrac{\omega_0}{\gamma}$ 低于 $\sqrt{(H_K+NM)(4\pi-2N)M}$ 时，或 $\dfrac{\omega_0}{\gamma}$ 高于 $\sqrt{(H_K+NM)(H_K+4\pi M)}$ 时，只有一个

共振峰。这就是考虑了磁畴结构之后对于 $BaFe_{12}O_{19}$ 的复共振峰的解释。

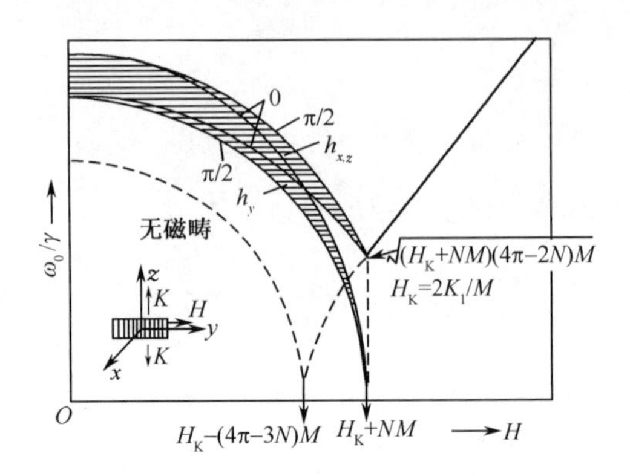

图 7-9　共振频率与外场强度的关系，按 $BaFe_{12}O_{19}$ 的室温下 K 和 M 值画出。畴壁法线与 H 的夹角 $\alpha=0,\frac{\pi}{2}$ 标在图线上(各有两支)。横线区域为 $0<\alpha<\frac{\pi}{2}$

立方晶系样品的畴结构比这复杂得多，阿尔特曼曾做了计算[14]，这里不再介绍。

作为上面研究的一种特殊情况，在适当低的交变磁场频率下，即使不加外磁场 $\boldsymbol{H}$，只有 H_K 起作用，也能产生共振现象，人们称为自然共振。在不考虑样品形状影响的条件下，对于立方晶系及六角晶系中的主轴型(即 $K_1>0$)铁磁体，自然共振频率为

$$\omega_0 = \gamma H_K = \gamma \frac{2\mid K_1 \mid}{\mu_0 M} \tag{7.6.14}$$

对于六角晶系中的平面型铁磁体，自然共振频率为

$$\omega_0 = \gamma\sqrt{H_K^\theta H_K^\phi} = \gamma \frac{6\sqrt{\mid K_1 \mid K_3}}{\mu_0 M} \tag{7.6.15}$$

对于一般铁磁晶体，$H_K\approx10\sim10^3$Oe(约 $10^3\sim10^5$A/m)，故 ω_0 的变化范围为 10～1000MHz。

当磁化矢量 $\boldsymbol{M}$ 在畴内偏转而产生进动时，在畴壁上将形成磁极而产生退磁场，退磁场的大小直接影响共振频率。由于不加外场时的磁畴结构非常复杂，因此自然共振峰所受磁畴结构的影响也是非常复杂的，共振峰往往出现在一个较宽的频率范围内，成为铁氧体在高频和超高频波段的主要吸收损耗。我们在第六章第九节曾讨论过这个问题 。对自然共振采用严密的数学处理既复杂也无实际意义，下面介绍颇耳德和斯密特等人对这个问题所做的简单图解分析[15,16]。

颇耳德等人的简单图解如图 7-10 所示。样品为椭球形状，图(a)为 $\boldsymbol{h}$ 垂直于畴壁的情况，图(b)为 $\boldsymbol{h}$ 平行于畴壁的情况。图中最上部分是包含 $\boldsymbol{M}$ 并平行于畴

壁的侧面图;中间部分是平行于 $\boldsymbol{M}$ 的俯视图,$\boldsymbol{M}$ 绕 $\boldsymbol{H}_{\mathrm{K}}$ 而进动;最下部分是整个样品在垂直于 $\boldsymbol{M}$ 方向的截面图。

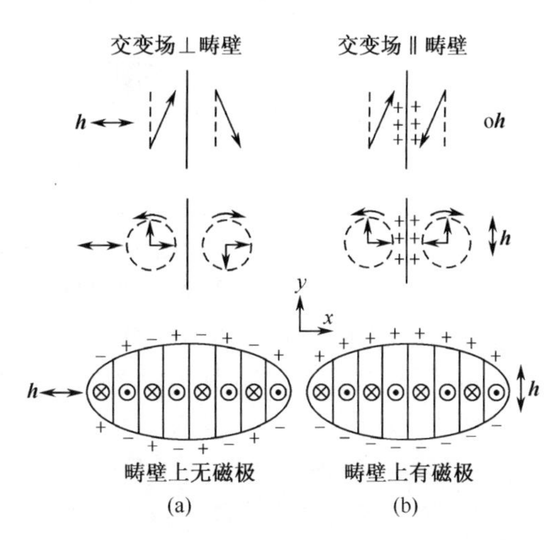

图 7-10　磁畴和有效退磁因数

在图(a)中,相邻两畴内 $\boldsymbol{M}$ 的进动使任一瞬间在壁上所生的磁极符号相反而抵消,但整个样品沿长轴 x 方向却有一磁化强度,因此,退磁因数 $N_x^{有效}=N_x$ 即椭球原来沿长轴的退磁因数。$N_y^{有效}=N_z^{有效}=0$,因为在 z,y 两方向上相邻畴的表面磁极符号相反而抵消。

在(b)图中,畴壁上每一瞬间所生的磁极符号相同,样品的磁畴为平行片状,故 $N_x^{有效}=1,N_y^{有效}=N_y,N_z^{有效}=0$。按上述两种情形,$0\leqslant N_x^{有效}+N_y^{有效}+N_z^{有效}\leqslant 2$。

实际的磁畴结构比这一例子复杂得多。各种可能的磁畴形状以及晶粒分布使 N_x 和 N_y 都有从 0 到 1 的各种数值。因之,自然共振峰的频率范围从 $\omega_0=\gamma H_{\mathrm{K}}$ 开始到 $\omega_0=\gamma(H_{\mathrm{K}}+M)$ 止(参看式(7.4.13)),即从几十或几百兆赫到几千兆赫的一个宽频带,最强烈的吸收靠近低频段。总之,在低外磁场下,各种不同形状的晶粒和不同磁畴结构的部分在不同 ω 处出现共振吸收,磁化强度 M 较低的样品的吸收频带则较窄,这是本节所得到一个重要结论,这些结论得到斯密特等的实验证实[16]。

由于强烈的自然共振吸收开始出现在 $\omega_0=\gamma H_{\mathrm{K}}$ 处,因此,$\omega_0=\gamma H_{\mathrm{K}}$ 成为软磁材料的使用频率上限,称为截止频率,因为在该频率以上,不仅损耗急剧增加,同时磁导率也大幅度下降,因而失去了使用价值。另一方面,微波铁氧体材料用于超高频范围。为了减少能量损耗,将 $\omega_0=\gamma(H_{\mathrm{K}}+M)$ 作为使用频率下限。一般说来,微波铁氧体的 $H_{\mathrm{K}}\ll M_{\mathrm{s}}$,故在使用微波铁氧体材料时通常将工作频率的下限设计为 $(1.2\sim1.5)\gamma M_{\mathrm{s}}$。

*第七节　亚铁磁共振[4]

在微波波段使用的铁磁性材料绝大多数是铁氧体材料。铁氧体属于亚铁磁性,由两个或两个以上的次晶格组成。我们在前面讨论铁磁共振现象时没有考虑次晶格结构对铁磁共振的影响。一般说来,这样做是允许的。因为通常铁磁共振实验中所用的高频磁场在几千到几万兆赫。在这样频率范围内的铁磁共振不会破坏铁氧体内次晶格之间的磁矩反平行耦合。亦即,在磁矩的进动过程中,不会破坏次晶格间的交换作用所造成的有序状态。为了说明这一问题,我们用分子场模型做一简单的估计:分子场 H_{m} 约为 10^7Oe,与之相应的共振频率 $f_0 \approx 10^{13}$Hz,处于红外波段。这种因交换作用等效场而产生的共振称为交换共振。只有特殊条件下,交换共振才会出现在微波波段内。

本节讨论次晶格对铁磁共振的影响。在讨论中我们仍然采用奈尔提出的两种次晶格的模型。讨论仅限于推导亚铁磁体在进动过程中的本征频率,故可略去磁矩运动方程中的阻尼项。设两种次晶格的磁化矢量分别为 $\boldsymbol{M}_1 = \boldsymbol{z}_0 M_{10}$, $\boldsymbol{M}_2 = -\boldsymbol{z}_0 M_{20}$($\boldsymbol{z}_0$为 z 轴方向的单位矢量)。合成的磁化强度为 $\boldsymbol{M} = \boldsymbol{M}_1 + \boldsymbol{M}_2$,即有 $\boldsymbol{M} = \boldsymbol{z}_0 M$, $M = |M_{10} - M_{20}|$。

当在恒定磁场中进动时

$$\left.\begin{aligned} \boldsymbol{M}_1 &= z_0 M_{10} + \boldsymbol{m}_1 \mathrm{e}^{\mathrm{i}\omega t} \\ \boldsymbol{M}_2 &= - z_0 M_{20} + \boldsymbol{m}_2 \mathrm{e}^{\mathrm{i}\omega t} \end{aligned}\right\} \tag{7.7.1}$$

为了简单起见,在进动方程中我们不考虑磁晶各向异性和样品形状的影响,只考虑外磁场及次晶格交换作用等效场(以分子场表示)的作用,于是两种次晶格的磁化矢量运动方程为

$$\mathrm{i}\omega \boldsymbol{M}_1 = - \gamma_1 \boldsymbol{M}_1 \times (\boldsymbol{H} - \lambda \boldsymbol{M}_2) \tag{7.7.2a}$$

$$\mathrm{i}\omega \boldsymbol{M}_2 = - \gamma_2 \boldsymbol{M}_2 \times (\boldsymbol{H} - \lambda \boldsymbol{M}_1) \tag{7.7.2b}$$

以上方程中,因不同次晶格的 g 因子不相等,故分别以 γ_1 和 γ_2 来区别。分子场应有两部分,例如 $\boldsymbol{M}_1$ 所在的分子场为 $\lambda_{11}\boldsymbol{M}_1 - \lambda_{12}\boldsymbol{M}_2$, $\boldsymbol{M}_2$ 所在的分子场为 $\lambda_{22}\boldsymbol{M}_2 - \lambda_{21}\boldsymbol{M}_1$。代入方程(7.7.2)后,第一项均因矢乘积相乘为零。此外,式中 $\lambda_{12} = \lambda_{21} = \lambda$, $\boldsymbol{H} = z_0 H_z$ 为直流静磁场。

将方程(7.7.2)写成分量形式并取线性近似,可得

$$\left.\begin{aligned} &\mathrm{i}\omega m_{1x} + \gamma_1 (H_z + \lambda M_{20}) m_{1y} + \gamma_1 \lambda M_{10} m_{2y} = 0 \\ &- \gamma_1 (H_z + \lambda M_{20}) m_{1x} + \mathrm{i}\omega m_{1y} - \gamma_1 \lambda M_{10} m_{2x} = 0 \\ &\mathrm{i}\omega m_{2x} + \gamma_2 (H_z - \lambda M_{10}) m_{2y} - \gamma_2 \lambda M_{20} m_{1y} = 0 \\ &- \gamma_2 (H_z - \lambda M_{10}) m_{2x} + \gamma_2 \lambda M_{20} m_{1x} + \mathrm{i}\omega m_{2y} = 0 \\ &\mathrm{i}\omega m_{1z} = \mathrm{i}\omega m_{2z} = 0 \end{aligned}\right\} \tag{7.7.3}$$

引入以下的简化符号

$$\left.\begin{aligned} m_{1\pm} &= m_{1x} \pm \mathrm{i} m_{1y} \\ m_{2\pm} &= m_{2x} \pm \mathrm{i} m_{2y} \end{aligned}\right\} \tag{7.7.4}$$

则方程(7.7.3)可改写成如下

$$\left.\begin{aligned} [\gamma_1(H_z + \lambda M_{20}) \mp \omega] m_{1\pm} + \gamma_1 \lambda M_{10} m_{2\pm} &= 0 \\ \gamma_2 \lambda M_{20} m_{1\pm} - [\gamma_2(H_z - \lambda M_{10}) \mp \omega] m_{2\pm} &= 0 \end{aligned}\right\} \tag{7.7.5}$$

上列联立方程具有非零解的条件为(只取 m_{1+}, m_{2+} 两根)

$$(\omega - A_2)(\omega - A_1) + B_1 B_2 = 0 \tag{7.7.6}$$

其中,

$$\left.\begin{aligned} A_1 &= \gamma_2(H_z - \lambda M_{10}), \quad B_1 = \gamma_1 \lambda M_{10} \\ A_2 &= \gamma_1(H_z + \lambda M_{20}), \quad B_2 = \gamma_2 \lambda M_{20} \end{aligned}\right\} \tag{7.7.7}$$

由式(7.7.6)可解得

$$\omega = \frac{1}{2}(A_1 + A_2) \pm \sqrt{\frac{(A_1 + A_2)^2}{4} - B_1 B_2} \tag{7.7.8}$$

在上面的根式内含有 $\lambda(\gamma_1 M_{20} - \gamma_2 M_{10})$的一项通常比 $\gamma_1 H_z$ 或$\gamma_2 H_z$ 大得多。因此,在展开根式时可采用级数近似法。这样可得到在上式中取正号和负号两个近似结果:

$$\omega_f \approx \gamma_{\text{有效}} H_z \tag{7.7.9}$$

和

$$\omega_{ex} = -\lambda(\gamma_2 M_{10} - \gamma_1 M_{20}) + \frac{\gamma_1 + \gamma_2}{2} H_z \approx -\lambda(\gamma_2 M_{10} - \gamma_1 M_{20}) \tag{7.7.10}$$

其中,

$$\gamma_{\text{有效}} = (M_{10} - M_{20})\left(\frac{M_{10}}{\gamma_1} - \frac{M_{20}}{\gamma_2}\right)^{-1} = \frac{M_{10} - M_{20}}{s_1 - s_2} \tag{7.7.11}$$

ω_f 和 ω_{ex}是亚铁磁性介质的在同一次晶格上的磁矩一致进动的两个正则方程的频率。因以上是近似的结果,ω_f 基本上与交换作用无关,因此是亚铁磁体的铁磁共振频率。ω_{ex}则与交换作用的强度(即 λ)成比例。相应于 ω_{ex}的共振现象是交换共振。在通常应用的静磁场的数量级,ω_f 在微波频率范围内;而 ω_{ex}则比 ω_f 高得多,在红外波段或亚毫米波的频段内。

如近似地令 $\gamma_1 = \gamma_2 = \gamma$,将 ω_f 和 ω_{ex}的数值代入(7.7.3)联立方程,可以证明:

当 $\omega = \omega_f$时

$$\left.\begin{aligned} m_{1y} &= -\mathrm{i} m_{1x} \\ m_{2y} &= -\mathrm{i} m_{2x} \end{aligned}\right\} \tag{7.7.12}$$

因此在 xy 平面内,磁化矢量末端做右旋进动,故次晶格的交变磁矩做正圆偏振。

当 $\omega=\omega_{ex}$ 时

$$\left.\begin{aligned} m_{1y} &= \mathrm{i} m_{1x} \\ m_{2y} &= \mathrm{i} m_{2x} \end{aligned}\right\} \tag{7.7.13}$$

磁化矢量末端在 xy 平面内做左旋进动,故次晶格的交变磁矩做负圆偏振。

由式(7.7.5)还可得出以下关系

$$\text{当 } \omega = \omega_f \text{ 时,} \quad m_{2x,y} = -\frac{M_{20}}{M_{10}} m_{1x,y} \tag{7.7.14}$$

$$\text{当 } \omega = \omega_{ex} \text{ 时,} \quad m_{2x,y} = -m_{1x,y} \tag{7.7.15}$$

由此可见,在铁磁共振时($\omega=\omega_f$),两个次晶格上的磁矩在 xy 平面上的投影绝对值不相等;在交换共振时($\omega=\omega_{ex}$),这两个投影的绝对值保持相等(参看图 7-11)。容易证明,在图 7-11(a)中 $\boldsymbol{M}_1$ 和 $\boldsymbol{M}_2$ 的方向相反;在图 7-11(b)中,$\boldsymbol{M}_1$ 和 $\boldsymbol{M}_2$ 不再保持反平行,即图中 $\theta_1\neq\theta_2$。

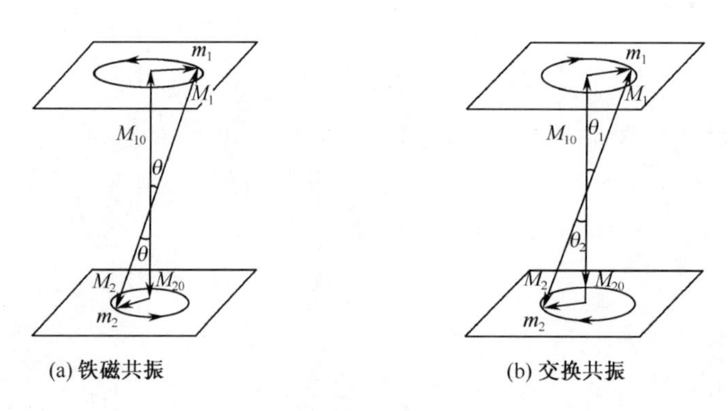

图 7-11　亚铁磁共振的进动

由于目前在实验室内还没有足够强的亚毫米波发生器,因此铁氧体的交换共振直到现在还未观测到。

具有 N 型 $M(T)$ 曲线的铁氧体,在其抵消点温度附近,式(7.7.10)的第一项比第二项不再特别大得多。因之 w_{ex} 可以出现在微波频段内,通过调整 H_z 就可以在同一样品中观测到铁磁共振和交换共振。这一现象已被梅克库艾尔在 $Li_{0.5}Cr_{1.25}Fe_{1.25}O_4$ 的多晶样品中发现[17]。

附带地,我们也可将前面的分析应用于反铁磁介质的共振现象。对于反铁磁体,$M_1=M_2$,$\gamma_1=\gamma_2=\gamma$。如果在式(7.7.2)中加入磁晶各向异性场 H_K,则方程(7.7.6)变为

$$\omega^2 - 2\gamma H\omega + \gamma^2(H^2 - H_K^2 - 2\lambda H_K M_1) = 0$$

故进动频率为

$$\omega_{\pm} = \gamma\left[H \pm \sqrt{H_K(H_K + 2\lambda M_1)}\right] \tag{7.7.16}$$

反铁磁体的共振现象在 $CuCl_2 \cdot 2H_2O$ 和类似单晶体中已有人做过详尽的研究，这些晶体的奈尔点在液体氦的温度附近，因之其共振频率在常用的超高频频段内。

*第八节　静磁型共振

前面几节所介绍的是磁矩的一致进动，即样品中的原子磁矩在围绕恒定磁场进动过程中始终保持方向一致，没有位相上的差异。除了一致进动以外，还存在着非一致进动。当样品处于非一致进动时，各原子磁矩的进动角和相位角将随位置而变化。下面将要介绍的静磁型共振和自旋波频谱即属于非一致进动。

为了实现磁矩的一致进动，在实验中要求将样品做得足够小并且把它放置在微波磁场均匀分布的地方。当样品的直径小于 0.5mm 时，在通常的操作频率($10^3 \sim 10^4$MHz)下，不仅避免了传播因素而且也不难做到在样品的体积内微波磁场具有高度的分布均匀性。1956 年以前所进行的有关铁磁共振的实验，多数都是这样做的。

1956 年怀特和索耳特有意识地将铁氧体单晶样品放在谐振腔中磁场矢量显然不均匀、并具有特点的位置[18]（如腔内靠近一个腔壁中点的位置），发现在同一操作频率下通过调节直流磁场的强度可以观察到一系列共振峰，其中最强者就是按基特耳公式所算出的位置（有时这一共振峰并不出现）。基特耳共振峰是一致进动的共振峰，其他共振峰显然是非一致进动的共振峰。在图 7-12 中我们引证了怀特等人的实验结果，样品为锰铁氧体单晶的圆盘（[100]垂直于盘面，操作频率为 9226MHz，盘直径＝0.100″，厚度＝0.005″）。

由图 7-12 可见，除了主峰（一致进动共振峰）以外，还存在一系列共振峰。显然，这些次峰是由于 $\boldsymbol{h}$ 不均匀形成的非一致进动造成的。进一步的实验还证明，当样品足够小时，各峰的相对位置不随样品的尺寸而变化，但显著地依赖于样品的形状。当改变样品的温度以改变 M 时，各峰的位置也将随之变化。

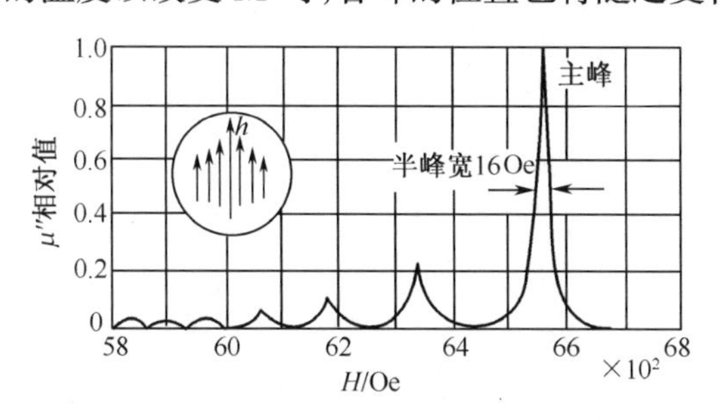

图 7-12　锰铁氧体单晶的共振峰群，附图画出盘内交变场的变化，静磁场垂直于盘面

沃克对这种非一致进动方式做了理论分析[19]。在他的理论中做了两点近似:① 由于样品足够小,没有考虑传播因素;② 由于样品又足够大,没有考虑交换作用。关于第二点,我们做一简单的说明。假设沿样品线度的分子磁矩数为 N。根据交换能的定义,每一分子磁矩由于方向不一致而产生的交换增量为

$$\Delta E_{\mathrm{ex}} = -2AS^2(\cos^2\theta - 1) = AS^2\left(\frac{2\pi}{N}\right)^2 \tag{7.8.1}$$

设样品的线度为 l,相邻分子的距离为 a,则应有 $l = Na$。由式(7.8.1)可算出交换作用等效场 H_{ex}为

$$H_{\mathrm{ex}} = \frac{AS^2(2\pi)^2}{2S\mu_{\mathrm{B}}(l/a)^2} \approx \frac{10^{-21}\times 10^{-19}}{10^{-29}l^2} = \frac{10^{-11}}{l^2}(\mathrm{A/m})$$

当 $l > 10^{-7}$m 时,交换场小于 10^4(A/m)(约 10^2Oe),比实验中所用的直流磁场还要弱,而实验中所用的样品尺寸约为 10^{-4}m。因此交换场可以略去不计。

沃克从磁矩进动方程出发,利用静磁势方法,获得了静磁模的分离解,解释了上述实验中磁矩非一致进动的共振现象。下面我们介绍他的理论。

假设样品为一旋转椭球,直流磁场加在椭球的旋转轴方向。为了找出样品中各点的磁矩在直流磁场和微波磁场作用下的运动模式,沃克引入了磁矩进动方程和麦克斯韦方程组中的安培环路方程

$$\frac{\mathrm{d}\boldsymbol{M}}{\mathrm{d}t} = -\gamma\boldsymbol{M}\times\boldsymbol{H} \tag{7.8.2}$$

$$\nabla\times\boldsymbol{h} = \frac{\partial\boldsymbol{D}}{\partial t} \tag{7.8.3}$$

式(7.8.2)中的 $\boldsymbol{H}$ 包括内磁场 $\boldsymbol{H}_i$ 和微波磁场 $\boldsymbol{h}$。在式(7.8.3)中,由于$\partial h_x/\partial y$ 和 $\partial h_y/\partial x \sim |\boldsymbol{h}|/l$,$\frac{\partial D}{\partial t}\sim|\boldsymbol{D}|/\lambda$,而又有 $\lambda \gg l$,故$\frac{\partial\boldsymbol{D}}{\partial t}$(代表传播因素的一项)可以略去。于是式(7.8.3)可近似为静磁场方程

$$\nabla\times\boldsymbol{h} = 0 \tag{7.8.4}$$

由上式可知,存在着一个静磁场函数 ψ,$\boldsymbol{h}$ 可表示为该函数的梯度,即有

$$\boldsymbol{h} = \nabla\psi \tag{7.8.5}$$

同时由麦克斯韦方程可知

$$\nabla\cdot\boldsymbol{b} = \mu_0\nabla\cdot(\boldsymbol{h}+\boldsymbol{m}) = \mu_0(\nabla^2\psi + \nabla\boldsymbol{m}) = 0 \tag{7.8.6}$$

用在本章第二节介绍的方法解方程(7.8.2),由式(7.2.10),(7.2.12)和(7.2.13)可知

$$\left.\begin{aligned} m_x &= (\mu-1)h_x - \mathrm{i}\kappa h_y \\ m_y &= \mathrm{i}\kappa h_x + (\mu-1)h_y \\ m_z &= 0 \end{aligned}\right\} \tag{7.8.7}$$

其中

$$\mu - 1 = \frac{M\gamma^2 H_i}{\gamma^2 H_i^2 - \omega^2} \tag{7.8.8}$$

$$\kappa = -\frac{\gamma M\omega}{\gamma^2 H_i^2 - \omega^2} \tag{7.8.9}$$

$$H_i = H_z - N_z M \tag{7.8.10}$$

将式(7.8.7)代入式(7.8.6)并利用式(7.8.5)可得

$$\nabla \cdot \boldsymbol{b} = \mu_0 \left[\mu \left(\frac{\partial^2 \psi}{\partial x^2} + \frac{\partial \psi^2}{\partial y^2} \right) + \frac{\partial^2 \psi}{\partial z^2} \right] = 0$$

即

$$\mu \left(\frac{\partial^2 \psi}{\partial x^2} + \frac{\partial^2 \psi}{\partial y^2} \right) + \frac{\partial^2 \psi}{\partial z^2} = 0 \tag{7.8.11}$$

在样品外,则有

$$\nabla^2 \psi = 0 \tag{7.8.12}$$

边界条件为在样品表面上有

$$\psi_{内} = \psi_{外} \tag{7.8.13}$$

和

$$(\boldsymbol{b}_n)_{内} = (\boldsymbol{b}_n)_{外} \tag{7.8.14}$$

求解方程(7.8.11)和(7.8.12)是一个求本征值问题。解出样品内的静磁势 ψ 后,即可知道由 $\boldsymbol{h}$ 所激发的磁矩 $\boldsymbol{m}$ 在样品内的分布和振动情况。这种振动的 $\boldsymbol{m}$ 是由静磁势导出的,因此称为静磁模式共振。

为了求解方程(7.8.11),不难看出如将 z 变换为 $\mu^{\frac{1}{2}} z$,式(7.8.11)也将变为式(7.8.12)形式的拉普拉斯方程。因此,我们先求式(7.8.12)的解,然后以适当的坐标变换再求出式(7.8.11)的解,最后再应用边界条件写出本征方程式。由本征方程式所定出的 $\boldsymbol{m}$ 的各种振动形式(对应于某一操作频率),即为静磁模振动。

引入旋转椭球坐标 ξ, η, ϕ,它与直角坐标系的变换关系为

$$\left.\begin{aligned} x &= (a^2 - b^2)^{\frac{1}{2}} (1 + \xi^2)^{\frac{1}{2}} (1 - \eta^2)^{\frac{1}{2}} \cos\phi \\ y &= (a^2 - b^2)^{\frac{1}{2}} (1 + \xi^2)^{\frac{1}{2}} (1 - \eta^2)^{\frac{1}{2}} \sin\phi \\ z &= (a^2 - b^2)^{\frac{1}{2}} \xi\eta \end{aligned}\right\} \tag{7.8.15}$$

对于旋转椭球,$\dfrac{x^2 + y^2}{a^2} + \dfrac{z^2}{b^2} = 1$,椭球表面则相应于 $\xi^2 = \xi_0^2 = \dfrac{\alpha^2}{1 - \alpha^2}$,$\left(\alpha = \dfrac{b}{a} \right)$。解方程(7.8.12)可得

$$\psi_{外} = Q_n^m(\mathrm{i}\xi) P_n^m(\eta) \mathrm{e}^{\mathrm{i}m\phi} \tag{7.8.16}$$

其中 P_n^m 和 Q_n^m 为第一种和第二种缔合勒让德函数。当 $\xi \to \infty$ 时,$Q_n^m(\mathrm{i}\xi) \to 0$ 即 $\psi_{外} \to 0$。

在样品内,首先将(x,y,z)变换为$(x,y,\mu^{\frac{1}{2}}z)$。然后换用椭球坐标,其变换关系为

$$\left.\begin{aligned} x &= (a^2-\mu b^2)^{\frac{1}{2}}(1+\xi'^2)^{\frac{1}{2}}(1-\eta'^2)^{\frac{1}{2}}\cos\phi \\ y &= (a^2-\mu b^2)^{\frac{1}{2}}(1+\xi'^2)^{\frac{1}{2}}(1-\eta'^2)^{\frac{1}{2}}\sin\phi \\ \mu^{\frac{1}{2}}z &= (a^2-\mu b^2)^{\frac{1}{2}}\xi'\eta' \end{aligned}\right\} \tag{7.8.17}$$

则样品内的静磁势 $\psi_{内}$ 亦适合拉普拉斯方程式,故有

$$\psi_{内} = P_n^m(\mathrm{i}\xi')P_n^m(\eta')e^{\mathrm{i}m\phi} \tag{7.8.18}$$

$P_n^m(\mathrm{i}\xi')$第一种缔合勒让德函数,因为只有在样品中心$(\xi'=0)$处,$P_n^m(\mathrm{i}\xi')=$有限值,才能使 $\psi_{内}$ 亦为有限值。

在椭球表面处,$\xi'=\bar{\xi}_0=\left(\dfrac{\mu\alpha^2}{1-\mu\alpha^2}\right)^{\frac{1}{2}}$。故边界条件为

$$\left.\begin{aligned} \psi_{外}(\xi_0) &= \psi_{内}(\bar{\xi}_0) \\ [\boldsymbol{b}(\xi,\eta,\phi)]_{\xi=\xi_0} &= \mu_0[\boldsymbol{h}(\xi',\eta',\phi)+\boldsymbol{m}(\xi',\eta',\phi)]_{\xi=\bar{\xi}_0} \end{aligned}\right\} \tag{7.8.19}$$

由式(7.8.16)和(7.8.18)具体算出式(7.8.19)中的关系,即可得出本征方程式。经过一系列的数学分析后,可求出 $\psi_{n,m,r}$,及其相关的本征频率 $\omega_{n,m,r}$。每一 ψ 函数有三个标号:n, m 即缔合勒让德函数 P_n^m 的阶次,而 $r=0,1,2,\cdots,p$ $\left(p\text{ 为}\dfrac{1}{2}(n-|m|)\text{中的最大整数}\right)$代表适合边界条件的 $p+1$ 个不相同的解。$\psi_{n,m,r}$是互相正交的函数群。相关的本征频率为

$$\omega_{n,m,r} = \gamma(H_i+\Delta_{n,m,r}M) \tag{7.8.20}$$

沃克证明

$$0\leqslant\Delta_{n,m,r}\leqslant\frac{1}{2}$$

因此

$$\gamma H_i\leqslant\omega_{n,m,r}\leqslant\gamma\left(H_i+\frac{1}{2}M\right)$$

这是一切静磁模共振频率的上下限。

由 $\psi_{n,m,r}$可以求出$\boldsymbol{h}_{n,m,r}$和$\boldsymbol{m}_{n,m,r}$。$\boldsymbol{m}_{n,m,r}$所代表的磁矩进动状态的空间分布称为(n,m,r)方式。如果样品所在处的微波磁场 $\boldsymbol{h}=\boldsymbol{h}_{n,m,r}$,则当 H 被调节到式(7.8.20)所给的数值时,(n,m,r)方式的进动就被激发起来。

一致进动是静磁模式进动的一个特例。由式(7.8.18)可以证明一致进动即是(1,1,0)方式。因当 $n=m=1$ 时

$$\psi_{1,1,0}=\sqrt{1-\xi'^2}\cdot\sqrt{1-\eta'^2}\cdot\mathrm{e}^{\mathrm{i}\phi}=\left(\frac{x^2+y^2}{a^2-\mu b^2}\right)^{\frac{1}{2}}\mathrm{e}^{\mathrm{i}\phi}=\frac{x+\mathrm{i}y}{(a^2-\mu b^2)^{\frac{1}{2}}}$$

故

$$h_x = \frac{\partial \psi_{1,1,0}}{\partial x} = \frac{1}{(a^2 - \mu b^2)^{\frac{1}{2}}} = \text{常数(对空间而言)}$$

$$h_y = \frac{\partial \psi_{1,1,0}}{\partial y} = \mathrm{i}\frac{1}{(a^2 - \mu b^2)^{\frac{1}{2}}} = \text{常数}$$

$$h_z = \frac{\partial \psi_{1,1,0}}{\partial z} = 0$$

因此，m_x, m_y, m_z 也都是空间均匀的，故为一致进动。

图 7-13 引证了沃克所画的在球状样品内(4,3,0)方式磁矩进动的空间分布[19]。对于(4,3,0)方式，静磁场函数为

$$\psi_{4,3,0} = \frac{(x + \mathrm{i}y)^3 \mu^{\frac{1}{2}} z \mathrm{i}(105)^2}{(a^2 - \mu b^2)} \tag{7.8.21}$$

由此可得

$$\left.\begin{aligned} h_x &= \frac{3\mu^{\frac{1}{2}} z(105)^2 (x + \mathrm{i}y)^2}{(a^2 - \mu b^2)} \\ h_y &= \frac{\mathrm{i}3\mu^{\frac{1}{2}} z(105)^2 (x + \mathrm{i}y)^2}{(a^2 - \mu b^2)^2} \\ h_z &= \frac{\mu^{\frac{1}{2}}(105)^2 (x + \mathrm{i}y)^2}{(a^2 - \mu b^2)^2} \end{aligned}\right\} \tag{7.8.22}$$

与 $\boldsymbol{h}$ 对应的磁化强度为

$$m_x = (\mu - 1)\frac{\partial \psi_{4,3,0}}{\partial x} + \mathrm{i}\kappa \frac{\partial \psi_{4,3,0}}{\partial y} = (\mu - 1)h_x + \mathrm{i}\kappa h_y$$

$$m_y = -\mathrm{i}\kappa \frac{\partial \psi_{4,3,0}}{\partial x} + (\mu - 1)\frac{\partial \psi_{4,3,0}}{\partial y} = -\mathrm{i}\kappa h_x + (\mu - 1)h_y$$

$$m_z = 0$$

将式(7.8.22)中 h_x, h_y 和 h_z 代入上式，得

$$\left.\begin{aligned} m_x &= \frac{3(x + \mathrm{i}y)^2 \mu^{\frac{1}{2}} z(105)^2}{a^2 - \mu b^2}(\mu - \kappa - 1) \\ m_y &= \frac{\mathrm{i}3(x + \mathrm{i}y)^2 \mu^{\frac{1}{2}} z(105)^2}{a^2 - \mu b^2}(\mu + \kappa - 1) \\ m_z &= 0 \end{aligned}\right\} \tag{7.8.23}$$

此即图 7-13 所引证的磁矩进动图的表达形式。

沃克还画出了球形样品各种(n, m, r)方式的静磁型共振频率与静磁场的关系。他在原论文中使用的是 CGS 单位制。在 CGS 单位制中式(7.8.20)应改为

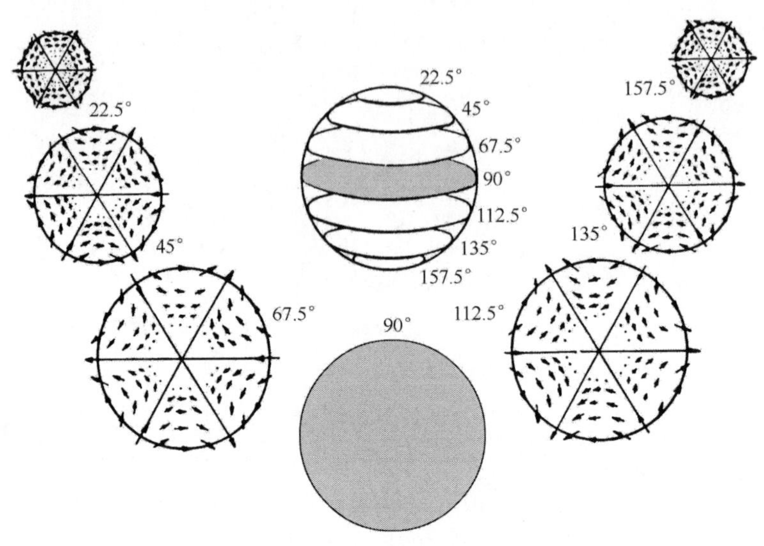

图 7-13　球状样品中(4,3,0)静磁型共振模的空间分布示意图
(在 xy 平面内的投影)

$$\omega_{n,m,r} = \gamma(H_i + \Delta_{n,m,r} 4\pi M) \tag{7.8.24}$$

相应地

$$\gamma H_i \leqslant \omega_{n,m,r} \leqslant \gamma(H_i + 2\pi M)$$

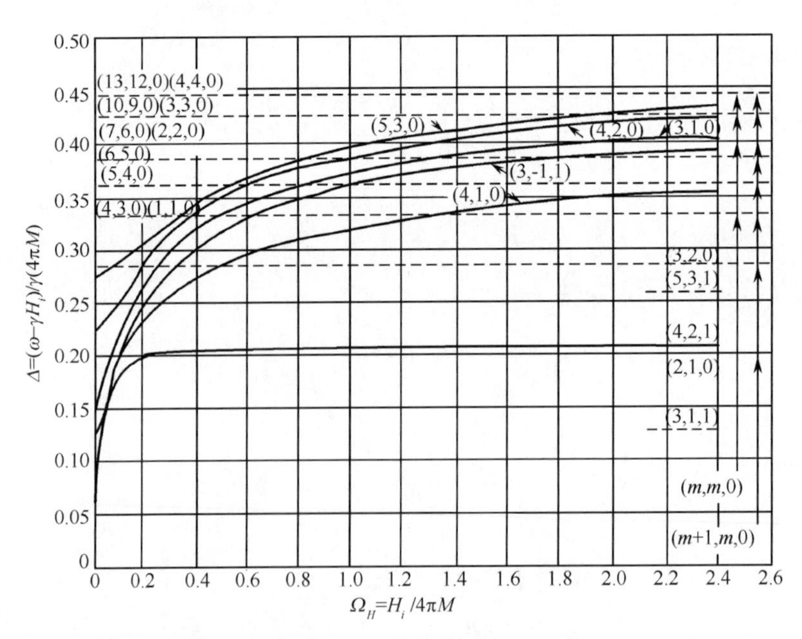

图 7-14　球状介质的静磁型共振频率与静磁场的关系曲线

图 7-14 是沃克根据式(7.8.24)画出的球形样品各种(n,m,r)方式 $\Delta=(\omega-\gamma H_i)/\gamma 4\pi M$ 对$\Omega_H=\frac{H_i}{4\pi M}$的曲线。图内只列了 n,m 较低的方式,也就是h_{nmr}的空间分布较简单、实验中容易观测的静磁型共振。我们注意到,在 CGS 制中,对于各种(n,m,r)方式

$$\Delta+\Omega_H=\frac{\omega}{\gamma\cdot 4\pi M} \tag{7.8.25}$$

因此,如在图上画一条相当于一定操作频率 ω 和操作温度下的代表$\Delta+\Omega_H=\frac{\omega}{\gamma\cdot 4\pi M}$的直线,则该直线与图中曲线的交点处的 H_i 应该等于该静磁型共振方式的H_i 值。另一方面,由实测的共振峰处的静磁场值,也可算出 H_i。两相对比,即可定出静磁型共振是属于何种(n,m,r)方式。

后来,弗累彻(Fletcher)和贝耳具体算出了球状样品的 ψ_{nmr},$\boldsymbol{h}_{nmr}$,$\boldsymbol{m}_{nmr}$的函数表($n\leqslant5$),以便于实验工作者的应用[20]。索耳特和弗累彻又将磁晶各向异性对于静磁型共振峰的影响做了计算[21]。索尔特等人在 $Y_3Fe_5O_{12}$的球状样品的实验中记录出 40 个能定出(n,m,r)的共振线,并算出了它们的强度。蒙诺索夫(Моносов)也对静磁型共振做了许多研究。

*第九节　自旋波频谱

上一节我们曾经指出,如果微波磁场所激发的磁矩非一致进动的空间波长足够大($\approx10^{-2}$cm),自旋间的交换作用所产生的交换场很小,可以不计。但当交变场的频率很高时(波长$\approx10^{-5}$cm 或更短),交换场的作用则不能忽略。这时电子自旋在磁场中的进动不再是分立的静磁型共振模,而变为自旋波。本节主要讨论由微波磁场激发的自旋波。

关于自旋波的概念在第三章已经阐述过。在那里我们指出,铁磁介质中的电子自旋在绝对零度下处于完全平行状态。当温度升高时,由于热运动的激发,电子自旋将改变其自旋方向完全平行的基态而有某些自旋反向。由于交换作用所造成的自旋关联,使自旋反向不是固定在某些位置上,而是以波的形式在整个介质中传播。因此称为自旋波。如果温度不高,这种自旋反向状态可以近似地等于一系列“元激发态”的叠加。对于简单立方晶格(晶格常数$=a$),一个元激发态的能量为

$$\varepsilon_k=\hbar\omega_k=Aa^2k^2$$

其中,A 为交换积分;k 为自旋波的波矢量(亦即准动量)的数值。激发态的总能量为

$$\varepsilon(n_0,\cdots,n_k,\cdots)=\sum_k n_k\varepsilon_k \quad (n_k=0,1,2,\cdots)$$

$$\sum n_k=Ns-s_z$$

自旋波的本征函数表示自旋反向是以平面波的方式在晶格中传播的。

当铁磁晶体中各格点的自旋量子数 $s>\frac{1}{2}$时,上述自旋反向可以看做自旋方向相对于自发磁化方向的偏离。这种偏离也是以波的形式传播的,也可以用自旋波描绘。自旋波不仅可以较好地描绘热扰动引起的自旋偏离,还可以较好地描绘其他外因激发的自旋偏离,例如下面将要介绍的原子磁矩围绕恒定磁场进动的非一致现象(后面将指出,静磁型共振模可以看做波矢量较小的自旋波)。自旋波又分为自旋行波和自旋驻波:进动角相同、相位角不同的自旋波具有行波的性质,称为自旋行波;进动角不同、相位角相同的自旋波具有驻波的性质,称为自旋驻波。此外,还存在着进动角和相位角皆不相同的自旋波。自旋波的动态性质可以利用中子衍射实验来观察。

自旋波理论的严格处理应从 $\mathrm{i}\hbar\dot{S}_n=[S_n,\mathscr{H}]$ 出发,通过傅里叶变换 $S_n=\frac{1}{\sqrt{n}}\sum_k S_k \mathrm{e}^{\mathrm{i}\boldsymbol{k}\cdot\boldsymbol{r}_n}$,导出 S_k 的运动方程,从而解出自旋波谱。但这种方法比较复杂。下面介绍一种半经典的处理方法,这一方法是黑林和基特尔首先提出的,其基本思路是:将磁矩 $\boldsymbol{M}$ 绕恒定磁场进动的非一致成分以平面波的形式表示,考虑磁矩在进动中受到的交换作用、表面退磁场及体退磁场的影响,运用磁矩进动方程式求出自旋波的频谱[22]。下面以自旋行波为例介绍这一方法。设

$$\boldsymbol{M}=\boldsymbol{M}_0+\sum_k m_0(k)\mathrm{e}^{\mathrm{i}(\omega t-\boldsymbol{k}\cdot\boldsymbol{r})} \tag{7.9.1}$$

其中,$\boldsymbol{M}_0$ 为静磁场中的磁化强度;$\boldsymbol{k}$ 为自旋波的波矢量;自旋波的波长 $\lambda_k=\frac{2\pi}{k}$。

对 $\boldsymbol{M}$ 进动的研究仍采用经典的朗道-栗弗席兹运动方程

$$\frac{\mathrm{d}\boldsymbol{M}(\boldsymbol{r},t)}{\mathrm{d}t}=-\gamma[\boldsymbol{M}(\boldsymbol{r},t)\times\boldsymbol{H}_{\mathrm{eff}}(\boldsymbol{r},t)]+\text{阻尼项} \tag{7.9.2}$$

在存在自旋波的情况下,严格地说,上述处理方法仅限于自旋波长较长($k^2a^2\ll 1$),即近邻原子磁矩方向的改变不太剧烈的情况。

上式中的 $\boldsymbol{H}_{\mathrm{eff}}(\boldsymbol{r},t)$应包括外磁场 $\boldsymbol{H}$、交换场 $\boldsymbol{H}_{\mathrm{q}}$、表面退磁场 $\boldsymbol{H}_{\mathrm{d}}$ 以及由于磁矩的偶极相互作用产生的有效场 $\boldsymbol{H}_{\mathrm{M}}$(即体退磁场),即有

$$\boldsymbol{H}_{\mathrm{eff}}=\boldsymbol{H}+\boldsymbol{H}_{\mathrm{q}}+\boldsymbol{H}_{\mathrm{M}}+\boldsymbol{H}_{\mathrm{d}} \tag{7.9.3}$$

我们将对上式中的各项分别进行讨论:

(1) *外磁场* $\boldsymbol{H}$　　由于我们只计算自旋波的频谱,故可设 $\boldsymbol{H}$ 只包括沿 z 轴方向的恒定磁场$\boldsymbol{H}_z$,$\boldsymbol{M}_0$ 与 $\boldsymbol{H}_z$ 相平行。

(2) *交换场* $\boldsymbol{H}_{\mathrm{q}}$　　它是交换作用产生的等效场。根据第四章的结果,交换能的表达式为

$$\Delta E_{\mathrm{ex}}=-q\boldsymbol{M}\cdot\nabla^2\boldsymbol{M}$$

其中,q 为一包括a^2 和交换积分 A 的系数。以下计算只涉及波矢量为 k 的自旋

波分量,故由上式可得

$$\boldsymbol{H}_{\mathrm{q}} = q\nabla^2\boldsymbol{M} = -qk^2\boldsymbol{m}_0\mathrm{e}^{\mathrm{i}(\omega t-\boldsymbol{k}\cdot\boldsymbol{r})} \tag{7.9.4}$$

(3) *有效场* $\boldsymbol{H}_{\mathrm{M}}$　当磁矩在空间的分布具有非零散度时,由于在样品内部和表面上有磁荷出现而产生的磁场,称有效场。它满足以下的麦克斯韦方程

$$\nabla\cdot\boldsymbol{b} = \mu_0\nabla\cdot(\boldsymbol{H}_{\mathrm{M}}+\boldsymbol{m}) = 0 \tag{7.9.5}$$

$$\nabla\times\boldsymbol{H}_{\mathrm{M}} = \frac{\partial\boldsymbol{D}}{\partial t}+\boldsymbol{j} \tag{7.9.6}$$

由于所讨论的自旋波的波长比电磁波的波长小得多,故式(7.9.6)中的推迟作用项 $\frac{\partial\boldsymbol{D}}{\partial t}$可以忽略;又由于铁氧体材料的电阻率很高,故自由电流密度 j 也可以忽略。于是式(7.9.6)成为静磁场方程

$$\nabla\times\boldsymbol{H}_{\mathrm{M}} = 0 \tag{7.9.7}$$

对上式再取一次旋度,可得

$$\nabla\times\nabla\times\boldsymbol{H}_{\mathrm{M}} = \nabla(\nabla\cdot\boldsymbol{H}_{\mathrm{m}})-(\nabla\cdot\nabla)\boldsymbol{H}_{\mathrm{M}} = 0 \tag{7.9.8}$$

由式(7.9.6)可知

$$\nabla^2\boldsymbol{H}_{\mathrm{M}} = -\nabla(\nabla\cdot\boldsymbol{m}) \tag{7.9.9}$$

设 $\boldsymbol{H}_{\mathrm{M}}$ 的形式为

$$\boldsymbol{H}_{\mathrm{M}} = \boldsymbol{H}_{\mathrm{M}_0}\mathrm{e}^{\mathrm{i}(\omega t-\boldsymbol{k}\cdot\boldsymbol{r})} \tag{7.9.10}$$

于是有

$$\nabla^2\boldsymbol{H}_{\mathrm{M}} = -k^2\boldsymbol{H}_{\mathrm{M}} \tag{7.9.11}$$

而

$$\nabla(\nabla\cdot\boldsymbol{m}) = -\boldsymbol{k}[\boldsymbol{k}\cdot\boldsymbol{m}_0\mathrm{e}^{\mathrm{i}(\omega t-\boldsymbol{k}\cdot\boldsymbol{r})}] \tag{7.9.12}$$

所以

$$\boldsymbol{H}_{\mathrm{M}} = -\frac{\boldsymbol{k}}{k^2}(\boldsymbol{m}_0\cdot\boldsymbol{k})\mathrm{e}^{\mathrm{i}(\omega t-\boldsymbol{k}\cdot\boldsymbol{r})}\quad(k>0) \tag{7.9.13}$$

当 $k\neq0$ 时,上式即为体退磁场。

除了体退磁场以外,在样品表面处的磁荷还将产生面退磁场。如设 N_x, N_y, N_z 为三个轴向的退磁因子,面退磁场可表示为

$$\boldsymbol{H}_{\mathrm{d}} = -(n_x m_{x_0}, n_y m_{y_0}, n_z M_0) \tag{7.9.14}$$

当自旋波的波长远小于样品线度 l 时(即 $|k|\gg1/l$),由于磁矩在空间的分布变化剧烈,表面上的磁矩对内部磁场的影响很小,面退磁场 H_{d} 则可略去。

将式(7.9.1),(7.9.4)和(7.9.13)代入式(7.9.3)及式(7.9.2),不计阻尼,略去 $\boldsymbol{m}_0$ 和 $\boldsymbol{k}$ 的二次项,得

$$\mathrm{i}\omega\boldsymbol{m}_0 = -\gamma\left(\boldsymbol{m}_0\times\boldsymbol{H}-qk^2\boldsymbol{M}_0\times\boldsymbol{m}_0-\frac{1}{k^2}(\boldsymbol{m}_0\cdot\boldsymbol{k})\boldsymbol{M}_0\times\boldsymbol{k}\right) \tag{7.9.15}$$

上式的分量形式为

$$\left.\begin{aligned}\mathrm{i}\omega m_{0x} &= \gamma\left[\frac{1}{k^2}k_xk_yM_0m_{0x}+\left(H_z+qk^2M_0+\frac{1}{k^2}k_y^2M_0\right)m_{0y}\right]\\ \mathrm{i}\omega m_{0y} &= -\gamma\left[\frac{1}{k^2}k_xk_yM_0m_{0y}+\left(H_z+qk^2M_0+\frac{1}{k^2}k_x^2M_0\right)m_{0x}\right]\end{aligned}\right\} \tag{7.9.16}$$

引入以下代换

$$\left.\begin{aligned}\omega_H &= \gamma H_z\\ \omega_q &= \gamma qk^2M_0\\ \omega_M &= \gamma M_0\end{aligned}\right\} \tag{7.9.17}$$

则有

$$\left.\begin{aligned}&\left(\mathrm{i}\omega-\omega_M\frac{k_xk_y}{k^2}\right)m_{0x}-\left(\omega_H+\omega_q+\omega_M\frac{k_y^2}{k^2}\right)m_{0y}=0\\ &\left(\omega_H+\omega_q+\omega_M\frac{k_x^2}{k^2}\right)m_{0x}+\left(\mathrm{i}\omega+\omega_M\frac{k_xk_y}{k^2}\right)m_{0y}=0\end{aligned}\right\} \tag{7.9.18}$$

由方程(7.9.18)具有非零解的条件可得自旋波的本征频率为

$$\omega^2=\omega_k^2=(\omega_H+\omega_q)(\omega_H+\omega_q+\omega_M\sin^2\theta_k) \tag{7.9.19}$$

其中,

$$\sin^2\theta_k=\frac{k_x^2+k_y^2}{k^2}$$

θ_k 为波矢量 $\boldsymbol{k}$ 与 z 轴间的夹角。

式(7.9.19)是对于无限介质的自旋波频谱公式。

必须注意,式(7.9.19)的结果是在假设自旋波矢量 $|k|\gg\frac{1}{l}$ 的条件下算出的。同时在代入朗道-栗弗席兹运动方程式时,又略去了阻尼项。因此,对于 $|k|\lesssim\frac{1}{l}$ 的自旋波,以上理论是有缺点的。下面分别就 k 的大小加以说明:

1) 当 $k=0$ 时,$\theta_k=0$。这时本征频率 $\omega_0=\omega_H=\gamma H_z$,故为一致进动,体退磁场 $\boldsymbol{H}_{\mathrm{M}}=0$,只有表面退磁场

$$\boldsymbol{H}_{\mathrm{d}}=-(n_xm_{0x},n_ym_{0y},n_zM_z) \tag{7.9.20}$$

其中,$n_x+n_y+n_z=1$,相当于沿坐标轴的三个退磁因数之和。这个退磁场的影响需要加到 $\omega_H=\gamma H_z$ 中去,因而写成 $\omega_0=\gamma(H_z-n_zM_z)$。

2) 当 $k<\frac{1}{l}$ 或 $\approx\frac{1}{l}$ 时,交换作用的影响很小,可以忽略。但表面退磁场和体退磁场 $\boldsymbol{H}_{\mathrm{M}}$ 的作用同样重要,这就是沃克所计算的静磁模振动的范围。

3) 当 $k>\frac{1}{l}$ 直至 $k_{\min}\approx\frac{10}{l}$ 时,交换作用仍可忽略,但可以用平面波近似地计算其波谱。

4）当 $k \gg k_{\min}$时，自旋波的波长很短，磁矩在样品线度内变化剧烈，边界上的磁极变号很快，可以略去边界上的退磁场影响和传播影响，而等于在无限介质内的平面波情况，这就是本节所计算的自旋波谱 ω_k。

总之，k 愈大或波长愈小时，则边界效应愈小，而交换作用的影响亦愈显著，自旋波的频谱宽度随 k 的增加而变得愈窄。图 7-15 画出了 ω_k 随 k 的变化的示意图，并注明了各段 k 值中的频谱性质。

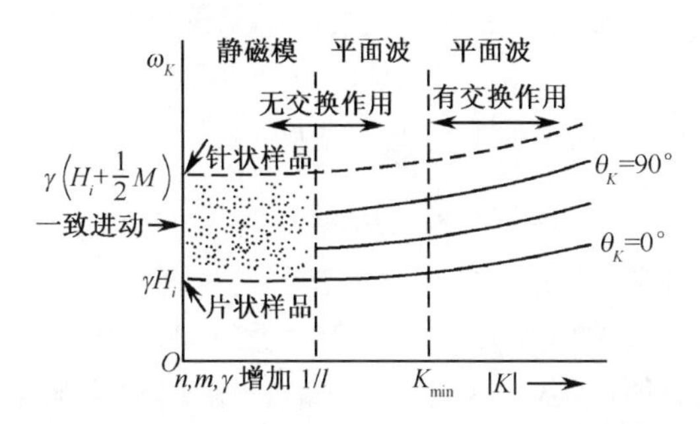

图 7-15　自旋波在椭球状介质内的频谱(示意图)

除一致进动以外，用自旋波描述的进动方式在空间分布的波长一般不超过 $0.01\text{mm}\left(k > \frac{10}{l}\right)$，相应的激发场在空间的分布应有类似的急剧变化。因此，企图在谐振腔内找到适当的微波场的空间分布使自旋波能被激发是不实际的。西韦和谈纳瓦耳德在坡莫合金(80Ni20Fe)薄膜内观测到自旋波共振现象，膜的厚度约为 3900Å[23]。微波频率为 8890MHz，他们的实验结果见图 7-16。

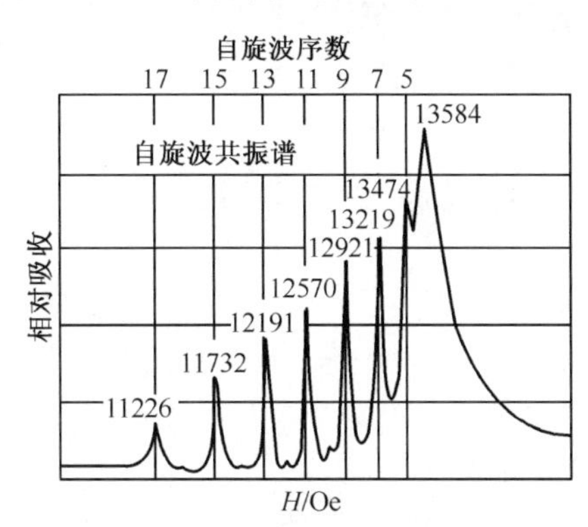

图 7-16　坡莫合金薄膜内的自旋波共振峰

这里，由于薄膜表面的退磁场很大，自旋波在膜内可以被均匀的微波场所激发，并且形成驻波。朗道-栗弗席兹方程式(7.9.2)则变为以下的形式(不考虑膜内涡流影响)。

$$\frac{\mathrm{d}\boldsymbol{M}}{\mathrm{d}t} = \mathrm{i}\omega\boldsymbol{m}_0 = \gamma\boldsymbol{M}\times[(H_z - M_0)\boldsymbol{z}_0 + \boldsymbol{H}_\mathrm{q}] \qquad (7.9.21)$$

代入 $H_\mathrm{q} = q\nabla^2\boldsymbol{M} = -qk^2\boldsymbol{m}$,将上式展为分量方程式,则可按前面类似的方法得出

$$\omega_k = \gamma[(H_z - M_0) - k^2 qM_0] \qquad (7.9.22)$$

和前面的式(7.9.19)不同,这里 ω_k 与波矢量 $\boldsymbol{k}$ 的方向无关。但被激发的自旋波遇到薄膜表面将被反射而与原来的自旋波叠加,形成驻波,表面上的边界条件将确定 k 的数值以及表面处成为波节点或波腹点。无论什么情况,k 必须满足以下条件

$$k = \frac{p\pi}{L} \qquad (7.9.23)$$

其中,L 为膜的厚度;p 为整数,在均匀微波场中,p 只能为奇数(否则激发场将使驻波的正负两部分抵消)。图 6-17 中各共振峰的位置与式(7.9.22)和(7.9.23)相符合,$p=1,3$ 的两个共振峰未出现,西伟等认为这是由于低 p 数的自旋波受到较强烈的阻尼的结果。他们还进一步估计了峰间的距离和峰宽等重要数据。

后来苏胡考虑了膜表面的各向异性能,更严格地解出了坡莫合金薄膜的边界条件问题,对西伟等的实验结果做了更完善的解释[24]。

由以上自旋波共振谱,还可以计算交换常数 A_1(包含在系数 q 内),其结果是 $A_1 \approx 1\times10^{-6}$erg/cm,与其他实验结果大致相符,误差的主要来源是膜的厚度 L 测量不准。在本实验中可量出 A_1 在不同温度下的变化,这个变化的精确度可达到1%(因为厚度不随温度变化)。西伟等的结果是从室温到 77K,A_1 约增加 1%;从 77K 到 4K,A_1 约增加 2%。一直到大约 360℃($\approx 0.75\theta_\mathrm{c}$),坡莫合金薄膜仍然存在自旋波共振,在更高温度下,这些峰才逐渐与主峰融合,由此可见,用自旋波理论来描述本征频谱可以很好地适用到颇高的温度。

第十节 电磁波在旋磁介质中的传播[4]

当铁磁体的线度较大,与在其中传播的电磁波的波长相接近或更大时($l \geqslant \lambda$),传播因素就不能忽略。在这种情况下,由于铁磁介质张量磁导率的非对称性,电磁波在传播过程中将产生非互易效应。利用这一效应可制备多种微波铁氧体器件。本节将介绍有关这方面的理论。

考虑一平面电磁波在一个无限大的旋磁介质中传播。静磁场 $\boldsymbol{H}_z$ 均匀分布于其中,介质被磁化到饱和。为了计算方便起见,介质内的各种损耗略去不计。

设平面电磁波的传播方向为 $\boldsymbol{s}$($\boldsymbol{s}$ 为传播方向的单位矢量),$\boldsymbol{s}$ 与 $\boldsymbol{H}_z$ 方向的夹角为 θ。由于是平面电磁波,它的场矢量 $\boldsymbol{D},\boldsymbol{E},\boldsymbol{b},\boldsymbol{h}$ 随时间和距离的变化规律均应表示为 $\mathrm{e}^{\mathrm{i}(\omega t - \frac{2\pi}{\lambda}\boldsymbol{r}\cdot\boldsymbol{s})}$,其中,$\omega$ 为频率;λ 为波长;$\boldsymbol{r}$ 为某点(x,y,z)的位矢;波的相

速度 $v=\frac{c}{n}=\frac{\omega\lambda}{2\pi}$；$n$ 为折射率。

对于旋磁介质

$$\boldsymbol{D}=\varepsilon_0\varepsilon_r\boldsymbol{E},\quad \boldsymbol{b}=\mu_0\mu_{ij}\boldsymbol{h} \tag{7.10.1}$$

其中，μ_{ij} 为张量磁导率，其表达式见(7.2.11)～(7.2.13)。

引入介质中的麦克斯韦方程

$$\left.\begin{aligned}\nabla\times\boldsymbol{E}&=-\frac{\partial\boldsymbol{b}}{\partial t},\quad \nabla\cdot\boldsymbol{D}=0\\ \nabla\times\boldsymbol{h}&=\frac{\partial\boldsymbol{D}}{\partial t},\quad \nabla\cdot\boldsymbol{b}=0\end{aligned}\right\} \tag{7.10.2}$$

由上式后两个方程可知，$\boldsymbol{D},\boldsymbol{E},\boldsymbol{b}$ 都与 $\boldsymbol{s}$ 方向垂直(横波)，但 $\boldsymbol{h}$ 不一定如此。

容易证明，平面波场矢量的变化有如下关系

$$\nabla\times\equiv-\frac{\mathrm{i}\omega}{v}\boldsymbol{s}\times,\quad \nabla\cdot\equiv-\frac{\mathrm{i}\omega}{v}\boldsymbol{s}\cdot \tag{7.10.3}$$

因此，式(7.10.2)的前两方程可写成

$$\frac{n}{c}(\boldsymbol{s}\times\boldsymbol{E})=\boldsymbol{b} \tag{7.10.4}$$

$$\frac{n}{c}(\boldsymbol{s}\times\boldsymbol{h})=-\boldsymbol{D} \tag{7.10.5}$$

合并上两式，可得

$$\frac{n^2}{\varepsilon_0\varepsilon_r c^2}\boldsymbol{s}\times(\boldsymbol{s}\times\boldsymbol{h})=-\boldsymbol{b} \tag{7.10.6}$$

利用三个矢量的叉乘关系：$\boldsymbol{A}\times(\boldsymbol{B}\times\boldsymbol{C})=(\boldsymbol{A}\cdot\boldsymbol{C})\boldsymbol{B}-(\boldsymbol{A}\cdot\boldsymbol{B})\boldsymbol{C}$，可得

$$\frac{n^2}{\varepsilon_0\varepsilon_r c^2}[\boldsymbol{h}-\boldsymbol{s}(\boldsymbol{h}\cdot\boldsymbol{s})]=\boldsymbol{b} \tag{7.10.7}$$

将上式写成分量形式，可有

$$\left.\begin{aligned}b_x&=\frac{n^2}{\varepsilon_0\varepsilon_r c^2}[(1-s_x^2)h_x-s_xs_yh_y-s_xs_zh_z]\\ b_y&=\frac{n^2}{\varepsilon_0\varepsilon_r c^2}[-s_xs_yh_x+(1-s_y^2)h_y-s_ys_zh_z]\\ b_z&=\frac{n^2}{\varepsilon_0\varepsilon_r c^2}[-s_xs_zh_x-s_ys_zh_y+(1-s_z^2)h_z]\end{aligned}\right\} \tag{7.10.8}$$

另外，由$\nabla\cdot\boldsymbol{b}=-\frac{\mathrm{i}\omega}{v}\boldsymbol{s}\cdot\boldsymbol{b}=0$ 及 $\boldsymbol{b}$ 的表达式(7.2.10)可知

$$s_zh_z=-(\mu h_x-\mathrm{i}\kappa h_y)s_x-(\mathrm{i}\kappa h_x+\mu h_y)s_y \tag{7.10.9}$$

将式(7.10.9)代入式(7.10.8)并利用式(7.2.10)可得

$$\left.\begin{aligned}&\left\{\frac{n^2}{\varepsilon_0\varepsilon_r c^2}[1+s_x^2(\mu-1)+\mathrm{i}s_x s_y\kappa]-\mu_0\mu\right\}h_x\\&\quad+\left\{\frac{n^2}{\varepsilon_0\varepsilon_r c^2}[s_x s_y(\mu-1)-\mathrm{i}s_x^2\kappa]+\mathrm{i}\mu_0\kappa\right\}h_y=0\\&\left\{\frac{n^2}{\varepsilon_0\varepsilon_r c^2}[s_x s_y(\mu-1)+\mathrm{i}s_y^2\kappa]-\mathrm{i}\mu_0\kappa\right\}h_x\\&\quad+\left\{\frac{n^2}{\varepsilon_0\varepsilon_r c^2}[1+s_y^2(\mu-1)-\mathrm{i}s_x s_y\kappa]-\mu_0\mu\right\}h_y=0\end{aligned}\right\}\tag{7.10.10}$$

由上述联立方程组具有非零解的条件可得

$$n_{\pm}^2=\frac{\frac{\varepsilon_r}{2}\left\{(\mu^2-\mu-\kappa^2)\sin^2\theta+2\mu\pm[(\mu^2-\mu-\kappa^2)^2\sin^4\theta+4\kappa^2\cos\theta]^{\frac{1}{2}}\right\}}{(\mu-1)\sin^2\theta+1}\tag{7.10.11}$$

$n_{\pm}$对应于式中根号前的正负号,各适于 $\boldsymbol{h}$ 的一定偏振状态。在上式推导中,利用了关系式 $c=\frac{1}{\sqrt{\varepsilon_0\mu_0}}$,并且已用 $s_x=\sin\theta\cos\phi$, $s_y=\sin\theta\sin\phi$, $s_z=\cos\theta$ 做了代换。

由式(7.10.11)可见,相速度 $v=\frac{c}{n}$ 随方向角 θ 的不同而变化。此外,共振峰(相当于 $n_{\pm}\to\infty$)也随 θ 而改变。

有两种情况特别值得注意:

1) 传播方向平行于 H_z 的方向,即 $\theta=0$。

由式(7.10.11)可知

$$n_{\pm}^2(\parallel)=\varepsilon_r(\mu\pm\kappa)\tag{7.10.12}$$

代入式(7.10.10)算得

$$h_x=\mp\mathrm{i}h_y\tag{7.10.13}$$

故与 $n_+(\parallel)$相应的场矢量为 $h_x=-\mathrm{i}h_y$,即负圆偏振状态;与 $n_-(\parallel)$相应的场矢量为 $h_x=+\mathrm{i}h_y$,即正圆偏振状态[参阅本章第二节的式(7.2.21)]。这两种圆偏振波的相速度各为

$$\left.\begin{aligned}v_+&=\frac{c}{\sqrt{\varepsilon_r(\mu+\kappa)}}\\v_-&=\frac{c}{\sqrt{\varepsilon_r(\mu-\kappa)}}\end{aligned}\right\}\tag{7.10.14}$$

2) 传播方向垂直于 H_z 的方向,即 $\theta=\frac{\pi}{2}$。这时

$$\left.\begin{aligned}n_+^2(\perp)&=\varepsilon_r(\mu^2-\kappa^2)/\mu\\n_-^2(\perp)&=\varepsilon_r\end{aligned}\right\}\tag{7.10.15}$$

与 $n_+(\perp)$ 相应的场矢量 $\boldsymbol{h}$ 在 xy 平面内椭圆偏振$\left(\text{轴长比}=\dfrac{\kappa}{\mu}\right)$，且包含有纵波成分。将 μ' 和 κ' 的表达式(7.2.12)和(7.2.13)(略去阻尼部分)代入式(7.10.15)的 μ 和 κ，可得

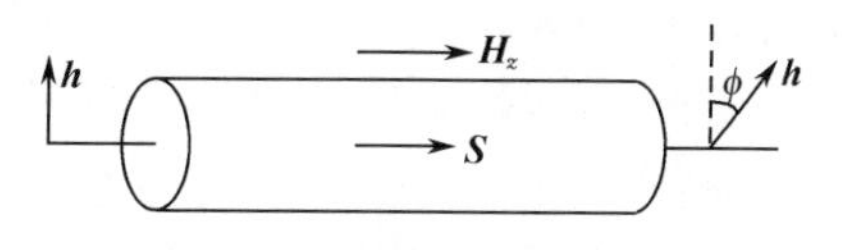

图 7-17　法拉第旋转示意图

$$n_+^2(\perp)=\frac{\varepsilon_r[\gamma^2(H_z+M)^2-\omega^2]}{\gamma^2H_z(H_z+M)-\omega^2}\tag{7.10.16}$$

故 $\omega=\gamma\sqrt{H_z(H_z+M)}$ 时，出现共振峰($n_+(\perp)\to\infty$)。这个结果与薄片样品的共振频率相同[见式(7.4.9)]。因此，感应磁极的分布，相当于将无限介质分割为无限多个垂直于传播方向的平板。

与 $n_-(\perp)$ 相应的场矢量 $\boldsymbol{h}$ 是在 z 方向上线偏振，显然就是 $n^2=\varepsilon_r\mu_z$ 的结果($\mu_z=1$)。

与上述两种特殊情况相关的重要物理现象是法拉第旋转效应和科顿-毛顿效应。分述如下：

(1) *法拉第旋转效应*　　任一线偏振波可分解为正负两个圆偏振波，例如在 $\boldsymbol{r}=0$ 处在 x 方向上的线偏振波写作 $\boldsymbol{h}=(h_0e^{i\omega t},0)$(括号内为 x,y 分量)。可分解为

$$h_+=\left(\frac{h_0}{2}e^{i\omega t},\ -i\frac{h_0}{2}e^{i\omega t}\right)$$

$$h_-=\left(\frac{h_0}{2}e^{i\omega t},i\frac{h_0}{2}e^{i\omega t}\right)$$

显然，二者之间的相位差为零。进入介质并沿 H_z 方向传播 L 距离后，由于相速度不同，产生了相位差 $2\phi=\omega\left(\dfrac{L}{v_+}-\dfrac{L}{v_-}\right)$。二者合成仍为线偏振波，但其偏振面则转动了角度 $\phi=\dfrac{\omega}{2}\left(\dfrac{L}{v_+}-\dfrac{L}{v_-}\right)$(在一级近似上，假设 $H_z\neq\omega/\gamma$，即离开共振峰，正负圆偏振波的损耗都很小)。由式(7.10.14)可得每传播单位长度的法拉第旋转角为

$$\frac{\phi}{L}=\frac{\omega}{2}\left(\frac{1}{v_+}-\frac{1}{v_-}\right)=\frac{\omega\sqrt{\varepsilon_r}}{2c}(\sqrt{\mu+\kappa}-\sqrt{\mu-\kappa})$$

以式(7.2.12)和(7.2.13)(略去阻尼项)代入上式中的 μ 和 κ，可得

$$\frac{\phi}{L}=\frac{\omega\sqrt{\varepsilon_r}}{2c}\left[\left(1+\frac{\gamma M}{\gamma H_z+\omega}\right)^{\frac{1}{2}}-\left(1+\frac{\gamma M}{\gamma H_z-\omega}\right)^{\frac{1}{2}}\right]\tag{7.10.17}$$

在操作频率 ω 很高，可以满足 $\omega\gg\gamma H_z$ 和 $\omega\gg\gamma M$ 时，我们有

$$\frac{\phi}{L}\approx\frac{\sqrt{\varepsilon_r}}{2c}\gamma M\tag{7.10.18}$$

由式(7.10.18)可见，在一级近似上，ϕ 角不随 ω 或 $\boldsymbol{H}_z$ 改变，只随饱和磁化强度 M

而变。

法拉第旋转的方向决定于 H_z 的方向亦即 $\boldsymbol{M}$ 的方向,而与传播方向的正反无关(上面所谓正负圆偏振是指对 $\boldsymbol{H}_z$ 方向的右旋和左旋而言)。故沿正方向传播一段距离后,再反向传播回原处,偏振面并不复原,而是偏振角相加。这一特点称为法拉第旋转的非互易性。以铁氧体为介质,利用微波通过铁氧体的法拉第效应已经设计出一系列的非互易微波器件,如法拉第效应环行器、隔离器等,使微波技术得到革新。可见光波通过铁氧体也有法拉第旋转效应。如果光的穿透能力较强,就可以利用偏振光经过铁氧体的法拉第旋转,来观察磁畴结构。

(2) 科顿-毛顿效应　当传播方向垂直于 $\boldsymbol{H}_z$ 的方向时,在 xy 面内椭圆偏振和在 z 方向线偏振的电磁波有不相同的相速度[由式(7.10.15)可知]。在单位距离内产生位相差为

$$\theta_r = \frac{\sqrt{\varepsilon_r}}{2c\omega}\gamma^2 M(H_z + M) \tag{7.10.19}$$

故当介质达到饱和后,θ_r 将随外磁场线性地增加。另一方面,θ_r 将与频率成反比。这一现象类似于光在顺磁介质中的科顿-毛顿磁光效应。

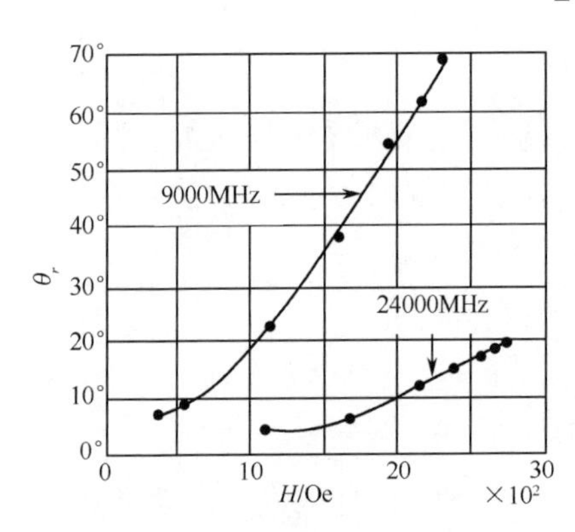

图 7-18　不同频率下 θ_r 与 H 的关系

在这种情况下,电磁波从空间进入旋磁介质后,两种相速不同的波表现为双折射现象,而其偏振态则随传播距离而改变。

图 7-18 引证了外斯和福克斯的实验曲线[25]。

以上讨论是假设旋磁介质为无限大时,但在实验装置或器件设计中,作为介质的铁氧体只有有限大小的体积,本节的结果并不完全适用。具体问题要经过较繁复的数学分析或者一些恰当的估计来解决。阻尼作用的忽略也影响以上结论的正确性。例如在法拉第效应中,由于正负圆偏振的衰减不同,结果不是单纯的偏振面旋转,而出现一定程度的椭圆偏振。

自侯根首次应用法拉第旋转效应制成隔离器、环行器[26]以来,铁氧体微波器件有了很大发展。20 世纪 60 年代以后,法拉第旋转效应器件已逐渐被横向磁场器件(静磁场垂直波的传播方向)所代替。按其工作原理,横向磁场器件又分为三个类型:场移式、共振式和差相移式。有关于铁氧体微波器件的知识本书不再介绍。

第十一节　高功率现象[4]

本章中以上各节所讨论的都是微波场功率较低的情况,所有的结论都只适合于低功率的范畴。当铁磁体受到高功率微波磁场作用时,其磁性将出现某些“反常”现象。这些“反常”现象是在微波场的功率超过某一临界值时发生的,所以又称为高功率现象。本节将介绍这一现象。

在微波场功率较低的情况下,磁矩绕恒定磁场进动的张角足够小,以至于我们在求解磁矩的进动方程时只保留了 $\boldsymbol{m}$ 和 $\boldsymbol{h}$ 的一次项。这就是前面所得到的线性解。在线性解中,认为 $m_z\approx 0$(因为 m_z 具有 $\boldsymbol{m}$ 和 $\boldsymbol{h}$ 相乘的量级,被认为是二次小量),故取 $M_z=M$。当微波场的功率增加时,以上近似就不再适用了,这时需要考虑 $\boldsymbol{m}$ 和 $\boldsymbol{h}$ 的二次项。下面按照这一要求重新求解朗道-栗弗席兹的运动方程

$$\frac{\mathrm{d}\boldsymbol{M}}{\mathrm{d}t}=-\gamma\boldsymbol{M}\times\boldsymbol{H}+\boldsymbol{T}_{\mathrm{D}}$$

将阻尼项 $\boldsymbol{T}_{\mathrm{D}}$ 取为布洛赫的形式(见式(7.2.4)),并设 $\boldsymbol{h}\perp\boldsymbol{H}_z$,于是有

$$\left.\begin{aligned}\dot{m}_x&=-\gamma(m_yh_z-M_zh_y)-\frac{m_x}{\tau_2}\\ \dot{m}_y&=-\gamma(M_zh_x-m_zh_z)-\frac{m_y}{\tau_2}\\ \dot{m}_z&=-\gamma(m_xh_y-m_yh_x)-\frac{M_z+m_z-M}{\tau_1}\end{aligned}\right\}\qquad(7.11.1)$$

在上面方程中,z 方向的磁化强度分量已分为 M_z 和 m_z 两部分。M_z 是对时间的平均值,M 则为饱和磁化强度。同时还应注意到,在上式的前两个方程中还应各自包含一项 m_zh_y 和 m_zh_x,因 m_z 本身是二次小量,故略去。

设微波磁场 $\boldsymbol{h}$ 为一线偏振场,偏振面沿 x 方向,即 $h_x=\frac{h_0}{2}(\mathrm{e}^{\mathrm{i}\omega t}+\mathrm{e}^{-\mathrm{i}\omega t})$。参照式(7.11.1)可知,相应的磁化强度 m_x 和 m_y 也应是频率为 ω 的周期函数,它们分别为 $m_x^0\mathrm{e}^{\mathrm{i}\omega t}+(m_x^0)^*\mathrm{e}^{-\mathrm{i}\omega t}$ 和 $m_y^0\mathrm{e}^{\mathrm{i}\omega t}+(m_y^0)^*\mathrm{e}^{-\mathrm{i}\omega t}$。其中,$(m_x^0)^*$,$(m_y^0)^*$ 分别为振幅 m_x^0,m_y^0 的共轭复量。将以上各量分别代入式(7.11.1)中的前两方程,可得

$$\left.\begin{aligned}m_x^0&=\frac{h_0}{2}\omega_0\gamma M_z\Big/\left[\left(\mathrm{i}\omega+\frac{1}{\tau_2}\right)^2+\omega_0^2\right]\\ m_y^0&=-\frac{h_0}{2}\gamma M_z\left(\mathrm{i}\omega+\frac{1}{\tau_2}\right)\Big/\left[\left(\mathrm{i}\omega+\frac{1}{\tau_2}\right)^2+\omega_0^2\right]\end{aligned}\right\}\qquad(7.11.2)$$

其中 $\omega_0=\gamma H_z$。由式(7.11.1)的第三个方程可得

$$\dot{m}_z=-\gamma\frac{h_0}{2}\left[m_y^0\mathrm{e}^{2\mathrm{i}\omega t}+(m_y^0)^*\mathrm{e}^{-2\mathrm{i}\omega t}\right]+\gamma\frac{h_0}{2}\left[m_y^0+(m_y^0)^*\right]-\frac{M_z+m_z-M}{\tau_1}\qquad(7.11.3)$$

在稳定状态下 $\dot{m}_z$ 必须是一周期函数,因此上式中的非周期的部分

$$\gamma \frac{h_0}{2}[m_y^0 + (m_y^0)^*] - \frac{M_z - M}{\tau_1} = 0 \tag{7.11.4}$$

由上式得到

$$M - M_z = -\frac{\gamma h_0 \tau_1}{2}[m_y^0 + (m_y^0)^*]$$

$$= \frac{1}{2} M_z \gamma^2 h_0^2 \tau_1 \tau_2 \left(\omega_0^2 + \omega^2 + \frac{1}{\tau_2^2}\right) \Big/ \left[\left(\omega_0^2 - \omega^2 + \frac{1}{\tau_2^2}\right)^2 \tau_2^2 + 4\omega^2\right] \tag{7.11.5}$$

即有

$$\frac{M_z}{M} = \left[\left(\omega_0^2 - \omega^2 + \frac{1}{\tau_2^2}\right)^2 \tau_2^2 + 4\omega^2\right] \Big/ D \tag{7.11.6}$$

其中,

$$D = \left[\left(\omega_0^2 - \omega^2 + \frac{1}{\tau_2^2}\right)^2 \tau_2^2 + 4\omega^2\right] + \frac{1}{2}\gamma^2 h_0^2 \tau_1 \tau_2 \left(\omega_0^2 + \omega^2 + \frac{1}{\tau_2^2}\right) \tag{7.11.7}$$

同时,由式(7.11.2)还可得出复磁导率的虚部为

$$\mu'' = (m_x - m_x^*)/\mathrm{i}h_0$$

$$= \omega_0 \gamma M_z (2\omega\tau_2) \Big/ \left[\left(\omega_0^2 - \omega^2 + \frac{1}{\tau_2^2}\right)^2 \tau_2^2 + 4\omega^2\right] \tag{7.11.8}$$

在共振峰处,$\omega = \omega_0$,上式简化为

$$\left(\frac{\mu''}{\mu''_0}\right)_{\omega_0} = \left(\frac{M_z}{M}\right)_{\omega_0} = \left(1 + \frac{1}{2}\gamma^2 h_0^2 \tau_1 \tau_2 \cdot \frac{2\omega_0^2 + \frac{1}{\tau_2^2}}{4\omega_0^2 + \frac{1}{\tau_2^2}}\right)^{-1} \approx \left(1 + \frac{1}{4}\gamma^2 h_0^2 \tau_1 \tau_2\right)^{-1} \tag{7.11.9}$$

其中,μ''_0 和 M 指线性解中的 μ'' 和 M_z。第二步近似值是假设了 $\varepsilon_0^2 \gg \frac{1}{\tau_2^2}$。式(7.11.9)是在实验数据中所要比较的量。

弛豫参量 τ_1 和 τ_2 可在实验中直接测得:τ_2 可通过测量低功率下的供振峰宽度由 $\tau_2 = \frac{2}{\gamma \Delta H}$ 给出;τ_1 一般与 τ_2 相差不多,可以通过测量高功率下 M_z 的弛豫时间算得。如果认可 $\tau_1 \approx \tau_2 = \frac{2}{\gamma \Delta H}$,则由式(7.11.9)可以得出如下结论:

①当 $h_0 \ll \Delta H$ 时,线性解应充分适用。②随着 h_0 的增加,μ'' 逐渐减小;当 h_0 增加到 $h_0 = \Delta H$ 时,$(M_z/M)_{\omega_0} = (\mu''/\mu''_0)_{\omega_0} = \frac{1}{2}$。人们称 μ'' 随微波功率的增加而下降的效应为共振吸收的饱和。

以上是在考虑到 $\boldsymbol{m}$ 和 $\boldsymbol{h}$ 的二次小量后所得到的主要理论结果。然而在高功率下的测量却发现了"反常"现象。下面介绍有关的实验事实。

布洛姆伯根和王适以及达芒对上述问题进行了实验研究[27,28]。他们的研究结果表明,顺磁性盐类和在居里温度以上的铁氧体,其实验数据与式(7.11.8)符合得很好。但铁磁性介质(样品为铁氧体圆球和坡莫合金薄膜)则出现以下反常现象:

1) 由图 7-19 可以看出,$(\mu''/\mu''_0)_{\omega_0}$ 和 $(M_z/M)_{\omega_0}$ 的实验曲线并不重合。当实验所用的功率仅为式(7.11.9)所预料的 1/100 时$\left(\text{即 } h_0^2 \approx \dfrac{(\Delta H)^2}{100}\right)$,$\mu''$ 的衰减已变得非常显著。而按照前面的理论结果,在这样低的功率下线性解还是应当有效的。这个现象称之为早熟的吸收饱和。

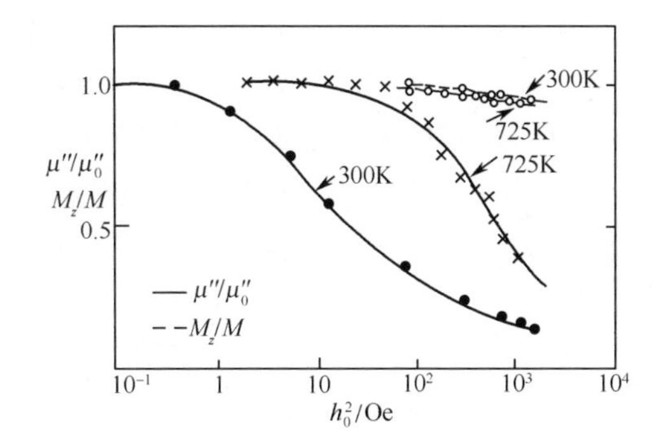

图 7-19　镍铁氧体单晶的 $\left(\dfrac{\mu''}{\mu''_0}\right)_{\omega_0}$, $\left(\dfrac{M_z}{M}\right)_{\omega_0}$ 的实测曲线

2) 在比正常共振峰磁场值小几百 Oe 的磁场处出现了"次级"共振峰,通常称之为附加共振峰(见图 7-20)。

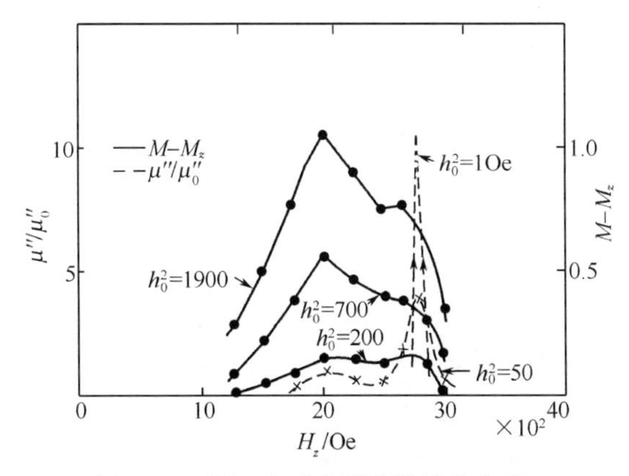

图 7-20　同一实验中副共振峰的出现

上述异常现象,既有理论上的意义,也对实际应用有很大影响。首先,这些现象说明铁磁体中磁矩的进动方式不是以前的宏观磁矩进动方程所能处理,必须考虑到自旋波与一致进动之间的耦合作用。其次,早熟的吸收饱和以及副吸收峰都将直接影响铁氧体微波器件的性能,使器件所能负担的功率受到限制。因此,在实际应用中必须注意这一现象在具体器件中出现的条件,从而考虑如何使其能负担较高功率的问题。

需要指出的是,式(7.11.9)未考虑样品的退磁场和各向异性场的影响,因而只适用于磁晶各向异性较小材料的球形样品。对于椭球状样品,尚需考虑退磁场而加以修正;对磁晶各向异性大的单晶样品,尚需考虑磁晶各向异性场的作用。对此,我们不再讨论。有关高功率现象的理论这里不再介绍,对这个问题有兴趣的读者可参阅文献[29]。

在本章即将结束的时候,我们强调指出,探讨共振线宽形成的机理一直是研究铁磁共振的一个重要课题。在这方面已经取得了一些重要成果:

(1) 研究表明,在金属材料中,在某些特殊条件下(进动方程中的交换场特别大而阻尼项相对地可以略去不计),产生共振线宽的机理主要来自趋肤效应对自旋波的激发,被激发的自旋波又通过涡流效应逐渐衰减,从而造成能量损耗。这种方式称为自旋-电子弛豫过程。

(2) 在铁氧体中,产生线宽的机理主要包括两种弛豫过程:① 自旋-自旋弛豫——能量由一致进动转移到自旋波,或在不同 $\boldsymbol{k}$ 矢量的自旋波间重新分布;② 自旋-晶格弛豫——能量由一致进动转变为晶格振动,这一过程与磁致伸缩有关。

布洛姆伯根最早计算了一致进动通过自旋-晶格弛豫的平均时间,这一时间约为 $\tau_{\mathrm{ml}}\approx10^{-1}\mathrm{s}$[30]。基特尔和阿布雷汉姆的计算也得出了同样的结果[31]。由于这一过程相当缓慢,因而证明了自旋-晶格弛豫不是产生共振线宽的主要机制。

(3) 克洛格斯顿从理论上计算了自旋系统因受偶极矩作用而发生的自旋波散射问题,并且认为这种磁偶极矩是由于铁氧体中的金属离子在同一次晶格中的无序分布造成的[32]。他的计算得出了如下结果:

1) 解释了 ΔH 不随温度下降而减小的实验事实。

2) 随着椭球粒子横向退磁因数 n_T 的减小,ΔH 迅速减小。

3) 在其他因素相同的情况下,居里点高(因而交换场大)的铁氧体具有较窄的 ΔH。

4) 样品内磁性离子的有序化程度愈高,ΔH 愈窄。克洛格斯顿的理论虽然取得了一定的成功,但也存在着某些缺点。这是因为克洛格斯顿在计算中应用了赝偶极矩作用对自旋波散射的影响,而铁氧体中的赝偶极矩并不很大,因此他计算的依据受到质疑。

5) 卡伦和派提莱计算了无序铁氧体中自旋-自旋和自旋-轨道耦合参数在无序分布的离子间的变化[33]。他们把这种变化用一有效场 $H(\boldsymbol{k})$来表示。在这一有效场作用下,一致进动散射为不同 $\boldsymbol{k}$ 的自旋波,因而产生了能量损耗。卡伦-派提莱的计算结果与尖晶石型铁氧体的共振线宽实验数据相接近,并且很好地解释了单晶样品共振线宽的各向异性。

由于以上理论的计算过程较长,我们不做具体介绍。对此有兴趣的读者,可直接阅读原论文。

习 题

7.1 在朗道-栗弗席兹方程中,代入 $h_x = h^e - N_x m_x$, $h_y = h_y^e - N_y m_y$ 和 $H_z = H_z^e - N_z m_z$,并略去阻尼项,求张量磁化率 χ_{ij} 及共振频率 ω_0。

7.2 对于立方晶体,设 H_z 和 $\boldsymbol{M}$ 都在(010)平面内,$\boldsymbol{M}$ 与[001]方向的夹角为 θ,试证共振频率公式

$$\omega_0^2 = \gamma^2[H_z + H_{Kx} + (N_x - N_z)M][H_z + H_{Ky} + (N_y - N_z)M]$$

中

$$H_{Kx} = \frac{2K_1}{\mu_0 M}\cos4\theta, \quad H_{Ky} = \frac{K_1}{\mu_0 M}(3 + \cos4\theta)$$

7.3 对于立方晶体,设 H_z 和 $\boldsymbol{M}$ 都在$(01\bar{1})$面内,$\boldsymbol{M}$ 与[100]方向夹角为 θ,试证

$$H_{K\omega} = \left(1 - 2\sin^2\theta - \frac{3}{8}\sin^2 2\theta\right)\frac{2K_1}{\mu_0 M}$$

$$H_{Ky} = (2 - \sin^2\theta - 3\sin^2 2\theta)\frac{K_1}{\mu_0 M}$$

7.4 设一典型铁氧体单晶的共振峰宽度 $\Delta H = 50\text{Oe}$,试求其磁矩的弛豫时间 τ。

7.5 试由微波在旋磁介质中的麦克斯韦方程组直接求解,证明法拉第旋转效应的结果。

参 考 文 献

[1] J. H. E. Griffiths. *Nature*, **158**, 670(1946)

[2] E. K. Зовойский. *ЖЭТФ*, **17**, 883(1947)

[3] D. Polder. *Phil. Mag.*, **40**, 99(1949)

[4] 郭贻诚. 铁磁学. 人民教育出版社,1965

[5] F. Bloch. *Phys. Rev.*, **70**, 460(1946)

[6] Q. H. F. Vrehen. *J. Appl. Phys.*, **40**, 849(1969)

[7] C. E. Patton. *Phys. Rev.*, **179**, No. 2, 179(1969)

[8] 廖绍彬. 铁磁学(下册). 科学出版社, 164,(1992)

[9] C. Kittel. *Phys. Rev.*, **73**, 155(1948)

[10] W. A. Yager and R. M. Bozorth. *Phys. Rev.*, **72**, 80(1947)

[11] J. F. Dillon et al. *Phys. Rev.*, **100**, 750(1955)
[12] J. Smit and H. G. Beljers. *Philips Res. Rep.*, **10**, 113(1955)
[13] H. Suhl. *Phys. Rev.*, **97**, 555(1955)
[14] J. O. Artman. *Proc. I. R. E.*, **44**, 1284(1956)
[15] D. Polder and J. Smith. *Rev. Mod. Physics*, **25**, 89(1953)
[16] J. Smit and H. P. T. Wijn. *Adv. Electronics and Electron Phys.*, Ⅵ, 70(1954)
[17] T. R. McGuire. *Phys. Rev.*, **97**, 831(1955); R. K. Wangsness. *Phys. Rev.*, **97**, 831(1955)
[18] R. L. White and I. H. Solt. *Phys. Rev.*, **104**, 56(1956)
[19] L. R. Walker. *Phys. Rev.*, **105**, 390(1957); L. R. Walker. *J. Appl. Phys.*, **29**, 318(1958)
[20] P. C. Fletcher and R. O. Bell. *J. Appl. Phys.*, **30**, 687(1959)
[21] J. H. Solt and P. C. Fletcher. *J. Appl. Phys.*, **31**, 100S(1960)
[22] C. Herring and C. Kittel. *Phys. Rev.*, **81**, 869(1951)
[23] M. H. Seavey and P. E. Tannenwald. *J. Appl. Phys.*, **30**, 227S(1959)
[24] R. F. Soohoo. *J. Appl. Phys.*, **32**, 148 S(1961)
[25] M. T. Weiss and A. J. Fox. *Phys. Rev.*, **88**, 146(1952)
[26] C. L. Hogan. Bell. Syst. Tech. J., **31**, 1(1952); C. L. Hogan. *Rev. Mod. Phys.*, **25**, 253(1953)
[27] N. Bloembergen and S. Wang. *Phys. Rev.*, **93**, 72(1954)
[28] R. W. Damon. *Rev. Mod. Phys.*, **25**, 239(1953)
[29] H. Suhl. *J. Phys. and Chem. of Solids*, **1**, 209(1956~1957)
[30] N. Bloembergen and S. Wang. *Phys. Rev.*, **93**, 72(1954)
[31] C. Kittel and E. Abrahams. *Rev. Mod. Phys.*, **25**, 233(1953)
[32] Clogston et al. *J. Phys. and Chem. of Solids*, **1**, 129(1956)
[33] H. B. Callen and E. Pittelli. *Phys. Rev.*, **119**, 1523(1960)

主要参考书目

[1] David Jiles. Introduction to Magnetism and Magnetic Materials. Chapman & Hall, London. New York. 1991

[2] Rollin J. Parker Advances in Permanent Magnetism, John wiley & Sons, New York, 1990

[3] S. V. Vonsovskii. Magnetism. Translated from Russian by Ron Hardin, John wiley & Sons. New York, Toronto, 1974

[4] D. C. Mattis. Theory of Magnetism1, ed., D. C. Mattis, Springer-Verlag, 1981

[5] H. J. Zeiger and G. W. Pratt. Magnetic Interaction in Solids, 1973

[6] J. Crangle. The Magnetic Properties of Solids, The Structures and Properties of Solids 6, 1977

[7] E. P. Wohlfarth (Editor). Ferromagnetic Materials,(1980) Vol. Ⅰ, Ⅱ & Ⅲ

[8] A. H. Morrish. The Physical Principles of Magnetism. John Wiley & Sons. Inc., New York, 1965

[9] 近角聪信等. 磁性体手册(上、中、下). 黄锡成等译. 冶金工业出版社, 1984

[10] 郭贻诚. 铁磁学. 人民教育出版社, 1965

[11] 戴道生, 钟文定等. 铁磁学(上、中、下). 科学出版社, 1987

[12] 宛德福, 马兴隆. 磁性物理学. 成都:电子科技大学出版社, 1994

附录　磁学的单位制

在磁学中一直沿用着两种单位制:国际单位制(systeme international,SI)和高斯单位制。

SI单位制的基本单位是米、千克、秒、安培、开尔文(热力学温度单位)、坎德拉(发光强度单位)和摩尔(物质的量)。此外,还有少量的辅助单位和一系列的导出单位。它在电磁学中的形式为MKSA有理制。这种单位制最早在工程技术领域得到广泛的运用,后来在科学界被逐步推广。1960年,国际计量大会建议SI单位制为在科学、技术、应用和教育诸方面统一使用的单位制,因而得到全面推广。

高斯单位制的基本单位是厘米、克和秒。它量度电学量采用CGSE单位制(或e.s.u.),量度磁学量采用CGSM单位制(或e.m.u.)。因此,高斯单位制实际上是一种混合单位制。这种单位制曾在物理学中被长期使用,影响很深。直到现在某些国外杂志仍然采用这种单位制。特别是,由于这种单位制非常适合讨论与介质极化有关的问题。因此,磁学工作者在从CGSM单位制过渡到SI单位制的转变过程中表现出明显的迟钝。为了便于读者完成这种过渡,仅将两种单位制及它们间的转换关系概述如下:

1. SI和CGSM两种单位制在磁学中应用时,它们在原理方面存在的差别

(1) 将SI单位制应用于磁学时,凡涉及力、力矩、能量等公式需要引入磁场者都应用磁感应强度 $\boldsymbol{B}$。磁场强度 $\boldsymbol{H}$ 仅出现在计算电流的磁效应或类似的场合。当涉及 $\boldsymbol{H}$ 与其他物理量的相互使用时,不允许单独地作用 $\boldsymbol{H}$,一定要使用 $\mu_0\boldsymbol{H}$。其中 $\mu_0 = 4\pi \times 10^{-7}$ $\mathrm{H\cdot m^{-1}}$,为真空磁导率。

在磁学中应用CGSM单位制时,在所有与真空磁场有关的公式中都必须使用以奥斯特为单位的磁场强度 $\boldsymbol{H}$,而不应用真空磁感应强度 $\boldsymbol{B}$(以高斯为单位)。尽管在这种单位制中,真空磁导率 μ_0 为1,$\boldsymbol{H}$ 和 $\boldsymbol{B}_0$ 在数值上相等。

(2) 在将SI单位制应用于磁化的介质时,前人曾提出过两种选择方式:①索末菲(1948年)建议,介质中的磁感应强度 $\boldsymbol{B}$ 由 $\boldsymbol{B} = \mu_0(\boldsymbol{H} + \boldsymbol{M})$ 给出,其中 $\boldsymbol{M}$ 为单位体积的磁化强度。按照这种选择方式,将 $\mu_0\boldsymbol{H}$ 视为 $\boldsymbol{B_0}$。这一方案得到了磁学界的偏爱,已被广泛采用。②肯涅利(1936年)建议,$\boldsymbol{B}$ 由 $\boldsymbol{B} = \mu_0\boldsymbol{H} + \boldsymbol{J}$ 给出,其中 J 为单位体积的磁极化强度。这一方案最早为电气工程界所接受。以上两种方案也可以同时被采纳,只要认为 $J = \mu_0\boldsymbol{M}$。

在CGSM单位制中,介质的磁感应强度 $\boldsymbol{B}$ 由 $\boldsymbol{B} = \boldsymbol{H} + 4\pi\boldsymbol{I}$ 给出,其中 $\boldsymbol{I}$ 为单位体积内的磁化强度,单位为高斯。$\boldsymbol{I}$ 和SI单位制中的 $\boldsymbol{M}$ 相类似。但应注意,$\boldsymbol{M}$ 的单位为 $\mathrm{A\cdot m^{-1}}$。

需要强调的是,在SI单位制中必须区分两种磁感应强度:即介质不存在时的真空磁感应强度 $\boldsymbol{B}_0$ 和介质存在时的磁感应强度 $\boldsymbol{B}$。正是由于这个问题,给SI单位制带来了某些混乱。在此我们再次指出,在SI单位制中,"真空磁感应强度"$\boldsymbol{B}_0$ 相当于磁场,其单位为特斯拉,它可以和CGSM单位制中的 $\boldsymbol{H}$ 同义地使用。而 $\boldsymbol{H}$ 在SI单位制中的单位是安/米,虽然被冠以"磁场"使用,但它和CGSM单位制中磁场 $\boldsymbol{H}$ 具有不同的含义。目前一些磁学书中常用 $\mu_0\boldsymbol{H}$ 代替 $\boldsymbol{B}$。在真空中这样的代替是正确的;在磁性介质中这样的代替是不适合的。

2. 使用SI和CGS两种单位制时需要注意的几个问题

(1) 不同介质边界处的连续性。在CGSM

单位制中，磁感应强度 $\boldsymbol{B}$ 的法向分量和磁场 $\boldsymbol{H}$ 的切向分量在越过不同介质的边界时是连续的；在 SI 单位制中，磁感应强度 $\boldsymbol{B}$ 的法向分量和磁场 $\boldsymbol{B}_0 = \mu_0 \boldsymbol{H}$ 的切线分量在边界两边是连续的。

(2) 单位质量的磁化强度。在许多情况下需要计算单位质量的磁化强度。在 SI 单位制中，单位质量的磁化强度 σ 由 $\sigma = M/\rho$ 给出，其中 ρ 为密度。在 CGSM 单位制中，σ 由 $\sigma = I/\rho$ 给出。

(3) 磁化率和磁导率的定义。在 SI 单位制中，不同的作者对磁化率有不同的定义。在索末菲制中，磁化率是磁化强度除以磁场；在肯涅利制中，则是磁极化强度除以磁场。关于磁场，习惯上取为 $\boldsymbol{H}$。

在磁学中通常采用索末菲制，将磁化率定义为

$$\chi = \frac{M}{H}$$

这样的定义便于和 CGSM 制相互转换。同样地，人们可以定义磁导率为

$$\mu = B/B_0 = \mu_0(H + M)/(\mu_0 H) = 1 + \chi$$

在 CGSM 单位制中，磁化率被定义为

$$\chi = I/H$$

而磁导率为

$$\mu = B/H = (H + 4\pi I)/H = 1 + 4\pi\chi$$

(4) 磁偶极矩及磁偶极矩在磁场中所受的力矩。在索末菲和肯涅利两种单位制中对磁偶极矩有不同的定义。在索末菲制中，磁偶极矩被定义为 $\boldsymbol{m}_s = V\boldsymbol{M}$，其中 V 是样品的体积，$\boldsymbol{M}$ 是磁化强度。在肯涅利制中，磁偶极矩被定义为 $\boldsymbol{m}_k = V\boldsymbol{J}$，其中 $\boldsymbol{J}$ 为磁极化强度。

在索末菲制中，磁偶极矩在磁场中所受的力矩为 $\boldsymbol{T} = \boldsymbol{m}_s \times (\mu_0 \boldsymbol{H}) = V\boldsymbol{M} \times \boldsymbol{B}_0$。在肯涅利制中，磁偶极矩在磁场中所受的力矩为 $\boldsymbol{T} = \boldsymbol{m}_k \times \boldsymbol{H} = V\boldsymbol{M} \times \boldsymbol{B}_0$。可见，两者结果相同。

在 CGSM 单位制中，磁偶极矩被定义为 $\boldsymbol{m} = V\boldsymbol{I}$，它在磁场中所受的力矩为 $\boldsymbol{T} = \boldsymbol{m} \times \boldsymbol{H} = V\boldsymbol{I} \times \boldsymbol{H}$。

在附表 1 和 2 中给出了 SI 和 CGS 两种单位制之间更普遍的关系。

附表 1　主要磁学量在两种单位制中的换算关系

磁学量	符号	SI		CGS		由 SI 单位换算成 CGS 单位时的相乘因数
		单位名称	单位符号	单位名称	单位符号	
磁场强度	H	安培/米	A/m	奥斯特	Oe	$4\pi \times 10^{-3}$
磁感应强度（磁通量密度）	B	特斯拉	T	高斯	Gs	10^4
磁化强度	M	安培/米	A/m	高斯	Gs	10^{-3}
磁极化强度	J	特斯拉	T	高斯	Gs	10^4
磁极强度	m	韦伯	Wb	电磁单位		$10^8/4\pi$
磁通量	Φ	韦伯	Wb	麦克斯韦	Mx	10^8
磁偶极矩	j_m	韦伯·米	Wb·m	电磁单位		$10^{10}/4\pi$
磁矩	μ	安培平方米	$A \cdot m^2$	电磁单位		10^3
磁化率（相对）	χ					$1/4\pi$
磁导率（相对）	μ					1
真空磁导率	μ_0	亨利/米	H/m			$10^7/4\pi$

续表

磁学量	符号	SI		CGS		由SI单位换算成CGS单位时的相乘因数
		单位名称	单位符号	单位名称	单位符号	
磁动势	F_m	安培	A	吉伯	Gb	$4\pi/10$
磁势	φ,Ψ	安培	A	吉伯	Gb	$4\pi/10$
退磁因子	N					4π
磁阻	R_m	安培/韦伯	A/Wb	电磁单位		$4\pi\times10^{-9}$
磁能量密度	F	焦耳/立方米	J/m^3	尔格/立方厘米	erg/cm^3	10
磁晶各向异性常数	K	焦耳/立方米	J/m^3	尔格/立方厘米	erg/cm^3	10
磁致伸缩常数	λ					1
旋磁比	γ	米/安培秒	m/(A·S)	1/奥秒	1/Oe·S	$10^3/4\pi$
磁能积	$(BH)_{max}$	特斯拉·安/米	T·A/m	高斯奥斯特	Gs·Oe	$4\pi\times10$
自感	L	亨利	H	厘米	cm	10^7

附表 2 主要磁学公式在两种单位制中的形式

物理量	SI单位	CGS单位
磁极间的力	$F=\dfrac{m_1m_2}{4\pi\mu_0r^2}$	$F=\dfrac{m_1m_2}{r^2}$
磁极产生的磁场	$H=\dfrac{m}{4\pi\mu_0r^2}$	$H=\dfrac{m}{r^2}$
B,H,J 和 M 之间的关系	$B=\mu_0H+J=\mu_0(H+M)$	$B=H+4\pi M$
磁化率(相对)	$\chi=\dfrac{J}{\mu_0H}$	$\chi=\dfrac{M}{H}$
磁导率(相对)	$\mu=\dfrac{B}{\mu_0H}=1+\chi$	$\mu=\dfrac{B}{H}=1+4\pi\chi$
退磁场	$H_d=-N\dfrac{J}{\mu_0}$	$H=-NM$
磁能量密度	$F=\dfrac{1}{2}(BH)$	$F=\dfrac{BH}{8\pi}$
圆电流中心的磁场	$H=\dfrac{I}{2r}$	$H=\dfrac{2\pi I}{r}$
无限长螺线管的磁场	$H=nI$	$H=4\pi nI$
电流元回路的磁矩	$\mu_m=iA$	$\mu_m=iA$
磁滞损耗	$W=\oint H\mathrm{d}B$	$W=\dfrac{1}{4\pi}\oint H\mathrm{d}B$
铁磁体在梯度磁场中所受的力	$F_z=m\sigma\dfrac{\mathrm{d}B_0}{\mathrm{d}z}$	$F_z=m\sigma\dfrac{\mathrm{d}H}{\mathrm{d}z}$
	(σ 为单位质量磁化强度，m 为质量)	
磁场在磁场中所受力矩	$\boldsymbol{T}=V\boldsymbol{M}\times\boldsymbol{B}_0$ 或 $\boldsymbol{T}=V\boldsymbol{J}\times\boldsymbol{H}$	$\boldsymbol{T}=V\boldsymbol{M}\times\boldsymbol{H}$

附表 3　常用物理常数

物理常数	SI 单位	CGS 单位
真空中光速 c	2.9979×10^{8} 米/秒	2.9979×10^{10}厘米/秒
电子的静止质量 m_e	9.1095×10^{-31}千克	$9.1095\times10\times10^{-28}$克
电子电荷 e	1.6022×10^{-19}库	4.8030×10^{-10}静电单位
电子荷质比 e/m_e	1.7588×10^{11}库/千克	5.2727×10^{17}静电单位/克
普朗克常数 h	6.6256×10^{-34}焦耳·秒	6.6256×10^{-27}尔格·秒
真空磁导率 μ_0	$4\pi\times10^{-7}$亨/米	1.0000
真空介电常数 ε_0	8.8542×10^{-12}法/米	1.0000
玻尔兹曼常数 k	1.3805×10^{-23}焦耳/开	1.3805×10^{-16}尔格/度
阿伏伽德罗常数 N_A	6.0225×10^{23}/克分子	6.0225×10^{23}/克分子
玻尔磁子 μ_B	1.1653×10^{-29}韦伯·米	9.273×10^{-21}尔格/奥
	或	
	9.273×10^{-24}安·米^2	
	或	
	9.273×10^{-24}焦耳/特斯拉	
旋磁比 γ	$1.1051\times10^{5}g$ 米/(安·秒)	$8.795\times10^{6}g$/(奥·秒)
	(g 是朗德因子)	(g 是朗德因子)

索　引